Theorie

der

Partiellen Differentialgleichungen

erster Ordnung.

Von

Dr. M. Paul Mansion,

Professor an der Universität Gent, Mitglied der königl. belgischen Akademie.

Vom Verfasser durchgesehene und vermehrte deutsche Ausgabe.

Mit Anhängen von S. von Kowalevsky, Imschenetsky und Darboux.

Herausgegeben

von

H. Maser.

Springer-Verlag Berlin Heidelberg GmbH
1892

ISBN 978-3-642-52569-8 ISBN 978-3-642-52623-7 (eBook)
DOI 10.1007/978-3-642-52623-7

Vorwort.

Das von der königl. belgischen Akademie der Wissenschaften preisgekrönte, im Buchhandel längst vergriffene Werk von Mansion: „*Théorie des équations aux dérivées partielles du premier ordre*“ erscheint hiermit in neuer und zwar deutscher Ausgabe. Da das vortreffliche Buch auch in Deutschland ungetheilte Anerkennung gefunden und hinlänglich bekannt ist, so dürfte es überflüssig sein, die Vorzüge desselben nochmals besonders hervorzuheben. Es mag nur darauf hingewiesen werden, dass das Mansion'sche Buch bisher das einzige geblieben ist, welches in so eingehender Weise die verschiedenen Methoden, welche zur Integration der partiellen Differentialgleichungen erster Ordnung vorgeschlagen wurden, historisch-kritisch beleuchtet, ihre Beziehungen zu einander klarlegt, ihre Vorzüge und Mängel gegenseitig abwägt und jedem der Begründer dieser Methoden das Verdienst lässt, welches ihm zukommt. Es ist das einzige Werk dieser Art geblieben, einfach aus dem Grunde, weil es seine Aufgabe gleich in vollkommener und unübertrefflicher Weise löste. Allerdings hat die Theorie der partiellen Differentialgleichungen erster Ordnung seit dem ersten Erscheinen des Mansion'schen Buches viele wichtige Erweiterungen und Verbesserungen erfahren und es sind auch seitdem, besonders in allerneuester Zeit, einige hochbedeutsame Werke über jene Theorie hervorgetreten; zum Theil aber sind dieselben mehr als Lehrbücher im engeren Sinne zu betrachten, denen es weniger auf die Hervorkehrung des historisch-kritischen Standpunktes als auf eine systematische Verarbeitung und Zusammenfassung des vorhandenen Materials ankommt, zum Theil sind dieselben, wie das hervorragend wichtige Werk von Sophus Lie: „Zur Theorie der Transformationsgruppen“, dazu bestimmt, der gesammten Theorie eine einheitliche Grundlage zu geben, sie auf ein einziges Prinzip zu stellen, aus welchem die Resultate der früheren Arbeiten von selbst hervorgehen. Diese Werke machen daher eine historisch-kritische Untersuchung der älteren Arbeiten auf diesem Gebiete, wie sie in dem Werke von Mansion enthalten ist, nicht überflüssig. Infolge dieses kritischen Standpunktes ist das Mansion'sche Buch ein vorzüglicher Wegweiser für das Studium der grundlegenden Arbeiten über die Theorie der partiellen Differentialgleichungen erster Ordnung, so dass ich mich der

Hoffnung hingeben darf, dass eine Neuausgabe dieses Werkes, die unter Zustimmung des Verfassers und mit thätiger Mitwirkung desselben in deutscher Sprache erscheint, nicht ungünstig aufgenommen werden wird.

Bezüglich der grösseren Veränderungen und Erweiterungen, welche diese neue Ausgabe der ersten gegenüber aufweist, kann ich mich mit einem Hinweis auf die „Vorbemerkungen" des Verfassers begnügen. An vielen Stellen sind kleinere Verbesserungen vorgenommen, die nicht näher aufgeführt zu werden brauchen. Der Druck des Werkes wurde fortlaufend sowohl vom Unterzeichneten, wie auch vom Verfasser selbst sorgfältig controlirt, so dass die Übersetzung nicht nur äusserlich correct, sondern auch dem Sinne des Originals entsprechend sein dürfte.

Während die Theorie der partiellen Differentialgleichungen erster Ordnung im Grossen und Ganzen als abgeschlossen betrachtet werden darf, liegt die Theorie der partiellen Differentialgleichungen zweiter Ordnung noch sehr im Argen. In der That kann trotz der zahllosen kleineren und grösseren Abhandlungen, welche hierüber bereits geschrieben sind, von einer Theorie der Integration dieser Gleichungen noch kaum gesprochen werden. Die wichtigste Arbeit, in welcher ein Versuch zur Begründung einer solchen Theorie gemacht wird, ist immer noch die grosse Abhandlung von Ampère im 17. und 18. cahier des *Journal de l'École Polytechnique*, deren Resultate Imschenetsky im 54. Bande von Grunert's Archiv in einem vorzüglichen Resumé zusammengefasst hat. Um zum gründlichen Studium dieser Resultate und damit vielleicht zur Erweiterung und Bereicherung der Theorie der Integration der partiellen Differentialgleichungen zweiter Ordnung neue Anregung zu geben, hielt ich es für zweckmässig, die Imschenetsky'sche Abhandlung, zumal dieselbe in einem grossen Abschnitte eine Anwendung der Prinzipien der Theorie der partiellen Differentialgleichungen erster Ordnung giebt, dem Mansion'schen Werke anzufügen, wobei ich mich der vollen Zustimmung und Ermunterung des Herrn Mansion erfreute. Eine kleine ebenfalls noch angefügte, wenig bekannt gewordene Abhandlung von G. Darboux lässt klar die Schwierigkeiten erkennen, welche bei der Integration der partiellen Differentialgleichungen zweiter Ordnung auftreten, und deutet zugleich einen Weg an, auf dem man vielleicht etwas weiter kommen kann als bisher.

Berlin, im October 1891.

H. Maser.

Vorbemerkungen des Verfassers.

I. Gegenstand dieses Werkes.

Die vorliegende Arbeit wurde unternommen anlässlich einer von der kgl. belgischen Akademie in den Jahren 1870 und 1872 gestellten, auf die Theorie der partiellen Differentialgleichungen erster und zweiter Ordnung bezüglichen Preisfrage.

Imschenetsky und Graindorge haben beide ausgezeichnete Monographieen über diesen Gegenstand veröffentlicht, die es uns gestatteten, unsere Untersuchung auf die Theorie der partiellen Differentialgleichungen erster Ordnung zu beschränken. In der That geben ihre Schriften eine gute Übersicht über die Arbeiten der Geometer bezüglich der Differentialgleichungen zweiter Ordnung, abgesehen von den neueren Studien von Darboux und Lie, die übrigens nur bruchstückweise veröffentlicht worden sind.

Die Abhandlungen von Imschenetsky und Graindorge sind dagegen unvollständig hinsichtlich der Theorie der partiellen Differentialgleichungen erster Ordnung.[1]) Wir haben daher den Wünschen der Akademie zu entsprechen geglaubt, indem wir es versuchten, die hauptsächlichsten Untersuchungen der Mathematiker über diesen Gegenstand von Lagrange an bis auf Lie und Mayer darzulegen.

II. Plan des Werkes und historische Bemerkungen.

Die vorliegende Schrift enthält den Hauptinhalt der Untersuchungen von Lagrange, Pfaff, Jacobi, Bour, Clebsch, Korkine, Boole, Mayer, Cauchy, Serret und der ersten Abhandlungen von Lie (bis ca. 1875) über die partiellen Differentialgleichungen erster Ordnung.

---

[1]) Die Abhandlung von Graindorge enthält ausser der Theorie der partiellen Differentialgleichungen zweiter Ordnung die in den §§ 1 (theilweise), 3, 6, 16, 17, 18, 19, 20, 21 unseres Buches behandelten Gegenstände. Die Abhandlung von Imschenetsky enthält überdies unsere §§ 9 und 29 und ein Kapitel über die kanonischen Gleichungen der Dynamik. Graindorge hat daneben auch eine Übersicht der Arbeiten der Geometer über die Integration der Gleichungen der Mechanik veröffentlicht.

Die Arbeiten dieser Geometer haben wir in den folgenden Abschnitten zusammengestellt:

Einleitung. Entstehung der partiellen Differentialgleichungen erster Ordnung (§§ 1—4).

Buch I. Methode von Lagrange und Pfaff (§§ 5—15).

Buch II. Methode von Jacobi (§§ 16—27).

Buch III. Methode von Cauchy und Lie (§§ 28—32).

Schluss. Methode von Lie als Zusammenfassung der früheren Methoden.

Diese Anordnung ist streng didaktisch, d. h. wir dringen vom Anfang bis zum Ende tiefer und tiefer in unsern Gegenstand ein. Sie ist zu gleicher Zeit historisch in ihren grossen Umrissen, bis auf eine Ausnahme: Die Methode von Cauchy bestand viel früher als alle in unserm zweiten Buche angeführten Arbeiten. Wir sahen uns genöthigt, die Methode von Cauchy an das Ende unserer Abhandlung zu setzen neben diejenige von Lie, weil diese letztere die natürliche Fortsetzung der ersteren ist und weil sie zusammen eine weit tiefere Untersuchung der Frage der Integration der partiellen Differentialgleichungen bilden als die Methode von Lagrange, Pfaff, Jacobi und Bour.

In unserer **Einleitung** geben wir zunächst nach Lagrange (1772 und 1774) und Lie (1872) die Definition des Problems der Integration der partiellen Differentialgleichungen erster Ordnung. Sodann deuten wir nach Jacobi zwei allgemeine und sehr einfache Hülfsmittel an, durch welche man die abhängige Veränderliche aus den in Rede stehenden Gleichungen entfernen kann. Wir zeigen im Gegensatz zu der Ansicht Bertrand's und anderer Geometer, dass das zweite Transformationsverfahren Jacobi's nicht illusorisch ist (§ 1). Die beiden folgenden Paragraphen enthalten die Theorie der partiellen Differentialgleichungen mit 3 oder $n+1$ Veränderlichen, wie sie von Lagrange im Jahre 1774 mittels seiner fruchtbaren Methode der Variation der willkürlichen Constanten entdeckt worden ist. Der Auseinandersetzung von Lagrange haben wir jedoch verschiedene Jacobi entliehene Bemerkungen und eine sehr einfache Methode der Erzeugung der simultanen Gleichungen hinzugefügt. Der letzte Paragraph ist den Ansichten Lie's über den in den vorhergehenden Paragraphen behandelten Gegenstand und der Erklärung des auf die überschüssigen Constanten bezüglichen Paradoxons gewidmet.

Das **erste Buch** enthält die Analyse der Arbeiten von Lagrange und Pfaff. Wir haben diese schon alten Untersuchungen, mit einer gewissen Vorliebe auseinandergesetzt, einmal weil sie den Keim mancher weiteren Entdeckungen enthalten, sodann weil sie eine Menge von Anwendungen zulassen, die man einfacher nach diesen Methoden als nach den künstlicheren Methoden von Jacobi und Cauchy behandelt.

Das erste Kapitel handelt von den linearen Gleichungen, deren Theorie Lagrange in den Jahren 1779 und 1785 gefunden hat. Unsere Darlegung unterscheidet sich nur dadurch von derjenigen unserer Vorgänger, dass wir uns mehr der Theorie der Functionaldeterminanten bedienen. Im letzten Paragraphen geben wir die von Jacobi im Jahre 1827 gemachte Erweiterung der Lagrange'schen Theorie. Es ist erstaunlich genug, dass diese Untersuchungen des Berliner Geometers in beinahe allen Lehrbüchern und selbst in den neueren Abhandlungen von Graindorge und Imschenetsky mit Stillschweigen übergangen worden sind, denn sie allein lassen den engen Zusammenhang erkennen, welcher zwischen den partiellen Differentialgleichungen und den Systemen von Differentialgleichungen erster Ordnung besteht (Siehe Nr. 32.). Beiläufig zeigen wir, unter welchem Gesichtspunkt Lie die linearen Gleichungen betrachtet (Nr. 23).

Das zweite Kapitel enthält die Analyse der Arbeiten von Lagrange über die nicht linearen Gleichungen. Der Turiner Geometer erfand das Verfahren, die Integration der nichtlinearen Gleichungen mit drei Veränderlichen auf diejenige der linearen Gleichungen mit vier Veränderlichen zurückzuführen, im Jahre 1772. Im Jahre 1774 kam er auf denselben Gegenstand zurück, um auf die Verschiedenartigkeit der Integrale der partiellen Differentialgleichungen aufmerksam zu machen, und im Jahre 1806 nochmals, um ein eigenthümliches Paradoxon, welches die Theorie des allgemeinen Integrals darbietet, darzulegen. Wir geben die Methode von Lagrange unter ihren verschiedenen Formen. Zunächst bemerkt der ausgezeichnete Geometer, dass die Integration der Gleichung

$$q = \varkappa(x, y, z, p)$$

in nichts Anderem besteht als in der Ermittelung eines solchen Werthes von p, dass

$$dz = p dx + \varkappa dy$$

integrirbar ist. Sodann giebt er das allgemeine Verfahren an, um einen Werth von p mit einer willkürlichen Constanten zu finden, welches der Kern ist, aus dem die Jacobi'sche Methode hervorgegangen ist. Endlich zeigt er, wie man aus dem allgemeinsten Werthe von p den allgemeinsten Werth von z ableiten kann, was den Ausgangspunkt für die Pfaff'sche Methode bildet.

In der That wurde Jacobi, indem er die Methode von Lagrange unter ihrer letzten Form auf die Gleichungen mit n unabhängigen Veränderlichen anwandte, im Jahre 1827 dahin geführt, alle Rechnungen von Pfaff im umgekehrten Sinne zu wiederholen. Wir legen diese merkwürdige Arbeit von Jacobi in unserm dritten Kapitel dar. Der Berliner Geometer führt die Integration einer nichtlinearen Gleichung auf diejenige eines Systems von simultanen Gleichungen zurück, dessen Lösung allgemeiner ist als diejenige der gegebenen Gleichung. Um diese Lösung zu particularisiren und daraus das gesuchte Integral herzuleiten, ist er gezwungen, eine Änderung in den Veränderlichen eintreten zu lassen: Die $2n - 1$ Veränderlichen $x_1, \ldots, x_n, p_1, \ldots, p_{n-1}$ werden ersetzt durch die Integrationsconstanten der simultanen Hülfsgleichungen und die Aufgabe reducirt sich hiernach auf die Integration einer totalen Differentialgleichung mit $2n-1$ Veränderlichen.

Pfaff hatte seit 1814 genau einen umgekehrten Weg verfolgt, wie wir im folgenden Kapitel zeigen. Um die Gleichung

$$p_n = \varkappa(z, x_1, \ldots, x_n, p_1, \ldots, p_{n-1})$$

zu integriren, betrachtet er die totale Differentialgleichung

$$dz = p_1 dx_1 + \cdots + p_{n-1} dx_{n-1} + \varkappa dx_n$$

mit $2n$ Veränderlichen $z, x_1, \ldots, x_n, p_1, \ldots, p_{n-1}$ und transformirt sie in eine andere von derselben Form mit $2n-1$ Veränderlichen. Diese ist genau dieselbe, welche Jacobi durch Verallgemeinerung der letzten Untersuchungen von Lagrange gefunden hat, und Pfaff gelangt dazu durch Integration desselben Systems von Gleichungen, wie das von Jacobi. Die beiden Methoden sind daher identisch, nur dass die eine deutlicher als die andere die Verallgemeinerung der Lagrange'schen Methode ist und Pfaff das seinen Namen tragende allgemeine Problem der Integration der totalen Differentialgleichungen behandelt. In unserer Auseinandersetzung der Arbeiten von Pfaff benutzen wir verschiedene Abhandlungen von Gauss, Jacobi und Cayley. Der letzte Paragraph des vierten Kapitels enthält ausser dem umgekehrten Problem von Pfaff die Vereinfachung, welche in diese Theorie durch die Anwendung der Anfangswerthe der Veränderlichen als willkürlicher Constanten eingeführt wird. Das allgemeine Pfaff'sche Problem führt auf die Integration von n Systemen simultaner Gleichungen, deren jedes erst nach der vollständigen Integration aller vorhergehenden gebildet werden kann. Nutzen ziehend aus einer Idee von Hamilton, zeigte Jacobi 1836, dass man diese n Systeme unmittelbar bilden kann, wenn man, wie wir soeben bemerkt haben, die Anfangswerthe der Veränderlichen als willkürliche Constanten nimmt; überdies hat man, wenn es sich um die Integration einer partiellen Differentialgleichung handelt, nicht mehr als ein System zu integriren. Schon lange vorher, im Jahre 1818, war Cauchy zu diesem letzteren Resultat gelangt, indem er ebenfalls die Anfangswerthe der Veränderlichen als Constanten benutzte. Übrigens gebührt ihm die Einführung dieser Idee in die Wissenschaft, doch scheint Jacobi die Arbeiten von Cauchy nicht gekannt zu haben.

Dies ist der Cyklus der in unserm ersten Buche auseinandergesetzten Untersuchungen. Wir haben jeder Theorie die Anwendungen, welchen man gewöhnlich in den Lehrbüchern begegnet, und ausserdem diejenigen, welche sich in den Abhandlungen von Lagrange finden, hinzugefügt. Ferner haben wir in einem besonderen Paragraphen die Integration einer sehr bemerkenswerthen Gleichung, welche von Schläfli herrührt und von ihm im Jahre 1868 veröffentlicht worden ist, gegeben.

Das **zweite Buch** ist der Methode von Jacobi und Bour, den Vervollkommnungen dieser Methode durch Clebsch, endlich den Methoden von Korkine, Boole und Mayer, welche damit in engem Zusammenhange stehen, gewidmet.

Die Nova methodus von Jacobi wurde von ihm im Jahre 1838 gefunden und von Clebsch im Jahre 1862 veröffentlicht. Wir legen sie in unsern beiden ersten Kapiteln dar. Unsere Auseinandersetzung unterscheidet sich nur dadurch von derjenigen von Graindorge und Imschenetsky, dass wir in einem besonderen Kapitel, dem ersten, alles, was sich auf die Integrabilitätsbedingungen bezieht, vereinigt haben. Indem wir uns in Bezug auf diesen Punkt ein wenig von unsern Vorgängern und von Jacobi entfernen, wird man vielleicht den zu ausgedehnten Gebrauch der symbolischen Bezeichnungen nicht billigen. Indessen wird der Leser, welcher sich mit diesen Bezeichnungen vertraut gemacht hat, erkennen, dass nur sie in natürlicher Weise zum Beweise der Principien der Jacobi'schen Methode führen können. Im dritten Kapitel geben wir die von Bour herrührende Ausdehnung dieser Methode auf simultane Gleichungen und berichtigen dabei den kleinen Irrthum, welcher in der Auseinandersetzung von Bour, sowie in derjenigen der Autoren, die ihm gefolgt sind, untergelaufen ist. Auf diesen Irrthum hat Mayer im Jahre 1871 aufmerksam gemacht. In historischer Beziehung ist die Bemerkung von Wichtigkeit, dass die Arbeiten von Bour nicht aus denen von Jacobi hervorgegangen sind, welche letzteren erst im Jahre 1862 veröffentlicht wurden. Liouville, Bour und Donkin hatten um 1853 und 1854 die Fundamentalsätze der Nova methodus gefunden, ohne Kenntniss von der letzteren zu haben. Im vierten Kapitel geben wir die bewundernswerth eleganten, von Clebsch herrührenden und im Jahre 1866 veröffentlichten Rechnungen wieder, in denen der ausgezeichnete Algebraiker eine bemerkenswerthe Vereinfachung der Jacobi'schen Methode kennen lehrt.

Das fünfte und sechste Kapitel sind Methoden gewidmet, welche eine Änderung der Veränderlichen zur Voraussetzung haben. Bei der Methode von Korkine (1868), welche auf die nichtlinearen simultanen Gleichungen Anwendung findet, verfügt man über die willkürliche Function, welche in das allgemeine Integral einer der gegebenen Gleichungen eingeht, derart, dass dadurch den andern Gleichungen genügt wird; man transformirt so das System in ein anderes, welches eine Gleichung und eine Veränderliche weniger enthält. Die Rechnungen, zu denen wir beim Beweise der Principien dieser Methode geführt worden sind, würden ausserordentlich weitläufig sein, wenn wir nicht ausgedehnten Gebrauch von der Theorie der Determinanten gemacht hätten. Die Methode von Boole (1863), welche nur auf lineare Gleichungen anwendbar ist, geht ungefähr in derselben Weise vor, wie diejenige von Korkine. Sie ist im letzten Paragraphen des fünften Kapitels auseinandergesetzt. Die Methode von Mayer (1872), welche sodann folgt, ist ebenfalls nur auf lineare Gleichungen anwendbar, deren Integration sie auf diejenige gewisser Systeme von totalen Differentialgleichungen zurückführt. Jedesmal, wenn es gelungen ist, eine Gleichung des einen von diesen Systemen zu integriren, transformirt man es in ein anderes System, welches eine Veränderliche weniger enthält. Die neuen Veränderlichen sind die Anfangswerthe der ursprünglichen Veränderlichen. Ausserdem kann man mittels einer Transformation der Veränderlichen von ganz verschiedener Art bewirken, dass man nur ein einziges System zu betrachten hat. Wenn es sich um die linearen Gleichungen handelt, zu welchen die Jacobi'sche Methode führt, führt ein Satz von Mayer, welcher dem von Poisson und Jacobi analog und von diesem eine Folgerung ist, neue Vereinfachungen ein.

Die Methoden von Jacobi, Clebsch und Mayer führen darauf, ein Integral von Systemen von $2(n-1)$, $2(n-2), \ldots, 2$ gewöhnlichen Differentialgleichungen zu suchen, und zwar beträgt die Anzahl dieser Systeme für die drei Methoden respective:

$$\begin{array}{llllll} 1, & 2, & 3, \ldots, & (n-2), & (n-1) \\ 1, & 2, & 2, \ldots, & 2, & 2 \\ 1, & 1, & 1, \ldots, & 1, & 1. \end{array}$$

Dabei wird vorausgesetzt, dass die Gleichungen die abhängige Veränderliche nicht explicit enthalten. Die Methode von Lie, von der wir weiter unten sprechen werden, erfordert genau dieselbe Anzahl von Integrationen, wie diejenige von Mayer.

Das **dritte Buch** enthält zunächst die Auseinandersetzung der Methode von Cauchy. Der berühmte Geometer hatte sie 1818 ausgehend von zwei Hauptgedanken gefunden; der eine besteht in der Veränderung der Veränderlichen, ein Gedanke, den er wohl eher Ampère als Lagrange oder Pfaff entliehen hat, denn er scheint die Untersuchungen des letzteren nicht gekannt zu haben; der andere besteht in der unmittelbaren Einführung der Anfangswerthe der Veränderlichen in die Rechnung, wie es in der Theorie der bestimmten Integrale geschieht. Wenn die Untersuchungen von Cauchy denen von Jacobi über die Pfaff'sche Methode nicht vorhergegangen wären, würde man sie für eine vereinfachte Darstellung aller in unserm ersten Buche analysirten Arbeiten einschliesslich der Theorie der linearen Gleichungen von Lagrange halten. Wenn es sich um die Aufsuchung der Integrale dieser Gleichungen bei Voraussetzung von drei Veränderlichen handelt, suchen Lagrange und Monge zuerst die Kurven, welche die durch die Integrale dargestellten Flächen erzeugen können. Ein analoger Gedanke giebt Cauchy die Kurven oder Mannigfaltigkeiten von einer Dimension, von Lie Charakteristiken genannt, welche gewissermassen das Integral der nichtlinearen Gleichungen erzeugen. Pfaff und Jacob waren im Verfolg ihrer Rechnungen gezwungen, n von ihren $2n—1$ Hülfsveränderlichen Constanten gleichzusetzen. Cauchy nimmt gleich von Anfang an nur $n—1$ Hülfsveränderliche an und setzt ohne Weiteres voraus, dass dieses die Anfangswerthe der alten Veränderlichen seien; dadurch vermeidet er den Umweg, auf dem später Jacobi zu demselben Resultate gelangte. Cauchy hat im Jahre 1841 seiner Methode eine allgemeinere Form gegeben; die Anfangswerthe der Veränderlichen können nach Belieben neue Veränderliche oder Integrationsconstanten sein. Diese Arbeit von 1841, welcher man nicht genügende Beachtung geschenkt hat, bildet die Grundlage unserer Auseinandersetzung. Auf Grund derselben haben wir mit vollkommener Strenge die Theorie der Integration einer partiellen Differentialgleichung in den singulärsten Fällen geben können, z. B. in dem Falle der halblinearen Gleichungen von Lie (1872), auf den Serret beiläufig im Jahre 1861 kam; das Integral dieser Gleichungen wird gegeben durch m Relationen zwischen $n+1$ Veränderlichen und n willkürlichen Constanten. Mayer hat 1871 gezeigt, dass die von Jacobi modificirte Pfaff'sche Methode niemals das vollständige Integral der in Bezug auf die Grössen p homogenen Gleichungen giebt; dasselbe ist der Fall bei der ursprünglichen Cauchy'schen Methode. Wenn man aber dieser Methode alle ihre Geschmeidigkeit, wenn man so sagen darf, lässt, so führt sie ohne Rechnung zu den Abänderungen der Methode von Pfaff und Jacobi, welche von Mayer vorgeschlagen wurden.

Die allgemeine Methode von Cauchy thut auch sehr gute Dienste bei einer strengen Darlegung der Untersuchungen von Serret (1861), die sich auf den Fall beziehen, wo die Cauchy'sche Methode mangelhaft zu sein scheint. Wir geben diese Untersuchungen im zweiten Kapitel.

Das folgende Kapitel enthält nach Mayer eine Auseinandersetzung der Lie'schen Methode (1872), welche als eine Erweiterung der Cauchy'schen Methode betrachtet wird. In dieser Methode führt man die Integration von $m+1$ Gleichungen mit $n+m$ unabhängigen Veränderlichen auf diejenige einer einzigen Gleichung mit n unabhängigen Veränderlichen zurück, sei es durch Aufsuchung eines Integrals von m Gleichungen, sei es nach einer einfachen Transformation der Veränderlichen. In diesem letzteren Falle sieht man deutlich, dass die Lie'sche Methode die natürliche Fortsetzung derjenigen von Cauchy ist. Verbunden mit der Jacobi'schen ist sie anwendbar auf eine einzige Gleichung mit $n+1$ Veränderlichen besonders in den ungünstigsten Fällen.

Schliesslich geben wir in einem kurzen **Schlussabschnitte** mittels der Ideen von Lie selbst eine zusammenfassende Übersicht der hauptsächlichen Methoden, welche den Leser ihre inzwischen erfolgte Verschmelzung unter den Händen des norwegischen Geometers voraussehen lässt.

Seit der Veröffentlichung der französischen Ausgabe dieses Buches (1875) ist die Theorie der partiellen Differentialgleichungen erster Ordnung der Gegenstand erheblicher Arbeiten nach drei verschiedenen Richtungen hin gewesen. Frau von Kowalevsky, Darboux, Méray und Andere haben die schwierigen Fragen, welche sich auf die Existenz des allgemeinen Integrals und der singulären Lösungen dieser Gleichungen beziehen, studirt; Lie und seine Schüler haben die Theorie der Berührungstransformationen auf die gesammte Analysis der partiellen oder totalen Differentialgleichungen ausgedehnt; endlich haben Frobenius, Darboux, Morera das Pfaff'sche Problem, dasselbe im weitesten Sinne genommen, in überaus eingehender Weise behandelt. Wir konnten nicht daran denken, so tiefe und so originelle Untersuchungen in den alten Rahmen unseres Werkes einzufügen; dazu hätte der Umfang desselben auf das Doppelte oder Dreifache erweitert und sein Plan vollständig geändert werden müssen. Die kürzliche Veröffentlichung von drei bemerkenswerthen Werken hat übrigens eine derartige Erweiterung unserer ursprünglichen Arbeit unnöthig gemacht. Es sind dies die folgenden Werke: Leçons sur l'intégration des équations aux dérivées partielles du premier ordre von E. Goursat (Paris, Hermann, 1890), welches eine ausgezeichnete Übersicht über die erstgenannte Gruppe von Arbeiten enthält; ferner: Theorie der Transformationsgruppen von Sophus Lie (Leipzig. B. G. Teubner, 1888, 1890, der dritte Band ist noch nicht erschienen), und Theory of Differential Equations, Part. I Exact Equations and Pfaff's Problem von A. R. Forsyth (Cambridge 1890), in welchen die beiden anderen oben angegebenen Gruppen von Arbeiten in vollständiger Weise auseinandergesetzt werden.

Wir haben uns daher auf eine Revision unseres Buches beschränkt und nur eine gewisse Anzahl von Verbesserungen, bibliographischen Notizen, sowie einige Ergänzungen eingeführt, die aus folgender Aufstellung ersichtlich werden:

1) Am Schlusse der Einleitung haben wir als Nachtrag I eine historische Übersicht über die auf die Existenz des allgemeinen Integrals der gewöhnlichen und partiellen Differentialgleichungen bezüglichen Untersuchungen gegeben.[1]) Im Anhang I ist mit Genehmigung der leider so früh verstorbenen Frau von Kowalevsky deren auf diese Frage bezügliche bemerkenswerthe Abhandlung reproducirt, wodurch die hauptsächlichste Lücke der französischen

[1]) Während des Druckes dieses Buches ist über diesen Gegenstand eine wichtige Note von Herrn E. Picard erschienen, die wir hier anführen: Sur le théorème général relatif à l'existence des intégrales des équations différentielles ordinaires (Bulletin de la Société mathématique de France, 1891, t. 19, p. 61—64 und Nouvelles Annales de Mathématiques, 1891, 3e Série, t. X, p. 197—201). deren Princip er in seinem Mémoire sur la théorie des équations aux dérivées partielles et la méthode des approximations partielles (Journal de Mathématiques pures et appliquées de Jordan, 1890, 4e Série, t. VI, p. 145—210, 231) dargelegt hatte. — Zur Ergänzung dessen, was wir über die Existenz der Integrale der

Ausgabe unseres Buches ausgefüllt wird. 2) In der Theorie der linearen Gleichungen haben wir überall die Methode von Gilbert eingeführt, welche die vordem durch Jacobi in versteckter Weise angedeutete singuläre Lösung giebt. Ferner haben wir im Nachtrag II gezeigt, wie auch die Methode von Cauchy zugleich das allgemeine Integral und die singuläre Lösung geben kann.[1]) 3) Im Nachtrag III haben wir als Anwendung der Theorie der linearen Gleichungen die partielle Differentialgleichung der Regelflächen integrirt. 4) Bei der Darlegung der Prinzipien der Jacobi'schen Methode haben wir die Veränderungen eingeführt, welche unerlässlich sind, um gewissen Einwürfen von Gilbert zu begegnen, und haben der grösseren Sicherheit wegen im Nachtrag IV die Darlegung reproducirt, welche dieser Geometer von der Jacobi'schen Methode gegeben hat. 5) Schliesslich haben wir hier und dort verschiedene minder wichtige Verbesserungen oder Ergänzungen gemacht, besonders in bibliographischer Beziehung, ohne jedoch zu versuchen, absolut vollständig zu sein, und zwar dies um so weniger, als die Werke der Herren Lie, Forsyth und Goursat eine derartige Vollständigkeit auf dem von ihnen gewählten Gebiete überflüssig machen.

III. Bezeichnungen und besondere Festsetzungen.

I. Wenn eine Veränderliche z eine explicite oder implicite Function der unabhängigen Veränderlichen $x_1, x_2, \ldots$ ist, so bezeichnen wir ihre Ableitungen in Bezug auf $x_1, x_2, \ldots$ durch

$$\frac{dz}{dx_1}, \quad \frac{dz}{dx_2}, \ldots, \quad \ldots \ldots \ldots \quad (1)$$

abweichend von Jacobi, der in diesem Falle die Bezeichnungen

$$\frac{\partial z}{\partial x_1}, \quad \frac{\partial z}{\partial x_2}, \ldots$$

anwendet und die geraden d für die Ableitungen der Functionen einer einzigen Veränderlichen vorbehält.

Wir bedienen uns der Bezeichnungen

$$\frac{\delta \varphi}{\delta x_1}, \quad \frac{\delta \varphi}{\delta x_2}, \ldots, \quad \ldots \ldots \ldots \quad (2)$$

---

partiellen Differentialgleichungen gesagt haben, müssen wir noch die Inauguraldissertation (1879) des Herrn Poincaré, die uns entgangen war, erwähnen: „Sur les propriétés des fonctions définies par les équations aux dérivées partielles“ (Paris, Gauthier-Villars, 1879, 93 S. in 4⁰), sowie diejenige des Herrn Bourlet, die während des Druckes des Werkes erschien und noch gelegentlich erwähnt werden konnte (S. 303).

[1]) In den Annales de la Société scientifique de Bruxelles, 1890—1891, t. XV, 1. partie, p. 3—6, in einer Note sur la méthode de Lagrange pour l'intégration des équations linéaires aux dérivées partielles haben wir gezeigt, dass diese Methode von Lagrange ebenfalls die singuläre Lösung Gilbert's giebt.

um die Ableitungen einer expliciten Function $\varphi(x_1, x_2, \ldots)$ von x_1 $x_2, \ldots$ in Bezug auf den Buchstaben x_1, in Bezug auf den Buchstaben x_2, u. s. w. darzustellen, unbekümmert darum, ob $x_1, x_2, \ldots$ von einander unabhängig sind oder nicht. Die beiden Bezeichnungen können in gewissen Fällen gleichbedeutend sein; die Bezeichnung (1) dient zur Darstellung eines Ausdruckes, welcher nicht von der Form der zwischen $z, x_1, x_2, \ldots$ bestehenden Relationen abhängt; das Umgekehrte ist der Fall bei der Bezeichnung (2).[1])

II. Die Bezeichnungen

$$\frac{\delta(f_1, \ldots, f_n)}{\delta(x_1, \ldots, x_n)}, \quad \frac{d(f_1, \ldots, f_n)}{d(x_1, \ldots, x_n)} = D\,\frac{f_1, \ldots, f_n}{x_1, \ldots, x_n}$$

stellen resp. die Functionaldeterminanten

$$\begin{vmatrix} \frac{\delta f_1}{\delta x_1}, & \ldots, & \frac{\delta f_n}{\delta x_1} \\ \cdot & \cdot & \cdot \\ \cdot & \cdot & \cdot \\ \frac{\delta f_1}{\delta x_n}, & \ldots, & \frac{\delta f_n}{\delta x_n} \end{vmatrix}, \quad \begin{vmatrix} \frac{d f_1}{d x_1}, & \ldots, & \frac{d f_n}{d x_1} \\ \cdot & \cdot & \cdot \\ \cdot & \cdot & \cdot \\ \frac{d f_1}{d x_n}, & \ldots, & \frac{d f_n}{d x_n} \end{vmatrix}$$

dar.

---

[1]) Jacobi hat die Bezeichnung ∂ eingeführt im § 1 der Dilucidationes (Ges. Werke, IV. S. 152): „Differentiationem vulgarem symbolo indicavi d, dum differentiationi partiali symbolo ∂ adhibui. Si certae variabilium independentium functiones ipsae pro variabilibus independentibus sumuntur earumque respectu differentiationes partiales instituuntur, haec nova differentialia uncis inclusi, ut a differentialibus partialibus variabilium independentium propositarum respectu sumtis distinguerentur.“ Diese „differentialia uncis inclusa“ gerade sind es, die wir durch das Symbol δ bezeichnen. Was die Unterscheidung der partiellen Differentiale von den gewöhnlichen Differentialen anlangt, so ist dieselbe nicht berechtigt; die einen wie die andern sind ihrer Definition nach gleich den Ableitungen der betrachteten Functionen nach den unabhängigen Variablen, multiplicirt respective mit willkürlichen Grössen, welche die beliebigen, reellen oder imaginären Zuwächse dieser unabhängigen Variablen darstellen.

Gent, den 10. October 1891.

P. Mansion.

Inhaltsverzeichniss.

I. Buch.

II. Buch.

Methode von Jacobi.

III. Buch.

Schluss.

Anhang I.

Anhang II.

Anhang III.

Zusätze und Verbesserungen.

Zu S. 24. Anm. Der Satz 2 der Mayer'schen Note in den Gött. Nachr., 1872, No. 21 liefert das Mittel, aus einer gegebenen vollständigen Lösung nicht nur jede andere vollständige Lösung der gegebenen partiellen Differentialgleichung, sondern überhaupt jede andere Lösung abzuleiten, mit Ausnahme allein der singulären Lösung.

Zu S. 49. Anm. Jacobi hat bereits in den Dilucidationes die allgemeine Grenzbedingung (14) behandelt.

Zu S. 212—213, No. 97. In dieser No. ist nur bewiesen, dass die Gleichungen (11) nicht mehr x_1 enthalten, nachdem sie nach dc_1, dc_2, . . ., dc_n aufgelöst sind.

Einleitung.

Entstehung der partiellen Differentialgleichungen erster Ordnung.

§. 1. *Definition der partiellen Differentialgleichungen erster Ordnung. Verfahren, um die abhängige Veränderliche aus ihnen herauszuschaffen. Geometrische Deutung von Lie.*

1. Definition nach Lagrange. — Eine partielle Differentialgleichung erster Ordnung

$$f(z, x_1, x_2, \ldots, x_n, p_1, p_2, \ldots, p_n) = 0 \quad . \quad . \quad . \quad . \quad (1)$$

ist eine Beziehung zwischen einer abhängigen Veränderlichen z, n unabhängigen Veränderlichen $x_1, x_2, \ldots x_n$ und den ersten Ableitungen

$$p_1 = \frac{dz}{dx_1}, \; p_2 = \frac{dz}{dx_2}, \ldots, p_n = \frac{dz}{dx_n}$$

von z nach $x_1, x_2, \ldots, x_n$. Sie heisst *linear*, wenn $p_1, p_2, \ldots, p_n$ darin nur im ersten Grade vorkommen.

Die Gleichung (1) integriren, heisst sämmtliche Relationen zwischen $z, x_1, x_2, \ldots, x_n$ von solcher Beschaffenheit finden, dass die Werthe von $z, p_1, p_2, \ldots, p_n$, welche aus ihnen abgeleitet werden können, die Gleichung (1) zu einer identischen machen.

Mehrere Gleichungen von derselben Form wie die Gleichung (1) bilden ein simultanes System von partiellen Differentialgleichungen der ersten Ordnung, mag nun in ihnen nur eine einzige unbekannte Function z mit ihren Ableitungen vorkommen oder mögen deren mehrere vorhanden sein. Da sich die Mathematiker beinahe ausschliesslich mit dem ersten dieser beiden Fälle beschäftigt haben[1]), so werden wir uns hier, abgesehen von einem Paragraphen, der gewissen simultanen Gleichungen gewidmet ist (§ 7), auch nur auf die Untersuchung derjenigen simultanen Differentialgleichungen beschränken, welche nur eine abhängige Veränderliche enthalten.

Ein System von simultanen der Gleichung (1) analogen Gleichungen integriren heisst ebenfalls alle Relationen zwischen $z, x_1, x_2, \ldots, x_n$ von solcher Beschaffenheit finden, dass die Werthe von $z, p_1, p_2, \ldots, p_n$, welche daraus abgeleitet werden können, diese Gleichungen zu identischen machen.

2. Erste Transformationsmethode. — Es ist häufig vortheilhaft, mag es sich um eine einzige Gleichung oder um ein System von solchen handeln, die gegebenen Relationen in andere zu transformiren, welche eine unabhängige Veränderliche mehr enthalten, in denen aber die neue abhängige Veränderliche nur vermöge ihrer partiellen Ableitungen vorkommt. Um dies zu erreichen, hat Jacobi zwei Transformationsmethoden angegeben, die wir jetzt vorführen wollen, wobei wir uns jedoch auf den Fall einer einzigen Gleichung beschränken.[2])

Es sei

$$f(z, x_1, x_2, \ldots, x_n, p_1, p_2, \ldots, p_n) = 0 \quad . \quad . \quad . \quad . \quad (1)$$

eine partielle Differentialgleichung und

---

[1]) In Bezug auf diesen Gegenstand erwähnen wir jedoch zweier wichtiger Abhandlungen von Hamburger (Crelle's Journal 1882, Bd. 93, S. 188—215, Bd. 100, S. 390—404) und einer Note von König (Mathem. Annalen, 1884, Bd. 23, S. 520—528). Jordan (Cours d'analyse Bd. 3, S. 297—300, Nr. 232—234) giebt an, wie man allgemein irgend ein System partieller Differentialgleichungen auf ein solches erster Ordnung, welches nur eine abhängige Veränderliche enthält, zurückführen kann.

[2]) Die erste Methode findet sich in der Abhandlung von Jacobi: *Dilucidationes etc.* (Crelle's J., Bd. 23, S. 18—20), die andere in seiner *Nova Methodus*, § 1, und in seinen „Vorlesungen über Dynamik", Vorlesung 31, S. 237. Diese zweite Methode ist weit weniger elegant wie die erste, doch ist sie nicht illusorisch, wie Boole, *On the differential equations of dynamics* (Philosophical Transactions 1863, S. 485—501) S. 489, Bertrand in seinen Vorlesungen am Collège de France in den Jahren 1852, 1855, 1868 (Graindorge, *Mémoire etc.* S. 16 Anm.) und nach ihm Imschenetsky S. 43, Graindorge S. 16 und Mayer (Mathematische Annalen, Bd. 3, S. 437) behauptet haben. Diese Geometer haben Jacobi einen Irrthum zugeschrieben, den er nicht begangen hat, nämlich den, dass er hätte zwei Grössen y und t zwischen zwei Gleichungen eliminiren wollen. „Jacobi war doch nicht so kurzsichtig", sagte Clebsch zu uns in Bezug auf diesen angeblichen Irrthum des grossen Geometers. Mayer (Mathem. Annal. 1875, Bd. 9, S. 366—369) hat später die Richtigkeit der zweiten Jacobi'schen Methode anerkannt und dieselbe dargelegt, indem er im Grunde ebenso wie wir aus einem Gedanken Nutzen zog, der ihm von Lie mitgetheilt worden war. Mayer (a. a. O. S. 368—369) verdankt man die wichtige Bemerkung, dass diese zweite Methode nicht wie die erste gewisse singuläre Lösungen der ursprünglichen Gleichung ausfallen lässt (vgl. die Bemerkung am Schlusse von Nr. 2).

$$F(z, x_1, x_2, \ldots, x_n) = 0 \quad . \quad . \quad . \quad . \quad . \quad . \quad (2)$$

ein Integral dieser Gleichung. Dann hat man:

$$p_1 = -\frac{\frac{\delta F}{\delta x_1}}{\frac{\delta F}{\delta z}},\ p_2 = -\frac{\frac{\delta F}{\delta x_2}}{\frac{\delta F}{\delta z}},\ \ldots\ldots,\ p_n = -\frac{\frac{\delta F}{\delta x_n}}{\frac{\delta F}{\delta z}}.$$

Setzt man diese Werthe in die Gleichung (1) ein, so kommt:

$$f\left(z,\ x_1,\ \ldots\ x_n,\ -\frac{\frac{\delta F}{\delta x_1}}{\frac{\delta F}{\delta z}},\ \ldots,\ -\frac{\frac{\delta F}{\delta x_n}}{\frac{\delta F}{\delta z}}\right) = 0 \quad . \quad . \quad . \quad (3).$$

Die Gleichung, welche man aus dieser erhält, wenn man überall δ mit d vertauscht, nämlich:

$$f\left(z,\ x_1,\ \ldots,\ x_n,\ -\frac{\frac{dF}{dx_1}}{\frac{dF}{dz}},\ \ldots,\ -\frac{\frac{dF}{dx_n}}{\frac{dF}{dz}}\right) = 0 \quad . \quad . \quad (4)$$

ist die transformirte Gleichung, die wir suchen. Es ist dies eine partielle Differentialgleichung zwischen einer abhängigen Veränderlichen F und den unabhängigen Veränderlichen $z, x_1, \ldots, x_n$, deren Integration unmittelbar diejenige der Gleichung (1) giebt, wie wir jetzt zeigen wollen.

Es sei

$$\varphi(F,\ z,\ x_1,\ \ldots,\ x_n) = 0 \quad . \quad . \quad . \quad . \quad . \quad . \quad (5)$$

irgend eine Lösung der Gleichung (4). Man hat:

$$\frac{dF}{dz} = -\frac{\frac{\delta\varphi}{\delta z}}{\frac{\delta\varphi}{\delta F}},\ \frac{dF}{dx_1} = -\frac{\frac{\delta\varphi}{\delta x_1}}{\frac{\delta\varphi}{\delta F}},\ \ldots,\ \frac{dF}{dx_n} = -\frac{\frac{\delta\varphi}{\delta x_n}}{\frac{\delta\varphi}{\delta F}},\ . \quad (6)$$

und wenn man dies in (4) einsetzt:

$$f\left(z,\ x_1,\ x_2,\ \ldots,\ x_n,\ -\frac{\frac{\delta\varphi}{\delta x_1}}{\frac{\delta\varphi}{\delta z}},\ -\frac{\frac{\delta\varphi}{\delta x_2}}{\frac{\delta\varphi}{\delta z}},\ \ldots,\ -\frac{\frac{\delta\varphi}{\delta x_n}}{\frac{\delta\varphi}{\delta z}}\right) = 0 \quad (7).$$

Diese Gleichung (7) enthält keine Ableitung in Bezug auf F. Vergleicht man sie mit der Gleichung (1), so sieht man unmittelbar, dass die Gleichung (5) eine Lösung von (1) ist, vorausgesetzt, dass man darin F als eine Constante betrachtet.[1])

---

[1]) Wie man sieht, braucht man nicht vorauszusetzen, dass die Gleichung (5) nach F aufgelöst sei, wie es **Imschenetsky**, S. 44, und **Graindorge**, S. 17, gethan haben, um den Satz dieser Nummer zu beweisen.

Bemerkung. Die transformirte Gleichung (4) ist homogen in Bezug auf die Ableitungen von F. Wie man weiter unten sehen wird, lassen sich die Integrationsmethoden der partiellen Differentialgleichungen nicht immer direkt auf diese Art von Gleichungen anwenden. Dies ist zweifellos der Grund, der Jacobi veranlasste, eine andere Integrationsmethode anzuwenden. Da überdies, wie Mayer bemerkt hat, die erste Transformation nur Lösungen von der Form (5) giebt, in denen eine willkürliche Constante F vorkommt, so kann sie nicht singuläre Lösungen (Nos. 6, 10, u. s. w.) ohne willkürliche Constante liefern, die sich nicht aus Integralen mit dergleichen Constanten herleiten lassen. Die zweite Methode bietet keinen von diesen Uebelständen dar.

3. Zweite Transformationsmethode. — Wir setzen

$$y = zt \quad \ldots\ldots\ldots\ldots \quad (8)$$

und *nehmen z unabhängig von t an*, so dass

$$\frac{dz}{dt} = 0 \quad \ldots\ldots\ldots\ldots \quad (9)$$

ist. Aus (8) folgt:

$$\frac{dy}{dt} = z, \quad \frac{dy}{dx_1}\,\frac{1}{t} = p_1, \ldots, \frac{dy}{dx_n}\,\frac{1}{t} = p_n \quad \ldots \quad (10).$$

Mittels dieser Werthe (10) geht die Gleichung (1) über in:

$$f\left(\frac{dy}{dt}, x_1, x_2, \ldots x_n, \frac{dy}{dx_1}\,\frac{1}{t}, \frac{dy}{dx_2}\,\frac{1}{t}, \ldots, \frac{dy}{dx_n}\,\frac{1}{t}\right) = 0 \quad (11),$$

welche y nicht mehr explicit enthält, in der jedoch eine Veränderliche t mehr vorkommt.

Es sei

$$F(y, t, x_1, x_2, \ldots x_n) = 0 \quad \ldots\ldots \quad (12)$$

irgend ein Integral dieser transformirten Gleichung (11). Im Allgemeinen genügt es, wie Bertrand bemerkt hat, nicht, in dieser Gleichung (12) y durch zt zu ersetzen, um eine Lösung

$$F(zt, t, x_1, x_2, \ldots, x_n) = 0 \quad \ldots\ldots \quad (13)$$

der Gleichung (1) zu erhalten, aus welcher t von selbst herausfiele. Indessen darf man daraus nicht schliessen, dass die zweite Jacobi'sche Transformationsmethode im Allgemeinen illusorisch ist.

Die Gleichung (13) ist ein Integral nicht von Gleichung (1), sondern von der Gleichung

$$f\left(z + t\,\frac{dz}{dt}, x_1, \ldots x_n, p_1, \ldots p_n\right) = 0 \quad \ldots \quad (14),$$

in welcher z als eine Function von $t, x_1, \ldots, x_n$ betrachtet wird. Setzt man in dieser $y = zt$ *und lässt z abhängig sein von t*, so wird man zu der transformirten Gleichung (11) geführt und umgekehrt kommt man von der Gleichung (11) wieder zu der Gleichung (14), wenn man bloss allein $y = zt$ annimmt. Somit ist die Gleichung (13) eine Lösung der Gleichung (14), weil (12) eine Lösung von (11) ist.

Um aber von der Gleichung (11) auf die Gleichung (1) zurückzukommen, genügt es nicht, nur $y = zt$ zu setzen, man muss auch auf die Gleichung (9), welche ausdrückt, dass z von t unabhängig ist, Rücksicht nehmen. Mithin findet man ein Integral von (1) mit Hülfe von (13), wenn man t zwischen dieser Relation und der folgenden

$$\frac{\frac{\delta F}{\delta y} z + \frac{\delta F}{\delta t}}{\frac{\delta F}{\delta y} t} = 0 \quad . \quad . \quad . \quad . \quad . \quad . \quad . \quad (15),$$

welche der Gleichung (9) äquivalent ist und in welcher y durch zt ersetzt zu denken ist, eliminirt. Mit andern Worten, man findet ein Integral von (1), wenn man y und t zwischen den Gleichungen (8), (12), (15) eliminirt.

B e m e r k u n g. Ist die gegebene Gleichung homogen in Bezug auf die Grössen p, so kann man sie auf die Form bringen:

$$\varphi\left(z,\ x_1, \ldots, x_n, \frac{p_1}{p_n}, \ldots, \frac{p_{n-1}}{p_n}\right) = 0.$$

Die transformirte Gleichung

$$\varphi\left(\frac{dy}{dt},\ x_1, \ldots, x_n, \frac{p_1}{p_n}, \ldots, \frac{p_{n-1}}{p_n}\right) = 0$$

enthält nicht t explicit, was, wie wir weiter unten (Nr. 15) sehen werden, eine neue Vereinfachung ist.

4. Definition einer partiellen Differentialgleichung nach Lie[1]). Betrachtet man eine Veränderliche x, welche von $-\infty$ bis $+\infty$ variirt, oder allgemeiner, welche alle denkbaren Werthe annimmt, so sagt man, sie könne unendlich viele (∞^1) Werthe annehmen. Man kann ebenso sagen, dass das System der beiden Veränderlichen x, y ∞^2 Werthe, ferner dass das System der drei Veränderlichen x, y, z ∞^3 Werthe annehmen könne u. s. w. Allgemein, wenn man sagt, das System

$$z,\ x_1, \ldots, x_n$$

könne ∞^{n+1} Werthe annehmen, so bedeutet dies, dass jede der Veränderlichen alle nur denkbaren Werthe annehmen kann.

---

[1]) L i e, Göttinger Nachrichten, 1872, Nr. 16, S. 321—326, Nr. 25, S. 473—489 und S. 151 u. ff. der grossen Abhandlung: „Ueber Complexe, insbesondere Linien- und Kugelcomplexe, mit Anwendung auf die Theorie partieller Differentialgleichungen" (Mathematische Annalen Bd. 5, S. 145—256). Es war C a u c h y, der sich zuerst mit Räumen von beliebig vielen Dimensionen beschäftigte (*Comptes rendus t.* XXIV p. 885—887).

Wenn zwei Veränderliche x, y durch eine Gleichung

$$f(x, y) = 0$$

verbunden sind, so kann x ∞^1 Werthe annehmen und jedem Werthe der Veränderlichen x wird darnach nur eine gewisse Anzahl von Werthen der Veränderlichen y entsprechen; in diesem Falle sagt man, dass das System (x, y) nur ∞^1 Werthe habe und nicht ∞^2, wie im vorigen Falle. Ebenso sagt man, $n+1$ Veränderliche, welche unter einander durch $1, 2, \ldots, n$ Relationen verbunden sind, haben resp. $\infty^n, \infty^{n-1}, \ldots, \infty^1$ Werthe.

Betrachtet man x, y, z als die Coordinaten eines Punktes im Raume, so kann das Ensemble der drei Coordinaten x, y, z gleichfalls *Punkt* genannt werden und man kann sagen, dass der Raum ∞^3 Punkte, eine Fläche ∞^2 und eine Kurve nur ∞^1 Punkte enthält. Im allgemeineren Sinne kann man *Punkt* das Ensemble von $n+1$ Werthen $(z, x_1, \ldots, x_n)$, welche seine *Coordinaten* heissen, und *Raum von $n+1$ Dimensionen* das Ensemble der Punkte nennen, welche allen überhaupt möglichen Werthen dieser Coordinaten entsprechen. Betrachtet man unter den ∞^{n+1} Punkten des Raumes von $n+1$ Dimensionen diejenigen, deren Coordinaten der Gleichung

$$f(z, x_1, \ldots, x_n) = 0$$

genügen, so hat man *eine Mannigfaltigkeit von n Dimensionen*, welche ∞^n Punkte enthält. Das Ensemble der Punkte, welche durch $2, 3, \ldots, n$ derartige Gleichungen dargestellt werden, bildet eine Mannigfaltigkeit von resp. $n-1, n-2, \ldots, 1$ Dimensionen. Die Punkte selbst können von der 0ten Dimension genannt werden.

Im Raume von 3 Dimensionen unterscheidet man unter den Flächen diejenige, deren Gleichung vom ersten Grade ist, oder die Ebene

$$pX + qY - Z + P = 0.$$

Die Ebene ist bestimmt, wenn man ihre Richtungscoefficienten p, q, -1 und einen ihrer Punkte x, y, z kennt. Ihre Gleichung ist in diesem Falle:

$$p(X-x) + q(Y-y) - (Z-z) = 0.$$

Ein Punkt und eine durch diesen Punkt hindurchgehende Ebene bilden ein *Element* des Raumes. Ein Element des Raumes ist somit durch fünf Grössen, welche seine Coordinaten heissen,

$$x, y, z, p, q$$

bestimmt und somit enthält der Raum ∞^5 Elemente.

Unter den Elementen des Raumes sind die, deren Coordinaten der Gleichung

$$f(x, y, z, p, q) = 0$$

genügen, in der Zahl ∞^4 vorhanden und dieselben werden die Elemente dieser Gleichung oder die Elemente der durch diese Gleichung dargestellten Figur, wenn man so sagen darf, genannt. Durch jeden Punkt des Raumes gehen ∞^2 Ebenen, von denen nur ∞^1 zusammen mit diesem Punkte ∞^1 Elemente der Gleichung f bilden. Diese ∞^1 Ebenen umhüllen einen gewissen Kegel, welcher den gemeinsamen Punkt zur Spitze hat. In gewissem Sinne kann man daher sagen, dass die Gleichung $f = 0$ ∞^3 Kegelflächen in der Umgebung ihrer Spitzen darstellt, deren jede in diesen Punkten ∞^1 Tangentenebenen besitzt.

Im Raume von $n + 1$ Dimensionen können wir *Ebene* die Mannigfaltigkeit von n Dimensionen nennen, deren Gleichung in Bezug auf die laufenden Coordinaten linear ist. Eine durch einen Punkt $(z, x_1, \ldots, x_n)$ gehende Ebene hat zur Gleichung

$$p_1(X_1 - x_1) + \ldots + p_n(X_n - x_n) - (Z - z) = 0$$

und bildet zusammen mit dem Punkte selbst ein *Element des Raumes*, welches durch die $2n + 1$ Coordinaten

$$z, x_1, \ldots, x_n, p_1, \ldots, p_n$$

bestimmt ist. Der Raum enthält ∞^{2n+1} Elemente. Die durch die Gleichung

$$f(z, x_1, \ldots, x_n, p_1, \ldots, p_n) = 0$$

dargestellte Figur ist das Ensemble der ∞^{2n} Elemente, welche dieser Gleichung genügen. Diese Elemente heissen die Elemente der Gleichung oder der entsprechenden Figur.

5. Neue Auffassung der Integration der partiellen Differentialgleichungen. — Eine partielle Differentialgleichung, mit drei Veränderlichen z. B.

$$f(x, y, z, p, q) = 0 \quad . \; . \; . \; . \; . \; . \; . \quad (16),$$

integriren heisst nach Lie alle Figuren finden, welche ∞^2 von den ∞^4 durch diese Gleichung dargestellten Elementen enthalten und derart beschaffen sind, dass zwei unendlich nahe Elemente der Gleichung

$$dz = pdx + qdy \quad . \; . \; . \; . \; . \; . \; . \quad (17)$$

genügen. Ebenso, eine Gleichung mit $n + 1$ Veränderlichen

$$f(z, x_1, \ldots, x_n, p_1, \ldots, p_n) = 0 \quad . \; . \; . \; . \; . \quad (1)$$

integriren heisst alle Figuren finden, welche ∞^n von den ∞^{2n} durch diese Gleichung dargestellten Elementen enthalten und derart beschaffen sind, dass zwei benachbarte Elemente der Gleichung

$$dz = p_1dx_1 + \ldots + p_ndx_n \quad . \; . \; . \; . \; . \quad (18)$$

genügen.

Nimmt man in der Gleichung (16) x, y, z als konstant, p, q als variabel an, so genügen die so erhaltenen Elemente der Gleichung (17), da man hat:

$$dx = 0, \quad dy = 0, \quad dz = 0;$$

solcher Elemente aber giebt es nur einfach unendlich viele. Ebenso genügen die durch die Gleichung (1) dargestellten Elemente, wenn man den Punkt als fest betrachtet, der Bedingung (18), aber solcher Elemente giebt es nur ∞^{n-1}. Die entsprechenden Figuren sind daher keine Integrale.

Die Gleichungen (5) und (6) von Nr. 2, welche ∞^{n+1} Elemente der durch Transformation von Gleichung (1) erhaltenen Gleichung (4) geben, geben nur noch ∞^n, wenn man F constant annimmt. Ebenso stellen die Gleichung (12) von Nr. 3 und die aus ihr abzuleitenden Werthe von $\frac{dy}{dt}, \frac{dy}{dx_1}, \ldots, \frac{dy}{dx_n}$ ∞^{n+1} Elemente der Gleichung (11) dar und geben somit ein Integral dieser Gleichung (11); nimmt man aber das Bestehen der Relation (15) oder (9) an, so sind diese Elemente nur noch in der Zahl ∞^n vorhanden und geben ein Integral der Gleichung (1).

§ 2. Entstehung der Gleichungen mit drei Veränderlichen. Theorie von Lagrange.[1]

6. Entstehung dieser Gleichungen auf drei verschiedene Arten.

Es sei

$$z = F(x, y, a, b) \quad \ldots\ldots\ldots \quad (1)$$

eine Relation zwischen x, y, z, in welcher zwei willkürliche Constanten a, b vorkommen. Man erhält daraus:

$$p = F'_x(x, y, a, b), \quad q = F'_y(x, y, a, b) \quad \ldots \quad (2).$$

Eliminirt man a und b zwischen diesen drei Gleichungen, so erhält man:

$$f(x, y, z, p, q) = 0 \text{ oder } z = \varphi(x, y, p, q) \quad \ldots \quad (3),$$

welches partielle Differentialgleichungen erster Ordnung sind.

Ersetzt man a und b durch geeignete Funktionen von x und y, so kann es vorkommen, dass die Gleichung (1) zu derselben Gleichung (3)

---

[1]) Die Unterscheidung der drei Arten von Integralen der partiellen Differentialgleichungen erster Ordnung rührt von Lagrange her (Abhandlungen der Berliner Akademie, 1772, Oeuvres, t. III, Nr. 2, p. 572; 1774, Oeuvres, t. IV, Nr. 41, p. 65, Nr. 47, p. 74; *Leçons etc.*, p. 367 u. ff.). Man vgl. auch Pfaff (Abhandl. der Berl. Akad., 1814—1815) an verschiedenen Stellen, und Jacobi, Ueber die Pfaff'sche Methode etc. (Crelle's J., Bd. 2, S. 348—349) und vor Allen „Vorlesungen etc.", S. 471—509. Wir folgen hier hauptsächlich der Darstellung von Imschenetsky, Kap. I, S. 9—19; Graindorge I, S. 1—9 ist weniger vollständig.

Wir machen den Leser auf eine einfachere Darlegung dieser Theorie aufmerksam, die weiter unten gelegentlich der simultanen Gleichungen gegeben wird und die nicht bemerkt worden zu sein scheint.

führt. Es ist dazu nur nöthig, dass die neuen Werthe von p und q

$$p = F'_x + \frac{\delta F}{\delta a}\frac{da}{dx} + \frac{\delta F}{\delta b}\frac{db}{dx}$$

$$q = F'_y + \frac{\delta F}{\delta a}\frac{da}{dy} + \frac{\delta F}{\delta b}\frac{db}{dy}$$

sich auf die alten reduciren, d. h. dass man hat:

$$\frac{\delta F}{\delta a}\frac{da}{dx} + \frac{\delta F}{\delta b}\frac{db}{dx} = 0, \quad \frac{\delta F}{\delta a}\frac{da}{dy} + \frac{\delta F}{\delta b}\frac{db}{dy} = 0 \quad . \quad . \quad (4)$$

Aus diesen letzteren Gleichungen folgt:

$$D\frac{a, b}{x, y} \cdot \frac{\delta F}{\delta a} = 0, \quad D\frac{a, b}{x, y} \cdot \frac{\delta F}{\delta b} = 0 \quad . \quad . \quad . \quad (5),$$

Relationen, denen man genügt: 1) indem man setzt:

$$\frac{\delta F}{\delta a} = 0, \quad \frac{\delta F}{\delta b} = 0 \quad . \quad . \quad . \quad . \quad . \quad . \quad . \quad (6),$$

2) indem man setzt:

$$D\frac{a, b}{x, y} = 0 \text{ oder } b = \pi(a) \quad . \quad . \quad . \quad . \quad . \quad (7),$$

wo π eine beliebige Funktion bezeichnet. In diesem Falle reduciren sich die beiden Gleichungen (4) auf eine und dieselbe

$$\frac{\delta F}{\delta a} + \frac{\delta F}{\delta b}\frac{\delta \pi}{\delta a} = 0 \quad . \quad . \quad . \quad . \quad . \quad . \quad . \quad (8).$$

Die beiden Gleichungen (6) oder die Gleichungen (7) und (8) genügen zur Bestimmung der Funktionen a und b.

Wir werden in der folgenden Nummer sehen, dass alle Lösungen der Gleichung (2) enthalten sind unter den Lösungen, welche gegeben werden entweder durch die Gleichung (1), das sogenannte *vollständige Integral* von (2), oder durch die Gleichungen (1), (7), (8), in denen π willkürlich ist und die zusammen das *allgemeine Integral* bilden, oder endlich durch die Gleichungen (1) und (6), welche die *singuläre Lösung* oder das *singuläre Integral* liefern.

Geometrisch drückt die Gleichung (3) eine Eigenschaft der Tangentenebenen an die durch das vollständige Integral dargestellten Flächen oder der Enveloppen dieser, welche das allgemeine Integral giebt, oder endlich der Enveloppen von gewisser anderer Art, welche durch das singuläre Integral dargestellt werden, aus. Die ersteren Enveloppen berühren die Flächen (1) je längs einer durch die Gleichungen (1), (7), (8) gegebenen Kurve, die letzteren in Punkten, welche durch (1) und (6) bestimmt werden. Darboux hat jedoch gezeigt, dass man häufig an Stelle von Enveloppen geometrische Örter von singulären Punkten findet (Vgl. seine in dem Nachtrage am Ende dieses Kapitels citirte Abhandlung: *Mémoire sur les solutions singulières*).

7. Sämmtliche Integrale der Gleichung (3) werden durch (1), (1) und (6) oder (1), (7) und (8) gegeben. — Es sei

$$z = \psi(x, y) \quad . \quad . \quad . \quad . \quad . \quad . \quad . \quad . \quad (9)$$

eine Relation, welche der Gleichung (3) genügt, d. h. von der Art ist, dass

$$\psi(x, y) = \varphi\left(x, y, \frac{\delta\psi}{\delta x}, \frac{\delta\psi}{\delta y}\right) \quad . \quad . \quad . \quad . \quad . \quad . \quad . \quad (10)$$

eine Identität ist. Wir setzen

$$\frac{\delta F}{\delta x} = \frac{\delta\psi}{\delta x}, \quad \frac{\delta F}{\delta y} = \frac{\delta\psi}{\delta y} \quad . \quad . \quad . \quad . \quad . \quad . \quad . \quad (11)$$

und leiten daraus die Werthe von a und b her, welche konstant sein werden oder nicht. Für diese Werthe von a und b hat man, da F eine Lösung von (3) ist, identisch:

$$F(x, y, a, b) = \varphi\left(x, y, \frac{\delta F}{\delta x}, \frac{\delta F}{\delta y}\right) \quad . \quad . \quad . \quad . \quad (12),$$

oder wegen der Relationen (10) und (11)

$$F(x, y, a, b) = \psi(x, y) \quad . \quad . \quad . \quad . \quad . \quad . \quad (13).$$

Mithin wird die Gleichung (9) identisch mit der Gleichung (1), wenn a und b die aus den Gleichungen (11) abgeleiteten Werthe haben. Ferner genügen diese Werthe von a und b, falls sie nicht konstant sind, den Gleichungen (4). Man hat nämlich für diese Werthe von a und b:

$$p = \frac{\delta F}{\delta x} + \frac{\delta F}{\delta a}\frac{da}{dx} + \frac{\delta F}{\delta b}\frac{db}{dx} = \frac{\delta\psi}{\delta x}$$

$$q = \frac{\delta F}{\delta y} + \frac{\delta F}{\delta a}\frac{da}{dy} + \frac{\delta F}{\delta b}\frac{db}{dy} = \frac{\delta\psi}{\delta y},$$

und hieraus mittels der Gleichungen (11):

$$\frac{\delta F}{\delta a}\frac{da}{dx} + \frac{\delta F}{\delta b}\frac{db}{dx} = 0$$

$$\frac{\delta F}{\delta a}\frac{da}{dy} + \frac{\delta F}{\delta b}\frac{db}{dy} = 0.$$

Dies sind genau die Relationen (4). Somit ist die Gleichung (9) in einem der drei Integrale, von denen in der vorigen Nummer die Rede war, einbegriffen.

Man wird bemerken, dass zwei der Gleichungen (11) und (13) die dritte zur Folge haben, so dass man a und b mittels irgend zweier von diesen drei Relationen bestimmen kann.[1])

---

[1]) Man würde in dieser Weise verfahren müssen, wenn a oder b in F linear vorkäme und aus den Gleichungen (11) verschwände. In diesem Falle aber kann man offenbar in jeder Lösung, und somit auch in (9), z durch $z-a$ oder durch $z-b$ ersetzen; ferner enthält die gegebene Gleichung z nicht explicit (vgl. Nr. 15).

8. Ausdehnung der vorhergehenden Theorie auf den Fall einer impliciten Relation zwischen x, y, z. — Die Gleichung

$$F(x, y, z, a, b) = 0 \quad . \quad . \quad . \quad . \quad . \quad . \quad . \quad (1')$$

giebt durch Differentiation:

$$\frac{\delta F}{\delta x} + \frac{\delta F}{\delta z} p = 0, \quad \frac{\delta F}{\delta y} + \frac{\delta F}{\delta z} q = 0 \quad . \quad . \quad . \quad (2')$$

und, indem man a und b zwischen diesen letzten Gleichungen eliminirt:

$$f(x, y, z, p, q) = 0 \quad . \quad . \quad . \quad . \quad . \quad . \quad . \quad . \quad (3'),$$

falls a und b Constanten oder Functionen von x und y von solcher Beschaffenheit sind, dass

$$\left(\frac{\delta F}{\delta a}\frac{da}{dx} + \frac{\delta F}{\delta b}\frac{db}{dx}\right) : \frac{\delta F}{\delta z} = 0, \quad \left(\frac{\delta F}{\delta a}\frac{da}{dy} + \frac{\delta F}{\delta b}\frac{db}{dy}\right) : \frac{\delta F}{\delta z} = 0 \quad . \quad (4')$$

ist. Aus diesen letzteren folgt wie oben:

$$D\frac{a, b}{x, y} \times \frac{-\frac{\delta F}{\delta a}}{\frac{\delta F}{\delta z}} = 0, \quad D\frac{a, b}{x, y} \times \frac{-\frac{\delta F}{\delta b}}{\frac{\delta F}{\delta z}} = 0 \quad . \quad (5')$$

und diesen Relationen genügt man: 1) indem man setzt:

$$\frac{-\frac{\delta F}{\delta a}}{\frac{\delta F}{\delta z}} = 0, \quad \frac{-\frac{\delta F}{\delta b}}{\frac{\delta F}{\delta z}} = 0,$$

d. h.

$$\frac{dz}{da} = 0, \quad \frac{dz}{db} = 0 \quad . \quad . \quad . \quad . \quad . \quad . \quad (6'),$$

oder 2) durch

$$D\frac{a, b}{x, y} = 0 \quad \text{d. h.} \quad \pi(a, b) = 0 \quad . \quad . \quad . \quad . \quad (7'),$$

wo π eine beliebige Funktion bedeutet. In diesem letzteren Falle gehen die Gleichungen (5') wegen der aus (7') sich ergebenden Relationen

$$\frac{\delta \pi}{\delta a} : \frac{\delta \pi}{\delta b} = -\frac{db}{dx} : \frac{da}{dx} = -\frac{db}{dy} : \frac{da}{dy}$$

über in

$$\frac{\frac{\delta F}{\delta a} - \frac{\delta F}{\delta b} \times \frac{\frac{\delta \pi}{\delta a}}{\frac{\delta \pi}{\delta b}}}{\frac{\delta F}{\delta z}} = 0,$$

was man auch schreiben kann:

$$\frac{dz}{da} + \frac{dz}{db}\frac{db}{da} = 0 \quad . \quad . \quad . \quad . \quad . \quad . \quad . \quad (8'),$$

Die beiden Gleichungen (6′) oder die Gleichungen (7′) und (8′) genügen zur Bestimmung der Funktionen a und b.

Jede Relation

$$\psi(x, y, z) = 0 \quad \ldots\ldots\ldots \quad (9'),$$

welche der Gleichung (3′) genügt, d. h. so beschaffen ist, dass die aus ihr abgeleiteten Werthe z_1, p_1, q_1 von

$$z, \frac{dz}{dx}, \frac{dz}{dy}$$

identisch

$$f(x, y, z_1, p_1, q_1) = 0 \quad \ldots\ldots\ldots \quad (10')$$

ergeben, gehört zu einer der drei oben angegebenen Klassen von Lösungen. In der That, bestimmen wir a und b durch die Relationen

$$p = p_1, \quad q = q_1, \quad \ldots\ldots\ldots \quad (11'),$$

wo p und q die aus (2′) abgeleiteten Werthe sind, vergleichen wir sodann die Gleichung (10′) mit

$$f(x, y, z, p, q) = 0 \quad \ldots\ldots\ldots \quad (3')$$

und berücksichtigen (11′), so kommt:

$$z = z_1.$$

Man beweist sodann wie oben, dass die Werthe von a und b, welche durch die Gleichungen (11′) bestimmt werden, den Gleichungen (4′) genügen, wodurch der Beweis des Satzes vollendet ist.[1])

Bemerkung. Das allgemeine Integral, welches durch die Gleichungen (1′), (7′), (8′) gegeben ist, enthält im Allgemeinen nicht die durch (1′), (6′) gegebene singuläre Lösung. Denn die Gleichungen (7′) und (8′) geben in den meisten Fällen

$$\frac{\frac{dz}{da}}{\frac{\delta\pi}{\delta a}} = \frac{\frac{dz}{db}}{\frac{\delta\pi}{\delta b}},$$

welche Gleichung nicht die Gleichungen (6′) zur Folge hat.

Das vollständige Integral kann aus dem allgemeinen Integral abgeleitet

---

[1]) Die Darlegungen dieser Nummer würden überflüssig gewesen sein, wenn nicht Imschenetsky § 6, S. 18—19 und Graindorge Nr. 10, S. 7—9 den Nenner $\frac{\delta F}{\delta z}$ weggelassen hätten. Aus der Theorie der singulären Lösungen der gewöhnlichen Differentialgleichungen ist bekannt, dass man es sorgfältig vermeiden muss, die Nenner dieser Art wegzulassen, da sehr häufig nur sie allein zu der gesuchten Lösung führen, welche Form man auch der Function F geben mag, sobald die Unendlichkeitsstellen von $\frac{\delta F}{\delta z}$ im Endlichen liegen.

werden, indem man in π zwei willkürliche Constanten aufnimmt. Es ist ferner klar, dass man unendlich viele vollständige Integrale finden kann.[1])

9. Beispiele.[2]). — I. Die Gleichung

$$z = a + bx + bmy$$

giebt:

$$p = b, \quad q = bm$$

$$q = mp.$$

Die singuläre Lösung existirt nicht, da die Gleichungen (6) sind:

$$\frac{dz}{da} = 1 = 0, \quad \frac{dz}{db} = x + my = 0,$$

deren erste absurd ist. Das allgemeine Integral wird gegeben durch Elimination von a und b zwischen den Gleichungen:

$$z = a + b(x + my)$$

$$b = \pi(a)$$

$$0 = 1 + \pi'(a)\,(x + my),$$

und dies führt zu

$$z = \chi(x + my),$$

wo χ eine beliebige Funktion bezeichnet.

II. Es sei

$$z = a + bx + y\,f(a, b).$$

Dann hat man:

$$p = b, \qquad q = f(a, b).$$

Hieraus ergiebt sich die Gleichung:

$$q = f(z - px - qy, p).$$

III. Verallgemeinerte Clairaut'sche Gleichung. Wir nennen so die Gleichung, die man aus

$$z = ax + by + f(a, b)$$

---

[1]) Lagrange (Abh. d. Berl. Akad. 1774, *Oeuvres t.* IV., p. 80). Die vollständige Theorie der Relationen, welche zwischen den vollständigen Integralen bestehen, ist von Jacobi „Vorlesungen etc." S. 471—509 und an verschiedenen Stellen seiner Abhandlungen und von Mayer, Math. Annal. Bd. 3, S. 449—452 und Göttinger Nachrichten 1872, Nr. 21, S. 405—420 kurz dargelegt worden; aber dieser schwierige Gegenstand kann nur mit Hülfe der allgemeinen Theorie der Transformationen von Lie dargelegt werden (vgl. Gött. Nachrichten 1872, S. 484). Aus diesem Grunde begnügen wir uns, den absolut nothwendigen Theil der Untersuchungen dieser Geometer auseinanderzusetzen.

[2]) Lagrange, (Abh. d. Berl. Akad. 1774, *Oeuvres t.* IV., Nr. 39, p. 63—64; Nr. 49, p. 75 u. ff.)

erhält, wenn man a und b mittels der folgenden durch Differentiation erhaltenen Relationen

$$p = a, \quad q = b$$

eliminirt. Die partielle Differentialgleichung ist daher:

$$z = px + qy + f(p, q).$$

Das allgemeine Integral dieser wird gegeben durch die Gleichungen:

$$\begin{aligned} z &= ax + by + f(a, b), \\ b &= \pi(a), \\ 0 &= x + \pi'(a)y + \frac{\delta f}{\delta a} + \frac{\delta f}{\delta b}\pi'(a), \end{aligned}$$

Dasselbe stellt eine abwickelbare Fläche dar, die Enveloppe der Ebene, deren Gleichung das vollständige Integral ist.

Die singuläre Lösung

$$z = ax + by + f(a, b),$$

$$x + \frac{\delta f}{\delta a} = 0, \quad y + \frac{\delta f}{\delta b} = 0$$

stellt eine Fläche dar, welche jede dieser Ebenen in einem Punkte oder jede abwickelbare Fläche längs einer Kurve berührt (vgl. Nr. 21).

IV. Als Beispiel der verallgemeinerten Clairaut'schen Gleichung sei die folgende Aufgabe zu lösen: Die Flächen zu finden, deren Tangentialebene eine konstante Entfernung h vom Coordinatenanfangspunkte hat.

Die Gleichung, auf welche die Aufgabe führt, ist:

$$z = px + qy + h\sqrt{1 + p^2 + q^2}.$$

Das vollständige Integral ist die Gleichung einer beliebigen Ebene, welche in einem Abstande h vom Anfangspunkte gelegen ist, also:

$$z = ax + by + h\sqrt{1 + a^2 + b^2}.$$

Die singuläre Lösung ist die Gleichung der Kugelfläche

$$x^2 + y^2 + z^2 = h^2,$$

welche alle diese Ebenen berührt.

Das allgemeine Integral stellt irgend eine dieser Kugel umschriebene abwickelbare Fläche dar. Setzt man z. B.

$$am + bn = 1,$$

so findet man einen Umdrehungscylinder; denn diese Relation ist im gegenwärtigen Falle wegen $p = a$, $q = b$ (vgl. Nr. 20) äquivalent mit

$$mp + nq = 1.$$

Setzt man

$$h\sqrt{1 + a^2 + b^2} = k - ma - nb,$$

so findet man einen Kegel, der ebenfalls eine Umdrehungsfläche ist, da er der Kugel umschrieben ist. Man hat nämlich in diesem Falle:

$$z = ax + by + (k - ma - nb)$$

und

$$z - k = p(x - m) + q(y - n),$$

welche einem Kegel angehören, der den Punkt (m, n, k) zur Spitze hat (vgl. Nr. 20).

Man kann gelegentlich dieses Beispiels mit Lagrange bemerken, dass es unmöglich ist, π derart zu bestimmen, dass das allgemeine Integral

$$z = ax + y\pi(a) + h\sqrt{1 + a^2 + \pi^2(a)}$$

$$0 = x + y\pi'(a) + h\frac{a + \pi(a)\,\pi'(a)}{\sqrt{1 + a^2 + \pi^2(a)}}$$

die Kugel repräsentirt. Denn man kann nicht zwischen den soeben hingeschriebenen zwei Gleichungen und derjenigen der Kugel x, y, z eliminiren. Übrigens repräsentiren diese beiden Gleichungen eine abwickelbare Fläche und es ist bekannt, dass die Kugel, ebenso wie alle Flächen zweiten Grades mit einem Mittelpunkt, analytisch gesprochen, eine windschiefe Fläche (surface gauche) ist; jede Erzeugende ist imaginär bis auf einen Punkt.

§ 3. *Entstehung der Gleichungen mit einer beliebigen Anzahl von Veränderlichen. Lagrange'sche Theorie*[1]).

10. Entstehung dieser Gleichungen auf drei verschiedene Arten. — Es bestehe die Relation:

$$z = F(x_1, x_2, \ldots, x_n, a_1, a_2, \ldots, a_n) \quad . \quad . \quad . \quad . \quad (1).$$

Aus derselben folgt:

$$p_1 = \frac{\delta F}{\delta x_1},\ p_2 = \frac{\delta F}{\delta x_2}, \ldots, p_n = \frac{\delta F}{\delta x_n} \quad . \quad . \quad . \quad . \quad (2).$$

Eliminirt man $a_1, \ldots, a_n$ zwischen den Gleichungen (1) und (2), so findet man eine partielle Differentialgleichung erster Ordnung

$$f(z, x_1, \ldots, x_n, p_1, \ldots, p_n) = 0$$

oder

$$z = \varphi(x_1, x_2, \ldots, x_n, p_1, p_2, \ldots, p_n) \quad . \quad . \quad . \quad . \quad (3).$$

---

[1]) Wir beschränken das auf die Gleichungen mit n unabhängigen Veränderlichen Bezügliche auf das absolut Nothwendige, da die Prinzipien im vorigen Paragraph hinreichend dargelegt sind.

Man findet dieselbe Gleichung, wenn man annimmt, dass $a_1, \ldots, a_n$ Funktionen von $x_1, \ldots, x_n$ von solcher Beschaffenheit seien, dass man hat:

$$\frac{\delta F}{\delta a_1}\frac{da_1}{dx_1} + \cdots + \frac{\delta F}{\delta a_n}\frac{da_n}{dx_1} = 0 \quad . \quad . \quad . \quad . \quad (4_1)$$

$$\cdots\cdots\cdots\cdots$$

$$\frac{\delta F}{\delta a_1}\frac{da_1}{dx_n} + \cdots + \frac{\delta F}{\delta a_n}\frac{da_n}{dx_n} = 0. \quad . \quad . \quad . \quad (4_n).$$

Aus diesen Relationen erhält man, wenn man

$$\varDelta = D\,\frac{a_1, \ldots, a_n}{x_1, \ldots, x_n}$$

setzt:

$$\varDelta\,\frac{\delta F}{\delta a_1} = 0,\quad \varDelta\,\frac{\delta F}{\delta a_2} = 0, \ldots, \quad \varDelta\,\frac{\delta F}{\delta a_n} = 0 \quad . \quad (5).$$

Man genügt diesen Gleichungen auf verschiedene Arten: 1) indem man setzt:

$$\frac{\delta F}{\delta a_1} = 0,\quad \frac{\delta F}{\delta a_2} = 0, \ldots, \quad \frac{\delta F}{\delta a_n} = 0 \quad . \quad . \quad . \quad (6),$$

welche Gleichungen zur Bestimmung der Funktionen a ausreichen; 2) indem man setzt:

$$D\,\frac{a_1, \ldots, a_n}{x_1, \ldots, x_n} = 0 \quad . \quad . \quad . \quad . \quad . \quad . \quad (7).$$

Diese Gleichung (7) ist jedesmal erfüllt, wenn die Funktionen $a_1, a_2, \ldots, a_n$ nicht unabhängig von einander sind. Es sei $n = m + k$ und es werde der Einfachheit wegen $b_1, b_2, \ldots, b_m$ für $a_{k+1}, a_{k+2}, \ldots, a_n$ geschrieben. Um der Gleichung (7) zu genügen, schreiben wir:

$$b_1 = \pi_1(a_1, a_2, \ldots, a_k) \quad . \quad . \quad . \quad . \quad . \quad . \quad (7_1')$$

$$b_2 = \pi_2(a_1, a_2, \ldots, a_k) \quad . \quad . \quad . \quad . \quad . \quad . \quad (7_2')$$

$$\cdots\cdots\cdots\cdots$$

$$b_m = \pi_m(a_1, a_2, \ldots, a_k) \quad . \quad . \quad . \quad . \quad . \quad . \quad (7_m').$$

Man hat somit für irgend eine der Grössen b:

$$\frac{db}{dx} = \frac{\delta\pi}{\delta a_1}\frac{da_1}{dx} + \frac{\delta\pi}{\delta a_2}\frac{da_2}{dx} + \cdots + \frac{\delta\pi}{\delta a_k}\frac{da_k}{dx} \quad . \quad . \quad (7'').$$

Daraus folgt, dass jede der Gleichungen (4) die Form annimmt:

$$\left(\frac{\delta F}{\delta a_1} + \frac{\delta F}{\delta b_1}\frac{\delta\pi_1}{\delta a_1} + \cdots + \frac{\delta F}{\delta b_m}\frac{\delta\pi_m}{\delta a_1}\right)\frac{da_1}{dx}$$

$$+ \cdots\cdots\cdots\cdots$$

$$\cdots\cdots\cdots\cdots$$

$$+ \left(\frac{\delta F}{\delta a_k} + \frac{\delta F}{\delta b_1}\frac{\delta\pi_1}{\delta a_k} + \cdots + \frac{\delta F}{\delta b_m}\frac{\delta\pi_m}{\delta a_k}\right)\frac{da_k}{dx} = 0 \quad (4').$$

Multipliciren wir die Gleichungen $(4_1')$, $(4_2')$, $(4_3')$, ..., $(4_k')$ resp. mit dx_1, dx_2, dx_3, ..., dx_k und addiren die Resultate, so kommt:

$$\left(\frac{\delta F}{\delta a_1} + \frac{\delta F}{\delta b_1}\frac{\delta \pi_1}{\delta a_1} + \cdots + \frac{\delta F}{\delta b_m}\frac{\delta \pi_m}{\delta a_1}\right) da_1$$
$$+ \cdot \cdot \cdot \cdot \cdot \cdot \cdot \cdot \cdot \cdot \cdot \cdot \cdot \cdot \cdot \cdot \cdot$$
$$+ \left(\frac{\delta F}{\delta a_k} + \frac{\delta F}{\delta b_1}\frac{\delta \pi_1}{\delta a_k} + \cdots + \frac{\delta F}{\delta b_m}\frac{\delta \pi_m}{\delta a_k}\right) da_k = 0.$$

Die Funktionen a_1, a_2, ..., a_n sind von einander unabhängig und somit sind ihre Differentiale willkürlich; man erhält demnach aus der vorstehenden Gleichung die k Relationen:

$$\frac{\delta F}{\delta a_1} + \frac{\delta F}{\delta b_1}\frac{\delta \pi_1}{\delta a_1} + \cdots + \frac{\delta F}{\delta b_m}\frac{\delta \pi_m}{\delta a_1} = 0 \text{ oder } \frac{dz}{da_1} = 0 \quad . \quad . \quad (8_1)$$
$$\cdot \cdot \cdot \cdot \cdot \cdot \cdot \cdot \cdot \cdot \cdot \cdot \cdot \cdot \cdot \cdot \cdot \cdot \cdot \cdot \cdot \cdot \cdot \cdot \cdot \cdot \cdot$$
$$\frac{\delta F}{\delta a_k} + \frac{\delta F}{\delta b_1}\frac{\delta \pi_1}{\delta a_k} + \cdots + \frac{\delta F}{\delta b_m}\frac{\delta \pi_m}{\delta a_k} = 0 \text{ oder } \frac{dz}{da_k} = 0 \quad . \quad . \quad (8_k).$$

Die Relationen (7) und (8) genügen zur Bestimmung der Funktionen a und b. Die bemerkenswerthesten Fälle sind diejenigen, wo $m = 1$ und wo $m = n - 1$ ist. Ist $m = 1$, so ist $k = n - 1$ und die Gleichungen (7') und (8) werden:

$$a_n = \pi(a_1, a_2, a_3, \ldots, a_{n-1}) \quad . \quad . \quad . \quad . \quad . \quad (7'''),$$
$$\frac{\delta F}{\delta a_1} + \frac{\delta F}{\delta a_n}\frac{\delta \pi}{\delta a_1} = 0, \ldots, \frac{\delta F}{\delta a_{n-1}} + \frac{\delta F}{\delta a_n}\frac{\delta \pi}{\delta a_{n-1}} = 0 \quad (8')$$

Ist dagegen $m = n - 1$, so ist $k = 1$ und die Gleichungen (7') und (8) werden:

$$a_1 = \pi_1(a_n),\ a_2 = \pi_2(a_n), \ldots, a_{n-1} = \pi_{n-1}(a_n),$$
$$\frac{\delta F}{\delta a_1}\pi_1'(a_n) + \frac{\delta F}{\delta a_2}\pi_2'(a_n) + \cdots + \frac{\delta F}{\delta a_{n-1}}\pi'_{n-1}(a_n) + \frac{\delta F}{\delta a_n} = 0.$$

Die Lösung (1) der Gleichung (3) ist das *vollständige Integral;* die durch die Relationen (1) und (6) gegebene Lösung ist die *singuläre Lösung*; die durch die Relationen (1), (7'''), (8') gegebene Lösung ist das *allgemeine Integral*; die andern Lösungen, welche durch (1), (7'), (8) gegeben sind, haben keinen besonderen Namen erhalten. Sie stehen in der Mitte zwischen der singulären Lösung und dem allgemeinen Integral; man könnte sie *halbsinguläre Integrale* nennen.

Die Auseinandersetzung des Vorhergehenden macht ebenfalls keine weiteren Schwierigkeiten, wenn die Relation (1) zwischen z, den x und den a in impliciter Form gegeben ist.

11. Jedes Integral der Gleichung (3) ist in den vorhergehenden enthalten. — Es sei

$$z = \psi\,(x_1, x_2, \ldots, x_n) \quad . \quad . \quad . \quad . \quad . \quad . \quad . \quad . \quad (9)$$

eine Lösung von (3), d. h. wir nehmen an, dass

$$\psi(x_1, \ldots, x_n) = \varphi\left(x_1, \ldots, x_n, \frac{\delta\psi}{\delta x_1}, \ldots, \frac{\delta\psi}{\delta x_n}\right) \quad . \quad . \quad (10)$$

sei. Wir setzen:

$$\frac{\delta F}{\delta x_1} = \frac{\delta\psi}{\delta x_1}, \quad \frac{\delta F}{\delta x_2} = \frac{\delta\psi}{\delta x_2}, \ldots, \frac{\delta F}{\delta x_n} = \frac{\delta\psi}{\delta x_n} \quad . \quad . \quad (11)$$

und leiten daraus die Werthe von $a_1, a_2, \ldots, a_n$ her. Für diese Werthe hat man identisch, da F eine Lösung von (3) ist:

$$F(x_1, \ldots, x_n, a_1, \ldots, a_n) = \varphi\left(x_1, \ldots, x_n, \frac{\delta F}{\delta x_1}, \ldots, \frac{\delta F}{\delta x_n}\right) \quad . \quad (12)$$

$$p_1 = \frac{\delta F}{\delta x_1} + \frac{\delta F}{\delta a_1}\frac{da_1}{dx_1} + \cdots + \frac{\delta F}{\delta a_n}\frac{da_n}{dx_1} = \frac{\delta\psi}{\delta x_1}$$

$$. \quad . \quad . \quad . \quad . \quad . \quad . \quad . \quad . \quad . \quad . \quad . \quad . \quad . \quad . \quad . \quad . \quad . \quad .$$

$$p_n = \frac{\delta F}{\delta x_n} + \frac{\delta F}{\delta a_1}\frac{da_1}{dx_n} + \cdots + \frac{\delta F}{\delta a_n}\frac{da_n}{dx_n} = \frac{\delta\psi}{\delta x_n},$$

woraus sich mit Hülfe der Gleichungen (11) $F = \psi$ und die Gleichungen (4) ergeben.

Die Lösung $z = \psi$ ist somit unter denen enthalten, welche in voriger Nummer angegeben wurden. Man kann die Grössen a auch aus der Gleichung (12) und aus n—1 von den Gleichungen (11) herleiten.

Wäre die Lösung (9) in der Form einer impliciten Relation zwischen z und den x gegeben, so könnte man den vorstehenden Beweis ebenfalls leicht führen.

Es ergiebt sich übrigens aus allem, was wir soeben bewiesen haben, dass man nur die vollständige Lösung einer partiellen Differentialgleichung zu haben braucht, um alle Lösungen zu kennen. So können z. B. alle Lösungen der verallgemeinerten Clairaut'schen Gleichung (vgl. Nr. 28)

$$z = p_1 x_1 + p_2 x_2 + \cdots + p_n x_n + f(p_1, p_2, \ldots, p_n)$$

aus dem vollständigen Integrale

$$z = a_1 x_1 + a_2 x_2 + \cdots + a_n x_n + f(a_1, a_2, \ldots, a_n)$$

abgeleitet werden.

12. Entstehung der simultanen partiellen Differentialgleichungen.[1]) — Wir betrachten die Relation:

---

[1]) Der Leser wird bemerken, dass diese Nr. 12 in ausserordentlich kondensirter Form alle vorherigen auf die Entstehung der partiellen Differentialgleichungen bezüglichen Resultate enthält.

$$z = F(x_1, x_2, \ldots, x_n, a_1, a_2, \ldots, a_m), \quad m < n \quad . \quad . \quad . \quad (1').$$

Aus derselben folgt:

$$p_1 = \frac{\delta F}{\delta x_1}, \ldots, p_n = \frac{\delta F}{\delta x_n} \quad . \quad . \quad . \quad . \quad . \quad (2').$$

Eliminirt man $a_1, a_2, \ldots, a_m$ zwischen diesen $n + 1$ Gleichungen, so findet man das folgende System von $k = n + 1 - m$ simultanen partiellen Differentialgleichungen erster Ordnung:

$$f_1 = 0, \ f_2 = 0, \ldots, f_k = 0 \quad . \quad . \quad . \quad . \quad . \quad (3'),$$

wo jede der Funktionen f von der Gesammtheit oder einem Theile der Grössen $z, x_1, \ldots, x_n, p_1, \ldots, p_n$ abhängt.

Man findet dieselben Gleichungen (3'), wenn man annimmt, dass $a_1, a_2, \ldots, a_m$ Funktionen der Veränderlichen von solcher Beschaffenheit sind, dass

$$\frac{\delta F}{\delta a_1} da_1 + \cdots + \frac{\delta F}{\delta a_m} da_m = 0 \quad . \quad . \quad . \quad . \quad (4')$$

ist; denn in diesem Falle hat man:

$$dz = \frac{\delta F}{\delta x_1} dx_1 + \cdots + \frac{\delta F}{\delta x_m} dx_m,$$

welche Relation den Gleichungen (2') äquivalent ist. Die Gleichung (4') selbst ist äquivalent den n Gleichungen

$$\frac{\delta F}{\delta a_1} \frac{da_1}{dx} + \cdots + \frac{\delta F}{\delta a_m} \frac{da_m}{dx} = 0.$$

Um der Gleichung (4') zu genügen, kann man an erster Stelle setzen:

$$da_1 = 0, \ldots, da_m = 0$$

und dies führt zum *vollständigen Integral* (1').

An zweiter Stelle kann man die Gleichungen annehmen:

$$\frac{\delta F}{\delta a_1} = 0, \ldots, \frac{\delta F}{\delta a_m} = 0,$$

und dies führt zu der *singulären Lösung.*

An dritter Stelle kann man annehmen:

$$a_m = \pi\,(a_1, \ldots, a_{m-1})$$

und dies giebt:

$$\frac{\delta F}{\delta a_1} + \frac{\delta F}{\delta a_m} \frac{\delta \pi}{\delta a_1} = 0, \ldots, \frac{\delta F}{\delta a_{m-1}} + \frac{\delta F}{\delta a_m} \frac{\delta \pi}{\delta a_{m-1}} = 0;$$

oder:

$$a_{m-1} = \pi_1\,(a_1, \ldots, a_{m-2}), \ a^m = \pi_2\,(a_1, \ldots, a_{m-2}),$$

und dies giebt:

$$\frac{\delta F}{\delta a_1} + \frac{\delta F}{\delta a_{m-1}} \frac{\delta \pi_1}{\delta a_1} + \frac{\delta F}{\delta a m} \frac{\delta \pi_2}{\delta a_1} = 0$$

$$\cdots\cdots\cdots\cdots\cdots\cdots$$

$$\frac{\delta F}{\delta a_{m-2}} + \frac{\delta F}{\delta a_{m-1}} \frac{\delta \pi_1}{\delta a_{m-2}} + \frac{\delta F}{\delta a m} \frac{\delta \pi_2}{\delta a_{m-2}} = 0,$$

und in analoger Weise weiter.

Schliesslich kann man auch Annahmen machen, die zwischen den vorhergehenden liegen, z. B. setzen:

$$da_1 = 0, \quad \frac{\delta F}{\delta a_2} = 0, \quad a_m = \pi(a_3, \ldots, a_{m-1}).$$

In allen Fällen wird man zu einer Anzahl von Gleichungen geführt, die ausreicht, um alle Grössen a zu bestimmen.

Jede Lösung

$$z = \psi(x_1, x_2, \ldots, x_n)$$

ist unter den vorhergehenden enthalten. Die Werthe von z und der aus dem Werthe von z abgeleiteten Grössen p genügen den Gleichungen (3′) und somit den äquivalenten Gleichungen (1′), (2′). Man hat somit:

$$\psi(x_1, \ldots, x_n) = F(x_1, \ldots, x_n, a_1, \ldots, a_m) \quad . \quad . \quad . \quad (10')$$

$$\frac{\delta \psi}{\delta x_1} = \frac{\delta F}{\delta x_1}, \ldots, \frac{\delta \psi}{\delta x n} = \frac{\delta F}{\delta x n} \quad . \quad . \quad . \quad . \quad (11').$$

Aus der ersten von diesen Gleichungen erhalten wir durch Differentiation die folgende:

$$\begin{aligned} \frac{\delta \psi}{\delta x_1} dx_1 + \cdots + \frac{\delta \psi}{\delta x_n} dx_n = \frac{\delta F}{\delta x_1} dx_1 + \cdots + \frac{\delta F}{\delta x n} dx_n \\ + \frac{\delta F}{\delta a_1} da_1 + \cdots + \frac{\delta F}{\delta a m} da_m. \end{aligned} \quad (13')$$

Die Werthe der Grössen a, welche man aus m von den Gleichungen (10′) und (11′) herleiten kann, genügen auch den übrigen Gleichungen (10′) und (11′) und somit der Gleichung (13′). Nun reducirt sich diese wegen der Relationen (11′) auf

$$\frac{\delta F}{\delta a_1} da_1 + \cdots + \frac{\delta F}{\delta a m} da_m = 0 \quad . \quad . \quad . \quad . \quad (4'),$$

mithin ist schliesslich die Lösung $z = \psi$ unter denen enthalten, zu welchen diese Relation (4′) führt.

B e m e r k u n g. Zwischen den Funktionen f des simultanen Systems (3′) bestehen identische Relationen, wie man bei Gelegenheit der J a c o b i'schen Methode sehen wird.

§ 4. *Entstehung der Gleichungen mit einer beliebigen Anzahl von Veränderlichen. Theorie von Lie.*

13. Entstehung einer partiellen Differentialgleichung mit Hülfe mehrerer primitiven Gleichungen[1]**.** — I. Wir betrachten eine Mannigfaltigkeit von $n - m + 1$ Dimensionen, die durch m Gleichungen definirt wird, welche ausser den Veränderlichen n willkürliche Constanten enthalten:

$$F_1(z, x_1, \ldots, x_n, a_1, \ldots, a_n) = 0 \quad \ldots \quad (1_1),$$

$$\cdots\cdots\cdots\cdots$$

$$F_m(z, x_1, \ldots, x_n, a_1, \ldots, a_n) = 0 \quad \ldots \quad (1_m).$$

Wir suchen die Gesammtheit der Elemente, welche durch die Punkte dieser Mannigfaltigkeit hindurchgehen und so beschaffen sind, dass

$$dz = p_1 dx_1 + \cdots + p_n dx_n \quad \ldots \quad (2)$$

ist. Zu dem Zwecke betrachten wir die Mannigfaltigkeit von n Dimensionen, deren Gleichung ist:

$$F = \lambda_1 F_1 + \ldots + \lambda_{m-1} F_{m-1} + F_m = 0 \quad \ldots \quad (3),$$

wo $\lambda_1, \lambda_2, \ldots, \lambda_{m-1}$ willkürliche Constanten sind. Alle Punkte der Mannigfaltigkeit (1) gehören zu der Mannigfaltigkeit (3). Wir suchen in diesen Punkten von (3) die Elemente, welche der Bedingung (2) genügen. Dazu müssen wir die Gleichungen hinschreiben:

$$\frac{\delta F}{\delta x_1} + p_1 \frac{\delta F}{\delta z} = 0, \ldots, \frac{\delta F}{\delta x_n} + p_n \frac{\delta F}{\delta z} = 0 \quad . \quad (4).$$

Eliminirt man $a_1, \ldots, a_n, \lambda_1, \ldots, \lambda_{m-1}$ zwischen den Gleichungen (1) und (4), so findet man eine partielle Differentialgleichung

$$f(z, x_1, \ldots, x_n, p_1, \ldots, p_n) = 0 \quad \ldots \quad (5),$$

deren sämmtliche Elemente der Bedingung (2) genügen und ihre Punkte in der Mannigfaltigkeit (1) haben.

Umgekehrt stellt die Gleichung (5) alle Elemente dar, welche durch die Gleichungen (1) und (2) definirt werden. Man erhält nämlich aus der Gleichung (1), wenn man den Werth (2) von dz benutzt:

$$\left(\frac{\delta F_1}{\delta x_1} + p_1 \frac{\delta F_1}{\delta z}\right) dx_1 + \cdots + \left(\frac{\delta F_1}{\delta x_n} + p_n \frac{\delta F_1}{\delta z}\right) dx_n = 0 \quad . \quad (6_1)$$

$$\cdots\cdots\cdots\cdots$$

$$\left(\frac{\delta F_m}{\delta x_1} + p_1 \frac{\delta F_m}{\delta z}\right) dx_1 + \cdots + \left(\frac{\delta F_m}{\delta x_n} + p_n \frac{\delta F_m}{\delta z}\right) dx_n = 0 \quad . \quad (6_m).$$

---

[1]) Sophus Lie: Zur Theorie partieller Differentialgleichungen erster Ordnung, insbesondere über eine Klassifikation derselben (Göttinger Nachrichten 1872, S. 473—489, Nr. 25) S. 480—482.

Man ersieht hieraus, dass nur $n-m$ von den Differentialen $dx_1, \ldots, dx_n$ willkürlich sind für die durch die Gleichungen (1) und (2) dargestellten Elemente. Um m Differentiale aus den Gleichungen (6) zu eliminiren, multipliziren wir diese Gleichungen respective mit $\lambda_1, \lambda_2, \ldots, \lambda_{m-1}$ und 1 und addiren sie dann; darauf setzen wir die Coefficienten der m Differentiale, welche eliminirt werden sollen, und sodann, weil die übrigbleibenden Differentiale von einander unabhängig sind, die Coefficienten dieser letzteren gleich Null. Diese Rechnungen führen uns zu den Gleichungen (4). Dies sind die nothwendigen Bedingungen dafür, dass die Elemente, welche den Gleichungen (1) genügen, auch der Gleichung (2) Genüge leisten.

Mithin stellen schliesslich die Gleichungen (1) und (4) die gesuchten Elemente dar und die Resultante (5) dieser Gleichungen ist die einzige Gleichung dieser ∞^{2n} Elemente.

II. Wir denken uns die Gleichungen (1) aufgelöst nach m von den Constanten und nennen die $n-m=k$ übrigbleibenden $b_1, b_2, \ldots, b_k$. Wir nehmen ferner an, dass die neuen auf diese Weise erhaltenen Gleichungen die folgenden seien:

$$H_1(z, x_1, \ldots, x_n, b_1, \ldots, b_k) - a_1 = 0 \quad . \quad . \quad . \quad (1_1'),$$

$$\ldots\ldots\ldots\ldots\ldots\ldots\ldots$$

$$H_m(z, x_1, \ldots, x_n, b_1, \ldots, b_k) - a_m = 0 \quad . \quad . \quad (1'_m).$$

Schliesst man nun wie im vorhergehenden Falle, so wird man dahin geführt, die Grössen a, b und λ zwischen diesen m Gleichungen (1′) und den folgenden

$$\frac{\delta H}{\delta x_1} + p_1 \frac{\delta H}{\delta z} = 0, \ldots, \frac{\delta H}{\delta x_n} + p_n \frac{\delta H}{\delta z} = 0 \quad . \quad . \quad (4')$$

zu eliminiren. Die Funktion H wird bestimmt durch die Gleichung:

$$H = \lambda_1(H_1 - a_1) + \lambda_2(H_2 - a_2) + \cdots + \lambda_{m-1}(H_{m-1} - a_{m-1}) + (H_m - a_m)$$

oder durch

$$H = \lambda_1 H_1 + \lambda_2 H_2 + \cdots + \lambda_{m-1} H_{m-1} + H_m + h,$$

wenn gesetzt wird:

$$0 = \lambda_1 a_1 + \lambda_2 a_2 + \cdots + \lambda_{m-1} a_{m-1} + a_m + h.$$

Die Grössen $a_1, \ldots, a_m$ kommen in den Gleichungen (4′) nicht vor; mithin kommt die Elimination der Grössen a, b, λ zwischen den Gleichungen (1′), (4′) zurück auf diejenige der Grössen b, λ zwischen den Gleichungen (4′).

Betrachtet man schliesslich die eine Beziehung

$$H - h = 0 \quad . \quad . \quad . \quad . \quad . \quad . \quad . \quad . \quad (1'')$$

und sucht man die entsprechende partielle Differentialgleichung erster Ordnung, so wird man ebenfalls die Constanten b und λ zwischen den Gleichungen (4′) zu eliminiren haben.

Folglich ist

$$f(z, x_1, \ldots, x_n, p_1, \ldots, p_n) = 0 \quad \ldots \ldots \quad (5)$$

die Gleichung der Elemente, welche durch die Gleichungen (1) und (2), oder (1') und (2), oder (1'') und (2) dargestellt werden, und man braucht nur eine Lösung (1'') dieser Gleichung (5) zu finden, um implicite auch die Lösung (1') oder (1) zu kennen.

14. Klassifikation der partiellen Differentialgleichungen. — Aus den vorstehenden Betrachtungen ergiebt sich die folgende Eintheilung der partiellen Differentialgleichungen in Klassen[1]).

I. Die Gleichung (5) geht aus $n+1$ der Gleichung (1) analogen Relationen hervor. In diesem Falle kann man die Constanten a zwischen diesen Gleichungen eliminiren und gelangt dadurch zu einer Relation

$$f(z, x_1, x_2, \ldots, x_n) = 0$$

welche die p nicht enthält. Diese Gleichung stellt in gewissem Sinne ∞^{2n} Elemente dar, nämlich in jedem der ∞^n Punkte dieser Mannigfaltigkeit von n Dimensionen die ∞^n Elemente, welche man erhält, wenn man $p_1, \ldots, p_n$ auf alle möglichen Weisen variiren lässt. Diese Elemente genügen der Gleichung (2), da die Grössen $dz, dx_1, \ldots, dx_n$ sämmtlich null sind.

II. Die Gleichung (5) geht aus n der Gleichung (1) analogen Relationen hervor. In Nr. 23 werden wir sehen, dass man in diesem Falle zu einer linearen Gleichung gelangt.

III. Die Gleichung (5) geht aus $n-1, n-2, \ldots, 2$ der Gleichung (1) analogen Relationen hervor. Man findet auf diese Weise $n-2$ Klassen von, wenn man sie so nennen darf, *halblinearen* Gleichungen. Lie giebt an, dass es ihm gelungen sei, dieselben auf lineare Gleichungen zurückzuführen, indessen war es uns nicht möglich, nach seinen Andeutungen den Beweis zu rekonstruiren[2]). Die Cauchy'sche Methode in der Form, wie wir sie auseinandersetzen, lässt sich direkt auf diesen Fall anwenden, wie im Falle der linearen Gleichungen (vgl. Nr. 109).

IV. Die Gleichung (5) geht aus einer einzigen der Gleichung (1) analogen Relation hervor. Dies ist der gewöhnliche Fall der nicht linearen Gleichungen.

Einfacher ausgedrückt, kann die Gleichung (5) hervorgehen aus einer Relation von der Form (1''), welche I. n Constanten, II. $n-1$ Constanten, III. $n-2, n-3, \ldots, 1$ Constante linear oder endlich IV. gar keine Constante enthält.

15. Überschüssige Constanten.[3]) — Es kommt häufig vor, sagt

---

[1]) Lie, Zur Theorie etc. (Nachrichten S. 485).

[2]) Lie, Zur Theorie etc. (Nachrichten, S. 486—487).

[3]) Jacobi, Vorlesungen S. 475—481, ist beinahe der einzige, der sich mit dieser Frage beschäftigt. Er behandelt dieselbe analytisch. Wir haben es für vortheilhafter und deutlicher gehalten, unter Benutzung der Fundamentalideen von Lie kurz auf die Sache einzugehen.

Jacobi, dass die Rechnungen, welche zur Aufsuchung einer vollständigen Lösung einer partiellen Differentialgleichung dienen, in natürlicher Weise dazu nöthigen, in diese Lösung eine Anzahl von Constanten einzuführen, welche grösser ist als die Zahl der unabhängigen Variablen, und man würde die Symmetrie der Rechnung zerstören, wenn man eine gewisse Anzahl der überschüssigen Constanten gleich null setzte. Es wird übrigens angenommen, dass sich diese Constanten nicht dadurch auf eine geringere Anzahl reduciren lassen, dass man Funktionen der ersteren als neue Constanten einführt. In diesem Falle ist es praktisch am besten, die überschüssigen Constanten als Constanten zu betrachten, welche einen speciellen aber gleichgültig welchen Werth haben. Ein Beispiel hierzu wird man weiter unten bei der Integration von Schläfli's Gleichung (§ 12) finden.

Die Art, wie Lie die partiellen Differentialgleichungen auffasst, gestattet es, die Einführung dieser überschüssigen Constanten zu erklären, wie wir an einem sehr einfachen Beispiel zeigen wollen. Dieses Beispiel wird uns zugleich Gelegenheit geben zu zeigen, dass für eine und dieselbe partielle Differentialgleichung mehrere vollständige einander absolut äquivalente Integrale existiren können.[1])

Eine Fläche zu finden, deren Tangentialebene mit einer gegebenen Ebene einen constanten Winkel r bildet. Nimmt man die gegebene Ebene zur xy-Ebene und eine Senkrechte zu dieser Ebene als z-Achse, so ergiebt die Aufgabe die Gleichung:

$$1 + \left(\frac{dz}{dx}\right)^2 + \left(\frac{dz}{dy}\right)^2 = \frac{1}{\cos^2 r} \text{ oder } = k^2 \quad . \quad . \quad . \quad (1).$$

Man findet leicht, dass die Ebenen, welche durch die Gleichung

$$z - c = Ax + By \quad . \quad . \quad . \quad . \quad . \quad . \quad . \quad (2),$$

in welcher

$$A^2 + B^2 = k^2 - 1$$

ist, dargestellt werden, der Aufgabe genügen. Die Gleichung (1) stellt ∞^4 Elemente dar, welche mit der xy-Ebene einen Winkel r bilden; die Gleichung (2) und die daraus abgeleiteten

$$p = A, \quad q = B \quad . \quad . \quad . \quad . \quad . \quad . \quad . \quad . \quad (2')$$

stellen dieselben ∞^4 Elemente dar.

Nimmt man an Stelle der Gleichung (2) die Gleichung

$$z - c = A(x - a) + B(y - b), \quad . \quad . \quad . \quad . \quad . \quad (3),$$

so lässt sich diese Gleichung (3) auf die Form (2) reduciren und sie ge-

[2]) Jacobi, Vorlesungen, S. 491—509, beschäftigt sich mit diesem noch nicht völlig aufgeklärten Gegenstande. Man vergleiche weiter unten (§ 32) gelegentlich der Methode von Lie einige der Untersuchungen von Mayer, auf denen die Auseinandersetzung, welche er von der Methode des norwegischen Geometers gegeben hat, beruht.

nügt der Gleichung (1). Man kann aber die Sache auch so auffassen, dass man sagt, diese Gleichung (3) und die daraus abgeleiteten

$$p = A,\ q = B \quad . \quad . \quad . \quad . \quad . \quad . \quad . \quad (3')$$

stellen ∞^2 mal die durch (2) und (2') dargestellten ∞^4 Elemente dar. In der That hat für jeden Werth von a und b die Gleichung (3) dieselbe Ausdehnung wie die Gleichung (2).

Die Enveloppe der durch die Gleichung (3) unter der Bedingung

$$A^2 + B^2 = k^2 - 1$$

dargestellten Ebenen ist der Kegel, dessen Gleichung ist:

$$(z - c)^2 = (k^2 - 1)\ [(x - a)^2 + (y - b)^2] \quad . \quad . \quad . \quad (4).$$

Dieser Kegel ist eine Fläche, welche der Aufgabe genügt. Betrachtet man a und b in der Gleichung (4) als willkürliche Constanten, so ist es eine vollständige Lösung; zusammen mit den Gleichungen

$$(z - c)\,p = (k^2 - 1)\ (x - a),\ (z - c)\,q = (k^2 - 1)\ (y - b) \quad (4')$$

stellt die Relation (4) die ∞^4 Elemente der Gleichung (1) dar. Setzt man aber voraus, dass c auch eine willkürliche Constante ist, so stellen die Gleichungen (4) und (4') unendlichvielmal dieselben ∞^4 Elemente dar.

In gewissem Sinne stellen die Gleichungen (4) und (4') ∞^5 Elemente des Raumes dar, ebenso wie die Gleichungen:

$$z^2 + d = (k^2 - 1)\ [(x - a)^2 + (y - b)^2] \quad . \quad . \quad . \quad (5),$$

$$zp = (k^2 - 1)\ (x - a),\ zq = (k^2 - 1)\ (y - b) \quad . \quad . \quad (5').$$

Aber die ∞^5 durch die Gleichungen (5) und (5') dargestellten Elemente sind sämmtlich von einander verschieden und unter ihnen befinden sich nur ∞^4, welche durch die Gleichung (1) dargestellt werden, nämlich diejenigen, für welche $d = 0$ ist. Die durch die Gleichungen (4) und (4') dargestellten Elemente genügen sämmtlich der Gleichung (1), aber sie sind nicht alle von einander verschieden; es sind vielmehr ∞^1-mal die ∞^4 Elemente der Gleichung (1).

Allgemein stellt jede Gleichung

$$F(z, x_1, \ldots, x_n, a_1, \ldots, a_n, a_{n+1}, \ldots, a_{n+s}) = 0 \quad . \quad . \quad (6),$$

welche Lösung einer partiellen Differentialgleichung

$$f(z, x_1, \ldots, x_n, p_1, \ldots, p_n) = 0 \quad . \quad . \quad . \quad . \quad . \quad . \quad (7)$$

ist und s überschüssige Constanten enthält, zusammen mit den Relationen

$$\frac{\delta F}{\delta x_i} + p_i \frac{\delta F}{\delta z} = 0 \quad . \quad . \quad . \quad . \quad . \quad . \quad . \quad (6')$$

∞^s-mal die ∞^{2n} Elemente der Gleichung (7) dar. Wir setzen, wohlverstanden, voraus, dass die Relationen (6) und (6') die Gleichung (7) zu einer identischen machen, sonst würden in (6) nicht s überschüssige Constanten, sondern nur eine geringere Anzahl von solchen vorkommen.

Insbesondere existirt ein Fall, in welchem es immer leicht ist, in eine vollständige Lösung eine überschüssige Constante einzuführen. Dies ist derjenige, wo die Veränderliche z oder eine der Veränderlichen x_i in der gegebenen Gleichung nicht explicit vorkommt. In diesem Falle kann man offenbar in der Lösung ohne Weiteres z durch $z - a$, x_i durch $x_i - a_i$ ersetzen, wo a und a_i willkürliche Constanten sind, da

$$\frac{dz}{dx} = \frac{d(z-a)}{dx}, \quad \frac{dz}{dx_i} = \frac{dz}{d(x_i - a_i)}$$

ist. Die Constanten, welche in dieser Weise in Verbindung mit denjenigen unter den Veränderlichen, welche in der gegebenen Gleichung nicht explicit enthalten sind, auftreten, werden von den deutschen Geometern additive Constanten genannt. Eine dieser Constanten variiren ist gleichbedeutend mit einer parallelen Verschiebung des Systems der Elemente der Gleichung im Raume. Es ist klar, dass man für eine Gleichung, in welcher t Veränderliche fehlen, nur eine Lösung mit $n - t$ Constanten zu finden braucht. Man kann nämlich daraus leicht eine Lösung mit n willkürlichen Constanten erhalten, indem man t additive Constanten einführt.

Nachtrag I. zur zweiten Auflage.

Allgemeine Integrale und singuläre Lösungen.

I. Einleitende Bemerkung. In dem vorliegenden Werke haben wir den Beweis der Existenz des allgemeinen Integrals oder des allgemeinen Integralsystems für die partiellen Differentialgleichungen, ebenso das specielle Studium der singulären Lösungen dieser Gleichungen fortgelassen, weil der eine und der andere Gegenstand in Wirklichkeit der allgemeinen Theorie der Funktionen angehört. Die verschiedenen Methoden, die wir darlegen werden, haben zum Zweck, die Integration der partiellen Differentialgleichungen auf diejenige von gewöhnlichen Differentialgleichungen zurückzuführen, deren Integration wir als möglich voraussetzen.

Für diejenigen, welche die Theorie der Integrabilität der gewöhnlichen oder partiellen Differentialgleichungen sowie die Theorie ihrer singulären Lösungen gründlich studiren wollen, geben wir hier einige bibliographische Notizen.

II. Gewöhnliche Differentialgleichungen. Cauchy hat zuerst die Existenz des allgemeinen Integrals einer gewöhnlichen Differentialgleichung oder eines Systems solcher Gleichungen bewiesen und zwar 1) wenn alle Veränderlichen als reell vorausgesetzt werden, in seinen Vorlesungen an der polytechnischen Schule, 2) später (1835), wenn die Veränderlichen imaginär sind, nach einer andern Methode, in einer lithographirten Abhandlung. Cauchy giebt selbst diese Hinweise in den Comptes rendus de l'Académie des Sciences de Paris, 1842, t. XIV, S. 1020. Die lithographirte Abhandlung ist in seinen Exercices d'Analyse et de Physique mathématique, 1840, t. I, S. 327—384 reproducirt worden.

Der erste Beweis von Cauchy ist in dem § 1 dieser Abhandlung kurz wiederholt, doch findet er sich in keinem Werke des Verfassers vollständig. Wohl aber findet man ihn in dem Calcul intégral von Moigno, leçons 26, 27, 28, 33, 40, 41, einem Werke, welches bekanntlich nach Cauchy's Anleitung geschrieben ist.

Unter den Autoren, welche diesen ersten Beweis vereinfacht oder vervollständigt haben, müssen wir in erster Reihe nennen: Gilbert in den drei aufeinanderfolgenden Auflagen seines Cours d'analyse infinitésimale (Paris, Gauthier-Villars 1872, 1878, 1887; vgl. besonders die letzte Auflage Kap. 46, S. 521—539) und Lipschitz, Lehrbuch der Analysis Bd. 2, 1880, Abschnitt I, Kap. 40. Schon vorher hatte Lipschitz seinen Beweis veröffentlicht in dem Bulletin des sciences mathématiques et astronomiques, 1. série, Bd. 10, S. 149—159. Zu erwähnen ist noch eine kurze Note von Peano, Sull' integrabilità delle equazioni differenziali di primo ordine (Atti della R. Accademia delle Scienze di Torino, Bd. 21, 20. Juni 1886), woselbst die Frage in einfacher und origineller Weise behandelt ist, ferner eine umfangreiche Abhandlung, welche in den Math. Ann., 1890, Bd. 37, S. 182—228 veröffentlicht ist.

Der zweite Beweis von Cauchy hat zu zahlreichen Untersuchungen Veranlassung gegeben, deren stets wachsende Bedeutung von Tag zu Tag in der Entwickelung der Analysis infolge der Arbeiten von Fuchs, Poincaré und vielen anderen sich offenbart. Wir erwähnen nur einige Abhandlungen, in denen es sich einzig und allein um die Existenz des Integrals der gewöhnlichen Differentialgleichungen im Allgemeinen handelt. Briot und Bouquet haben einen Beweis des Cauchy'schen Satzes gegeben in ihren Recherches sur les propriétés des fonctions définies par des équations différentielles (Zweite Abhandlung, 1856, Bd. 21 oder 36. Heft des Journal de l'École polytechnique S. 134—198; vgl. besonders S. 136—146). Dieser Beweis ist reproducirt in dem zweiten Buche, Kap. 1, ihrer Théorie des fonctions doublement périodiques et en particulier des fonctions elliptiques (Paris, Mallet-Bachelier, 1859) und in dem fünften Buche, Kap. 1, der zweiten Auflage dieses Werkes, erschienen 1875 unter dem Titel: Théorie des fonctions elliptiques (Paris, Gauthier-Villars). Keins der beiden Werke enthält die in der ursprünglichen Abhandlung behandelten Ausnahmefälle; man findet dieselben aber in einem sehr umfangreichen Anhange (S. 401—464) der von H. Fischer besorgten deutschen Übersetzung der ersten Auflage (Halle, Schmidt, 1862), Man vergleiche mit der Arbeit von Briot und Bouquet den Bericht von Cauchy (Comptes rendus, 1855, Band 40, S. 136—146) und mehrere andere Abhandlungen des grossen Geometers in demselben Bande der Comptes rendus.

Der Beweis von Briot und Bouquet in mehr oder weniger modificirter Form oder analoge Beweise finden sich jetzt in vielen Lehrbüchern der Analysis. Wir erwähnen besonders das gediegene aber zu wenig bekannte Werk von Méray: Nouveau Précis d'analyse infinitésimale (Paris, Savy, 1872) Kap. 14, 15 und 16, den dritten Band des Cours d'Analyse de l'École Polytechnique von Jordan (Paris, Gauthier-Villars, 1887) Kap. 1, § 5 und das „Lehrbuch der Differentialgleichungen mit einer unabhängigen Variabeln" von Königsberger (Leipzig, Teubner, 1889), Kap. 1, § 3.

Von den wichtigsten Abhandlungen über die Frage erwähnen wir die folgenden: Weierstrass, Über die Theorie der analytischen Fakultäten (Crelle's Journal 1856, Bd. 51, S. 1—60, oder Abhandlungen aus der Funktionenlehre, S. 183—260, Berlin, Springer, 1886; vgl. besonders den § 7); Königsberger, Der Cauchy'sche Satz von der Existenz der Integrale einer Differentialgleichung (Crelle's Journal, fortges. von Kronecker 1889, Bd. 104, S. 174—176), endlich zwei wichtige Abhandlungen von E. Picard, 1) Sur un point de la Théorie générale des équations différentielles (Bulletin des Sciences mathématiques, 1887, II. série, Bd. 11, 1. Theil, S. 194—198), wo er beweist, dass ein System holomorpher Differentialgleichungen nur *ein* System holomorpher Integrale hat; 2) Sur la convergence des séries représentant les intégrales des équations differentielles (Ebenda, 1888, Bd. 12, 1. Theil, S. 148—156), wo er den Convergenzkreis dieser Reihen weiter ausdehnt, als wie er von Briot und Bouquet angegeben worden war.

Diese letztere Arbeit ist um so bemerkenswerther, als der Verfasser darin das erste Cauchy'sche Beweisverfahren auf Differentialgleichungen anwendet, in denen die Veränderlichen imaginär sind, diese Ausdehnung geschieht mit Hülfe des Satzes von Darboux $\Delta Fz = \lambda \Delta z \, F'(z + \Theta \Delta z)$ über die Zunahme einer Funktion $F(z)$ einer imaginären Veränderlichen z.

III. Partielle Differentialgleichungen. Man verdankt Cauchy auch die ersten Untersuchungen über die Existenz der Integrale der partiellen Differentialgleichungen. Über diesen und über verwandte Gegenstände hat er eine grosse Anzahl mehr oder weniger umfangreicher Abhandlungen in den Bänden 14, 15 und 16 (1842, 1843) der Comptes rendus und anderwärts veröffentlicht. Wir erwähnen besonders die drei folgenden: 1) Mémoire sur un théorème fondamental en calcul intégral (Comptes rendus, Bd. 14 S. 1020—1026; Oeuvres complètes, 1888, I série, Bd. 6, Nr. 167 S. 461—467). 2) Mémoire sur l'emploi du calcul des limites dans l'intégrations des équations aux dérivées partielles (Comptes rendus, 1842, Bd. 15, S. 44—59); 3) Mémoire sur l'application du calcul des limites à l'intégration d'un système d'équations aux dérivées partielles (Ebenda, S. 85—101).

Die hauptsächlichsten Arbeiten, welche seitdem über die Frage veröffentlicht wurden, sind die folgenden:

Darboux: Mémoire sur l'existence de l'intégrale dans les équations aux dérivées partielles contenant un nombre quelconque de fonctions et de variables (Comptes rendus, 1875, 1. semestre, t. LXXX, p. 101—104, 317—319).

Méray: 1. Sur l'existence des intégrales d'un système quelconque d'équations différentielles, comprenant comme cas très-restreint les équations dites aux dérivées partielles (Ebenda, p. 389—393, 444). 2. Démonstration générale de l'existence des intégrales des équations aux dérivées partielles (Journal de mathématiques pures et appliquées, 1880, 3. série, t. VI, p. 235—266). 3. Sur la convergence des développements des intégrales ordinaires d'un système d'équations differentielles totales ou partielles (En collaboration avec M. Riquier) (Annales de l'École normale supérieure, 3. série, 1889, t. VI, p. 355—378; 1890, t. VII, p. 23—88). 4. Sur les systèmes d'équations aux dérivées partielles qui sont dépourvus d'intégrales, contrairement à toute prévision (Comptes rendus, 1888, 1. semestre, p. 648—651) mit einer Bemerkung von Darboux p. 651—652, in welcher derselbe angiebt, dass auf diese eigenthümliche Thatsache schon früher von S. von Kowalevsky hingewiesen worden ist.

Sophie von Kowalevsky, Zur Theorie der partiellen Differentialgleichungen (Crelle's Journal, fortgesetzt von Borchardt, Bd. 80, S. 1—32, 8. März 1875).

Diese wichtige Arbeit ist ihrem wesentlichen Inhalt nach in mehreren später veröffentlichten Werken reproducirt worden, so namentlich in dem 3. Kapitel des dritten Bandes von Jordan's Cours d'Analyse, sowie in dem 1. Kapitel der Leçons sur les équations aux dérivées partielles von Goursat (Paris, Hermann, 1890). Wir haben dieselbe im Anhange mit gütiger Erlaubniss der Verfasserin vollständig abgedruckt.

IV. Singuläre Lösungen. Von Leibniz bis Cauchy ist die Theorie der singulären Lösungen der gewöhnlichen und partiellen Differentialgleichungen Gegenstand zahlloser Untersuchungen gewesen. Dieselben sind zum grössten Theile kurz wiedergegeben in dem gewissenhaften und zu wenig bekannten Werke von L. Houtain: Des solutions singulières des équations differentielles (Auszug aus den Annales des Universités de Belgique, Bruxelles, Lesigne, 1854, ein Oktavband von X und 345 Seiten). Fast alle vorher angeführten Schriften beschäftigen sich von höherem funktionentheoretischen Standpunkte aus mit diesem Gegenstande.

Im Jahre 1873 veröffentlichte Darboux eine Abhandlung: Sur les solutions singulières des équations aux dérivées ordinaires du premier ordre (Bulletin des sciences mathématiques et astronomiques, t. IV, p. 158—176), welche in der geometrischen Interpretation dieser Lösungen eine neue Bahn eröffnete und in derselben Richtung sich bewegende Untersuchungen verschiedener Geometer, besonders von Casorati und Cayley, hervorrief. Er hat auch die analogen auf die Theorie der partiellen Differentialgleichungen bezüglichen Fragen in einer schönen Arbeit eingehend untersucht, welche von der Pariser Akademie der Wissenschaften mit einem Preise ausgezeichnet wurde und den Titel führt: Mémoire sur les solutions singulières des équations aux dérivées partielles du premier ordre (Der Akademie eingereicht am 29. Mai 1876, veröffentlicht im Jahre 1883 in dem 27. Bande der Mémoires des savants étrangers, Nr. 2, p. 1—243, in 4⁰). Es ergiebt sich aus diesen schönen Untersuchungen, dass die Beziehungen zwischen den singulären Lösungen und den vollständigen Integralen, wie solche in dem vorliegenden Werke nach Lagrange und Jacobi auseinandergesetzt werden, die Existenz vollständiger Integrale von solcher Form voraussetzen, dass man auf sie die Rechnungen der Nr. 6—8, 10—13 anwenden kann. Man findet einen ausführlichen Auszug aus den Untersuchungen Darboux's in dem 10. Kapitel der oben erwähnten Leçons von Goursat.

I. Buch.

Methode von Lagrange und Pfaff.[1]

1. Kapitel.

Lineare partielle Differentialgleichungen.[2]

§ 5. *Lineare partielle Differentialgleichungen mit zwei unabhängigen Veränderlichen.*

16. Entstehung dieser Gleichungen. — Es seien u und v zwei gegebene Funktionen der Veränderlichen x, y, z und

$$F(u, v) = 0 \quad . \; . \; . \; . \; . \; . \; . \; . \quad (1)$$

---

[1]) Wir geben in diesem ersten Buche nicht nur die Arbeiten von Lagrange und Pfaff, sondern auch die ersten Abhandlungen von Jacobi, welche die Untersuchungen jener beiden Geometer mit einander in Zusammenhang bringen, kurz wieder.

[2]) Die Theorie der linearen partiellen Differentialgleichungen rührt im Wesentlichen von Lagrange her, der sie unter verschiedenen Formen in den „Abhandlungen der Berliner Akademie" vom Jahre 1779 und 1785, in den Leçons sur la théorie des fonctions, Leçon 20, und in der Théorie des fonctions analytiques, Kap. XVI des ersten Theiles, auseinandergesetzt hat. Über die wahre Tragweite des hier dargelegten Integrationsverfahrens vgl. man den § I der Abhandlung von Jacobi: Dilucidationes etc. (Crelle's Journal, Bd. 23). Im Grunde genommen wird nur der Zusammenhang festgestellt, welcher zwischen der Theorie der linearen simultanen Differentialgleichungen und derjenigen der partiellen Differentialgleichungen besteht. Bei unserer Darstellung haben wir uns gehalten an diejenige von Serret, Calcul intégral, p. 599—608, Boole, A treatise etc., p. 324—335, Suppl. p. 56—69, und Gilbert (Vgl. die letzte Note zu Nr. 20). In dem Nachtrag II am Schlusse dieses Kapitels legen wir eine andere im Wesentlichen von Cauchy entlehnte Methode dar. Wir haben im Jahre 1881 in den Annales de la société scientifique de Bruxelles, t. V, p. 17—33 unter dem Titel: Notes sur les équations aux dérivées partielles eine kleine Abhandlung veröffentlicht, von der man insbesondere S. 17—22 vergleichen möge.

irgend eine Beziehung zwischen diesen Funktionen. Dann besteht zwischen x, y, z und den partiellen Ableitungen von z nach x und y

$$p = \frac{dz}{dx}, \quad q = \frac{dz}{dy}$$

eine Relation, welche von der Form der Gleichung (1) unabhängig und linear in Bezug auf p und q ist.

Zum Beweise differentiiren wir die Relation (1) nach x und y; dies giebt:

$$\frac{\delta F}{\delta u}\left(\frac{\delta u}{\delta x} + \frac{\delta u}{\delta z} p\right) + \frac{\delta F}{\delta v}\left(\frac{\delta v}{\delta x} + \frac{\delta v}{\delta z} p\right) = 0$$

$$\frac{\delta F}{\delta u}\left(\frac{\delta u}{\delta y} + \frac{\delta u}{\delta z} q\right) + \frac{\delta F}{\delta v}\left(\frac{\delta v}{\delta y} + \frac{\delta v}{\delta z} q\right) = 0.$$

Hieraus ergiebt sich, wenn man die Ableitungen von F nach u und v eliminirt:

$$\begin{vmatrix} \frac{\delta u}{\delta x} + \frac{\delta u}{\delta z} p, & \frac{\delta u}{\delta y} + \frac{\delta u}{\delta z} q \\ \frac{\delta v}{\delta x} + \frac{\delta v}{\delta z} p, & \frac{\delta v}{\delta y} + \frac{\delta v}{\delta z} q \end{vmatrix} = 0,$$

d. h.

$$\begin{vmatrix} \frac{\delta u}{\delta x}, & \frac{\delta u}{\delta y} \\ \frac{\delta v}{\delta x}, & \frac{\delta v}{\delta y} \end{vmatrix} + p \begin{vmatrix} \frac{\delta u}{\delta z}, & \frac{\delta u}{\delta y} \\ \frac{\delta v}{\delta z}, & \frac{\delta v}{\delta y} \end{vmatrix} + q \begin{vmatrix} \frac{\delta u}{\delta x}, & \frac{\delta u}{\delta z} \\ \frac{\delta v}{\delta x}, & \frac{\delta v}{\delta z} \end{vmatrix} = 0,$$

oder auch, wenn man die Bezeichnung der Functionaldeterminanten anwendet:

$$p \frac{\delta(u, v)}{\delta(y, z)} + q \frac{\delta(u, v)}{\delta(z, x)} = \frac{\delta(u, v)}{\delta(x, y)}.$$

Wir schreiben diese Gleichung in der abgekürzten Form:

$$Xp + Yq = Z \quad \ldots \ldots \ldots \quad (2),$$

indem wir setzen:

$$X = \frac{\delta(u, v)}{\delta(y, z)}, \quad Y = \frac{\delta(u, v)}{\delta(z, x)}, \quad Z = \frac{\delta(u, v)}{\delta(x, y)}.$$

17. System von simultanen gewöhnlichen Differentialgleichungen, welches der Gleichung (2) entspricht.[1] Den Eigenschaften der Determinanten zufolge hat man:

---

[1]) Bei Gelegenheit der Gleichungen mit n unabhängigen Veränderlichen legen wir dieselbe Sache mit noch grösserer Benutzung der Determinanten dar. Der Leser mag urtheilen, welche von diesen beiden Darstellungen den Vorzug verdient.

$$\begin{vmatrix} \frac{\delta u}{\delta x}, & \frac{\delta u}{\delta y}, & \frac{\delta u}{\delta z} \\ \frac{\delta u}{\delta x}, & \frac{\delta u}{\delta y}, & \frac{\delta u}{\delta z} \\ \frac{\delta v}{\delta x}, & \frac{\delta v}{\delta y}, & \frac{\delta v}{\delta z} \end{vmatrix} = 0, \qquad \begin{vmatrix} \frac{\delta v}{\delta x}, & \frac{\delta v}{\delta y}, & \frac{\delta v}{\delta z} \\ \frac{\delta u}{\delta x}, & \frac{\delta u}{\delta y}, & \frac{\delta u}{\delta z} \\ \frac{\delta v}{\delta x}, & \frac{\delta v}{\delta y}, & \frac{\delta v}{\delta z} \end{vmatrix} = 0,$$

oder auch:

$$\left.\begin{aligned} X \frac{\delta u}{\delta x} + Y \frac{\delta u}{\delta y} + Z \frac{\delta u}{\delta z} = 0 \\ X \frac{\delta v}{\delta x} + Y \frac{\delta v}{\delta y} + Z \frac{\delta v}{\delta z} = 0 \end{aligned}\right\} \quad . \; . \; . \; . \quad (3).$$

Aus diesen Gleichungen geht hervor, dass die Relationen

$$u = a, \qquad v = b,$$

wo a und b Constanten sind, ein Integralsystem der Gleichungen

$$\frac{dx}{X} = \frac{dy}{Y} = \frac{dz}{Z} \quad . \; . \; . \; . \; . \; . \; . \; . \quad (4)$$

bilden.

Man kann diese Bemerkung auch noch anders ausdrücken, indem man sagt, die Gleichungen

$$Y = \frac{dy}{dx} X$$

$$Z = \frac{dz}{dx} X$$

haben zum Integralsystem:

$$u = a, \quad v = b \quad . \; . \; . \; . \; . \; . \; . \; . \quad (5),$$

oder auch

$$F_1(u, v) = A, \quad F_2(u, v) = B \quad . \; . \; . \; . \; . \quad (6),$$

wo A und B neue willkürliche Constanten sind und F_1 und F_2 irgendwelche Funktionen bezeichnen. In der That kann man die Gleichungen (5) aus den Gleichungen (6) und umgekehrt ableiten. Man kann auch direkt beweisen, dass die Differentiale dF_1, dF_2 identisch Null sind, wenn man das Bestehen der Relationen (3) und (4) voraussetzt. Aus $F_1 = A$ leitet man nämlich mit Hülfe von (4) und (3) her:

$$\frac{\delta F_1}{\delta u}\left(\frac{\delta u}{\delta x} dx + \frac{\delta u}{\delta y} dy + \frac{\delta u}{\delta z} dz\right) + \frac{\delta F_1}{\delta v}\left(\frac{\delta v}{\delta x} dx + \frac{\delta v}{\delta y} dy + \frac{\delta v}{\delta z} dz\right) = 0$$

$$\frac{\delta F_1}{\delta u}\left(\frac{\delta u}{\delta x} X + \frac{\delta u}{\delta y} Y + \frac{\delta u}{\delta z} Z\right) + \frac{\delta F_1}{\delta v}\left(\frac{\delta v}{\delta x} X + \frac{\delta v}{\delta y} Y + \frac{\delta v}{\delta z} Z\right) = 0,$$

d. h.

$$0 = 0.$$

Umgekehrt, wenn $u = a$, $v = b$ verschiedene Integrale des Systems (4) sind, in welchem X, Y, Z irgendwelche Funktionen von x, y, z sind,

d. h. wenn die Relationen (3) existiren, so ist jede Gleichung

$$F(u, v) = 0 \quad . \quad . \quad . \quad . \quad . \quad . \quad . \quad . \quad (1)$$

zwischen den Funktionen u und v eine Lösung der Gleichung

$$Xp + Yq = Z.$$

Man erhält nämlich aus der Gleichung (1):

$$\frac{\delta F}{\delta u}\frac{\delta u}{\delta x} + \frac{\delta F}{\delta v}\frac{\delta v}{\delta x} + p\left(\frac{\delta F}{\delta u}\frac{\delta u}{\delta z} + \frac{\delta F}{\delta v}\frac{\delta v}{\delta z}\right) = 0$$

$$\frac{\delta F}{\delta u}\frac{\delta u}{\delta y} + \frac{\delta F}{\delta v}\frac{\delta v}{\delta y} + q\left(\frac{\delta F}{\delta u}\frac{\delta u}{\delta z} + \frac{\delta F}{\delta v}\frac{\delta v}{\delta z}\right) = 0$$

$$\frac{\delta F}{\delta u}\frac{\delta u}{\delta z} + \frac{\delta F}{\delta v}\frac{\delta v}{\delta z} - \left(\frac{\delta F}{\delta u}\frac{\delta u}{\delta z} + \frac{\delta F}{\delta v}\frac{\delta v}{\delta z}\right) = 0.$$

Multiplicirt man diese Gleichungen resp. mit X, Y, Z und addirt sie dann, so erhält man:

$$\frac{\delta F}{\delta u}\left(X\frac{\delta u}{\delta x} + Y\frac{\delta u}{\delta y} + Z\frac{\delta u}{\delta z}\right) + \frac{\delta F}{\delta v}\left(X\frac{\delta v}{\delta x} + Y\frac{\delta v}{\delta y} + Z\frac{\delta v}{\delta z}\right)$$
$$+ \left(\frac{\delta F}{\delta u}\frac{\delta u}{\delta z} + \frac{\delta F}{\delta v}\frac{\delta v}{\delta z}\right)(Xp + Yq - Z) = 0.$$

Zufolge der Gleichungen (3) ergiebt sich hieraus

$$Xp + Yq = Z,$$

wodurch der Satz bewiesen ist. Dieser Schluss würde jedoch eine Ausnahme erleiden, wenn man die Relation (1) derart gewählt hätte, dass $\frac{dF}{dz} = \frac{\delta F}{\delta u}\frac{\delta u}{\delta z} + \frac{\delta F}{\delta v}\frac{\delta v}{\delta z}$, der Coefficient von $Xp + Yq - Z$ in der vorletzten Gleichung, beständig Null wäre. In diesem Falle aber würde die Relation (1) z gar nicht enthalten, ein Fall, der offenbar ausgeschlossen ist.

Somit entsprechen sich die partielle Gleichung (2) und die simultanen Gleichungen (4) in bemerkenswerther Weise. Zwei Lösungen (6) der Gleichung (2) von der Form (1) geben unmittelbar das Integralsystem der Gleichungen (4), und umgekehrt führt das Integralsystem (5) der Gleichungen (4) unmittelbar zu einem Integral (1) der Gleichung von der Form (2). Wir werden sehen, dass jede Lösung der Gleichung (1) übrigens nothwendig von dieser Form ist, wodurch die Lösung der Gleichungen von der Form (2) vollständig auf diejenige der Gleichungen von der Form (4) und umgekehrt zurückgeführt wird.

18. Integration der linearen partiellen Differentialgleichungen erster Ordnung mit zwei unabhängigen Veränderlichen. — Es sei

$$Xp + Yq = Z$$

eine lineare partielle Differentialgleichung. Wenn $u = a$, $v = b$ Lösungen des Systems

$$\frac{dx}{X} = \frac{dy}{Y} = \frac{dz}{Z}$$

sind, so dass man identisch hat:

$$\left.\begin{aligned} X\frac{\delta u}{\delta x} + Y\frac{\delta u}{\delta y} + Z\frac{\delta u}{\delta z} = 0 \\ X\frac{\delta v}{\delta x} + Y\frac{\delta v}{\delta y} + Z\frac{\delta v}{\delta z} = 0 \end{aligned}\right\} \quad \ldots\ldots \quad (3),$$

so kann man schreiben:

$$X : \frac{\delta(u, v)}{\delta(y, z)} = Y : \frac{\delta(u, v)}{\delta(z, x)} = Z : \frac{\delta(u, v)}{\delta(x, y)} = M,$$

wo M den gemeinschaftlichen Werth dieser drei identisch gleichen Verhältnisse bezeichnet.

Die gegebene partielle Differentialgleichung kann demnach in die Form gebracht werden:

$$M\left[p\frac{\delta(u, v)}{\delta(y, z)} + q\frac{\delta(u, v)}{\delta(z, x)} - \frac{\delta(u, v)}{\delta(x, y)}\right] = 0$$

oder nach und nach:

$$M\begin{vmatrix} p, & q, & -1 \\ \frac{\delta u}{\delta x}, & \frac{\delta u}{\delta y}, & \frac{\delta u}{\delta z} \\ \frac{\delta v}{\delta x}, & \frac{\delta v}{\delta y}, & \frac{\delta v}{\delta z} \end{vmatrix} = 0,$$

$$M\begin{vmatrix} 0 & 0 & -1 \\ \frac{\delta u}{\delta x} + p\frac{\delta u}{\delta z}, & \frac{\delta u}{\delta y} + q\frac{\delta u}{\delta z}, & \frac{\delta u}{\delta z} \\ \frac{\delta v}{\delta x} + p\frac{\delta v}{\delta z}, & \frac{\delta v}{\delta y} + q\frac{\delta v}{\delta z}, & \frac{\delta v}{\delta z} \end{vmatrix} = 0,$$

oder mit Veränderung der Zeichen:

$$M\begin{vmatrix} \frac{du}{dx}, & \frac{du}{dy} \\ \frac{dv}{dx}, & \frac{dv}{dy} \end{vmatrix} = 0.$$

Man kann somit der gegebenen Gleichung auf zwei Arten Genüge leisten, einmal, indem man

$$M = 0,$$

das andere Mal, indem man

$$D\frac{u,\, v}{x,\, y} = 0$$

setzt. Nach einer Eigenschaft der Functionaldeterminanten[1]) ergiebt sich aus der letzteren Bedingung, dass jede Lösung der gegebenen Gleichung von der Form ist[2]):

$$F(u, v) = 0,$$

wofern nicht die Gleichung $M = 0$ eine Lösung giebt, die nicht in dieser Relation enthalten ist. Der vorhergehenden Nummer zufolge ist übrigens jede Relation von der Form $F(u, v) = 0$ eine Lösung.

19. Bestimmung der willkürlichen Funktion; geometrische Deutung. — Wegen der willkürlichen Form der Funktion F kann man der Lösung eine Bedingung auferlegen wie die folgende: Für $x = x_0$ soll zwischen y und z eine gegebene Relation

$$w(y, z) = 0 \quad . \quad . \quad . \quad . \quad . \quad . \quad . \quad . \quad . \quad (8)$$

bestehen. Setzt man in den Funktionen u und v $x = x_0$, so erhält man für diesen Werth x_0:

$$u = u_0 (y, z) \quad . \quad . \quad . \quad . \quad . \quad . \quad . \quad . \quad . \quad (9)$$

$$v = v_0 (y, z) \quad . \quad . \quad . \quad . \quad . \quad . \quad . \quad . \quad . \quad (10).$$

Eliminirt man y und z zwischen diesen drei Gleichungen, so sei

$$F(u, v) = 0 \quad . \quad . \quad . \quad . \quad . \quad . \quad . \quad . \quad . \quad (11)$$

das Resultat dieser Elimination, derart, dass man umgekehrt (8) aus (9), (10), (11) durch Elimination von u und v ableiten kann. Offenbar genügt die Relation (11) der gegebenen Gleichung und der gegebenen Bedingung, denn macht man darin $x = x_0$, so reducirt sie sich auf (8).

---

[1]) Baltzer, Determinanten, § XIII, Nr. 3, S. 114.

[2]) Lagrange hat diese Bemerkung nur in seiner Abhandlung vom Jahre 1785 bewiesen. In seinen andern Schriften über diesen Gegenstand vor und nach dem Jahre 1785 nimmt er sie stillschweigend, ohne sie zu beweisen, an. Die Form, die wir dem Beweise gegeben haben, ist Ph. Gilbert entlehnt (Annales de la Société scientifique de Bruxelles, 1885, *t.* IX, p. 41—48: *Sur l'intégration des équations linéaires aux dérivées partielles du premier ordre*), der auf die Existenz der durch den Faktor M gegebenen Lösungen aufmerksam gemacht und damit eine räthselhafte Stelle in den *Dilucidationes* von Jacobi (Am Schlusse des § 3, Ges. Werke, IV, S. 169) klargelegt hat. Das Verfahren von Lagrange (Mémoire von 1785, Nr. 3 und 4) hätte zur Entdeckung des Faktors M führen können, denn dieser Faktor ist beim Übergange von der ersten zur zweiten Gleichung der Nr. 4 ohne Grund weggelassen. Ph. Gilbert hatte schon früher auf die Unzulänglichkeit der üblichen Art der Auseinandersetzung hingewiesen in einer kleinen Abhandlung: *Sur les intégrales des équations linéaires aux dérivées partielles du premier ordre* (Annales de la Société scientifique de Bruxelles, 1880, t. IV, 2. partie, p. 273—276). J. Cockle (Educational Times, 1880, XXXIII, p. 19—20) war ebenfalls auf die Lösung $x + y + z = 0$ der partiellen Differentialgleichung $(x + y)(1 + p + q) + zp = 0$ gestossen, welche nicht in dem allgemeinen Integrale enthalten ist und die gegebene Gleichung nicht identisch befriedigt (vgl. Nr. 20, Beispiel VI). Um den Einwürfen von Gilbert zu begegnen, haben wir die im Nachtrag II dargelegte und oben (Nr. 16, Anm. 2) erwähnte Methode veröffentlicht.

Man kann auch andere Bedingungen als die eben angegebene vorschreiben; um dieselben leichter ausdrücken zu können, wollen wir die oben angegebene Lösung geometrisch deuten. Die Gleichung

$$Xp + Yq = Z \quad \ldots \ldots \quad (2)$$

drückt eine Eigenschaft der Tangentenebene der durch die Gleichung

$$F(u, v) = 0 \quad \ldots \ldots \quad (1)$$

dargestellten *Fläche* aus. Diese Fläche wird offenbar erzeugt durch die *Kurven*, deren Gleichungen sind:

$$u = a, \quad v = b \quad \ldots \ldots \quad (5)$$

und die der durch die Relation

$$F(a, b) = 0 \quad \ldots \ldots \quad (12)$$

ausgedrückten Bedingung unterworfen sind. Man kann nun verlangen, dass diese Fläche durch eine gegebene der yz-Ebene parallele Kurve

$$x = x_0, \quad w(y, z) = 0,$$

wie wir es oben gethan haben, oder durch eine *beliebige* Kurve hindurchgeht, deren Gleichungen sind

$$\varphi(x, y, z) = 0, \quad \chi(x, y, z) = 0,$$

oder dass sie eine gegebene Fläche berühre, oder dass sie einer beliebigen andern derartigen geometrischen Bedingung genüge. In jedem besonderen Falle leitet man, sobald man die analytische Bedingung (12) hat, daraus unmittelbar die Gleichung der Fläche her. Man ersieht hieraus, dass die Bestimmung der Form von F eine Frage der analytischen Geometrie des Raumes ist.

20. Beispiele. *I. Gleichungen der Cylinderflächen.*[1]) Die Cylinderflächen, deren Erzeugende der Geraden

$$x = az + a', \quad y = bz + b'$$

parallel sind, haben zur endlichen Gleichung

$$x - az = \varphi(y - bz)$$

und somit als partielle Differentialgleichung:

$$ap + bq = 1.$$

Umgekehrt gehören diese Gleichungen nur Cylinderflächen zu. Dies ist klar in Bezug auf die erste. Die zweite hat die erste zum Integral, denn das entsprechende System von simultanen Gleichungen

---

[1]) Wir geben diese elementaren Beispiele der Vollständigkeit halber. Im Nachtrag III integriren wir die Gleichungen der Regelflächen in fast allen Fällen durch Reduction auf lineare Gleichungen erster Ordnung.

$$\frac{dx}{a} = \frac{dy}{b} = \frac{dz}{1}$$

führt unmittelbar zu der folgenden Gleichung der Erzeugenden, welche einer gegebenen Richtung parallele Geraden sind:

$$x - az = a', \quad y - bz = b'.$$

Die partielle Differentialgleichung der Cylinderflächen drückt aus, dass die Tangentialebene parallel der Richtung der Erzeugenden ist. Die Gleichung $M = 0$ führt zu nichts.

II. Gleichungen der Kegelflächen. Die Kegelflächen, deren Spitze der Punkt (a, b, c) ist, haben zur endlichen Gleichung:

$$\frac{x-a}{z-c} = \varphi\left(\frac{y-b}{z-c}\right),$$

und zur partiellen Differentialgleichung

$$p(x-a) + q(y-b) = z - c.$$

Liegt die Spitze im Coordinatenanfangspunkt, so nimmt diese Gleichung die einfachere Form an:

$$z = px + qy.$$

Man findet ohne Mühe, dass diese letztere Gleichung, welche ausdrückt, dass die Tangentialebene an die Kegelfläche durch die Spitze geht, ausschliesslich den konischen Flächen zugehört oder, anders ausgedrückt, dass die partielle Differentialgleichung die oben angegebene endliche Gleichung zum Integral hat. Die Gleichung $M = 0$ giebt die nichtssagende Gleichung $z = c$.

III. Gleichungen der Conoidflächen. Nimmt man die geradlinige Direktrix zur z-Achse und die Richtungsebene zur xy-Ebene, so findet man als endliche Gleichung der Conoidflächen

$$z = \varphi\left(\frac{y}{x}\right)$$

und als partielle Differentialgleichung

$$px + qy = 0.$$

Diese drückt aus, dass die Berührungsebene die Erzeugende enthält, welche durch den Berührungspunkt hindurchgeht. Integrirt man diese Gleichung, so kommt man auf die endliche Gleichung zurück, was beweist, dass die partielle Differentialgleichung nur den Conoidflächen zugehört. Die Gleichung $M = 0$ ergiebt keine Lösung.

IV. Rotationsflächen. Man kann eine Rotationsfläche als den Ort eines beweglichen Kreises

$$x^2 + y^2 + z^2 = a,$$
$$x \cos\alpha + y \cos\beta + z \cos\gamma = b$$

betrachten, dessen Ebene zu der durch die Cosinus $\cos\alpha$, $\cos\beta$, $\cos\gamma$ bestimmten Richtung senkrecht steht, wenn man annimmt, dass die Rotationsachse diese Richtung hat und durch den Coordinatenanfangspunkt hindurchgeht. Die endliche Gleichung der Rotationsflächen ist somit:

$$x\cos\alpha + y\cos\beta + z\cos\gamma = \varphi(x^2 + y^2 + z^2).$$

Wenn man nach x und y differentiirt und überdies noch eine identische Gleichung der Symmetrie wegen mit hinschreibt, erhält man:

$$\begin{aligned} \cos\alpha + p\cos\gamma &= 2\varphi'.\,(x + pz), \\ \cos\beta + q\cos\gamma &= 2\varphi'.\,(y + qz), \\ \cos\gamma - \cos\gamma &= 2\varphi'.\,(z - z). \end{aligned}$$

Hieraus folgt unmittelbar:

$$\begin{vmatrix} p, & q, & -1 \\ x + pz, & y + qz, & z - z \\ \cos\alpha, & \cos\beta, & \cos\gamma \end{vmatrix} = 0,$$

oder wenn man die erste Zeile mit z multiplicirt und dann von der zweiten subtrahirt:

$$\begin{vmatrix} p, & q, & -1 \\ x, & y, & z \\ \cos\alpha, & \cos\beta, & \cos\gamma \end{vmatrix} = 0.$$

Dies ist die partielle Differentialgleichung der Umdrehungsflächen. Man kann dieselbe auch schreiben:

$$p(y\cos\gamma - z\cos\beta) + q(z\cos\alpha - x\cos\gamma) = x\cos\beta - y\cos\alpha.$$

Von dieser Gleichung kann man leicht wieder zu der endlichen Gleichung der Rotationsflächen gelangen. Zu dem Zwecke hat man das Hülfssystem zu integriren:

$$\frac{dx}{\begin{vmatrix} y, & z \\ \cos\beta, & \cos\gamma \end{vmatrix}} = \frac{dy}{\begin{vmatrix} z, & x \\ \cos\gamma, & \cos\alpha \end{vmatrix}} = \frac{dz}{\begin{vmatrix} x, & y \\ \cos\alpha, & \cos\beta \end{vmatrix}}.$$

Diese drei Verhältnisse sind den folgenden gleich, in denen die Nenner und infolgedessen auch die Zähler Null sind:

$$\frac{x\,dx + y\,dy + z\,dz}{\begin{vmatrix} x, & y, & z \\ x, & y, & z \\ \cos\alpha, & \cos\beta, & \cos\gamma \end{vmatrix}} = \frac{\cos\alpha\,dx + \cos\beta\,dy + \cos\gamma\,dz}{\begin{vmatrix} \cos\alpha, & \cos\beta, & \cos\gamma \\ x, & y, & z \\ \cos\alpha, & \cos\beta, & \cos\gamma \end{vmatrix}}.$$

Die Relationen

$$xdx + ydy + zdz = 0,$$

$$\cos\alpha dx + \cos\beta dy + \cos\gamma dz = 0$$

geben unmittelbar die Integrale des Hülfssystems:

$$x^2 + y^2 + z^2 = a,$$

$$x\cos\alpha + y\cos\beta + z\cos\gamma = b$$

und somit ist das Integral der partiellen Differentialgleichung:

$$x\cos\alpha + y\cos\beta + z\cos\gamma = \varphi(x^2 + y^2 + z^2).$$

Die Gleichung $M = 0$ giebt keine Lösung.

Die partielle Differentialgleichung drückt aus, dass die Normalen längs eines Parallelkreises der Fläche die Rotationsachse in einem und demselben Punkte treffen.[1])

V. Orthogonale Trajektorien.[2]) Wenn

$$F(x, y, z, k) = 0$$

in rechtwinkligen Coordinaten eine Schaar von Flächen darstellt, die den verschiedenen Werthen von k entsprechen, so ist die Gleichung

$$p\frac{\delta F}{\delta x} + q\frac{\delta F}{\delta y} = \frac{\delta F}{\delta z}$$

die Bedingung dafür, dass eine andere Fläche, deren Berührungsebene die Richtungscoefficienten $p, q, -1$ hat, zu ihr normal ist. Eliminirt man k zwischen den beiden vorstehehden Gleichungen, so ist die resultirende Gleichung die partielle Differentialgleichung der orthogonalen Trajektorien der gegebenen Fläche. Diese Gleichung ist, wie man sieht, von der ersten Ordnung.

Als Beispiel betrachten wir die Ellipsoide:

$$\frac{x^2}{a^2} + \frac{y^2}{b^2} + \frac{z^2}{c^2} = k.$$

Die partielle Differentialgleichung der orthogonalen Trajektorien ist:

$$p\frac{x}{a^2} + q\frac{y}{b^2} = \frac{z}{c^2}.$$

---

[1]) Wenn wir nicht irren, hat **Monge** zuerst die partiellen Differentialgleichungen der verschiedenen Arten von Flächen gegeben. Siehe seine *Feuilles d'Analyse appliquée à la géométrie, à l'usage de l'École polytechnique, publiées la première année de cette école (an III de la République)* Nr. 4, 5 und 6, sowie alle Lehrbücher über Infinitesimalrechnung.

[2]) **Lagrange**, Abh. d. Berliner Akad., 1785, S. 188, Nr. 15; *Oeuvres*, V, p. 560.

Man findet unmittelbar als allgemeines Integral

$$\frac{x^{a^2}}{z^{c^2}} = \varphi\left(\frac{y^{b^2}}{z^{c^2}}\right)$$

und $M = 0$ giebt die evidente Lösung $z = 0$.

VI. Die Gleichung

$$(x + y)(1 + p + q) + zp = 0$$

führt zu den Hülfsgleichungen:

$$\frac{dx}{x + y + z} = \frac{dy}{x + y} = \frac{-dz}{x + y}.$$

Dieselben besitzen zum allgemeinen Integralsystem: $u = \alpha$, $v = \beta$, wo

$$u = y + z, \quad v = \log(x + y + z) + \frac{z}{x + y + z}$$

ist. Der Faktor M ist gleich $(x + y + z)^2$ und giebt die singuläre Lösung $x + y + z = 0$, die nicht in dem allgemeinen Integral $v = \varphi(u)$ einhalten ist (Cockle).

21. Über einige Gleichungen, welche man linear machen kann.[1]) — I. Es sei zunächst die Gleichung gegeben:

$$xf_1(p, q, z - px - qy) + yf_2(p, q, z - px - qy) + f_3(p, q, z - px - qy) = 0.$$

Setzt man:

$$u = z - px - qy,$$

so ist:

$$du = -xdp - ydq,$$

und somit, wenn man p und q als unabhängige Veränderliche nimmt:

$$\frac{du}{dp} = -x, \quad \frac{du}{dq} = -y.$$

Mithin geht die Gleichung über in:

$$\frac{du}{dp} f_1(p, q, u) + \frac{du}{dq} f_2(p, q, u) = f_3(p, q, u).$$

---

[1]) Lagrange, Abh. d. Berl. Akad. 1774, Oeuvres, t. IV, Nr. 53, p. 83; Lacroix, t. II, p. 558, t. III, p. 708. Chasles, *Rapport sur les progrès de la géométrie*, p. 90—91, Paris 1870, erwähnt verschiedene Arbeiten über die Gleichungen dieser Art, deren Entdeckung er Monge zuschreibt. Siehe überdies eine Bemerkung von Orloff, Bulletins de Bruxelles, 2. série, t. XXXIII, p. 113—122, ferner Lie, Mathem. Annalen, Bd. 5, S. 159, der eine Deutung derselben auf Grund der neueren Geometrie giebt. Man nennt die hier ausgeführte Transformation zuweilen die Legendre'sche Transformation, obwohl die erste Idee davon Leibniz zukommt. Plücker beschäftigt sich mit der geometrischen Interpretation der Legendre'schen Transformation in seinen analytisch-geometrischen Entwickelungen (Essen, 1831) S. 265 und in Crelle's Journal, Bd. 9, S. 124—134.

Da diese linear ist, so kann man das Integral derselben finden. Aus diesem Integral erhält man die Werthe der Ableitungen nach p und q; man setzt dieselben gleich x und y und eliminirt sodann zwischen den so erhaltenen Gleichungen und $u = z - px - qy$ die drei Grössen u, p und q.

Diese Methode vereinfacht sich im Falle der schon oben (Nr. 9) untersuchten Clairaut'schen Gleichung:

$$z = px + qy + f(p, q),$$

welche nicht zu einer partiellen Differentialgleichung, sondern zu der Gleichung

$$u = f(p, q)$$

führt. Man setzt

$$p = a, \quad q = b, \quad u = f(a, b),$$

woraus sich ergiebt:

$$du = 0, \quad dp = 0, \quad dq = 0.$$

Somit ist die Relation $du = -xdp - ydq$ erfüllt. Man findet übrigens als vollständiges Integral:

$$z = ax + by + f(a, b).$$

II. Es sei zweitens die Gleichung gegeben:

$$xf_1(y, p, z - px) = qf_2(y, p, z - px) - f_3(y, p, z - px).$$

Setzt man

$$u = z - px,$$

so wird

$$du = qdy - xdp$$

$$\frac{du}{dy} = q, \quad \frac{du}{dp} = -x;$$

somit geht die gegebene Gleichung über in:

$$\frac{du}{dp} f_1(y, p, u) + \frac{du}{dy} f_2(y, p, u) = f_3(y, p, u),$$

und die Integration geschieht wie im vorhergehenden Falle.

Hat man insbesondere

$$z - px = f(y, p),$$

so findet man als transformirte Gleichung

$$u = f(y, p).$$

Man setze

$$p = \varphi(y);$$

dann erhält man zur Bestimmung von z, welches auch φ sei, die Relation:

$$z = x\varphi(y) + f[y, \varphi(y)],$$

wie man im Voraus wusste, da y in der gegebenen Gleichung die Rolle einer Constanten spielt.

§ 6. *Lineare partielle Differentialgleichungen mit einer beliebigen Anzahl von Veränderlichen.*

22. Entstehung dieser Gleichungen nach Lagrange. — Es seien $u_1, u_2, \ldots, u_n$ n gegebene Funktionen der Veränderlichen $z, x_1, x_2, \ldots, x_n$ und

$$F(u_1, u_2, \ldots, u_n) = 0 \quad \ldots \ldots \ldots \quad (1)$$

eine beliebige Relation zwischen diesen Funktionen. Dann besteht zwischen $z, x_1, \ldots, x_n$ und den partiellen Ableitungen von z nach den x

$$p_1 = \frac{dz}{dx_1}, \ldots, p_n = \frac{dz}{dx_n}$$

eine von der Form der Gleichung (1) unabhängige und in $p_1, \ldots, p_n$ lineare Relation.

Um dies zu beweisen, differentiiren wir die Relation (1) nach $x_1, x_2, \ldots, x_n$. Dies giebt:

$$\frac{\delta F}{\delta u_1}\left(\frac{\delta u_1}{\delta x_1} + \frac{\delta u_1}{\delta z} p_1\right) + \ldots + \frac{\delta F}{\delta u_n}\left(\frac{\delta u_n}{\delta x_1} + \frac{\delta u_n}{\delta z} p_1\right) = 0$$

$$\frac{\delta F}{\delta u_1}\left(\frac{\delta u_1}{\delta x_2} + \frac{\delta u_1}{\delta z} p_2\right) + \ldots + \frac{\delta F}{\delta u_n}\left(\frac{\delta u_n}{\delta x_2} + \frac{\delta u_n}{\delta z} p_2\right) = 0$$

$$\ldots\ldots\ldots\ldots\ldots\ldots\ldots\ldots\ldots\ldots$$

$$\frac{\delta F}{\delta u_1}\left(\frac{\delta u_1}{\delta x_n} + \frac{\delta u_1}{\delta z} p_n\right) + \ldots + \frac{\delta F}{\delta u_n}\left(\frac{\delta u_n}{\delta x_n} + \frac{\delta u_n}{\delta z} p_n\right) = 0.$$

Hieraus folgt, wenn man die Ableitungen von F nach $u_1, u_2, \ldots, u_n$ eliminirt:

$$\begin{vmatrix} \frac{\delta u_1}{\delta x_1} + \frac{\delta u_1}{\delta z} p_1, & \ldots, & \frac{\delta u_n}{\delta x_1} + \frac{\delta u_n}{\delta z} p_1 \\ \frac{\delta u_1}{\delta x_2} + \frac{\delta u_1}{\delta z} p_2, & \ldots, & \frac{\delta u_n}{\delta x_2} + \frac{\delta u_n}{\delta z} p_2 \\ \ldots & \ldots & \ldots \\ \frac{\delta u_1}{\delta x_n} + \frac{\delta u_1}{\delta z} p_n, & \ldots, & \frac{\delta u_n}{\delta x_n} + \frac{\delta u_n}{\delta z} p_n \end{vmatrix} = 0$$

oder:

$$Z = X_1 p_1 + X_2 p_2 + \ldots + X_n p_n \quad \ldots \ldots \quad (2),$$

wenn man setzt:

$$Z = \frac{\delta(u_1, u_2, \ldots, u_n)}{\delta(x_1, x_2, \ldots, x_n)} \cdot$$

$$X_1 = \frac{\delta(u_1, u_2, \ldots, u_n)}{\delta(z, x_2, \ldots, x_n)}, \; X_2 = \frac{\delta(u_1, u_2, \ldots, u_n)}{\delta(x_1, z, x_3, \ldots, x_n)}, \ldots, X_n = \frac{\delta(u_1, u_2, \ldots, u_n)}{\delta(x_1, x_2, \ldots, x_{n-1}, z)}.$$

Die Gleichung (2) kann leicht auf die Form einer Determinante gebracht werden, welche eine Kolonne und eine Zeile mehr enthält als die vorhergehende, nämlich:

$$\begin{vmatrix} +1, & \frac{\delta u_1}{\delta z}, & \frac{\delta u_2}{\delta z}, & \ldots, & \frac{\delta u_n}{\delta z} \\ -p_1, & \frac{\delta u_1}{\delta x_1}, & \frac{\delta u_2}{\delta x_1}, & \ldots, & \frac{\delta u_n}{\delta x_1} \\ \cdot & \cdot & \cdot & \cdot & \cdot \\ \cdot & \cdot & \cdot & \cdot & \cdot \\ -p_n, & \frac{\delta u_1}{\delta x_n}, & \frac{\delta u_2}{\delta x_n}, & \ldots, & \frac{\delta u_n}{\delta x_n} \end{vmatrix} = 0 \quad \ldots \quad (2').$$

Wenn man sich endlich die Relation (1) auf die Form gebracht denkt:

$$\psi(z, x_1, x_2, \ldots, x_n) = 0 \quad \ldots \quad (3),$$

so dass

$$p_1 = -\frac{\frac{\delta\psi}{\delta x_1}}{\frac{\delta\psi}{\delta z}},\ p_2 = -\frac{\frac{\delta\psi}{\delta x_2}}{\frac{\delta\psi}{\delta z}},\ \ldots,\ p_n = -\frac{\frac{\delta\psi}{\delta x_n}}{\frac{\delta\psi}{\delta z}}$$

ist, so gehen die Gleichungen (2) und (2'), wenn man sie nach Nr. 2 transformirt, über in

$$Z\frac{\delta\psi}{\delta z} + X_1\frac{\delta\psi}{\delta x_1} + \cdots + X_n\frac{\delta\psi}{\delta x_n} = 0 \quad \ldots \quad (4)$$

$$\begin{vmatrix} \frac{\delta\psi}{\delta z}, & \frac{\delta u_1}{\delta z}, & \frac{\delta u_2}{\delta z}, & \ldots, & \frac{\delta u_n}{\delta z} \\ \frac{\delta\psi}{\delta x_1}, & \frac{\delta u_1}{\delta x_1}, & \frac{\delta u_2}{\delta x_1}, & \ldots, & \frac{\delta u_n}{\delta x_1} \\ \cdot & \cdot & \cdot & \cdot & \cdot \\ \frac{\delta\psi}{\delta x_n}, & \frac{\delta u_1}{\delta x_n}, & \frac{\delta u_2}{\delta x_n}, & \ldots, & \frac{\delta u_n}{\delta x_n} \end{vmatrix} = 0 \quad \ldots \quad (4'),$$

oder:

$$\frac{\delta(\psi, u_1, u_2, \ldots, u_n)}{\delta(z, x_1, x_2, \ldots, x_n)} = 0.$$

Diese Relation wird auch erhalten, indem man $dz, dx_1, dx_2, \ldots, dx_n$ zwischen den Gleichungen $d\psi = 0,\ du_1 = 0, \ldots, du_n = 0$ eliminirt.[1])

23. Entstehung der linearen Gleichungen nach Lie. — Nachdem, was wir oben (Nr. 13) gesehen haben, hat man $a_1, a_2, \ldots, a_n, \lambda_1, \lambda_2, \ldots, \lambda_{n-1}$ zwischen den Gleichungen

$$u_1 - a_1 = 0,\quad u_2 - a_2 = 0, \ldots, u_n - a_n = 0$$

[1]) Boole, Supplement p. 63, leitet die Gleichung (4') aus dieser Bemerkung her, anstatt das Umgekehrte zu thun, doch scheint uns dieses nicht erlaubt.

$$\frac{\delta F}{\delta x_1} + p_1 \frac{\delta F}{\delta z} = 0, \; \frac{\delta F}{\delta x_2} + p_2 \frac{\delta F}{\delta z} = 0, \ldots, \; \frac{\delta F}{\delta x_n} + p_n \frac{\delta F}{\delta z} = 0,$$

in denen

$$F = \lambda_1 (u_1 - a_1) + \lambda_2 (u_2 - a_2) + \cdots + \lambda_{n-1} (u_{n-1} - a_{n-1}) + u_n - a_n$$

ist, zu eliminiren.

Die Constanten a verschwinden von selbst aus den letzteren Gleichungen, man hat daher die Grössen λ zwischen den Gleichungen

$$\lambda_1 \left(\frac{du_1}{dx_1} + p_1 \frac{du_1}{dz}\right) + \cdots + \left(\frac{du_n}{dx_1} + p_1 \frac{du_n}{dz}\right) = 0$$

$$\cdots\cdots\cdots\cdots\cdots\cdots$$

$$\lambda_1 \left(\frac{du_1}{dx_n} + p_n \frac{du_1}{dz}\right) + \cdots + \left(\frac{du_n}{dx_n} + p_n \frac{du_n}{dz}\right) = 0$$

zu eliminiren, was zu derselben Gleichung führt, wie die Methode von Lagrange.

24. Das der Gleichung (2) entsprechende System von simultanen Differentialgleichungen. — Nach den Eigenschaften der Determinanten wird die Gleichung (4''), wenn man darin ψ durch $u_1, u_2, \ldots$ oder u_n ersetzt, erfüllt sein, d. h. man hat:

$$Z \frac{\delta u_1}{\delta z} + X_1 \frac{\delta u_1}{\delta x_1} + \cdots + X_n \frac{\delta u_1}{\delta x_n} = 0 \quad . \quad . \quad (5_1)$$

$$Z \frac{\delta u_2}{\delta z} + X_1 \frac{\delta u_2}{\delta x_1} + \cdots + X_n \frac{\delta u_2}{\delta x_n} = 0 \quad . \quad . \quad (5_2)$$

$$\cdots\cdots\cdots\cdots\cdots\cdots$$

$$Z \frac{\delta u_n}{\delta z} + X_1 \frac{\delta u_n}{\delta x_1} + \cdots + X_n \frac{\delta u_n}{\delta x_n} = 0 \quad . \quad . \quad (5_n).$$

Diese Gleichungen drücken aus, nicht nur dass die Gleichungen

$$u_1 = a_1, \quad u_2 = a_2, \ldots, u_n = a_n \quad . \quad . \quad . \quad . \quad (6)$$

jede für sich genommen ein Integral der Gleichung (2) sind, was uns bereits bekannt ist, da die Form von F willkürlich ist, sondern auch, dass sie zusammen genommen das Integralsystem der simultanen Gleichungen

$$\frac{dz}{Z} = \frac{dx_1}{X_1} = \frac{dx_2}{X_2} = \cdots = \frac{dx_n}{X_n} \quad . \quad . \quad . \quad . \quad . \quad (7)$$

bilden.

Multiplicirt man (5_1) mit $\frac{\delta \varphi}{\delta u_1}$, (5_2) mit $\frac{\delta \varphi}{\delta u_2}, \ldots, (5_n)$ mit $\frac{\delta \varphi}{\delta u_n}$, wo diese Faktoren die partiellen Ableitungen einer Funktion $\varphi(u_1, u_2, \ldots, u_n)$ sind, und addirt man die Resultate, so kommt:

$$Z \frac{d\varphi}{dz} + X_1 \frac{d\varphi}{dx_1} + \cdots + X_n \frac{d\varphi}{dx_n} = 0.$$

Es ergiebt sich hieraus, dass man auch als Integralsystem der Gleichungen (7) n verschiedene Relationen von der Form

$$\varphi_1(u_1, u_2, \ldots, u_n) = b_1, \ldots, \varphi_n(u_1, u_2, \ldots, u_n) = b_n \qquad (8)$$

nehmen kann, und in der That kann man aus diesen die Relationen (5) herleiten. Überdies genügen die Gleichungen (8), da sie von der Form (1) sind, der Gleichung (2). Man sieht daher, dass ein genaues Entsprechen zwischen den Gleichungen (2) und (7) stattfindet, wodurch die Lösungen dieser mit der Lösung jener und umgekehrt in einen engen Zusammenhang gesetzt werden.

Man kann diese Correspondenz zwischen den Gleichungen (2) und (7) auch direkt in folgender Weise begründen. Wir nehmen an, dass $Z, X_1, \ldots, X_n$ irgendwelche Funktionen von $z, x_1, \ldots, x_n$ und

$$u_1 = a_1, \quad u_2 = a_2, \ldots, \quad u_n = a_n \quad \ldots \ldots \quad (6)$$

verschiedene Integrale der Gleichungen

$$\frac{dz}{Z} = \frac{dx_1}{X_1} = \frac{dx_2}{X_2} = \cdots = \frac{dx_n}{X_n} \quad \ldots \ldots \quad (7)$$

seien. Dann wird behauptet, dass die Relation

$$F(u_1, u_2, \ldots, u_n) = 0 \quad \ldots \ldots \quad (1),$$

wo F irgendwelche Funktion bezeichnet, eine Lösung der Gleichung

$$Z = p_1 X_1 + p_2 X_2 + \cdots + p_n X_n \quad \ldots \ldots \quad (2)$$

ist.

Aus (1) erhält man nämlich durch Differentiation und indem man überdies noch eine identische Gleichung mit hinschreibt:

$$\begin{gathered}
\frac{\delta F}{\delta u_1}\frac{\delta u_1}{\delta x_1} + \frac{\delta F}{\delta u_2}\frac{\delta u_2}{\delta x_1} + \cdots + \frac{\delta F}{\delta u_n}\frac{\delta u_n}{\delta x_1} + p_1 \frac{dF}{dz} = 0 \\
\frac{\delta F}{\delta u_1}\frac{\delta u_1}{\delta x_2} + \frac{\delta F}{\delta u_2}\frac{\delta u_2}{\delta x_2} + \cdots + \frac{\delta F}{\delta u_n}\frac{\delta u_n}{\delta x_2} + p_2 \frac{dF}{dz} = 0 \\
\cdots\cdots\cdots\cdots\cdots\cdots\cdots \\
\cdots\cdots\cdots\cdots\cdots\cdots\cdots \\
\frac{\delta F}{\delta u_1}\frac{\delta u_1}{\delta x_n} + \frac{\delta F}{\delta u_2}\frac{\delta u_2}{\delta x_n} + \cdots + \frac{\delta F}{\delta u_n}\frac{\delta u_n}{\delta x_n} + p_n \frac{dF}{dz} = 0 \\
\frac{\delta F}{\delta u_1}\frac{\delta u_1}{\delta z} + \frac{\delta F}{\delta u_2}\frac{\delta u_2}{\delta z} + \cdots + \frac{\delta F}{\delta u_n}\frac{\delta u_n}{\delta z} - \frac{dF}{dz} = 0.
\end{gathered}$$

Multiplicirt man diese Gleichungen mit $X_1, X_2, \ldots, X_n, Z$ und addirt die Resultate, so kommt:

$$\frac{\delta F}{\delta u_1}\left(X_1\frac{\delta u_1}{\delta x_1}+X_2\frac{\delta u_1}{\delta x_2}+\cdots+X_n\frac{\delta u_1}{\delta x_n}+Z\frac{\delta u_1}{\delta z}\right)$$
$$+\frac{\delta F}{\delta u_2}\left(X_1\frac{\delta u_2}{\delta x_1}+X_2\frac{\delta u_2}{\delta x_2}+\cdots+X_n\frac{\delta u_2}{\delta x_n}+Z\frac{\delta u_2}{\delta z}\right)$$
$$\cdots\cdots\cdots\cdots\cdots\cdots\cdots\cdots$$
$$+\frac{\delta F}{\delta u_n}\left(X_1\frac{\delta u_n}{\delta x_1}+X_2\frac{\delta u_n}{\delta x_2}+\cdots+X_n\frac{\delta u_n}{\delta x_n}+Z\frac{\delta u_n}{\delta z}\right)$$
$$+\frac{dF}{dz}(p_1X_1+p_2X_2+\cdots+p_nX_n-Z)=0.$$

Die Relationen (6) bilden Integrale der Gleichungen (7) und somit sind die Relationen (5) befriedigt. Die Coefficienten von

$$\frac{\delta F}{\delta u_1},\ \frac{\delta F}{\delta u_2},\ \ldots,\ \frac{\delta F}{\delta u_n}$$

in der vorstehenden Gleichung sind daher Null und somit hat man im Allgemeinen, da man nicht $\frac{dF}{dz}=0$ oder F unabhängig von z annehmen kann:

$$Z=p_1X_1+p_2X_2+\cdots+p_nX_n.$$

25. Integration der linearen partiellen Differentialgleichungen mit einer beliebigen Anzahl von Veränderlichen. — Es sei

$$u_1=a_1,\ u_2=a_2,\ \ldots,\ u_n=a_n \quad \ldots\ldots \quad (6)$$

das Integralsystem der Gleichungen:

$$\frac{dz}{Z}=\frac{dx_1}{X_1}=\frac{dx_2}{X_2}=\cdots=\frac{dx_n}{X_n} \quad \ldots\ldots \quad (7),$$

so dass man die n verschiedenen Gleichungen hat:

$$\left.\begin{aligned} Z\frac{\delta u_1}{\delta z}+X_1\frac{\delta u_1}{\delta x_1}+\cdots+X_n\frac{\delta u_1}{\delta x_n}&=0\\ \cdots\cdots\cdots\cdots&\cdots\\ Z\frac{\delta u_n}{\delta z}+X_1\frac{\delta u_n}{\delta x_1}+\cdots+X_n\frac{\delta u_n}{\delta x_n}&=0\end{aligned}\right\} \quad \ldots \quad (5),$$

und somit identisch ist:

$$Z:\frac{\delta(u_1,u_2,\ldots,u_n)}{\delta(x_1,x_2,\ldots,x_n)}=X_1:\frac{\delta(u_1,u_2,\ldots,u_n)}{\delta(z,x_2,\ldots,x_n)}=\cdots=M.$$

Die Gleichung

$$Z=p_1X_1+p_2X_2+\cdots+p_nX_n \quad \ldots\ldots \quad (2)$$

kann durch Transformationen analog denen der Nr. 18 auf die Form gebracht werden:

$$M \,.\, D\frac{u_1, \ldots, u_n}{x_1, \ldots, x_n} = 0 \quad \ldots\ldots \quad (9),$$

woraus man $M = 0$ und $F(u_1, u_2, \ldots, u_n) = 0$ den Eigenschaften der Funktionaldeterminanten zufolge erhält.

26. Bestimmung der willkürlichen Funktion. — Es werde vorausgesetzt, dass man die Form der Funktion F derart bestimmen solle, dass man für $x_n = x_{n0}$ zwischen $z, x_1, x_2, \ldots, x_{n-1}$ eine Relation von der Form

$$F_0(z, x_1, x_2, \ldots, x_{n-1}) = 0 \quad \ldots\ldots \quad (10)$$

habe.

Man setze $x_n = x_{n0}$ in den Werthen der u und erhalte auf diese Weise:

$$\left.\begin{aligned} u_1 &= u_{10}(z, x_1, x_2, \ldots, x_{n-1}) \\ &\ldots\ldots\ldots\ldots \\ u_n &= u_{n0}(z, x_1, x_2, \ldots, x_{n-1}) \end{aligned}\right\} \quad \ldots\ldots \quad (11).$$

Es sei

$$F(u_1, u_2, \ldots, u_n) = 0 \quad \ldots\ldots \quad (12)$$

das Resultat der Elimination von $z, x_1, x_2, \ldots, x_{n-1}$ zwischen den Gleichungen (10) und (11), so dass umgekehrt die Elimination von $u_1, \ldots, u_n$ zwischen den Gleichungen (11) und (12) die Gleichung (10) giebt. Macht man in (12) $x_n = x_{n0}$, so findet man zwischen $z, x_1, \ldots, x_{n-1}$ jene Relation (10).

Man kann auch andere Bedingungen als die eben angeführte vorschreiben und es ist leicht zu zeigen, wie man denselben genügt, indem man die vorhergehenden Resultate mit Hülfe der gegenwärtig gebräuchlichen, auf einen Raum von $n + 1$ Dimensionen bezüglichen symbolischen Ausdrucksweise deutet.

Die Gleichung

$$Z = p_1X_1 + p_2X_2 + \cdots + p_nX_n$$

drückt eine Eigenschaft der *linearen Mannigfaltigkeit von n Dimensionen* aus, welche mit der *Mannigfaltigkeit von n Dimensionen*

$$F(u_1, u_2, \ldots, u_n) = 0$$

eine Berührung erster Ordnung hat. Diese letztere wird offenbar erzeugt durch die Mannigfaltigkeiten von einer Dimension

$$u_1 = a_1,\; u_2 = a_2, \ldots, u_n = a_n \quad \ldots\ldots \quad (13),$$

welche der analytischen Bedingung unterworfen sind:

$$F(a_1, a_2, \ldots, a_n) = 0.$$

Diese analytische Bedingung kann die Folge von geometrischen Bedingungen sein. Wenn z. B. die Mannigfaltigkeit $F = 0$ durch die Mannigfaltigkeit von $n - 1$ Dimensionen, welche durch die Gleichungen

$$v_1 = 0, \; v_2 = 0 \quad . \; . \; . \; . \; . \; . \; . \quad (14)$$

bestimmt ist, hindurchgehen soll, so müssen in den der erzeugenden Mannigfaltigkeit (13) und der dirigirenden Mannigfaltigkeit (14) gemeinsamen Punkten die Werthe der $n + 1$ Coordinaten $z, x_1, x_2, \ldots, x_n$ identisch sein. Man findet somit die Bedingung

$$F(a_1, a_2, \ldots, a_n) = 0,$$

indem man diese Coordinaten zwischen den Gleichungen (13) und (14) eliminirt.

Wir wollen ferner noch annehmen, dass die Mannigfaltigkeit F mit einer gegebenen Mannigfaltigkeit von n Dimensionen

$$F_1(z, x_1, x_2, \ldots, x_n) = 0 \quad . \; . \; . \; . \; . \quad (15)$$

eine lineare Berührungsmannigfaltigkeit von $n - 1$ Dimensionen gemeinschaftlich haben solle. Längs der Berührungsmannigfaltigkeit sind die Werthe der Grössen p für F und F_1 dieselben. Man hat demnach:

$$Z \frac{\delta F_1}{\delta z} + X_1 \frac{\delta F_1}{\delta x_1} + \cdots + X_n \frac{\delta F_1}{\delta x_n} = 0 \quad . \; . \quad (16).$$

Die Gleichungen (15) und (16) geben die Berührungsmannigfaltigkeit von $n - 1$ Dimensionen. Eliminirt man $z, x_1, x_2, \ldots, x_n$ zwischen den Gleichungen (13), (15), (16), so findet man wiederum die Bedingung $F(a_1, a_2, \ldots, a_n) = 0$[1].

27. Beispiele. — I. Es sei gegeben die Gleichung zwischen vier Veränderlichen:

$$(y + t + z) \frac{dz}{dx} + (x + t + z) \frac{dz}{dy} + (x + y + z) \frac{dz}{dt} = x + y + t.$$

Man hat die folgenden drei besonderen Gleichungen zu integriren:

$$dy - \frac{x + t + z}{y + t + z} \, dx = 0$$

$$dt - \frac{x + y + z}{y + t + z} \, dx = 0$$

$$dz - \frac{x + y + t}{y + t + z} \, dx = 0.$$

---

[1]) Die Autoren haben sich bisher auf die Ermittelung der Funktion F in dem Falle beschränkt, wo die Bedingung (10) gegeben ist, und dies ist natürlich, da der Begriff einer Geometrie von $n + 1$ Dimensionen durchaus neu ist. Indessen hat sich Cauchy gegen Ende der Abhandlung, die wir weiter unten (3 Buch, 1. Kap.) analysiren, etwas allgemeinere Bedingungen als (10) vorgelegt. Die Untersuchungen von Lie, welche die natürliche Fortsetzung derjenigen von Cauchy sind, beruhen wesentlich auf der Geometrie von $n + 1$ Dimensionen. Vgl. die Anmerkung der Nr. 4, S. 5.

Zu dem Zwecke leite man hieraus erst die folgenden her:

$$dy - dx = \frac{x-y}{y+t+z}\,dx$$

$$dt - dx = \frac{x-t}{y+t+z}\,dx$$

$$dz - dx = \frac{x-z}{y+t+z}\,dx$$

$$dx + dy + dt + dz = \frac{3(x+y+t+z)}{y+t+z}\,dx,$$

und eliminirt man hieraus $\frac{dx}{y+t+z}$, so erhält man drei integrable Gleichungen, deren Integrale sind:

$$(y-x)^3(x+y+t+z) = \alpha$$

$$(t-x)^3(x+y+t+z) = \beta$$

$$(z-x)^3(x+y+t+z) = \gamma.$$

Hiernach erhält man als Integral der gegebenen Gleichung $\alpha = \varphi(\beta,\gamma)$. (Lagrange)[1]). Der Faktor $M = 0$ giebt keine Lösung.

Nimmt man an, dass für $x = 0$

$$t^3 + y^3 + z^3 = 1$$

sein solle, so hat man t, y, z zwischen dieser Gleichung und den folgenden

$$y^3(y+t+z) = \alpha$$

$$t^3(y+t+z) = \beta$$

$$z^3(y+t+z) = \gamma$$

zu eliminiren. Durch Addition dieser drei Relationen findet man zunächst

$$\alpha + \beta + \gamma = y + z + t$$

und sodann:

$$y = \sqrt[3]{\frac{\alpha}{\alpha+\beta+\gamma}},\quad t = \sqrt[3]{\frac{\beta}{\alpha+\beta+\gamma}},\quad z = \sqrt[3]{\frac{\gamma}{\alpha+\beta+\gamma}}.$$

Substituirt man diese Werthe in die letzte Gleichung, so findet man die folgende Bedingungsgleichung

$$(\alpha+\beta+\gamma)^{\frac{4}{3}} = \alpha^{\frac{1}{3}} + \beta^{\frac{1}{3}} + \gamma^{\frac{1}{3}},$$

und hieraus als das Integral:

$$(y-x)^3 + (z-x)^3 + (t-x)^3 = \left[\frac{(y-x)+(z-x)+(t-x)}{x+y+z+t}\right]^{\frac{3}{4}}.$$

[1]) Abh. d. Berl. Akad., 1779, S. 155—156.

II. Die Gleichung

$$mz = px + p_1 x_1 + p_2 x_2 + \cdots + p_n x_n$$

führt zu dem Hülfssystem

$$\frac{dz}{mz} = \frac{dx}{x} = \frac{dx_1}{x_1} = \cdots = \frac{dx_n}{x_n},$$

dessen Integrale sind:

$$\frac{z}{x^m} = a, \quad \frac{x_1}{x} = a_1, \ldots, \frac{x_n}{x} = a_n.$$

Das Integral der gegebenen Gleichung ist somit:

$$z = x^m \varphi\left(\frac{x_1}{x}, \frac{x_2}{x}, \ldots, \frac{x_n}{x}\right).$$

Eine singuläre Lösung giebt es nicht. Mithin besitzen die homogenen Funktionen allein die durch die partielle Differentialgleichung

$$mz = px + p_1 x_1 + \cdots + p_n x_n$$

ausgedrückte Eigenschaft.[1])

III. Es sei die Gleichung zu integriren[2]):

$$(X_1 - x_1 X_n) p_1 + (X_2 - x_2 X_n) p_2 + \cdots + (X_{n-1} - x_{n-1} X_n) p_{n-1} = 1$$

in welcher die Funktionen X definirt sind durch die Gleichung:

$$X_i = a_{i,1} x_1 + a_{i,2} x_2 + \cdots + a_{i,n-1} x_{n-1} + a_{i,n}.$$

Die Hülfsgleichungen sind:

$$\frac{dz}{1} = \frac{dx_1}{X_1 - x_1 X_n} = \frac{dx_2}{X_2 - x_2 X_n} = \cdots = \frac{dx_{n-1}}{X_{n-1} - x_{n-1} X_n},$$

oder auch:

---

[1]) Lacroix, t. II, Nr. 736, p. 543.

[2]) Dies ist im Wesentlichen die Gleichung, welche Hesse untersucht hat in der Abhandlung: *De integratione aequationis differentialis partialis*

$$A_1 - A_2 \frac{\partial x_1}{\partial x_2} - A_3 \frac{\partial x_1}{\partial x_3} - \cdots - A_{n-1} \frac{\partial x_1}{\partial x_{n-1}}$$
$$+ A_n \left\{ x_2 \frac{\partial x_1}{\partial x_2} + x_3 \frac{\partial x_1}{\partial x_3} + \cdots + x_{n-1} \frac{\partial x_1}{\partial x_{n-1}} - x_1 \right\} = 0,$$

designantibus $A_1, A_2, \ldots, A_n$ *functiones quaslibet variabilium* $x_1, x_2, \ldots, x_{n-1}$ *lineares* (Crelle's Journal, Bd. 25, S. 171—177). Hesse erwähnt eine frühere von Jacobi herrührende Arbeit über die der Zahl $n = 3$ entsprechende Differentialgleichung, welcher er seine Integrationsmethode entliehen habe. Vgl. auch Serret, *Calcul intégral*, p. 425—433, und Fouret, Comptes rendus t. 78, p. 831, 1693, 1837; t. 83, p. 794—797. Wir suchen nicht die singulären Lösungen.

$$\frac{dx_1}{dz} = X_1 - x_1 X_n$$
$$\frac{dx_2}{dz} = X_2 - x_2 X_n$$
$$\cdots\cdots\cdots$$
$$\frac{dx_{n-1}}{dz} = X_{n-1} - x_{n-1} X_n.$$

Setzen wir mit Hesse:

$$x_1 = \frac{y_1}{y_n}, \; x_2 = \frac{y_2}{y_n}, \ldots, x_{n-1} = \frac{y_{n-1}}{y_n},$$

wo y_n eine noch unbestimmte Funktion ist, so erhalten wir:

$$\frac{dx_1}{dz} = \frac{1}{y_n}\frac{dy_1}{dz} - \frac{y_1}{y_n^2}\frac{dy_n}{dz}$$
$$\cdots\cdots\cdots\cdots\cdots$$
$$\frac{dx_{n-1}}{dz} = \frac{1}{y_n}\frac{dy_{n-1}}{dz} - \frac{y_{n-1}}{y_n^2}\frac{dy_n}{dz},$$

und somit wird das Hülfssystem nach Multiplikation mit y_n:

$$\frac{dy_1}{dz} - X_1 y_1 = \frac{y_1}{y_n}\left(\frac{dy_n}{dz} - X_n y_n\right)$$
$$\cdots\cdots\cdots\cdots\cdots\cdots$$
$$\frac{dy_{n-1}}{dz} - X_{n-1} y_{n-1} = \frac{y_{n-1}}{y_n}\left(\frac{dy_n}{dz} - X_n y_n\right).$$

Bestimmen wir nun y_n durch die Bedingung

$$\frac{dy_n}{dz} = X_n y_n$$

und setzen allgemein:

$$Y = Xy = a_1 y_1 + a_2 y_2 + \cdots + a_n y_n,$$

so geht das Hülfssystem über in:

$$\frac{dy_1}{dz} = Y_1, \; \frac{dy_2}{dz} = Y_2, \ldots, \frac{dy_n}{dz} = Y_n.$$

Diese Gleichungen integrirt man leicht nach der Methode der symbolischen Produkte von Brisson und Cauchy[1]). Bezeichnet D eine Ableitung nach

---

[1]) Cauchy, Exercices de mathématiques, t. II, p. 159 u. f. *Sur l'analogie des puissances et des différences.* Vgl. auch unsere kleine Abhandlung: „*Note sur la première méthode de Brisson pour l'intégration des équations aux différences finies ou infiniment petites.*“ Mém. couronnés et autres mémoires in 8° de l'Académie royale de Belgique, t. XXII.

z, so lässt sich jede der vorstehenden Gleichungen schreiben:

$$a_{i1}y_1 + \cdots + (a_{ii} - D)\, y_i + \cdots + a_{in}y_n = 0.$$

Die Elimination aller zu bestimmenden Funktionen bis auf eine führt bekanntlich zu einer einzigen linearen Gleichung von der n^{ten} Ordnung:

$$\begin{vmatrix} a_{11} - D, & a_{12}, & a_{13}, & \ldots, & a_{1n} \\ a_{21}, & a_{22} - D, & a_{23}, & \ldots, & a_{2n} \\ a_{31}, & a_{32}, & a_{33} - D, & \ldots, & a_{3n} \\ \cdot & \cdot & \cdot & \cdot & \cdot \\ a_{n1}, & a_{n2}, & a_{n3}, & \ldots, & a_{nn} - D \end{vmatrix} y = 0.$$

Man erhält hieraus für die Funktionen y Ausdrücke von der Form:

$$\begin{aligned} y_1 &= c_1 z_{11} + c_2 z_{12} + \cdots + c_n z_{1n} \\ y_2 &= c_1 z_{21} + c_2 z_{22} + \cdots + c_n z_{2n} \\ &\cdots\cdots\cdots \\ y_n &= c_1 z_{n1} + c_2 z_{n2} + \cdots + c_n z_{nn}, \end{aligned}$$

wo $c_1, c_2, \ldots, c_n$ Constanten und $z_{11}, \ldots, z_{nn}$ Funktionen von z sind, die sich im allgemeinen Falle für zwei Funktionen y nur durch constante Faktoren unterscheiden.

Aus den vorstehenden Werthen folgt:

$$x_1 = \frac{y_1}{y_n} = \frac{\Sigma c_i z_{1i}}{\Sigma c_i z_{ni}}, \ldots, x_{n-1} = \frac{y_{n-1}}{y_n} = \frac{\Sigma c_i z_{n-1,i}}{\Sigma c_i z_{n,i}} \quad . \quad (1).$$

Man erhält das allgemeine Integral der gegebenen Gleichung, wenn man die $n-1$ Constanten

$$\frac{c_1}{c_n}, \frac{c_2}{c_n}, \ldots, \frac{c_{n-1}}{c_n}$$

zwischen diesen Gleichungen und der beliebigen Relation

$$F\left(\frac{c_1}{c_n}, \frac{c_2}{c_n}, \ldots, \frac{c_{n-1}}{c_n}\right) = 0$$

eliminirt. In der Auffassungsweise von Lie bilden die Gleichungen (1) das vollständige Integral der gegebenen Gleichung.

28. Über einige Gleichungen, die man linear machen kann[1]**.**

I. Die Gleichung sei

$$x_1 f_1 = p_2 f_2 + p_3 f_3 + \cdots + p_n f_n - f,$$

---

[1]) Lagrange, Abh. d. Berl. Akad., 1779, Bd. 4, Nr. 8 und 9, S. 632. Die gegebene und die transformirte Gleichung sind reciprok genannt worden. Vgl. die Anmerk. zu Nr. 21.

wo jede der Funktionen f von der Form ist:

$$f(z - p_1 x_1, p_1, x_2, \ldots, x_n).$$

Wir setzen wie in Nr. 21:

$$u = z - p_1 x_1,$$

und erhalten hieraus

$$du = - x_1 dp_1 + p_2 dx_2 + \cdots + p_n dx_n,$$

und, indem wir $p_1, x_2, \ldots, x_n$ als neue Veränderliche nehmen:

$$\frac{du}{dp_1} = - x_1, \ \frac{du}{dx_2} = p_2, \ldots, \frac{du}{dx_n} = p_n.$$

Die gegebene Gleichung geht hierdurch über in:

$$f_1 \frac{du}{dp_1} + f_2 \frac{du}{dx_2} + \cdots + f_n \frac{du}{dx_n} = f,$$

woraus man leicht das allgemeine Integral der gegebenen Gleichung (vgl. Nr. 21) erhält.

II. Die Gleichung sei:

$$x_1 f_1 + x_2 f_2 = p_3 f_3 + \cdots + p_n f_n - f,$$

wo jede der Funktionen f von der Form ist:

$$f(u, p_1, p_2, x_3, \ldots, x_n)$$

und u gegeben ist durch die Beziehung:

$$u = z - p_1 x_1 - p_2 x_2.$$

Dann ist:

$$du = - x_1 dp_1 - x_2 dp_2 + p_3 dx_3 + \cdots + p_n dx_n,$$

$$\frac{du}{dp_1} = - x_1, \ \frac{du}{dp_2} = - x_2, \ \frac{du}{dx_3} = p_3, \ldots, \frac{du}{dx_n} = p_n.$$

Die gegebene Gleichung wird somit ebenfalls linear:

$$f_1 \frac{du}{dp_1} + f_2 \frac{du}{dp_2} + f_3 \frac{du}{dx_3} + \cdots + f_n \frac{du}{dx_n} = f.$$

III. U. s. w. Insbesondere hat man die Gleichung zu beachten:

$$x_1 f_1 + x_2 f_2 + \cdots + x_n f_n + f = 0,$$

wo jede der Funktionen f von der Form ist:

$$f(z - p_1 x_1 - p_2 x_2 - \cdots - p_n x_n, p_1, \ldots, p_n).$$

Setzt man

$$u = z - p_1 x_1 - \cdots - p_n x_n,$$

so findet man:

$$du = - x_1 dp_1 - x_2 dp_2 - \cdots - x_n dp_n$$

$$\frac{du}{dp_1} = - x_1, \ \frac{du}{dp_2} = - x_2, \ \ldots, \ \frac{du}{dp_n} = - x_n$$

und die transformirte Gleichung ist:

$$f_1 \frac{du}{dp_1} + f_2 \frac{du}{dp_2} + \cdots + f_n \frac{du}{dp_n} = f.$$

Demnach geht die schon oben (Nr. 11) untersuchte Gleichung

$$z = p_1 x_1 + \cdots + p_n x_n + f(p_1, p_2, \ldots, p_n)$$

hierdurch über in:

$$u = f(p_1, p_2, \ldots, p_n).$$

Setzt man:

$$p_1 = a_1, \ p_2 = a_2, \ \ldots, \ p_n = a_n,$$
$$u = f(a_1, a_2, \ldots, a_n),$$

so hat man:

$$du = 0, \ dp_1 = 0, \ \ldots, \ dp_n = 0$$

und somit:

$$du = - x_1 dp_1 - \cdots - x_n dp_n.$$

Man findet auf diese Weise das vollständige Integral:

$$z = a_1 x_1 + \cdots + a_n x_n + f(a_1, a_2, \ldots, a_n).$$

§ 7. *Integration eines bemerkenswerthen Systems linearer partieller Differentialgleichungen erster Ordnung.*[1])

29. Entstehung des Systems dieser Gleichungen. — Es sei $N + 1 = m + n$ und wir betrachten N Funktionen $u_1, u_2, \ldots, u_N$ von $m + n$ Veränderlichen

$$z_1, \ldots, z_m, x_1, x_2, \ldots, x_n,$$

welche ersteren durch m Gleichungen

$$\varphi_1(u_1, u_2, \ldots, u_N) = 0 \text{ oder } F_1(z_1, z_2, \ldots, z_m, x_1, \ldots, x_n) = 0 \qquad (1_1)$$

. . . .

$$\varphi_m(u_1, u_2, \ldots, u_N) = 0 \text{ oder } F_m(z_1, z_2, \ldots, z_m, x_1, \ldots, x_n) = 0 \qquad (1_m)$$

---

[1]) Jacobi (Crelle's Journ. Bd. 2, S. 321—323 und Dilucidationes, § 20—22, S. 227—236). Man begreift nicht, warum die meisten Lehrbücher über die Integralrechnung, welche seit jener Zeit (1827), in der er diese Ausdehnung der Untersuchungen von Lagrange gegeben hat, erschienen sind, diese für jede Theorie der linearen partiellen Differentialgleichungen unumgängliche Ergänzung gar nicht erwähnten. Wir kürzen die Darstellung Jacobi's durch Anwendung der Functionaldeterminanten etwas ab.

mit einander verbunden sind. Es soll bewiesen werden, dass zwischen den Ableitungen der Veränderlichen z nach den Veränderlichen x bemerkenswerthe Relationen bestehen, welche von der Form der Funktionen φ unabhängig sind.

Dazu betrachten wir die Funktionaldeterminante:

$$R = \frac{\delta(F, u_1, u_2, \ldots, u_N)}{\delta(z_1, \ldots, z_m, x_1, \ldots, x_n)} \quad \ldots \ldots \quad (2),$$

in welcher F irgend eine der Funktionen $F_1, \ldots, F_m$ bezeichnet. Da die Funktion F oder φ von den Funktionen u abhängt, so ist diese Determinante identisch null. Mithin:

$$Z_1 \frac{\delta F}{\delta z_1} + \cdots + Z_m \frac{\delta F}{\delta z_m} + X_1 \frac{\delta F}{\delta x_1} + \cdots + X_n \frac{\delta F}{\delta x_n} = 0 \quad . \quad . \quad (3),$$

wenn man $Z_1, \ldots, Z_m, X_1, \ldots, X_n$ die Unterdeterminanten von R nennt, so dass also

$$Z_i = (-1)^{i-1} \frac{\delta(u_1, u_2, \ldots, u_N)}{\delta(z_1, \ldots, z_{i-1}, z_{i+1}, \ldots, z_m, x_1, \ldots, x_n)}$$

$$X_i = (-1)^{m+i-1} \frac{\delta(u_1, u_2, \ldots, u_N)}{\delta(z_1, \ldots, z_m, x_1, \ldots, x_{i-1}, x_{i+1}, \ldots, x_n)}$$

ist. Die Gleichung (3) ist den m Gleichungen äquivalent:

$$Z_1 \frac{\delta F_1}{\delta z_1} + \cdots + Z_m \frac{\delta F_1}{\delta z_m} + X_1 \frac{\delta F_1}{\delta x_1} + \cdots + X_n \frac{\delta F_1}{\delta x_n} = 0 \qquad (3_1)$$

$$\ldots\ldots\ldots\ldots\ldots\ldots\ldots\ldots$$

$$Z_1 \frac{\delta F_m}{\delta z_1} + \cdots + Z_m \frac{\delta F_m}{\delta z_m} + X_1 \frac{\delta F_m}{\delta x_1} + \cdots + X_n \frac{\delta F_m}{\delta x_n} = 0 \qquad (3_m).$$

Betrachten wir nun die Funktionaldeterminante

$$\Delta = \frac{\delta(F_1, \ldots, F_m)}{\delta(z_1, \ldots, z_m)} = A_{11} \frac{\delta F_1}{\delta z_1} + A_{21} \frac{\delta F_2}{\delta z_1} + \cdots$$

$$= A_{12} \frac{\delta F_1}{\delta z_2} + A_{22} \frac{\delta F_2}{\delta z_2} + \cdots,$$

u. s. w.,

wo die A_{ik} die Unterdeterminanten bezeichnen, deren Werth gegeben wird durch die Formel:

$$A_{ik} = (-1)^{i+k} \frac{\delta(F_1, \ldots, F_{i-1}, F_{i+1}, \ldots, F_m)}{\delta(z_1, \ldots, z_{k-1}, z_{k+1}, \ldots, z_m)}.$$

Man hat dann:

$$A_{11} \frac{\delta F_1}{\delta z_2} + A_{21} \frac{\delta F_2}{\delta z_2} + \cdots = 0,$$

$$A_{11} \frac{\delta F_1}{\delta z_3} + A_{21} \frac{\delta F_2}{\delta z_3} + \cdots = 0,$$

u. s. w.

Multiplicirt man die Gleichungen (3) resp. mit $A_{11}, A_{21}, \ldots, A_{m1}$, sodann mit $A_{12}, A_{22}, \ldots, A_{m2}$, u. s. w. und addirt jedesmal die erhaltenen Produkte, so ergiebt sich:

$$Z_1 \varDelta + \sum_1^n X_i \left(A_{11} \frac{\delta F_1}{\delta x_i} + \cdots + A_{m1} \frac{\delta F_m}{\delta x_i} \right) = 0 \quad . \quad . \quad (4_1)$$

. . . .

$$Z_m \varDelta + \sum_1^n X_i \left(A_{1m} \frac{\delta F_1}{\delta x_i} + \cdots + A_{mm} \frac{\delta F_m}{\delta x_i} \right) = 0 \quad . \quad . \quad (4_m).$$

Diese Relationen lassen sich leicht vereinfachen. Man hat für jede Veränderliche x:

$$\frac{\delta F_1}{\delta x} + \frac{\delta F_1}{\delta z_1} \frac{dz_1}{dx} + \cdots + \frac{\delta F_1}{\delta z_m} \frac{dz_m}{dx} = 0$$

. . . .

$$\frac{\delta F_m}{\delta x} + \frac{\delta F_m}{\delta z_1} \frac{dz_1}{dx} + \cdots + \frac{\delta F_m}{\delta z_m} \frac{dz_m}{dx} = 0.$$

Multiplicirt man diese Relationen mit

$$A_{1i}, \ A_{2i}, \ldots, A_{mi}$$

und addirt die Produkte, so ergiebt sich:

$$A_{1i} \frac{\delta F_1}{\delta x} + \cdots + A_{mi} \frac{\delta F_m}{\delta x} + \varDelta \frac{dz_i}{dx} = 0 \quad . \quad . \quad (5).$$

Infolge dieser Gleichung (5) nehmen die Gleichungen (4) die von Jacobi entdeckte, sehr einfache Form an:

$$Z_1 = X_1 \frac{dz_1}{dx_1} + X_2 \frac{dz_1}{dx_2} + \cdots + X_n \frac{dz_1}{dx_n} \quad . \quad . \quad (6_1)$$

. . . .

$$Z_m = X_1 \frac{dz_m}{dx_1} + X_2 \frac{dz_m}{dx_2} + \cdots + X_n \frac{dz_m}{dx_n} \quad . \quad . \quad (6_m).$$

Vorausgesetzt wird, dass $\varDelta$ von Null verschieden ist, da sonst die m Relationen (1) nicht die m Grössen z als Funktionen von den x bestimmen würden.

30. Direkter Beweis der Formeln (6). — Nachstehend geben wir einen direkten Beweis der m Formeln (6), der, wie wir glauben, noch nicht bemerkt worden ist. Löst man die m Gleichungen (1) nach $z_1, z_2, \ldots, z_m$ auf, so findet man:

$$z_i - \zeta_i(x_1, x_2, \ldots, x_n) = 0 \ (i = 1, 2, \ldots, m) \quad . \quad . \quad (7).$$

Eliminirt man zwischen jeder dieser Relationen (7) und denjenigen, welche $u_1, u_2, \ldots, u_N$ als Funktionen von $z_1, z_2, \ldots, z_m, x_1, \ldots, x_n$ bestimmen, die letzteren Grössen bis auf eine, z. B. z_1, so nehmen die Gleichungen (7), welche (1) äquivalent sind, die folgende Form an:

$$\psi_i(u_1, u_2, \ldots, u_N) = 0 \quad \ldots\ldots \quad (8),$$

d. h. z_1 eliminirt sich von selbst. Die Funktionaldeterminante

$$S_i = \frac{\delta(\psi_i, u_1, \ldots, u_N)}{\delta(z_1, \ldots, z_m, x_1, \ldots, x_n)} = \frac{\delta(z_i - \zeta_i, u_1, \ldots, u_N)}{\delta(z_1, \ldots, z_m, x_1, \ldots, x_n)}$$

ist somit Null, weil die $m + n$ Funktionen $u_1, \ldots, u_N$ und ψ_i der Veränderlichen $z_1, \ldots, z_m, x_1, \ldots, x_n$ nicht unabhängig sind. Die Gleichung, welche diese Abhängigkeit ausdrückt, nämlich

$$S_i = 0,$$

ist genau die Gleichung (6_i), da $\frac{\delta \zeta_i}{\delta x_p} = \frac{d z_i}{d x_p}$ ist.

Bemerkung. Ersetzt man in jeder der Gleichungen (4) die A durch ihren Werth, so gelangt man zu einer bemerkenswerthen Formel aus der Theorie der Funktionaldeterminanten. Sie drückt dasselbe aus wie die Gleichung $S_i = 0$, aber die Relationen zwischen den z und den u, die in dieser letzteren Gleichung als explicit vorausgesetzt werden, sind in der Formel, von der wir sprechen, in impliciter Form vorausgesetzt. Es dürfte überflüssig sein, diese Formel hinzuschreiben.

31. Integration des Systems (6). — Sind in dem System (6) $Z_1, \ldots, Z_m, X_1, \ldots, X_n$ beliebige Funktionen, so suche man zunächst, um dieses System zu integriren, die N Integrale

$$u_1 = a_1,\ u_2 = a_2, \ldots, u_N = a_N$$

der Gleichungen:

$$\frac{dz_1}{Z_1} = \cdots = \frac{dz_m}{Z_m} = \frac{dx_1}{X_1} = \cdots = \frac{dx_n}{X_n}.$$

Man hat dann identisch:

$$Z_1 \frac{\delta u_1}{\delta z_1} + \cdots + Z_m \frac{\delta u_1}{\delta z_m} + X_1 \frac{\delta u_1}{\delta x_1} + \cdots + X_n \frac{\delta u_1}{\delta x_n} = 0$$

$$\ldots\ldots\ldots\ldots\ldots\ldots\ldots\ldots$$

$$Z_1 \frac{\delta u_N}{\delta z_1} + \cdots + Z_m \frac{\delta u_N}{\delta z_m} + X_1 \frac{\delta u_N}{\delta x_1} + \cdots + X_n \frac{\delta u_N}{\delta x_n} = 0$$

und somit:

$$Z_1 : \frac{\delta(u_1, u_2, \ldots, u_N)}{\delta(z_2, z_3, \ldots, z_m, x_1, \ldots, x_n)} = Z_2 : - \frac{\delta(u_1, u_2, \ldots, u_N)}{\delta(z_1, z_3, \ldots, z_m, x_1, \ldots, x_n)} = \cdots =$$

$$X_1 : (-1)^m \frac{\delta(u_1, u_2, \ldots, u_N)}{\delta(z_1, \ldots, z_m, x_2, x_3, \ldots, x_n)} = X_2 : -(-1)^m \frac{\delta(u_1, u_2, \ldots, u_N)}{\delta(z_1, \ldots, z_m, x_1, x_3, \ldots, x_n)} = \cdots = M.$$

Setzt man die Werthe der Z und der X in das System (6) ein, in welchem $Z_1, \ldots, Z_m, X_1, \ldots, X_n$ irgend welche Funktionen sind, so ergiebt sich zufolge Nr. 30:

$$MS_1 = 0, \quad MS_2 = 0, \ldots, \quad MS_m = 0.$$

Diese Gleichungen können auf zwei Arten befriedigt werden, 1) indem man $M = 0$ setzt, 2) indem man gleichzeitig

$$S_1 = 0, \quad S_2 = 0, \ldots, \quad S_m = 0$$

annimmt. Nach Nr. 30 haben diese Gleichungen, wenn sie Identitäten sind, als einzige Integrale:

$$\psi_1(u_1, u_2, \ldots, u_N) = 0, \ldots, \psi_m(u_1, u_2, \ldots, u_N) = 0.$$

Dies ist übrigens der einzige Fall, welcher vorkommen kann. Um dies zu beweisen, wollen wir die erste $S_1 = 0$ betrachten. Nehmen wir an, dass sie befriedigt sei — nicht identisch — durch eine Relation $z_1 = \zeta_1(x_1, x_2, \ldots, x_n)$, so hat man:

$$S_1 = \begin{vmatrix} 1, & 0, \ldots, & 0, & -\frac{dz_1}{dx_1}, \ldots, & -\frac{dz_1}{dx_n} \\ \frac{\delta u_1}{\delta z_1}, & \frac{\delta u_1}{\delta z_2}, \ldots, & \frac{\delta u_1}{\delta z_m}, & \frac{\delta u_1}{\delta x_1}, \ldots, & \frac{\delta u_1}{\delta x_n} \\ \cdot & \cdot & \cdot & \cdot & \cdot \\ \frac{\delta u_N}{\delta z_1}, & \frac{\delta u_N}{\delta z_2}, \ldots, & \frac{\delta u_N}{\delta z_m}, & \frac{\delta u_N}{\delta x_1}, \ldots, & \frac{\delta u_N}{\delta x_n} \end{vmatrix} = \begin{vmatrix} \frac{dv_1}{dz_2}, \ldots, & \frac{dv_1}{dz_m}, & \frac{dv_1}{dx_1}, \ldots, & \frac{dv_1}{dx_n} \\ \cdot & \cdot & \cdot & \cdot \\ \cdot & \cdot & \cdot & \cdot \\ \frac{dv_N}{dz_2}, \ldots, & \frac{dv_N}{dz_m}, & \frac{dv_N}{dx_1}, \ldots, & \frac{dv_N}{dx_n} \end{vmatrix}$$

wenn man mit $v_1, v_2, \ldots, v_N$ dasjenige bezeichnet, was aus $u_1, u_2, \ldots, u_N$ wird, wenn man darin z_1 durch seinen Werth $\zeta_1(x_1, x_2, \ldots, x_n)$ ersetzt. Da $S_1 = 0$ ist, so hat man zwischen den Funktionen v eine Relation von der Form $\psi_1(v_1, v_2, \ldots, v_N) = 0$, oder, wenn man die Funktionen v durch die gleichen Grössen u ersetzt, $\psi_1(u_1, u_2, \ldots, u_N) = 0$. Nun genügen aber Nr. 29 zufolge m Relationen von dieser Form identisch den Gleichungen (6). Wenn es demnach nicht identische Lösungen dieses Systems (6) giebt, so können dieselben nur durch $M = 0$ gegeben werden[1]).

32. Allgemeine Folgerung. — Aus den in diesem Kapitel bewiesenen Sätzen ergiebt sich, dass die Lösung eines Systems

$$\frac{dy_1}{Y_1} = \frac{dy_2}{Y_2} = \cdots = \frac{dy_k}{Y_k} \quad \ldots \ldots \quad (A)$$

[1]) Das Theorem der Nr. 31, welches demjenigen der Nr. 29—30 reciprok ist, ist in der ersten oben erwähnten Abhandlung von Jacobi nicht enthalten; es findet sich aber wahrscheinlich implicit enthalten in einem der zahlreichen Sätze der Abhandlung *De determinantibus functionalibus* (Ges. Werke Bd. 3, S. 392—438) oder *Dilucidationes* (Ibid. Bd. 4, § 20—22. S. 227—236).

mit Hülfe von $k-1$ Relationen

$$u_1 = a_1, \ u_2 = a_2, \ldots,$$

wo $Y_1, Y_2, \ldots, u_1, u_2, \ldots$ Funktionen von $y_1, y_2, \ldots$ sind, diejenige der folgenden Gleichungssysteme nach sich zieht:

$$\left.\begin{array}{ll}
1 \ldots\ldots & Y_1 = Y_2 \dfrac{dy_1}{dy_2} + Y_3 \dfrac{dy_1}{dy_3} + \cdots \\
2 \ldots\ldots & \begin{cases} Y_1 = Y_3 \dfrac{dy_1}{dy_3} + Y_4 \dfrac{dy_1}{dy_4} + \cdots \\ Y_2 = Y_3 \dfrac{dy_2}{dy_3} + Y_4 \dfrac{dy_2}{dy_4} + \cdots \end{cases} \\
3 \ldots\ldots & \begin{cases} Y_1 = Y_4 \dfrac{dy_1}{dy_4} + Y_5 \dfrac{dy_1}{dy_5} + \cdots \\ Y_2 = Y_4 \dfrac{dy_2}{dy_4} + Y_5 \dfrac{dy_2}{dy_5} + \cdots \\ Y_3 = Y_4 \dfrac{dy_3}{dy_4} + Y_5 \dfrac{dy_3}{dy_5} + \cdots \end{cases} \\
 & \cdots\cdots\cdots\cdots\cdots \\
(k-2) \ldots & \begin{cases} Y_1 = Y_{k-1} \dfrac{dy_1}{dy_{k-1}} + Y_k \dfrac{dy_1}{dy_k}, \\ Y_2 = Y_{k-1} \dfrac{dy_2}{dy_{k-1}} + Y_k \dfrac{dy_2}{dy_k}, \\ \cdots\cdots\cdots \\ Y_{k-2} = Y_{k-1} \dfrac{dy_{k-2}}{dy_{k-1}} + Y_k \dfrac{dy_{k-2}}{dy_k} \end{cases} \\
(k-1) \ldots & \begin{cases} Y_1 = Y_k \dfrac{dy_1}{dy_k} \\ Y_2 = Y_k \dfrac{dy_2}{dy_k} \\ \cdots\cdots \\ Y_{k-1} = Y_k \dfrac{dy_{k-1}}{dy_k} \end{cases}
\end{array}\right\} (B)$$

von denen das erste sich auf eine einzige Gleichung reducirt und von denen das letzte das System (A) selbst ist. Die Lösung irgend eines der Systeme (B) setzt sich zusammen aus so vielen verschiedenen Relationen von der Form $F(u_1, \ldots, u_k) = 0$, als das System Gleichungen enthält. Ausserdem können singuläre Lösungen, welche durch eine Relation $M = 0$ gegeben werden, existiren, Lösungen, die man findet, ohne eine Integration auszuführen.

Nachtrag II zur zweiten Auflage.

Anwendung der Cauchy'schen Methode auf die linearen Gleichungen.

Der Kürze wegen betrachten wir nur zwei simultane lineare Gleichungen mit vier unabhängigen Veränderlichen:

$$X_1 p_1 + X_2 p_2 + X_3 p_3 + X_4 p_4 = Y \quad . \quad . \quad . \quad . \quad (1_1)$$

$$X_1 q_1 + X_2 q_2 + X_3 q_3 + X_4 q_4 = Z \quad . \quad . \quad . \quad . \quad (1_2).$$

Die Grössen X, Y, Z sind hierin Funktionen von x_1, x_2, x_3, x_4, y, z; p_1, p_2, p_3, p_4 sind die partiellen Ableitungen von y und q_1, q_2, q_3, q_4 diejenigen von z nach x_1, x_2, x_3, x_4.

Es seien u_1, u_2, u_3 drei Funktionen von x_1, x_2, x_3, x_4. Wir denken uns, dass y, z, x_1, x_2, x_3 ausgedrückt seien als Funktionen von x_4, u_1, u_2, u_3. Unter dieser Voraussetzung hat man:

$$\frac{dy}{dx_4} = p_1 \frac{dx_1}{dx_4} + p_2 \frac{dx_2}{dx_4} + p_3 \frac{dx_3}{dx_4} + p_4$$

$$\frac{dz}{dx_4} = q_1 \frac{dx_1}{dx_4} + q_2 \frac{dx_2}{dx_4} + q_3 \frac{dx_3}{dx_4} + q_4.$$

Substituiren wir die aus diesen Relationen sich ergebenden Werthe von p_4, q_4 in die gegebenen Gleichungen (1), so folgt:

$$p_1 \left(X_1 - X_4 \frac{dx_1}{dx_4}\right) + p_2 \left(X_2 - X_4 \frac{dx_2}{dx_4}\right) + p_3 \left(X_3 - X_4 \frac{dx_3}{dx_4}\right) = Y - X_4 \frac{dy}{dx_4}$$

$$q_1 \left(X_1 - X_4 \frac{dx_1}{dx_4}\right) + q_2 \left(X_2 - X_4 \frac{dx_2}{dx_4}\right) + q_3 \left(X_3 - X_4 \frac{dx_3}{dx_4}\right) = Z - X_4 \frac{dz}{dx_4}.$$

Wir setzen

$$X_1 - X_4 \frac{dx_1}{dx_4} = 0, \; X_2 - X_4 \frac{dx_2}{dx_4} = 0, \; X_3 - X_4 \frac{dx_3}{dx_4} = 0 \quad (2_{1,2,3}),$$

woraus folgt:

$$Y - X_4 \frac{dy}{dx_4} = 0, \; Z - X_4 \frac{dz}{dx_4} = 0 \quad . \quad . \quad (2_{4,5}).$$

Das System (2), in welchem u_1, u_2, u_3 die Rolle von willkürlichen Constanten spielen, ist somit dem System (1) äquivalent. Man kann dieses System (2) unter der symmetrischen Form schreiben:

$$\frac{dx_1}{X_1} = \frac{dx_2}{X_2} = \frac{dx_3}{X_3} = \frac{dx_4}{X_4} = \frac{dy}{Y} = \frac{dz}{Z} \quad . \quad . \quad . \quad (3).$$

Das System (3) ist jedoch dem System (2) nicht absolut äquivalent, da man z. B. um (2_4) auf die Form

$$\frac{dx_4}{X_4} = \frac{dy}{Y}$$

zu bringen, die Gleichung (2_4) durch $X_4 Y$ dividiren muss.

Das **allgemeine** Integralsystem der Gleichungen (2) und (3) ist von der Form:

$$v_1 = a_1, \quad v_2 = a_2, \quad v_3 = a_3, \quad v_4 = a_4, \quad v_5 = a_5 \quad . \quad (4),$$

wo die Grössen v die Grössen x_1, x_2, x_3, x_4, y, z enthalten und die Constanten a_1, a_2, a_3, a_4, a_5 irgendwelche Funktionen von u_1, u_2, u_3 sind. Eliminirt man u_1, u_2, u_3 zwischen diesen fünf Relationen (4), so findet man

$$\left.\begin{array}{l} F(v_1, v_2, v_3, v_4, v_5) = 0 \\ f(v_1, v_2, v_3, v_4, v_5) = 0 \end{array}\right\} \quad . \; . \; . \; . \; . \; . \quad (5)$$

als Form eines Integralsystems der Gleichungen (2) oder (1); F und f sind willkürliche Funktionen.

Aber die Gleichungen (4) sind den Gleichungen (2) und damit den Gleichungen (1) nicht vollkommen äquivalent. Man erhält nämlich aus den Gleichungen (4), wenn man sie nach x_4 differentiirt:

$$\frac{\delta v_i}{\delta x_4} + \frac{\delta v_i}{\delta x_1}\frac{dx_1}{dx_4} + \frac{\delta v_i}{\delta x_2}\frac{dx_2}{dx_4} + \frac{\delta v_i}{\delta x_3}\frac{dx_3}{dx_4} + \frac{\delta v_i}{\delta y}\frac{dy}{dx_4} + \frac{\delta v_i}{\delta z}\frac{dz}{dx_4} = 0 \quad (6),$$

wo $i = 1, 2, 3, 4, 5$ ist. Man leitet hieraus durch Elimination der Ableitungen von vier der Veränderlichen x_1, x_2, x_3, y, z, z. B. der vier ersten, her:

$$\frac{\delta(v_1, v_2, v_3, v_4, v_5)}{\delta(x_1, x_2, x_3, x_4, y)} - \frac{\delta(v_1, v_2, v_3, v_4, v_5)}{\delta(x_1, x_2, x_3, y, z)}\frac{dz}{dx_4} = 0 \quad . \; . \quad (7).$$

Die Gleichung (7) muss, um mit der Gleichung (2_5) identisch zu werden, mit dem Gilbert'schen Faktor

$$M = \frac{Z}{\dfrac{\delta(v_1, v_2, v_3, v_4, v_5)}{\delta(x_1, x_2, x_3, x_4, y)}}$$

multiplicirt werden.

Derselbe Beweis gilt für die vier andern der Gleichung (7) analogen Gleichungen, die man aus (6) ableiten kann.

Die Gleichungen (2) sind somit den Gleichungen (6) oder (4) und überdies noch der Gleichung

$$M = 0 \quad . \; . \; . \; . \; . \; . \; . \; . \; . \; . \quad (8)$$

äquivalent. Mithin werden sämmtliche Lösungen des Systems (1) gegeben durch (5) und (8).[1])

---

[1]) Wir haben diese Methode, abgesehen von dem, was sich auf den Faktor M bezieht, im Jahre 1881 in den Annales de la Société scientifique de Bruxelles, t. V, 2. Theil, p. 17—22, auseinandergesetzt.

Nachtrag III. zur zweiten Auflage.

Integration der partiellen Differentialgleichung der Regelflächen.

Vorbemerkungen. Die Integration der partiellen Differentialgleichung der Regelflächen lässt sich, obwohl dieselbe von der dritten Ordnung und sehr complicirt ist, auf die Integration von linearen Gleichungen zurückführen. Diese Gleichung erhält man, wie Monge gezeigt hat, durch Elimination von ω zwischen den beiden Gleichungen:

$$\omega^2 \frac{d^2z}{dx^2} + 2\omega \frac{d^2z}{dxdy} + \frac{d^2z}{dy^2} = 0 \quad . \quad . \quad . \quad . \quad . \quad (1)$$

$$\omega^3 \frac{d^3z}{dx^3} + 3\omega^2 \frac{d^3z}{dx^2dy} + 3\omega \frac{d^3z}{dxdy^2} + \frac{d^3z}{dy^3} = 0 \quad . \quad (2).$$

Aus (1) erhält man, wenn man nach einander nach x und y differentiirt:

$$\omega^2 \frac{d^3z}{dx^3} + 2\omega \frac{d^3z}{dx^2dy} + \frac{d^3z}{dxdy^2} + 2\frac{d\omega}{dx}\left(\omega \frac{d^2z}{dx^2} + \frac{d^2z}{dxdy}\right) = 0 \quad (3)$$

$$\omega^2 \frac{d^3z}{dx^2dy} + 2\omega \frac{d^3z}{dxdy^2} + \frac{d^3z}{dy^3} + 2\frac{d\omega}{dy}\left(\omega \frac{d^2z}{dx^2} + \frac{d^2z}{dxdy}\right) = 0 \quad (4).$$

Multiplicirt man (3) mit ω, addirt dazu (4) und subtrahirt davon (2), so ergiebt sich:

$$\left(\omega \frac{d\omega}{dx} + \frac{d\omega}{dy}\right)\left(\omega \frac{d^2z}{dx^2} + \frac{d^2z}{dxdy}\right) = 0 \quad . \quad . \quad . \quad (5)$$

Das System der Gleichungen (1) und (2) ist dem System der Gleichungen (1) und (5) äquivalent. Wir bemerken ferner, dass die mit ω multiplicirte Gleichung (3) und die Gleichung (4), beides unmittelbare Folgen von (1), die Gleichung (2) zur Summe haben, falls ω constant ist. Da dieser Fall, wo ω constant ist, vom geometrischen Gesichtspunkte aus interessant zu untersuchen ist, theilen wir die Untersuchung des Systems (1), (2) oder des Systems (1), (5) in die drei folgenden Fälle:

$$\text{I.} \quad \omega^2 \frac{d^2z}{dx^2} + 2\omega \frac{d^2z}{dxdy} + \frac{d^2z}{dy^2} = 0,\ \omega \frac{d\omega}{dx} + \frac{d\omega}{dy} = 0 \quad (6);$$

$$\text{II.} \quad \omega^2 \frac{d^2z}{dx^2} + 2\omega \frac{d^2z}{dxdy} + \frac{d^2z}{dy^2} = 0,\ \omega \frac{d^2z}{dx^2} + \frac{d^2z}{dxdy} = 0 \quad (7);$$

$$\text{III.} \quad \omega^2 \frac{d^2z}{dx^2} + 2\omega \frac{d^2z}{dxdy} + \frac{d^2z}{dy^2} = 0,\ \omega = \text{const.} \quad . \quad . \quad . \quad . \quad (8).$$

Erster Fall. Die lineare Gleichung (6_2) giebt unmittelbar

$$x = \omega y + \psi(\omega) \quad . \quad . \quad . \quad . \quad . \quad . \quad . \quad . \quad (9),$$

wo ψ eine willkürliche Funktion ist. Um (6_1) oder (1) zu integriren, setzen wir:

$$\eta = \omega \frac{dz}{dx} + \frac{dz}{dy} \quad . \quad . \quad . \quad . \quad . \quad . \quad . \quad . \quad (10).$$

Hieraus folgt:

$$\frac{d\eta}{dx} = \omega \frac{d^2z}{dx^2} + \frac{d^2z}{dxdy} + \frac{d\omega}{dx}\frac{dz}{dx}$$

$$\frac{d\eta}{dy} = \omega \frac{d^2z}{dxdy} + \frac{d^2z}{dy^2} + \frac{d\omega}{dy}\frac{dz}{dx}$$

$$\omega \frac{d\eta}{dx} + \frac{d\eta}{dy} = \omega^2 \frac{d^2z}{dx^2} + 2\omega \frac{d^2z}{dxdy} + \frac{d^2z}{dy^2} + \frac{dz}{dx}\left(\omega \frac{d\omega}{dx} + \frac{d\omega}{dy}\right),$$

mithin wegen der Gleichungen (6):

$$\omega \frac{d\eta}{dx} + \frac{d\eta}{dy} = 0 \quad . \quad . \quad . \quad . \quad . \quad (11).$$

Um die Gleichung (11) zu integriren, in welcher ω eine Funktion von x und y ist, welche durch die Gleichung (9) bestimmt wird, muss man das Hülfssystem integriren:

$$\frac{dx}{\omega} = \frac{dy}{1} = \frac{d\eta}{0}, \quad x = \omega y + \psi(\omega) \quad . \quad . \quad . \quad . \quad (12).$$

Aus den Relationen (12) folgt:

$$d\eta = 0, \quad dx - \omega dy = 0, \quad dx = \omega dy + d\omega\,(y + \psi'(\omega)),$$

und diesen Gleichungen kann man auf zweierlei Arten genügen:

1. Wir setzen zunächst

$$y + \psi'(\omega) = 0 \quad . \quad . \quad . \quad . \quad . \quad . \quad . \quad (13).$$

Alsdann braucht man nicht das System (12) oder die Gleichungen (11) und (10) zu integriren. Eliminirt man ω zwischen den Gleichungen (9) und (13), so findet man eine Relation

$$x = f(y)$$

zwischen den Coordinaten. Dieselbe stellt eine der z-Achse parallele Cylinderfläche, also eine Regelfläche dar.

2. Setzen wir sodann

$$d\eta = 0, \quad d\omega = 0,$$

so sind

$$\eta = \text{const}, \quad \omega = \text{const}$$

die allgemeinen Integrale der Gleichungen (12) und

$$\eta = \varphi(\omega)$$

das allgemeine Integral von (11); dabei ist φ eine willkürliche Funktion.

Die Gleichung (10) wird somit:

$$\omega \frac{dz}{dx} + \frac{dz}{dy} = \varphi(\omega) \quad . \quad . \quad . \quad . \quad . \quad . \quad (14),$$

wo ω stets durch die Relation (9) bestimmt ist. Die (14) entsprechenden Hülfsgleichungen sind

$$\frac{dx}{\omega} = \frac{dy}{1} = \frac{dz}{\varphi(\omega)} \quad . \quad . \quad . \quad . \quad . \quad . \quad . \quad (15).$$

Die erste dieser Gleichungen $\frac{dx}{dy} = \omega$ giebt mit der Gleichung (9) kombinirt die Clairaut'sche Gleichung:

$$x = y\,\frac{dx}{dy} + \psi\left(\frac{dx}{dy}\right) \quad . \quad . \quad . \quad . \quad . \quad . \quad (16),$$

deren allgemeines Integral ist:

$$x = \gamma y + \psi(\gamma) \quad . \quad . \quad . \quad . \quad . \quad . \quad . \quad (17),$$

wo γ eine Constante bedeutet. Man erhält hieraus $\frac{dx}{dy} = \gamma$, somit $\omega = \gamma$. Die zweite Differentialgleichung (15) wird:

$$\frac{dz}{dy} = \varphi(\gamma),$$

und diese hat zum Integral:

$$z = y\varphi(\gamma) + \delta,$$

wo δ eine neue Constante ist.

Mithin ist schliesslich die durch das allgemeine Integral der Gleichung (14) dargestellte Fläche eine Regelfläche, die durch die Gerade erzeugt wird, deren Gleichungen sind:

$$x = \gamma y + \psi(\gamma), \quad z = y\varphi(\gamma) + \chi(\gamma),$$

wo χ eine willkürliche Funktion ist.

Die Gleichung (14) hat indessen noch ein anderes Integral, welches aus der singulären Lösung der Clairaut'schen Gleichung (16) hervorgeht. Diese singuläre Lösung wird gegeben durch die Gleichungen:

$$x = \gamma y + \psi(\gamma), \quad 0 = y + \psi'(\gamma),$$

welche mit (9) und (13) identisch sind, nur dass hier γ für ω steht. Durch Elimination von γ findet man somit:

$$x = f(y) \quad . \quad . \quad . \quad . \quad . \quad . \quad . \quad . \quad (18).$$

Aus dieser folgt:

$$dx = f'(y)dy.$$

Dieser Werth, in (15) substituirt, giebt:

$$\omega = f'(y), \quad dz = \varphi[f'(y)]dy,$$

und hiernach:

$$z = F(y) + \text{const.} \quad . \quad . \quad . \quad . \quad . \quad . \quad . \quad (19).$$

Die Fläche, welche von den Linien, deren Gleichungen (18), (19) sind, erzeugt wird, ist offenbar der Cylinder (18), welcher ebenfalls eine Regelfläche ist.

Zweiter Fall. Subtrahirt man die mit ω multiplicirte Gleichung (7_2) von der Gleichung (7_1) oder (1), so kommt:

$$\omega \frac{d^2z}{dxdy} + \frac{d^2z}{dy^2} = 0 \quad . \quad . \quad . \quad . \quad . \quad (20).$$

Die Elimination von ω zwischen (7_2) und (20) führt zu der Gleichung:

$$\frac{d^2z}{dx^2}\frac{d^2z}{dy^2} - \left(\frac{d^2z}{dxdy}\right)^2 = 0 \quad . \quad . \quad . \quad . \quad . \quad (21).$$

Im gegenwärtigen Falle hat man wegen der Relationen (7_2) und (20):

$$\frac{d\eta}{dx} = \frac{dz}{dx}\frac{d\omega}{dx}, \quad \frac{d\eta}{dy} = \frac{dz}{dx}\frac{d\omega}{dy} \quad . \quad . \quad . \quad . \quad . \quad (22).$$

Mithin ist die Funktionaldeterminante

$$\frac{d\eta}{dx}\frac{d\omega}{dy} - \frac{d\eta}{dy}\frac{d\omega}{dx}$$

gleich Null. Infolge dessen hat man:

$$\eta = \varphi(\omega)$$

$$\frac{d\eta}{dx} = \varphi'(\omega)\frac{d\omega}{dx}, \quad \frac{d\eta}{dy} = \varphi'(\omega)\frac{d\omega}{dy}$$

und nach (22)

$$\frac{dz}{dx} = \varphi'(\omega) \quad . \quad . \quad . \quad . \quad . \quad . \quad . \quad (23).$$

Setzt man die Werthe von η und von $\frac{dz}{dx}$ in die Gleichung (10) ein, so gelangt man zu der Gleichung:

$$\frac{dz}{dy} = \varphi(\omega) - \omega\varphi'(\omega) \quad . \quad . \quad . \quad . \quad . \quad . \quad (24).$$

Da nun

$$\frac{d}{dy}\frac{dz}{dx} - \frac{d}{dx}\frac{dz}{dy} = 0$$

ist, so folgt aus (23) und (24) unmittelbar:

$$\varphi''(\omega)\left(\omega\frac{d\omega}{dx} + \frac{d\omega}{dy}\right) = 0.$$

1. Es sei zunächst $\varphi''(\omega) = 0$ oder:

$$\varphi(\omega) = C\omega + G,$$

wo C und G Constanten sind. Man hat alsdann:

$$\frac{dz}{dx} = C, \quad \frac{dz}{dy} = G$$
$$dz = Cdx + Gdy$$
$$z = Cx + Gy + H,$$

wo H eine neue Constante ist. Das Integral stellt somit eine Ebene dar die einfachste abwickelbare Regelfläche.

2. Es sei ferner:

$$\omega\frac{d\omega}{dx} + \frac{d\omega}{dy} = 0 \quad . \quad . \quad . \quad . \quad . \quad . \quad . \quad . \quad (6).$$

Alsdann haben wir, wie wir beim ersten Falle gesehen haben:

$$x = \omega y + \psi(\omega) \quad . \quad . \quad . \quad . \quad . \quad . \quad . \quad . \quad (9).$$

Aus den Gleichungen (23), (24) und (9) erhalten wir:

$$dz = \frac{dz}{dx}\, dx + \frac{dz}{dy}\, dy = y\varphi'(\omega)d\omega + \varphi(\omega)dy + \varphi'(\omega)\psi'(\omega)d\omega,$$
$$z + C = y\varphi(\omega) + \int\varphi'(\omega)\psi'(\omega)d\omega \quad . \quad . \quad . \quad . \quad (25).$$

Durch partielle Integration bringt man die letzte Gleichung auf die Form:

$$z + C = \varphi'(\omega)(\omega y + \psi(\omega)) - y\int\omega\varphi''(\omega)d\omega - \int\varphi''(\omega)\psi(\omega)d\omega,$$

oder auch wegen der Gleichung (9):

$$z + C = x\varphi'(\omega) - y\int\omega\varphi''(\omega)d\omega - \int\varphi''(\omega)\psi(\omega)d\omega \quad . \quad (26).$$

Diese Gleichung stellt eine Ebene dar, wenn ω als variabler Parameter betrachtet wird. Die Ableitung derselben nach ω ist:

$$0 = \varphi''(\omega)(x - \omega y - \psi(\omega)),$$

d. i. (9), da $\varphi''(\omega)$ nicht null ist.

Die Gleichungen (9) und (25) genügen, um zu erkennen, dass die durch das Integral dargestellte Fläche eine Regelfläche ist; diese Fläche aber ist den soeben durchgeführten Rechnungen zufolge die Enveloppe der beweglichen Ebene (26); mithin ist dieselbe eine abwickelbare Fläche.

Dritter Fall. Ist ω constant, so erhält man aus (10), wie im ersten Falle:

$$\omega\frac{d\eta}{dx} + \frac{d\eta}{dy} = 0,$$

hiernach unmittelbar:

$$\eta = F(x - \omega y),$$

wo F willkürlich ist. Zur Bestimmung von z hat man die lineare Gleichung:

$$\omega\frac{dz}{dx} + \frac{dz}{dy} = F(x - \omega y),$$

die zum Integral hat:

$$z = y\, F(x - \omega y) + F_1(x - \omega y), \quad . \quad . \quad . \quad . \quad (27),$$

wo F_1 eine willkürliche Funktion ist. Die Fläche (27), welche durch die beweglichen, der Ebene $x = \omega y$ parallelen Geraden

$$x - \omega y = \alpha, \quad z = yF(\alpha) + \beta$$

erzeugt wird, stellt eine windschiefe Fläche mit einer Richtungsebene oder ein Cylindroid dar.

Folgerung. Die Gleichungen (1), (2) von Monge gehören nur Regelflächen an.

2. Kapitel.

Methode von Lagrange zur Integration der partiellen Differentialgleichungen mit drei Veränderlichen und einiger Gleichungen mit einer grösseren Zahl von Veränderlichen.[1])

§ 8. Allgemeiner Gedankengang der Lagrange'schen Methode.

33. Allgemeiner Gedankengang der Lagrange'schen Methode. Es sei

$$f(x, y, z, p, q) = 0 \text{ oder } q = \varkappa(x, y, z, p) \quad . \quad . \quad . \quad (1)$$

die gegebene Gleichung. Setzen wir für q seinen Werth in

$$dz = pdx + qdy \quad . \quad . \quad . \quad . \quad . \quad . \quad . \quad (2)$$

ein, so kommt:

$$dz = pdx + \varkappa(x, y, z, p)dy \quad . \quad . \quad . \quad . \quad . \quad . \quad (3).$$

---

[1]) Lagrange (Abh. d. Berl. Akad. 1772, *Oeuvres t.* III, p. 549—577) hat die Integration beliebiger Gleichungen erster Ordnung mit drei Veränderlichen zurückgeführt auf diejenige der linearen partiellen Differentialgleichungen mit vier Veränderlichen und ebenfalls von der ersten Ordnung. Diese hat er ihrerseits, wie wir im ersten Kapitel gesehen haben, im Jahre 1779 zurückgeführt auf die Integration gewöhnlicher Differentialgleichungen. Indessen hatte er im Jahre 1785 noch nicht klar erkannt, dass daraus folgt, dass die Integration von beliebigen partiellen Differentialgleichungen mit drei Variablen sich zurückführen lässt auf die von gewöhnlichen Differentialgleichungen, denn in seiner Abhandlung von diesem Jahre, S. 188, erklärt er ausdrücklich, die Integration einer nichtlinearen Gleichung nicht ausführen zu können. Erst Charpit hat im Jahre 1784 in einer niemals veröffentlichten Abhandlung den Zusammenhang dieser drei Fragen nachgewiesen: Integration der gewöhnlichen Differentialgleichungen, Integration der linearen partiellen Differentialgleichungen und Integration der nichtlinearen partiellen Differentialgleichungen. Diese Bemerkungen entlehnen wir Lacroix t. II, Nr. 740, p. 548 und Jacobi (Crelle's Journal, Bd. 23, S. 3). Über die Methode von Lagrange und Charpit vergleiche noch bezüglich einer geometrischen Untersuchung der Gleichungen mit drei Veränderlichen nach Darboux und Lie: Goursat, Leçons etc., Kap. IV und ferner Kap. IX.

Die Lagrange'sche Methode in ihrer ersten Form besteht darin, im Allgemeinen durch Probiren einen Werth von p zu suchen, welcher eine willkürliche Constante a enthält und die totale Differentialgleichung (3) integrabel macht, und sodann daraus z herzuleiten mit einer zweiten willkürlichen Constante b.

Anders und in allgemeinerer Form ausgedrückt, muss man eine andere von (1) verschiedene Relation zwischen x, y, z, p, q suchen, welche eine willkürliche Constante enthält und so beschaffen ist, dass die Werthe von p und q, welche sich aus dieser Relation und aus (1) ergeben, die Gleichung (2) integrirbar machen.[1]

Die Methode lässt sich ohne Schwierigkeit auf eine beliebige Anzahl von Veränderlichen ausdehnen. Es sei

$$f(z, x_1, \ldots, x_n, p_1, \ldots, p_n) = 0 \text{ oder } p_n = \pi(z, x_1, \ldots, x_n, p_1, \ldots p_{n-1}) \quad (1')$$

die gegebene Gleichung. Ersetzen wir p_n durch seinen Werth in

$$dz = p_1 dx_1 + p_2 dx_2 + \cdots + p_n dx_n \quad . \quad . \quad . \quad . \quad (2'),$$

so kommt:

$$dz = p_1 dx_1 + p_2 dx_2 + \cdots + \pi dx_n \quad . \quad . \quad . \quad . \quad (3').$$

Man hat nun für $p_1, p_2, \ldots, p_{n-1}$ Werthe zu suchen, welche je eine willkürliche Constante enthalten und die Gleichung (3′) integrirbar machen. Allgemeiner ausgedrückt, man muss $n-1$ Relationen suchen, die je $n-1$ willkürliche Constanten enthalten und mit (1′) zusammen für $p_1, p_2, \ldots, p_n$ Werthe ergeben, welche die Integration der Gleichung (2′) ermöglichen.

Dies ist die Lagrange'sche Methode in ihrer allgemeinsten Form. Wir wollen an einigen Beispielen zeigen, dass man mittels der vorhergehenden Andeutungen bereits ziemlich complicirte Gleichungen integriren kann.

34. Beispiele. — I. Es seien die Gleichungen zu integriren[1]):

$$1. \quad q = \varkappa(p)$$

$$2. \quad q = \varkappa(p, y).$$

Man hat:

$$dz = p dx + \varkappa(p) dy,$$

$$dz = p dx + \varkappa(p, y) dy,$$

Gleichungen, die unmittelbar integrirbar sind, wenn man $p = a$ setzt. Man findet die vollständigen Integrale:

---

[1]) Lagrange hat in seiner ersten Abhandlung die allgemeine Methode, diese zweite Relation zu finden, angegeben, aber ohne sie allgemein zu Ende führen zu können, da er damals die Integration der linearen Gleichungen noch nicht kannte.

[2]) Lagrange, Abh. der Berl. Akad., 1772, 1., 2. und 3. Fall; Oeuvres, t. III, p. 558—560.

$$z = ax + b + \varkappa(a)y$$
$$z = ax + b + \int \varkappa(a, y)\, dy.$$

Wendet man dieses Integrations-Verfahren auf die Gleichungen an:

$$pq = 1$$
$$p^2 + q^2 + 1 = m^2$$
$$p = qy + q^2,$$

so findet man die vollständigen Integrale:

$$z = ax + b + \frac{y}{a}$$
$$z = ax + b + \frac{y}{\sqrt{m^2 - 1 - a^2}}$$
$$z = ax + b - \frac{y^2}{4} \pm \left(\frac{y\sqrt{y^2 + 4a}}{4} + 2a \lg\left(y + \sqrt{y^2 + 4a}\right)\right).$$

Die zweite dieser Gleichungen entspricht der folgenden Aufgabe: Man soll diejenigen Flächen finden, deren Flächeninhalt für irgend einen Theil zu der Projektion desselben auf die xy-Ebene in dem constanten Verhältniss $m : 1$ steht, oder auch: Man soll diejenigen Flächen finden, deren Normalen den Erzeugenden eines geraden Kegels parallel sind (vgl. Nr. 15).

II. Es sei zu integriren: 1. die Gleichung:[1])

$$f_1(x, p) = f_2(y, q).$$

Man setze:

$$f_1(x, p) = a, \quad f_2(y, q) = a.$$

Hieraus möge sich ergeben:

$$p = \varphi_1(x, a), \quad q = \varphi_2(y, a),$$

und daher:

$$dz = \varphi_1(x, a)\, dx + \varphi_2(y, a) dy$$
$$z = \int \varphi_1(x, a) dx + \int \varphi_2(y, a)\, dy + b.$$

2. Es sei ferner die Gleichung zu integriren:[2])

$$F(f_1, f_2, \ldots, f_n) = 0,$$

in welcher

$$f_i = f_i[x_i, p_i \varphi(z)].$$

Man braucht bloss zu setzen:

$$f_i = a_i$$
$$F(a_1, a_2, \ldots, a_n) = 0,$$

[1]) Lagrange, Abh. d. Berl. Akad. 1772, 4. Fall, Oeuvres, t. III, p. 561; Abh. d. Berl. Akad., 1774, Nr. 50, Oeuvres, t. IV, p. 80.

[2]) Lagrange, Abh. d. Berl. Akad. 1772, Nr. 13—14, Oeuvres t. III, p. 574.

um $p_1\varphi$ als Funktion von x_1, $p_2\varphi$ als Funktion von x_2, u. s. w. bestimmen zu können, so dass also

$$dz = p_1 dx_1 + p_2 dx_2 + \cdots + p_n dx_n$$

nach Multiplikation mit φ integrirbar wird.

Man kann an diese beiden Beispiele die sogenannte *Methode der Separation der Variablen* anschliessen; man findet dieselbe weiter unten (§ 19, Nr. 72).

III. Es sei ferner die Gleichung zu integriren[1]):

$$q = pf(x, y) + F(x, y, z).$$

Man hat:

$$dz = p[dx + f(x, y)\,dy] + Fdy.$$

Man integrire die Gleichung

$$dx + fdy = 0$$

mit Hülfe eines integrirenden Factors v, so dass

$$v\,(dx + fdy) = du$$

ist. Ferner eliminire man x aus F, indem man u einführt, und integrire sodann

$$dz - Fdy = 0$$

mit Hülfe eines integrirenden Factors V, so dass man unter dieser Annahme hat:

$$V\,(dz - Fdy) = dU,$$

oder auch, indem man u als veränderlich annimmt:

$$V(dz - Fdy) + \frac{dU}{du}\,du = dU.$$

Führt man du und dU in den Werth von dz ein, so ergiebt sich schliesslich:

$$dU = V\,(dz - Fdy) + \frac{dU}{du}\,du = \frac{Vpdu}{v} + \frac{dU}{du}\,du.$$

Setzt man

$$\frac{Vp}{v} + \frac{dU}{du} = a,$$

so erhält man als Integral:

$$U - au - b = 0.$$

Auf diese Weise ist z. B., wenn

$$q = p\,\frac{y}{x} + (x^2 + y^2 + z)$$

---

[1]) Lagrange, Abh. d. Berl. Akad. 1772, 8. Fall, Oeuvres t. III, p. 567; Abh. d. Berl. Akad. 1774, Nr. 52, Oeuvres t. IV, p. 82.

ist:

$$u = x^2 + y^2, \quad v = 2x, \quad U = \lg(z + u) - y, \quad V = (z + u)^{-1}$$

und das Integral ist:

$$-y + \lg(z + x^2 + y^2) - a(x^2 + y^2) - b = 0.$$

IV. Es sei schliesslich die Gleichung gegeben[1]):

$$q = p^m . f_1(x) . f_2(y) . f_3(z).$$

Man setze:

$$p = F_1(x) . F_2(z),$$

wo F_1, F_2 noch unbestimmte Funktionen sind. Dann hat man:

$$dz = F_1(x) F_2(z) dx + [F_1(x)]^m f_1(x) . f_2(y) . [F_2(z)]^m f_3(z) dy.$$

Bestimmt man F_1 und F_2 durch die Relationen:

$$[F_2(z)]^{m-1} f_3(z) = 1,$$

$$[F_1(x)]^m f_1(x) = a^m,$$

so folgt:

$$\frac{dz}{F_2(z)} = \frac{adx}{\sqrt[m]{f_1(x)}} + a^m f_2(y) dy,$$

welche Gleichung unmittelbar. integrirbar ist.

Dieselbe Lösung findet man mittels der sogenannten Methode der Separation der Variabeln (vgl. unten § 19, Nr. 72).

§ 9. *Methode von Lagrange zur Integration der partiellen Differentialgleichungen mit drei Veränderlichen.*[2])

35. Fall, in welchem die Gleichung die abhängige Veränderliche nicht enthält. — Es sei

$$f(x, y, p, q) = 0 \text{ oder } q = \varkappa(x, y, p) \quad . \quad . \quad . \quad . \quad (1)$$

die gegebene Gleichung. Bekanntlich ist:

$$dz = pdx + qdy \quad . \quad . \quad . \quad . \quad . \quad . \quad (2).$$

Würde man die Werthe von p und q als Funktionen von x und y kennen, so müsste man haben:

$$\frac{dp}{dy} = \frac{dq}{dx} \quad . \quad . \quad . \quad . \quad . \quad . \quad . \quad . \quad (3),$$

[1]) Lagrange, Abh. der Berl. Akad., 1772, 9. Fall, Oeuvres, t. III, p. 569.

[2]) Ausser den im Anfang des § 7 citirten Schriften vgl. Jacobi, Vorlesungen über Dynamik, Vorl. 22, S. 168—173.

und die Gleichung (1) müsste für diese Werthe eine Identität sein. Man hat also:

$$\frac{dq}{dx} = \frac{\delta \varkappa}{\delta x} + \frac{\delta \varkappa}{\delta p}\frac{dp}{dx} \quad . \; . \; . \; . \; . \; . \; . \; . \quad (4)$$

$$\frac{\delta f}{\delta x} + \frac{\delta f}{\delta p}\frac{dp}{dx} + \frac{\delta f}{\delta q}\frac{dq}{dx} = 0 \quad . \; . \; . \; . \quad (4').$$

Eliminirt man $\frac{dq}{dx}$ aus der Relation (4) oder aus der Relation (4') mittels der Gleichung (3), so findet man, dass p einer der äquivalenten linearen Gleichungen genügen muss:

$$\frac{dp}{dy} = \frac{\delta \varkappa}{\delta x} + \frac{\delta \varkappa}{\delta p}\frac{dp}{dx} \quad . \; . \; . \; . \; . \; . \; . \; . \quad (5)$$

$$\frac{\delta f}{\delta x} + \frac{\delta f}{\delta p}\frac{dp}{dx} + \frac{\delta f}{\delta q}\frac{dp}{dy} = 0 \quad . \; . \; . \; . \quad (5').$$

Umgekehrt, wenn man eine Lösung der Gleichungen (5) oder (5') kennt, so machen der durch diese Lösung gegebene Werth von p und der entsprechende durch (1) gegebene Werth von q den Ausdruck für dz integrabel oder sie genügen der Gleichung (3). In der That folgt aus den Gleichungen (1), (5) oder (1), (5') die Gleichung (3).

Somit findet man alle Lösungen der Gleichung (1), wenn man alle Werthe von p, welche der Gleichung (5) oder der Gleichung (5') genügen, sodann mittels (1) alle zugehörigen Werthe von q sucht und die Gleichung (2) integrirt. Im Allgemeinen ist es besser, sich darauf zu beschränken, einen Werth von p, der eine willkürliche Constante a enthält und der Gleichung (5') genügt, sodann den zugehörigen Werth von q zu suchen und schliesslich die Gleichung (3) zu integriren. Man gelangt auf diese Weise zu einer Lösung der Gleichung (1), welche zwei willkürliche Constanten enthält und ein vollständiges Integral ist.

Das Integral der Gleichung (1) kann durch symmetrischere Rechnungen gefunden werden, wenn man eine zweite Relation

$$f_1(x, y, p, q) = 0$$

zwischen x, y, p, q sucht, die zusammen mit (1) zur Bestimmung von p und q in folgender Weise dient. Man hat alsdann:

$$\frac{\delta f}{\delta x} + \frac{\delta f}{\delta p}\frac{dp}{dx} + \frac{\delta f}{\delta q}\frac{dq}{dx} = 0, \quad \frac{\delta f}{\delta y} + \frac{\delta f}{\delta p}\frac{dp}{dy} + \frac{\delta f}{\delta q}\frac{dq}{dy} = 0.$$

$$\frac{\delta f_1}{\delta x} + \frac{\delta f_1}{\delta p}\frac{dp}{dx} + \frac{\delta f_1}{\delta q}\frac{dq}{dx} = 0, \quad \frac{\delta f_1}{\delta y} + \frac{\delta f_1}{\delta p}\frac{dp}{dy} + \frac{\delta f_1}{\delta q}\frac{dq}{dy} = 0.$$

Eliminirt man unter Anwendung der Determinantentheorie

$$\frac{dp}{dx}, \quad \frac{dq}{dx}, \quad \frac{dp}{dy}, \quad \frac{dq}{dy}$$

zwischen diesen Gleichungen und der Gleichung (3), so kommt:

$$\frac{\delta(f, f_1)}{\delta(x, p)} + \frac{\delta(f, f_1)}{\delta(y, q)} = 0$$

oder:

$$\frac{\delta f}{\delta x}\frac{\delta f_1}{\delta p} - \frac{\delta f}{\delta p}\frac{\delta f_1}{\delta x} + \frac{\delta f}{\delta y}\frac{\delta f_1}{\delta q} - \frac{\delta f}{\delta q}\frac{\delta f_1}{\delta y} = 0 \quad . \quad . \quad (6).$$

36. Allgemeiner Fall. — Es sei jetzt die Gleichung gegeben:

$$f(x, y, z, p, q) = 0 \text{ oder } q = \varkappa(x, y, z, p) \quad . \quad . \quad . \quad (7).$$

Ferner weiss man, dass

$$dz = pdx + qdy \quad . \quad . \quad . \quad . \quad . \quad . \quad . \quad . \quad (2)$$

ist. Wenn man eine zweite Relation

$$f_1(x, y, z, p, q) = 0 \quad . \quad . \quad . \quad . \quad . \quad . \quad . \quad . \quad (8)$$

zwischen x, y, z, p, q kennen würde, so könnte man aus dieser und der gegebenen Gleichung die Werthe von p und q ableiten und, wenn man diese Werthe in die Gleichung (2) einsetzte, würde diese unmittelbar integrirbar werden. Man muss somit haben:

$$\frac{dp}{dy} = \frac{dq}{dx} \quad . \quad . \quad . \quad . \quad . \quad . \quad . \quad . \quad . \quad . \quad (9)$$

oder:

$$\frac{\delta p}{\delta y} + \frac{\delta p}{\delta z} q = \frac{\delta q}{\delta x} + \frac{\delta q}{\delta z} p \quad . \quad . \quad . \quad . \quad . \quad (9')$$

für jede Relation (8), welche einer Lösung von (7) entspricht.

Nimmt man an, dass in die Gleichung (7) die aus dieser Gleichung (7) und aus der Gleichung (8) abgeleiteten Werthe von p und q, ausgedrückt in x, y, z, eingesetzt werden, so wird die Gleichung (7) eine Identität und somit hat man:

$$\frac{\delta q}{\delta x} = \frac{\delta \varkappa}{\delta x} + \frac{\delta \varkappa}{\delta p}\frac{\delta p}{\delta x}, \quad \frac{\delta q}{\delta z} = \frac{\delta \varkappa}{\delta z} + \frac{\delta \varkappa}{\delta p}\frac{\delta p}{\delta z} \quad . \quad . \quad . \quad (10)$$

oder:

$$\frac{\delta f}{\delta x} + \frac{\delta f}{\delta p}\frac{\delta p}{\delta x} + \frac{\delta f}{\delta q}\frac{\delta q}{\delta x} = 0, \quad \frac{\delta f}{\delta z} + \frac{\delta f}{\delta p}\frac{\delta p}{\delta z} + \frac{\delta f}{\delta q}\frac{\delta q}{\delta z} = 0 \quad (10').$$

Mittels der Gleichungen (10) oder (10') und (7) kann man $\frac{\delta q}{\delta x}$, $\frac{\delta q}{\delta z}$ aus der Gleichung (9') eliminiren, wodurch dieselbe übergeht in:

$$\frac{\delta p}{\delta x}\frac{\delta \varkappa}{\delta p} - \frac{\delta p}{\delta y} + \frac{\delta p}{\delta z}\left(p\frac{\delta \varkappa}{\delta p} - \varkappa\right) + \frac{\delta \varkappa}{\delta x} + p\frac{\delta \varkappa}{\delta z} = 0 \quad (11)$$

oder:

$$\frac{\delta p}{\delta x}\frac{\delta f}{\delta p} + \frac{\delta p}{\delta y}\frac{\delta f}{\delta q} + \left(p\frac{\delta f}{\delta p} + q\frac{\delta f}{\delta q}\right)\frac{\delta p}{\delta z} + \left(\frac{\delta f}{\delta x} + p\frac{\delta f}{\delta z}\right) = 0 \qquad (11').$$

Umgekehrt kann man aus den Gleichungen (7) und (11) oder (7) und (11') die Gleichung (9') ableiten. Die Integration der Gleichung (7) ist somit zurückgeführt auf diejenige der Gleichung (11) oder der Gleichung (11'), aus der q als eliminirt vorausgesetzt wird.

Man kann die Integration von (7) auch auf die Ermittelung einer impliciten Relation (8) zurückführen. Zu dem Ende leitet man aus (7) und (8) her:

$$\left.\begin{array}{l}\frac{\partial f}{\partial x}+\frac{\partial f}{\partial p}\frac{\partial p}{\partial x}+\frac{\partial f}{\partial q}\frac{\partial q}{\partial x}=0,\quad \frac{\partial f_1}{\partial x}+\frac{\partial f_1}{\partial p}\frac{\partial p}{\partial x}+\frac{\partial f_1}{\partial q}\frac{\partial q}{\partial x}=0\\ \frac{\partial f}{\partial y}+\frac{\partial f}{\partial p}\frac{\partial p}{\partial y}+\frac{\partial f}{\partial q}\frac{\partial q}{\partial y}=0,\quad \frac{\partial f_1}{\partial y}+\frac{\partial f_1}{\partial p}\frac{\partial p}{\partial y}+\frac{\partial f_1}{\partial q}\frac{\partial q}{\partial y}=0\\ \frac{\partial f}{\partial z}+\frac{\partial f}{\partial p}\frac{\partial p}{\partial z}+\frac{\partial f}{\partial q}\frac{\partial q}{\partial z}=0,\quad \frac{\partial f_1}{\partial z}+\frac{\partial f_1}{\partial p}\frac{\partial p}{\partial z}+\frac{\partial f_1}{\partial q}\frac{\partial q}{\partial z}=0\end{array}\right\} \quad . \quad (12).$$

Die beiden ersten von diesen Gleichungen geben:

$$\frac{\partial(f, f_1)}{\partial(x, p)}+\frac{\partial(f, f_1)}{\partial(q, p)}\frac{\partial q}{\partial x}=0,$$

die zweiten:

$$\frac{\partial(f, f_1)}{\partial(y, q)}+\frac{\partial(f, f_1)}{\partial(p, q)}\frac{\partial p}{\partial y}=0,$$

die dritten:

$$\frac{\partial(f, f_1)}{\partial(z, p)}+\frac{\partial(f, f_1)}{\partial(q, p)}\frac{\partial q}{\partial z}=0,\quad \frac{\partial(f, f_1)}{\partial(z, q)}+\frac{\partial(f, f_1)}{\partial(p, q)}\frac{\partial p}{\partial z}=0.$$

Verbindet man diese Relationen mit (9'), so kommt:

$$\frac{\partial(f, f_1)}{\partial(x, p)}+\frac{\partial(f, f_1)}{\partial(y, q)}+p\,\frac{\partial(f, f_1)}{\partial(z, p)}+q\,\frac{\partial(f, f_1)}{\partial(z, q)}=0,$$

oder, wenn man die Vorzeichen ändert und nach den Ableitungen von f_1 ordnet:

$$\frac{\partial f_1}{\partial x}\frac{\partial f}{\partial p}+\frac{\partial f_1}{\partial y}\frac{\partial f}{\partial q}+\frac{\partial f_1}{\partial z}\left(p\frac{\partial f}{\partial p}+q\frac{\partial f}{\partial q}\right)-\frac{\partial f_1}{\partial p}\left(\frac{\partial f}{\partial x}+p\frac{\partial f}{\partial z}\right)-\frac{\partial f_1}{\partial q}\left(\frac{\partial f}{\partial y}+q\frac{\partial f}{\partial z}\right)=0 \quad (13).$$

Man gelangt mit Hülfe der Determinanten zu demselben Resultat, wenn man die Ableitungen von p und q zwischen (9') und (12) eliminirt. Man kann auch von den Gleichungen (7) und (13) zu der Gleichung (9') zurückgelangen.

37. Ableitung des allgemeinen Integrals aus der Gleichung (11), (11') oder (13). — Die Systeme der diesen Gleichungen entsprechenden simultanen Differentialgleichungen sind nach Nr. 32:

$$-\frac{dx}{\frac{\partial \varkappa}{\partial p}}=\frac{dy}{1}=\frac{dz}{\varkappa-p\frac{\partial \varkappa}{\partial p}}=\frac{dp}{\frac{\partial \varkappa}{\partial x}+p\frac{\partial \varkappa}{\partial z}} \quad . \quad . \quad . \quad (11_a)$$

$$\frac{dx}{\frac{\delta f}{\delta p}} = \frac{dy}{\frac{\delta f}{\delta q}} = \frac{dz}{p\frac{\delta f}{\delta p} + q\frac{\delta f}{\delta q}} = \frac{-dp}{\frac{\delta f}{\delta x} + p\frac{\delta f}{\delta z}} \quad \ldots \quad (11'_a)$$

$$\frac{dx}{\frac{\delta f}{\delta p}} = \frac{dy}{\frac{\delta f}{\delta q}} = \frac{dz}{p\frac{\delta f}{\delta p} + q\frac{\delta f}{\delta q}} = \frac{-dp}{\frac{\delta f}{\delta x} + p\frac{\delta f}{\delta z}} = \frac{-dq}{\frac{\delta f}{\delta y} + q\frac{\delta f}{\delta z}} \quad (13_a).$$

Betrachten wir irgend eines dieser Systeme. Aus den beiden ersten Gleichungen erhält man unmittelbar:

$$dz = pdx + qdy \quad \ldots \ldots \quad (14),$$

welche Gleichung somit die eine von ihnen ersetzen kann. Lagrange hat daraus in scharfsinniger Weise die Lösung eines analytischen Paradoxons abgeleitet, welches er selbst entdeckt hatte.

Das System (11a) hat zur Lösung ein System

$$u = a, \quad v = b, \quad w = c,$$

wo u, v, w Funktionen von x, y, z, p und a, b, c Constanten sind. Mithin ist das Integral der Gleichung (11) oder (11') eine Relation von der Form

$$u = \varphi(v, w) \quad \ldots \ldots \quad (15),$$

wo φ willkürlich ist.

„Diese Gleichung (15)", sagt Lagrange, „mit der gegebenen Gleichung

$$f(x, y, z, p, q) = 0 \quad \ldots \ldots \quad (7)$$

combinirt, wird die Werthe von p und q als Funktionen von x, y, z ergeben, welche, in die Gleichung

$$dz = pdx + qdy \quad \ldots \ldots \quad (2)$$

substituirt, aus dieser eine Gleichung in x, y, z ableiten lassen, welche die gesuchte Gleichung ist.

Da bisher die Funktion $\varphi(v, w)$ durch nichts beschränkt ist, so würde folgen, dass die primitive Gleichung einer Gleichung erster Ordnung mit drei Veränderlichen eine willkürliche Funktion von zwei Grössen enthalten könnte; man kann sich aber leicht überzeugen, dass es unmöglich ist, aus einer Gleichung mit drei Veränderlichen mittels ihrer beiden abgeleiteten Gleichungen eine willkürliche Funktion von zwei Grössen verschwinden zu lassen."

Dieser Einwurf ist nicht vollkommen richtig. Man kann nur sagen: Es ist beim ersten Anblick ziemlich überraschend, dass die primitive Gleichung einer Gleichung der ersten Ordnung mit drei Veränderlichen von dem Werthe von p abhängen kann, der aus einer Relation (15) abgeleitet ist, welche eine willkürliche Funktion zweier Grössen enthält. Wie dem auch sei, jedenfalls hat Lagrange das in Rede stehende Paradoxon sehr gut erklärt und zu gleicher Zeit das Mittel angegeben, um das allgemeine Integral der Gleichung (7) zu finden, nämlich:

An Stelle der Veränderlichen x, y, z, p, welche in den Gleichungen (11_a) oder $(11'_a)$ vorkommen, nehme man u, v, w, p. Da die Gleichung (14) die eine der Gleichungen (11_a) oder $(11'_a)$ ersetzen kann, „so werden in der Formel $dz - pdx - qdy$ die aus der Variabilität von p hervorgehenden Glieder sich gegenseitig aufheben, da diese nämlichen Ausdrücke" der alten Veränderlichen als Funktionen der neuen, „diese Formel in dem Falle zu Null machen, wo u, v, w Constanten sind. Dieselbe wird also von der Form werden:

$$Udu + Vdv + Wdw,$$

in welcher U, V, W Funktionen von p, u, v, w sind" (Lagrange). An Stelle der Gleichung (14) kann man also nehmen:

$$Udu + Vdv + Wdw = 0 \quad . \quad . \quad . \quad . \quad . \quad (16).$$

Da die Gleichung (15), welche eine Lösung dieser ist, p nicht mehr explicit enthält, so wird dies bei (16) ebenso der Fall sein, so dass U, V, W durch u, v, w allein ausgedrückt sind.

Anstatt die Relation

$$dz = pdx + qdy \quad . \quad . \quad . \quad . \quad . \quad . \quad . \quad (2)$$

zu integriren, nachdem man darin p und q durch ihre aus den Gleichungen

$$f(x, y, z, p, q) = 0 \quad . \quad . \quad . \quad . \quad . \quad . \quad . \quad . \quad (7)$$

$$u = \varphi(v, w) \quad . \quad . \quad . \quad . \quad . \quad . \quad . \quad . \quad . \quad (15)$$

sich ergebenden Werthe eingesetzt hat, kann man somit

$$Udu + Vdv + Wdw = 0 \quad . \quad . \quad . \quad . \quad . \quad (16)$$

unter Berücksichtigung von

$$u = \varphi(v, w) \quad . \quad . \quad . \quad . \quad . \quad . \quad . \quad . \quad (15)$$

integriren, wobei die Funktionen u, v, w die Grösse q nicht enthalten, selbst nicht implicit, wenn dieselben mit Hülfe von (11_a) bestimmt worden sind. Aus (15) folgt:

$$du = \frac{\delta\varphi}{\delta v}\, dv + \frac{\delta\varphi}{\delta w}\, dw,$$

und somit erhält man an Stelle von (16):

$$\left(U \frac{\delta\varphi}{\delta v} + V\right) dv + \left(U \frac{\delta\varphi}{\delta w} + W\right) dw = 0 \quad . \quad . \quad (17),$$

woraus man u eliminiren und eine Relation von der Form

$$v = \psi(w) \quad . \quad . \quad . \quad . \quad . \quad . \quad . \quad . \quad (18)$$

ableiten kann. Eliminirt man p zwischen (15) und (18), so erhält man das gesuchte allgemeine Integral. Hätte man q in u, v, w gelassen, so müsste man zu den Gleichungen (15) und (18) noch die gegebene Gleichung hinzunehmen. In jedem Falle sieht man, dass u und v beide Funktionen von w sind, aber eine von ihnen ist nicht willkürlich.

Die Gleichungen (13_a), deren Anzahl vier beträgt, ergeben nicht mehr als die Gleichungen (11_a) oder ($11'_a$), weil die eine der Lösungen von (13_a) $f = 0$ ist, wie man leicht findet. In der That, bildet man einen Bruch gleich denjenigen, welche in (13_a) auftreten, und dessen Zähler

$$\frac{\delta f}{\delta x}\,dx + \frac{\delta f}{\delta y}\,dy + \frac{\delta f}{\delta z}\,dz + \frac{\delta f}{\delta p}\,dp + \frac{\delta f}{\delta q}\,dq$$

ist, so findet man, dass der Nenner gleich Null ist. Eine der Gleichungen (13_a) kann somit durch $df = 0$ oder $f =$ const ersetzt werden. Diese Constante muss gleich Null sein, da sonst das gefundene Integral mit der gegebenen Gleichung nicht verträglich wäre. Das System (13_a) ist somit dem System ($11'_a$) äquivalent, wenn man zu dem letzteren $f = 0$ hinzufügt.[1])

38. Ermittelung des vollständigen Integrals.[2]) — Nehmen wir für die Relation (15) die Gleichung

$$u = a + bv + cw \quad \ldots\ldots \quad (19),$$

wo a, b, c willkürliche Constanten sind, und setzen wir $b = 0$, $c = 0$, so erhalten wir:

$$u = a \quad \ldots\ldots \quad (20).$$

Diese Gleichung giebt zusammen mit

$$f(x, y, z, p, q) = 0 \quad \ldots\ldots \quad (7)$$

p und q ausgedrückt durch die willkürliche Constante a und die Variablen x, y, z. Somit führt

$$dz = pdx + qdy$$

zu einer Lösung mit zwei willkürlichen Constanten, welche das vollständige Integral ist.

Man kann zu diesem in gewissen Fällen auf eine andere Art gelangen. Man nehme an, dass in der Gleichung (16) $W = 0$ sei. Offenbar genügt man dieser, wenn man

---

1) Lagrange, Leçons, p. 386 u. ff. Lacroix, t. II, Nr. 747, p. 564. Lagrange sagt noch: Man hat

$$v = \psi(w), \quad u = \chi(w)$$

mit der Bedingung:

$$U\chi'(w) + V\psi'(w) + W = 0.$$

2) Dies ist, wenn wir Lacroix t. II, Nr. 741, p. 549, recht verstehen, eine Idee von Charpit. Lacroix t. III, p. 705 führt einige Bemerkungen von Poisson an über den Zusammenhang zwischen dem Verfahren, welches die allgemeine Lösung mittels des vollständigen Integrals giebt, und demjenigen, welches wir in der vorhergehenden Nummer auseinandergesetzt haben.

$$u = a, \quad v = b$$

setzt, und diese Relationen geben zusammen mit (7) das vollständige Integral (vgl. das Beispiel der Nr. 39).

Bemerkung. Die Lagrange'sche Methode gestattet eine zweifache Erweiterung in dem Falle, wo die Anzahl der Variablen grösser als drei ist. Man kann die Aufgabe zurückführen auf die Bestimmung eines Integrals einer (16) analogen Gleichung von der Art, dass dasselbe zu gleicher Zeit das Integral der gegebenen Gleichung ist; dies hat, wie wir im nächsten Kapitel sehen werden, Jacobi bei seiner Erweiterung der Lagrange'schen Methode gethan. Diese Methode erfordert die vollständige Integration der Gleichungen (11_a), ($11'_a$) oder (13_a). Jacobi hat jedoch noch eine andere Erweiterung der Lagrange'schen Methode gefunden, welche den Namen „Jacobi'sche Methode" verdient und sich gründet auf die vollständige Integration einer gewissen Anzahl von (13_a) analogen Gleichungssystemen. Diese Methode wird im zweiten Theile dieses Buches auseinandergesetzt werden.

§ 10. *Beispiele.*[1])

39. Beispiel für die Anwendung der Methode der Nr. 37. — Es sei

$$z = pq$$

die gegebene Gleichung. Die Hülfsgleichungen

$$\frac{dx}{q} = \frac{dy}{p} = \frac{dz}{2pq} = \frac{dp}{p}$$

führen leicht zu den Integralen:

$$u = y - p = a, \quad v = \frac{z}{p^2} = b, \quad w = x - \frac{z}{p} = c.$$

---

[1]) Das erste dieser Beispiele, welches von Lagrange mit bewunderungswerthem Scharfsinn gewählt worden ist als Anwendung der allgemeinen Methode, findet sich in den *Leçons* p. 393. Die Classification der andern verdankt man Legendre (Mémoires de l'Académie de Paris 1787: *Mémoire sur l'intégration des équations aux différences partielles,* p. 309—351; § IX, p. 337—348: *Des équations non linéaires du I. ordre*), im Auszuge wiedergegeben von Lacroix, t. II, Nr. 742—747, p. 550—564. Die besonderen Fälle, wo man die Rechnungen zu Ende führen kann, sind Lagrange, Abh. der Berl. Akad. 1772, 1774, 1785, entliehen. Jacobi (Crelle's Journal Bd. 23, S. 2) hat bemerkt, dass mehrere dieser von Lagrange behandelten Beispiele schon von Euler mittels besonderer Kunstgriffe gelöst worden waren. Auch Boole, *Treatise,* Kap. XIV, haben wir einiges entliehen. Der Kürze halber haben wir die Schlussfolgerungen von Lacroix, welche sich auf eine allgemeine Methode zur Entdeckung neuer integrabler Fälle (t. II, Nr. 745, S. 558) beziehen, sowie das Beispiel, welches er dazu giebt, nämlich:

$$p = -\frac{z}{2x} + \frac{1}{z}\varphi\left(\frac{qxz}{y}, x, z^2 - qxz\right)$$

weggelassen. Man integrirt diese Gleichung, indem man $ay = qxz$ setzt (t. II, p. 561).

Aus diesen Gleichungen erhält man:

$$y = u + p,\quad z = p^2 v,\quad x = w + pv$$

$$dy = du + dp,\quad dz = 2pvdp + p^2 dv,\quad dx = dw + pdv + vdp.$$

Die Gleichung

$$dz - pdx - qdy = 0$$

nimmt die Form an:

$$dw + vdu = 0.$$

Setzt man

$$v = \varphi(u, w),$$

so geht diese Gleichung über in:

$$dw + \varphi(u, w) du = 0,$$

und diese führt zum allgemeinen Integral.

Setzt man dagegen

$$dw = 0,\quad du = 0,$$

oder:

$$w = x - \frac{z}{p} = c,\quad u = y - p = a,$$

so findet man zwei Relationen, welche durch Elimination von p zu dem vollständigen Integrale führen:

$$(x - c)(y - a) = z.$$

Man gelangt zu dem vollständigen Integrale auch, wenn man zur Bestimmung von p die Gleichung $y - p = a$ nimmt. Man hat:

$$p = y - a,\quad q = \frac{z}{y - a}$$

$$dz = (y - a)\, dx + \frac{z}{y - a}\, dy,$$

oder:

$$\frac{dz}{y - a} - \frac{z}{(y - a)^2}\, dy = dx.$$

Das Integral dieser ist:

$$\frac{z}{y - a} = x - c$$

oder:

$$z = (y - a)(x - c).$$

40. Beispiele, welche von der Integration einer einzigen der Hülfsgleichungen abhängen. — I. Beispiele, welche von der Integration von

$$\frac{dx}{-\frac{\delta \varkappa}{\delta p}} = dy$$

abhängen. — Man kann diese Gleichung integriren, wenn man hat:

$$\frac{\delta \varkappa}{\delta p} = F(x, y),$$

d. h. wenn die gegebene Gleichung von der Form ist:

$$q = p\ F(x, y) + \varphi(x, y).$$

In diesem Falle ist:

$$dz = p(dx + Fdy) + \varphi(x, y)\, dy.$$

Hat

$$dx + Fdy = 0$$

einen Integrabilitätsfaktor v derart, dass

$$v(dx + Fdy) = du$$

ist, so ergiebt sich:

$$dz = \frac{pdu}{v} + \varphi(x, y)\, dy.$$

Nimmt man an, dass man x aus φ und v eliminirt habe dadurch, dass man diese Veränderliche durch ihren Werth in u und y ersetzt, so muss man haben:

$$\frac{d\left(\frac{p}{v}\right)}{dy} = \frac{d\varphi}{du}.$$

Hieraus folgt:

$$p = v \int \frac{d\varphi}{du}\, dy.$$

Dieser Werth von p enthält eine willkürliche Constante; der Werth von z enthält somit deren zwei und giebt das vollständige Integral.[1])

Es sei z. B.

$$xq = py + xe^{x^2+y^2}.$$

Man hat:

$$F = \frac{y}{x},\ v = 2x,\ u = x^2 + y^2,\ \varphi(x, y) = e^{x^2+y^2} = e^u,\ \frac{d\varphi}{du} = e^u,$$

$$p = 2xye^u + 2ax,\quad q = 2y^2e^u + e^u + 2ay,$$

$$dz = ye^{x^2+y^2}(2xdx + 2ydy) + e^{x^2+y^2}dy + 2axdx + 2aydy$$

$$z = ye^{x^2+y^2} + a(x^2 + y^2) + b.$$

II. **Beispiele**, welche von der Integration von

$$dy = \frac{dp}{\frac{\delta \varkappa}{\delta x} + p\frac{\delta \varkappa}{\delta z}}$$

---

[1]) Lagrange, Abh. der Berl. Akad. 1772. Oeuvres t. III, 5. Fall. p. 562.

abhängen. — Man kann diese Gleichung integriren, wenn man hat:

$$\frac{dp}{dy} = \frac{\delta \varkappa}{\delta x} + p \frac{\delta \varkappa}{\delta z} = F(p, y).$$

Diese lineare partielle Differentialgleichung giebt für $\varkappa$ oder q den folgenden Werth:

$$q = xF(p, y) + \varphi(p, y, z - px).$$

Man erhält hieraus:

$$dz = pdx + xF(p, y)\,dy + \varphi(p, y, z - px)\,dy.$$

Setzt man

$$dp - F(p, y)\,dy = 0,$$

wodurch p und $z - px = u$ bestimmt werden, so geht die vorstehende Gleichung über in:

$$du = \varphi(p, y, u)\,dy,$$

aus welcher man p wird eliminiren können.[1])

Als besondere Fälle erwähnen wir:

1) denjenigen, wo

$$F(p, y) = \psi'(y)$$

ist; dann ist:

$$p = \psi(y),$$
$$du = \varphi[\psi(y), y, u]\,dy;$$

2) denjenigen, wo

$$F = 0$$

ist; alsdann ist:

$$q = \varphi(p, y, z - px),$$

oder:

$$z = px + f(p, y, q).$$

In diesem Falle hat man:

$$z = ax + u,$$
$$du = \psi(a, y, u)\,dy.$$

3) Endlich kann man als noch specielleren Fall die beiden Gleichungen betrachten:

$$q = \psi(p, y),$$
$$q = \Psi(p),$$

welche weiter oben behandelt worden sind (Nr. 34, I. S. 70).

Im Uebrigen haben wir früher die allgemeinste derjenigen Gleichungen untersucht, mit denen wir uns hier beschäftigen (Nr. 21).

---

1) Lagrange, Abh. der Berl. Akad. 1774. Oeuvres t. IV, Nr. 54, p. 85.

III. Beispiele, welche von der Integration von

$$\frac{dx}{\frac{\delta \varkappa}{\delta p}} = \frac{-dp}{\frac{\delta \varkappa}{\delta x} + p\frac{\delta \varkappa}{\delta z}}$$

abhängen. — Wir setzen:

$$\frac{dp}{dx} = F(x, p)$$

oder:

$$\frac{\delta \varkappa}{\delta x} + p\frac{\delta \varkappa}{\delta z} + \frac{\delta \varkappa}{\delta p} F(x, p) = 0.$$

Um den Werth von $\varkappa$ oder q, welcher dieser linearen Gleichung genügt, zu finden, müssen wir das Hülfssystem integriren:

$$\frac{dx}{1} = \frac{dy}{0} = \frac{dz}{p} = \frac{dp}{F(x, p)} = \frac{dq}{0}.$$

Es sei $T = a$ das Integral von $dp = F(x, p)\,dx$; daraus möge sich ergeben $p = \pi(x, a)$; dann hat man:

$$dz = \pi(x, a)\,dx, \quad z - \int \pi(x, a)\,dx = b.$$

Die andern Integrale sind $q = c$, $y = d$. Mithin hat die lineare Gleichung, welche q giebt, zum Integral:

$$q = \varphi(y, T, z - \int \pi(x, a)\,dx).$$

Die Relation $dz = pdx + qdy$ geht über in:

$$dz = pdx + \varphi(y, T, z - \int \pi(x, a)\,dx)\,dy.$$

Setzt man $p = \pi(x, a)$ und ist

$$z = \int \pi(x, a)\,dx + v,$$

so wird

$$dz = pdx + dv = pdx + \varphi(y, a, v)\,dy,$$

und hat man nur noch v durch die Gleichung zu bestimmen:

$$dv = \varphi(y, a, v)\,dy.$$

Bemerkung. Es ist ersichtlich, dass sich dieser Fall im Grunde nicht von dem vorhergehenden unterscheidet, da die x und die y in den partiellen Differentialgleichungen die nämliche Rolle spielen. Wir begnügen uns daher, ein specielles aus Lacroix[1]) entlehntes Beispiel anzuführen. Die Gleichung

$$q = (z + px)^2$$

hat zum Integral:

$$z + \frac{a}{x} + \frac{1}{y + b} = 0.$$

[1]) Tome II, Nr. 741, p. 549.

IV. Beispiele, welche abhängen von der Integration von

$$\frac{dz}{\varkappa - p\frac{\delta\varkappa}{\delta p}} = \frac{dp}{\frac{\delta\varkappa}{\delta x} + p\frac{\delta\varkappa}{\delta z}}.$$

Wir setzen, um diese Gleichung integrabel zu machen:

$$\frac{\delta\varkappa}{\delta x} + p\frac{\delta\varkappa}{\delta z} = F(z, p)\left(\varkappa - p\frac{\delta\varkappa}{\delta p}\right).$$

Diese partielle Differentialgleichung hat als entsprechendes System simultaner Gleichungen:

$$\frac{dx}{1} = \frac{dy}{0} = \frac{dz}{p} = \frac{dp}{pF(z,p)} = \frac{d\varkappa}{\varkappa F(z,p)}.$$

Es sei $T = b$ das Integral von $dp = F(z, p)\,dz$ und es sei ferner $p = \pi(z, b)$ der Werth von p, welcher sich daraus ergiebt. Dann sind die andern Integrale des Hülfssystems:

$$\varkappa = pa, \quad x - \int\frac{dz}{\pi(z,b)} = c, \quad y = d.$$

Die Gleichung für $\varkappa$ führt somit zu dem Integral:

$$q = p\varphi\left(y, T, x - \int\frac{dz}{\pi(z,b)}\right).$$

Die Gleichungen von dieser Form geben für dz den Werth:

$$dz = p\left[dx + \varphi\left(y, T, x - \int\frac{dz}{\pi(z,b)}\right)dy\right].$$

Setzt man:

$$p = \pi(z, b), \quad x = \int\frac{dz}{\pi(z,b)} + v,$$

so wird:

$$dz = \pi(z,b)\left[\frac{dz}{\pi(z,b)} + dv + \varphi(y, b, v)\,dy\right],$$

und diese Gleichung reducirt sich auf die integrable Gleichung:

$$dv + \varphi(y, b, v)\,dy = 0.$$

Ein besonderer Fall ist der, wo

$$q = \varkappa(p, z)$$

ist. Man hat alsdann:

$$dz = p\,dx + \varkappa(p, z)\,dy.$$

Die Integrabilitätsbedingung ist, wenn man p als Funktion von z allein, z. B. $p = \pi(z)$, annimmt:

$$\frac{\delta p}{\delta z}\varkappa(p, z) - \left(\frac{\delta\varkappa}{\delta z} - \frac{\delta\varkappa}{\delta p}\frac{\delta p}{\delta z}\right)p = 0,$$

oder:

$$qdp = pdq.$$

Mithin:

$$q = ap \text{ oder } \varkappa(p, z) = ap.$$

Aus dieser Gleichung leitet man den Werth von $\pi(z)$ her. Ist dies geschehen, so führt die Gleichung $p = \pi(z)$ zu dem Werthe von x:

$$x = \int \frac{dz}{\pi(z)} + \psi(y).$$

Andrerseits giebt die Gleichung $q = a\pi(z)$:

$$ay = \int \frac{dz}{\pi(z)} + \chi(x).$$

Damit diese beiden Relationen identisch seien, muss

$$\psi(y) = -ay + b, \quad \chi(x) = -x + b$$

sein. Somit ist schliesslich das vollständige Integral:

$$x + ay - b = \int \frac{dz}{\pi(z)}.$$

Diese scharfsinnige Auflösung rührt von Lagrange her.[1])

Geometrische Anwendung. Die Gleichung einer Fläche zu finden, bei welcher die Länge der Normale, gerechnet bis zur xy-Ebene, gleich 1 ist.

Die Gleichung, zu welcher die Aufgabe führt, ist:

$$z^2(1 + p^2 + q^2) = 1.$$

Setzt man:

$$p = \pi(z), \quad q = a\pi(z),$$

so erhält man:

$$\pi(z) = \frac{\sqrt{1 - z^2}}{z} \frac{1}{\sqrt{1 + a^2}}.$$

Die Lösung ist also:

$$x + ay = b - \sqrt{1 + a^2}\sqrt{1 - z^2}$$

oder:

$$(x + ay - b)^2 = (1 + a^2)(1 - z^2).$$

Es ist dies die Gleichung eines Rotationscylinders, dessen Achse dargestellt wird durch die Gleichungen:

$$z = 0, \quad x + ay - b = 0.$$

Als singuläre Lösung findet man der allgemeinen Regel gemäss:

$$z = \pm 1.$$

---

[1]) Abh. d. Berl. Akad., 1772, Oeuvres, t. III, 7. Fall, p. 566; Abh. d. Berl. Akad. 1774, Oeuvres, t. IV, Nr. 51, p. 81.

Durch ein anderes Verfahren gelangt man zu einem vollständigen Integral, welches die Kugelfläche darstellt. Aus der gegebenen Gleichung findet man:

$$q = \frac{\sqrt{1 - z^2 - p^2 z^2}}{z}.$$

Somit:

$$2zdz = 2zpdx + 2(1 - z^2 - p^2 z^2)^{1/2} dy.$$

Die linke Seite ist ein exactes Differential; dasselbe würde der Fall sein mit dem ersten Gliede der rechten Seite, wenn man $pz = a - x$ setzte. Unter dieser Annahme sei

$$z^2 + (a - x)^2 = v.$$

Dann wird:

$$2(1 - v)^{1/2} dy = dv$$

oder:

$$1 - v = (y - b)^2.$$

Somit schliesslich:

$$z^2 + (x - a)^2 + (y - b)^2 = 1.$$

Bemerkung. Bei den verschiedenen Beispielen, die wir soeben behandelt haben, haben wir stets die Methode der Nr. 38 angewendet, welche darin besteht, dass man den Werth von p aus der Lösung $u = a$ von einer der Hülfsgleichungen herleitet. Wir wussten von vornherein, dass es uns auf diese Weise gelingen muss, $dz = pdx + qdy$ integrabel zu machen. Wir haben uns nachträglich überzeugt, dass dem in der That so ist.

41. Einige Beispiele, welche von der Integration von zweien der Hülfsgleichungen abhängen. — I. Betrachten wir die Hülfsgleichungen:

$$\frac{dx}{-\frac{\delta \varkappa}{\delta p}} = \frac{dy}{1} = \frac{dp}{\frac{\delta \varkappa}{\delta x} + p\frac{\delta \varkappa}{\delta z}}.$$

Diese Gleichungen sind integrabel, wenn

$$\frac{\delta \varkappa}{\delta p} \text{ und } \frac{\delta \varkappa}{\delta x} + p\frac{\delta \varkappa}{\delta z}$$

Funktionen von x, y und p allein sind. Es genügt dazu, dass z in q nur in erster Potenz vorkommt und zwar multiplicirt mit einer Funktion von y allein, oder mit andern Worten, dass

$$q = F(x, y, p) + z\varphi(y)$$

sei.

Als besonderen Fall kann man den anführen, wo

$$\varphi(y) = 0$$

ist. Man hat alsdann eine Gleichung, welche z nicht mehr enthält, und man kann darauf die Methode der Nr. 35 anwenden. Z. B. giebt die Gleichung

$$px + qy = pq$$

auf diese Weise:

$$p = y + \frac{x}{b}, \quad q = x + by, \quad 2b(z - a) = (x + by)^2.$$

Lagrange behandelt mittels besonderen Kunstgriffs die Gleichung:[1])

$$q = f\left(p, \frac{x}{y}\right).$$

Er setzt:

$$x = yu, \quad p = \varphi(u),$$

woraus folgt:

$$dx = ydu + udy, \quad q = f[\varphi(u), u]$$

$$dz = y\varphi(u)du + \{f[\varphi(u), u] + u\varphi(u)\}\,dy,$$

und bestimmt φ durch die Gleichung

$$b + \int\varphi(u)du = f[\varphi(u), u] + u\varphi(u),$$

wonach sich ergiebt:

$$z = a + by + y\int\varphi(u)du.$$

II. Die Hülfsgleichungen

$$\frac{dx}{-\frac{\delta\varkappa}{\delta p}} = \frac{dz}{\varkappa - p\frac{\delta\varkappa}{\delta p}} = \frac{dp}{\frac{\delta\varkappa}{\delta x} + p\frac{\delta\varkappa}{\delta z}}$$

$$dy = \frac{dz}{\varkappa - p\frac{\delta\varkappa}{\delta p}} = \frac{dp}{\frac{\delta\varkappa}{\delta x} + p\frac{\delta\varkappa}{\delta z}}$$

führen ebenso zur Integration der partiellen Differentialgleichungen von der Form:

$$q = F(y, z, p) + px\varphi(y)$$

$$q = \varphi(y)\;F(x, z, p)$$

oder erleichtern dieselbe wenigstens erheblich.

---

[1]) Lagrange, Abh. d. Berl. Akad. 1772, Oeuvres, t. III, 6. Fall, p. 564. Mit diesem Beispiele schliesst die Untersuchung der besonderen von dem geschickten Turiner Gelehrten behandelten Fälle.

3. Kapitel.

Ausdehnung der Lagrange'schen Methode auf partielle Differentialgleichungen mit beliebig vielen Variablen.[1])

§ 11. *Theorie.*

42. Zurückführung der Aufgabe auf die Integration eines Systems von simultanen Differentialgleichungen. — Die gegebene Gleichung sei:

$$f(z, x_1, x_2, \ldots, x_n, p_1, p_2, \ldots, p_n) = 0 \quad . \quad . \quad . \quad . \quad . \quad (1).$$

Kennt man eine Lösung derselben, so machen die daraus sich ergebenden Werthe von $p_1, p_2, \ldots, p_n$, ausgedrückt durch $z, x_1, x_2, \ldots, x_n$, die Gleichung

$$dz = p_1 dx_1 + p_2 dx_2 + \cdots + p_n dx_n \quad . \quad . \quad . \quad . \quad (2)$$

integrabel. Infolge dessen hat man:

---

[1]) Diese Ausdehnung der Lagrange'schen Methode, welche von Charpit vergebens versucht wurde (vgl. Lacroix, t. II, Nr. 748, p. 567—572) wurde von Jacobi in der kleinen Abhandlung: „Über die Integration etc." (Crelle's Journ., Bd. 2, S. 317—329) ausgeführt. Die Rechnungen sind dieselben, wie bei der Methode von Pfaff, nur sind dieselben in der umgekehrten Reihenfolge ausgeführt. Bei der Methode von Lagrange und Jacobi führt man die Integration der partiellen nicht linearen Gleichungen auf diejenige der linearen partiellen Differentialgleichungen oder auf diejenige der entsprechenden simultanen Differentialgleichungen zurück. Dies ist die Grundidee, die übrigens, wie wir in Nr. 37 gesehen haben, zu einer Änderung der Veränderlichen führt. Bei der Methode von Pfaff ist dagegen die Änderung der Variablen der Grundgedanke; dieselbe führt schliesslich zu den erwähnten simultanen Differentialgleichungen. Wie man sieht, ist die Arbeit von Jacobi, die wir in diesem Kapitel analysiren, in hervorragendem Masse geeignet, den Zusammenhang zu zeigen, welcher zwischen der Methode von Lagrange und derjenigen von Pfaff besteht. Aus diesem Grunde setzen wir sie an diese Stelle, obwohl dieselbe absolut keinen Einfluss auf die Entwickelung der Wissenschaft gehabt hat.

A. Meyer hat in der Schrift: *Mémoire sur l'intégration de l'équation générale aux différences partielles du premier ordre d'un nombre quelconque de variables*

$$\frac{dp_i}{dx_k} = \frac{dp_k}{dx_i} \quad \ldots\ldots\ldots\ldots \quad (3)$$

oder:

$$\frac{\delta p_i}{\delta x_k} + \frac{\delta p_i}{\delta z} p_k = \frac{\delta p_k}{\delta x_i} + \frac{\delta p_k}{\delta z} p_i.$$

Substituirt man in (1) die in Rede stehenden Werthe von $p_1, \ldots, p_n$ und ersetzt man ferner z durch seinen Werth, so wird die Gleichung (1) eine Identität, aus der man durch Differentiation erhält:

$$-\frac{\delta f}{\delta x_1} - \frac{\delta f}{\delta z} p_1 = \frac{\delta f}{\delta p_1} \frac{dp_1}{dx_1} + \cdots + \frac{\delta f}{\delta p_n} \frac{dp_n}{dx_1} \quad \ldots \quad (4_1)$$

$$-\frac{\delta f}{\delta x_2} - \frac{\delta f}{\delta z} p_2 = \frac{\delta f}{\delta p_1} \frac{dp_1}{dx_2} + \cdots + \frac{\delta f}{\delta p_n} \frac{dp_n}{dx_2} \quad \ldots \quad (4_2)$$

$$\ldots\ldots\ldots\ldots\ldots\ldots\ldots\ldots$$

$$-\frac{\delta f}{\delta x_n} - \frac{\delta f}{\delta z} p_n = \frac{\delta f}{\delta p_1} \frac{dp_1}{dx_n} + \cdots + \frac{\delta f}{\delta p_n} \frac{dp_n}{dx_n} \quad \ldots \quad (4_n).$$

Wir setzen:

$$P_1 = -\frac{\delta f}{\delta x_1} - \frac{\delta f}{\delta z} p_1, \ldots, P_n = -\frac{\delta f}{\delta x_n} - \frac{\delta f}{\delta z} p_n \quad . \quad (5)$$

$$P = p_1 \frac{\delta f}{\delta p_1} + \cdots + p_n \frac{\delta f}{\delta p_n} \quad \ldots\ldots \quad (6).$$

Führt man die Bedingungen (3) in die Gleichungen (4) ein und fügt man zu den letzteren noch eine von (6) nicht verschiedene identische Gleichung hinzu, so gelangt man zu dem folgenden System von Gleichungen, denen die aus einer beliebigen Lösung von (1) abgeleiteten Werthe von $z, p_1, \ldots, p_n$ genügen müssen:

(Mém. de l'Acad. de Belgique, t. XXVII, 3. pagination, p. 1—24) die Arbeit von Jacobi, die wir hier analysiren, ohne einen wesentlichen Zusatz zu machen, reproducirt.

Wir führen noch in Bezug auf den in diesem Kapitel und zum Theil im folgenden behandelten Gegenstand an: Boltzmann, Zur Integration der partiellen Differentialgleichungen erster Ordnung (Wiener Berichte, 1875, LXXII, 2. Abth., 471—483); Bertrand, *Sur la première méthode de Jacobi pour l'intégration des équations aux dérivées partielles du premier ordre* (C. R. 1876, LXXXII, p. 641—647).

Bei Gelegenheit der in diesem Kapitel auseinandergesetzten Methoden, sowie der Methoden von Pfaff und Cauchy ist eine wenig bekannte Arbeit zu erwähnen, deren Mittheilung wir dem Herrn Professor Padova verdanken: Sulla integrazione delle equazioni a derivate parziali del 1° O. Memoria del Prof. Giov. Maria Lavagna. Dieselbe ist publicirt in den Atti dell 'Accademia Geoenia, in Catane; ein Auszug aus dieser Abhandlung erschien im Jahre 1846 in den Atti della settima riunione degli scienziati italiani tenuta in Napoli, nel 1845. (Lavagna wurde geboren zu Livorno im Jahre 1812; er starb zu Pisa, wo er Professor der Mechanik des Himmels war, im Jahre 1870). Wir hoffen in Kurzem diese Originaluntersuchung an anderer Stelle zu analysiren.

$$P_1 = \frac{\delta f}{\delta p_1}\frac{dp_1}{dx_1} + \frac{\delta f}{\delta p_2}\frac{dp_1}{dx_2} + \cdots + \frac{\delta f}{\delta p_n}\frac{dp_1}{dx_n} \quad . \; . \quad (7_1)$$

$$P_2 = \frac{\delta f}{\delta p_1}\frac{dp_2}{dx_1} + \frac{\delta f}{\delta p_2}\frac{dp_2}{dx_2} + \cdots + \frac{\delta f}{\delta p_n}\frac{dp_2}{dx_n} \quad . \; . \quad (7_2)$$

. . . .

$$P_n = \frac{\delta f}{\delta p_1}\frac{dp_n}{dx_1} + \frac{\delta f}{\delta p_2}\frac{dp_n}{dx_2} + \cdots + \frac{\delta f}{\delta p_n}\frac{dp_n}{dx_n} \quad . \; . \quad (7_n)$$

$$P = \frac{\delta f}{\delta p_1}\frac{dz}{dx_1} + \frac{\delta f}{\delta p_2}\frac{dz}{dx_2} + \cdots + \frac{\delta f}{\delta p_n}\frac{dz}{dx_n} \quad . \; . \; . \quad (7_{n+1}).$$

Es ist wesentlich zu bemerken, dass, wenn sich auch die Gleichungen (7) aus den Gleichungen (4) und (3) ableiten lassen, man doch nicht umgekehrt die Gleichungen (3) aus (4) und (7) herleiten kann. Man kann somit aus der vorstehenden Analyse folgern, dass die Werthe von $p_1, p_2, \ldots, p_n, z$, als Functionen von $x_1, x_2, \ldots, x_n$ ausgedrückt, welche den Gleichungen (7) genügen, die Lösungen der Gleichung (1) enthalten; aber das Umgekehrte ist im Allgemeinen nicht richtig: die Lösungen des Systems (7) brauchen der Gleichung (1) nicht zu genügen.

Es folgt hieraus, dass man unter den Lösungen des Systems (7) diejenigen heraussuchen muss, welche der Gleichung (1) genügen. Die Integration des Systems (7) kommt dem § 7 (vgl. besonders die Nr. 32) zufolge zurück auf diejenige des Systems:

$$\frac{dx_1}{\frac{\delta f}{\delta p_1}} = \cdots = \frac{dx_n}{\frac{\delta f}{\delta p_n}} = \frac{dz}{P} = \frac{dp_1}{P_1} = \cdots = \frac{dp_n}{P_n} \quad . \; . \quad (7_a).$$

Da

$$\frac{\delta f}{\delta x_1}\frac{\delta f}{\delta p_1} + \cdots + \frac{\delta f}{\delta x_n}\frac{\delta f}{\delta p_n} + P\frac{\delta f}{\delta z} + P_1\frac{\delta f}{\delta p_1} + \cdots + P_n\frac{\delta f}{\delta p_n} = 0$$

ist, so sind die Verhältnisse, welche in den Gleichungen (7_a) vorkommen, gleich

$$\frac{df}{0},$$

oder mit andern Worten, es kann eine jener Gleichungen durch $df = 0$ ersetzt werden. Es folgt daraus, dass das eine der Integrale des Systems (7_a) $f = c_{2n}$ oder, wie wir schreiben wollen, $f_{2n} = c_{2n}$ ist. Das Integralsystem der Gleichungen (7_a) kann somit dargestellt werden durch:

$$f_1 = c_1, \; f_2 = c_2, \ldots, f_{2n-1} = c_{2n-1}, \; f_{2n} = c_{2n},$$

wo die f Functionen von $z, x_1, x_2, \ldots, x_n, p_1, p_2, \ldots, p_n$ und die c Constanten bezeichnen.

Das System (7) hat zur Lösung $n + 1$ Relationen von der Form:

$$F(f_1, f_2, \ldots, f_{2n}) = 0.$$

Es bleibt also nur übrig, die Form der Functionen F derart zu specialisiren, dass sie die Lösung von (1) geben.

43. Änderung der Variablen. — Wir setzen, wie im Falle der Gleichungen mit drei Veränderlichen,

$$f = 0,\ f_1 = u_1,\ f_2 = u_2, \ldots, f_{2n-1} = u_{2n-1} \quad . \quad . \quad (8)$$

und leiten aus diesen $2n$ Gleichungen die Werthe der Variablen

$$x_1, \ldots, x_n, p_1, \ldots, p_n$$

als Functionen von

$$u_1, u_2, \ldots, u_{2n-1}, z$$

her. Führt man diese Variablen in die Gleichung

$$dz = p_1 dx_1 + \cdots + p_n dx_n \quad . \quad . \quad . \quad . \quad . \quad . \quad (2)$$

ein, so geht dieselbe über in:

$$dz = Z dz + U_1 du_1 + U_2 du_2 + \cdots + U_{2n-1} du_{2n-1} . \quad . \quad (9)$$

Man kann nun leicht beweisen, dass $Z = 1$ ist und dass die Gleichung (9) z nicht mehr enthält. Man erhält nämlich aus den n ersten Gleichungen (7_a):

$$dz = p_1 dx_1 + p_2 dx_2 + \cdots + p_n dx_n \quad . \quad . \quad . \quad (10).$$

Diese Gleichung (10) kann somit die eine der Gleichungen (7) ersetzen und dasselbe ist der Fall mit der Gleichung (9), welche (10) äquivalent ist. Nun haben aber die Gleichungen (7_a) zur Lösung:

$$u_1 = c_1,\ u_2 = c_2, \ldots, u_{2n-1} = c_{2n-1},$$

und diese geben:

$$du_1 = 0,\ du_2 = 0, \ldots, du_{2n-1} = 0$$

und verwandeln somit die Gleichung (9) in $Z = 1$. Folglich ist

$$F(u_1, u_2, \ldots, u_{2n-1}) = 0 \quad . \quad . \quad . \quad . \quad . \quad . \quad (11)$$

eine Lösung der Gleichungen (7_a) und somit der Gleichung (9) oder der Gleichung:

$$U_1 du_1 + U_2 du_2 + \cdots + U_{2n-1} du_{2n-1} = 0 \quad . \quad . \quad (9').$$

Diese kann daher nicht mehr die Variable z enthalten, da dieselbe nicht mehr in (11) vorkommt.

Man kann die vorhergehenden Bemerkungen auch durch eine direkte Rechnung beweisen. Man hat:

$$Z = p_1 \frac{dx_1}{dz} + p_2 \frac{dx_2}{dz} + \cdots + p_n \frac{dx_n}{dz},$$

wenn die Werthe von

$$\frac{dx_1}{dz}, \frac{dx_2}{dz}, \ldots, \frac{dx_n}{dz}$$

aus den den Gleichungen (7_a) genügenden Relationen (8) hergeleitet werden. Somit:

$$\frac{dx_1}{dz} = \frac{1}{P}\frac{\delta f}{\delta p_1}, \frac{dx_2}{dz} = \frac{1}{P}\frac{\delta f}{\delta p_2}, \ldots, \frac{dx_n}{dz} = \frac{1}{P}\frac{\delta f}{\delta p_n}.$$

Mithin ist nach (6):

$$Z = \frac{1}{P}\left\{p_1\frac{\delta f}{\delta p_1} + p_2\frac{\delta f}{\delta p_2} + \cdots + p_n\frac{\delta f}{\delta p_n}\right\} = 1.$$

Berechnen wir nun einen der Coefficienten U. Für irgend einen dieser Coefficienten hat man:

$$U = p_1\frac{dx_1}{du} + p_2\frac{dx_2}{du} + \cdots + p_n\frac{dx_n}{du}.$$

Die Ableitung von U nach z ist:

$$\frac{dU}{dz} = \sum_1^n\left(\frac{dp_i}{dz}\frac{dx_i}{du} + p_i\frac{d^2x_i}{dzdu}\right).$$

Diese Gleichung kann man mit Hülfe der Relation

$$p_i\frac{d^2x_i}{dzdu} = \frac{d}{du}\left(p_i\frac{dx_i}{dz}\right) - \frac{dp_i}{du}\frac{dx_i}{dz}$$

transformiren und erhält auf diese Weise:

$$\frac{dU}{dz} = \sum_1^n\left(\frac{dp_i}{dz}\frac{dx_i}{du} - \frac{dp_i}{du}\frac{dx_i}{dz}\right) + \frac{d}{du}\sum_1^n p_i\frac{dx_i}{dz},$$

oder:

$$\frac{dU}{dz} = \sum_1^n\left(\frac{dp_i}{dz}\frac{dx_i}{du} - \frac{dp_i}{du}\frac{dx_i}{dz}\right),$$

da

$$\sum_1^n p_i\frac{dx_i}{dz} = Z = 1$$

ist. Man kann nun in $\frac{dU}{dz}$ die Grössen

$$\frac{dp_i}{dz}, \frac{dx_i}{dz}$$

ersetzen durch ihre aus den Relationen (8) oder (7_a) abgeleiteten Werthe. Man hat:

$$\frac{dp_i}{dz} = \frac{P_i}{P}, \quad \frac{dx_i}{dz} = \frac{1}{P}\frac{\delta f}{\delta p_i},$$

somit:

$$\frac{dU}{dz} = \frac{1}{P}\sum_1^n\left(P_i\frac{dx_i}{du} - \frac{\delta f}{\delta p_i}\frac{dp_i}{du}\right),$$

oder, wenn man P_i durch seinen Werth ersetzt:

$$\frac{dU}{dz} = \frac{1}{P} \sum_1^n \left(- \frac{\delta f}{\delta x_i} \frac{dx_i}{du} - \frac{\delta f}{\delta p_i} \frac{dp_i}{du} \right) - \frac{1}{P} \frac{\delta f}{\delta z} \sum_1^n p_i \frac{dx_i}{du}.$$

Die erste Summe ist die Ableitung nach u von dem Ausdruck f, welcher identisch Null ist, die zweite ist gleich U. Somit:

$$\frac{\frac{dU}{dz}}{U} = - \frac{\frac{\delta f}{\delta z}}{P}$$

oder auch:

$$U = Ce^{-\int \frac{\delta f}{\delta z} \frac{dz}{P}},$$

wo C eine Funktion der übrigen Variablen ausser von z, nämlich von $u_1, u_2, \ldots, u_{2n-1}$ ist.

Hieraus folgt, dass man die Gleichung (9') durch

$$e^{-\int \frac{\delta f}{\delta z} \frac{dz}{P}}$$

dividiren kann. Dieselbe geht somit über in:

$$C_1 du_1 + C_2 du_2 + \cdots + C_{2n-1} du_{2n-1} = 0 \quad . \quad . \quad (12).$$

Pfaff hat eine allgemeine Methode gefunden, um die Gleichungen von dieser Form zu integriren. Wir werden dieselbe später darlegen, zuvor wollen wir aber an einem speciellen Beispiele den Nutzen der vorhergehenden Transformationen zeigen. Dieselben genügen in der That in vielen Fällen zur Bestimmung des Integrals der partiellen Differentialgleichungen erster Ordnung, weil man oft die Gleichung (12) zu integriren vermag, ohne die Methode von Pfaff zu Hülfe zu nehmen.

§ 12. Anwendung auf die Integration der Schläfli'schen Gleichung:

$$a_1(x_2p_3 - x_3p_2)^2 + a_2(x_3p_1 - x_1p_3)^2 + a_3(x_1p_2 - x_2p_1)^2 = 1.^{1)}$$

44. Integration des Systems von simultanen Differentialgleichungen, zu welchem die Aufgabe führt. — I. Wir setzen:

$$s_1 = x_2p_3 - x_3p_2, \quad s_2 = x_3p_1 - x_1p_3, \quad s_3 = x_1p_2 - x_2p_1.$$

Dann kann die Gleichung geschrieben werden:

$$f = \begin{vmatrix} a_1s_1, & a_2s_2, & a_3s_3 \\ x_1, & x_2, & x_3 \\ p_1, & p_2, & p_3 \end{vmatrix} - 1 = 0 \quad . \quad . \quad . \quad . \quad (1)$$

---

[1]) Schläfli, Sopra una equazione a differenziali parziale del primo ordine (Annali di matematica pura ed applicata, serie 2, t. II, S. 89—96).

Die ersten Unterdeterminanten der vorstehenden Determinante können dargestellt werden in dem folgenden Tableau:

$$\begin{Bmatrix} s_1, & s_2, & s_3 \\ \xi_1, & \xi_2, & \xi_3 \\ \pi_1, & \pi_2, & \pi_3 \end{Bmatrix}$$

und zwar hat man:

$$\frac{1}{2}\frac{\delta f}{\delta x_1} = -p_3 a_2 s_2 + p_2 a_3 s_3 = \xi_1; \quad \frac{1}{2}\frac{\delta f}{\delta x_2} = \xi_2; \quad \frac{1}{2}\frac{\delta f}{\delta x_3} = \xi_3.$$

$$\frac{1}{2}\frac{\delta f}{\delta p_1} = x_3 a_2 s_2 - x_2 a_3 s_3 = \pi_1; \quad \frac{1}{2}\frac{\delta f}{\delta p_2} = \pi_2; \quad \frac{1}{2}\frac{\delta f}{\delta p_3} = \pi_3.$$

Mithin ist schliesslich das zu integrirende Hülfssystem:

$$\frac{dx_1}{\pi_1} = \frac{dx_2}{\pi_2} = \frac{dx_3}{\pi_3} = \frac{dz}{1} = \frac{-dp_1}{\xi_1} = \frac{-dp_2}{\xi_2} = \frac{-dp_3}{\xi_3} \quad . \quad (2).$$

II. Den Eigenschaften der Determinanten zufolge hat man:

$$\pi_1 x_1 + \pi_2 x_2 + \pi_3 x_3 = 0, \quad p_1\xi_1 + p_2\xi_2 + p_3\xi_3 = 0$$

$$\xi_1 x_1 + \xi_2 x_2 + \xi_3 x_3 = 1, \quad p_1\pi_1 + p_2\pi_2 + p_3\pi_3 = 1.$$

Mithin kann man aus den Differentialgleichungen herleiten:

$$x_1 dx_1 + x_2 dx_2 + x_3 dx_3 = 0, \quad p_1 dp_1 + p_2 dp_2 + p_3 dp_3 = 0.$$

$$p_1 dx_1 + p_2 dx_2 + p_3 dx_3 = dz = -(x_1 dp_1 + x_2 dp_2 + x_3 dp_3).$$

Die letzte Relation giebt ferner:

$$d(x_1 p_1 + x_2 p_2 + x_3 p_3) = 0.$$

Man erhält hieraus, wenn man beachtet, dass

$$(x_1^2 + x_2^2 + x_3^2)(p_1^2 + p_2^2 + p_3^2) - (x_1 p_1 + x_2 p_2 + x_3 p_3)^2 = s_1^2 + s_2^2 + s_3^2 \quad (3)$$

ist, drei Integrale, welche in den folgenden Gleichungen enthalten sind:

$$x_1^2 + x_2^2 + x_3^2 = m^2, \quad s_1^2 + s_2^2 + s_3^2 = N^2 \quad . \quad (4_1), (4_2)$$

$$p_1^2 + p_2^2 + p_3^2 = \frac{N^2}{m^2 \sin^2 \varepsilon}, \quad x_1 p_1 + x_2 p_2 + x_3 p_3 = N \cot \varepsilon \quad (4_3), (4_4),$$

zu denen man noch die gegebene Gleichung

$$a_1 s_1^2 + a_2 s_2^2 + a_3 s_3^2 = 1 \quad . \; . \; . \; . \; . \; . \quad (1)$$

hinzufügen muss. Dabei sind N, m, ε willkürliche Constanten.

III. Man hat ferner:

$$ds_1 = x_2 dp_3 + p_3 dx_2 - x_3 dp_2 - p_2 dx_3 = (-x_2\xi_3 + p_3\pi_2 + x_3\xi_2 - p_2\pi_3)dz.$$

Nach den Eigenschaften der Determinanten ist aber:

$$a_2 s_2 s_3 + x_2 \xi_3 + p_2 \pi_3 = 0,$$
$$a_3 s_3 s_2 + x_3 \xi_2 + p_3 \pi_2 = 0;$$

mithin:

$$(a_2 - a_3)\, s_2 s_3 = - x_2 \xi_3 - p_2 \pi_3 + x_3 \xi_2 + p_3 \pi_2,$$

und somit:

$$ds_1 = (a_2 - a_3)\, s_2 s_3 dz.$$

Ebenso:

$$ds_2 = (a_3 - a_1)\, s_3 s_1 dz,$$
$$ds_3 = (a_1 - a_2)\, s_1 s_2\, dz.$$

Von diesen Gleichungen ist nur eine einzige von den vorhergehenden verschieden, denn man erhält aus ihnen:

$$s_1 ds_1 + s_2 ds_2 + s_3 ds_3 = 0$$
$$a_1 s_1 ds_1 + a_2 s_2 ds_2 + a_3 s_3 ds_3 = 0,$$

die zu den Relationen (1) und (4_2) führen. Wir setzen:

$$du = 2 s_1 s_2 s_3 dz,$$

dann haben wir:

$$2s_1 ds_1 = (a_2 - a_3)\, du, \quad 2s_2 ds_2 = (a_3 - a_1)\, du, \quad 2s_3 ds_3 = (a_1 - a_2)\, du,$$

oder, indem wir zur Abkürzung

$$a_2 - a_3 = b_1, \quad a_3 - a_1 = b_2, \quad a_1 - a_2 = b_3$$

setzen und integriren:

$$s_1^2 = b_1 u + A_1$$
$$s_2^2 = b_2 u + A_2$$
$$s_3^2 = b_3 u + A_3.$$

Die Constanten A_1, A_2, A_3 sind den Relationen (1) und (4_2) zufolge an die Bedingungen gebunden:

$$a_1 A_1 + a_2 A_2 + a_3 A_3 = 1$$
$$A_1 + A_2 + A_3 = N.$$

Ferner kann man A_1 als eine absolute Constante annehmen, da u eine Variable ist, die wir willkürlich wählen[1]). Die zwischen u und z bestehende Relation ergiebt somit:

$$z = k + \tfrac{1}{2} \int_0^u \frac{du}{\sqrt{(A_1 + b_1 u)(A_2 + b_2 u)(A_3 + b_3 u)}}.$$

---

[1]) Wir haben vergeblich versucht, A_1 willkürlich zu lassen und die Lösung von Nr. 45 ebenso symmetrisch zu gestalten wie die der Nr. 44.

IV. Wir suchen nun ein letztes Integral. Es ist:

$$p_1 dx_1 - x_1 dp_1 = (p_1 \pi_1 + x_1 \xi_1)\, dz = (1 - a_1 s_1^2)\, dz = (a_2 s_2^2 + a_3 s_3^2)\, dz,$$

$$p_2 dx_2 - x_2 dp_2 = (p_2 \pi_2 + x_2 \xi_2)\, dz = (1 - a_2 s_2^2)\, dz = (a_3 s_3^2 + a_1 s_1^2)\, dz,$$

$$p_3 dx_3 - x_3 dp_3 = (p_3 \pi_3 + x_3 \xi_3)\, dz = (1 - a_3 s_3^2)\, dz = (a_1 s_1^2 + a_2 s_2^2)\, dz$$

oder:

$$\begin{vmatrix} x_1, & m^2 \\ p_1, & N \cot \varepsilon \end{vmatrix} = \begin{vmatrix} x_1, & x_1^2 + x_2^2 + x_3^2 \\ p_1, & x_1 p_1 + x_2 p_2 + x_3 p_3 \end{vmatrix} = x_2 s_3 - x_3 s_2.$$

Mithin:

$$m^2 p_1 = N \cot \varepsilon \,.\, x_1 - (x_2 s_3 - x_3 s_2)$$

$$m^2 (p_1 dx_1 - x_1 dp_1) = x_1 d(x_2 s_3 - x_3 s_2) - (x_2 s_3 - x_3 s_2)\, dx_1.$$

Setzen wir

$$N x_1 = m \varrho_1 \cos \vartheta_1, \quad x_2 s_3 - x_3 s_2 = m \varrho_1 \sin \vartheta_1, \quad \varrho_1^2 = s_2^2 + s_3^2,$$

was gestattet ist, da

$$(x_2 s_3 - x_3 s_2)^2 + N^2 x_1^2 = (x_2^2 + x_3^2)(s_2^2 + s_3^2) - (x_2 s_2 + x_3 s_3)^2 + N^2 x_1^2$$

$$= (m^2 - x_1^2)(N^2 - s_1^2) - (x_1 s_1)^2 + N^2 x_1^2 = m^2 (N^2 - s_1^2) = m^2 (s_2^2 + s_3^2)$$

ist, so erhalten wir:

$$x_1 d(x_2 s_3 - x_3 s_2) = \frac{m}{N} \varrho_1 \cos \vartheta_1 (m \sin \vartheta_1 d\varrho_1 + m \varrho_1 \cos \vartheta_1 d\vartheta_1)$$

$$(x_2 s_3 - x_3 s_2)\, dx_1 = \frac{m}{N} (-\varrho_1 \sin \vartheta_1 d\vartheta_1 + \cos \vartheta_1 d\varrho_1)\, m \varrho_1 \sin \vartheta_1).$$

Mithin:

$$m^2 (p_1 dx_1 - x_1 dp_1) = \frac{m^2}{N} \varrho_1^2 d\vartheta_1 = \frac{m^2 (s_2^2 + s_3^2)}{N} d\vartheta_1.$$

Man hat somit, indem man noch zwei andere ϑ_1 analoge Grössen ϑ_2 und ϑ_3 einführt:

$$(s_2^2 + s_3^2)\, d\vartheta_1 = N(a_2 s_2^2 + a_3 s_3^2)\, dz,$$

$$(s_3^2 + s_1^2)\, d\vartheta_2 = N(a_3 s_3^2 + a_1 s_1^2)\, dz,$$

$$(s_1^2 + s_2^2)\, d\vartheta_3 = N(a_1 s_1^2 + a_2 s_2^2)\, dz.$$

Die Grössen s_1, s_2, s_3 lassen sich ebenso wie dz mittels u ausdrücken. Man kann somit schreiben:

$$\vartheta_1 = \alpha_1 + N \int_0^u \frac{a_2 s_2^2 + a_3 s_3^2}{s_2^2 + s_3^2}\, dz,$$

$$\vartheta_2 = \alpha_2 + N \int_0^u \frac{a_3 s_3^2 + a_1 s_1^2}{s_3^2 + s_1^2}\, dz,$$

$$\vartheta_3 = \alpha_3 + N \int_0^u \frac{a_1 s_1^2 + a_2 s_2^2}{s_1^2 + s_2^2}\, dz.$$

Von den drei neuen Constanten a_1, a_2, a_3 ist nur eine einzige willkürlich. Man erhält nämlich aus den Gleichungen, welche ϑ_1, ϑ_2, ϑ_3 definiren:

$$N^2(x_1{}^2 + x_2{}^2 + x_3{}^2) = m^2(\varrho_1{}^2 \cos^2\vartheta_1 + \varrho_2{}^2 \cos^2\vartheta_2 + \varrho_3{}^2 \cos^2\vartheta_3),$$

$$(x_2 s_3 - x_3 s_2)^2 + (x_3 s_1 - x_1 s_3)^2 + (x_1 s_2 - x_2 s_1)^2$$
$$= m^2(\varrho_1{}^2 \sin^2\vartheta_1 + \varrho_2{}^2 \sin^2\vartheta_2 + \varrho_3{}^2 \sin^2\vartheta_3)$$

oder auch, wie leicht ersichtlich:

$$N^2 = \varrho_1{}^2 \cos^2\vartheta_1 + \varrho_2{}^2 \cos^2\vartheta_2 + \varrho_3{}^2 \cos^2\vartheta_3,$$
$$N^2 = \varrho_1{}^2 \sin^2\vartheta_1 + \varrho_2{}^2 \sin^2\vartheta_2 + \varrho_3{}^2 \sin^2\vartheta_3.$$

Setzt man in diesen Gleichheiten $u = 0$, so kommt:

$$N^2 = (A_2 + A_3)\cos^2 a_1 + (A_3 + A_1)\cos^2 a_2 + (A_1 + A_2)\cos^2 a_3,$$
$$N^2 = (A_2 + A_3)\sin^2 a_1 + (A_3 + A_1)\sin^2 a_2 + (A_1 + A_2)\sin^2 a_3,$$

Gleichungen, welche einander äquivalent sind.

Eine zweite Relation findet man auf folgende Weise. — Man hat identisch:

$$\begin{vmatrix} x_1, & x_2, & x_3 \\ x_1, & x_2, & x_3 \\ s_1, & s_2, & s_3 \end{vmatrix} = 0,$$

oder:

$$x_1(x_2 s_3 - x_3 s_2) + x_2(x_3 s_1 - x_1 s_3) + x_3(x_1 s_2 - x_2 s_1) = 0.$$

Ersetzt man die verschiedenen Factoren dieser Summe von Produkten durch ihre Werthe, welche sich aus den die ϑ definirenden Gleichungen ergeben, so erhält man:

$$\varrho_1{}^2 \sin 2\vartheta_1 + \varrho_2{}^2 \sin 2\vartheta_2 + \varrho_3{}^2 \sin 2\vartheta_3 = 0.$$

Macht man $u = 0$, so folgt:

$$(A_2 + A_3)\sin 2a_1 + (A_3 + A_1)\sin 2a_2 + (A_1 + A_2)\sin 2a_3 = 0.$$

Wie man bemerken wird, sind die beiden andern Relationen zwischen den Grössen A und a der folgenden äquivalent:

$$(A_2 + A_3)\cos 2a_1 + (A_3 + A_1)\cos 2a_2 + (A_1 + A_2)\cos 2a_3 = 0.$$

Der grösseren Symmetrie wegen setzen wir noch:

$$a_1 + a_2 + a_3 = 3n.$$

Wir haben es nur mit fünf Constanten, m, N, n, k und ε zu thun; in der That lassen sich die Grössen A mittels N und k und die Grössen a

mit Hülfe von n und N ausdrücken. Man wird bemerken, dass

$$\frac{x}{m}, \quad \frac{y}{m}, \quad \frac{z}{m}$$

nur von N und n abhängen und dass z nur k und N enthält.

45. Integration der gegebenen Gleichung. — Nehmen wir die Grössen m, N, n, ε, k und u als neue Veränderliche, so nimmt der Ausdruck

$$p_1 dx_1 + p_2 dx_2 + p_3 dx_3 - dz$$

die Form an:

$$- dk + P_1 dm + P_2 dn + P_3 dN,$$

ohne $d\varepsilon$ zu enthalten, da z, x_1, x_2, x_3 nicht ε enthalten; ebenso enthält derselbe nicht du, da der allgemeinen Theorie nach, wenn z die sechste neue Variable wäre, der Coefficient von dz gleich Null sein würde und $du = 2s_1 s_2 s_3 dz$ ist. Ferner wissen wir, dass P_1, P_2, P_3 unabhängig von z und somit von u sind.

I. Berechnung von $P_1 = p_1 \frac{dx_1}{dm} + p_2 \frac{dx_2}{dm} + p_3 \frac{dx_3}{dm}$. Man hat:

$$\frac{d}{dm}\left(\frac{x_1}{m}\right) = 0,$$

mithin:

$$\frac{dx_1}{dm} = \frac{x_1}{m}.$$

Ebenso:

$$\frac{dx_2}{dm} = \frac{x_2}{m}, \quad \frac{dx_3}{dm} = \frac{x_3}{m}.$$

Folglich:

$$P_1 = p_1 \frac{dx_1}{dm} + p_2 \frac{dx_2}{dm} + p_3 \frac{dx_3}{dm} = \frac{p_1 x_1 + p_2 x_2 + p_3 x_3}{m} = \frac{N}{m} \cot \varepsilon.$$

II. Berechnung von $P_2 = p_1 \frac{dx_1}{dn} + p_2 \frac{dx_2}{dn} + p_3 \frac{dx_3}{dn}$. Es ist:

$$x_1{}^2 + x_2{}^2 + x_3{}^2 = m,$$

mithin:

$$x_1 \frac{dx_1}{dn} + x_2 \frac{dx_2}{dn} + x_3 \frac{dx_3}{dn} = 0.$$

Folglich:

$$P_2 x_1 = \begin{vmatrix} x_1, & x_1 \frac{dx_1}{dn} + x_2 \frac{dx_2}{dn} + x_3 \frac{dx_3}{dn} \\ p_1, & p_1 \frac{dx_1}{dn} + p_2 \frac{dx_2}{dn} + p_3 \frac{dx_3}{dn} \end{vmatrix}$$

$$= s_3 \frac{dx_2}{dn} - s_2 \frac{dx_3}{dn} = \frac{d}{dn}(x_2 s_3 - x_3 s_2)$$

$$= \frac{d}{dn}(m\varrho_1 \sin \vartheta_1) = m\varrho_1 \cos \vartheta_1 \frac{d\vartheta_1}{d\alpha_1} \frac{d\alpha_1}{dn} = N x_1 \frac{d\alpha_1}{dn}.$$

Somit schliesslich:

$$P_2 = N \frac{d\alpha_1}{dn},$$

ebenso:

$$P_2 = N \frac{d\alpha_2}{dn}, \; P_2 = N \frac{d\alpha_3}{dn}.$$

Hieraus ergiebt sich, wenn man addirt, infolge der Definition von n,

$$3P_2 = N \frac{d}{dn}(\alpha_1 + \alpha_2 + \alpha_3) = N \frac{d\,.\,3n}{dn} = 3N,$$

somit:

$$P_2 = N.$$

III. Berechnung von $P_3 = p_1 \frac{dx_1}{dN} + p_2 \frac{dx_2}{dN} + p_3 \frac{dx_3}{dN} - \frac{dz}{dN}$. Der Ausdruck $\frac{dz}{dN}$ ist ein bestimmtes Integral zwischen den Grenzen 0 und u, da N in z nur implicit, nämlich infolge der Grössen A, welche sich unter dem Integralzeichen befinden, vorkommt. Da man in P_3, ohne seinen Werth zu ändern, $u = 0$ setzen kann, so hat man einfach:

$$P_3 = \left(p_1 \frac{dx_1}{dN} + p_2 \frac{dx_2}{dN} + p_3 \frac{dx_3}{dN}\right)_{u\,=\,0.}$$

Um diesen Ausdruck berechnen zu können, sind wir gezwungen, in Bezug auf A_1 und a_1 eine specielle Annahme zu machen. Wir nehmen $A_1 = 0$, $a_1 = n$ an, wodurch an den vorhergehenden Rechnungen nichts geändert wird, die folgenden aber sehr vereinfacht werden, da diese Annahme für $u = 0$ die Gleichungen

$$s_1 = 0, \; \frac{d\vartheta_1}{dN} = \frac{d\alpha_1}{dN} = 0$$

nach sich zieht. Wie oben hat man:

$$P_3 x_1 = s_3 \frac{dx_2}{dN} - s_2 \frac{dx_3}{dN} = \frac{d}{dN}(x_2 s_3 - x_3 s_2) + x_3 \frac{ds_2}{dN} - x_2 \frac{ds_3}{dN}.$$

Drückt man $x_2 s_3 - s_2 x_3$, s_2, s_3 als Functionen von N und von ϱ_1 und ϱ_1 wieder als Function von s_1, welches N nicht enthält, und von N aus, so findet man:

$$x_2 s_3 - x_3 s_2 = m\varrho_1 \sin\vartheta_1; \qquad \varrho_1{}^2 = N^2 - s_1{}^2$$
$$(a_2 - a_3)\, s_2{}^2 = 1 - a_1 s_1{}^2 - a_3 \varrho_1{}^2; \; (a_3 - a_2) s_3{}^2 = 1 - a_1 s_1{}^2 - a_2 \varrho_1{}^2.$$

Hieraus erhält man:

$$\frac{d\varrho_1}{dN} = \frac{N}{\varrho_1}; \; \frac{ds_2}{dN} = \frac{-a_3 N}{(a_2 - a_3)\, s_2}; \; \frac{ds_3}{dN} = \frac{-a_2 N}{(a_3 - a_2)\, s_3}.$$

Mithin:

$$P_3x_1 = m\sin\vartheta_1\,\frac{N}{\varrho_1} + m\varrho_1\cos\vartheta_1\,\frac{d\vartheta_1}{dN} - \frac{N}{(a_2-a_3)\,s_2s_3}\,(a_2x_2s_2 + a_3x_3s_3)$$

$$= Nx_1\,\frac{d\vartheta_1}{dN} + \frac{N}{\varrho_1^{\,2}}\,(x_2s_3 - x_3s_2) - \frac{N}{(a_2-a_3)\,s_2s_3}\,(a_2x_2s_2 + a_3x_3s_3)$$

$$= Nx_1\,\frac{d\vartheta_1}{dN} + \frac{N}{(a_2-a_3)\,\varrho_1^{\,2}s_2s_3}\,\{x_2s_2\,[(a_2-a_3)\,s_3^{\,2} - a_2\varrho_1^{\,2}] + x_3s_3\,[(a_3-a_2)\,s_2^{\,2} - a_3\varrho_1^{\,2}]\}$$

$$= Nx_1\,\frac{d\vartheta_1}{dN} + \frac{N}{(a_2-a_3)\,\varrho_1^{\,2}s_2s_3}\,(a_1s_1^{\,2} - 1)\,(x_2s_2 + x_3s_3).$$

Da

$$x_1s_1 + x_2s_2 + x_3s_3 = 0, \quad a_1s_1^{\,2} + a_2s_2^{\,2} + a_3s_3^{\,2} = 1$$

ist, so hat man weiter:

$$P_3x_1 = Nx_1\,\frac{d\vartheta_1}{dN} + \frac{Nx_1s_1\,(a_2s_2^{\,2} + a_3s_3^{\,2})}{(a_2-a_3)(s_2^{\,2}+s_3^{\,2})s_2s_3} = x_1\left(N\,\frac{d\vartheta_1}{dN} + s_1\,\frac{d\vartheta_1}{ds_1}\right).$$

Hebt man den Factor x_1 und macht $u = 0$, so kommt:

$$P_3 = 0.$$

V. Vollendung der Integration. Die vorhergehenden Rechnungen führen die Integration der gegebenen Gleichung auf diejenige der folgenden zurück:

$$dk = N\,\frac{\cot\varepsilon}{m}\,dm + N dn.$$

Wählt man für k eine beliebige Function von m und n, so ist:

$$\frac{dk}{dm} = N\,\frac{\cot\varepsilon}{m}, \quad \frac{dk}{dn} = N.$$

Wir erhalten somit k, N, $\cot\varepsilon$ ausgedrückt durch m und n. Mithin werden x_1, x_2, x_3, z Functionen von m, n, u sein und die Elimination dieser drei Grössen giebt das allgemeine Integral.[1])

---

[1]) Schläfli giebt eine schöne Anwendung der vorstehenden Lösung auf die Bewegung eines Körpers um seinen Schwerpunkt (a. a. O. S. 94—96.).

4. Kapitel.

Die Pfaff'sche Methode.[1])

§ 13. *Pfaff's Transformation.*

46. Allgemeiner Gedankengang des Pfaff'schen Problems. — Pfaff hat die Aufgabe der Integration einer partiellen Differentialgleichung erster Ordnung von dem folgenden allgemeinen Problem abhängig gemacht, welches seinen Namen trägt: Wenn ein Differentialausdruck

$$X_1 dx_1 + X_2 dx_2 + \cdots + X_m dx_m \quad . \quad . \quad . \quad . \quad . \quad (1),$$

in welchem $X_1, X_2, \ldots, X_m$ Functionen von $x_1, x_2, \ldots, x_m$ sind, gegeben ist, denselben in einen andern zu transformiren von der Form

$$\lambda (U_1 du_1 + U_2 du_2 + \cdots + U_{m-1} du_{m-1}) \quad . \quad . \quad . \quad . \quad (2),$$

in welchem $U_1, U_2, \ldots, U_{m-1}$ Functionen sind von $m - 1$ neuen Variablen $u_1, u_2, \ldots, u_{m-1}$, die ebenso wie λ mit den alten Variablen durch zu bestimmende Gleichungen verbunden sind.

Wir nehmen an, diese Gleichungen seien von der Form:

$$x_1 = x_1 (u_1, u_2, \ldots, u_{m-1}, x_m) \quad . \quad . \quad . \quad . \quad . \quad (3_1)$$

$$. \quad . \quad . \quad . \quad . \quad . \quad . \quad . \quad . \quad . \quad . \quad .$$

$$x_{m-1} = x_{m-1} (u_1, u_2, \ldots, u_{m-1}, x_m) \quad . \quad . \quad . \quad (3_{m-1}).$$

---

[1]) Pfaff, *Methodus generalis, aequationes differentiarum partialium nec non aequationes differentiales vulgares, utrasque primi ordinis, inter quotcumque variabiles complete integrandi* (Abh. d. Berl. Akad., 1814—1815, S. 76—136). Eine Analyse dieser Abhandlung hat Gauss gegeben (Göttingische gelehrte Anzeigen, 1. Juli 1815; Werke Bd. III, S. 231—241) und Jacobi; Über die Pfaff'sche Methode etc. (Crelle's Journ. Bd. II, S. 347—357), Sur la réduction etc. (Journ. de Liouville t. III, p. 161 u. ff.). Die Abhandlungen von Jacobi und die kleine Bemerkung von Gauss enthalten verschiedene Vervollkommnungen der Pfaff'schen Methode, die wir weiter unten angeben werden. Man vergleiche auch die weiterhin folgenden wichtigen bibliographischen Hinweise.

Für irgend eine der Veränderlichen $x_1, \ldots, x_{m-1}$ hat man:

$$dx = \frac{\delta x}{\delta u_1} du_1 + \frac{\delta x}{\delta u_2} du_2 + \cdots + \frac{\delta x}{\delta u_{m-1}} du_{m-1} + \frac{\delta x}{\delta x_m} dx_m \quad . \quad (4).$$

Substituirt man diese Werthe in den Ausdruck (1), so findet man:

$$\left.\begin{array}{l} \left(X_1 \frac{\delta x_1}{\delta u_1} + X_2 \frac{\delta x_2}{\delta u_1} + \cdots\cdots + X_{m-1} \frac{\delta x_{m-1}}{\delta u_1}\right) du_1 \\ + \ldots\ldots\ldots\ldots\ldots\ldots\ldots \\ + \left(X_1 \frac{\delta x_1}{\delta u_{m-1}} + X_2 \frac{\delta x_2}{\delta u_{m-1}} + \cdots\cdots + X_{m-1} \frac{\delta x_{m-1}}{\delta u_{m-1}}\right) du_{m-1} \\ + \left(X_1 \frac{\delta x_1}{\delta x_m} + X_2 \frac{\delta x_2}{\delta x_m} + \cdots\cdots + X_{m-1} \frac{\delta x_{m-1}}{\delta x_m} + X_m\right) dx_m \end{array}\right\} . \quad (5).$$

Damit der Ausdruck (5) die Form (2) annehme, muss 1) der Coefficient von dx_m null sein, 2) müssen die Coefficienten von $du_1, du_2, \ldots, du_{m-1}$ von der Form sein: $\lambda U_1, \lambda U_2, \ldots, \lambda U_{m-1}$, wo $U_1, U_2, \ldots, U_{m-1}$ Functionen sind, welche explicit nur noch die Veränderlichen $u_1, u_2, \ldots, u_{m-1}$ enthalten. Dazu ist erforderlich, dass

$$\frac{d}{dx_m} (\log \lambda U) = \frac{d \log \lambda}{dx_m} = \frac{1}{\lambda} \frac{d\lambda}{dx_m}$$

sei. Die vorher genannten Bedingungen drücken sich also analytisch folgendermassen aus:

$$X_1 \frac{\delta x_1}{\delta u_1} + \cdots\cdots + X_{m-1} \frac{\delta x_{m-1}}{\delta u_1} = \lambda U_1 \quad . \quad . \quad . \quad . \quad (6_1),$$

$$\ldots\ldots\ldots\ldots\ldots\ldots\ldots$$

$$X_1 \frac{\delta x_1}{\delta u_{m-1}} + \cdots\cdots + X_{m-1} \frac{\delta x_{m-1}}{\delta u_{m-1}} = \lambda U_{m-1} \quad . \quad . \quad (6_{m-1}),$$

$$X_1 \frac{\delta x_1}{\delta x_m} + \cdots\cdots + X_{m-1} \frac{\delta x_{m-1}}{\delta x_m} + X_m = 0 \quad . \quad (6_m),$$

$$\frac{1}{\lambda U_1} \frac{d\lambda U_1}{dx_m} = \frac{1}{\lambda U_2} \frac{d\lambda U_2}{dx_m} = \cdots = \frac{1}{\lambda U_{m-1}} \frac{d\lambda U_{m-1}}{dx_m} = \frac{1}{\lambda} \frac{d\lambda}{dx_m} \quad (7).$$

47. Bestimmung der Relationen, welche zwischen den alten und den neuen Veränderlichen bestehen. — Wir wollen die Ableitungen nach x_m, welche in diesen letzten Gleichungen vorkommen, bilden. Es ist:

$$\frac{d\lambda U}{dx_m} = \left(\frac{dX_1}{dx_m} \frac{\delta x_1}{\delta u} + \cdots + \frac{dX_{m-1}}{dx_m} \frac{\delta x_{m-1}}{\delta u}\right)$$
$$+ \left(X_1 \frac{\delta^2 x_1}{\delta u \delta x_m} + \cdots + X_{m-1} \frac{\delta^2 x_{m-1}}{\delta u \delta x_m}\right).$$

Subtrahirt man von dieser Gleichung diejenige, welche man erhält, wenn man die Relation (6_m) nach u differentiirt, nämlich

$$-\frac{dX_m}{du} = \left(\frac{dX_1}{du}\frac{\delta x_1}{\delta x_m} + \cdots + \frac{dX_{m-1}}{du}\frac{\delta x_{m-1}}{\delta x_m}\right) + \left(X_1\frac{\delta^2 x_1}{\delta u\delta x_m} + \cdots + X_{m-1}\frac{\delta^2 x_{m-1}}{\delta u\delta x_m}\right),$$

so erhält man:

$$\frac{dX_m}{du} + \frac{d\lambda U}{dx_m} = \left(\frac{dX_1}{dx_m}\frac{\delta x_1}{\delta u} - \frac{dX_1}{du}\frac{\delta x_1}{\delta x_m}\right) + \cdots\cdot + \left(\frac{dX_{m-1}}{dx_m}\frac{\delta x_{m-1}}{\delta u} - \frac{dX_{m-1}}{du}\frac{\delta x_{m-1}}{\delta x_m}\right).$$

In dieser Gleichheit ersetzen wir nun die Ableitungen der Grössen X nach u und x_m durch ihre Werthe. Es ist allgemein:

$$\frac{dX}{dx_m} = \frac{\delta X}{\delta x_1}\frac{\delta x_1}{\delta x_m} + \cdots + \frac{\delta X}{\delta x_{m-1}}\frac{\delta x_{m-1}}{\delta x_m} + \frac{\delta X}{\delta x_m}$$

$$\frac{dX}{du} = \frac{\delta X}{\delta x_1}\frac{\delta x_1}{\delta u} + \cdots + \frac{\delta X}{\delta x_{m-1}}\frac{\delta x_{m-1}}{\delta u}.$$

Setzen wir diese Werthe in den Ausdruck von $\frac{d\lambda U}{dx_m}$ ein, so erhalten wir:

$$\frac{d\lambda U}{dx_m} = \frac{\delta x_1}{\delta u}\left[\left(\frac{\delta X_1}{\delta x_1} - \frac{\delta X_1}{\delta x_1}\right)\frac{\delta x_1}{\delta x_m} + \cdots + \left(\frac{\delta X_1}{\delta x_m} - \frac{\delta X_m}{\delta x_1}\right)\right]$$
$$+ \cdots\cdots\cdots\cdots\cdots\cdots$$
$$+ \frac{\delta x_{m-1}}{\delta u}\left[\left(\frac{\delta X_{m-1}}{\delta x_1} - \frac{\delta X_1}{\delta x_{m-1}}\right)\frac{\delta x_1}{\delta x_m} + \cdots + \left(\frac{\delta X_{m-1}}{\delta x_m} - \frac{\delta X_m}{\delta x_1}\right)\right] \quad (8).$$

Setzen wir zur Vereinfachung

$$(\mu, \nu) = \frac{\delta X_\mu}{\delta x_\nu} - \frac{\delta X_\nu}{\delta x_\mu},$$

so dass

$$(\nu, \mu) = -(\mu, \nu), \quad (\mu, \mu) = 0$$

ist, und ferner:

$$k_1 = (1, 1)\frac{\delta x_1}{\delta x_m} + (1, 2)\frac{\delta x_2}{\delta x_m} + \cdots + (1, m-1)\frac{\delta x_{m-1}}{\delta x_m} + (1, m) \quad (9_1),$$

$$k_2 = (2, 1)\frac{\delta x_1}{\delta x_m} + (2, 2)\frac{\delta x_2}{\delta x_m} + \cdots + (2, m-1)\frac{\delta x_{m-1}}{\delta x_m} + (2, m) \quad (9_2),$$

$$\cdots\cdots\cdots\cdots\cdots\cdots$$

$$k_{m-1} = (m-1, 1)\frac{\delta x_1}{\delta x_m} + \cdots + (m-1, m-1)\frac{\delta x_{m-1}}{\delta x_m} + (m-1, m) \quad (9_{m-1}),$$

$$k_m = (m, 1)\frac{\delta x_1}{\delta x_m} + \cdots + (m, m-1)\frac{\delta x_{m-1}}{\delta x_m} + (m, m) \quad . \quad . \quad (9_m),$$

so geht die allgemeine Gleichung (8) über in:

$$\frac{d\lambda U}{dx_m} = k_1 \frac{\delta x_1}{\delta u} + k_2 \frac{\delta x_2}{\delta u} + \cdots + k_{m-1} \frac{\delta x_{m-1}}{\delta u} \quad . \quad . \quad (10).$$

Indem man $u = u_1$, $u = u_2$, . . ., $u = u_{m-1}$ annimmt, findet man die $m - 1$ folgenden Gleichungen, denen wir eine aus den Gleichungen (9) abgeleitete Gleichung hinzufügen:

$$\frac{d\lambda U_1}{dx_m} = k_1 \frac{\delta x_1}{\delta u_1} + k_2 \frac{\delta x_2}{\delta u_1} + \cdots + k_{m-1} \frac{\delta x_{m-1}}{\delta u_1} \quad . \quad (11_1),$$

. . . .

$$\frac{d\lambda U_{m-1}}{dx_m} = k_1 \frac{\delta x_1}{\delta u_{m-1}} + k_2 \frac{\delta x_2}{\delta u_{m-1}} + \cdots + k_{m-1} \frac{\delta x_{m-1}}{\delta u_{m-1}} \quad (11_{m-1}),$$

$$0 = k_1 \frac{\delta x_1}{\delta x_m} + k_2 \frac{\delta x_2}{\delta x_m} + \cdots + k_{m-1} \frac{\delta x_{m-1}}{\delta x_m} + k_m (11_m).$$

Vergleicht man diese Gleichungen mit den Relationen (6) und (7), so sieht man, dass man allen durch diese letzteren ausgedrückten Bedingungen genügt, wenn man setzt:

$$\frac{k_1}{X_1} = \frac{k_2}{X_2} = \ldots = \frac{k_{m-1}}{X_{m-1}} = \frac{k_m}{X_m} \quad . \quad . \quad . \quad . \quad (12).$$

Jedes dieser Verhältnisse ist ferner gleich

$$\frac{1}{\lambda} \frac{d\lambda}{dx_m}.$$

Man hat also, um die Pfaff'sche Transformation auszuführen, das System (12), in welchem nur Ableitungen nach x_m vorkommen, zu integriren. Man schliesst daraus, dass man die $m - 1$ Integrationsconstanten als die neuen Variablen u_1, . . ., u_{m-1} nehmen kann.

In besonderen Fällen, d. h. für gewisse Werthe der Functionen X, reduciren sich die $m - 1$ Gleichungen (12) auf eine kleinere Anzahl und es bleiben eine oder mehrere der Relationen (3) willkürlich. In diesem Falle ist es das einfachste, den Werth einer oder mehrerer der Ableitungen

$$\frac{\delta x_1}{\delta x_m}, \frac{\delta x_2}{\delta x_m}, \ldots, \frac{\delta x_{m-1}}{\delta x_m}$$

willkürlich anzunehmen, was darauf hinauskommt, dass man eine gewisse Anzahl der neuen Veränderlichen u als mit den alten identisch annimmt.

48. Auflösung der Gleichungen (12) **nach den Ableitungen** $\frac{\delta x}{\delta x_m}$.[1]) — Um die Gleichungen (12) aufzulösen, setzen wir:

$$\frac{1}{\lambda}\frac{d\lambda}{dx_m}dx_m = dx_{m+1}.$$

Hierdurch nehmen diese Gleichungen die symmetrische Form an:

$$(1,1)\,dx_1 + (1,2)\,dx_2 + \cdots + (1,m)\,dx_m = X_1 dx_{m+1}\,. \qquad (13_1)$$

$$(2,1)\,dx_1 + (2,2)\,dx_2 + \cdots + (2,m)\,dx_m = X_2 dx_{m+1}\,. \qquad (13_2)$$

. . . .

$$(m,1)\,dx_1 + (m,2)\,dx_2 + \cdots + (m,m)\,dx_m = X_m dx_{m+1}\,. \qquad (13_m).$$

Die Determinante dieses linearen Systems ist die schiefe symmetrische Determinante:

$$G = \begin{vmatrix} (1,1), & (1,2), & (1,3), & \ldots, & (1,m) \\ (2,1), & (2,2), & (2,3), & \ldots, & (2,m) \\ (3,1), & (3,2), & (3,3), & \ldots, & (3,m) \\ \cdot & \cdot & \cdot & \cdot & \cdot \\ (m,1), & (m,2), & (m,3), & \ldots, & (m,m) \end{vmatrix}$$

Diese ist aber bekanntlich das Quadrat der Pfaff'schen Function

$$(1,\ 2,\ 3,\ \ldots,\ m),$$

falls m gerade ist, und identisch null, wenn m ungerade ist. Es folgt hieraus, dass die Pfaff'sche Transformation allgemein nur möglich ist, wenn m gerade ist. Damit sie in dem Falle möglich sei, wo m eine un-

[1]) Alles, was sich auf die wirkliche Auflösung der Gleichungen (12) bezieht, gehört eigentlich nicht zu der hier dargelegten Theorie. In Bezug auf die schiefen Determinanten und Pfaff'schen Functionen verweisen wir auf Baltzer, Determinanten, § 3, Nr. 8, S. 21; § 8, Nr. 1—4, S. 52—60; § 9, Nr. 4—5, S. 67—68. Pfaff und Gauss bemerken, dass es unmöglich sei, das System (12) aufzulösen, auch wenn m ungerade ist, geben aber dafür keinen Beweis. Jacobi giebt die wesentlichsten Begriffe hinsichtlich dieses Gegenstandes in der oben erwähnten Abhandlung. Indessen rührt die Theorie der Pfaff'schen Determinanten besonders von Cayley her, dessen Arbeiten von Baltzer in dem genannten Werke ihrem wesentlichen Inhalte nach reproducirt und vervollständigt sind. Den eleganten Kunstgriff, dessen wir uns weiter unten bedienen, um das System (12) aufzulösen, entlehnen wir einer kleinen Abhandlung von Cayley, wo er beiläufig angewendet wird: *Démonstration d'un théorème de Jacobi par rapport au problème de Pfaff* (Crelle's Journal. Bd. 57, S. 273—277), S. 275. Durch Nachahmung des Cayley'schen Verfahrens konnten wir die Gleichung (15) finden, ohne die Eigenschaften der adjungirten Determinanten zu benutzen, wie es Baltzer thut.

gerade Zahl ist, müssen die Determinanten, welche die Zähler der Werthe der Unbekannten $dx_1, dx_2, \ldots$ bilden, sämmtlich zu gleicher Zeit null sein, wie der gemeinschaftliche Nenner, welcher die oben hingeschriebene Determinante ist; dies ist dasselbe, als wenn man sagt, die Gleichungen (13) sind nicht alle von einander unabhängig.

In dem Falle, wo m gerade ist, hat Cayley eine ausserordentlich einfache Methode, diese Gleichungen aufzulösen, angegeben. Wir setzen:

$$-X_1 = (1, m+1),\ -X_2 = (2, m+1), \ldots,\ -X_m = (m, m+1);$$

dann können wir die Gleichungen (13) folgendermassen schreiben:

$$(1,1)\,dx_1 + (1,2)\,dx_2 + \cdots + (1,m)\,dx_m + (1,m+1)\,dx_{m+1} = 0 \quad (14_1)$$

. . . .

$$(m,1)\,dx_1 + (m,2)\,dx_2 + \cdots + (m,m)\,dx_m + (m,m+1)\,dx_{m+1} = 0 \quad (14_m).$$

Offenbar hat man hieraus:

$$\frac{dx_1}{(2,3,4,\ldots,m,m+1)} = \frac{dx_2}{(3,4,5,\ldots,m+1,1)} = \ldots$$
$$= \frac{dx_m}{(m+1,1,2,\ldots,m-1)} = \frac{dx_{m+1}}{(1,2,3,\ldots,m)},$$

wo die Nenner Pfaff'sche Determinanten sind. Nach der Theorie dieser bemerkenswerthen Ausdrücke findet man nämlich, wenn man diese Werthe in die Gleichungen (14) substituirt, als Resultat der Substitution die folgenden Pfaff'schen Determinanten, welche identisch Null sind, da sie zwei gleiche Indices haben:

$$(1,1,2,3,4,\ldots,m+1),\ (2,1,2,3,4,\ldots,m+1),\ (3,1,2,3,4,\ldots,m+1),\ldots.$$

Mittels $X_1, X_2, \ldots$ kann man leicht die Werthe von $dx_1, dx_2, \ldots$ ausdrücken. Nach einer fundamentalen Eigenschaft der Pfaff'schen Determinanten ist:

$$(2,3,4,\ldots,m+1) = -(m+1,2,3,4,\ldots,m)$$
$$= -[(m+1,2)\,(3,4,\ldots,m) + (m+1,3)\,(4,5,\ldots,m,2) + \cdots]$$

oder auch:

$$-(2,3,4,\ldots,m+1) = X_2(3,4,\ldots,m) + X_3(4,5,\ldots,m,2) + \cdots + X_m(2,3,\ldots,m-1).$$

Ebenso:

$$-(3,4,5,\ldots,m+1,1) = X_3(4,5,\ldots,m,1) + X_4(5,6,\ldots,m,1,3) + \cdots$$

. . . .

$$-(m+1,1,2,3,\ldots,m-1) = X_1(2,3,4,\ldots,m-1) + X_2(3,4,5,\ldots,m-1,1) + \ldots$$

In dem Falle, wo m ungerade und somit $m+1$ gerade ist, sind die Gleichungen (14) nicht mit einander verträglich oder sie lassen sich auf eine geringere Anzahl reduciren. Es ist leicht, die beiden Fälle zu unterscheiden. Multipliciren wir

die erste Gleichung mit $(2, 3, 4, \ldots, m)$,
„ zweite „ „ $(3, 4, 5, \ldots, m, 1)$,
„ dritte „ „ $(4, 5, 6, \ldots, m, 1, 2)$
u. s. w.

und addiren wir die Resultate, so werden die Coefficienten von $dx_1, dx_2, \ldots, dx_m$ Pfaff'sche Functionen, welche identisch null sind, weil sie zwei gleiche Indices haben. Mithin ist das schliessliche Resultat:

$$[(1, m+1)\ (2, 3, 4, \ldots, m) + (2, m+1)\ (3, 4, \ldots, m, 1) + \cdots]\, dx_{m+1} = 0,$$

oder auch:

$$(1, 2, 3, \ldots, m+1) = 0 \quad \ldots \ldots \quad (15).$$

In dem Falle, wo m gerade, also $m+1$ ungerade ist, ist diese Gleichung identisch erfüllt; ist aber m ungerade, also $m+1$ gerade, so ist die linke Seite dieser Gleichung im Allgemeinen nicht null und die Gleichungen (14) und (15) sind somit miteinander unverträglich. Wenn aber im Besonderen die Werthe von $X_1, \ldots, X_m$ so beschaffen sind, dass $(1, 2, 3, \ldots, m+1) = 0$ ist, so reduciren sich die Gleichungen (13) auf eine geringere Anzahl und sind mit einander verträglich. Diese Bedingungsgleichung (15) kann die folgende Form annehmen:

$$X_1(2, 3, \ldots, m) + X_2\,(3, 4, \ldots, m, 1) + \cdots + X_m(1, 2, \ldots, m-1) = 0 \quad (15').$$

Dieselbe ist bereits von Jacobi angegeben worden, der sie in weniger einfacher Weise, als wie wir sie abgeleitet haben, gefunden hat.

49. Erweiterung der vorstehenden Transformationsmethode.[1]) Wir betrachten einen Differentialausdruck

$$\Omega = X_1 dx_1 + X_2 dx_2 + \cdots + X_{2n} dx_{2n}.$$

Wie wir soeben gesehen haben, kann derselbe in einen Ausdruck

$$\lambda_1 (Y_1 dy_1 + Y_2 dy_2 + \cdots + Y_{2n-1} dy_{2n-1})$$

transformirt werden.

---

[1]) Gauss Werke, Bd. III, S. 233—234. Gauss hat gezeigt, dass die Transformationen, um welche es sich hier handelt, nur implicit in der Abhandlung von Pfaff enthalten sind. Jacobi (Journal de Liouville, t. III, p. 201) setzt beinahe dieselben Transformationen in umgekehrter Reihenfolge auseinander. Lagrange und Monge haben oft Rechnungskunstgriffe angewandt, die dem in dieser Nummer dargelegten von Gauss ähnlich sind.

Eine analoge Transformation kann man in dem Falle ausführen, wo es sich um einen Ausdruck handelt, der eine ungerade Anzahl von Differentialen enthält:

$$\Omega_1 = Y_1 dy_1 + \cdots + Y_{2n-2}\, dy_{2n-2} + Y_{2n-1} dy_{2n-1}.$$

Dazu transformirt man zunächst gemäss der vorhergehenden Theorie $\Omega_1 - Y_{2n-1} dy_{2n-1}$, indem man y_{2n-1} als Constante betrachtet, so dass dieser Ausdruck die Form annimmt:

$$\lambda_1 (Z_1 dz_1 + \cdots + Z_{2n-3} dz_{2n-3}).$$

Man hat alsdann offenbar:

$$\Omega_1 = \lambda_1 (Z_1 dz_1 + \cdots + Z_{2n-3} dz_{2n-3}) + Z_{2n-2} dy_{2n-1},$$

in welchem Ausdruck

$$Z_{2n-2} = Y_{2n-1} - \lambda_1 \left(Z_1 \frac{\delta z_1}{\delta y_{2n-1}} + \cdots + Z_{2n-3} \frac{\delta z_{2n-3}}{\delta y_{2n-1}} \right)$$

ist.

Wir wollen erste Transformation diejenige von Pfaff im Falle, wo m gerade ist, und zweite Transformation diejenige nennen, die wir soeben, Gauss folgend, angegeben haben. Hiernach wird man schliesslich, wenn man $(n - 1)$ mal die zweite Transformation auf den Ausdruck Ω_1 anwendet, diesen Ausdruck auf die Form bringen können:

$$U_1 du_1 + U_2 du_2 + \cdots + U_n du_n.$$

Ein Differentialausdruck Ω, welcher eine Variable und ein Differential mehr enthält, wird dieselbe Form annehmen, wenn man einmal die Transformation I und $(n-1)$ mal die Transformation II anwendet. In diesem letzten Falle hat man, um diese Transformationen auszuführen, n dem System (13) analoge Systeme von simultanen Gleichungen zu integriren, nämlich:

1 System von $2n - 1$ simultanen Gleichungen,
1 „ „ $2n - 3$ „ „
. . . .
1 System von 3 simultanen Gleichungen,
1 einzige Gleichung.

In dem Falle, wo es sich darum handelt, einen Ausdruck Ω_1 mit einer Variablen weniger zu transformiren, hat man ein System weniger zu integriren. Jedes System kann erst nach der Integration des vorhergehenden gebildet werden. Daraus geht hervor, dass die Pfaff'schen Transformationen in der Praxis ausserordentlich complicirt sind.

§ 14. *Integration der totalen Differentialgleichungen und der partiellen Differentialgleichungen erster Ordnung nach der Pfaff'schen Methode.*

50. Vollständiges Integral einer totalen Differentialgleichung nach der Methode von Pfaff. — Es sei zu integriren eine totale Differentialgleichung zwischen $2n$ oder $2n-1$ Veränderlichen, also z. B. zwischen $2n$ Veränderlichen

$$X_{1,1}dx_{1,1} + X_{1,2}dx_{1,2} + \cdots + X_{1,2n}dx_{1,2n} = 0 \quad . \quad . \quad (1_1).$$

Man kann diesen Ausdruck zunächst nach Gauss in einen andern transformiren von der Form:

$$U_1du_1 + U_2du_2 + \cdots + U_ndu_n = 0.$$

Dies führt zu dem vollständigen Integral, welches gegeben wird durch die Relationen:

$$u_1 = a_1, \quad u_2 = a_2, \ldots, u_n = a_n,$$

wo die a Constanten sind.

Man kann auch anders verfahren, indem man den von Pfaff angegebenen etwas einfacheren Weg einschlägt. Man transformirt die gegebene Gleichung in die folgende:

$$X_{2,1}dx_{2,1} + X_{2,2}dx_{2,2} + \cdots + X_{2,2n-1}dx_{2,2n-1} = 0 \quad . \quad (1_2).$$

Um darauf die nämliche Transformation anwenden zu können, setzen wir

$$x_{2,2n-1} = a_1,$$

und können alsdann (1_2) auf die Form bringen:

$$X_{3,1}dx_{3,1} + X_{3,2}dx_{3,2} + \cdots + X_{3,2n-3}dx_{3,2n-3} = 0 \quad . \quad (1_3).$$

Wir setzen darauf

$$x_{3,2n-3} = a_2$$

und transformiren sodann (1_3) in:

$$X_{4,1}dx_{4,1} + X_{4,2}dx_{4,2} + \cdots + X_{4,2n-5}dx_{4,2n-5} = 0 \quad . \quad (1_4).$$

Man setze ferner

$$x_{4,2n-5} = a_3$$

und fahre in dieser Weise fort, bis man zu einer Gleichung

$$X_{n,1}dx_{n,1} + X_{n,2}dx_{n,2} + X_{n,3}dx_{n,3} = 0 \quad . \quad . \quad . \quad . \quad (1_n)$$

gelangt. Setzt man sodann:

$$x_{n,3} = a_{n-1},$$

so ergiebt die Gleichung ein Integral von der Form:

$$f(x_{n,1}, \ x_{n,2}) = a_n.$$

Das Ensemble der Relationen

$$\begin{aligned} x_{2,\,2n-1} &= a_1 \\ x_{3,\,2n-3} &= a_2 \\ x_{4,\,2n-5} &= a_3 \\ &\cdots\cdots \\ x_{n,3} &= a_{n-1} \\ f &= a_n \end{aligned}$$

bildet ein Integral der gegebenen Gleichung mit n willkürlichen Constanten; man kann dasselbe ein vollständiges Integral der gegebenen Gleichung (1) nennen.

Man findet ebenso ein vollständiges Integral mit n willkürlichen Constanten, wenn es sich um eine totale Differentialgleichung mit $2n-1$ Veränderlichen, wie z. B. (1_2), handelt.

51. Integrale, die man aus dem vollständigen Integrale ableiten kann. — Bei der vorstehenden Auflösung, die man entweder nach Gauss oder nach Pfaff bewerkstelligen kann, bringt man im Grunde genommen die Gleichung immer auf die Form:

$$U_1 du_1 + U_2 du_2 + \cdots + U_n du_n = 0 \quad . \quad . \quad . \quad . \quad (a)$$

und integrirt sie, indem man setzt:

$$u_1 = a_1, \quad u_2 = a_2, \ldots, u_n = a_n.$$

Dies ist jedoch nicht die einzige Art, diese Hülfsgleichung (a) zu integriren. Man kann auch mit Pfaff und Gauss setzen:

$$F(u_1, u_2, \ldots, u_n) = 0,$$

wo F eine beliebige Function ist, und dieser Relation die $n-1$ folgenden adjungiren, welche zusammen mit $F = 0$ ein Integral von (1), das sogenannte allgemeine Integral, geben:

$$\frac{\frac{\delta F}{\delta u_1}}{U_1} = \frac{\frac{\delta F}{\delta u_2}}{U_2} = \cdots = \frac{\frac{\delta F}{\delta u_n}}{U_n}.$$

Jacobi hat gezeigt, dass man auch noch andere Integrale in folgender Weise finden kann. Wir setzen:

$$F_1(u_1, u_2, \ldots, u_n) = 0, \ldots, F_k(u_1, u_2, \ldots, u_n) = 0.$$

Aus diesen ergiebt sich:

$$\frac{\delta F_1}{\delta u_1} du_1 + \frac{\delta F_1}{\delta u_2} du_2 + \cdots + \frac{\delta F_1}{\delta u_n} du_n = 0$$

$$\cdots\cdots\cdots\cdots\cdots\cdots$$

$$\frac{\delta F_k}{\delta u_1} du_1 + \frac{\delta F_k}{\delta u_2} du_2 + \cdots + \frac{\delta F_k}{\delta u_n} du_n = 0.$$

Eliminirt man k Differentiale du aus diesen Gleichungen und der Gleichung (a) und setzt die Coefficienten der anderen in dem Resultat gleich Null, so erhält man $n-k$ Relationen:

$$F_{k+1} = 0,\ F_{k+2} = 0, \ldots, F_n = 0,$$

welche zusammen mit den willkürlich angenommenen

$$F_1 = 0,\ F_2 = 0, \ldots, F_k = 0$$

ebenfalls ein Integralsystem der Gleichung (1) bilden.[1])

52. Anwendung auf die Integration der partiellen Differentialgleichungen erster Ordnung. — Nach einer scharfsinnigen Bemerkung Pfaff's kommt die Integration einer partiellen Differentialgleichung

$$f(z, x_1, x_2, \ldots, x_n, p_1, p_2, \ldots, p_n) = 0 \quad . \quad . \quad . \quad . \quad (2)$$

auf diejenige der totalen Differentialgleichung

$$p_1 dx_1 + \cdots + p_n dx_n + 0 \,.\, dp_1 + \cdots + 0 \,.\, dp_{n-1} + (-1)\, dz = 0 \ (3),$$

in welcher man sich p_n durch seinen aus der Relation (2) abgeleiteten Werth ersetzt denkt, zurück.

Man kann die vorige Methode auf diese Gleichung (3) anwenden. Dazu setze man:

$$\begin{array}{llll} x_{n+1} = p_1, & x_{n+2} = p_2, \ldots, & x_{2n-1} = p_{n-1}, & x_{2n} = z, \\ X_1 = p_1, & X_2 = p_2, \ldots, & X_{n-1} = p_{n-1}, & X_n = p_n, \\ X_{n+1} = 0, & X_{n+2} = 0, \ldots, & X_{2n-1} = 0, & X_{2n} = -1. \end{array}$$

Fast alle durch das Symbol

$$(\mu, \nu)$$

ausgedrückten Grössen werden Null, so dass die Werthe von $k_1, \ldots, k_{2n}$ sich bedeutend vereinfachen, zu gleicher Zeit aber auch ihre symmetrische Form verlieren.

---

[1]) Man findet auf diese Weise sämmtliche Lösungen, wie leicht zu sehen ist, wenn man sich Nr. 12 vergegenwärtigt.

Man findet:

$$k_1 = \frac{dp_1}{dz} - \frac{dp_n}{dx_1}\frac{dx_n}{dz},$$

$$k_2 = \frac{dp_2}{dz} - \frac{dp_n}{dx_2}\frac{dx_n}{dz},$$

$$\cdots\cdots\cdots$$

$$k_{n-1} = \frac{dp_{n-1}}{dz} - \frac{dp_n}{dx_{n-1}}\frac{dx_n}{dz},$$

$$k_n = \frac{dp_n}{dx_1}\frac{dx_1}{dz} + \cdots + \frac{dp_n}{dx_{n-1}}\frac{dx_{n-1}}{dz} + \frac{dp_n}{dz}$$
$$+ \frac{dp_n}{dp_1}\frac{dp_1}{dz} + \cdots + \frac{dp_n}{dp_{n-1}}\frac{dp_{n-1}}{dz},$$

$$k_{n+1} = -\frac{dx_1}{dz} - \frac{dp_n}{dp_1}\frac{dx_n}{dz},$$

$$k_{2n-1} = -\frac{dx_{n-1}}{dz} - \frac{dp_n}{dp_{n-1}}\frac{dx_n}{dz},$$

$$k_{2n} = -\frac{dp_n}{dz}\frac{dx_n}{dz}.$$

Die Differentialgleichungen der Transformation sind diesen Werthen zufolge, wenn man beachtet, dass jedes der Verhältnisse $k : X$ gleich

$$\frac{k_{2n}}{X_{2n}} = \frac{dp_n}{dz}\frac{dx_n}{dz}$$

ist, und wenn man dz weghebt:

$$dp_1 = \left(\frac{dp_n}{dx_1} + p_1\frac{dp_n}{dz}\right)dx_n, \quad dx_1 = -\frac{dp_n}{dp_1}dx_n,$$

$$\cdots\cdots\cdots$$

$$dp_{n-1} = \left(\frac{dp_n}{dx_{n-1}} + p_{n-1}\frac{dp_n}{dz}\right)dx_n, \quad dx_{n-1} = -\frac{dp_n}{dp_{n-1}}dx_n,$$

$$dz = \left(p_n - p_1\frac{dp_n}{dp_1} - \cdots - p_{n-1}\frac{dp_n}{dp_{n-1}}\right)dx_n.$$

Um diese Gleichungen auf eine mehr symmetrische Form zu bringen, bemerken wir, dass man nach Gleichung (2) hat:

$$\frac{dp_n}{dx} = -\frac{\frac{\delta f}{\delta x}}{\frac{\delta f}{\delta p_n}}, \quad \frac{dp_n}{dp} = -\frac{\frac{\delta f}{\delta p}}{\frac{\delta f}{\delta p_n}}.$$

Führt man diese Werthe in die Transformationsgleichungen ein, so gehen dieselben über in:

$$\frac{dx_1}{\frac{\delta f}{\delta p_1}} = \cdots = \frac{dx_n}{\frac{\delta f}{\delta p_n}} = \frac{dz}{P} = \frac{dp_1}{P_1} = \frac{dp_2}{P_2} = \cdots = \frac{dp_n}{P_n}. \quad (a'),$$

wenn man wie im vorigen Kapitel setzt:

$$P_1 = -\frac{\delta f}{\delta x_1} - \frac{\delta f}{\delta z} p_1,$$

$$\cdot\ \cdot\ \cdot\ \cdot\ \cdot\ \cdot\ \cdot\ \cdot\ \cdot\ \cdot$$

$$P_n = -\frac{\delta f}{\delta x_n} - \frac{\delta f}{\delta z} p_n,$$

$$P = p_1 \frac{\delta f}{\delta p_1} + \cdots + p_n \frac{\delta f}{\delta p_n}.$$

Pfaff ist somit genau zu denselben Hülfsgleichungen gelangt, zu welchen Jacobi später gekommen ist, indem er der Lagrange'schen Methode ihre natürliche Erweiterung gab (vgl. den ganzen § 11). Wie wir bereits erwähnt haben, geschehen die Rechnungen in den beiden Methoden in derselben Weise, nur in umgekehrter Reihenfolge.

Bei der ursprünglichen Methode von Pfaff hat man n dem Systeme (a') analoge Gleichungssysteme zu integriren, welche n Relationen mit n willkürlichen Constanten ergeben. Die Elimination von $p_1, p_2, \ldots, p_n$ zwischen diesen n Gleichungen und der gegebenen Gleichung führt zu dem vollständigen Integrale der partiellen Differentialgleichung (2).

Die Bildung der andern Hülfssysteme (a') lässt sich nur in jedem besonderen Falle ausführen, da dieselben von den Integralen des ersten dieser Systeme abhängen.[1])

§ 15. Vereinfachung der Pfaff'schen Methode. Umgekehrtes Problem.

53. Vereinfachung der Pfaff'schen Methode für die Integration der partiellen Differentialgleichungen durch Jacobi.[2]) — Nimmt man wie in den Nr. 42 und 43 an, dass man die Hülfsgleichungen, welche wir gefunden haben, integrirt und dass man eine Änderung der Variablen

[1]) Über das Pfaff'sche Problem vergleiche man die bemerkenswerthen Abhandlungen von Natani (Crelle's Journ. Bd. 57, S. 301—328), von Clebsch (Crelle's Journ., Bd. 59, S. 190—192, Bd. 60, S. 193—251, Bd. 61, S. 146—179) und von Dubois-Reymond (ibid. Bd. 70, S. 299—313); ferner verschiedene Schriften von Lie in den Abhandlungen der Akademie zu Christiania. Wir hätten ferner noch in der ersten Auflage Grassmann, Ausdehnungslehre, 1862, Nr. 500 bis 527, S. 347—385 erwähnen müssen. Seit 1875 haben Lie, Frobenius, Darboux, Morera u. A. Arbeiten über das Pfaff'sche Problem von höchster Wichtigkeit veröffentlicht. Behufs vergleichender Analyse dieser Abhandlungen verweisen wir auf A. R. Forsyth, Theory of Differential Equations, Part I, Exact Equations and Pfaff's Problem. Cambridge, University Press, 1890 (XIII u. 340 S. in 8°).

[2]) Jacobi, Journal de Liouville, Bd. III, S. 171—182, § IX der Abhandlung. Jacobi wundert sich, dass Pfaff die in den Nr. 53 und 54 auseinandergesetzte Erweiterung nicht gefunden hat. Indessen war die Sache nicht so ein-

vorgenommen habe, so wird die Integration der gegebenen Gleichung auf diejenige der Gleichung

$$C_1 du_1 + C_2 du_2 + \cdots + C_{2n-1} du_{2n-1} = 0$$

zurückgeführt sein, in welcher $u_1, \ldots, u_{2n-1}$ die Constanten der Integration der Hülfsgleichungen und die C durch die Relationen definirt sind:

$$U = p_1 \frac{dx_1}{du} + \cdots + p_n \frac{dx_n}{du}$$

$$U = Ce^{-\int \frac{\delta f}{\delta z} \frac{dz}{P}}.$$

Jacobi hatte, als er die Untersuchungen Hamilton's über die Dynamik studirte, den glücklichen Gedanken, in diese Theorie die Anfangswerthe der Variablen, nämlich $z_0, x_{10}, \ldots, x_{n0}, p_{10}, \ldots, p_{n0}$, einzuführen und das in der vorstehenden Gleichung vorkommende Integral zwischen den Grenzen z_0 und z zu nehmen. Es ergiebt sich auf diese Weise:

$$U = U_0 e^{-\int_{z_0}^{z} \frac{\delta f}{\delta z} \frac{dz}{P}},$$

$$C = U_0 = p_{10} \frac{dx_{10}}{du} + \cdots + p_{n0} \frac{dx_{n0}}{du}.$$

Die zu integrirende Gleichung reducirt sich auf

$$U_{10} du_1 + \cdots + U_{2n-1,0}\, du_{2n-1} = 0,$$

oder ausführlich hingeschrieben:

$$p_{10} \left(\frac{dx_{10}}{du_1} du_1 + \cdots + \frac{dx_{10}}{du_{2n-1}} du_{2n-1} \right)$$
$$+ \quad \cdots\cdots\cdots\cdots\cdots$$
$$+ p_{n0} \left(\frac{dx_{n0}}{du_1} du_1 + \cdots + \frac{dx_{n0}}{du_{2n-1}} du_{2n-1} \right) = 0,$$

d. h.:

$$p_{10} dx_{10} + \cdots + p_{n0} dx_{n0} = 0.$$

---

fach, da Jacobi selbst nicht daran dachte, als er sich mit der Lagrange'schen Methode beschäftigte. Er hätte dazu in die Gleichungen die Anfangswerthe der Variablen einführen müssen. Dies that Cauchy seit dem Jahre 1819. Jacobi erkannte die Tragweite dieser Wahl der neuen Veränderlichen erst im Jahre 1835 nach den Arbeiten von Hamilton über die Dynamik. Aus diesem Grunde dürfte man in Deutschland die soeben dargelegte Integrationsmethode mit Unrecht als die Hamilton-Jacobi'sche bezeichnen, da Cauchy lange vor diesen Geometern durch eine direktere Methode als diejenige von Pfaff die später von Jacobi auf ziemlich mühsame Weise wiedergefundenen Resultate entdeckt hatte. Herr Lie bemerkt ebenfalls in einer seiner späteren Abhandlungen, dass die von Jacobi vervollkommnete Pfaff'sche Methode eigentlich die Cauchy'sche Methode heissen müsste.

Als Integralsystem dieser Gleichungen kann man nehmen:

$$x_{10} = a_1, \ x_{20} = a_2, \ldots, x_{n0} = a_n,$$

wo $a_1, a_2, \ldots, a_n$ Constanten bezeichnen.

Hieraus ergiebt sich die folgende Regel zur Integration der Gleichung (1). Es sei f_0 das, was aus irgend einer der Functionen f wird, wenn man darin $z = z_0$ setzt. Man leite aus den Relationen

$$f_{10} = u_1, \ldots, f_{2n-1,0} = u_{2n-1}, \ f_{2n,0} = 0$$

die Werthe von $x_{10}, \ldots, x_{n0}, p_{10}, \ldots, p_{n0}$ als Functionen von $u_1, \ldots, u_{2n-1}$ her und man finde auf diese Weise die n Relationen:

$$x_{10} = F_1(u_1, \ldots, u_{2n-1}),$$

$$\cdots\cdots\cdots$$

$$x_{n0} = F_n(u_1, \ldots, u_{2n-1}).$$

Um das vollständige Integral der Gleichung (1) zu erhalten, braucht man dann nur, nachdem die u durch ihre Werthe ersetzt sind, $p_1, \ldots, p_n$ aus den Gleichungen

$$F_1 = a_1, \ F_2 = a_2, \ldots, \ F_n = a_n$$

zu eliminiren.

Bemerkungen. I. Ist infolge der gegebenen Gleichung $P = 0$, so giebt die vorgenannte Methode $z = z_0$ als ein Integral der Hülfsgleichungen. In diesem Falle findet man nicht mehr direkt das vollständige Integral, wie leicht zu sehen ist und wie wir bei Gelegenheit der Cauchy'schen Methode zeigen werden, bei der dieselbe Ausnahme eintritt.

II. Anstatt die u und z als neue Veränderliche zu nehmen, kann man die u und irgend eins der x nehmen, wodurch die von Jacobi abgeänderte Pfaff'sche Methode sich derjenigen von Cauchy noch mehr nähert. Der Hauptunterschied zwischen den beiden Methoden besteht darin, dass Cauchy von Beginn der Rechnung an $n - 1$ neue Variablen als Functionen der alten und n willkürliche Constanten anwendet, während Pfaff und Jacobi $2n-1$ neue Veränderliche anwenden und gezwungen sind, im Verlauf der Rechnung n derselben Constanten gleich zu setzen oder vielmehr, wie wir gesehen haben, n Functionen dieser Variablen gleich Constanten zu setzen, was auf dasselbe hinauskommt.

54. Vereinfachung der allgemeinen Pfaff'schen Methode durch Jacobi.[1]) — Wir haben oben (Nr. 53) angedeutet, wie Jacobi, gestützt auf die Arbeiten von Hamilton, die Integration der Gleichung (2) auf diejenige des einzigen Systems (a') zurückgeführt hat. Wir wollen jetzt

---

[1]) Jacobi, Journal de Liouville, Bd. III, S. 194—201, § 12 der Abhandlung. Der in dieser Nummer und in der folgenden behandelte Gegenstand gehört eigentlich nicht zum Gegenstande dieses Buches.

zeigen, wie er in analoger Weise unmittelbar sämmtliche Hülfsgleichungen bilden konnte, deren man bei der allgemeinen Pfaff'schen Methode zur Integration einer totalen Differentialgleichung bedarf.

Es sei x_{2n}^0 ein Werth von x_{2n}, für welchen $x_1, x_2, \ldots, x_{2n-1}$ die Werthe $x_1^0, x_2^0, \ldots, x_{2n-1}^0$ annehmen. Setzt man

$$\begin{array}{llll}
x_1 = x_1^0 + (x_{2n} - x_{2n}^0)\xi_1, & X_1 = X_1^0 + (x_{2n} - x_{2n}^0)\Xi_1, \\
x_2 = x_2^0 + (x_{2n} - x_{2n}^0)\xi_2, & X_2 = X_2^0 + (x_{2n} - x_{2n}^0)\Xi_2, \\
\cdots & \cdots \\
x_{2n-1} = x_{2n-1}^0 + (x_{2n} - x_{2n}^0)\xi_{2n-1}, & X_{2n-1} = X_{2n-1}^0 + (x_{2n} - x_{2n}^0)\Xi_{2n-1}, \\
x_{2n} = x_{2n}^0 + (x_{2n} - x_{2n}^0)\xi_{2n}, & X_{2n} = X_{2n}^0 + (x_{2n} - x_{2n}^0)\Xi_{2n},
\end{array}$$

wo $\xi_1, \ldots, \xi_{2n-1}$ für $x_{2n} = x_{2n}^0$ nicht unendlich werden und $\xi_{2n} = 1$ ist, und führt man an Stelle der alten Variablen ihre Anfangswerthe und x_{2n} ein, so findet man:

$$X_1 dx_1 + X_2 dx_2 + \cdots + X_{2n} dx_{2n}$$
$$= B_1 dx_1^0 + B_2 dx_2^0 + \cdots + B_{2n-1} dx_{2n-1}^0 + B_{2n} dx_{2n}.$$

Nimmt man an, dass die oben gegebenen Relationen zwischen den neuen und den alten Variablen diejenigen seien, welche die erste Pfaff'sche Transformation auszuführen gestatten, so hat man $B_{2n} = 0$; sodann kann man, da

$$B_i = X_i^0 + (x_{2n} - x_{2n}^0)\xi_i + (x_{2n} - x_{2n}^0)\Sigma\frac{d\xi_k}{dx_i^0}X_k^0 + (x_{2n} - x_{2n}^0)^2\Sigma\frac{d\xi_k}{dx_i^0}\Xi_k,$$

von einem Faktor λ abgesehen, unabhängig von x_{2n} ist, darin $x_{2n} = x_{2n}^0$ setzen. Auf diese Weise geht also die gegebene Gleichung über in:

$$X_1^0 dx_1^0 + X_2^0 dx_2^0 + \cdots + X_{2n-1}^0 dx_{2n-1}^0 = 0.$$

Um dieselbe zu integriren, setzen wir

$$x_{2n-1}^0 = a;$$

sodann transformiren wir dieselbe in eine andere, welche eine Veränderliche weniger enthält, und zwar mittels der Integration eines den Gleichungen (12) des § 13 analogen Hülfssystems

$$\frac{k_1}{X_1} = \frac{k_2}{X_2} = \cdots = \frac{k_{2n}}{X_{2n}}.$$

Um diese neuen Hülfsgleichungen zu erhalten, braucht man nur in dem vorhergehenden System die beiden letzten Gleichungen wegzulassen und in den übrigen $x_{2n} = x^0_{2n}$ zu setzen und sodann x_{2n-1} durch a und x_i durch x^0_i zu ersetzen. Diese Änderungen, ausgeführt in den Rechnungen des § 12, geben in der That die Rechnungen, welche erforderlich sind, um die letzte totale Differentialgleichung in

$$X^{00}_1 dx^{00}_1 + X^{00}_2 dx^{00}_2 + \cdots + X^{00}_{2n-4} dx^{00}_{2n-4} = 0$$

zu transformiren. U. s. w. Es ist klar, dass man in dieser Weise die Bildung der Systeme von Hülfsgleichungen fortsetzen kann und zu dem Integralsystem gelangt:

$$x^0_{2n-1} = a_1,\ x^{00}_{2n-3} = a_2,\ x^{000}_{2n-5} = a_3, \ldots,\ x^{0^n}_1 = a_n.$$

Bemerkung. Eine grosse Vereinfachung tritt ein, wenn

$$X_1 = 0, \ldots, X_{n-r} = 0$$

ist. In diesem Falle kann man, wenn man bei einer Gleichung von der Form

$$X^{0^r}_{n+1-r} dx^{0^r}_{n+1-r} + \cdots + X^{0^r}_{2n-2r} dx^{0^r}_{2n-2r} = 0$$

angelangt ist, stehen bleiben. Man hat nämlich bereits r Relationen

$$x^0_{2n-1} = a_1,\ x^{0^2}_{2n-3} = a_2, \ldots,\ x^{0^{r-1}}_{2n+1-2r} = a_r$$

und kann ausserdem, um die letzte transformirte Gleichung zu integriren, unmittelbar

$$x^{0^r}_{n+1-r} = a_{r+1}, \ldots,\ x^{0^r}_{2n-2r} = a_n$$

setzen. In dem Falle der partiellen Differentialgleichungen tritt dies nach der ersten Transformation ein, da man hat: $r = n - 1$.

55. Das dem Pfaff'schen Problem inverse Problem.[1]) — Es seien

$$x_1 = f_1(x_{n+1}, \ldots, x_{2n}, a_1, a_2, \ldots, a_n) \quad \ldots \quad (4_1)$$

$$\cdots\cdots\cdots\cdots$$

$$x_n = f_n(x_{n+1}, \ldots, x_{2n}, a_1, a_2, \ldots, a_n) \quad \ldots \quad (4_n)$$

---

[1]) Jacobi, Journal de Liouville, Bd. III, S. 185—194, § 14 der Abhandlung, giebt den Satz dieser Nummer, ohne die Variationsrechnung anzuwenden. Im § 10, S. 182—185 beweist er den entsprechenden Satz für die Hülfsgleichungen (a'). Wir haben es vorgezogen, um nicht auf die Pfaff'sche Methode zurückzukommen, an diese Stelle das allgemeine Theorem zu setzen, wobei wir uns der Kürze wegen der Bezeichnungen der Variationsrechnung bedienen, um das auf die Gleichungen (a') bezügliche Theorem als speciellen Fall zu geben. Unser Beweis ist eine Nachahmung desjenigen von Jacobi, Vorlesungen, S. 372—375.

Alles, was sich auf Gleichungen von der in der Bemerkung II angegebenen Form bezieht, haben wir fortgelassen, um nicht in die Theorien der höheren Dynamik einzugehen, wodurch unsere Arbeit zu ausgedehnt geworden wäre.

n Relationen, welche der totalen Differentialgleichung

$$X_1 dx_1 + \cdots + X_{2n} dx_{2n} = 0 \quad . \quad . \quad . \quad . \quad . \quad (5)$$

genügen, so dass

$$X_1 \frac{\delta f_1}{\delta x_{n+1}} + \cdots + X_n \frac{\delta f_n}{\delta x_{n+1}} + X_{n+1} = 0 \quad . \quad . \quad . \quad (6_1)$$

. . . .

$$X_1 \frac{\delta f_1}{\delta x_{2n}} + \cdots + X_n \frac{\delta f_n}{\delta x_{2n}} + X_{2n} = 0 \quad . \quad . \quad . \quad (6_n)$$

ist. Ferner nehmen wir die n Relationen an:

$$X_1 \frac{\delta f_1}{\delta \alpha_1} + \cdots + X_n \frac{\delta f_n}{\delta \alpha_1} + \lambda \beta_1 = 0 \quad . \quad . \quad . \quad (7_1)$$

$$X_1 \frac{\delta f_1}{\delta \alpha_n} + \cdots + X_n \frac{\delta f_n}{\delta \alpha_n} + \lambda \beta_n = 0 \quad . \quad . \quad . \quad (7_n),$$

wo $\beta_1, \ldots, \beta_n$ neue Constanten sind. Die Gleichungen (6) und (7) enthalten nach Elimination von λ $2n - 1$ Constanten $\alpha_1, \ldots, \alpha_n, \frac{\beta_1}{\beta_n}, \ldots, \frac{\beta_{n-1}}{\beta_n}$ und sind die Integrale der $2n - 1$ Gleichungen, auf welche Pfaff gekommen war bei der Aufsuchung des Integrals von (5).

Wir denken uns nämlich, dass man aus den Gleichungen (6) und (7) die Veränderlichen x als Functionen von λ, der α und der β bestimmt habe. Lassen wir dann in den Gleichungen (6) und (7) α und β um $\delta\alpha$ und $\delta\beta$ sich ändern, so werden die x sich um δx ändern. Dies vorausgeschickt, multipliciren wir die Gleichungen $(6_1), \ldots, (6_n), (7_1), \ldots, (7_n)$ resp. mit $\delta x_{n+1}, \delta x_{n+2}, \ldots, \delta x_{2n}, \delta\alpha_1, \ldots, \delta\alpha_n$ und addiren die Resultate. Dann ergiebt sich zufolge (4):

$$X_1 \delta x_1 + X_2 \delta x_2 + \cdots + X_{2n} \delta x_{2n} + \lambda(\beta_1 \delta\alpha_1 + \cdots + \beta_n \delta\alpha_n) = 0 \ (8).$$

Differentiiren wir diese Gleichung nach λ, so erhalten wir:

$$\Sigma X \delta \frac{dx}{d\lambda} + \Sigma \frac{dX}{d\lambda} \delta x + \Sigma \beta d\alpha = 0 \quad . \quad . \quad . \quad . \quad . \quad (9).$$

Multiplicirt man die Gleichungen (6) mit $\frac{dx_{n+1}}{d\lambda}, \ldots, \frac{dx_{2n}}{d\lambda}$ und addirt man die Resultate, so findet man die folgende, übrigens nach (5) evidente Relation:

$$X_1 \frac{dx_1}{d\lambda} + \cdots + X_{2n} \frac{dx_{2n}}{d\lambda} = 0$$

und hieraus durch Variation:

$$\Sigma X \delta \frac{dx}{d\lambda} + \Sigma \frac{dx}{d\lambda} \delta X = 0 \quad . \quad . \quad . \quad . \quad . \quad (10).$$

Subtrahirt man von der Gleichung (9) die Gleichung (10) und die durch λ dividirte Gleichung (8), so kommt:

$$\Sigma \frac{dX}{d\lambda}\,\delta x - \Sigma \frac{dx}{d\lambda}\,\delta X - \frac{1}{\lambda}\,\Sigma X \delta x = 0.$$

Hieraus erhält man, indem man die Coefficienten von $\delta x_1, \ldots, \delta x_{2n}$ gleich Null setzt:

$$\frac{dX_1}{d\lambda} - \left(\frac{dx_1}{d\lambda}\frac{\delta X_1}{\delta x_1} + \cdots + \frac{dx_{2n}}{d\lambda}\frac{\delta X_{2n}}{\delta x_1}\right) - \frac{X_1}{\lambda} = 0,$$

$$\cdots\cdots\cdots\cdots\cdots\cdots$$

$$\frac{dX_{2n}}{d\lambda} - \left(\frac{dx_1}{d\lambda}\frac{\delta X_1}{\delta x_{2n}} + \cdots + \frac{dx_{2n}}{d\lambda}\frac{\delta X_{2n}}{\delta x_{2n}}\right) - \frac{X_{2n}}{\lambda} = 0.$$

Schreibt man statt $\frac{dX}{d\lambda}$ den Werth:

$$\frac{\delta X}{\delta x_1}\frac{\delta x_1}{\delta \lambda} + \cdots + \frac{\delta X}{\delta x_{2n}}\frac{\delta x_{2n}}{\delta \lambda},$$

so nehmen die vorstehenden Gleichungen die folgende Form an:

$$\frac{dx_1}{d\lambda}(1,1) + \frac{dx_2}{d\lambda}(1,2) + \ldots + \frac{dx_{2n}}{d\lambda}(1,2n) = \frac{X_1}{\lambda}$$

$$\cdots\cdots\cdots\cdots\cdots\cdots$$

$$\frac{dx_1}{d\lambda}(2n,1) + \frac{dx_2}{d\lambda}(2n,2) + \ldots + \frac{dx_{2n}}{d\lambda}(2n,2n) = \frac{X_{2n}}{\lambda},$$

und dies ist das Pfaff'sche Hülfssystem.

Bemerkungen. I. Damit die Variationen der x zugleich mit denjenigen der α und β unabhängig seien, wie oben angenommen wurde, ist erforderlich, dass die Gleichungen (6) und (7) so beschaffen sind, dass

$$\frac{\delta(x_1\ldots, x_{2n})}{\delta(\alpha_1,\ldots,\alpha_n,\beta_1,\ldots,\beta_n)}$$

nicht identisch Null ist.

II. Das Vorhergehende kann insbesondere angewendet werden auf die Hülfsgleichungen, zu denen man gelangt, wenn man das Integral der Gleichung

$$p_n + f(z, x_1, \ldots, x_n, p_1, \ldots, p_{n-1}) = 0$$

sucht. Ist

$$z = F(x_1, \ldots, x_n, \alpha_1, \ldots, \alpha_n)$$

eine vollständige Lösung dieser Gleichung oder von

$$dz = p_1 dx_1 + \cdots + p_{n-1} dx_{n-1} - f dx_n,$$

so hat man als Integral der Hülfsgleichungen

$$\frac{dx_1}{dx_n} = \frac{\delta f}{\delta p_1}, \ldots\ldots, \frac{dx_{n-1}}{dx_n} = \frac{\delta f}{\delta p_{n-1}}$$

$$\frac{dp_1}{dx_n} = -\frac{\delta f}{\delta x_1} - p_1 \frac{\delta f}{\delta z}, \ldots\ldots, \frac{dp_{n-1}}{dx_n} = -\frac{\delta f}{\delta x_{n-1}} - p_{n-1} \frac{\delta f}{\delta z}$$

$$\frac{dz}{dx_n} = p_1 \frac{\delta f}{\delta p_1} + \cdots + p_{n-1} \frac{\delta f}{\delta p_{n-1}} - f$$

das System:

$$\frac{\delta F}{\delta x_1} = p_1, \ldots\ldots, \frac{\delta F}{\delta x_{n-1}} = p_{n-1}, \ F = z \quad \ldots \quad \text{(I)}.$$

$$\frac{\delta F}{\delta \alpha_1} = \beta_1 \frac{\delta F}{\delta \alpha_n}, \ldots, \frac{\delta F}{\delta \alpha_{n-1}} = \beta_{n-1} \frac{\delta F}{\delta \alpha_n}, \quad \ldots \quad \text{(II)},$$

welches $2n$ Constanten $\alpha_1, \ldots, \alpha_n, \beta_1, \ldots, \beta_{n-1}$ enthält.

Diese Resultate leitet man aus den vorhergehenden ab auf Grund der Hypothesen der Nr. 52. Der direkte Beweis ist im Übrigen sehr einfach.[1])

III. Da $z = F$ eine vollständige Lösung der Gleichung $p_n + f = 0$ ist, so müssen die Functionen F, $\varphi_1 = \frac{\delta F}{\delta x_1}, \ldots, \varphi_{n-1} = \frac{\delta F}{\delta x_{n-1}}$, betrachtet als Functionen der Constanten, unabhängig sein, da sonst eine Relation zwischen diesen Functionen bestehen und somit z einer zweiten partiellen Differentialgleichung genügen würde. Nun würde aber, wenn dies der Fall wäre, diese Gleichung und die gegebene nur höchstens ∞^{2n-1} Elemente darstellen und dasselbe würde der Fall sein mit $z = F$ und ihren Ableitungen. Mithin würde $z = F$ mindestens eine überschüssige Constante enthalten, was gegen die Voraussetzung ist. Man hat daher, wenn man

$$\psi_1 = \frac{\delta F}{\delta \alpha_1}, \ldots, \psi_n = \frac{\delta F}{\delta \alpha_n}$$

setzt:

$$\begin{vmatrix} \psi_1, \ldots, \psi_n \\ \frac{\delta \psi_1}{\delta x_1}, \ldots, \frac{\delta \psi_n}{\delta x_1} \\ \cdots\cdots\cdots \\ \frac{\delta \psi_1}{\delta x_{n-1}}, \ldots, \frac{\delta \psi_n}{\delta x_{n-1}} \end{vmatrix} = (\psi_1)^n \frac{\delta\left[\left(\frac{\psi_2}{\psi_1}\right), \ldots, \left(\frac{\psi_{n-1}}{\psi_1}\right)\right]}{\delta[x_1, \ldots, x_{n-1}]} \lessgtr 0 \quad . \quad \text{(III)}.$$

---

[1]) Binet (C. R. Bd. XIV, S. 654—660, Bd. XV, S. 74—80), Cauchy, § 2 der im Buch III analysirten Abhandlung (Exercices d'anal. et de phys. math. Bd. II, S. 261—272), Jacobi, Vorlesungen, S. 364—369, haben die Variationsrechnung angewendet, um die von Jacobi modificirte Pfaff'sche Methode oder ähnliche Untersuchungen über die partiellen Differentialgleichungen darzulegen. Wir können uns, glauben wir, hier bei Gelegenheit des dem Pfaff'schen Problem inversen Problems darauf beschränken, eine Vorstellung von der Art der Auseinandersetzung zu geben. Die Schreibereien werden durch jenes Mittel erheblich abgekürzt, aber die Darstellung wird weniger klar.

Es folgt hieraus, dass, wenn man die Gleichungen (I) und (II) nach den Constanten auflöst, man Functionen der Variablen findet, die von einander unabhängig sind. Man kann nämlich nach Voraussetzung aus den Gleichungen (I) die Werthe der α herleiten, da die Functionaldeterminante der linken Seiten nach den α nicht Null ist. Aus den Gleichungen (II) kann man ferner infolge der Ungleichheit (III) die Werthe der Constanten β finden.[1])

[1]) Jacobi, Vorlesungen, S. 471—475.

II. Buch.

Methode von Jacobi.[1]

1. Kapitel.

Grundlagen.

§ 16. Fundamentaleigenschaften der symbolischen Ausdrücke von Poisson.[2]

56. Definitionen. — Es seien φ und ψ zwei explicite Functionen der Veränderlichen $x_1, x_2, \ldots, x_n, p_1, p_2, \ldots, p_n$. Ferner nehmen wir an,

[1]) Die neue Methode von Jacobi wurde von Clebsch veröffentlicht im 60. Bde. von Crelle's Journal 1862 unter dem Titel: *Nova methodus etc.*, ferner in den „Vorlesungen über Dynamik", Vorles. 21—23 und an einigen andern Stellen, im Jahre 1866. Jacobi war jedoch schon seit 1838 im Besitze dieser Methode, wie aus weiter unten, Anmerkung 1 zu § 17, gegebenen Hinweisen hervorgeht. Daher muss diese Methode mit Jacobi's Namen bezeichnet werden, obwohl sie vor 1862 von Liouville, Bour und Donkin in ihren wesentlichen Zügen ebenfalls gefunden worden war (vgl. die angeführte Anmerkung). Wir knüpfen an die Methode von Jacobi diejenigen Untersuchungen an, welche die natürliche Folge derselben sind. Seit 1875 ist die Jacobi'sche Methode Gegenstand der Untersuchungen verschiedener Gelehrter gewesen, von denen wir eine der wichtigsten, welche von Gilbert herrührt, im Nachtrag IV am Schlusse des 2. Kap. von Buch II reproduciren. Wir verweisen hier nur noch auf einige andere, die wir in dieser deutschen Ausgabe unseres Werkes nicht analysiren konnten: Collet, Annales de l'école normale supérieure, 1876, 2. série, Bd. V. S. 49—82; Comptes rendus, 1880, Bd. XCI, S. 974—978; Cayley, Quarterly Journal of Mathematics, 1876, Bd. XIV, S. 292—339.

[2]) Poisson wandte in seinem *Mémoire sur la variation des constantes arbitraires dans les problèmes de mécanique* (Journ. de l'école polyt., 15. cahier, S. 281) zuerst die Bezeichnung (φ, ψ) an. Die Bezeichnung $[\varphi, \psi]$ ergab sich darnach von selbst. Wir bedienen uns noch dreier weiterer symbolischer Bezeichnungen, um die Beweise des § 18 zu vereinfachen. Wir folgen in diesem § 16 im Allgemeinen der Darlegung von Imschenetsky, § 16, S. 48—52.

dass φ überdies noch r Functionen $a_1, a_2, \ldots, a_r$ und ψ ebenso s Functionen $b_1, b_2, \ldots, b_s$ dieser nämlichen Variablen explicit enthalte, so dass

$$\varphi = \varphi(x_1, \ldots, x_n, p_1, \ldots, p_n, a_1, \ldots, a_r)$$
$$\psi = \psi(x_1, \ldots, x_n, p_1, \ldots, p_n, b_1, \ldots, b_s)$$

ist, und setzen:

$$(\varphi, \psi) = \sum_1^n \begin{vmatrix} \frac{\delta\varphi}{\delta x_i}, & \frac{\delta\psi}{\delta x_i} \\ \frac{\delta\varphi}{\delta p_i}, & \frac{\delta\psi}{\delta p_i} \end{vmatrix},$$

$$[\varphi, \psi) = \sum_1^n \begin{vmatrix} \frac{d\varphi}{dx_i}, & \frac{\delta\psi}{\delta x_i} \\ \frac{d\varphi}{dp_i}, & \frac{\delta\psi}{\delta p_i} \end{vmatrix},$$

$$(\varphi, \psi] = \sum_1^n \begin{vmatrix} \frac{\delta\varphi}{\delta x_i}, & \frac{d\psi}{dx_i} \\ \frac{\delta\varphi}{\delta p_i}, & \frac{d\psi}{dp_i} \end{vmatrix},$$

$$[\varphi, \psi] = \sum_1^n \begin{vmatrix} \frac{d\varphi}{dx_i}, & \frac{d\psi}{dx_i} \\ \frac{d\varphi}{dp_i}, & \frac{d\psi}{dp_i} \end{vmatrix},$$

$$(\overline{\varphi, \psi}) = \sum_1^n \begin{vmatrix} \frac{d\varphi}{dx_i}, & \frac{d\psi}{dx_i} \\ \frac{\delta\varphi}{\delta p_i}, & \frac{\delta\psi}{\delta p_i} \end{vmatrix}.$$

Nach Bedarf werden wir auch, wenn keine Zweideutigkeit zu befürchten ist, an Stelle irgend eines dieser Symbole unter Weglassung der Klammern und Striche schreiben:

$$\varphi\psi \text{ oder } \varphi, \psi.$$

Man findet unmittelbar die folgenden Formeln:

$$\varphi\varphi = 0;\ \varphi\psi = -\psi\varphi;\ \varphi, -\psi = -\varphi\psi;\ \text{const}, \psi = 0 \quad (1),$$

$$(x_i, \psi) = \frac{\delta\psi}{\delta p_i};\ (x_i, \psi] = \frac{d\psi}{dp_i};\ (p_i, \psi) = -\frac{\delta\psi}{\delta x_i};\ (p_i, \psi] = -\frac{d\psi}{dx_i} \quad . (2),$$

$$(x_i, x_k) = (p_i, p_k) = (x_i, p_k) = 0 \quad . \ . \ . \ . \quad (3).$$

Bezeichnet u eine der Veränderlichen x oder p, so findet man noch, falls D eine Differentiation nach u andeutet:

$$D(\varphi, \psi) = (D\varphi, \psi) + (\varphi, D\psi) \quad . \quad . \quad . \quad . \quad . \quad . \quad . \quad . \quad . \quad . \quad . \quad (4_1),$$

$$D^2(\varphi, \psi) = (D^2\varphi, \psi) + 2(D\varphi, D\psi) + (\varphi, D^2\psi) \quad . \quad . \quad . \quad . \quad . \quad . \quad . \quad (4_2),$$

. . . .

$$\left.\begin{array}{l} D^n(\varphi, \psi) = (D^n\varphi, \psi) + \frac{n}{1}(D^{n-1}\varphi, D\psi) + \frac{n(n-1)}{1.2}(D^{n-2}\varphi, D^2\psi) + \cdots \\ \quad + \frac{n(n-1)}{1.2}(D^2\varphi, D^{n-2}\psi) + \frac{n}{1}(D\varphi, D^{n-1}\psi) + (\varphi, D^n\psi) \end{array}\right\} (4_n),$$

Formeln, deren Analogie mit der Leibniz'schen Formel für die Entwickelung von $D^n\varphi\psi$ augenscheinlich ist.[1]) Diese Analogie konnte übrigens von vornherein erwartet werden, da die symbolischen Ausdrücke von Poisson Summen von Producten zweier Functionen sind, und diese Bemerkung genügt zum Beweise der Formeln (4).

57. Entwickelungen der verschiedenen Ausdrücke $\varphi\psi$. — Man hat unmittelbar, den elementaren Eigenschaften der Determinanten zufolge:

$$(\overline{\varphi, \psi}) = \sum \begin{vmatrix} \frac{d\varphi}{dx}, & \frac{d\psi}{dx} \\ \frac{\delta\varphi}{\delta p}, & \frac{\delta\psi}{\delta p} \end{vmatrix}$$

$$= \sum \begin{vmatrix} \frac{\delta\varphi}{\delta x} + \frac{\delta\varphi}{\delta a_1}\frac{\delta a_1}{\delta x} + \cdots + \frac{\delta\varphi}{\delta a_r}\frac{\delta a_r}{\delta x}, & \frac{\delta\psi}{\delta x} + \frac{\delta\psi}{\delta b_1}\frac{\delta b_1}{\delta x} + \cdots + \frac{\delta\psi}{\delta b_s}\frac{\delta b_s}{\delta x} \\ \frac{\delta\varphi}{\delta p} & \frac{\delta\psi}{\delta p} \end{vmatrix}$$

Diese Gleichung nimmt eine bemerkenswerthe Form an, wenn $r = s = n$ und wenn $a = b = p$ ist, wo die p als Functionen der x vorausgesetzt werden. Alsdann ergiebt sich, wenn man die Determinante der rechten Seite entwickelt:

$$(\overline{\varphi, \psi}) = (\varphi, \psi) + \Sigma_i \Sigma_k \frac{\delta\varphi}{\delta p_i}\frac{\delta\psi}{\delta p_k}\left(\frac{\delta p_i}{\delta x_k} - \frac{\delta p_k}{\delta x_i}\right) \quad . \quad . \quad (5),$$

wo sich die doppelte Summation auf die Werthe 1, 2, 3. . . ., n von i und k erstreckt.

Der Ausdruck $[\varphi, \psi]$ giebt eine analoge Entwickelung. Derselbe ist gleich:

$$\sum \begin{vmatrix} \frac{\delta\varphi}{\delta x} + \frac{\delta\varphi}{\delta a_1}\frac{\delta a_1}{\delta x} + \cdots + \frac{\delta\varphi}{\delta a_r}\frac{\delta a_r}{\delta x}, & \frac{\delta\psi}{\delta x} + \frac{\delta\psi}{\delta b_1}\frac{\delta b_1}{\delta x} + \cdots + \frac{\delta\psi}{\delta b_s}\frac{\delta b_s}{\delta x} \\ \frac{\delta\varphi}{\delta p} + \frac{\delta\varphi}{\delta a_1}\frac{\delta a_1}{\delta p} + \cdots + \frac{\delta\varphi}{\delta a_r}\frac{\delta a_r}{\delta p}, & \frac{\delta\psi}{\delta p} + \frac{\delta\psi}{\delta b_1}\frac{\delta b_1}{\delta p} + \cdots + \frac{\delta\psi}{\delta b_s}\frac{\delta b_s}{\delta p} \end{vmatrix}$$

[1]) Die Formeln (4) sind von Imschenetsky gegeben worden, S. 51—52.

Entwickelt man diesen Ausdruck, so findet man die Formel:

$$[\varphi, \psi] = (\varphi, \psi) + \Sigma \frac{\delta\psi}{\delta b}(\varphi, b) + \Sigma \frac{\delta\varphi}{\delta a}(a, \psi) + \Sigma\Sigma \frac{\delta\varphi}{\delta a}\frac{\delta\psi}{\delta b}(a, b) \quad . \quad (6).$$

Insbesondere ist, wenn $r = s$, $a_i = b_i$:

$$[\varphi,\psi] = (\varphi,\psi) + \Sigma\left\{(\varphi, a)\frac{\delta\psi}{\delta a} - (\psi, a)\frac{\delta\varphi}{\delta a}\right\} + \Sigma_i\Sigma_k\left\{\frac{\delta\varphi}{\delta a_i}\frac{\delta\psi}{\delta a_k} - \frac{\delta\varphi}{\delta a_k}\frac{\delta\psi}{\delta a_i}\right\}(a_i, a_k) \quad (6'),$$

wo sich die Doppelsumme auf der rechten Seite auf die Werthe von i, die kleiner als r, und auf die Werthe von k, die grösser als i sind, oder, wenn man will, auf die Werthe 1, 2, 3, . . ., r von i und k bezieht, da die Ausdrücke (a_i, a_i) infolge der ersten Formel (1) verschwinden.

Enthielten φ und ψ nur die a explicit, so würde sich diese Formel (6') auf

$$[\varphi, \psi] = \Sigma\Sigma\left\{\frac{\delta\varphi}{\delta a_i}\frac{\delta\psi}{\delta a_k} - \frac{\delta\varphi}{\delta a_k}\frac{\delta\psi}{\delta a_i}\right\}(a_i, a_k) \quad . \quad . \quad . \quad (6'')$$

reducieren. Wenn φ die Functionen a nicht und ψ nur die Functionen a enthielte, so würde die Formel (6) zu der folgenden führen:

$$[\varphi, \psi] = \Sigma(\varphi, a)\frac{\delta\psi}{\delta a} \quad . \quad . \quad . \quad . \quad . \quad . \quad (6''').$$

Man gelangt zu einer brauchbareren, aber weniger natürlichen Entwickelung des Ausdrucks $[\varphi, \psi]$, wenn man von der Formel ausgeht:

$$\begin{vmatrix} M+m, & N+n \\ P+p, & Q+q \end{vmatrix} = \begin{vmatrix} M, & N+n \\ P, & Q+q \end{vmatrix} + \begin{vmatrix} M+m, & N \\ P+p, & Q \end{vmatrix} - \begin{vmatrix} M, & N \\ P, & Q \end{vmatrix} + \begin{vmatrix} m, & n \\ p, & q \end{vmatrix} \quad . \quad (7).$$

Ist in dieser Formel (7):

$$M + m = \frac{d\varphi}{dx}, \quad N + n = \frac{d\psi}{dx}, \quad M = \frac{\delta\varphi}{\delta x}, \quad N = \frac{\delta\psi}{\delta x}$$

$$P + p = \frac{d\varphi}{dp}, \quad Q + q = \frac{d\psi}{dp}, \quad P = \frac{\delta\varphi}{\delta p}, \quad Q = \frac{\delta\psi}{\delta p}$$

und bildet man die Summe aller analogen Ausdrücke, so ergiebt sich unmittelbar:

$$[\varphi, \psi] = (\varphi, \psi] + [\varphi, \psi) - (\varphi, \psi) + \Sigma\Sigma\frac{\delta\varphi}{\delta a}\frac{\delta\psi}{\delta b}(a, b) \quad . \quad . \quad (8).$$

Ist insbesondere $a = b$, $r = s$, so geht diese Formel über in:

$$[\varphi, \psi] = (\varphi, \psi] + [\varphi, \psi) - (\varphi, \psi) + \Sigma\Sigma\left\{\frac{\delta\varphi}{\delta a_i}\frac{\delta\psi}{\delta a_k} - \frac{\delta\varphi}{\delta a_k}\frac{\delta\psi}{\delta a_i}\right\}(a_i, a_k) \quad (8').$$

Ein ausserordentlich bemerkenswerther Fall ist der, wo die Function φ sich auf p_i und ψ auf p_k reducirt. Man hat alsdann nach den Formeln (2) und (3):

$$[\varphi, \psi] = (p_i, p_k) = 0,$$

$$[\varphi, \psi) = (p_i, \psi) = -\frac{\delta\psi}{\delta x_i} = -\frac{\delta p_k}{\delta x_i},$$

$$(\varphi, \psi] = \frac{\delta\varphi}{\delta x_k} = \frac{\delta p_i}{\delta x_k},$$

somit giebt die Formel (8'):

$$\frac{\delta p_k}{\delta x_i} - \frac{\delta p_i}{\delta x_k} = \Sigma\Sigma\left\{\frac{\delta\varphi}{\delta a_i}\frac{\delta\psi}{\delta a_k} - \frac{\delta\varphi}{\delta a_k}\frac{\delta\psi}{\delta a_i}\right\}(a_i, a_k) - (\varphi, \psi) \quad (8''),$$

Ist insbesondere $(\varphi, \psi) = 0$, so reducirt sich diese Formel auf:

$$\frac{\delta p_k}{\delta x_i} - \frac{\delta p_i}{\delta x_k} = \Sigma\Sigma\left\{\frac{\delta\varphi}{\delta a_i}\frac{\delta\psi}{\delta a_k} - \frac{\delta\varphi}{\delta a_k}\frac{\delta\psi}{\delta a_i}\right\}(a_i, a_k)^{1}.) \quad (8''').$$

Die Relationen (8''), (8''') werden identisch, wenn in den linken Seiten $\frac{\delta p_k}{\delta x_i} - \frac{\delta p_i}{\delta x_k} = \frac{\delta\psi}{\delta x_i} - \frac{\delta\varphi}{\delta x_k}$ ist und auf der rechten Seite die a durch die Functionen der x und der p ersetzt werden, welche φ auf p_i und ψ auf p_k reduciren.

§ 17. Jacobi's Fundamentaltheorem.[2])

58. **Besondere Form der Bedingungen $(\varphi, \psi) = 0$, falls φ und ψ linear sind in Bezug auf die partiellen Ableitungen der abhängigen Veränderlichen.** — Es sei R eine Function von $u_1, u_2, \ldots, u_m$ und

$$\varrho_1 = \frac{dR}{du_1},\ \varrho_2 = \frac{dR}{du_2}, \ldots, \varrho_m = \frac{dR}{du_m},$$

$$I = AR = a_1\frac{dR}{du_1} + \ldots + a_m\frac{dR}{du_m} = a_1\varrho_1 + a_2\varrho_2 + \cdots + a_m\varrho_m,$$

$$J = BR = b_1\frac{dR}{du_1} + \cdots + b_m\frac{dR}{du_m} = b_1\varrho_1 + b_2\varrho_2 + \cdots + b_m\varrho_m,$$

---

[1]) Die Formeln (6) entlehnen wir Imschenetsky S. 50—51. Die andern in ihrer allgemeinen Form sind neu. Entgegen dem Gebrauch belassen wir in den Summen die Glieder, welche sich gegenseitig aufheben, da ihre Unterdrückung in die Formeln eine unnöthige Complication einführt.

[2]) Résumé von Jacobi, *Nova Methodus*, § 23—26. Dieses Résumé findet sich auch bei Imschenetsky, § 25, S. 141—144, der überdies S. 145 den Donkin'schen Beweis für den Fundamentalsatz, ferner auch Nr. 39, S. 53—55, einen von ihm selbst herrührenden Beweis giebt; sowie bei Graindorge V, S. 35—41.

Es geht aus einer Stelle der *Nova Methodus* § 28, auf welche Clebsch aufmerksam gemacht hat, hervor, dass Jacobi sein Fundamentaltheorem schon seit 1838 hatte. Dieses Princip ist eigentlich schon enthalten in dem Poisson'schen

wo $a_1, \ldots, a_m, b_1, \ldots, b_m$ irgend welche Functionen der u und A und B Operationssymbole sind, die durch vorstehende Gleichungen definirt werden.

Wir suchen den Ausdruck:

$$(I, J) = \sum \begin{vmatrix} \frac{\delta I}{\delta u_i}, & \frac{\delta J}{\delta u_i} \\ \frac{\delta I}{\delta \varrho_i}, & \frac{\delta J}{\delta \varrho_i} \end{vmatrix}.$$

Derselbe ist gleich:

$$\sum_1^m \begin{vmatrix} \frac{\delta(a_1\varrho_1 + \cdots + a_m\varrho_m)}{\delta u_i}, & \frac{\delta(b_1\varrho_1 + \cdots + b_m\varrho_m)}{\delta u_i} \\ a_i & b_i \end{vmatrix},$$

d. h., wenn man die verschiedenen mit $\varrho_1, \ldots, \varrho_m$ multiplicirten Glieder vereinigt

$$\varrho_1 \left[\left(b_1 \frac{\delta a_1}{\delta u_1} + b_2 \frac{\delta a_1}{\delta u_2} + \cdots + b_m \frac{\delta a_1}{\delta u_m}\right) - \left(a_1 \frac{\delta b_1}{\delta u_1} + a_2 \frac{\delta b_1}{\delta u_2} + \cdots + a_m \frac{\delta b_1}{\delta u_m}\right)\right]$$

$$+ \cdot\ \cdot$$

$$+\varrho_m \left[\left(b_1 \frac{\delta a_m}{\delta u_1} + b_2 \frac{\delta a_m}{\delta u_2} + \cdots + b_m \frac{\delta a_m}{\delta u_m}\right) - \left(a_1 \frac{\delta b_m}{\delta u_1} + a_2 \frac{\delta b_m}{\delta u_2} + \cdots + a_m \frac{\delta b_m}{\delta u_m}\right)\right]$$

oder auch:

$$(I, J) = \varrho_1 (Ba_1 - Ab_1) + \varrho_2 (Ba_2 - Ab_2) + \cdots + \varrho_m (Ba_m - Ab_m).$$

Addirt man zur Summe der Glieder, welche in dem Ausdruck von (I, J) das Zeichen $+$ haben, alle Glieder von der Form

$$a_i b_j \frac{\delta^2 R}{\delta u_i \delta u_j}$$

Theorem (*Sur la variation des constantes arbitraires dans les problèmes de mécanique*, Journal de l'éc. polyt., 15. cahier, S. 280), dessen Wichtigkeit weder sein Urheber noch Lagrange ahnten, wie Jacobi, *Nova Methodus* § 28, bemerkt. Nach dem Tode Poisson's lenkte Jacobi die Aufmerksamkeit auf das Theorem (C. R. 1840, S. 529), doch wurde unglücklicherweise seine *Nova Methodus* erst 1862 durch Clebsch veröffentlicht und zwar ohne jede Änderung, abgesehen von einem kleinen Zusatz von einer Seite am Schlusse des § 52, wie wir aus dem Munde dieses Geometers selbst gehört haben. Es ist also ein Irrthum, wenn Imschenetsky behauptet, dass Clebsch „die Jacobi'sche Arbeit nach den in seinen Papieren vorgefundenen Materialien redigirt habe" (S. 6). Es ist jedoch wichtig, mit dem russischen Gelehrten zu bemerken, dass Donkin das Fundamentaltheorem ebenfalls gefunden hat (Philosoph. Transact. 1854, Theil I, S. 71 und 93), dass ferner Liouville in seinen Vorlesungen vom Jahre 1853 dasselbe ebenfalls bewiesen hat, wie Bour in seiner Abhandlung: *Sur l'intégration des équations differentielles partielles du premier et du second ordre* (Journ. de l'éc. polyt., 39 cahier, S. 148—191), S. 168 behauptet, wo er es das Theorem von Liouville nennt. Trotzdem muss man diesem Satze die Bezeichnung als Jacobi's Theorem belassen, da dieser Geometer mehr als ein anderer die Fruchtbarkeit desselben klargestellt hat.

und subtrahirt man dieselbe Grösse von den andern Gliedern, so erkennt man unmittelbar, dass das Ensemble der positiven Glieder BAR, das der negativen $-ABR$ darstellt.

Mithin ist schliesslich:

$$(I, J) = BAR - ABR = (BA - AB)\, R.$$

Zusätze I. Die Operation $(BA - AB)$ führt keine zweiten Ableitungen, sondern nur erste Ableitungen der Function ein, auf welche sie angewandt wird.

II. Hat man identisch $(I, J) = 0$, oder ist identisch $Ba - Ab = 0$, so ist auch

$$ABR = BAR,$$

d. h. man kann die Operationen A und B umkehren. Kommt man überein, $A^i R$ an Stelle von $A \,.\, A^{i-1} R$ zu schreiben, so folgt daraus, dass man auch schreiben kann:

$$A^m B^n R = B^n A^m R, \text{ etc.}$$

Es ergiebt sich hieraus, dass, wenn R eine Lösung von $AR = 0$ ist, dasselbe von $B^m R$ gilt. Denn es ist $A \,.\, B^m R = B^m \,.\, AR = B^m 0 = 0$.

Jacobi hat von diesem Zusatz den folgenden eleganten Beweis gegeben. Wird

$$a_i = \frac{du_i}{dt}, \quad b_i = \frac{du_i}{ds}$$

gesetzt, so hat man:

$$\frac{da_i}{ds} = \frac{db_i}{dt},$$

oder auch:

$$\frac{da_i}{du_1}\frac{du_1}{ds} + \frac{da_i}{du_2}\frac{du_2}{ds} + \cdots + \frac{da_i}{du_m}\frac{du_m}{ds}$$

$$= \frac{db_i}{du_1}\frac{du_1}{dt} + \frac{db_i}{du_2}\frac{du_2}{dt} + \cdots + \frac{db_i}{du_m}\frac{du_m}{dt},$$

d. h. successive:

$$\left(b_1 \frac{da_i}{du_1} + \cdots + b_m \frac{da_i}{du_m}\right) - \left(a_1 \frac{db_i}{du_1} + \cdots + a_m \frac{db_i}{du_m}\right) = 0,$$

$$Ba_i - Ab_i = 0.$$

Ferner ist:

$$I = a_1 \frac{dR}{du_1} + \cdots + a_m \frac{dR}{du_m} = \frac{dR}{du_1}\frac{du_1}{dt} + \cdots + \frac{dR}{du_m}\frac{du_m}{dt} = \frac{dR}{dt} = AR$$

$$J = \frac{dR}{ds} = BR,$$

somit

$$BAR = \frac{d\,\dfrac{dR}{ds}}{dt} = \frac{d\,\dfrac{dR}{dt}}{ds} = ABR.$$

59. Fundamentalsatz von Jacobi. Jacobi's Beweis. — Die linken Seiten der Gleichungen (φ, ψ) sind linear in Bezug auf die Ableitungen einer der Functionen φ oder ψ. Wendet man auf diese Ausdrücke die Hauptformel der vorigen Nummer an, so gelangt man zu dem Fundamentaltheorem von Jacobi. Es sei $m = 2n$ und

$$u_1 = p_1, \; u_2 = p_2, \ldots, u_n = p_n, \; u_{n+1} = x_1, \ldots, u_m = x_n.$$

Setzt man:

$$AR = (M, R) = \left(\frac{\delta M}{\delta x_1}\frac{\delta R}{\delta p_1} - \frac{\delta M}{\delta p_1}\frac{\delta R}{\delta x_1}\right) + \cdots + \left(\frac{\delta M}{\delta x_n}\frac{\delta R}{\delta p_n} - \frac{\delta M}{\delta p_n}\frac{\delta R}{\delta x_n}\right),$$

$$BR = (N, R) = \left(\frac{\delta N}{\delta x_1}\frac{\delta R}{\delta p_1} - \frac{\delta N}{\delta p_1}\frac{\delta R}{\delta x_1}\right) + \cdots + \left(\frac{\delta N}{\delta x_n}\frac{\delta R}{\delta p_n} - \frac{\delta N}{\delta p_n}\frac{\delta R}{\delta x_n}\right),$$

so dass für $i < n + 1$

$$a_i = \frac{\delta M}{\delta x_i}, \; a_{n+i} = -\frac{\delta M}{\delta p_i}, \; b_i = \frac{\delta N}{\delta x_i}, \; b_{n+i} = -\frac{\delta N}{\delta p_i}$$

ist, so hat man:

$$(BA - AB)R = \Sigma \frac{\delta R}{\delta p}\left(B\frac{\delta M}{\delta x} - A\frac{\delta N}{\delta x}\right) - \Sigma \frac{\delta R}{\delta x}\left(B\frac{\delta M}{\delta p} - A\frac{\delta N}{\delta p}\right).$$

Nach der Definition der Symbole A und B ist aber:

$$BAR = (N, (M, R)), \quad ABR = (M, (N, R)),$$

$$B\frac{\delta M}{\delta x} = \left(N, \frac{\delta M}{\delta x}\right), \quad A\frac{\delta N}{\delta x} = \left(M, \frac{\delta N}{\delta x}\right),$$

$$B\frac{\delta M}{\delta p} = \left(N, \frac{\delta M}{\delta p}\right), \quad A\frac{\delta N}{\delta p} = \left(M, \frac{\delta N}{\delta p}\right).$$

Und hieraus ergiebt sich mit Berücksichtigung der Formeln (1), (4_1) des § 16:

$$(N, (M, R)) - (M, (N, R))$$

$$= \Sigma \frac{\delta R}{\delta p}\left\{\left(N, \frac{\delta M}{\delta x}\right) + \left(\frac{\delta N}{\delta x}, M\right)\right\} - \Sigma \frac{\delta R}{\delta x}\left\{\left(N, \frac{\delta M}{\delta p}\right) + \left(\frac{\delta N}{\delta p}, M\right)\right\}$$

$$= \Sigma \left\{\frac{\delta R}{\delta p}\frac{\delta (N, M)}{\delta x} - \frac{\delta R}{\delta x}\frac{\delta (N, M)}{\delta p}\right\}$$

$$= ((N, M), R).$$

Hieraus erhält man, wenn man mit Hülfe der Formel (1) des § 16 alle Glieder auf die rechte Seite schafft:

$$(M, (N, R)) + (N, (R, M)) + (R, (M, N)) = 0,$$

und dies ist der Fundamentalsatz von Jacobi.

Zusatz. Sind $M = a$, $N = b$ Lösungen der Gleichung

$$(R, z) = 0,$$

so folgt aus dem vorstehenden Satze, dass auch $(M, N) = c$ eine Lösung ist; denn die Fundamentalgleichung giebt:

$$(M, 0) + (N, 0) + (R, (M, N)) = 0,$$

oder

$$(R, (M, N)) = 0.$$

60. Beweis von Donkin.[1]) — „Sind M, N, R beliebige Functionen der $2n$ Variablen $x_1, \ldots, x_n, p_1, \ldots, p_n$, so hat man:

$$(M, (N, R)) + (N, (R, M)) + (R, (M, N)) = 0 \ldots \quad (e).$$

Entwickelt man diesen Ausdruck, so ist ersichtlich, dass jedes seiner Glieder besteht aus dem Produkt einer Ableitung zweiter Ordnung der einen der Functionen M, N, R und den Ableitungen erster Ordnung jeder der beiden andern Functionen.

Betrachten wir die Glieder, welche Ableitungen zweiter Ordnung von M enthalten. Dieselben werden von einer der Formen sein:

$$\frac{\delta^2 M}{\delta x_i \, \delta p_j} \, \frac{\delta N}{\delta x_j} \, \frac{\delta R}{\delta p_i}, \quad \frac{\delta^2 M}{\delta x_i \, \delta x_j} \, \frac{\delta N}{\delta p_i} \, \frac{\delta R}{\delta p_j}, \quad \frac{\delta^2 M}{\delta p_i \, \delta p_j} \, \frac{\delta N}{\delta x_i} \, \frac{\delta R}{\delta x_j},$$

wobei $i = j$ sein kann, und jedes derselben wird aus dem zweiten oder dritten Gliede der Gleichung (e) hervorgehen.

Untersucht man jetzt jede dieser Formen, so sieht man leicht, dass jedem aus dem zweiten Gliede der Gleichung (e) hervorgehenden Gliede ein analoges aber mit entgegengesetztem Vorzeichen behaftetes entspricht, welches aus dem dritten Gliede dieser Gleichung hervorgeht; und da dies auch gilt für die Glieder, in welchen die zweiten Ableitungen von N und R vorkommen, so folgt, dass die ganze linke Seite der Gleichung (e) sich identisch auf Null reducirt. Mithin ist der Satz bewiesen."

---

[1]) Wir entlehnen dieses Donkin'sche Citat im Texte Imschenetsky S. 145. Der Beweis desselben beruht auf der Anwendung der Formel (6''') des vorigen Paragraphen zur Darstellung von $(M, (N, R))$, $(N, (R, M))$, der Formel (4_1) zur Darstellung von $(R, (M, N))$. Man addirt die gefundenen Resultate und permutirt zweimal cyklisch in der neuen Gleichung die Buchstaben M, N, R. Man findet den Satz von Jacobi, indem man die drei zuletzt erhaltenen Relationen addirt.

§ 18. *Verschiedene Formen der Integrabilitätsbedingungen einer partiellen Differentialgleichung.*[1])

61. Erste Form der Integrabilitätsbedingungen.[2]) — Es sei

$$H_1(x_1, x_2, \ldots, x_n, p_1, p_2, \ldots, p_n) = a_1 \quad . \quad . \quad . \quad (H_1),$$

eine zu integrirende partielle Differentialgleichung, indem $p_1, p_2, \ldots, p_n$ wie oben die Ableitungen einer unbekannten Function z nach $x_1, x_2, \ldots, x_n$ bezeichnen. Es ist:

$$dz = p_1 dx_1 + p_2 dx_2 + \cdots + p_n dx_n.$$

Um ein vollständiges Integral der gegebenen Gleichung zu finden, genügt es, wenn man ausser dieser Gleichung $n-1$ andere Relationen derselben Form hat, deren jede eine willkürliche Constante enthält:

$$H_2(x_1, \ldots, x_n, p_1, \ldots, p_n) = a_2 \quad . \quad . \quad . \quad . \quad (H_2),$$

$$H_3(x_1, \ldots, x_n, p_1, \ldots, p_n) = a_3 \quad . \quad . \quad . \quad . \quad (H_3),$$

$$. \quad . \quad . \quad . \quad . \quad . \quad . \quad . \quad . \quad . \quad . \quad . \quad . \quad .$$

$$H_n(x_1, \ldots, x_n, p_1, \ldots, p_n) = a_n \quad . \quad . \quad . \quad . \quad (H_n),$$

vorausgesetzt, dass die aus diesen Gleichungen (H) abgeleiteten Werthe von $p_1, p_2, \ldots, p_n$:

$$p_1 = \pi_1(x_1, x_2, \ldots, x_n, a_1, a_2, \ldots, a_n) \quad . \quad . \quad . \quad (\pi_1),$$

$$p_2 = \pi_2(x_1, x_2, \ldots, x_n, a_1, a_2, \ldots, a_n) \quad . \quad . \quad . \quad (\pi_2),$$

$$. \quad . \quad . \quad . \quad . \quad . \quad . \quad . \quad . \quad . \quad . \quad . \quad . \quad .$$

$$p_n = \pi_n(x_1, x_2, \ldots, x_n, a_1, a_2, \ldots, a_n) \quad . \quad . \quad . \quad (\pi_n),$$

dz integrabel machen. In der That, wenn dies der Fall ist, so kann man durch eine einfache Quadratur einen Ausdruck für z finden, welcher ausser den $n-1$ Constanten $a_2, a_3, \ldots, a_n$ eine n^{te} aus der Integration von dz hervorgehende willkürliche Constante enthält. Der Ausdruck von z genügt nicht nur der gegebenen Gleichung, sondern dem ganzen System H.

---

[1]) Résumé von Jacobi, *Nova Methodus*, § 2—17 und 30—32. Dieses Résumé findet sich auch bei Imschenetsky, § 10—11, S. 32—36, § 13, S. 41—42; § 15, S. 45—48, § 17, S. 55—62, § 20—22 zerstreut; Graindorge, III, S. 15—30, IV, S. 30—35, VII zerstreut. Wir halten es für besser, alle Sätze derselben Art, wie wir es gethan haben, zusammenzustellen, anstatt einige derselben mit der Integrationsmethode selbst zu vermengen. Wir haben den Text des § 18 der ersten Auflage mit Berücksichtigung der wichtigen Abhandlung des Herrn Gilbert, die wir im Nachtrage hinter Kapitel II im Wesentlichen reproduciren, korrigirt. In den auf die Jacobi'schen Beweise bezüglichen Anmerkungen haben wir indessen nicht versucht, die Relationen anzugeben, welche identisch sind.

[2]) Jacobi, *Nova Methodus*, § 2. Wir fügen die Form (I') hinzu.

Die Integrabilitätsbedingungen von dz sind bekanntlich die Identitäten:

$$\frac{\delta p_i}{\delta x_k} = \frac{\delta p_k}{\delta x_i} \text{ oder } \frac{\delta \pi_i}{\delta x_k} = \frac{\delta \pi_k}{\delta x_i} \quad \ldots\ldots \quad \text{(I)},$$

wo i und k die Werthe $1, 2, 3, \ldots, n$ annehmen. Man wird bemerken, dass diese Bedingungen auf die Form gebracht werden können:

$$(p_i - \pi_i,\ p_k - \pi_k) = 0 \quad \ldots\ldots \quad \text{(I')}.$$

62. Zweite Form der Integrabilitätsbedingungen.[1]) — Man erhält diese zweite Form, wenn man beachtet, dass man hat:

$$[H_i, H_k] = (a_i, a_k) = 0.$$

---

[1]) Jacobi, *Nova Methodus*, § 14—16. Wird die Relation, welche zu dem direkten Satze führt, nach $\frac{\delta \pi_{i'}}{\delta x_{k'}} - \frac{\delta \pi_{k'}}{\delta x_{i'}}$ aufgelöst, so führt sie zu dem umgekehrten Satze. Dies thut Jacobi im § 16, den Graindorge IV, S. 30—35 im Auszug wiedergiebt. Wir sind beim Beweise des direkten Satzes Jacobi gefolgt, ebenso wie Imschenetsky, § 11, S. 33, und haben den von letzterem in Nr. 40, S. 55 für den umgekehrten Satz gegebenen Beweis vereinfacht. Im § 14 der *Nova Methodus* giebt Jacobi einen andern Beweis der Formeln (II), indem er sich auf die weiter unten gegebenen Relationen (IV) stützt. Es sei:

$p_1 = \psi_1(x_1, \ldots, x_n, a_1, a_2, p_3, \ldots, p_n)$, $p_2 = \psi_2(x_1, \ldots, x_n, a_1, a_2, p_3, \ldots, p_n)$.
Die Relationen
$H_1(x_1, \ldots, x_n, \psi_1, \psi_2, p_3, \ldots, p_n) = a_1$, $H_2(x_1, \ldots, x_n, \psi_1, \psi_2, p_3, \ldots, p_n) = a_2$
sind Identitäten. Somit erhält man daraus für $H = H_1$ oder $H = H_2$:

$$\frac{\delta H}{\delta x} + \frac{\delta H}{\delta \psi_1}\frac{\delta \psi_1}{\delta x} + \frac{\delta H}{\delta \psi_2}\frac{\delta \psi_2}{\delta x} = 0,$$

oder:

$$\frac{\delta H}{\delta x} = \frac{\delta H}{\delta p_1}\frac{\delta(p_1 - \psi_1)}{\delta x} + \frac{\delta H}{\delta p_2}\frac{\delta(p_2 - \psi_2)}{\delta x},$$

da p_1, p_2 nicht x explicite enthalten. Ebenso hat man:

$$\frac{\delta H}{\delta p} = \frac{\delta H}{\delta p_1}\frac{\delta(p_1 - \psi_1)}{\delta p} + \frac{\delta H}{\delta p_2}\frac{\delta(p_2 - \psi_2)}{\delta p},$$

selbst für $p = p_1$ oder $p = p_2$. Es ergiebt sich unmittelbar aus diesen Formeln:

$$(H_1, H_2) = \left(\frac{\delta H_1}{\delta p_1}\frac{\delta H_2}{\delta p_2} - \frac{\delta H_1}{\delta p_2}\frac{\delta H_2}{\delta p_1}\right)(p_1 - \psi_1,\ p_2 - \psi_2),$$

was die Gleichung (II) giebt, falls die Gleichung (IV) besteht. Dieser Beweis erscheint uns wenig natürlich, da die Theoreme (III) und (IV) complicirter sind als (II), oder wenigstens zu weniger symmetrischen Gleichungen führen. Es ist besser, diese Sätze (II) und (IV) unabhängig von einander zu beweisen.

Entwickelt man also den ersten Ausdruck, so erhält man identisch:

$$0 = (H_i, H_k) + \Sigma\Sigma' \frac{\partial H_i}{\partial p_{i'}} \frac{\partial H_k}{\partial p_{k'}} \left(\frac{\partial \pi_{i'}}{\partial x_{k'}} - \frac{\partial \pi_{k'}}{\partial x_{i'}} \right).$$

Nach den Bedingungen (I) ist das zweite Glied der rechten Seite identisch Null. Mithin hat man auch identisch:

$$(H_i, H_k) = 0 \quad . \quad . \quad . \quad . \quad . \quad . \quad . \quad . \quad (\mathrm{II}).$$

Umgekehrt ziehen die Bedingungen (II) die Relationen (I) nach sich. Man hat nämlich identisch:

$$p_i = \pi_i(x_1, \ldots, x_n, H_1, \ldots, H_n),$$
$$p_k = \pi_k(x_1, \ldots, x_n, H_1, \ldots, H_n).$$

Mithin folgt nach der Formel (8″) des § 16, welche hier identisch ist, da die a durch die H ersetzt sind:

$$\frac{\partial \pi_i}{\partial x_k} - \frac{\partial \pi_k}{\partial x_i} = -\Sigma\Sigma \left\{ \frac{\partial \pi_i}{\partial H_{i'}} \frac{\partial \pi_k}{\partial H_{k'}} - \frac{\partial \pi_i}{\partial H_{k'}} \frac{\partial \pi_k}{\partial H_{i'}} \right\} (H_{i'}, H_{k'}) + (\pi_i, \pi_k).$$

Das erste Glied der rechten Seite ist zufolge der Gleichungen (II) identisch null; das zweite ist identisch null, weil π_i und π_k die p nicht explicit enthalten. Mithin reducirt sich die vorstehende Relation auf

$$\frac{\partial \pi_i}{\partial x_k} - \frac{\partial \pi_k}{\partial x_i} = 0,$$

d. h. auf die identische Bedingung (I).

Man gelangt zu demselben Resultat, aber auf beschwerlichere Weise, mit Hülfe der Formel (6′) des § 16.[1])

63. Dritte Form der Integrabilitätsbedingungen.[2]) — Nehmen wir an, dass man aus den Gleichungen (H) oder (π) die folgenden Ausdrücke der p

$$p_1 = \varphi_1(x_1, \ldots, x_n, a_1, p_2, p_3, \ldots, p_n) \quad . \quad . \quad . \quad (\varphi_1),$$
$$p_2 = \varphi_2(x_1, \ldots, x_n, a_1, a_2, p_3, \ldots, p_n) \quad . \quad . \quad . \quad (\varphi_2).$$
$$. \quad . \quad . \quad . \quad . \quad . \quad . \quad . \quad . \quad . \quad . \quad . \quad . \quad .$$
$$p_n = \varphi_n(x_1, \ldots, x_n, a_1, a_2, a_3, \ldots, a_n) = \pi_n \quad . \quad (\varphi_n)$$

---

[1]) Imschenetsky, Nr. 40, S. 55—57.

[2]) Jacobi, *Nova Methodus*, § 3, 4, 5, direktes Theorem; § 6 allgemeiner Satz; § 7 und 8 umgekehrtes Theorem, im Auszug wiedergegeben von Graindorge, Nr. 24—26, S. 20—25. Imschenetsky giebt das dritte Theorem unter einer von der Jacobi'schen etwas verschiedenen Form, Nr. 41, S. 57—60. Er umgeht den langen Beweis des umgekehrten Theorems, wie man bei Gelegenheit der Sätze (VI), (VII) und (VIII) in der Anmerkung sehen wird. Jacobi, *Nova Methodus* § 9, 10, 11, beschäftigt sich mit dem allgemeinen Gange der Integration.

abgeleitet habe, so dass jedes p eine Function der $2n$ Buchstaben ist, welche ihm in der Reihe

$$p_1, p_2, \ldots, p_n, x_1, x_2, \ldots, x_n, a_1, a_2, \ldots, a_n$$

folgen, so hat man identisch:

$$p_i = \varphi_i(x_1, \ldots, x_n, H_1, \ldots, H_i, p_{i+1}, p_{i+2}, \ldots, p_n),$$
$$p_k = \varphi_k(x_1, \ldots, x_n, H_1, \ldots, H_k, p_{k+1}, p_{k+2}, \ldots, p_n).$$

Mithin ergiebt sich nach der oben angezogenen. Formel (8″) des § 16:

$$\frac{\delta \varphi_i}{\delta x_k} - \frac{\delta \varphi_k}{\delta x_i} = (\varphi_i, \varphi_k) \quad \ldots \ldots \quad \text{(III)},$$

oder auch, wie leicht zu sehen:

$$(p_i - \varphi_i, \ p_k - \varphi_k) = 0 \quad \ldots \ldots \quad \text{(III')}.$$

Diese Relation ist keine Identität. Damit dieselbe bestehe, müssen darin die a durch die entsprechenden H ersetzt werden.

Die Umkehrung ist ebenfalls richtig, d. h. die Bedingungen (III) haben zur Folge die Gleichungen (I) und (II). Um dies zu beweisen, bemerke man, dass man identisch hat:

$$\begin{aligned}
p_1 &= \varphi_1(x_1, x_2, \ldots, x_n, a_1, \pi_2, \pi_3, \ldots, \pi_n) = \pi_1, \\
p_2 &= \varphi_2(x_1, x_2, \ldots, x_n, a_1, a_2, \pi_3, \ldots, \pi_n) = \pi_2, \\
&\ldots\ldots\ldots\ldots\ldots\ldots\ldots\ldots \\
p_{n-1} &= \varphi_{n-1}(x_1, x_2, \ldots, x_n, a_1, a_2, a_3, \ldots, a_{n-1}, \pi_n) = \pi_{n-1}, \\
p_n &= \varphi_n(x_1, x_2, \ldots, x_n, a_1, a_2, a_3, \ldots, a_{n-1}, a_n) = \pi_n.
\end{aligned}$$

Der grösseren Deutlichkeit wegen wollen wir mit $\varphi'_1, \varphi'_2, \ldots, \varphi'_n$ die n Functionen der x, der a und der π bezeichnen, welche in dieser Weise identisch sind mit $\pi_1, \pi_2, \ldots, \pi_n$. Wir wollen nach einander beweisen, dass man hat

$$1. \quad \frac{\delta \pi_i}{\delta x_n} - \frac{\delta \pi_n}{\delta x_i} = 0$$

$$2. \quad \frac{\delta \pi_i}{\delta x_k} = \frac{\delta \pi_k}{\delta x_i}$$

Um den ersten Punkt zu beweisen, bemerken wir, dass man identisch hat:

$$\frac{\delta \pi_i}{\delta x_n} - \frac{\delta \pi_n}{\delta x_i} = \frac{d\varphi'_i}{dx_n} - \frac{\delta \varphi'_n}{\delta x_i} = \frac{\delta \varphi'_i}{\delta x_n} - \frac{\delta \varphi'_n}{\delta x_i} + \left(\frac{\delta \varphi'_i}{\delta \pi_{i+1}} \frac{\delta \pi_{i+1}}{\delta x_n} + \cdots + \frac{\delta \varphi'_i}{\delta \pi_n} \frac{\delta \pi_n}{\delta x_n}\right).$$

Nimmt man jetzt an, dass die Relationen (I) für den Index n und die Indices, welche grösser als i sind, bewiesen seien, so kann man

$$\frac{\delta \pi_{i+1}}{\delta x_n}, \frac{\delta \pi_{i+2}}{\delta x_n}, \ldots, \frac{\delta \pi_n}{\delta x_n},$$

durch

$$\frac{\delta \pi_n}{\delta x_{i+1}}, \frac{\delta \pi_n}{\delta x_{i+2}}, \ldots, \frac{\delta \pi_n}{\delta x_n},$$

oder auch durch

$$\frac{\delta \varphi'_n}{\delta x_{i+1}}, \frac{\delta \varphi'_n}{\delta x_{i+2}}, \ldots, \frac{\delta \varphi'_n}{\delta x_n}$$

ersetzen, da π_n identisch ist mit φ'_n. Man hat somit an Stelle der letzten Gleichung, wenn man darin die π durch die p ersetzt, was gestattet, die Striche bei den φ wegzulassen:

$$\frac{\delta \pi_i}{\delta x_n} - \frac{\delta \pi_n}{\delta x_i} = \frac{\delta \varphi_i}{\delta x_n} - \frac{\delta \varphi_n}{\delta x_i} + (\varphi_n, \varphi_i).$$

Die rechte Seite dieser Gleichung ändert ihren Werth nicht, wenn man darin noch die darin vorkommenden a durch die entsprechenden H ersetzt, und alsdann ist sie zufolge (III) identisch null. Mithin ist auch identisch:

$$\frac{\delta \pi_i}{\delta x_n} - \frac{\delta \pi_n}{\delta x_i} = 0.$$

Somit gilt die Relation (I) für den Index n und den Index i, wenn sie für den Index n und alle Indices, welche grösser als i sind, besteht. Nun ist sie aber evident für die Indices n und n, somit auch Schritt für Schritt für die Indices n und $n - 1$, n und $n - 2$, n und $n - 3, \ldots$, n und 1.

Nimmt man jetzt an, um den zweiten Punkt zu beweisen, dass die Formel (I) für die Indices

$$k \text{ und } i + 1, \quad k \text{ und } i + 2, \ldots, \quad k \text{ und } n,$$
$$k + 1 \text{ und } i, \quad k + 2 \text{ und } i, \ldots, \quad n \text{ und } i$$

bestehe, so wird behauptet, dass sie auch für i und k besteht, und somit, dass sie allgemein richtig ist. Man hat nämlich identisch:

$$\frac{\delta \pi_i}{\delta x_k} - \frac{\delta \pi_k}{\delta x_i} = \frac{d\varphi'_i}{dx_k} - \frac{d\varphi'_k}{dx_i} = \frac{\delta \varphi'_i}{\delta x_k} - \frac{\delta \varphi'_k}{\delta x_i} + \Sigma \left\{ \frac{\delta \varphi'_i}{\delta \pi} \frac{\delta \pi}{\delta x_k} - \frac{\delta \varphi'_k}{\delta \pi} \frac{\delta \pi}{\delta x_i} \right\},$$

wo sich die Summation auf alle Ableitungen von φ_i und φ_k erstreckt, was keine Unzuträglichkeiten bietet, da die Ableitungen von φ_i nach π mit einem Index nicht grösser als i und diejenigen von φ_k nach π mit einem Index nicht grösser als k null sind. Nach Voraussetzung kann man

$$\frac{\delta \pi}{\delta x_k} \text{ durch } \frac{\delta \pi_k}{\delta x}, \; \frac{\delta \pi}{\delta x_i} \text{ durch } \frac{\delta \pi_i}{\delta x}$$

ersetzen. Ferner ist zufolge der Relation (III) das erste Glied der rechten Seite, in welcher die p und die φ an Stelle der π und der φ' eingeführt gedacht werden:

$$\frac{\delta\varphi_i}{\delta x_k} - \frac{\delta\varphi_k}{\delta x_i} = -\Sigma\left(\frac{\delta\varphi_i}{\delta p}\frac{\delta\varphi_k}{\delta x} - \frac{\delta\varphi_k}{\delta p}\frac{\delta\varphi_i}{\delta x}\right).$$

Mithin

$$\frac{\delta\pi_i}{\delta x_k} - \frac{\delta\pi_k}{\delta x_i} = \Sigma\left\{\frac{\delta\varphi'_i}{\delta\pi}\frac{\delta\pi_k}{\delta x} - \frac{\delta\varphi'_k}{\delta\pi}\frac{\delta\pi_i}{\delta x}\right\} - \Sigma\left\{\frac{\delta\varphi_i}{\delta p}\frac{\delta\varphi_k}{\delta x} - \frac{\delta\varphi_k}{\delta p}\frac{\delta\varphi_i}{\delta x}\right\}$$

d. h. wenn man in dem ersten Gliede ebenfalls wieder die p an Stelle der π einführt:

$$\frac{\delta\pi_i}{\delta x_k} - \frac{\delta\pi_k}{\delta x_i} = \Sigma\left\{\frac{\delta\varphi_i}{\delta p}\frac{\delta(\pi_k - \varphi_k)}{\delta x} - \frac{\delta\varphi_k}{\delta p}\frac{\delta(\pi_i - \varphi_i)}{\delta x}\right\}$$

$$= \sum\begin{vmatrix} \frac{\delta(\pi_i - \varphi_i)}{\delta x}, & \frac{\delta(\pi_k - \varphi_k)}{\delta x} \\ \frac{\delta(-\varphi_i)}{\delta p}, & \frac{\delta(-\varphi_k)}{\delta p} \end{vmatrix}.$$

Man kann ohne Nachtheil in der letzten Zeile $\pi_i - \varphi_i$, $\pi_k - \varphi_k$ an die Stelle von $-\varphi_i$, $-\varphi_k$ setzen, da π_i, π_k nicht p enthalten. Mithin ist:

$$\frac{\delta\pi_i}{\delta x_k} - \frac{\delta\pi_k}{\delta x_i} = (\pi_i - \varphi_i, \pi_k - \varphi_k).$$

Die rechte Seite dieser Gleichung kann man in bemerkenswerther Weise transformiren. Man hat nämlich der Reihe nach, wenn man den vorletzten Ausdruck dieser rechten Seite wieder aufnimmt:

$$(\pi_i - \varphi_i, \pi_k - \varphi_k) = -\sum\begin{vmatrix} \frac{d\varphi'_i}{dx} - \frac{\delta\varphi'_i}{\delta x}, & \frac{d\varphi'_k}{dx} - \frac{\delta\varphi'_k}{\delta x} \\ \frac{\delta\varphi'_i}{\delta p}, & \frac{\delta\varphi'_k}{\delta p} \end{vmatrix}$$

$$= \begin{vmatrix} \frac{\delta\varphi'_i}{\delta\pi_{i+1}}\frac{\delta\pi_{i+1}}{\delta x} + \cdots + \frac{\delta\varphi'_i}{\delta\pi_n}\frac{\delta\pi_n}{\delta x}, & \frac{\delta\varphi'_k}{\delta\pi_{k+1}}\frac{\delta\varphi_{k+1}}{\delta x} + \cdots + \frac{\delta\varphi'_k}{\delta\pi_n}\frac{\delta\pi_n}{\delta x} \\ \frac{\delta\varphi'_i}{\delta p}, & \frac{\delta\varphi'_k}{\delta p} \end{vmatrix}$$

$$= \Sigma'_i\Sigma'_k\frac{\delta\varphi'_{i'}}{\delta\pi_{i'}}\frac{\delta\varphi'_{k'}}{\delta\pi_{k'}}\left\{\frac{\delta\pi_{i'}}{\delta x_{k'}} - \frac{\delta\pi_{k'}}{\delta x_{i'}}\right\},$$

wo i' die Werthe $i+1$, $i+2, \ldots, n$, k' die Werthe $k+1$, $k+2, \ldots, n$ haben muss. Für diese Werthe hat man der Voraussetzung nach identisch:

$$\frac{\delta\pi_{i'}}{\delta\pi_{k'}} - \frac{\delta\pi_{k'}}{\delta x_{i'}} = 0;$$

demnach hat man schliesslich auch identisch

$$(\pi_i - \varphi_i, \quad \pi_k - \varphi_k) = 0 \quad . \quad . \quad . \quad . \quad . \quad (\text{III}'')$$

und

$$\frac{\delta \pi_i}{\delta x_k} = \frac{\delta \pi_k}{\delta x_i}$$

für alle Werthe von i und von k.

64. Vierte Form der Integrabilitätsbedingungen.[1]) — Substituirt man in die $m - 1$ ersten Gleichungen (φ) den aus der m^{ten} abgeleiteten Werth von p_m, sodann den neuen Werth von p_{m-1} in die $m - 2$ ersten Werthe u. s. w., so gelangt man zu m Relationen von der Form:

$$p_1 = \psi_1 (x_1, \ldots, x_n, a_1, \ldots, a_m, p_{m+1}, \ldots, p_n) \quad . \quad . \quad (\psi_1),$$
$$p_2 = \psi_2 (x_1, \ldots, x_n, a_1, \ldots, a_m, p_{m+1}, \ldots, p_n) \quad . \quad . \quad (\psi_2),$$
$$\ldots \ldots \ldots \ldots \ldots \ldots \ldots \ldots$$
$$p_m = \psi_m (x_1, \ldots, x_n, a_1, \ldots, a_m, p_{m+1}, \ldots, p_n) = \varphi_m \quad (\psi_m).$$

[1]) Jacobi, *Nova methodus*, § 13, giebt den direkten Satz so, wie wir ihn im Texte gegeben haben, nur ist die Form der Formeln verschieden. Graindorge hat diesen Beweis resümirt Nr. 27, S. 25—29, ebenso Imschenetsky Nr. 42, S. 60—62. Weder der eine noch der andere beschäftigt sich mit dem umgekehrten Satze. Jacobi, *Nova methodus*, § 12, giebt ausserdem den folgenden bemerkenswerthen Beweis des Satzes und seiner Umkehrung; derselbe ist abgeleitet aus dem in der folgenden Nummer gegebenen Satze (V), wenn man darin $m + 1 = k$ macht. Setzt man:

$$p_i = \psi_i (x_1, \ldots, x_n, a_1, \ldots, a_{k-1}, p_k, p_{k+1}, \ldots, p_n) = \chi_i (x_1, \ldots, x_n, a_1, \ldots, a_{k-1}, \varphi_k, p_{k+1}, \ldots, p_n),$$
$$p_k = \psi_k (x_1, \ldots, x_n, a_1, \ldots, a_{k-1}, a_k, p_{k+1}, \ldots, p_n) = \varphi_k (x_1, \ldots, x_n, a_1, \ldots, a_k, p_{k+1}, \ldots, p_n),$$

so hat man:

$$\frac{\delta (p_i - \chi_i)}{\delta x} = \frac{\delta (p_i - \psi_i)}{\delta x} + \frac{\delta \psi_i}{\delta p_k} \frac{\delta (p_k - \varphi_k)}{\delta x},$$
$$\frac{\delta (p_i - \chi_i)}{\delta p} = \frac{\delta (p_i - \psi_i)}{\delta p} + \frac{\delta \psi_i}{\delta p_k} \frac{\delta (p_k - \varphi_k)}{\delta p},$$

und hieraus:

$$(p_i - \chi_i, p_k - \varphi_k) = (p_i - \psi_i, p_k - \varphi_k) + \frac{\delta \psi_i}{\delta p_k} (p_k - \varphi_k, p_k - \varphi_k),$$

d. h. einfach:

$$(p_i - \chi_i, p_k - \varphi_k) = 0 \quad . \quad . \quad . \quad . \quad . \quad . \quad . \quad (\text{IV}''').$$

Jacobi bemerkt sehr richtig, dass p_i und p_k irgend zwei p darstellen können, weil in den Formeln (V) $m + 1$ durch einen beliebigen Index ersetzt werden kann. Der von uns hier in der Anmerkung bewiesene Satz ist somit allgemeiner als die Sätze (III), (IV), (V). Jacobi beweist die Umkehrung von (IV) nicht, aber (IV''') hat (V) zur Folge und dieses zieht wieder (III) und somit (II) und (I) nach sich.

Ebenso wie in der vorigen Nummer wird bewiesen, dass die Gleichungen (I), (II) die folgenden Gleichungen nach sich ziehen und umgekehrt:

$$\frac{\delta\psi_i}{\delta x_k} - \frac{\delta\psi_k}{\delta x_i} = (\psi_i, \psi_k) \quad . \quad . \quad . \quad . \quad . \quad . \quad (\mathrm{IV}),$$

$$(p_i - \psi_i, p_k - \psi_k) = 0 \quad . \quad . \quad . \quad . \quad . \quad (\mathrm{IV}'),$$

$$(\pi_i - \psi_i, \pi_k - \psi_k) = 0 \quad . \quad . \quad . \quad . \quad . \quad (\mathrm{IV}''),$$

wo i und k höchstens gleich m zu setzen sind.[1])

65. Fünfte Form der Integrabilitätsbedingungen.[2]) — Betrachten wir die Integrabilitätsbedingungen unter der Form III für die Indices 1, 2, . . ., m und $m + 1$

$$\begin{array}{l}
(p_1 - \varphi_1, \; p_{m+1} - \varphi_{m+1}) = 0 \text{ oder } \Phi_1 = 0,\\
(p_2 - \varphi_2, \; p_{m+1} - \varphi_{m+1}) = 0 \text{ oder } \Phi_2 = 0,\\
\cdot\;\cdot\;\cdot\;\cdot\;\cdot\;\cdot\;\cdot\;\cdot\;\cdot\;\cdot\;\cdot\;\cdot\;\cdot\;\cdot\;\cdot\;\cdot\;\cdot\;\cdot\\
(p_{m-1} - \varphi_{m-1}, p_{m+1} - \varphi_{m+1}) = 0 \text{ oder } \Phi_{m-1} = 0,\\
(p_m - \varphi_m, \; p_{m+1} - \varphi_{m+1}) = 0 \text{ oder } \Phi_m = 0,
\end{array}$$

und sehen wir zu, was aus denselben wird, wenn man darin die Functionen $\psi_1, \psi_2, \ldots, \psi_m$ an Stelle von $\varphi_1, \varphi_2, \ldots, \varphi_m$ durch die am Anfang der vorigen Nummer angegebenen Substitutionen einführt. Ich behaupte, dass sie übergehen in die folgenden, welche in demselben Falle wie (III) identisch sind:

$$\left.\begin{array}{l}
(p_1 - \psi_1, \; p_{m+1} - \varphi_{m+1}) = 0 \text{ oder } \Psi_1 = 0,\\
(p_2 - \psi_2, \; p_{m+1} - \varphi_{m+1}) = 0 \text{ oder } \Psi_2 = 0,\\
\cdot\;\cdot\;\cdot\;\cdot\;\cdot\;\cdot\;\cdot\;\cdot\;\cdot\;\cdot\;\cdot\;\cdot\;\cdot\;\cdot\;\cdot\;\cdot\;\cdot\;\cdot\\
(p_{m-1} - \psi_{m-1}, p_{m+1} - \varphi_{m+1}) = 0 \text{ oder } \Psi_{m-1} = 0,\\
(p_m - \psi_m, \; p_{m+1} - \varphi_{m+1}) = 0 \text{ oder } \Psi_m = 0
\end{array}\right\} (\mathrm{V}).$$

Dies ist evident für die letzte, da $\psi_m = \varphi_m$. Um $\Psi_{m-1} = 0$ aus $\Phi_{m-1} = 0$ abzuleiten, bemerken wir, dass man hat:

$$\psi_{m-1} = \varphi_{m-1}(x_1 . x_2, \ldots, x_n, a_1, a_2, \ldots, a_{m-1}, \psi_m, p_{m+1}, \ldots, p_n).$$

---

[1]) Mit Hülfe der Methode von Gilbert, welche in dem auf Kap. II folgenden Nachtrage auseinandergesetzt werden wird, beweist man, dass diese Relationen identisch sind, was mit der im Texte angegebenen Methode schwer ausführbar erscheint.

[2]) Jacobi, *Nova Methodus*, § 9—11; Imschenetsky Nr. 71, S. 93—94; Graindorge Nr. 27, S. 25—29.

Folglich:

$$\frac{\delta(p_{m-1}-\psi_{m-1})}{\delta x} = \frac{\delta(p_{m-1}-\varphi_{m-1})}{\delta x} + \frac{\delta(p_{m-1}-\varphi_{m-1})}{\delta \psi_m}\frac{\delta \psi_m}{\delta x},$$

oder:

$$\frac{\delta(p_{m-1}-\psi_{m-1})}{\delta x} = \frac{\delta(p_{m-1}-\varphi_{m-1})}{\delta x} + \frac{\delta(p_{m-1}-\varphi_{m-1})}{\delta p_m}\frac{\delta \varphi_m}{\delta x}.$$

Man hat ferner für alle p, p_{m-1} und p_m nicht ausgenommen:

$$\frac{\delta(p_{m-1}-\psi_{m-1})}{\delta p} = \frac{\delta(p_{m-1}-\varphi_{m-1})}{\delta p} + \frac{\delta(p_{m-1}-\varphi_{m-1})}{\delta p_m}\frac{\delta \varphi_m}{\delta p}.$$

Es folgt daraus:

$$(p_{m-1} - \psi_{m-1},\ p_{m+1} - \varphi_{m+1})$$
$$= (p_{m-1} - \varphi_{m-1},\ p_{m+1} - \varphi_{m+1}) + \frac{\delta(p_{m-1}-\varphi_{m-1})}{\delta p_m}(\varphi_m,\ p_{m+1} - \varphi_{m+1})$$

oder einfacher:

$$\Psi_{m-1} = \Phi_{m-1} + \frac{\delta \varphi_{m-1}}{\delta p_m}\Phi_m.$$

In derselben Weise wird bewiesen, dass

$$\Psi_{m-2} = \Phi_{m-2} + \frac{\delta \varphi_{m-2}}{\delta p_{m-1}}\Phi_{m-1} + \frac{\delta \varphi_{m-2}}{\delta p_m}\Phi_m,$$

$$\Psi_{m-3} = \Phi_{m-3} + \frac{\delta \varphi_{m-3}}{\delta p_{m-2}}\Phi_{m-2} + \frac{\delta \varphi_{m-3}}{\delta p_{m-1}}\Phi_{m-1} + \frac{\delta \varphi_{m-3}}{\delta p_m}\Phi_m,$$

. . . .

$$\Psi_1 = \Phi_1 + \frac{\delta \varphi_1}{\delta p_2}\Phi_2 + \frac{\delta \varphi_1}{\delta p_3}\Phi_3 + \cdots + \frac{\delta \varphi_1}{\delta p_m}\Phi_m.$$

Diese Relationen zwischen den Ψ und den Φ beweisen, dass die Gleichungen (V) eine Folge der entsprechenden Gleichungen (III) sind und umgekehrt.

66. Sechste, siebente und achte Form der Integrabilitätsbedingungen.[1]) — Die Gleichungen (φ) kann man sich auf die Form gebracht denken:

---

[1]) Jacobi, *Nova methodus,* § 30—32. Jacobi fügt folgende Bemerkung hinzu: Ersetzt man in (f_i, f_k) a_p durch f_p sowohl in der einen wie in der andern Function, wo p kleiner ist als die grössere der Zahlen i und k, so hat man, wenn man f'_i und f'_k die neuen Functionen nennt, der Formel (6) des § 16 zufolge:

$$[f'_i, f'_k] = (f'_i, f'_k) + \frac{\delta f'_i}{\delta a_p}(f_p, f'_k) + \frac{\delta f'_k}{\delta a_p}(f'_i, f_p) + \frac{\delta f'_i}{\delta a_p}\frac{\delta f'_k}{\delta a_p}(f_p, f_p).$$

Man schliesst daraus, dass der Satz (VIII) richtig bleibt, wenn man eine Constante a_p durch seinen Werth f_p ersetzt; mithin kommt man, wenn man auf diese Weise alle Constanten eliminirt, auf $(H_i, H_k) = 0$ zurück. Imschenetsky giebt die direkten Sätze, Nr. 73, S. 95—96, Nr. 84, S. 111—112; den reciproken, indem er H_p für a_p substituirt, Nr. 85, S. 112—113; er deutet den Beweis von Jacobi an Nr. 86, S. 113. Graindorge giebt das Theorem (VI) oder (VII), Nr. 52, S. 53—55, und beschäftigt sich nicht mit dem umgekehrten Satze.

$$f_1(x_1, \ldots, x_n, p_1, p_2, p_3, \ldots, p_n) = H_1 = a_1 \quad \ldots \quad (f_1),$$
$$f_2(x_1, \ldots, x_n, a_1, p_2, p_3, \ldots, p_n) = a_2 \quad \ldots \ldots \quad (f_2),$$
$$f_3(x_1, \ldots, x_n, a_1, a_2, p_3, \ldots, p_n) = a_3 \quad \ldots \ldots \quad (f_3),$$
$$\ldots \ldots \ldots \ldots \ldots \ldots \ldots \ldots$$
$$f_n(x_1, \ldots, x_n, a_1, a_2, \ldots, a_{n-1}, p_n) = a_n \quad \ldots \ldots \quad (f_n).$$

Setzt man in f_k für p_k seinen Werth

$$\varphi_k(x_1, \ldots, x_n, a_1, \ldots, a_k, p_{k+1}, \ldots, p_n),$$

so hat man die Identität:

$$f_k(x_1, \ldots, x_n, a_1, \ldots, a_k, \varphi_k, p_{k+1}, \ldots, p_n) = a_k.$$

Man erhält daraus durch Differentiation nach einem der x oder der p:

$$\frac{\delta f_k}{\delta x} = -\frac{\delta f_k}{\delta \varphi_k}\frac{\delta \varphi_k}{\delta x} = \frac{\delta f_k}{\delta p_k} \cdot \frac{\delta(p_k - \varphi_k)}{\delta x},$$
$$\frac{\delta f_k}{\delta p} = -\frac{\delta f_k}{\delta \varphi_k}\frac{\delta \varphi_k}{\delta p} = \frac{\delta f_k}{\delta p_k} \cdot \frac{\delta(p_k - \varphi_k)}{\delta p}.$$

In der zweiten Form besteht die letzte Gleichung auch für $p = p_k$. Diesen Relationen zufolge hat man:

$$(p_i - \varphi_i, f_k) = \frac{\delta f_k}{\delta p_k}(p_i - \varphi_i, p_k - \varphi_k),$$
$$(p_i - \psi_i, f_{m+1}) = \frac{\delta f_{m+1}}{\delta p_{m+1}}(p_i - \psi_i, p_{m+1} - \varphi_{m+1}),$$
$$(f_i, f_k) = \frac{\delta f_i}{\delta p_i}\frac{\delta f_k}{\delta p_k}(p_i - \varphi_i, p_k - \varphi_k).$$

Mithin nach den Formeln (III) und (V):

$$(p_i - \varphi_i, f_k) = 0 \quad \ldots \ldots \quad (\mathrm{VI}),$$
$$(p_i - \psi_i, f_k) = 0 \quad \ldots \ldots \quad (\mathrm{VII}),$$
$$(f_i, f_k) = 0 \quad \ldots \ldots \quad (\mathrm{VIII}).$$

Es ist klar, dass umgekehrt die Gleichungen (VI), (VII), (VIII) die Gleichungen (III) und (V) und somit (I) zur Folge haben.

Bemerkung. Wir haben somit vier Systeme von Integrabilitätsbedingungen: 1) das ursprüngliche System (I); 2) das System (II); 3) das

System (III) oder die äquivalenten (VI) und (VIII); 4) ein System, welches gebildet wird aus den Gleichungen (IV), den Gleichungen (V) oder (VII), sodann den Gleichungen (III), soweit dieselben nöthig sind, um ebenso viel Bedingungen zu haben wie im System (I). Alle diese Integrabilitätsbedingungen haben eine hervorragend einfache Form, welche man darstellen kann durch

$$(M, N) = 0,$$

wo M, N zwei der Functionen π oder H oder φ oder ψ, oder ψ und φ, oder φ und f, oder ψ und f, oder f sind.

2. Kapitel.

Integration einer partiellen Differentialgleichung erster Ordnung.

§ 19. *Jacobi's Methode für den Fall, wo die gesuchten Gleichungen nach den Constänten aufgelöst sind.*[1])

67. Allgemeine Idee des bei der Integration der Systeme (II) zu befolgenden Ganges. — Die Integration einer partiellen Differentialgleichung

$$H_1(x_1, \ldots, x_n, p_1, p_2, \ldots, p_n) = a_1$$

kommt, wie oben bemerkt wurde, darauf zurück, $n - 1$ ähnliche Relationen

$$H_2 = a_2, \quad H_3 = a_3, \ldots, \quad H_n = a_n$$

zu finden, aus denen man solche Werthe von $p_1, p_2, \ldots, p_n$ ableiten kann, dass $dz = p_1 dx_1 + \cdots + p_n dx_n$ unmittelbar integrabel wird. Dazu braucht man nur die Integrale der Gleichungen (II) des § 18 zu finden, welche Gleichungen wir folgendermassen schreiben können:

$$\begin{array}{ll}
(H_2, H_1) = 0 \ldots\ldots\ldots\ldots & (1), \\
(H_3, H_1) = 0, \ (H_3, H_2) = 0 \ldots\ldots\ldots & (2), \\
(H_4, H_1) = 0, \ (H_4, H_2) = 0, \ (H_4, H_3) = 0 \ldots\ldots & (3), \\
\ldots\ldots\ldots\ldots\ldots\ldots & \\
(H_{n-1}, H_1) = 0, \ (H_{n-1}, H_2) = 0, \ldots, (H_{n-1}, H_{n-2}) = 0 & (n-2), \\
(H_n, H_1) = 0, \ (H_n, H_2) = 0, \ldots, (H_n, H_{n-1}) = 0 & (n-1).
\end{array}$$

---

[1]) Es würde vielleicht genügen, bei der Darlegung der Jacobi'schen Methode sich auf das zu beschränken, was im folgenden Paragraphen gegeben ist, wie Jacobi selbst gethan hat. Vom didaktischen Standpunkte aus ist es aber besser, zunächst die Methode des grossen Geometers in einer symmetrischeren Form zu geben, die übrigens auch in der Praxis nützlich sein kann, wenn man die Gleichungen (II) nicht lösen kann. Man vergleiche mit diesem Paragraphen Imschenetsky, § 18, S. 63—72, dem er fast ganz entlehnt ist, und Graindorge VI, S. 42—50.

Offenbar genügt eine Lösung $H_2 = a_2$ des Systems (1) dem System (2) infolge der Definition dieser, da die Function H_2 gerade in der Gleichung (2_2) vorkommt. Mithin muss man, nachdem man H_2 gefunden hat, eine andere Lösung $H_3 = a_3$ des Systems (2) finden. Wegen der Definition der Gleichung (3_3) genügen H_2 und H_3 dem System (3); man muss eine andere Lösung $H_4 = a_4$ desselben suchen, um die Gleichung (4_4) $(H_5, H_4) = 0$ bilden zu können u. s. w.

Kurz, jedes System (i) ist identisch mit dem folgenden, ausser dass es wenigstens eine Gleichung $(H_{i+2}, H_{i+1}) = 0$ enthält, in welcher H_{i+1} die Function ist, welche allen Gleichungen (i) genügt; man hat eine neue Lösung des Systems (i) zu suchen, die überdies der Gleichung $(H_{i+2}, H_{i+1}) = 0$ genügt.

68. Integration der Gleichung (1) und des Systems (2). — Die Gleichung (1) ist linear in Bezug auf die Ableitungen von H_2, welches als eine Function der p und der x betrachtet wird:

$$\frac{\delta H_2}{\delta x_1}\frac{\delta H_1}{\delta p_1} + \cdots + \frac{\delta H_2}{\delta x_n}\frac{\delta H_1}{\delta p_n} - \frac{\delta H_2}{\delta p_1}\frac{\delta H_1}{\delta x_1} - \cdots - \frac{\delta H_2}{\delta p_n}\frac{\delta H_1}{\delta x_n} = 0 \quad . (1).$$

Um das Integral $H_2 = a_2$ zu finden, braucht man nur eine Lösung des entsprechenden Systems (Nr. 32) mit $2n - 1$ abhängigen Variablen oder von der $2n - 1^{\text{ten}}$ Ordnung

$$\frac{dx_1}{\frac{\delta H_1}{\delta p_1}} = \frac{dx_2}{\frac{\delta H_1}{\delta p_1}} = \cdots = \frac{dx_n}{\frac{\delta H_1}{\delta p_n}} = \frac{-dp_1}{\frac{\delta H_1}{\delta x_1}} = \frac{-dp_2}{\frac{\delta H_1}{\delta x_2}} = \cdots = \frac{-dp_n}{\frac{\delta H_1}{\delta x_n}} \quad (a)$$

zu kennen.

Ist H_2 einmal gefunden, so kann man das System (2) bilden:

$$(H_3, H_1) = 0, \quad (H_3, H_2) = 0.$$

Um ein Integral H_3 desselben zu finden, suche man zunächst eine von H_2 verschiedene Lösung ϑ_1 von (2_1) oder (1), d. h. eine neue Lösung des eben hingeschriebenen Hülfssystems, so dass man hat:

$$(\vartheta_1, H_1) = 0 \quad . \quad . \quad . \quad . \quad . \quad . \quad . \quad . \quad (1').$$

Ist dies geschehen, so berechne man die folgenden Ausdrücke:

$$\vartheta_2 = (\vartheta_1, H_2), \quad \vartheta_3 = (\vartheta_2, H_2), \quad \vartheta_4 = (\vartheta_3, H_2), \ldots.$$

d. h. man probire, ob nicht $\vartheta_1, \vartheta_2, \vartheta_3, \ldots$ Lösungen von (2_2) sind. Ich behaupte nun, dass man die folgenden vier Sätze hat:

I. Die Functionen $\vartheta_2, \vartheta_3, \vartheta_4$ etc. genügen sämmtlich der Gleichung (2_1), d. h. es ist

$$(\vartheta_2, H_1) = 0, \quad (\vartheta_3, H_1) = 0, \quad (\vartheta_4, H_1) = 0, \ldots$$

Denn nach dem Jacobi'schen Fundamentalsatze ist:

$$(H_1, \vartheta_2) = (H_1 (\vartheta_1, H_2)) = -(\vartheta_1, (H_2, H_1)) - (H_2, (H_1, \vartheta_1)).$$

Die rechte Seite dieser Gleichung reducirt sich infolge von (1) und (1') auf

$$-(\vartheta_1, 0) - (H_2, 0),$$

welches null ist. Derselbe Beweis gilt für $\vartheta_3, \vartheta_4, \ldots$

II. Jede Function $\Theta(H_1. H_2, \vartheta_1, \vartheta_2, \ldots, \vartheta_i)$ der früheren Lösungen von (1) oder (2_1) ist eine Lösung dieser Gleichung. Denn man hat:

$$(\Theta, H_1) = (H_1, H_1)\frac{\delta\Theta}{\delta H_1} + (H_2, H_1)\frac{\delta\Theta}{\delta H_2} + (\vartheta_1, H_1)\frac{\delta\Theta}{\delta\vartheta_1} + \cdots + (\vartheta_i, H_1)\frac{\delta\Theta}{\delta\vartheta_i},$$

eine Gleichung, welche sich auf

$$(\Theta, H_1) = 0$$

reducirt.

III. Sucht man nach dem oben angegebenen Verfahren Lösungen H_2, $\vartheta_1, \vartheta_2, \vartheta_3, \ldots$ der Gleichung (1), so gelangt man schliesslich zu einer Lösung

$$\vartheta_{i+1} = (\vartheta_i, H_2),$$

welche eine Function Θ der vorhergehenden ist, und dasselbe wird der Fall sein mit allen folgenden. Die Gleichungen (a) können nämlich nur $2n-1$ verschiedene Lösungen haben; mithin enthält die Reihe $H_2, \vartheta_1, \vartheta_2, \ldots$ höchstens $2n-1$ Functionen, und es ist:

$$\vartheta_{i+1} = \Theta(H_1, H_2, \vartheta_1, \vartheta_2, \ldots, \vartheta_i)$$

für $i = 2n-2$ oder $i < 2n-2$. Die Formel

$$\vartheta_{i+2} = (\Theta, H_2) = (H_1, H_2)\frac{\delta\Theta}{\delta H_1} + (H_2, H_2)\frac{\delta\Theta}{\delta H_2} + (\vartheta_1, H_2)\frac{\delta\Theta}{\delta\vartheta_1} + \cdots + (\vartheta_i, H_2)\frac{\delta\Theta}{\delta\vartheta_i}$$

beweist ferner, dass die folgende Function sich ebenso darstellen lässt, und dieser Schluss gilt für $\vartheta_{i+3}, \vartheta_{i+4}$, u. s. w.

IV. Man kann eine Function der Lösungen $H_1, H_2, \vartheta_1, \ldots, \vartheta_i$ von (2_1) finden, welche zu gleicher Zeit (2_2) genügt. Ist ϑ diese Function, so setze man $(\vartheta, H_2) = 0$ oder:

$$(\vartheta_1, H_2)\frac{\delta\vartheta}{\delta\vartheta_1} + (\vartheta_2, H_2)\frac{\delta\vartheta}{\delta\vartheta_2} + \cdots + (\vartheta_i, H_2)\frac{\delta\vartheta}{\delta\vartheta_i} = 0,$$

oder auch:

$$\vartheta_2\frac{\delta\vartheta}{\delta\vartheta_1} + \vartheta_3\frac{\delta\vartheta}{\delta\vartheta_2} + \cdots + \vartheta_i\frac{\delta\vartheta}{\delta\vartheta_{i-1}} + \vartheta_{i+1}\frac{\delta\vartheta}{\delta\vartheta_i} = 0,$$

eine Gleichung, deren Integration abhängt von der Ermittelung eines Integrals des Systems:

$$\frac{d\vartheta_1}{\vartheta_2} = \frac{d\vartheta_2}{\vartheta_3} = \cdots = \frac{d\vartheta_{i-1}}{\vartheta_i} = \frac{d\vartheta_i}{\vartheta_{i+1}} \quad . \quad . \quad . \quad . \quad (b).$$

Dieses System geht, wenn man eine Hülfsvariable t einführt, deren Differential dt gleich jedem der vorstehenden Brüche ist, über in:

$$\frac{d\vartheta_1}{dt} = \vartheta_2, \ \frac{d\vartheta_2}{dt} = \vartheta_3, \ldots, \frac{d\vartheta_i}{dt} = \Theta(a_1, a_2, \vartheta_1, \vartheta_2, \ldots, \vartheta_i).$$

Man erhält hieraus die Gleichung:

$$\frac{d^i\vartheta_1}{dt^i} = \Theta\left(a_1, a_2, \vartheta_1, \frac{d\vartheta_1}{dt}, \frac{d^2\vartheta_1}{dt^2}, \ldots, \frac{d^{i-1}\vartheta_1}{dt^{i-1}}\right).$$

Kennt man ein erstes Integral dieser

$$H_3\left(a_1, a_2, \vartheta_1, \frac{d\vartheta_1}{dt}, \frac{d^2\vartheta_1}{dt^2}, \ldots, \frac{d^{i-1}\vartheta_1}{dt^{i-1}}\right) = a_3,$$

so kann man dieses Integral in der Form schreiben:

$$H_3(H_1, H_2, \vartheta_1, \ldots, \vartheta_i) = a_3$$

und dies wird die gesuchte Lösung sein.

Bemerkungen. I. Die Integration der Gleichung (1) erfordert die Ermittelung einer Lösung des Systems (a) von der Ordnung $2n-1$; die Integration von (2) erfordert die Ermittelung einer andern Lösung des Systems (a) von der Ordnung $2n-1$ und eines andern von der Ordnung $i-1$, d. h. von der Ordnung $2n-3$ oder von der Ordnung $2n-2$ höchstens, wenn man eine Hülfsvariable t einführt.

II. Die Lösungen $\vartheta_1, \vartheta_2, \vartheta_3, \ldots$ von (2_1) geben auch ebenso viele Lösungen des Systems (a), nur dass sie in einander zurückkehren. In dieser Bemerkung besteht das Theorem von Poisson. Bertrand hat bemerkt, dass dieses Theorem oft illusorisch ist, wenn man dasselbe auf die Ermittelung einer neuen Lösung von Gleichungen von der Form (a) anwenden will. Dies ist der Fall, wenn $\vartheta_2, \vartheta_3, \ldots$ identisch Null sind. Wenn es sich aber um die Integration der partiellen Differentialgleichungen handelt, ist dies gerade der günstigste Fall (vgl. Nr. 71, 1). Dieser Umstand macht die Untersuchung der kanonischen Systeme von der Form (a) schwieriger als die der entsprechenden partiellen Differentialgleichungen.

69. Integration des Systems (3) und der andern Systeme. — Man suche ein zweites Integral ϑ_1 des Systems (2) oder von (3_1), (3_2) und bilde die folgenden Ausdrücke:

$$\vartheta_2 = (\vartheta_1, H_3), \ \vartheta_3 = (\vartheta_2, H_3), \ \vartheta_4 = (\vartheta_3, H_3), \ldots$$

d. h. man probire, ob nicht $\vartheta_1, \vartheta_2, \vartheta_3, \ldots$ Lösungen von (3_3) sind. Diese Functionen $\vartheta_2, \vartheta_3, \vartheta_4, \ldots$ sind gemeinschaftliche Lösungen von (3_1), (3_2). Denn man hat z. B. für die Function ϑ_2:

$$(H_1, \vartheta_2) = (H_1, (\vartheta_1, H_3)) = -(\vartheta_1, (H_3, H_1)) - (H_3, (H_1, \vartheta_1)),$$
$$(H_2, \vartheta_2) = (H_2, (\vartheta_1, H_3)) = -(\vartheta_1, (H_3, H_2)) - (H_3, (H_2, \vartheta_1)).$$

Die rechten Seiten dieser Relationen sind null, infolge der Gleichungen (2) oder der Gleichungen

$$(H_1, \vartheta_1) = 0, \quad (H_2, \vartheta_1) = 0 \quad . \quad . \quad . \quad . \quad . \quad (2'),$$

welche ausdrücken, dass ϑ_1 eine Lösung von (2) ist.

Die Reihe $\vartheta_1, \vartheta_2, \ldots$ umfasst im gegenwärtigen Falle höchstens $2n-4$ verschiedene Functionen, weil es nach der vorhergehenden Nummer infolge des Systems (*b*), welches nur höchstens $2n-3$ verschiedene Lösungen haben kann, nicht mehr als $2n-3$ verschiedene Lösungen $H_3, \vartheta_1, \vartheta_2, \ldots$ von (2) geben kann.

Wie in der vorigen Nummer wird man finden, dass man nur eine Lösung der Gleichung

$$(\vartheta_1, H_3)\frac{\delta\vartheta}{\delta\vartheta_1} + \cdots + (\vartheta_i, H_3)\frac{\delta\vartheta}{\delta\vartheta_i} = 0,$$

oder

$$\vartheta_2\frac{\delta\vartheta}{\delta\vartheta_1} + \cdots + \vartheta_{i+1}\frac{\delta\vartheta}{\delta\vartheta_i} = 0,$$

oder endlich des Systems

$$\frac{d\vartheta_1}{\vartheta_2} = \frac{d\vartheta_2}{\vartheta_3} = \cdots = \frac{d\vartheta_i}{\vartheta_{i+1}} \quad . \quad . \quad . \quad . \quad . \quad (b'),$$

in welchem ϑ_{i+1} eine Function von $H_1, H_2, H_3, \vartheta_1, \vartheta_2, \vartheta_3, \ldots, \vartheta_i$ ist, zu kennen braucht, um die gesuchte Lösung $H_4 = a_4$ des Systems (4) zu kennen.

Und so geht es weiter bei den folgenden Systemen.

70. Bemerkungen. — I. Das System (3) erfordert zunächst, um ϑ_1 zu finden, wie im vorigen Falle, dass eine Lösung des Systems (*a*) von der Ordnung $2n-1$ und eine Lösung des Systems (*b*) höchstens von der Ordnung $2n-3$ gefunden sei, ferner muss man, um H_4 zu bestimmen, eine Lösung des Systems (*b'*) von der Ordnung $2n-5$ höchstens finden.

II. Fährt man so fort, so sieht man ohne Schwierigkeit, dass im Ganzen genommen die Integration von

(1) die Integration eines Systems v. d. O. $2n-1$, nämlich des Systems (*a*),
(2) „ „ „ „ „ $2n-1$, 1 v. d. O. $2n-3$,
(3) „ „ „ „ „ $2n-1$, 1 „ $2n-3$, 1 v. d. O. $2n-5$,
. . . .
($n-1$) „ „ „ „ $2n-1$, 1 „ $2n-3$, ...
1 v. d. O. 3, 1 Gl. v. d. O. 1

erfordert.

Im Ganzen muss man also höchstens

$$1 + 2 + 3 + \cdots + (n-1) = \frac{n(n-1)}{1.2}$$

Integrale suchen. Im Besonderen hat man also $n-1$ Integrale des Systems (a) und sodann höchstens $\frac{(n-1)(n-2)}{2}$ Integrale der Hülfssysteme (b), $(b'$ zu suchen, welche bedeutend einfacher sind.

Dem Anschein nach erfordert die Jacobi'sche Methode mehr Integrationen als diejenigen von Lagrange und Pfaff, da man bei diesen im Allgemeinen nur die Gleichungen (a) vollständig zu integriren braucht, indem man als Constanten die Anfangswerthe der Variablen nimmt. Die Jacobi'sche Methode gestattet aber eine grosse Freiheit bei den Rechnungen, da man dieselben von jedem Hülfssysteme aus mit irgend welcher der Lösungen beginnen kann, und die Ordnung dieser Systeme kann sich in besonderen Fällen erheblich erniedrigen. Man wird im folgenden Paragraphen überdies sehen, dass sie noch vereinfacht werden kann.

III. Man kann, wie man in Nr. 125 sehen wird, die Methode von Jacobi mit derjenigen von Cauchy combiniren, d. h. sich des Fundamentaltheorems von Jacobi oder vielmehr desjenigen von Poisson bedienen, um in gewissen Fällen auf eine einfache Weise die Integrale des Systems (a) zu finden, wenn man einige derselben kennt. Dies ist das vortheilhafteste Integrationsverfahren in dem Falle, wo die Reihe der ϑ vollständig ist. In diesem Falle ist es, wenn man $2n-1$ Lösungen von (a) kennt, besser, von der Jacobi'schen Methode abzugehen. Diese Bemerkung rührt von Lie her.[1])

71. Vereinfachungen und Modificationen. — 1) Es kann vorkommen, dass eine der Functionen ϑ, welche man sucht, null ist. Alsdann ist das vorhergehende ϑ die gesuchte Lösung. Wenn man z. B. hat:

$$\vartheta_r = (\vartheta_{r-1}, H_3) = 0,$$

wo ϑ_{r-1} bereits eine Lösung der beiden andern Gleichungen des Systems (3) ist, so dass

$$(\vartheta_{r-1}, H_1) = 0, \quad (\vartheta_{r-1}, H_2) = 0$$

ist, so ist offenbar ϑ_{r-1} die Lösung des ganzen Systems (3).

2) Wenn eine der Functionen ϑ eine Constante ist, so sind die Rechnungen ohne Weiteres zu Ende. Hat man z. B.

$$\vartheta_r = (\vartheta_{r-1}, H_3) = m,$$

so wird die Hülfsgleichung (b'):

$$\frac{d\vartheta_{r-2}}{\vartheta_{r-1}} = \frac{d\vartheta_{r-1}}{m},$$

welche integrabel ist.

---

[1]) Lie, Göttinger Nachrichten, 1872, Nr. 25, S. 488—489.

3) Ist jedoch $r = 2$, so wird die Methode illusorisch; die oben mit ϑ bezeichnete Function ist alsdann bestimmt durch die Gleichung

$$\vartheta_2 \frac{d\vartheta}{d\vartheta_1} = 0,$$

welche für ϑ eine einfache Constante giebt.

In diesem Falle gehe man von einem andern Integral der Gleichung (a) oder (b) aus, dann wird der nämliche Umstand nicht mehr eintreten oder vielmehr man wird unmittelbar die Lösung finden. Hat man nämlich für zwei verschiedene Lösungen ϑ_1, ϑ_1' von ($\mathfrak{Z}_1$), ($\mathfrak{Z}_2$):

$$(\vartheta_1, H_3) = m, \quad (\vartheta_1', H_3) = m',$$

so nehme man als gemeinschaftliche Lösung von ($\mathfrak{Z}_1$), ($\mathfrak{Z}_2$), ($\mathfrak{Z}_3$) eine Function ϑ von ϑ_1, ϑ_1'. Man muss haben:

$$(H_1, \vartheta(\vartheta_1, \vartheta_1')) = 0, \quad (H_2, \vartheta(\vartheta_1, \vartheta_1')) = 0, \quad (H_3, \vartheta(\vartheta_1, \vartheta'_1)) = 0.$$

Die beiden ersten sind identisch befriedigt, die andere geht über in:

$$(H_3, \vartheta_1) \frac{\delta\vartheta}{\delta\vartheta_1} + (H_3, \vartheta_1') \frac{\delta\vartheta}{\delta\vartheta_1'} = 0,$$

welche man stets integriren kann.

72. Allgemeinerer Fall der Vereinfachung. — Trennung der Variablen.[1]) — I. Wir setzen die gegebene Gleichung von der Form voraus:

$$H_1(x_1, \ldots, x_n, p_1, \ldots, p_n, \varphi_1, \ldots, \varphi_m) = a_1,$$

wo $\varphi_1, \varphi_2, \ldots, \varphi_m$ Functionen von $x_1, \ldots, x_n, p_1, \ldots, p_n$ von solcher Beschaffenheit sind, dass man für die in der Reihe $1, 2, 3, \ldots, m$ enthaltenen Werthe von r und s

$$(\varphi_r, \varphi_s) = 0$$

hat. Gelingt es, Functionen H zu finden, welche die Grössen x, die Grössen p und die Functionen φ enthalten und so beschaffen sind, dass man unter der Voraussetzung, dass in diesen Functionen H die Functionen φ durch Constante ersetzt werden,

$$(H_i, \varphi_r) = 0$$
$$(H_i, H_k) = 0$$

hat, so behaupten wir, hat man auch

$$[H_i, H_k] = 0$$

in dem Falle, wo die Functionen φ in den Functionen H belassen werden.

---

[1]) Wir resumiren so kurz wie möglich **Imschenetsky**, § 19, S. 73—79.

Die Formel (6') des § 16 nämlich giebt:

$$[H_i, H_k] = (H_i, H_k) + \Sigma\left\{(H_i, \varphi_r)\frac{\delta H_k}{\delta \varphi_r} - (H_k, \varphi_r)\frac{\delta H_i}{\delta \varphi_r}\right\}$$
$$+ \Sigma\Sigma\left\{\frac{\delta H_i}{\delta \varphi_r}\frac{\delta H_k}{\delta \varphi_s} - \frac{\delta H_i}{\delta \varphi_s}\frac{\delta H_k}{\delta \varphi_r}\right\}(\varphi_r, \varphi_s),$$

oder:

$$[H_i, H_k] = 0.$$

Diese Bemerkung vereinfacht bedeutend die Ermittelung der Functionen H. Hat man z. B. speciell

$$(\varphi_r, \varphi_s) = 0,$$
$$(H_1, \varphi_r) = 0,$$

so braucht man, um die Functionen $H_2, H_3, \ldots, H_{m+1}$ zu finden, nur zu setzen:

$$H_2 = \varphi_1, \quad H_3 = \varphi_2, \ldots, \quad H_{m+1} = \varphi_m,$$

oder auch:

$$H_2 = F_1(\varphi_1, \varphi_2, \ldots, \varphi_m), \ldots, \quad H_{m+1} = F_m(\varphi_1, \varphi_2, \ldots, \varphi_m),$$

vorausgesetzt, dass die F unabhängig von einander sind. Wir setzen natürlich $m < n$ voraus.

II. Ein bemerkenswerther Fall, in welchem man leicht Functionen φ finden kann, welche den oben angegebenen Bedingungen entsprechen, ist der, wo die Variabeln, wie man sagt, separirt sind. Wir nehmen, um uns verständlich zu machen, einen speciellen Fall an. Wir denken uns eine partielle Differentialgleichung

$$H_1(x_1, \ldots, x_n, p_1, \ldots, p_n, \varphi, \psi, \chi) = a_1,$$

wo

$$\varphi = \varphi(y_1, \ldots, y_j; q_1, q_2, \ldots, q_j),$$
$$\psi = \psi(t_1, \ldots, t_k, r_1, r_2, \ldots, r_k),$$
$$\chi = \chi(u_1, \ldots, u_l, s_1, s_2, \ldots, s_l),$$
$$p = \frac{dz}{dx}, \; q = \frac{dz}{dy}, \; r = \frac{dz}{dt}, \; s = \frac{dz}{du}$$

ist, so dass H_1, φ, ψ, χ sämmtlich verschiedene von einander unabhängige Variabeln enthalten.

Offenbar hat man:

$$(H_1, \varphi) = 0, \quad (H_1, \psi) = 0, \quad (H_1, \chi) = 0,$$
$$(\varphi, H) = 0, \quad (\varphi, \chi) = 0, \quad (\psi, \chi) = 0.$$

Somit kann man setzen:

$$H_1 = a_1, \quad H_2 = \varphi = a_2, \quad H_3 = \psi = a_3, \quad H_4 = \chi = a_4.$$

Nennen wir z_1, z_2, z_3, z_4 die Integrale dieser vier Gleichungen, welche unabhängig von einander gefunden werden können, so ist die vollständige Lösung der gegebenen Gleichung:

$$z = a + z_1 + z_2 + z_3 + z_4.$$

Denn zunächst erhält man daraus genau dieselben Werthe für die p, die q, die r und die s, wie aus z_1, z_2, z_3, z_4; sodann ist die Anzahl der willkürlichen Constanten $n + j + k + l$. Denn in z_1 kommen $n - 1$ willkürliche Constanten vor, in $z_2 : j - 1$ und überdies a_2, in $z_3 : k - 1$ und überdies a_3, in $z_4 : l - 1$ und überdies a_4. Mithin hat man, wenn man noch die Constante a hinzurechnet, $n + j + k + l$ willkürliche Constanten.

III. Diese werthvollen Bemerkungen gestatten uns, systematisch einige bemerkenswerthe Fälle zu behandeln, welche wir bereits nach der Lagrange'schen Methode untersucht haben (§ 8, Nr. 34), die im Übrigen zu dem eben dargelegten allgemeinen Resultat führt.

1) Die Gleichung

$$f(p_1, p_2, \ldots, p_n) = 0$$

hat zum Integral

$$z = a + a_1 x_1 + a_2 x_2 + \cdots + a_n x_n,$$

wo die Constanten a der Gleichung genügen:

$$f(a_1, a_2, \ldots, a_n) = 0.$$

Auf diesen Fall führt man mittels der Transformation der Nr. 2 denjenigen zurück, in welchem die Gleichung von der Form ist:

$$z - f(p_1, p_2, \ldots, p_n) = 0.$$

Ist insbesondere z eine homogene Function der Grössen p von der Ordnung μ, so ergiebt sich:

$$z = \left(\frac{\mu - 1}{\mu}\right)^{\frac{\mu}{\mu-1}} \frac{(a_1 x_1 + a_2 x_2 + \cdots + a_n x_n)^{\frac{\mu}{\mu-1}}}{[f(a_1, a_2, \ldots, a_n)]^{\frac{1}{\mu-1}}}.$$

2) Die Gleichung

$$f(\varphi_1, \varphi_2, \ldots, \varphi_n) = 0,$$

in welcher φ_i nur x_i und p_i enthält, hat zum Integral:

$$z = a + \int \psi_1 dx_1 + \int \psi_2 dx_2 + \cdots + \int \psi_n dx_n,$$

wo ψ_i der aus $\varphi_i = a_i$ sich ergebende Werth von p_i ist und die Constanten a durch die Relation verbunden sind:

$$f(a_1, a_2, \ldots, a_n) = 0.$$

3) Die Gleichung

$$z = f(x_1, x_2, \ldots, x_n, p_1, p_2, \ldots, p_n),$$

in welcher f eine in Bezug auf die p homogene Function vom Grade μ ist, geht, wenn man $u = 0$ die vollständige Lösung nennt und

$$\frac{\delta u}{\delta x_1} = q_1, \ldots, \frac{\delta u}{\delta x_n} = q_n, \frac{\delta u}{\delta z} = q_{n+1}$$

setzt, über in:

$$z q_{n+1}^{\mu} = (-1)^{\mu} f(x_1, x_2, \ldots, x_n, q_1, q_2, \ldots, q_n),$$

wo die Variable z von den andern separirt ist. Man braucht also nur

$$z q_{n+1}^{\mu} = (-1)^{\mu} A, \quad f = A$$

jedes für sich zu integriren. Ist das Integral der letzteren:

$$z_1 = a_1 + F(x_1, x_2, \ldots, x_n, A, a_1, a_2, \ldots, a_{n-1}),$$

so findet man leicht, dass dasjenige der gegebenen Gleichung ist:

$$A z^{\mu-1} = \left(\frac{\mu-1}{\mu} F\right)^{\mu}.$$

73. Beispiele. — I. Die Gleichung sei[1]):

$$x_1 x_2 \ldots x_n = p_1 p_2 \ldots p_n.$$

Die Variablen lassen sich separiren, wenn man setzt $x_i \varphi_i = p_i$, wodurch die Gleichung transformirt wird in:

$$\varphi_1 \varphi_2 \ldots \varphi_n = 1.$$

Setzt man:

$$2^n a_1 a_2 \ldots a_n = 1,$$

$$\frac{p_1}{x_1} = 2a_1, \frac{p_2}{x_2} = 2a_2, \ldots, \frac{p_n}{x_n} = 2a_n,$$

so gelangt man zu den Hülfslösungen:

$$z_1 = a_1 + a_1 x_1^2, \ldots, z_n = a_n + a_n x_n^2,$$

und somit zu der vollständigen Lösung:

$$z = a + a_1 x_1^2 + a_2 x_2^2 + \cdots + a_n x_n^2.$$

---

[1]) Diese Gleichung ist weiter unten (Nr. 110) nach der Methode von Cauchy untersucht. Graindorge Nr. 49 und 69 integrirt diese Gleichung nach der allgemeinen Methode von Jacobi in ihren beiden Formen.

II. Es sei ferner die Gleichung gegeben[1]):

$$(x_2 p_1 + x_1 p_2)\, x_3 + p_3 (p_1 - p_2)\,[p_4^2 + (p_5 + x_4)(p_5 + x_6)\, p_6] = a_1.$$

Wir setzen wegen der Separation der Variablen x_1, x_2, x_3 und x_4, x_5, x_6:

$$p_4^2 + (p_5 + x_4)\,(p_5 + x_6)\, p_6 = a.$$

Man findet, ebenfalls durch Separation der Variablen, nachdem man $p_5 = \beta$ gesetzt hat, das Integral dieser letzteren ohne Schwierigkeit:

$$z' + A' = \frac{2}{3\gamma}\,(a - \beta\gamma - \gamma x_4)^{\frac{3}{2}} + \beta x_5 + \log\,(\beta + x_6)^{\gamma}.$$

Die gegebene Gleichung geht alsdann über in:

$$H_1 = (x_2 p_1 + x_1 p_2)\; x_3 + a p_3 (p_1 - p_2) = a_1.$$

Der allgemeinen Methode von Jacobi zufolge wird die Function H_2 eine Lösung der Hülfsgleichungen (a) sein, welche in dem gegenwärtigen Falle werden:

$$\frac{dp_1}{p_2 x_3} = \frac{dp_2}{p_1 x_3} = \frac{dp_3}{p_1 x_2 + p_2 x_1} = \frac{-dx_1}{x_2 x_3 + \alpha p_3} = \frac{-dx_2}{x_1 x_3 - \alpha p_3} = \frac{-dx_3}{\alpha (p_1 - p_2)} \quad (a).$$

Man erhält hieraus:

$$\frac{d(p_1 + p_2)}{p_1 + p_2} = \frac{-d(x_1 + x_2)}{x_1 + x_2},$$

und somit für H_2 den Werth:

$$H_2 = (x_1 + x_2)\;(p_1 + p_2).$$

Man muss nun eine Lösung suchen, welche den Gleichungen

$$(H_3, H_1) = 0, \quad (H_3, H_2) = 0 \quad . \; . \; . \; . \; . \quad (2)$$

gemeinsam ist. Zu dem Zwecke hat man eine zweite Lösung ϑ_1 der Gleichungen (a) zu suchen und dieselbe in (2_2) zu substituiren. Aus der ersten Gleichung von (a) ergiebt sich:

$$\frac{dp_1}{p_2} = \frac{dp_2}{p_1}$$

und somit:

$$\vartheta_1 = \frac{p_1^2}{2} - \frac{p_2^2}{2}.$$

Bildet man die Grösse $\vartheta_2 = (\vartheta_1, H_2)$, so findet man:

$$\vartheta_2 = (\vartheta_1, H_2) = (p_1 + p_2)\;(-p_1) + (p_1 + p_2) p_2 = -p_1^2 + p_2^2 = -2\vartheta_1,$$

---

[1]) Dieses Beispiel, das sehr gut gewählt ist, um alle Vereinfachungen und alle Modificationen der Jacobi'schen Methode zu zeigen, entlehnen wir Imschenetsky, Nr. 61—65, S. 79—86.

d. h. wir begegnen dem oben angedeuteten Ausnahmefall (Nr. 68, Bemerk. II). Man ist somit gezwungen, ein anderes Integral des Systems (a) zu suchen. Man findet ferner mittels der Gleichungen (a)

$$\frac{d(p_1-p_2)}{-x_3(p_1-p_2)} = \frac{-dx_3}{\alpha(p_1-p_2)}$$

das Integral:

$$\vartheta_1' = a(p_1 - p_2) - \frac{x_3^2}{2}.$$

Bildet man $\vartheta'_2 = (\vartheta'_1, H_2)$, so folgt:

$$\vartheta_2' = (p_1 + p_2)(-a) + (p_1 + p_2)\, a = 0.$$

Wir begegnen also hier genau dem Falle, wo die Vereinfachung am grössten ist, d. h. demjenigen, in welchem eine Lösung von (2_1) auch (2_2) genügt. Wir setzen demnach:

$$H_3 = a(p_1 - p_2) - \frac{x_3^2}{2}.$$

Die Gleichungen $H_1 = a_1$, $H_2 = a_2$, $H_3 = a_3$ gestatten, $dz'' = p_1 dx_1 + p_2 dx_2 + p_3 dx_3$ und somit auch z'' zu berechnen. Man findet auf diese Weise:

$$z'' + A'' = \frac{a_2}{2}\log(x_1 + x_2) + \frac{1}{2\alpha}(x_1 - x_2)\left(a_3 + \frac{x_3^2}{2}\right) + \frac{a_1\sqrt{2}}{\sqrt{a_3}}\operatorname{arctg}\frac{x_3}{\sqrt{2a_3}} - \frac{a_2}{2}\log(2a_3 + x_3^2).$$

Addirt man also schliesslich z' und z'', so ist der Werth von z mit 6 Constanten $\alpha, \beta, \gamma, A, a_2, a_3$ der folgende:

$$z + A = \log\frac{(x_1 + x_2)^{\frac{a_2}{2}}(\beta + x_6)^{\gamma}}{(2a_3 + x_3^2)^{\frac{a_2}{2}}} + \frac{1}{2\alpha}(x_1 - x_2)\left(a_3 + \frac{x_3^2}{2}\right) + \frac{a_1\sqrt{2}}{\sqrt{a_3}}\operatorname{arctg}\frac{x_3}{\sqrt{2a_3}} + \frac{2}{3\gamma}(\alpha - \beta\gamma - \gamma x_4)^{\frac{3}{2}} + \beta x_5.$$

Wir können auch nach Imschenetsky zu demselben vollständigen Integral gelangen, wenn wir eine gemeinschaftliche Lösung des Systems (2) suchen, ausgehend von einer Lösung von (2_2) oder des entsprechenden Systems, welches nur von der dritten Ordnung ist:

$$\frac{dp_1}{p_1+p_2} = \frac{dp_2}{p_1+p_2} = \frac{-dx_1}{x_1-x_2} = \frac{-dx_2}{x_1-x_2}.$$

Eine sehr einfache Lösung ist $\eta_1 = p_1 - p_2 = \text{const.}$ Wir suchen $\eta_2 = (\eta_1, H_1)$, $\eta_3 = (\eta_2, H_1)$, etc.:

$$\eta_2 = (p_2 x_3)(-1) + (p_1 x_3)(+1) = x_3\eta_1,$$

$$\eta_3 = (p_2 x_3)(-x_3) + (p_1 x_3)(+x_3) + \eta_1 a(p_1 - p_2) = \frac{\eta_2^2}{\eta_1} + a\eta_1^2.$$

Eine Function $\vartheta(H_2, \eta_1, \eta_2)$ genügt (2_2); dieselbe genügt auch (2_1), wenn sie eine Lösung des Systems (b) ist:

$$\frac{d\eta_1}{\eta_2} = \frac{d\eta_2}{\eta_3} \text{ oder } \frac{d\eta_2}{d\eta_1} = \frac{\eta_2}{\eta_1} + a\,\frac{\eta_1^2}{\eta_2}.$$

Integrirt man diese Gleichung, so kommt man auf den oben gegebenen Werth ϑ_1' und somit auf das nämliche vollständige Integral zurück.

§ 20. *Die Jacobi'sche Methode in ihrer einfachsten Gestalt.*[1])

74. Allgemeine Idee von dem einzuschlagenden Wege. — 1) Man leite den Werth

$$p_1 = \varphi_1(x_1, \ldots, x_n, a_1, p_2, p_3, \ldots, p_n) = \psi_{1,1}$$

aus der ersten Gleichung H ab. 2) Ist dies geschehen, so giebt die Gleichung (VI) des § 18, in welcher $f_2 = f_2(x_1, \ldots, x_n, a_1, p_2, \ldots, p_n)$ ist, nämlich

$$(p_1 - \psi_{1,1}, f_2) = 0 \quad \ldots\ldots \quad (1),$$

$f_2 = a_2$ und daraus kann man ableiten

$$p_2 = \varphi_2(x_1, \ldots, x_n, a_1, a_2, p_3, \ldots, p_n) = \psi_{2,2}$$

und somit

$$p_1 = \psi_{1,2}(x_1, \ldots, x_n, a_1, a_2, p_3, \ldots, p_n),$$

so dass man hat:

$$(p_1 - \psi_{1,2}, p_2 - \psi_{2,2}) = 0 \quad \ldots\ldots \quad (1').$$

3) Man bestimme sodann $f_3(x_1, \ldots, x_n, a_1, a_2, p_3, \ldots, p_n)$ mit Hülfe des Systems (VI):

$$(p_1 - \psi_{1,2}, f_3) = 0, \quad (p_2 - \psi_{2,2}, f_3) = 0 \quad . \ . \quad (2).$$

Ist die Function f_3 gefunden und setzt man sie gleich einer willkürlichen Constanten a_3, so kann man daraus den Werth von p_3 ableiten, den man in die vorhergehenden Werthe von p_1 und p_2 substituirt. Man erhält auf diese Weise Gleichungen von der Form:

$$p_1 = \psi_{1,3}(x_1, \ldots, x_n, a_1, a_2, a_3, p_4, \ldots, p_n),$$
$$p_2 = \psi_{2,3}(x_1, \ldots, x_n, a_1, a_2, a_3, p_4, \ldots, p_n),$$
$$p_3 = \varphi_3(x_1, \ldots, x_n, a_1, a_2, a_3, p_4, \ldots, p_n) = \psi_{3,3}.$$

---

[1]) Résumé aus Jacobi, *Nova Methodus*, § 9—11, § 18—22. Dasselbe Résumé findet sich bei Imschenetsky § 20—22, S. 86—121, Graindorge, VII, S. 53—73, nebst Beispielen und einigen Sätzen, die wir in den vorigen Paragraphen gegeben haben. Man wird bemerken, dass man die Gleichungen (1), (2), (3) etc. integrirt, indem man die x und p als von einander unabhängig betrachtet, mit andern Worten, man sucht Lösungen, welche sie identisch erfüllen, obwohl dies nach den im vorigen Kapitel aufgestellten Integrabilitätsbedingungen nicht nöthig wäre, wenigstens nicht während der Integration.

Alsdann ist nach (IV'):

$$(p_1-\psi_{1,3}, p_3-\psi_{3,3})=0,\quad (p_2-\psi_{2,3}, p_3-\psi_{3,3})=0,\quad (p_1-\psi_{1,3}, p_2-\psi_{2,3})=0 \quad (2').$$

4) Ist sodann $f_4(x_1, \ldots, x_n, a_1, a_2, a_3, p_4, \ldots, p_n)$ eine Function, welche den Gleichungen genügt:

$$(p_1 - \psi_{1,3}, f_4) = 0,\quad (p_2 - \psi_{2,3}, f_4) = 0,\quad (p_3 - \psi_{3,3}, f_4) = 0 \quad (3),$$

so leitet man aus $f_4 = a_4$ den Werth von p_4 her und kann dann schreiben:

$$\begin{aligned}
p_1 &= \psi_{1,4}(x_1, \ldots, x_n, a_1, a_2, a_3, a_4, p_5, \ldots, p_n),\\
p_2 &= \psi_{2,4}(x_1, \ldots, x_n, a_1; a_2, a_3, a_4, p_5, \ldots, p_n),\\
p_3 &= \psi_{3,4}(x_1, \ldots, x_n, a_1, a_2, a_3, a_4, p_5, \ldots, p_n),\\
p_4 &= \varphi_4(x_1, \ldots, x_n, a_1, a_2, a_3, a_4, p_5, \ldots, p_n) = \psi_{4,4}.
\end{aligned}$$

Diese Werthe sind nach (IV') ferner so beschaffen, dass

$$\begin{aligned}
&(p_1-\psi_{1,4}, p_4-\psi_{4,4})=0,\quad (p_2-\psi_{2,4}, p_4-\psi_{4,4})=0,\quad (p_3-\psi_{3,4}, p_4-\psi_{4,4})=0 \quad (3'),\\
&(p_1-\psi_{1,4}, p_3-\psi_{3,4})=0,\quad (p_2-\psi_{2,4}, p_3-\psi_{3,4})=0,\\
&(p_1-\psi_{1,4}, p_2-\psi_{2,4})=0.
\end{aligned}$$

ist. U. s. w.

Nennt man $f_1(x_1, \ldots, x_n, p_1, \ldots, p_n) = a_1$ die gegebene Gleichung, so findet man auf diese Weise das folgende System, welchem wir die gegebene Gleichung selbst hinzufügen:

$$\begin{aligned}
f_1(x_1, \ldots, x_n, p_1, p_2, p_3, \ldots, p_n) &= a_1,\\
f_2(x_1, \ldots, x_n, a_1, p_2, p_3, \ldots, p_n) &= a_2,\\
f_3(x_1, \ldots, x_n, a_1, a_2, p_3, \ldots, p_n) &= a_3,\\
\cdots\cdots\cdots\cdots\cdots\cdots\cdots\cdots\cdots\\
f_{n-1}(x_1, \ldots, x_n, a_1, \ldots, a_{n-2}, p_{n-1}, p_n) &= a_{n-1},\\
f_n(x_1, \ldots, x_n, a_1 \ldots, a_{n-1}, p_n) &= a_n
\end{aligned}$$

und aus diesem ergiebt sich:

$$\begin{aligned}
p_n &= \psi_{n,n}(x_1, x_2, \ldots, x_n, a_1, \ldots, a_n) = \pi_n,\\
p_{n-1} &= \psi_{n-1,n}(x_1, x_2, \ldots, x_n, a_1, \ldots, a_n) = \pi_{n-1},\\
\cdots\cdots\cdots\cdots\cdots\cdots\cdots\cdots\cdots\\
p_2 &= \psi_{2,n}(x_1, x_2, \ldots, x_n, a_1, \ldots, a_n) = \pi_2,\\
p_1 &= \psi_{1,n}(x_1, x_2, \ldots, x_n, a_1, \ldots, a_n) = \pi_1.
\end{aligned}$$

Aus § 18 ist ersichtlich, dass diese Werthe von p den Integrabilitätsbedingungen genügen. Die ganze Aufgabe ist somit darauf zurückgeführt, die Lösungen

$$f_2 = a_2, \quad f_3 = a_3, \quad f_4 = a_4, \dots$$

der Gleichungen (1), (2), (3), ... zu finden. Man wird sehen, dass diese Integrationen einfacher sind, als in dem Falle, wo man die Gleichungen H sucht, da die Anzahl der Variablen unaufhörlich abnimmt.

75. Integration des Systems (2). — Die Gleichung (1), ausführlich geschrieben, nimmt die Form an:

$$\begin{vmatrix} \frac{\partial(p_1-\psi_{1,1})}{\partial x_1}, & \frac{\partial f_2}{\partial x_1} \\ \frac{\partial(p_1-\psi_{1,1})}{\partial p_1}, & \frac{\partial f_2}{\partial p_1} \end{vmatrix} + \begin{vmatrix} \frac{\partial(p_1-\psi_{1,1})}{\partial x_2}, & \frac{\partial f_2}{\partial x_2} \\ \frac{\partial(p_1-\psi_{1,1})}{\partial p_2}, & \frac{\partial f_2}{\partial p_2} \end{vmatrix} + \dots + \begin{vmatrix} \frac{\partial(p_1-\psi_{1,1})}{\partial x_n}, & \frac{\partial f_2}{\partial x_n} \\ \frac{\partial(p_1-\psi_{1,1})}{\partial p_n}, & \frac{\partial f_2}{\partial p_n} \end{vmatrix} = 0,$$

oder auch, wenn man die Vorzeichen ändert:

$$\frac{\partial f_2}{\partial x_1} + \sum_2^n \left(\frac{\partial \psi_{1,1}}{\partial x_m} \frac{\partial f_2}{\partial p_m} - \frac{\partial \psi_{1,1}}{\partial p_m} \frac{\partial f_2}{\partial x_m} \right) = 0,$$

eine in Bezug auf die Ableitungen von f_2 lineare Gleichung, welche nur $2n-1$ Veränderliche $x_1, \dots, x_n, p_2, \dots, p_n$ enthält. Die zugehörigen Differentialgleichungen sind:

$$\frac{dx_1}{1} = \frac{dx_2}{-\frac{\partial \psi_{1,1}}{\partial p_2}} = \frac{dx_3}{-\frac{\partial \psi_{1,1}}{\partial p_3}} = \dots = \frac{dx_n}{-\frac{\partial \psi_{1,1}}{\partial p_n}} = \frac{dp_2}{\frac{\partial \psi_{1,1}}{\partial x_2}} = \frac{dp_3}{\frac{\partial \psi_{1,1}}{\partial x_3}} = \dots = \frac{dp_n}{\frac{\partial \psi_{1,1}}{\partial x_n}}.$$

Um die gesuchte Relation $f_2 = a_2$ zu erhalten, braucht man nur ein Integral hiervon zu kennen.

Das System (2) besteht aus zwei Gleichungen:

$$\frac{\partial f_3}{\partial x_1} + \sum_3^n \left(\frac{\partial \psi_{1,2}}{\partial x_m} \frac{\partial f_3}{\partial p_m} - \frac{\partial \psi_{1,2}}{\partial p_m} \frac{\partial f_3}{\partial x_m} \right) = 0 \quad . \quad . \quad (2_1),$$

$$\frac{\partial f_3}{\partial x_2} + \sum_3^n \left(\frac{\partial \psi_{2,2}}{\partial x_m} \frac{\partial f_3}{\partial p_m} - \frac{\partial \psi_{2,2}}{\partial p_m} \frac{\partial f_3}{\partial x_m} \right) = 0 \quad . \quad . \quad (2_2),$$

deren jede $2n-3$ unabhängige Veränderliche enthält. Es sei ϑ_1 eine Lösung von (2_1), so dass

$$(\vartheta_1, p_1 - \psi_{1,2}) = 0.$$

Wir setzen, um zu sehen, ob ϑ_1 auch der Gleichung (2_2) genügt:

$$\vartheta_2 = (\vartheta_1, p_2 - \psi_{2,2}), \quad \vartheta_3 = (\vartheta_2, p_2 - \psi_{2,2}), \quad \vartheta_4 = (\vartheta_3, p_2 - \psi_{2,2}), \text{ etc.}$$

Die Functionen $\vartheta_1, \vartheta_2, \vartheta_3, \ldots$ genügen ebenfalls der Gleichung (2_1). Denn man hat:

$$(p_1 - \psi_{1,2}, \vartheta_2) = (p_1 - \psi_{1,2}, (p_2 - \psi_{2,2}, \vartheta_1))$$
$$= -(p_2 - \psi_{2,2}, (\vartheta_1, p_1 - \psi_{1,2})) - (\vartheta_1, (p_1 - \psi_{1,2}, p_2 - \psi_{2,2})).$$

Die rechte Seite ist infolge der Gleichung (1') und der Voraussetzung über ϑ_1 gleich Null. Mithin:

$$(\vartheta_2, p_1 - \psi_{1,2}) = 0.$$

Ebenso:

$$(\vartheta_3, p_1 - \psi_{1,2}) = 0,$$
$$(\vartheta_4, p_1 - \psi_{1,2}) = 0,$$
$$\ldots\ldots\ldots$$

Es können nun zwei verschiedene Fälle eintreten: 1) Die eine der Functionen ϑ ist identisch null; in diesem Falle ist diese Function ϑ offenbar die gemeinschaftliche Lösung der Gleichungen (2). 2) Eine der Functionen ϑ ist eine Function der vorhergehenden und von x_2, welches in (2_1) constant ist. Dies trifft nothwendig ein, ehe man $2n - 3$ Functionen ϑ berechnet hat, da die zu (2_1) gehörigen simultanen Differentialgleichungen höchstens $2n - 4$ verschiedene Integrale haben können. Man würde sich wie oben (Nr. 68) überzeugen können, dass dies ebenso der Fall sein würde mit allen Functionen ϑ, die man noch weiter berechnen könnte.

Nimmt man an, dass man i verschiedene Functionen ϑ gefunden habe und ist:

$$\vartheta = \vartheta(x_2, \vartheta_1, \ldots, \vartheta_i),$$

so hat man:

$$(\vartheta, p_2 - \psi_{2,2}) = (x_2, p_2 - \psi_{2,2}) \frac{\delta \vartheta}{\delta x_2} + (\vartheta_1, p_2 - \psi_{2,2}) \frac{\delta \vartheta}{\delta \vartheta_1} + \cdots + (\vartheta_i, p_2 - \psi_{2,2}) \frac{\delta \vartheta}{\delta \vartheta_i}$$
$$= \frac{\delta \vartheta}{\delta x_2} + \vartheta_2 \frac{\delta \vartheta}{\delta \vartheta_1} + \vartheta_3 \frac{\delta \vartheta}{\delta \vartheta_2} + \cdots + \vartheta_{i+1} \frac{\delta \vartheta}{\delta \vartheta_i}.$$

Nach Voraussetzung ist:

$$\vartheta_{i+1} = \Theta(x_2, \vartheta_1, \ldots, \vartheta_i).$$

Man setze:

$$\frac{\delta \vartheta}{\delta x_2} + \vartheta_2 \frac{\delta \vartheta}{\delta \vartheta_1} + \vartheta_3 \frac{\delta \vartheta}{\delta \vartheta_2} + \cdots + \Theta \frac{\delta \vartheta}{\delta \vartheta_i} = 0,$$

eine Gleichung, deren Integration abhängt von der des Systems:

$$\frac{dx_2}{1} = \frac{d\vartheta_1}{\vartheta_2} = \frac{d\vartheta_2}{\vartheta_3} = \frac{d\vartheta_3}{\vartheta_4} = \cdots = \frac{d\vartheta_{i-1}}{\vartheta_i} = \frac{d\vartheta_i}{\Theta}$$

oder von der der Gleichung:

$$\frac{d^i \vartheta_1}{dx_2^i} = \Theta\left(x_2, \vartheta_1, \frac{d\vartheta_1}{dx_2}, \frac{d^2\vartheta_1}{dx_2^2}, \ldots, \frac{d^{i-1}\vartheta_1}{dx_2^{i-1}}\right).$$

Man braucht nur ein erstes Integral dieser Gleichung

$$f_3\left(x_2, \vartheta_1, \ldots, \frac{d^{i-1}\vartheta_1}{dx_2^{i-1}}\right) = a_2$$

zu kennen, um die gesuchte gemeinschaftliche Lösung

$$f_3(x_2, \vartheta_1, \ldots, \vartheta_i) = a_2$$

zu erhalten.

Insbesondere ist es leicht, f_3 in dem Falle zu finden, wo ϑ_{i+1} gleich einer Constanten k ist; denn alsdann ist:

$$\frac{d^i\vartheta_1}{dx_2{}^i} = k, \quad \frac{d^{i-1}\vartheta_1}{dx_2^{i-1}} = kx_2$$

und:

$$f_3 = \vartheta_i - kx_2.$$

Offenbar nämlich hat man, wenn $(\vartheta_i, p_2 - \psi_{2,2}) = k$ ist:

$$(\vartheta_i - kx_2, p_2 - \psi_{2,2}) = 0.$$

Bemerkung. Man hätte ebenso gut mit der Gleichung (2_2) wie mit der Gleichung (2_1) beginnen können. Jedenfalls begegnet man hier nicht mehr der Ausnahme, welche die in dem vorigen Paragraphen auseinandergesetzte Methode illusorisch macht. Hat man

$$\vartheta_2 = (\vartheta_1, p_2 - \psi_{2,2}) = \text{einer bestimmten Constanten } k,$$

so nimmt man einfach für f_2 den Ausdruck:

$$\vartheta_1 - kx_2,$$

welcher in der That giebt:

$$(\vartheta_1 - kx_2, p_2 - \psi_{2,2}) = 0,$$

wie oben.

Ein sehr einfacher Fall ist der, wo man hat

$$\vartheta_2 = \vartheta(x_2, \vartheta_1),$$

weil sich die Hülfsgleichung reducirt auf:

$$\frac{dx_2}{1} = \frac{d\vartheta_1}{\vartheta(x_2, \vartheta_1)}.$$

Dieselbe vereinfacht sich noch, wenn x_2 oder ϑ_1 oder x_2 und ϑ_1 in ϑ nicht vorkommen.

76. Integration des Systems (3). — Die Gleichungen des Systems (3) enthalten $2n$—5 Variable, d. h. zwei weniger als das vorherige System. Dieses System enthält drei Gleichungen:

$$(p_1 - \psi_{1,3}, f_4) = 0, \quad (p_2 - \psi_{2,3}, f_4) = 0, \quad (p_3 - \psi_{3,3}, f_4) = 0 \qquad (3).$$

Es sei ϑ_1 eine Lösung der beiden ersten, so dass

$$(p_1 - \psi_{1,3}, \vartheta_1) = 0, \quad (p_2 - \psi_{2,3}, \vartheta_1) = 0$$

ist. Wir substituiren dieselbe in die dritte Gleichung und bilden die Reihe:

$$\vartheta_2 = (\vartheta_1, p_3 - \psi_{3,3}), \quad \vartheta_3 = (\vartheta_2, p_3 - \psi_{3,3}), \ldots .$$

Es ist:

$$\begin{aligned}(p_1 - \psi_{1,3}, \vartheta_2) &= (p_1 - \psi_{1,3}, (\vartheta_1, p_3 - \psi_{3,3})) \\ &= -(p_3 - \psi_{3,3}, (\vartheta_1, p_1 - \psi_{1,3})) - (\vartheta_1, (p_1 - \psi_{1,3}, p_3 - \psi_{3,3})),\end{aligned}$$

d. h. infolge der Gleichungen (2') und der Definition von ϑ_1:

$$(p_1 - \psi_{1,3}, \vartheta_2) = 0.$$

Ebenso:

$$(p_3 - \psi_{2,3}, \vartheta_2) = 0,$$

d. h. ϑ_2 ist eine Lösung der beiden ersten Gleichungen (3). Dasselbe ist der Fall mit ϑ_3, ϑ_4, ...

Die Reihe der Functionen ϑ enthält höchstens $2n - 6$ verschiedene Functionen; man gelangt somit zu einer Function ϑ_{i+1}, welche eine Function der vorhergehenden und, wenn man will, von x_3 ist, welches in den Gleichungen (3_1), (3_2) die Rolle einer Constanten spielt. Es sei:

$$\vartheta_{i+1} = \Theta(x_3, \vartheta_1, \vartheta_2, \ldots, \vartheta_i).$$

Die Functionen ϑ_{i+2}, ϑ_{i+3}, ... drücken sich in derselben Weise aus. Ist jetzt $\vartheta(x_3, \vartheta_1, \ldots, \vartheta_i)$ eine neue Function, so genügt dieselbe, wie man ohne Mühe sieht, (3_1) und (3_2). Damit sie auch (3_3) genüge, muss man wie in der vorigen Nummer haben:

$$\frac{\delta\vartheta}{\delta x_3} + \vartheta_2 \frac{\delta\vartheta}{\delta\vartheta_1} + \vartheta_3 \frac{\delta\vartheta}{\delta\vartheta_2} + \cdots + \Theta \frac{\delta\vartheta}{\delta\vartheta_i} = 0$$

und zwar braucht man hiervon nur ein Integral $f_4 = a_4$ zu finden, oder auch ein Integral des Systems

$$\frac{dx_3}{1} = \frac{d\vartheta_1}{\vartheta_2} = \frac{d\vartheta_2}{\vartheta_3} = \cdots = \frac{d\vartheta_i}{\Theta}$$

oder ferner ein erstes Integral der Gleichung:

$$\frac{d^i\vartheta_1}{dx_3^i} = \Theta\left(x_3, \vartheta_1, \frac{d\vartheta_1}{dx_3}, \ldots, \frac{d^{i-1}\vartheta_1}{dx_3^{i-1}}\right).$$

77. Integration der andern Systeme und insbesondere des letzten. — Offenbar kann man in derselben Weise die Integration der aufeinanderfolgenden Systeme (4), (5), ..., $(n-1)$ fortsetzen. Wir nehmen an, dass man zu diesem letzten gelangt sei, welches ist:

$$(p_1 - \psi_{1,n-1}, f_n) = 0, \ (p_2 - \psi_{2,n-1}, f_n) = 0, \ldots, (p_{n-1} - \psi_{n-1,n-1}, f_n) = 0$$

oder auch:

$$\frac{\delta f_n}{\delta x_1} + \frac{\delta \psi_{1,n-1}}{\delta x_n}\frac{\delta f_n}{\delta p_n} - \frac{\delta \psi_{1,n-1}}{\delta p_n}\frac{\delta f_n}{\delta x_n} = 0 \quad . \quad (n-1_1),$$

$$\frac{\delta f_n}{\delta x_2} + \frac{\delta \psi_{2,n-1}}{\delta x_n}\frac{\delta f_n}{\delta p_n} - \frac{\delta \psi_{2,n-1}}{\delta p_n}\frac{\delta f_n}{\delta x_n} = 0 \quad . \quad (n-1_2),$$

. . . .

$$\frac{\delta f_n}{\delta x_{n-1}} + \frac{\delta \psi_{n-1,n-1}}{\delta x_n}\frac{\delta f_n}{\delta p_n} - \frac{\delta \psi_{n-1,n-1}}{\delta p_n}\frac{\delta f_n}{\delta x_n} = 0 \quad (n-1_{n-1}).$$

Man suche eine Lösung von $(n-1_1)$ und leite daraus mit Hülfe des Fundamentaltheorems andere Lösungen und sodann wie oben eine gemeinschaftliche Lösung von $(n-1_1)$ und $(n-1_2)$ her. Das Fundamentaltheorem von Jacobi giebt wieder andere und daraus kann man eine den Gleichungen $(n-1_1)$, $(n-1_2)$, $(n-1_3)$ gemeinsame Lösung finden u. s. w.

Man wird bemerken, dass die Integration der Gleichung $(n-1_1)$ abhängt von der Ermittelung eines Integrals eines Systems simultaner Gleichungen mit drei Variablen oder von der Ermittelung eines ersten Integrals einer gewöhnlichen Differentialgleichung zweiter Ordnung. Um daraus eine den Gleichungen $(n-1_1)$, $(n-1_2)$ gemeinschaftliche Lösung herzuleiten, muss man ferner ein erstes Integral einer Gleichung finden, welche höchstens von der zweiten Ordnung ist; ebenso ist die Sache bei der Ermittelung der Lösungen, welche den 3, 4, 5, ... ersten Gleichungen $(n-1)$ gemeinsam sind. Mithin hat man höchstens ein erstes Integral von $n-1$ Gleichungen zweiter Ordnung zu suchen.

Kurz, man sieht, dass die Jacobi'sche Methode die Bestimmung eines einzigen Integrals jedes der $\frac{n(n-1)}{2}$ Gleichungssysteme erfordert. Unter diesen Systemen giebt es

1	von der Ordnung	$2(n-1)$,	welches zur Bestimmung von f_2	dient,
2	„ „ „	$2(n-2)$,	welche „ „ „ f_3	dienen,
3	„ „ „	$2(n-3)$,	„ „ „ „ f_4	„
. . .	. . .	. . .	. . .	. . .
$n-1$	„ „	2	„ „ „ „ f_n	„

Dies ist der ungünstigste Fall. Man begreift, dass man in jedem besonderen Falle Vereinfachungen einführen kann, da man im Allgemeinen bei der Integration eines jeden der Systeme (1), (2), ..., $(n-1)$ mit irgend einer beliebigen Gleichung anfangen kann.

78. Beispiel.[1]) — Die Gleichung sei:

$$p_1 + (3x_2 + 2x_3)p_2 + (4x_2 + 5x_3)p_3 + [x_4 + x_5(p_2 - p_3)]p_5 + \frac{x_5 p_5^2}{p_4} = 0.$$

1) Wir müssen zunächst ein Integral suchen von

$$(p_1 - \psi_{1,1}, f_2) = 0,$$

wo $p_1 - \psi_{1,1}$ die linke Seite der gegebenen Gleichung darstellt. Das zugehörige Hülfssystem ist:

$$\frac{dx_1}{1} = \frac{dx_2}{-\frac{\delta\psi_{1,1}}{\delta p_2}} = \cdots = \frac{dx_5}{-\frac{\delta\psi_{1,1}}{\delta p_5}} = \frac{dp_2}{3p_2 + 4p_3} = \frac{dp_3}{2p_2 + 5p_3} = \frac{dp_4}{\frac{d\psi_{1,1}}{\delta x_4}} = \frac{dp_5}{\frac{\delta\psi_{1,1}}{\delta x_5}}.$$

Man erhält daraus:

$$\frac{dx_1}{1} = \frac{d(p_2 - p_3)}{p_2 - p_3}$$

und somit kann man das Integral dieser Gleichung für f_2 nehmen, d. h. setzen:

$$f_2 = (p_2 - p_3)e^{x_1} = a_2.$$

Man leitet hieraus den Werth von p_2 her, substituirt ihn in p_1 und erhält auf diese Weise:

$$p_1 - \psi_{1,2} = p_1 + (3x_2 + 2x_3)(p_3 + a_2 e^{-x_1}) + (4x_2 + 5x_3)p_3 \\ + [x_4 + x_5 a_2 e^{-x_1}]p_5 + \frac{x_5 p_5^2}{p_4}$$

$$p_2 - \psi_{2,2} = p_2 - p_3 - a_2 e^{-x_4}.$$

2) Nunmehr muss man eine gemeinschaftliche Lösung der Gleichungen suchen:

$$(p_1 - \psi_{1,2}, f_3) = 0, \quad (p_2 - \psi_{2,2}, f_3) = 0.$$

Man erhält ein Integral der zweiten Gleichung, indem man eine Lösung eines Systems sucht, welches die Gleichung enthält:

$$\frac{dx_2}{1} = \frac{dp_3}{\frac{\delta\psi_{2,2}}{\delta x_3}}$$

oder:

$$\frac{dx_2}{1} = \frac{dp_3}{0}.$$

Man kann somit, da $p_3 = \text{const}$ das Integral dieser letzteren ist, setzen:

$$\vartheta_1 = p_3.$$

---

[1]) Dasselbe ist Imschenetsky, Nr. 89, S. 116—121, entlehnt. Graindorge Nr. 71, S. 70—73 giebt ein anderes aus Ampère entnommenes, welches sich mittels der Jacobi'schen Methode sehr einfach integriren lässt.

Sodann erhält man:

$$\vartheta_2 = -(p_1 - \psi_{1,2}, p_3) = -2(p_3 + a_2 e^{-x_1}) - 5p_3 = -7\vartheta_1 - 2a_2 e^{-x_1}.$$

Die Reihe der Functionen ϑ hört hier auf. Man hat jetzt ein Integral zu suchen von

$$\frac{dx_1}{1} = \frac{d\vartheta_1}{-7\vartheta_1 - 2a_2 e^{-x_1}},$$

und dies ist f_3. Man findet:

$$f_3 = (\vartheta_1 + \frac{1}{3} a_2 e^{-x_1}) e^{7x_1} = (p_3 + \frac{1}{3} a_2 e^{-x_1}) e^{7x_1} = a_3.$$

Aus den vorstehenden Resultaten folgt:

$$p_3 - \psi_{3,3} = p_3 + \frac{1}{3} a_2 e^{-x_1} - a_3 e^{-7x_1},$$

$$p_2 - \psi_{2,3} = p_2 - \frac{2}{3} a_2 e^{-x_1} - a_3 e^{-7x_1},$$

$$p_1 - \psi_{1,3} = p_1 + \cdots$$

3) Man betrachtet sodann die Gleichungen:

$$(p_1 - \psi_{1,3}, f_4) = 0, \quad (p_2 - \psi_{2,3}, f_4) = 0, \quad (p_3 - \psi_{3,3}, f_4) = 0.$$

Die letzte hat zur Lösung $\vartheta_1 = p_4 = \text{const}$, welche auch der zweiten genügt. Sodann:

$$\vartheta_2 = (\vartheta_1, p_1 - \psi_{1,3}) = -p_5$$

$$\vartheta_3 = (\vartheta_2, p_1 - \psi_{1,3}) = -a_1 e^{-x_1} \vartheta_2 + \frac{\vartheta_2^2}{\vartheta_1}.$$

Dies führt nach der allgemeinen Methode zu

$$f_4 = \log\left(-\frac{p_5}{p_4}\right) - a_2 e^{-x_1} = -\log a_4,$$

und hieraus folgt:

$$p_4 - \psi_{4,4} = p_4 - p_5 a_4 e^{-a_2 e^{-x_1}}$$

$$p_3 - \psi_{3,4} = \ldots$$

$$p_2 - \psi_{2,4} = \ldots$$

$$p_1 - \psi_{1,4} = \ldots$$

4) Die letzte der Gleichungen

$$(p_1 - \psi_{1,4}, f_5) = 0, \ (p_2 - \psi_{2,4}, f_5) = 0, \ (p_3 - \psi_{3,4}, f_5) = 0, \ (p_4 - \psi_{4,4}, f_5) = 0$$

hat zur Lösung $\vartheta_1 = p_5 = \text{const}$, welche auch der zweiten und dritten genügt, und giebt:

$$\vartheta_2 = (\vartheta_1, p_1 - \psi_{1,4}) = -a_2 e^{-x_1} \vartheta_1 - \frac{1}{a_4} e^{a_2 e^{-x_1}} \vartheta_1.$$

Man findet sodann:

$$f_5 = \log p_5 - a_2 e^{-x_1} + \frac{1}{a_4} \int e^{a_2 e^{-x_1}} dx_1 = \log a_5$$

und

$$p_5 = a_5 \left(e^{a_2 e^{-x_1} - \frac{1}{a_4} \int e^{a_2 e^{-x_1}} dx_1} \right).$$

5) Nunmehr kann man auch p_4, p_3, p_2, p_1 als Functionen der x allein und der Constanten ausdrücken. Setzt man dann die erhaltenen Werthe in den Ausdruck

$$dz = p_1 dx_1 + p_2 dx_2 + p_3 dx_3 + p_4 dx_4 + p_5 dx_5$$

ein und integrirt, so findet man schliesslich:

$$z = a_1 + \frac{a_2}{3}(2x_2 - x_3)e^{-x_1} + a_3(x_2 + x_3)e^{-7x_1}$$

$$+ a_5 (a_4 x_4 + x_5 e^{a_1 e^{-x_1}}) e^{-\frac{1}{a_4}\int e^{a_1 e^{-x_1}} dx_1}.$$

Nachtrag IV zur zweiten Auflage.

Gilbert's Darstellung der Jacobi'schen Methode.

Herr Ph. Gilbert, Professor an der katholischen Universität zu Löwen, hat die Jacobi'sche Methode unter einer originellen Form dargestellt, indem er insbesondere seine Aufmerksamkeit auf einige delikate Punkte richtete, welche sich auf diejenigen Integrabilitätsbedingungen beziehen, die nicht auf identische Form gebracht sind. Wir geben nachstehend diese wichtige Arbeit fast vollständig wieder; dieselbe erschien in den Annales de la Société scientifique de Bruxelles, 1881, Bd. V, 2. partie, S. 1—16 unter dem Titel: *Sur une propriété de la fonction de Poisson et sur la Méthode de Jacobi pour l'intégration des équations aux dérivées partielles du premier ordre,* und theilweise in den *Comptes rendus de l'Académie des Sciences de Paris,* 1880, XCI, S. 541—544, 613—616. Wir ändern nur die Bezeichnungen des Verfassers in die von uns bisher gebrauchten um.

I. Eigenschaft der Poisson'schen Function (H_i, H_k). Wir nehmen an, dass zwischen den Veränderlichen x und p m gegebene Gleichungen

$$H_i(x_1, x_2, \ldots, x_n, p_1, p_2, \ldots, p_n) = 0 \quad (i = 1, 2, \ldots, m) \qquad (1)$$

existiren und dass man daraus die Werthe der m Variabeln $p_1, \ldots, p_m$ als Functionen der andern abgeleitet habe, so dass man hat:

$$p_i = \psi_i(x_1, \ldots, x_n, p_{m+1}, \ldots, p_n) \quad (i = 1, 2, \ldots, m). \quad . \quad (2)$$

Wir bezeichnen ferner mit Δ die Functionaldeterminante

$$\frac{\delta(H_1, H_2, \ldots, H_m)}{\delta(p_1, p_2, \ldots, p_m)}$$

und mit $\Delta_{i,k}^{r,s}$ die Unterdeterminante derselben, welche man erhält, wenn man die Kolonnen vom Index r und s und die Zeilen vom Index i und k unterdrückt. Bekanntlich hat man nach einer Eigenschaft der Determinanten, wenn i und k zwei verschiedene Indices aus der Reihe 1, 2, ..., m bezeichnen, stets:

$$\Delta = (-1)^{i+k} \sum_{r,s} (-1)^{r+s} \Delta_{i,k}^{r,s} \frac{\delta(H_r, H_s)}{\delta(p_i, p_k)} \quad . \quad . \quad . \quad . \quad (3),$$

wo das Symbol $\sum\limits_{r,p}$ eine Summation andeutet, welche sich auf alle Combinationen zu je zweien der Indices r und s aus der Reihe 1, 2, ..., m erstreckt.

Dies vorausgeschickt, sei u irgend eine der unabhängigen Variabeln $x_1, \ldots, x_n, p_{m+1}, \ldots, p_n$. Differentiirt man die Gleichungen (1) nach u, so ist:

$$\left.\begin{array}{l}
\frac{\delta H_1}{\delta u} + \frac{\delta H_1}{\delta p_1} \frac{dp_1}{du} + \frac{\delta H_1}{\delta p_2} \frac{dp_2}{du} + \cdots + \frac{\delta H_1}{\delta p_m} \frac{dp_m}{du} = 0 \\
\frac{\delta H_2}{\delta u} + \frac{\delta H_2}{\delta p_1} \frac{dp_1}{du} + \frac{\delta H_2}{\delta p_2} \frac{dp_2}{du} + \cdots + \frac{\delta H_2}{\delta p_m} \frac{dp_m}{du} = 0 \\
\cdot \quad \cdot \quad \cdot \quad \cdot \quad \cdot \quad \cdot \quad \cdot \quad \cdot \quad \cdot \quad \cdot \quad \cdot \quad \cdot \quad \cdot \quad \cdot \quad \cdot \quad \cdot \\
\frac{\delta H_m}{\delta u} + \frac{\delta H_m}{\delta p_1} \frac{dp_1}{du} + \frac{\delta H_m}{\delta p_2} \frac{dp_2}{du} + \cdots + \frac{\delta H_m}{\delta p_m} \frac{dp_m}{du} = 0
\end{array}\right\} . \; (4).$$

und aus diesen ergiebt sich leicht:

$$\left.\begin{array}{l}
\frac{dp_1}{du} = -\frac{1}{\Delta} \frac{\delta(H_1, H_2, \ldots, H_m)}{\delta(u, p_2, \ldots, p_m)} \\
\frac{dp_2}{du} = -\frac{1}{\Delta} \frac{\delta(H_1, H_2, \ldots, H_m)}{\delta(p_1, u, \ldots, p_m)} \\
\cdot \quad \cdot \quad \cdot \quad \cdot \quad \cdot \quad \cdot \quad \cdot \quad \cdot \quad \cdot \quad \cdot \\
\frac{dp_m}{du} = -\frac{1}{\Delta} \frac{\delta(H_1, H_2, \ldots, H_m)}{\delta(p_1, p_2, \ldots, u)}
\end{array}\right\} . \; . \; . \; . \; . \; . \; (5).$$

Nehmen wir irgend zwei der Gleichungen (4) und sind r und s die Indices der H, welche darin vorkommen, setzen wir ferner darin $u = x_j$, wo j eine der Zahlen 1, 2, ..., n ist, multipliciren sodann diese beiden Gleichungen respective mit $\frac{dH_s}{dp_j}$, $-\frac{dH_r}{dp_j}$ und addiren sie, so kommt, wie man leicht sieht:

$$\frac{\delta(H_r, H_s)}{\delta(x_j, p_j)} + \frac{\delta(H_r, H_s)}{\delta(p_1, p_j)} \frac{dp_1}{dx_j} + \frac{\delta(H_r, H_s)}{\delta(p_2, p_j)} \frac{dp_2}{dx_j} + \cdots + \frac{\delta(H_r, H_s)}{\delta(p_m, p_j)} \frac{dp_m}{dx_j} = 0 \, (6).$$

Multipliciren wir die ganze Gleichung mit $(-1)^\mu \Delta_{1,2}^{r,s}$, wo μ zur Abkürzung die Summe $r+s+1+2$ bezeichnet, bilden wir sodann die Summe aller analogen Gleichungen, welche man erhält, indem man r und s sämmtliche in der Reihe $1, 2, \ldots, m$ enthaltenen Werthe beilegt, so erhalten wir:

$$\sum_{r,s}(-1)^\mu \Delta_{1,2}^{r,s} \frac{\partial(H_r, H_s)}{\partial(x_j, p_j)} + \frac{dp_1}{dx_j}\sum_{r,s}(-1)^\mu \Delta_{1,2}^{r,s} \frac{\partial(H_r, H_s)}{\partial(p_1, p_j)}$$
$$+\frac{dp_2}{dx_j}\sum_{r,s}(-1)^\mu \Delta_{1,2}^{r,s} \frac{\partial(H_r, H_s)}{\partial(p_2, p_j)} + \cdots + \frac{dp_m}{dx_j}\sum_{r,s}(-1)^\mu \Delta_{1,2}^{r,s} \frac{\partial(H_r, H_s)}{\partial(p_m, p_j)} = 0 \quad (7).$$

Man braucht jetzt nur den Coefficienten von $\frac{dp_1}{dx_j}$ in dieser Gleichung, nämlich

$$\sum_{r,s}(-1)^\mu \Delta_{1,2}^{r,s} \frac{\partial(H_r, H_s)}{\partial(p_1, p_j)}$$

mit der rechten Seite der Gleichung (3) zu vergleichen, um zu erkennen, dass derselbe sich von Δ nur dadurch unterscheidet, dass in der zweiten Zeile der Determinante Δ die partiellen Ableitungen $\frac{dH_1}{dp_j}, \frac{dH_2}{dp_j}, \ldots$ an die Stelle der partiellen Ableitungen $\frac{dH_1}{dp_2}, \frac{dH_2}{dp_2}, \ldots$ getreten sind, d. h. dieser Coefficient ist nichts anderes als:

$$\frac{\partial(H_1, H_2, \ldots, H_m)}{\partial(p_1, p_j, \ldots, p_m)}.$$

Man hat ebenso für den Coefficienten von $\frac{dp_2}{dx_j}$:

$$\sum_{r,s}(-1)^\mu \Delta_{1,2}^{r,s} \frac{\partial(H_r, H_s)}{\partial(p_2, p_j)} = -\frac{\partial(H_1, H_2, \ldots, H_m)}{\partial(p_j, p_2, \ldots, p_m)},$$

und was die Coefficienten von $\frac{dp_3}{dx_j}, \ldots, \frac{dp_m}{dx_j}$ angeht, so reduciren sie sich als Determinanten, welche zwei gleiche Zeilen haben, auf Null, was man aus dem Bildungsgesetz (3) ohne Mühe sieht. Die Gleichung (7) reducirt sich also auf die folgende:

$$\sum_{r,s}(-1)^\mu \Delta_{1,2}^{r,s} \frac{\partial(H_r, H_s)}{\partial(x_j, p_j)} + \frac{\partial(H_1, H_2, \ldots, H_m)}{\partial(p_1, p_j, \ldots, p_m)}\frac{dp_1}{dx_j} - \frac{\partial(H_1, H_2, \ldots, H_m)}{\partial(p_j, p_2, \ldots, p_m)}\frac{dp_2}{dx_j} = 0.$$

Setzen wir der Reihe nach in dieser Gleichung $j = 1, 2, \ldots, n$ und addiren sie dann Seite für Seite, wobei zu beachten ist, dass

$$\sum_{j=1}^{j=n} \frac{\partial(H_r, H_s)}{\partial(x_j, p_j)} = (H_r, H_s),$$

so erhalten wir:

$$0=\sum_{r,s}(-1)^{\mu}\Delta_{1.2}^{r,s}(H_r,H_s)+\sum_{j=1}^{j=n}\left\{\frac{\delta(H_1,H_2,\ldots,H_m)}{\delta(p_1,p_j,\ldots,p_m)}\frac{dp_1}{dx_j}-\frac{\delta(H_1,H_2,\ldots,H_m)}{\delta(p_j,p_2,\ldots,p_m)}\frac{dp_2}{dx_j}\right\}.$$

Der Coefficient von $\frac{dp_1}{dx_j}$ verschwindet aber als Determinante, welche zwei gleiche Zeilen hat, für $j=1,3,\ldots,m$ und reducirt sich für $j=2$ auf Δ. Ebenso ist der Coefficient von $\frac{dp_2}{dx_j}$ gleich Null für $j=2,3,\ldots,m$ und reducirt sich für $j=1$ auf $-\Delta$. Schliesslich sind uns für die andern Werthe $j=m+1, m+2,\ldots,n$ die Ausdrücke dieser Coefficienten gegeben durch die Relationen (5), in denen man nur $u=p_j$ zu setzen braucht, um zu erhalten:

$$\frac{\delta(H_1,H_2,\ldots,H_m)}{\delta(p_1,p_j,\ldots,p_m)}=-\Delta\frac{dp_2}{dp_j}$$

$$\frac{\delta(H_1,H_2,\ldots,H_m)}{\delta(p_j,p_2,\ldots,p_m)}=-\Delta\frac{dp_1}{dp_j}.$$

Substituiren wir alle diese Resultate in die obige Gleichung, bemerken wir ferner, dass die hier auftretenden Functionen p_1 und p_2 in Wirklichkeit nichts anderes sind als die Functionen ψ_1 und ψ_2 der Gleichungen (2), so finden wir offenbar das folgende Resultat:

$$\sum_{r,s}(-1)^{\mu}\Delta_{1,2}^{r,s}(H_r,H_s)+\Delta\left[\frac{\delta\psi_1}{\delta x_2}-\frac{\delta\psi_2}{\delta x_1}-\sum_{j=m+1}^{j=n}\left(\frac{\delta\psi_1}{\delta x_j}\frac{\delta\psi_2}{\delta p_j}-\frac{\delta\psi_1}{\delta p_j}\frac{\delta\psi_2}{\delta x_j}\right)\right]=0.$$

Man erkennt der Definition der Poisson'schen Function zufolge ohne Mühe, dass die Grösse zwischen den Klammern in dieser Gleichung nichts anderes ist, als $-(p_1-\psi_1, p_2-\psi_2)$. Man hat also:

$$(-1)^{1+2}\sum_{r,s}(-1)^{r+s}\Delta_{1,2}^{r,s}(H_r,H_s)-\Delta(p_1-\psi_1,p_2-\psi_2)=0.$$

Nur um die Darstellung zu erleichtern, haben wir bisher die Functionen ψ_1 und ψ_2 behandelt; dieselbe Schlussreihe ist ohne Änderung anwendbar auf zwei beliebige andere Functionen ψ_i und ψ_k. Wir können somit allgemein die Gleichung schreiben:

$$(p_i-\psi_i,p_k-\psi_k)=\frac{(-1)^{i+k}}{\Delta}\sum_{r,s}(-1)^{r+s}\Delta_{i,k}^{r,s}(H_r,H_s), \quad . \quad (A),$$

und diese bildet die Eigenschaft der Poisson'schen Function, die wir beweisen wollten. Dieser Satz besteht ganz ebenso, wenn die rechten Seiten der Gleichungen (1), anstatt gleich Null zu sein, irgend welche Constanten sind, denn dieses ändert nichts an den partiellen Ableitungen der Functionen $H_1,\ldots,H_m$ und mithin geschieht der Beweis in derselben Weise.

Die Gleichung (A) kann verallgemeinert werden, doch beschäftigen wir uns hier nur mit dem, was sich auf die Integration der partiellen Differentialgleichungen bezieht.

II. Folgerungen. Diese Gleichung (A) giebt zu folgenden Bemerkungen Veranlassung.

1) Wir nehmen an, dass die Functionen $H_1, H_2, \ldots, H_m$ für irgend welche Werthe von r und s aus der Reihe $1, 2, \ldots, m$ der Relation

$$(H_r, H_s) = 0 \quad \ldots \ldots \quad \ldots \quad (B)$$

genügen und dass ausserdem die Determinante Δ nicht null ist, d. h. dass die Functionen $H_1, H_2, \ldots, H_m$ von einander unabhängig seien. Aus der Gleichung (A) folgt offenbar, dass man für irgend zwei Indices i und k aus der Reihe $1, 2, \ldots, m$ die Gleichheit hat:

$$(p_i - \psi_i, p_k - \psi_k) = 0 \quad \ldots \ldots \quad (C).$$

Diese Gleichung ist fundamental in der Theorie von Jacobi und bezüglich derselben sind zwei wesentliche Bemerkungen zu machen: Zunächst setzt der Beweis, den wir soeben gegeben haben, keineswegs voraus, dass $p_1, p_2, \ldots, p_n$ die partiellen Ableitungen einer und derselben Function z der Variablen $x_1, x_2, \ldots, x_n$ nach diesen Variablen seien, sondern nur, dass die $\frac{m(m-1)}{2}$ Bedingungen (B) erfüllt seien. — Zweitens können die Gleichungen (B) Identitäten sein und zwar unabhängig von jeder Relation zwischen den Variablen $x_1, \ldots, x_n, p_1, \ldots, p_n$; sie können auch Gleichungen sein, welche aus den gegebenen Gleichungen $H_1 = 0, \ldots, H_m = 0$ hervorgehen. In dem einen wie in dem andern Falle finden die Gleichungen (C) identisch statt, welches auch die Werthe der Variablen $x_1, \ldots, x_n, p_{m+1}, \ldots, p_n$, welche darin allein vorkommen, sein mögen. In der That sind diese Veränderlichen in der ganzen Rechnung als unabhängige Veränderliche behandelt worden: Es können daher zwischen ihnen nur identische Relationen bestehen.

2) Es giebt in der Theorie von Jacobi noch ein anderes fundamentales Theorem, welchem man begegnet, indem man den Beweis durchgeht, nachdem die Gleichung (A) bewiesen ist. Nehmen wir an, dass $m = n$ sei und dass demzufolge die Gleichungen (1) und (2) die Werthe von $p_1, p_2, \ldots, p_n$ als Functionen der einzigen Variabeln $x_1, x_2, \ldots, x_n$ ergeben, so kann man die Gleichung (6) schreiben:

$$\frac{\partial(H_r, H_s)}{\partial(x_j, p_j)} + \sum_{i=1}^{i=n} \frac{\partial(H_r, H_s)}{\partial(p_i, p_j)} \frac{dp_i}{dp_j} = 0.$$

Setzt man in dieser Gleichung der Reihe nach $j = 1, 2, \ldots, n$ und addirt man die so erhaltenen Gleichungen, so erhält man zufolge der Definition des Symbols (H_r, H_s):

$$(H_r, H_s) + \sum_{i=1}^{i=n} \sum_{j=1}^{j=n} \frac{\delta(H_r, H_s)}{\delta(p_i, p_j)} \frac{dp_i}{dx_j} = 0.$$

In der doppelten Summe sind aber offenbar die Coefficienten von $\frac{dp_i}{dx_j}$ und von $\frac{dp_j}{dx_i}$ einander gleiche, aber mit entgegengesetztem Vorzeichen versehene Determinanten. Man hat daher die Gleichung:

$$(H_r, H_s) + \sum_{i,j} \frac{\delta(H_r, H_s)}{\delta(p_i, p_j)} \left(\frac{dp_i}{dx_j} - \frac{dp_j}{dx_i}\right) = 0,$$

wo sich die Summation über alle von einander verschiedenen Combinationen der Zahlen i und j von 0 bis n erstreckt.

Nehmen wir jetzt an, dass die aus den Gleichungen (1) abgeleiteten Werthe von $p_1, \ldots, p_n$ derart seien, dass $p_1 dx_1 + \cdots + p_n dx_n$ ein exactes Differential ist, so hat man für alle in der obigen Reihe enthaltenen Werthe von i und j:

$$\frac{dp_i}{dx_j} = \frac{dp_j}{dx_i}$$

und somit befriedigen die Functionen $H_1, \ldots, H_n$ für beliebige Werthe von r und s, welche in der Reihe $1, 2, \ldots, n$ enthalten sind, die Relation:

$$(H_r, H_s) = 0 \quad . \quad . \quad . \quad . \quad . \quad . \quad . \quad . \quad (B).$$

Dies ist eine der Hauptformen der von Jacobi gegebenen Integrationsbedingungen und diejenige, die wir beweisen wollten. Selbstverständlich besteht das Vorstehende auch, wenn die rechten Seiten der Gleichungen (1) irgend welche Constanten sind.

3) Was die Umkehrung dieses letzteren Satzes anlangt, so ist dieselbe unmittelbar in unserer Gleichung (A) enthalten; man braucht nur noch in den Gleichungen (1), (2) und (A) $m = n$ zu setzen.

Da die Functionen $H_1, \ldots, H_n$ nach Voraussetzung der Bedingung (B) für alle in der Reihe $1, 2, \ldots, n$ enthaltenen Werthe genügen, so hat man für irgend welche in derselben Reihe enthaltenen Werthe von i und k die Relation:

$$(p_i - \psi_i, \; p_k - \psi_k) = 0,$$

welche Gleichung sich, da ψ_i und ψ_k keinen Buchstaben p enthalten, auf die folgende reducirt:

$$\frac{\delta\psi_i}{\delta x_k} - \frac{\delta\psi_k}{\delta x_i} = 0,$$

und diese ist keine andere als die Bedingung der Integrabilität des Ausdrucks $\psi_1 dx + \cdots + \psi_n dx_n$. Wenn daher die Bedingungen (B) erfüllt sind, so sind die aus den Gleichungen (1) abgeleiteten Werthe von $p_1, p_2, \ldots, p_n$ die partiellen Ableitungen einer und derselben Function von $x_1, \ldots, x_n$.

Diesen Satz, den man gewöhnlich auf etwas unnatürliche und ziemlich heikle Weise beweist, werden wir übrigens bei unserer Darlegung der Jacobi'schen Methode nicht brauchen.

III. Kritik der gewöhnlichen Art der Darstellung der Jacobi'schen Methode. Die Nützlichkeit dieser Principien in der Theorie der partiellen Differentialgleichungen wird aus den folgenden Bemerkungen über den Gang, welchen man bei der Auseinandersetzung der Jacobi'schen Methode einzuschlagen pflegt, hervorgehen.

Es scheint zunächst, als ob weder Jacobi noch die ausgezeichneten Geometer, welche seine Arbeiten vereinfacht haben (Imschenetsky, Graindorge, Mansion etc.) nicht mit genügender Bestimmtheit unter den Gleichungen, welche die Integrabilitätsbedingungen unter verschiedenen Formen darstellen, diejenigen angegeben haben, welche Identitäten sind, die unabhängig von jeder Relation zwischen den darin vorkommenden Variabeln x und p stattfinden, und diejenigen, welche bloss Gleichungen sind, die auf den Relationen zwischen diesen Variablen beruhen.

Denkt man sich z. B. die Gleichungen, welche die Werthe der partiellen Ableitungen $p_1, p_2, \ldots, p_n$ liefern würden unter der Form gegeben:

$$H_1 = a_1, \quad H_2 = a_2, \ldots, \quad H_n = a_n$$

und löst man dieselben schrittweise auf, so dass man hat:

$$\begin{aligned} p_1 &= \varphi_1(x_1, \ldots, x_n, a_1, p_2, \ldots, p_n), \\ p_2 &= \varphi_2(x_1, \ldots, x_n, a_1, a_2, p_3, \ldots, p_n), \\ &\ldots\ldots\ldots\ldots\ldots\ldots \end{aligned}$$

so hat man bekanntlich nach Jacobi (Nova methodus etc. § 6):

$$(p_i - \varphi_i, \ p_k - \varphi_k) = 0.$$

Sind diese Relationen Identitäten? Jacobi scheint dies zu sagen und Imschenetsky sagt es ausdrücklich. Nun genügt aber ein sehr einfaches, dem letzteren entlehntes Beispiel, um zu zeigen, dass dem nicht so ist. Die gegebene Gleichung sei:

$$H_1 = (x_3 p_2 + x_2 p_3)x_1 + a(p_2 - p_3)p_1 = a_1.$$

Die Bedingung $(H_1, H_2) = 0$ führt zu

$$H_2 = (x_2 + x_3)(p_2 + p_3) = a_2$$

als der zweiten Relation und aus diesen Gleichheiten ergeben sich die Werthe

$$p_1 = \varphi_1 = \frac{a_1 - (x_3 p_2 + x_2 p_3) x_1}{\alpha(p_2 - p_3)},$$

$$p_2 = \varphi_2 = \frac{a_2}{x_2 + x_3} - p_3,$$

und aus diesen erhält man ohne jede Schwierigkeit den Ausdruck:

$$(p_1 - \varphi_1, \ p_2 - \varphi_2) = \frac{x_1}{\alpha(p_2 - p_3)} \left(p_2 + p_3 - \frac{a_2}{x_2 + x_3}\right).$$

Es ist klar, dass dieser Ausdruck nicht identisch null ist und es erst wird infolge der obigen Gleichheit $H_2 = a_2$. Man könnte diese Beispiele beliebig vermehren, doch genügt dieses für unsern Zweck, nämlich zu beweisen, dass die Integrabilitätsbedingungen unter den verschiedenen Formen, welche Jacobi ihnen gegeben hat, nicht immer Identitäten sind.

Dieser Punkt ist wichtig, denn bei der Jacobi'schen Theorie bedient man sich dieser Integrabilitätsbedingungen, um zu beweisen, dass gewisse partielle Differentialgleichungen, in welchen die Variabeln p als unabhängige Veränderliche figuriren, erfüllt sind. Wir wollen kurz an die Reihe der Schlussfolgerungen erinnern.

Nachdem man aus der gegebenen partiellen Differentialgleichung ($H_1 = a_1$) den Werth von p_1, etwa

$$p_1 = \psi_1(x_1, \ldots, x_n, a_1, p_2, \ldots, p_n) \quad \ldots \quad (\alpha),$$

abgeleitet hat, sucht man eine zweite Gleichung, aus welcher man den Werth von p_2 ableiten kann:

$$f_2(x_1, \ldots, x_n, a_1, p_2, \ldots, p_n) = a_2 \quad \ldots \ldots \quad (\beta),$$

und dazu muss die gesuchte Function f_2 der linearen Gleichung genügen:

$$(p_1 - \psi_1, f_2) = 0 \text{ oder } -\frac{\delta f_2}{\delta x_1} + \sum_{j=2}^{j=n} \left(\frac{\delta \psi_1}{\delta p_j}\frac{\delta f_2}{\delta x_j} - \frac{\delta \psi_1}{\delta x_j}\frac{\delta f_2}{\delta p_j}\right) = 0 \quad . \ (\gamma).$$

Hat man also ein Integral f_2 dieser Gleichung und somit die Gleichung (β) gefunden, so leitet man aus den Gleichungen (α) und (β) die Werthe von p_1 und p_2 als Functionen der andern Grössen ab, so dass

$$\left.\begin{aligned} p_1 &= \mu_1(x_1, \ldots, x_n, a_1, a_2, p_3, \ldots, p_n) \\ p_2 &= \mu_2(x_1, \ldots, x_n, a_1, a_2, p_3, \ldots, p_n) \end{aligned}\right\} \quad \ldots \quad (\delta)$$

ist, und man hat infolge einer der Formen der Integrabilitätsbedingungen des Ausdrucks $p_1 dx_1 + \cdots + p_n dx_n$ die Relation:

$$(p_1 - \mu_1, \ p_2 - \mu_2) = 0 \quad \ldots \ldots \quad (\varepsilon).$$

Sodann muss man eine dritte Relation, welche den Werth von p_3 liefert, von der Form

$$f_3(x_1, \ldots, x_n, a_1, a_2, p_3, \ldots, p_n) = a_3 \quad . \quad . \quad . \quad . \quad (\zeta)$$

finden und dazu muss man eine Function f_3 bestimmen, welche gleichzeitig den beiden linearen partiellen Differentialgleichungen genügt

$$(p_1 - \mu_1, f_3) = 0, \quad (p_2 - \mu_2, f_3) = 0 \quad . \quad . \quad . \quad . \quad (\eta).$$

Es sei t ein Integral der ersteren; man bildet den Ausdruck

$$t_1 = (p_2 - \mu_2, t)$$

und zeigt mit Hülfe der berühmten Identität:

$$(A, (B, C)) + (B, (C, A)) + (C, (A, B)) = 0,$$

dass t_1 ebenfalls ein Integral der ersten der Gleichungen (η) ist, indem man bemerkt, dass $(p_1 - \mu_1, t)$ zufolge der Voraussetzung und $(p_1 - \mu_1, p_2 - \mu_2)$ infolge der Bedingung (ε) gleich Null ist. Da aber in der ersten der Gleichungen (η) die Variablen $p_3, \ldots, p_n$ als unabhängige Veränderliche figuriren, so ist es, damit t_1 ein Integral im wahren Sinne des Wortes sei, unerlässlich, dass die Gleichung (ε) für beliebige Werthe dieser Variablen stattfinde oder in Bezug auf alle in ihr vorkommenden Variabeln eine Identität sei. Dieser Punkt ist es nun, auf den unserer Ansicht nach nicht mit genügender Bestimmtheit hingewiesen worden ist.

Dieselbe Bemerkung findet bei jeder weiteren Operation der Methode statt. Ist die Gleichung (ζ) gefunden, so leitet man daraus den Werth von p_3 her, trägt denselben in die Gleichungen (δ) ein und hat auf diese Weise:

$$p_1 = \nu_1, \quad p_2 = \nu_2, \quad p_3 = \nu_3,$$

wo ν_1, ν_2, ν_3 Functionen von $x_1, \ldots, x_n, a_1, a_2, a_3, p_4, \ldots, p_n$ sind. Die Integrabilitätsbedingungen liefern zwischen diesen Ausdrücken die Relationen:

$$\left.\begin{aligned} (p_1 - \nu_1, \; p_2 - \nu_2) &= 0 \\ (p_1 - \nu_1, \; p_3 - \nu_3) &= 0 \\ (p_2 - \nu_2, \; p_3 - \nu_3) &= 0 \end{aligned}\right\} \quad . \quad . \quad . \quad . \quad . \quad (\varkappa)$$

und man bedient sich dieser als identisch vorausgesetzten Relationen, um zu den weiteren Integrationen fortzuschreiten u. s. w.

IV. Weitere Kritik. Die eben angedeutete Lücke in der Theorie, welche uns beschäftigt, ist nicht die einzige. Es giebt, wenn wir nicht irren, noch eine andere, die wir mit allem Vorbehalt, den der grosse Name Jacobi's erheischt, formuliren wollen.

Worauf stützt man sich, wenn man die Exactheit der Relationen (ε), ($\varkappa$) und anderer analoger, welche eine so wichtige Rolle in dieser Theorie spielen, voraussetzt? Auf das folgende von Jacobi aufgestellte Theorem (Nova methodus § 12): „Sind $p_1, \ldots, p_n$ Functionen der Veränderlichen $x_1, x_2, \ldots, x_n$ von solcher Beschaffenheit, dass $p_1 dx_1 + p_2 dx_2 + \cdots + p_n dx_n$ ein exactes Differential ist, und drückt man zwei dieser Functionen p_i und p_k mittels der Variablen x und anderer Grössen p in beliebiger Anzahl aus (was auf unendlich viele Arten geschehen kann), so hat man immer, wenn φ_i und φ_k die Werthe derselben bezeichnen, die Bedingung:

$$(p_i - \varphi_i, p_k - \varphi_k) = 0.\text{“}$$

Bestimmt man aber unter Einhaltung des Ganges, den wir oben resumirt haben, der Reihe nach die Gleichungen:

$$f_1 = a_1, \ f_2 = a_2, \ldots,$$

welche zusammen mit der Gleichung (α) das integrable System bilden sollen, aus dem man für $p_1, \ldots, p_n$ solche Werthe muss ableiten können, dass $p_1 dx_1 + \cdots + p_n dx_n$ ein exactes Differential ist, so weiss man in dem Augenblicke, wo man irgend eine dieser Gleichungen (β), (ζ), ... erhalten hat, noch nicht, ob sie wirklich zu jenem System gehört.

In der That, die Function f_2 z. B. muss der linearen Gleichung (γ) genügen. Nun hängt die Integration dieser Gleichung (γ) von derjenigen eines Systems von $2n-2$ gewöhnlichen Differentialgleichungen ab, welches $2n-2$ verschiedene Integrale besitzt, und man nimmt willkürlich eins dieser Integrale $f_2 = a_2$ (vorausgesetzt, dass es p_2 enthält), um daraus die Gleichung (β) zu bilden, ohne sonst zu wissen, ob es gerade dasjenige ist, welches mit (α) und anderen zu suchenden Integralen combinirt das System bildet, vermittelst dessen man passende Werthe für $p_1, p_2, \ldots$ erhalten kann. Nichts berechtigt also bisher, auf die Werthe $p_1 = \mu_1$, $p_2 = \mu_2$, welche aus den Gleichungen (α) und (β) abgeleitet sind, diese Relation (ε) anzuwenden, welche zufolge des Satzes von Jacobi ausschliesslich für diejenigen Werthe von p_1 und p_2 gilt, welche aus dem integrablen System, d. h. aus dem System von Gleichungen sich ergeben, welches für $p_1, p_2 \ldots$ Werthe giebt, die $p_1 dx_1 + \cdots + p_n dx_n$ zu einem exacten Differential machen.

Ebenso muss man, um die Function f_3 aus der Gleichung (ζ) zu finden, eine Function suchen, welche gleichzeitig die Gleichungen (η) erfüllt. Nun weiss man aber, dass mehrere Functionen existiren, welche diese Eigenschaft besitzen; dieses ergiebt sich schon aus der Methode, welche man anwendet, um eine zu finden. Man ist also nicht sicher, dass diejenige, welche man wählt, indem man sich im Allgemeinen durch die Einfachheit der

Rechnungen bestimmen lässt, gerade diejenige ist, welche, einer Constanten a_3 gleich gesetzt, eine der Gleichungen des integrablen Systems liefert. Hiernach hat man aber nicht das Recht, auf die aus den Gleichungen (α), (β) und (ζ) abgeleiteten Ausdrücke

$$p_1 = \nu_1, \; p_2 = \nu_2, \; p_3 = \nu_3$$

die Relationen $(\varkappa)$ anzuwenden, welche voraussetzen, dass dieselben zu dem integrablen System gehören.

Und diese Bemerkung wiederholt sich bei jedem weiteren Schritte.

Aus allem diesem dürfte hervorgehen, dass das Integrationsverfahren, wie es seit Jacobi stets dargestellt wurde, nicht auf genügend sicher festgestellten Principien beruht.

V. Neue Darstellung. Alle diese Schwierigkeiten verschwinden und die Theorie gewinnt bedeutend an Einfachheit, wenn man von den in unserer Nr. I und II dargelegten Principien Gebrauch macht. Wir wollen kurz den Gang der Beweisführung in diesem Falle angeben.

Indem man ebenfalls von der gegebenen Gleichung $H_1 = a_1$ ausgeht, aus der man den Werth von p_1 unter der Form (α) ableitet, schreibe man diese letztere Gleichung folgendermassen:

$$p_1 - \psi_1 = 0;$$

sodann gehe man zur Ermittelung der zweiten Gleichung:

$$f_2(x_1, \ldots, x_n, a_1, p_2, \ldots, p_n) = a_2 \quad \ldots \ldots \quad (\beta).$$

Nun liefert uns nach dem oben in (II, 2) bewiesenen Satze die Gleichung (B), in welcher $H_r = p_1 - \psi_1$, $H_s = f_2$ zu setzen ist, zur Bestimmung der Function f_2 die lineare Gleichung:

$$(p_1 - \psi_1, f_2) = 0 \quad \ldots \ldots \ldots \quad (\gamma),$$

von der man nach der bekannten Methode ein Integral sucht. Sind die Gleichungen (α) und (β) gefunden, so leitet man daraus die Werthe $p_1 = \mu_1$, $p_2 = \mu_2$ von p_1 und p_2 als Functionen der andern Veränderlichen her und erhält unmittelbar zufolge der Gleichung (γ) und des Zusatzes 1 der Nr. II oder zufolge der Gleichung (C) die Relation:

$$(p_1 - \mu_1, \; p_2 - \mu_2) = 0 \quad \ldots \ldots \quad (\varepsilon).$$

Diese Gleichung (ε) ist ferner, wie wir bewiesen haben, eine Identität, wodurch jede Schwierigkeit in der weiterhin zu machenden Anwendung derselben beseitigt ist.

Indem wir sodann zu der Ermittelung der Gleichung

$$f_3(x_1, \ldots, x_n, a_1, a_2, p_3, \ldots, p_n) = a_3 \quad \ldots \quad (\zeta)$$

gehen, setzen wir in dem Theoreme (II, 2) $H_1 = p_1 - \mu_1$, $H_2 = p_2 - \mu_2$, $H_3 = f_3$; dieses Theorem besagt, dass f_3 gleichzeitig den Gleichungen

$$(p_1 - \mu_1, f_3) = 0, \quad (p_2 - \mu_2, f_3) = 0 \quad \ldots \quad (\eta)$$

genügen muss. Hat man auf dem von Jacobi angegebenen Wege eine Function f_3 gefunden, welche gleichzeitig diesen beiden Gleichungen genügt, und hat man, indem man dieselbe einer Constanten a_3 gleichsetzt, die Gleichung (ζ) gebildet, so besitzen offenbar die aus den Gleichungen

$$p_1 - \mu_1 = 0, \quad p_2 - \mu_2 = 0, \quad p_3 - \mu_3 = 0$$

abgeleiteten Werthe $p_1 = \nu_1$, $p_2 = \nu_2$, $p_3 = \nu_3$ die durch die Gleichungen $(\varkappa)$ definirten Eigenschaften. Man braucht dazu nur zu setzen $H_1 = p_1 - \mu_1$, $H_2 = p_2 - \mu_2$, $H_3 = f_3$ und zu bemerken, dass zufolge der Gleichungen (ε) und (η) und zufolge des Zusatzes (II, 1) die Gleichung (C) hier anwendbar ist. Ferner sind diese Gleichungen $(\varkappa)$, wie schon bemerkt, identisch, was unerlässlich ist für die Anwendung, die man fernerhin von ihnen macht.

In derselben Weise fährt man fort, ohne dass man sich darum zu kümmern hätte, ob die Gleichungen $f_2 = a_2$, $f_3 = a_3, \ldots$, welche man nach und nach erhält, wirklich zu dem System gehören, welches $p_1 dx_1 + \cdots + p_n dx_n$ zu einem exacten Differential macht; denn bei unserer Methode sind die Relationen (ε), $(\varkappa)$ und andere analoge Folgen der bereits erhaltenen Gleichungen und keineswegs Folgen der Voraussetzung, dass diese Gleichungen zu dem integrablen System gehören.

Erst am Ende der Integration, wenn man die n Gleichungen $p_1 = \lambda_1$, $f_2 = a_2, \ldots, f_n = a_n$, welche nothwendig sind, um $p_1, p_2, \ldots, p_n$ als Functionen von $x_1, x_2, \ldots, x_n$ darzustellen, erhalten hat, giebt uns derselbe Zusatz (II, 1), wenn man ihn in derselben Weise auf die aus diesen Gleichungen abgeleiteten Ausdrücke

$$\begin{aligned} p_1 &= \pi_1(x_1, \ldots, x_n, a_1, a_2, \ldots, a_n), \\ p_2 &= \pi_2(x_1, \ldots, x_n, a_1, a_2, \ldots, a_n), \\ &\ldots\ldots\ldots\ldots\ldots \\ p_n &= \pi_n(x_1, \ldots, x_n, a_1, a_2, \ldots, a_n) \end{aligned}$$

anwendet, unmittelbar die $\frac{n(n-1)}{2}$ identischen Relationen:

$$(p_i - \pi_i, \; p_k - \pi_k) = 0,$$

wo i und k irgend welche Werthe aus der Reihe $1, 2, \ldots, n$ sind. Nun reduciren sich aber diese Relationen der schon (II, 3) gemachten Bemerkung nach auf die folgenden

$$\frac{\delta \pi_i}{\delta x_k} = \frac{\delta \pi_k}{\delta x_i}$$

und zeigen somit, dass $\pi_1, \ldots, \pi_n$ gerade die Ausdrücke von $p_1, \ldots, p_n$ sind, welche $p_1 dx_1 + \cdots + p_n dx_n$ zu einem exacten Differential machen.

Die in den Nr. I und II dargelegten Principien sind nicht minder nützlich in der Theorie der Integration der simultanen Gleichungen: sie beseitigen unmittelbar die Schwierigkeiten, welche Bour in dieser Theorie übrig gelassen hatte, und führen in natürlicher Weise zu der Methode von A. Mayer.

3. Kapitel.

Integration der simultanen partiellen Differentialgleichungen erster Ordnung.

---

§ 21. *Allgemeine Theorie. Methode von Bour.*[1])

79. Fall, wo die gegebenen Gleichungen nach m der Grössen p aufgelöst sind. — Nehmen wir an, dass man eine gemeinschaftliche Lösung der m Gleichungen

$$p_1 = \psi_1(x_1, \ldots, x_n, p_{m+1}, \ldots, p_n) \quad . \quad . \quad . \quad . \quad (1_1),$$

$$p_2 = \psi_2(x_1, \ldots, x_n, p_{m+1}, \ldots, p_n) \quad . \quad . \quad . \quad . \quad (1_2),$$

$$. \quad . \quad . \quad . \quad . \quad . \quad . \quad . \quad . \quad . \quad . \quad . \quad . \quad . \quad . \quad .$$

$$p_m = \psi_m(x_1, \ldots, x_n, p_{m+1}, \ldots, p_n) \quad . \quad . \quad . \quad . \quad (1_m)$$

zu suchen habe, so kommt die Aufgabe darauf zurück, $n-m$ neue Relationen zwischen den p und den x von solcher Art zu suchen, dass die Werthe von $p_1, \ldots, p_2$ als Functionen der x, welche man aus diesen neuen

---

[1]) *Sur l'intégration des équations differentielles partielles du premier et du second ordre.* (Journal de l'école polyt. 39. Heft, S. 149—191), insbesondere § III, S. 163—174. Die Methode von Bour ist auseinandergesetzt in Graindorge VIII, S. 73—89; Imschenetsky, § 23, S. 121—136; Collet (Ann. de l'école normale supérieure, Bd VII, S. 7—47). Die Methode von Bour enthielt einen leichten Irrthum, der von diesen verschiedenen Autoren ebenfalls begangen und von Mayer in einer ausgezeichneten kleinen Abhandlung (Math. Annal., Bd. IV, S. 88—94), deren wesentlichen Inhalt wir hier wiedergeben, berichtigt wurde. Dieselbe ist betitelt: „Über die Integration simultaner partieller Differentialgleichungen der ersten Ordnung mit derselben unbekannten Function." Imschenetsky, § 26, S. 145—156, wendet die allgemeine Theorie auf die unmittelbare Bestimmung der Integrabilitätsbedingungen eines Differentialausdrucks an.

und den gegebenen Gleichungen ableiten kann, den Ausdruck

$$dz = p_1 dx_1 + p_2 dx_2 + \cdots + p_n dx_n \quad . \quad . \quad . \quad . \quad (2)$$

integrabel machen.

Es folgt daraus, dass man für die Werthe von i und von k, welche in der Reihe 1, 2, 3, . . ., m enthalten sind, haben muss:

$$(p_i - \psi_i, p_k - \psi_k) = 0 \quad . \quad . \quad . \quad . \quad . \quad . \quad (3).$$

Man hat hier drei Fälle zu unterscheiden.

I. Es ist möglich, dass die Gleichung (3) identisch erfüllt ist für alle Werthe von i und k.

In diesem Falle findet man den Werth von z, indem man sich der Jacobi'schen Methode für den Fall einer einzigen partiellen Differentialgleichung von dem Augenblicke an, wo man bereits m Relationen zwischen den p und den x kennt, bedient.

Man sucht also $n-m$ andere Relationen

$$f_1 = a_1, \; f_2 = a_2, \ldots, f_{n-m} = a_{n-m}$$

zwischen den p und den x und findet eine Lösung, das sogenannte vollständige Integral mit $n - m + 1$ willkürlichen Constanten.

II. Man kann möglicherweise für ein oder mehrere Werthsysteme von i und k

$$(p_i - \psi_i, p_k - \psi_k) = \text{const}$$

oder:

$$(p_i - \psi_i, \; p_k - \psi_k) = F(x_1, x_2, \ldots, x_n)$$

finden.

In diesem Falle haben die Gleichungen (1) keine gemeinschaftliche Lösung, da es entweder absolut unmöglich ist, der Bedingung (3) zu genügen, oder man derselben nur genügen könnte, indem man $F = 0$ setzt, d. h. indem man annimmt, dass zwischen den x eine Relation besteht.[1])

III. Man kann möglicherweise für ein oder mehrere Werthsysteme von i und k

$$(p_i - \psi_i, p_k - \psi_k) = f(x_1, \ldots, x_n, p_{m+1}, \ldots, p_n)$$

finden.

In diesem Falle ist ersichtlich, dass, wenn das gegebene System eine Lösung hat, die Relationen, welche noch zwischen den x und den p zu suchen bleiben, derart beschaffen sein müssen, dass man für jede Function f hat:

$$f(x_1, \ldots, x_n, p_{m+1}, \ldots, p_n) = 0.$$

---

[1]) Man würde jedoch untersuchen können, ob man sich nicht in dem Falle der halblinearen Gleichungen von Lie befindet, von denen wir oben (Nr. 14) nur die Definition haben geben können.

Mithin müssen, und darin besteht im Wesentlichen die Methode von Bour, alle diejenigen von diesen Gleichungen $f = 0$, welche von einander verschieden sind, zu dem ursprünglichen System hinzugefügt werden, da sie ebenso wie die gegebenen Gleichungen selbst erfüllt sein müssen.

Das in dieser Weise vervollständigte System muss wie das ursprüngliche System behandelt werden; tritt der Fall I ein, so vollendet man die Auflösung nach der Methode von Jacobi; kommt man auf den Fall II, so hat die Aufgabe keine Lösung; begegnet man dem Falle III, so muss man zu den gegebenen Gleichungen noch neue Gleichungen hinzufügen und bezüglich eines dritten aus dem vorigen System und den neuen Gleichungen bestehenden Systems dieselbe Untersuchung anstellen. U. s. w.

Offenbar kommt man zuletzt auf den Fall I oder auf den Fall II. Kommt man insbesondere auf ein System mit mehr als n Gleichungen, so ist die Aufgabe unmöglich.

80. Fall, wo die Gleichungen in impliciter Form gegeben sind. — Es seien

$$H_1 = 0,\ H_2 = 0, \ldots, H_m = 0 \quad . \quad . \quad . \quad . \quad (1^1)$$

wo H eine Function von $x_1, x_2, \ldots, x_n, p_1, p_2, \ldots, p_n$ bezeichnet, die gegebenen Gleichungen. Wie oben beweist man, dass man für die Werthe von i und k, welche nicht grösser als m sind,

$$(H_i, H_k) = 0 \quad . \quad . \quad . \quad . \quad . \quad . \quad . \quad . \quad (3')$$

haben muss. Man findet ebenfalls, dass drei Fälle zu untersuchen sind analog den obigen, ausserdem aber noch ein vierter, der Bour entgangen war und auf den Mayer aufmerksam gemacht hat.

I. Die Gleichungen (3') sind identisch erfüllt für alle Werthe von i und k, die nicht grösser als m sind. In diesem Falle führt die im § 19 auseinandergesetzte Jacobi'sche Methode am häufigsten zur Lösung; wenn nicht, wende man die Methode des § 20 an.

II. Man findet für ein oder mehrere Werthsysteme von i und k:

$$(H_i, H_k) = \text{const}$$

$$(H_i, H_k) = F(x_1, \ldots, x_n, H_1, H_2, \ldots, H_m),$$

d. h.

$$(H_i, H_k) = F(x_1, \ldots, x_n, 0, 0, 0, \ldots 0).$$

In diesem Falle haben die Gleichungen (1') keine gemeinschaftliche Lösung.

III. Man hat für ein oder mehrere Werthsysteme von i und k:

$$(H_i, H_k) = f(x_1, x_2, \ldots, x_n, p_1, \ldots, p_n).$$

In diesem Falle füge man die Gleichungen $f = 0$ zu dem ursprünglichen Systeme hinzu und diskutire das vervollständigte System in derselben Weise wie das ursprüngliche System, wobei man den Fall IV mit zu berücksichtigen hat.

IV. Endlich ist es möglich, dass die Gleichungen (3') befriedigt sind, aber nicht identisch, sondern zufolge der Gleichungen (1') selbst. Dies tritt z. B. immer ein, wenn die linken Seiten der Gleichungen (1') vollkommene Quadrate sind:

$$h_1^2 = 0, \quad h_2^2 = 0, \ldots, h_m^2 = 0,$$

da jedes Glied von (H_i, H_k) alsdann den Factor $h_i\, h_k$ enthält. In diesem Falle muss man auf die Methode des vorigen Paragraphen zurückgreifen, um zu sehen, welcher der Fälle I, II oder III eintritt.

Bemerkungen. I. Es sei:

$$H_{m+1} = (H_i, H_k).$$

Nach dem Satze von Jacobi hat man:

$$(H_j, H_{m+1}) = (H_j, (H_i, H_k)) = -(H_i, (H_k, H_j)) - (H_k, (H_j, H_i)).$$

Ist nun bereits:

$$(H_k, H_j) = 0, \quad (H_j, H_i) = 0,$$

so findet man ohne neue Rechnung:

$$(H_j, H_{m+1}) = 0.$$

II. Mag man die Gleichungen in der einen oder der andern Form anwenden, in jedem Falle müssen die Gleichungen eines jeden betrachteten Systems algebraisch mit einander verträglich sein.

81. Besonderer Fall, in welchem man nicht auf die Gleichungen $p - \psi = 0$ zurückzugehen braucht.[1]) — Nehmen wir an, dass man die m Gleichungen $H = 0$ der vorigen Nummer nach $p_1, p_2, \ldots, p_m$ aufgelöst habe und dass man darauf in diese Gleichungen wiederum die gefundenen Werthe von $p_1, p_2, \ldots, p_m$ eingesetzt habe, so werden dieselben zu Identitäten und man hat infolgedessen:

$$\frac{\delta H}{\delta x} + \frac{\delta H}{\delta p_1}\frac{\delta \psi_1}{\delta x} + \cdots + \frac{\delta H}{\delta p_m}\frac{\delta \psi_m}{\delta x} = 0,$$

---

[1]) Die Bemerkung dieser Nummer rührt ebenfalls von Mayer her (Math. Annal. Bd. IV, S. 93—94).

eine Gleichung, die man auch schreiben kann:

$$\frac{\delta H}{\delta x} = \frac{\delta H}{\delta p_1}\frac{\delta(p_1-\psi_1)}{\delta x} + \cdots + \frac{\delta H}{\delta p_m}\frac{\delta(p_m-\psi_m)}{\delta x}.$$

Ebenso hat man:

$$\frac{\delta H}{\delta p} = \frac{\delta H}{\delta p_1}\frac{\delta(p_1-\psi_1)}{\delta p} + \cdots + \frac{\delta H}{\delta p_m}\frac{\delta(p_m-\psi_m)}{\delta p}$$

selbst für $p = p_1, p_2, \ldots, p_m$. Mithin:

$$(H_i, H_k) = \sum_1^m\sum_1^m \frac{\delta H_i}{\delta p_r}\frac{\delta H_k}{\delta p_s}(p_r - \psi_r, p_s - \psi_s).$$

Lösen wir diese Gleichungen nach $(p_r - \psi_r, p_s - \psi_s)$ auf, so ist der Nenner des Werthes dieser Ausdrücke das Quadrat der Determinante

$$\frac{\delta(H_1, H_2, \ldots, H_m)}{\delta(p_1, p_2, \ldots, p_m)},$$

in der man sich $p_1, p_2, \ldots, p_m$ durch ihre Werthe ersetzt denkt. Ist diese Determinante nicht null, so werden im Allgemeinen die Gleichungen $(H_i, H_k) = 0$ die Gleichungen $(p_r - \psi_r, p_s - \psi_s) = 0$ zur Folge haben, und man braucht somit, da der vierte Fall in der Analyse der vorigen Nummer nicht in Betracht kommt, bei der Anwendung der Methode von Bour einzig und allein Gleichungen von der Form $(H_i, H_k) = 0$ zu benutzen.

Dies tritt insbesondere stets in dem Falle der linearen Gleichungen ein, da die Determinante nicht mehr $p_1, p_2, \ldots, p_m$ enthält.

82. Beispiel[1]). Wir wollen die Gleichungen betrachten:

$$H_1 = p_1 p_3 - x_2 x_4 = 0,$$
$$H_2 = p_2 p_4 - x_1 x_3 = 0,$$

welche in Bezug auf p_1 und p_2 linear sind und auf die man somit die Methode der Nr. 80 anwenden kann, ohne auf den Fall IV Rücksicht nehmen zu müssen.

---

[1]) Imschenetsky, Nr. 105, S. 133—136; Collet S. 44—47; Graindorge Nr. 79—83, S. 77—85. Wir geben dieselbe Lösung wie Imschenetsky; Collet giebt eine complicirtere Lösung, indem er von der folgenden gemeinschaftlichen dem zweiten Werthsystem der p entsprechenden Lösung der Gleichungen ausgeht:

$$f = x_2 x_4 - x_1 x_3 \left(\frac{x_2}{p_4}\right)^2.$$

Dieser Werth ist mit Hülfe der Lösung $x_4 - x_1 x_2 x_3 p_4^{-2}$ der ersten der drei zu integrirenden linearen partiellen Differentialgleichungen gefunden. Graindorge reproducirt diese beiden Lösungen unter einer andern Form und giebt ausserdem eine dritte Lösung nach der Methode von Lagrange, nachdem einmal die Werthe von p_1, p_2, p_3 erhalten sind. Ein anderes Beispiel findet sich weiter unten (Nr. 93).

Man findet:

$$(H_1, H_2) = x_1 p_1 - x_2 p_2 + x_3 p_3 - x_4 p_4.$$

Setzt man:

$$H_3 = x_1 p_1 - x_2 p_2 + x_3 p_3 - x_4 p_4 = 0,$$

so hat man:

$$(H_1, H_3) = -2(p_1 p_3 - x_2 x_4) = -2 H_1 = 0,$$
$$(H_2, H_3) = +2(p_2 p_4 - x_1 x_3) = +2 H_2 = 0.$$

Aus den drei Relationen $H_1 = 0$, $H_2 = 0$, $H_3 = 0$ erhält man die beiden folgenden Werthsysteme für p_1, p_2, p_3:

$$p_1 = \frac{x_2 x_3}{p_4}, \; p_2 = \frac{x_1 x_3}{p_4}, \; p_3 = \frac{p_4 x_4}{x_3},$$

$$p_1 = \frac{p_4 x_4}{x_1}, \; p_2 = \frac{x_1 x_3}{p_4}, \; p_3 = \frac{x_1 x_2}{p_4}.$$

Das zweite Werthsystem wird erhalten durch Vertauschung der Indices 1 und 3 in dem ersten. Die Lösung der Aufgabe in dem einen Falle giebt somit durch dieselbe Vertauschung die Lösung in dem andern. Wir wollen das erste System nehmen. Man hat die Jacobi'sche Methode auf das System von simultanen linearen Gleichungen anzuwenden:

$$(p_1 - x_2 x_3 p_4^{-1}, f) = 0,$$
$$(p_2 - x_1 x_3 p_4^{-1}, f) = 0,$$
$$(p_3 - p_4 x_4 x_3^{-1}, f) = 0,$$

in denen f eine Function von x_1, x_2, x_3, x_4 und p_4 ist. Die beiden ersten dieser Gleichungen sind, ausführlich hingeschrieben:

$$\frac{\delta f}{\delta x_1} + \frac{\delta f}{\delta x_4} x_2 x_3 p_4^{-2} = 0,$$
$$\frac{\delta f}{\delta x_2} + \frac{\delta f}{\delta x_4} x_1 x_3 p_4^{-2} = 0.$$

Sie haben als gemeinsame Lösung $\vartheta_1 = p_4$. Setzen wir diesen Ausdruck in die linke Seite der dritten ein, so finden wir eine zweite den beiden ersten gemeinschaftliche Lösung, nämlich $\vartheta_2 = p_4 x_3^{-1}$. Es giebt keine andere von ϑ_1 und ϑ_2 unabhängige weiter. Die den drei Gleichungen gemeinschaftliche Lösung muss sodann der Gleichung genügen:

$$\frac{dx_3}{\vartheta_1} = \frac{d\vartheta_1}{\vartheta_2} \text{ oder } \frac{d\vartheta_1}{\vartheta_1} = \frac{dx_3}{x_3}.$$

Dieselbe führt schliesslich zu der gemeinschaftlichen Lösung

$$p_4 = a x_3.$$

Aus diesem Werthe von p_4 und den obigen Resultaten erhält man dann:

$$p_1 = \frac{x_2}{a},\; p_2 = \frac{x_1}{a},\; p_3 = ax_4,$$

$$dz = \frac{1}{a}\,(x_2dx_1 + x_1dx_2) + a\,(x_4dx_3 + x_3dx_4),$$

$$z = \frac{1}{a}\,x_1x_2 + ax_3x_4 + b.$$

Durch Vertauschung der Indices 1 und 3 findet man eine andere Lösung:

$$z = \frac{1}{a}\,x_2x_3 + ax_1x_4 + b.$$

4. Kapitel.

Methode von Clebsch für die Integration der linearen partiellen Differentialgleichungen, zu denen die Jacobi'sche Methode führt.[1])

§ 22. Zurückführung eines vollständigen Systems linearer Gleichungen auf ein Jacobi'sches System oder die Transformation von Clebsch.

83. Eigenschaft eines vollständigen Systems. — Es sei gegeben ein System linearer homogener partieller Differentialgleichungen:

$$A_1 z = 0, \quad A_2 z = 0, \ldots, A_\mu z = 0 \quad . \quad . \quad . \quad . \quad (1),$$

in denen

$$A_i z = a_{i,1} \frac{dz}{dx_1} + a_{i,2} \frac{dz}{dx_2} + \cdots + a_{i,n} \frac{dz}{dx_n}$$

ist. Sollen die Gleichungen des gegebenen Systems eine gemeinschaftliche Lösung haben, so müssen, wie wir im § 17 gesehen haben, für alle Werthe von i und k, welche nicht höher sind als μ, die Gleichungen bestehen:

$$(A_i A_k - A_k A_i) z = 0 \quad . \quad . \quad . \quad . \quad . \quad . \quad (2).$$

---

[1]) Clebsch, Über die simultane Integration linearer partieller Differentialgleichungen (Crelle's Journ. Bd. 65, S. 257—268), S. 257—266. In der ersten französischen Auflage dieses Werkes hatten wir nach Clebsch die im § 23 auseinandergesetzte Methode die Weiler'sche Methode genannt, aber Weiler hat bemerkt, dass seine Methode von der in diesem Kapitel auseinandergesetzten verschieden ist. Weiler hat zahlreiche Arbeiten über die partiellen Differentialgleichungen veröffentlicht, welche man in den folgenden Journalen findet: Grunert's Archiv 1858, Bd. 33, S. 268—284; Schlömilch's Zeitschrift, 1863, Bd. 8, S. 264—292; 1875, Bd. 20, S. 83—92, 271—299; 1877, Bd. 22, S. 100—125. Die Weiler'sche Methode wurde von Mayer in den Math. Ann. 1875, Bd. 9, S. 347—370 einer kritischen Untersuchung unterzogen. Es fehlte uns an Zeit, um eine Analyse dieser Arbeiten von Weiler zu geben. In dem Jahrbuch über die Fortschritte der Mathematik 1877, Bd. 9, S. 265 sagt Mayer über die letzte Abhandlung von Weiler: „Der Aufsatz bringt eine neue, von den früheren Mängeln befreite Darstellung der Weiler'schen Integrationsmethode.“

Sind diese Relationen identisch erfüllt, so nennt Clebsch das gegebene System ein Jacobi'sches System; ist die linke Seite der Gleichungen (2) eine lineare Combination der Gleichungen (1), so nennt er es ein vollständiges System, und wir wissen, dass die Gleichungen (1) in diesem Falle ebenfalls eine gemeinschaftliche Lösung haben, wie wir im vorigen Kapitel gesehen haben. Wenn endlich die Gleichungen (2) nicht für alle Werthe von i und k erfüllt sind, so kann man nach der Methode von Bour das gegebene System in ein vollständiges System transformiren, oder sich überzeugen, dass es keine Lösung hat. Man braucht also nur die vollständigen Systeme und die Jacobi'schen Systeme zu betrachten.

Dies vorausgeschickt, sei das vollständige System (1) gegeben. Es seien ferner

$$Mz = m_1 A_1 z + m_2 A_2 z + \cdots + m_\mu A_\mu z = 0$$
$$Nz = n_1 A_1 z + n_2 A_2 z + \cdots + n_\mu A_\mu z = 0$$

zwei lineare Combinationen der gegebenen Gleichungen; dann gilt dasselbe von

$$MNz - NMz = 0.$$

Man hat nämlich:

$$\begin{aligned} MNz &= m_1 A_1 (n_1 A_1 z + n_2 A_2 z + \cdots + n_\mu A_\mu z) \\ &+ m_2 A_2 (n_1 A_1 z + n_2 A_2 z + \cdots + n_\mu A_\mu z) \\ &\quad \cdots\cdots\cdots\cdots\cdots \\ &+ m_\mu A_\mu (n_1 A_1 z + n_2 A_2 z + \cdots + n_\mu A_\mu z) \\ &= (Mn_1 \times A_1 z + \cdots + Mn_\mu \times A_\mu z) + \sum_{1,1}^{\mu,\mu} m_i n_k A_i A_k z. \end{aligned}$$

Mithin:

$$(MN - NM)z = \Sigma (Mn_i - Nm_i) \times A_i z + \sum_{1,1}^{\mu,\mu} m_i n_k (A_i A_k - A_k A_i) z.$$

Der erste Theil der rechten Seite ist von selbst eine lineare Combination der gegebenen Gleichungen; dasselbe ist infolge der Gleichungen (2) mit dem zweiten Theile der Fall. Mithin schliesslich:

In einem vollständigen System kann man eine gewisse Anzahl von Gleichungen durch eine gleiche Anzahl anderer Gleichungen, welche Combinationen der gegebenen Gleichungen sind, ersetzen, ohne dass es aufhört, ein vollständiges System zu sein.

84. Reduction eines vollständigen Systems auf ein Jacobi'sches System. — Es seien

$$u_1, u_2, \ldots, u_\mu$$

μ willkürliche Functionen und es mögen die Gleichungen

$$B_1 z = 0, \quad B_2 z = 0, \quad B_3 z = 0, \ldots, \quad B_\mu z = 0 \quad . \quad . \quad (3)$$

aus den folgenden Relationen sich ergeben haben:

$$\left.\begin{array}{l} A_1 z = A_1 u_1 . B_1 z + A_1 u_2 . B_2 z + \cdots + A_1 u_\mu . B_\mu z \\ A_2 z = A_2 u_1 . B_1 z + A_2 u_2 . B_2 z + \cdots + A_2 u_\mu . B_\mu z \\ \cdot \cdot \cdot \cdot \cdot \cdot \cdot \cdot \cdot \cdot \cdot \cdot \cdot \cdot \cdot \cdot \\ A_\mu z = A_\mu u_1 . B_1 z + A_\mu u_2 . B_2 z + \cdots + A_\mu u_\mu . B_\mu z \end{array}\right\} \quad . \quad (4).$$

Das System (3) ist alsdann ein Jacobi'sches, d. h. man hat identisch:

$$(B_i B_k - B_k B_i) z = 0 \quad . \quad . \quad . \quad . \quad . \quad . \quad . \quad (5).$$

Setzt man nämlich in den Gleichungen (4) der Reihe nach $z = u_1$, $z = u_2, \ldots, z = u_\mu$, so findet man, wie leicht zu sehen:

$$B_1 u_1 = 1, \quad B_2 u_1 = 0, \quad B_3 u_1 = 0, \ldots, \quad B_\mu u_1 = 0 \qquad (6_1),$$
$$B_1 u_2 = 0, \quad B_2 u_2 = 1, \quad B_3 u_2 = 0, \ldots, \quad B_\mu u_2 = 0 \qquad (6_2),$$
$$\cdot \cdot \cdot \cdot \cdot \cdot \cdot \cdot \cdot \cdot \cdot \cdot \cdot \cdot \cdot \cdot \cdot \cdot \cdot \cdot$$
$$B_1 u_\mu = 0, \quad B_2 u_\mu = 0, \quad B_3 u_\mu = 0, \ldots, \quad B_\mu u_\mu = 1 \qquad (6_\mu),$$

d. h.

$$B_i u_k = 0, \quad B_i u_i = 1 \quad . \quad . \quad . \quad . \quad . \quad . \quad . \quad (6).$$

Der Nr. 83 zufolge ist $(B_i B_k - B_k B_i) z$ eine lineare Combination der Ausdrücke Az oder nach (4) der Ausdrücke Bz. Mithin:

$$(B_i B_k - B_k B_i) z = C_1 B_1 z + C_2 B_2 z + C_3 B_3 z + \cdots + C_\mu B_\mu z = 0 \qquad (7).$$

Setzen wir in dieser Gleichung $z = u_1$, $z = u_2, \ldots, z = u_\mu$, so folgt:

$$C_1 = 0, \quad C_2 = 0, \ldots, \quad C_\mu = 0$$

infolge der Relationen (6). Mithin ist schliesslich die Gleichung (5) identisch befriedigt.

Zusatz. Das Jacobi'sche System (3) ist so beschaffen, dass man $\mu - 1$ verschiedene Lösungen einer jeden der Gleichungen kennt, welche dasselbe bilden, und zwar geht dies aus den Gleichungen (6) hervor.

85. Integration des Systems der Gleichungen $Bz = 0$. — Die Methode besteht, wie bereits erwähnt, darin, dass man zunächst eine Lösung der ersten Gleichung, sodann eine Lösung der beiden ersten, darauf eine der drei ersten Gleichungen u. s. w. sucht. Jedoch vereinfacht sich die Lösung infolge des Zusatzes in voriger Nummer. Nimmt man nämlich an, dass man eine Lösung ϑ_1 der $i - 1$ ersten Gleichungen gefunden habe, welche von den unmittelbar bekannten Lösungen, welche etwa $u_i, u_{i+1}, \ldots, u_\mu$ seien, verschieden ist, und setzt man

$$\vartheta_2 = B_i \vartheta_1, \quad \vartheta_3 = B_i \vartheta_2, \ldots,$$

so werden ϑ_2, $\vartheta_3, \ldots$ ebenfalls Lösungen der $i - 1$ ersten Gleichungen sein. Da man für $i - 1$ Gleichungen mit n unabhängigen Veränderlichen nicht mehr als $n - (i - 1)$ gemeinschaftliche Lösungen finden kann, so ist man sicher, dass die Reihe der Werthe

$$\vartheta_1, \vartheta_2, \ldots, \vartheta_r, u_i, u_{i+1}, \ldots, u_\mu \quad . \quad . \quad . \quad . \quad . \quad (8)$$

nicht mehr als $n - (i - 1)$ verschiedene Werthe enthalten kann. Somit ist r höchstens gleich $n - \mu$. Wir suchen alsdann, wie wir dies oben gethan haben, eine Function

$$\vartheta(\vartheta_1, \vartheta_2, \ldots, \vartheta_r, u_i, \ldots, u_\mu),$$

welche der Gleichung $B_i z = 0$ genügt. Dazu muss sein:

$$B_i\vartheta_1 \frac{d\vartheta}{d\vartheta_1} + B_i\vartheta_2 \frac{d\vartheta}{d\vartheta_2} + \cdots + B_i\vartheta_r \frac{d\vartheta}{d\vartheta_r} + B_i u_i \frac{d\vartheta}{du_i} + \cdots + B_i u_\mu \frac{d\vartheta}{du_\mu} = 0.$$

Wegen der Definition der ϑ und der Gleichungen (6) reducirt sich diese Gleichung auf

$$\frac{d\vartheta}{du_i} + \vartheta_2 \frac{d\vartheta}{d\vartheta_1} + \vartheta_3 \frac{d\vartheta}{d\vartheta_2} + \cdots + \vartheta_{r+1} \frac{d\vartheta}{d\vartheta_r} = 0 \quad . \quad . \quad (a),$$

worin ϑ_{r+1} eine Function der andern Lösungen der $i - 1$ ersten Gleichungen $Bz = 0$ ist. Somit vereinfacht die Existenz der Gleichungen (6) die Ermittelung der Reihe (8) sowie die Hülfsgleichung.

Die vollständige Lösung des Systems (2) wird mit Hülfe der im vorigen Kapitel angegebenen Methoden bewirkt.

§ 23. Methode zur Integration der simultanen linearen partiellen Differentialgleichungen, zu denen die Jacobi'sche Methode führt.[1]

86. Besondere Bezeichnungen und Festsetzungen für die Anwendung der Methode des vorigen Paragraphen. — Der grösseren Bequemlichkeit wegen schreiben wir die Systeme der Nr. 67 folgendermassen:

$$A_1H_2 = 0 \quad . \quad . \quad . \quad . \quad . \quad . \quad . \quad . \quad . \quad . \quad (1_1),$$

$$A_1H_3 = 0, \; A_2H_3 = 0 \quad . \quad . \quad . \quad . \quad . \quad . \quad . \quad (1_2),$$

$$A_1H_4 = 0, \; A_2H_4 = 0, \; A_3H_4 = 0 \quad . \quad . \quad . \quad . \quad . \quad (1_3),$$

$$. \quad . \quad . \quad . \quad . \quad . \quad . \quad . \quad . \quad . \quad . \quad . \quad . \quad . \quad . \quad .$$

$$A_1H_n = 0, \; A_2H_n = 0, \; A_3H_n = 0, \ldots, A_{n-1}H_n = 0 \; (1_{n-1}),$$

[1]) Wir verbessern hier nach der Abhandlung von Clebsch einen Irrthum, der sich bei der ersten (französischen) Auflage dieses Buches eingeschlichen und auf den uns Herr Hamburger in seiner Recension unseres Buches (Hist. liter. Abtheilung von Schlömilch's Zeitschrift 1877, Bd. XXII, S. 41—48) gütigst aufmerksam gemacht hatte.

und die transformirten Systeme wie folgt:

$$B_{1,1}H_2 = 0 \quad \ldots\ldots \quad (1'_1),$$

$$B_{1,2}H_3 = 0, \quad B_{2,2}H_3 = 0 \quad \ldots\ldots \quad (1'_2),$$

$$B_{1,3}H_4 = 0, \quad B_{2,3}H_4 = 0, \quad B_{3,3}H_4 = 0 \quad \ldots\ldots \quad (1'_3),$$

. . . .

$$B_{1,n-1}H_n = 0, B_{2,n-1}H_n = 0, B_{3,n-1}H_n = 0, \ldots, B_{n-1,n-1}H_n = 0 \, (1'_{n-1}).$$

Um die Transformation von Clebsch auszuführen, halten wir uns an die folgenden Regeln: 1) die u sind dieselben für das System (1_i) wie für das System (1_{i-1}), nur dass man zur Transformation von (1_i) eine Function u_i mehr nimmt. 2) Diese Function u_i ist eine Lösung der $i - 2$ ersten Gleichungen des transformirten Systems $(1'_{i-1})$. 3) Da die Systeme (1_1), (1_2), (1_3), . . ., (1_{n-1}) nicht unabhängig sind, sich jedoch ein jedes von ihnen nur durch Hinzufügung einer Gleichung von dem vorhergehenden unterscheidet, so denken wir uns, um irgend ein System (1_i) zu transformiren, dasselbe ersetzt durch $(1'_{i-1})$, dem wir die Gleichung $A_i H_{i+1} = 0$ hinzufügen.

87. Transformation. — Da man bei der Bestimmung von $B_{1,i-1}$, $B_{2,i-1}$, . . . die $i - 1$ bereits bekannten Functionen u anwenden muss, so hat man:

$$B_{h,i-1}u_k = 0, \quad B_{h,i-1}u_h = 1 \quad \ldots\ldots \quad (2),$$

falls h und k kleiner als i sind. Sodann muss u_i eine Lösung der simultanen Gleichungen sein:

$$B_{1,i-1}u_i = 0, \quad B_{2,i-1}u_i = 0, \ldots, \quad B_{i-2,i-1}u_i = 0 \quad \ldots \quad (3).$$

Die allgemeinen Transformationsformeln für das System (1_i) sind, wenn man von der letzten Festsetzung in der vorigen Nummer keinen Gebrauch macht und $H_{i+1} = z$ setzt:

$$\begin{aligned}
A_1 z &= A_1 u_1 B_{1,i} z + A_1 u_2 B_{2,i} z + \cdots + A_1 u_{i-1} B_{i-1,i} z + A_1 u_i B_{i,i} z, \\
A_2 z &= A_2 u_i B_{1,i} z + A_2 u_2 B_{2,i} z + \cdots + A_2 u_{i-1} B_{i-1,} z + A_2 u_i B_{i,i} z, \\
&\ldots\ldots\ldots\ldots\ldots\ldots \\
A_{i-1} z &= A_{i-1} u_1 B_{1,i} z + A_{i-1} u_2 B_{2,i} z + \cdots + A_{i-1} u_{i-1} B_{i-1,i} z + A_{i-1} u_i B_{i,i} z, \\
A_i z &= A_i u_1 B_{1,i} z + A_i u_2 B_{2,i} z + \cdots + A_i u_{i-1} B_{i-1,i} z + A_i u_i B_{i,i} z \quad (4)
\end{aligned}$$

Die $i-1$ ersten von diesen Relationen gehen über in:

$$B_{1,i-1}z = B_{1,i-1}u_1 B_{1,i}z + B_{1,i-1}u_2 B_{2,i}z + \cdots + B_{1,i-1}u_{i-1}B_{i-1,i}z + B_{1,i-1}u_i B_{i,i}z,$$
$$B_{2,i-1}z = B_{2,i-1}u_1 B_{1,i}z + B_{2,i-1}u_2 B_{2,i}z + \cdots + B_{2,i-1}u_{i-1}B_{i-1,i}z + B_{2,i-1}u_i B_{i,i}z,$$
$$\cdots\cdots\cdots\cdots\cdots\cdots\cdots\cdots$$
$$B_{i-1,i-1}z = B_{i-1,i-1}u_1 B_{1,i}z + B_{i-1,i-1}u_2 B_{2,i}z + \cdots + B_{i-1,i-1}u_{i-1}B_{i-1,i}z + B_{i-1,i-1}u_i B_{i,i}z,$$

falls wir darin die Festsetzung am Schlusse von Nr. 86, 3 einführen. Die hinsichtlich der u getroffenen Festsetzungen ergeben sodann zufolge der Relationen (2) und (3):

$$\begin{aligned} B_{1,i-1}z &= B_{1,i}z, \\ B_{2,i-1}z &= B_{2,i}z, \\ &\cdots\cdots \\ B_{i-2,i-1}z &= B_{i-2,i}z \\ B_{i-1,i-1}z &= B_{i-1,i}z + B_{i-1,i-1}u_i B_{i,i}z \quad . \quad . \quad (5). \end{aligned}$$

Mithin ist das System $(1'_i)$ identisch mit dem System $(1'_{i-1})$, wenn man von demselben die letzte Gleichung weglässt und dafür zwei neue Relationen $B_{i-1,i}z = 0$, $B_{i,i}z = 0$, welche durch die Gleichungen (4) und (5) bestimmt werden, zu demselben hinzufügt.

Man kann demnach das transformirte System folgendermassen darstellen:

$$\begin{array}{llll} C_1 H_2 = 0, & & & \\ D_1 H_3 = 0, & C_2 H_3 = 0, & & \\ D_1 H_4 = 0, & D_2 H_4 = 0, & C_3 H_4 = 0, & \\ D_1 H_5 = 0, & D_2 H_5 = 0, & D_3 H_5 = 0, & C_4 H_5 = 0, \\ \cdots & \cdots & \cdots & \cdots \\ D_1 H_{n-1} = 0, & D_2 H_{n-1} = 0, \ldots\ldots, & C_{n-2} H_{n-1} = 0, & \\ D_1 H_n = 0, & D_2 H_n = 0, \ldots\ldots, & D_{n-2} H_n = 0, & C_{n-1} H_n = 0. \end{array}$$

Die hier mit C und D bezeichneten Operationen sind bestimmt durch die Gleichungen:

$$\begin{aligned} C_{i-1}F &= D_{i-1}F + C_{i-1}u_i C_i F, \\ A_i F &= A_i u_1 \,.\, D_1 F + \cdots + A_i u_{i-1} C_{i-1} F + A_i u_i C_i F. \end{aligned}$$

Anstatt die in Nr. 77 angegebene Anzahl von Integrationen auszuführen, braucht man nach der Methode von Clebsch nur ein Integral zu suchen

von 1	Differentialgleichung	$2n-2^{\text{ter}}$	Ordnung,	um H_2	zu finden
„ 2	Differentialgleichungen	$2n-4^{\text{ter}}$	„	„ H_3	„ „
„ 2	„	$2n-6^{\text{ter}}$	„	„ H_4	„ „
. . .	. . .	. . .	. . .	. . .	. . .
„ 2	„	2ter	„	„ H_n	„ „ .

Es ist jedoch von Wichtigkeit, zu bemerken, dass die Vereinfachung nur dann so gross ist, wenn die dem r analogen Zahlen im vorigen Paragraphen stets ihren grössten Werth haben. Im andern Falle hört die Vereinfachung auf, weil man keine Functionen u in genügender Anzahl mehr findet, um dieselbe vollständig durchzuführen.

5. Kapitel.

Methode von Korkine und Boole.

---

§ 24. Methode von Korkine[1]).

88. Allgemeiner Gedankengang der Korkine'schen Methode. — Bei der Methode von Clebsch, ebenso wie bei der von Jacobi und Bour werden die Systeme simultaner Differentialgleichungen absolut in derselben Weise behandelt wie eine einzige Gleichung, zu der man durch glücklichen Zufall ohne alle Rechnung Relationen zwischen den Veränderlichen x, den Ableitungen p und willkürlichen Constanten hinzufügen konnte. Es giebt keinen Unterschied zwischen der Integration eines Systems simultaner Gleichungen und der Zuendeführung der angefangenen Integration einer einzigen Gleichung.

Bei den Methoden von Korkine, Boole und Mayer, die wir in diesem und dem folgenden Kapitel auseinandersetzen werden, geht man ebenfalls von den Jacobi'schen Vorstellungen aus, man eliminirt aber ferner jedesmal, wenn es gelungen ist, eine der simultanen Gleichungen zu integriren, eine Veränderliche. Die Methode von Korkine ist auf beliebige Gleichungen anwendbar, die von Boole auf die allgemeinen linearen Gleichungen, die von Mayer ebenfalls aber insbesondere noch auf diejenigen, zu welchen die Jacobi'sche Methode führt. Die Methode von Mayer enthält überdies einen anderen Cauchy entlehnten Gedanken, nämlich den der Einführung der Anfangswerthe der Variablen als Constante.

Die allgemeine Methode von Korkine besteht in Folgendem: Es seien

$$f_1(x_1, \ldots, x_n, p_1, \ldots, p_n) = a_1 \quad . \; . \; . \; . \; . \quad (1_1)$$

. . . .

$$f_m(x_1, \ldots, x_n, p_1, \ldots, p_n) = a_m \quad . \; . \; . \; . \; . \quad (1_m)$$

---

[1]) Korkine, Comptes rendus de l'Académie des sciences de Paris Bd. 68, S. 1460—1464, 1869 I. Semestre. Wir setzen voraus, dass die Variable z aus den verschiedenen Gleichungen fortgeschafft sei, wodurch die Rechnungen beträchtlich abgekürzt werden. Die Korkine'sche Methode ist die zweite Bour'sche Methode zur Erniedrigung der Anzahl der Integrationen, wie Korkine selbst sagt.

m simultane Gleichungen, welche für die Werthe von i und k, die nicht höher sind als m, der Bedingung

$$(f_i, f_k) = 0 \text{ oder } \sum \begin{vmatrix} \frac{\delta f_i}{\delta x}, & \frac{\delta f_k}{\delta x} \\ \frac{\delta f_i}{\delta p}, & \frac{\delta f_k}{\delta p} \end{vmatrix} = 0 \quad \ldots \quad (2)$$

identisch genügen. Wir integriren die eine der Gleichungen (1) z. B. (1_m) und es sei

$$z + u = F(x_1, \ldots, x_n, y_1, \ldots, y_{n-1}) \quad \ldots \quad (3)$$

das gefundene vollständige Integral, wo $u, y_1, \ldots, y_{n-1}$ willkürliche Constanten sind. Aus Nr. 15 wissen wir, dass z die überschüssige Constante u beigefügt werden kann, wie wir es hier voraussetzen. Die Relation (3) giebt:

$$p_1 = \frac{\delta F}{\delta x_1}, \ldots, p_n = \frac{\delta F}{\delta x_n} \quad \ldots \ldots \quad (4).$$

Nimmt man an, dass u eine gewisse Function der Grössen y sei, so kann man aus dem vollständigen Integral (3) ein allgemeines Integral herleiten, wenn man demselben die Relationen

$$q_1 = \frac{\delta F}{\delta y_1}, \ldots, q_{n-1} = \frac{\delta F}{\delta y_{n-1}} \quad \ldots \ldots \quad (5)$$

wo

$$q_1 = \frac{du}{dy_1}, \ldots, q_{n-1} = \frac{du}{dy_{n-1}}$$

ist, adjungirt. Bei der Korkine'schen Methode stellt man sich die Aufgabe, die Form der Function u von $y_1, \ldots, y_{n-1}$ derart zu bestimmen, dass das in Rede stehende allgemeine Integral von (1_m) auch den andern Gleichungen des Systems $(1_1), \ldots, (1_{m-1})$ genügt. Zu dem Zwecke leitet man aus den Gleichungen (4) und (5) die Werthe von

$$x_1, x_2, \ldots, x_{n-1}, p_1, \ldots, p_n$$

als Functionen von

$$y_1, y_2, \ldots, y_{n-1}, x_n, q_1, \ldots, q_{n-1}$$

her und substituirt sie in die Gleichungen (1). Die letzte derselben wird dadurch eine Identität, da die Gleichungen (3), (4) und (5) ein allgemeines Integral von (1_m) ergeben. Die andern verwandeln sich in ein System von $m - 1$ simultanen Gleichungen zwischen $y_1, y_2, \ldots, y_{n-1}, q_1, \ldots, q_{n-1}$, welche die beiden folgenden Eigenschaften besitzen[1]):

---

[1]) Sämmtliche Methoden, welche die Elimination anwenden, führen zu ähnlichen Eigenschaften. Wir haben davon schon ein Beispiel gehabt bei Gelegenheit der Pfaff'schen Methode (Nr. 43). Die Untersuchungen von Lie machen alle analytischen Beweise von Sätzen dieser Art überflüssig.

1) Sie enthalten nicht mehr die Variable x_n.

2) Sie genügen in Bezug auf die Grössen y und q Integrabilitätsbedingungen, welche der Gleichung (2) analog sind.

Aus diesem neuen System von $m-1$ Gleichungen mit $n-1$ unabhängigen Variablen leitet man ein drittes System her, welches eine Gleichung und eine Veränderliche weniger enthält, u. s. w., bis man zu einer einzigen Gleichung mit $n-m$ unabhängigen Variablen gelangt.

Die allgemeine Methode vereinfacht sich etwas, wenn einige der Grössen p in der Gleichung $f_n = 0$ nicht vorkommen.

89. Beweis der ersten Eigenschaft des transformirten Systems.[1]) — Es sei nach der Elimination von $x_1, \ldots, x_{n-1}, p_1, \ldots, p_n$:

$$\varphi(y_1, \ldots, y_{n-1}, x_n, q_1, \ldots, q_{n-1}) = f_i\left(x_1, \ldots, x_n, \frac{\delta F}{\delta x_1}, \ldots, \frac{\delta F}{\delta x_n}\right).$$

Man hat:

$$\frac{df_i}{dx_1}\frac{dx_1}{dx_n} + \frac{df_i}{dx_2}\frac{dx_2}{dx_n} + \cdots + \frac{df_i}{dx_{n-1}}\frac{dx_{n-1}}{dx_n} + \frac{df_i}{dx_n} - \frac{\delta\varphi}{\delta x_n} = 0.$$

Ebenso erhält man aus den Gleichungen (5)

$$\frac{\delta^2 F}{\delta y_1 \delta x_1}\frac{dx_1}{dx_n} + \cdots + \frac{\delta^2 F}{\delta y_1 \delta x_{n-1}}\frac{dx_{n-1}}{dx_n} + \frac{\delta^2 F}{\delta y_1 \delta x_n} = 0,$$

$$\cdots\cdots\cdots\cdots\cdots\cdots\cdots\cdots$$

$$\frac{\delta^2 F}{\delta y_{n-1} \delta x_1}\frac{dx_1}{dx_n} + \cdots + \frac{\delta^2 F}{\delta y_{n-1} \delta x_{n-1}}\frac{dx_{n-1}}{dx_n} + \frac{\delta^2 F}{\delta y_{n-1} \delta x_n} = 0.$$

Die Elimination von $\frac{dx_1}{dx_n}, \ldots, \frac{dx_{n-1}}{dx_n}$ zwischen diesen Gleichungen führt zu der Relation:

$$\begin{vmatrix} \frac{df_i}{dx_1}, & \ldots, & \frac{df_i}{dx_{n-1}}, & \frac{df_i}{dx_n} - \frac{\delta\varphi}{\delta x_n} \\ \frac{\delta^2 F}{\delta y_1 \delta x_1}, & \ldots, & \frac{\delta^2 F}{\delta y_1 \delta x_{n-1}}, & \frac{\delta^2 F}{\delta y_1 \delta x_n} \\ \cdots & \cdots & \cdots & \cdots \\ \frac{\delta^2 F}{\delta y_{n-1} \delta x_1}, & \ldots, & \frac{\delta^2 F}{\delta y_{n-1} \delta x_{n-1}}, & \frac{\delta^2 F}{\delta y_{n-1} \delta x_n} \end{vmatrix} = 0.$$

Wir multipliciren die Kolonnen dieser Determinante respective mit

$$\frac{\delta f_m}{\delta p_1}, \frac{\delta f_m}{\delta p_2}, \ldots, \frac{\delta f_m}{\delta p_n}$$

[1]) Korkine giebt die in Rede stehenden Eigenschaften an, ohne sie zu beweisen.

und addiren sie zu der letzten; wir bemerken ferner, dass

$$\frac{\delta f_m}{\delta p_1}\frac{\delta^2 F}{\delta y_i \delta x_1}+\cdots+\frac{\delta f_m}{\delta p_n}\frac{\delta^2 F}{\delta y_i \delta x_n}=0,$$

$$\frac{\delta f_m}{\delta p_1}\frac{d p_1}{d y_i}+\cdots+\frac{\delta f_m}{\delta p_n}\frac{d p_n}{d y_i}=0$$

ist, da f_m nach Substitution der Werthe (4) der Grössen p identisch Null ist, und setzen

$$U=\frac{d f_i}{d x_1}\frac{\delta f_m}{\delta p_1}+\cdots+\frac{d f_i}{d x_n}\frac{\delta f_m}{\delta p_n}.$$

Alsdann wird:

$$\begin{vmatrix} \frac{d f_i}{d x_1}, & \ldots, & \frac{d f_i}{d x_{n-1}}, & U-\frac{\delta \varphi}{\delta x_n} \\ \frac{\delta^2 F}{\delta y_1 \delta x_1}, & \ldots, & \frac{\delta^2 F}{\delta y_1 \delta x_{n-1}}, & 0 \\ \cdot & \cdot & \cdot & \cdot \\ \frac{\delta^2 F}{\delta y_{n-1} \delta x_1}, & \ldots, & \frac{\delta^2 F}{\delta y_{n-1} \delta x_{n-1}}, & 0 \end{vmatrix}=0.$$

Hieraus ergiebt sich, jedesmal wenn die Determinante

$$\frac{\delta(q_1,\ldots,q_{n-1})}{\delta(x_1,\ldots,x_{n-1})}$$

nicht null ist, was offenbar der allgemeine Fall ist:

$$U=\frac{\delta \varphi}{\delta x_n}.$$

Nun ist aber infolge der Gleichung

$$(f_i, f_m)=0$$

$U=0$, wie wir sogleich sehen werden. Man hat nämlich:

$$\frac{\delta f_m}{\delta x_k}=-\sum_{l=1}^{l=n}\frac{\delta f_m}{\delta p_l}\frac{\delta^2 F}{\delta x_l \delta x_k},$$

mithin:

$$0=(f_i, f_m)=\sum_{k=1}^{k=n}\begin{vmatrix} \frac{\delta f_i}{\delta x_k}, & \frac{\delta f_m}{\delta x_k} \\ \frac{\delta f_i}{\delta p_k}, & \frac{\delta f_m}{\delta p_k} \end{vmatrix}$$

$$=\sum_{k=1}^{k=n}\begin{vmatrix} \frac{\delta f_i}{\delta x_k}, & -\left(\frac{\delta f_m}{\delta p_1}\frac{\delta^2 F}{\delta x_1 \delta x_k}+\cdots+\frac{\delta f_m}{\delta p_n}\frac{\delta^2 F}{\delta x_n \delta x_k}\right) \\ \frac{\delta f_i}{\delta p_k}, & \frac{\delta f_m}{\delta p_k} \end{vmatrix}.$$

Ordnen wir die Summe auf der rechten Seite nach

$$\frac{\delta fm}{\delta p_1}, \frac{\delta fm}{\delta p_2}, \ldots,$$

so geht die vorstehende Gleichung über in:

$$\begin{aligned}&\frac{\delta fm}{\delta p_1}\left(\frac{\delta f_i}{\delta x_1}+\frac{\delta f_i}{\delta p_1}\frac{\delta^2 F}{\delta x_1^2}+\cdots+\frac{\delta f_i}{\delta p_n}\frac{\delta^2 F}{\delta x_n \delta x_1}\right)\\ &+\cdots\cdots\cdots\cdots\\ &+\frac{\delta fm}{\delta pn}\left(\frac{\delta f_i}{\delta x_n}+\frac{\delta f_i}{\delta p_1}\frac{\delta^2 F}{\delta x_1 \delta x_n}+\cdots+\frac{\delta f_i}{\delta p_n}\frac{\delta^2 F}{\delta x_n^2}\right)=0,\end{aligned}$$

oder kurz:

$$\frac{\delta fm}{\delta p_1}\frac{df_i}{dx_1}+\cdots+\frac{\delta fm}{\delta pn}\frac{df_i}{dx_n}=0,$$

d. h.

$$U=0.$$

Mithin hat man auch schliesslich

$$\frac{\delta\varphi}{\delta x_n}=0,$$

d. h. die transformirten Gleichungen enthalten x_n nicht.

90. Beweis der zweiten Eigenschaft des transformirten Systems. — Wir betrachten zwei der Functionen f, z. B. f_1 und f_2, und setzen der Bequemlichkeit wegen, nachdem wir die x mittels der Relationen, welche die Grössen q ergeben, eliminirt haben:

$$f_1\left(x_1,\ldots,x_n,\frac{\delta F}{\delta x_1},\ldots,\frac{\delta F}{\delta x_n}\right)=\varphi(y_1,\ldots,y_{n-1},q_1,\ldots,q_{n-1});$$

$$f_2\left(x_1,\ldots,x_n,\frac{\delta F}{\delta x_1},\ldots,\frac{\delta F}{\delta x_n}\right)=\psi(y_1,\ldots,y_{n-1},q_1,\ldots,q_{n-1}).$$

Ersetzt man in diesen Gleichungen rechts die Grössen q durch ihre Werthe, so erhält man die folgenden Identitäten:

$$f_1\left(x_1,\ldots,x_n,\frac{\delta F}{\delta x_1},\ldots,\frac{\delta F}{\delta x_n}\right)=\varphi\left(y_1,\ldots,y_{n-1},\frac{\delta F}{\delta y_1},\ldots,\frac{\delta F}{\delta y_{n-1}}\right)\quad(6_1),$$

$$f_2\left(x_1,\ldots,x_n,\frac{\delta F}{\delta x_1},\ldots,\frac{\delta F}{\delta x_n}\right)=\psi\left(y_1,\ldots,y_{n-1},\frac{\delta F}{\delta y_1},\ldots,\frac{\delta F}{\delta y_{n-1}}\right)\quad(6_2).$$

Aus diesen Identitäten folgt unmittelbar, wenn man sie in Bezug auf irgend eine der Variablen y differentiirt:

$$\frac{\delta\varphi}{\delta y}=-\left(\frac{\delta\varphi}{\delta q_1}\frac{\delta q_1}{\delta y}+\cdots+\frac{\delta\varphi}{\delta q_{n-1}}\frac{\delta q_{n-1}}{\delta y}\right)+\frac{\delta f_1}{\delta p_1}\frac{\delta p_1}{\delta y}+\cdots+\frac{\delta f_1}{\delta p_n}\frac{\delta p_n}{\delta y},$$

$$\frac{\delta\psi}{\delta y}=-\left(\frac{\delta\psi}{\delta q_1}\frac{\delta q_1}{\delta y}+\cdots+\frac{\delta\psi}{\delta q_{n-1}}\frac{\delta q_{n-1}}{\delta y}\right)+\frac{\delta f_2}{\delta p_1}\frac{\delta p_1}{\delta y}+\cdots+\frac{\delta f_2}{\delta p_n}\frac{\delta p_n}{\delta y}.$$

Somit kommt in dem Ausdruck

$$(\varphi, \psi) = \sum \begin{vmatrix} \frac{\delta\varphi}{\delta y_i}, & \frac{\delta\psi}{\delta y_i} \\ \frac{\delta\varphi}{\delta q_i}, & \frac{\delta\psi}{\delta q_i} \end{vmatrix}$$

die folgende Summe von Determinanten, mit dem Zeichen — versehen, vor:

$$\sum_{i=1}^{i=n-1} \begin{vmatrix} \frac{\delta\varphi}{\delta q_1}\frac{\delta^2 F}{\delta y_1 \delta y_i} + \cdots + \frac{\delta\varphi}{\delta q_{n-1}}\frac{\delta^2 F}{\delta y_{n-1}\delta y_i}, & \frac{\delta\varphi}{\delta q_i} \\ \frac{\delta\psi}{\delta q_1}\frac{\delta^2 F}{\delta y_1 \delta y_i} + \cdots + \frac{\delta\psi}{\delta q_{n-1}}\frac{\delta^2 F}{\delta y_{n-1}\delta y_i}, & \frac{\delta\psi}{\delta q_i} \end{vmatrix}.$$

Diese Summe ist aber null, denn die Grösse

$$\frac{\delta^2 F}{\delta y_k \delta y_i}$$

ist in der dem Index i entsprechenden Determinante multiplicirt mit

$$\frac{\delta\varphi}{\delta q_k}\frac{\delta\psi}{\delta q_i} - \frac{\delta\varphi}{\delta q_i}\frac{\delta\psi}{\delta q_k};$$

dagegen ist die Grösse

$$\frac{\delta^2 F}{\delta y_i \delta y_k}$$

in der dem Index k entsprechenden Determinante multiplicirt mit

$$\frac{\delta\varphi}{\delta q_i}\frac{\delta\psi}{\delta q_k} - \frac{\delta\varphi}{\delta q_k}\frac{\delta\psi}{\delta q_i}.$$

Mithin heben sich sämmtliche Glieder gegenseitig auf.

Es ergiebt sich hieraus, dass die Grösse (φ, ψ) einfach gleich ist:

$$\sum_{i=1}^{i=n-1} \begin{vmatrix} \frac{\delta f_1}{\delta p_1}\frac{\delta p_1}{\delta y_i} + \cdots + \frac{\delta f_1}{\delta p_n}\frac{\delta p_n}{\delta y_i}, & \frac{\delta\varphi}{\delta q_i} \\ \frac{\delta f_2}{\delta p_1}\frac{\delta p_1}{\delta y_i} + \cdots + \frac{\delta f_2}{\delta p_n}\frac{\delta p_n}{\delta y_i}, & \frac{\delta\psi}{\delta q_i} \end{vmatrix}$$

Um das zweite Theorem von Korkine zu beweisen, braucht man also nur zu zeigen, dass dieser Ausdruck, den wir kurz durch

$$\sum \begin{vmatrix} f'_{1,i}, & \frac{\delta\varphi}{\delta q_i} \\ f'_{2,i}, & \frac{\delta\psi}{\delta q_i} \end{vmatrix}$$

darstellen, gleich Null ist.

Zu dem Ende muss man $\frac{\delta\varphi}{\delta q_i}$, $\frac{\delta\psi}{\delta q_i}$ finden und ausserdem noch die Bedingung ausdrücken, dass die Substitution derart ist, dass f_1 und f_2 nach der Transformation nicht mehr x_n enthalten.

Um $\frac{\delta\varphi}{\delta q_1}$ zu finden, differentiiren wir die Werthe der Functionen $\varphi, p_1, \ldots, p_n, q_1, \ldots, q_{n-1}$ nach q_1, wie folgt:

$$
\begin{aligned}
\frac{\delta\varphi}{\delta q_1} &= \frac{\delta f_1}{\delta x_1}\frac{dx_1}{dq_1} + \cdots + \frac{\delta f_1}{\delta x_{n-1}}\frac{dx_{n-1}}{dq_1} + \frac{\delta f_1}{\delta p_1}\frac{dp_1}{dq_1} + \cdots + \frac{\delta f_1}{\delta p_n}\frac{dp_n}{dq_1} \\
0 &= \frac{\delta p_1}{\delta x_1}\frac{dx_1}{dq_1} + \cdots + \frac{\delta p_1}{\delta x_{n-1}}\frac{dx_{n-1}}{dq_1} - \frac{dp_1}{dq_1} \\
&\ldots\ldots\ldots\ldots\ldots\ldots \\
0 &= \frac{\delta p_n}{\delta x_1}\frac{dx_1}{dq_1} + \cdots + \frac{\delta p_n}{\delta x_{n-1}}\frac{dx_{n-1}}{dq_1} - \frac{dp_n}{dq_1} \\
1 &= \frac{\delta q_1}{\delta x_1}\frac{dx_1}{dq_1} + \cdots + \frac{\delta q_1}{\delta x_{n-1}}\frac{dx_{n-1}}{dq_1} \\
0 &= \frac{\delta q_2}{\delta x_1}\frac{dx_1}{dq_1} + \cdots + \frac{\delta q_2}{\delta x_{n-1}}\frac{dx_{n-1}}{dq_1} \\
&\ldots\ldots\ldots\ldots\ldots\ldots \\
0 &= \frac{\delta q_{n-1}}{\delta x_1}\frac{dx_1}{dq_1} + \cdots + \frac{\delta q_{n-1}}{\delta x_{n-1}}\frac{dx_{n-1}}{dq_1}.
\end{aligned}
$$

Hieraus folgt, wenn man die Ableitungen der x und der p nach q_1 eliminirt:

$$
\begin{vmatrix}
\frac{\delta\varphi}{\delta q_1}, & \frac{\delta f_1}{\delta x_1}, \ldots, & \frac{\delta f_1}{\delta x_{n-1}}, & \frac{\delta f_1}{\delta p_1}, \ldots, & \frac{\delta f_1}{\delta p_n} \\
0, & \frac{\delta p_1}{\delta x_1}, \ldots, & \frac{\delta p_1}{\delta x_{n-1}}, & -1, \ldots, & 0 \\
\cdot & \cdot & \cdot & \cdot & \cdot \\
0, & \frac{\delta p_n}{\delta x_1}, \ldots, & \frac{\delta p_n}{\delta x_{n-1}}, & 0, \ldots, & -1 \\
1, & \frac{\delta q_1}{\delta x_1}, \ldots, & \frac{\delta q_1}{\delta x_{n-1}}, & 0, \ldots, & 0 \\
0, & \frac{\delta q_2}{\delta x_1}, \ldots, & \frac{\delta q_2}{\delta x_{n-1}}, & 0, \ldots, & 0 \\
\cdot & \cdot & \cdot & \cdot & \cdot \\
0, & \frac{\delta q_{n-1}}{\delta x_1}, \ldots, & \frac{\delta q_{n-1}}{\delta x_{n-1}}, & 0, \ldots, & 0
\end{vmatrix} = 0.
$$

Multiplicirt man die erste Kolonne mit $f'_{2,1}$ und addirt sodann sämmtliche analogen Determinanten, welche man erhält, indem man $\frac{\delta\varphi}{\delta q_1}$ durch $\frac{\delta\varphi}{\delta q_2}, \frac{\delta\varphi}{\delta q_3}, \ldots$ ersetzt, so findet man eine neue Determinante, welche gleich Null und von der vorigen nicht verschieden ist, ausser dass darin die erste Kolonne ist:

$$\begin{array}{c} \Sigma \frac{\delta\varphi}{\delta q_i} f'_{2,i} \\ 0 \\ \vdots \\ 0, \\ \frac{\delta f_2}{\delta p_1}\frac{\delta p_1}{\delta y_1} + \cdots + \frac{\delta f_2}{\delta p_n}\frac{\delta p_n}{\delta y_1}, \\ \cdots\cdots\cdots \\ \frac{\delta f_2}{\delta p_1}\frac{\delta p_1}{\delta y_{n-1}} + \cdots + \frac{\delta f_2}{\delta p_n}\frac{\delta p_n}{\delta y_{n-1}}, \end{array}$$

während die andern Kolonnen, wie gesagt, dieselben bleiben.

Multiplicirt man die Zeilen der so erhaltenen Determinante von der zweiten an, respective mit

$$\frac{\delta f_1}{\delta p_1}, \ldots, \frac{\delta f_1}{\delta p_n}, -\frac{\delta\varphi}{\delta q_1}, \ldots, -\frac{\delta\varphi}{\delta q_{n-1}},$$

und addirt sie sodann zu der ersten Zeile, so ist in dieser, infolge der nachstehenden aus der Gleichung (6_1) sich ergebenden Gleichung

$$\left.\begin{array}{l} \frac{\delta f_1}{\delta x_i} + \frac{\delta f_1}{\delta p_1}\frac{\delta p_1}{\delta x_i} + \cdots + \frac{\delta f_1}{\delta p_n}\frac{\delta p_n}{\delta x_i} \\ = \frac{\delta\varphi}{\delta q_1}\frac{\delta q_1}{\delta x_i} + \cdots + \frac{\delta\varphi}{\delta q_{n-1}}\frac{\delta q_{n-1}}{\delta x_i} \end{array}\right\} \quad \ldots\ldots \quad (7)$$

nur das erste Element nicht identisch null. Dieses Element aber ist:

$$\left.\begin{array}{l} \Sigma \frac{\delta\varphi}{\delta q_i} f'_{2,i} \\ -\left\{\frac{\delta\varphi}{\delta q_1}\left(\frac{\delta f_2}{\delta p_1}\frac{\delta p_1}{\delta y_1} + \cdots + \frac{\delta f_2}{\delta p_n}\frac{\delta p_n}{\delta y_1}\right)\right. \\ \cdots\cdots\cdots \\ \left.+\frac{\delta\varphi}{\delta q_{n-1}}\left(\frac{\delta f_2}{\delta p_1}\frac{\delta p_1}{\delta y_{n-1}} + \cdots + \frac{\delta f_2}{\delta p_n}\frac{\delta p_n}{\delta y_{n-1}}\right)\right\} \end{array}\right\} \quad \ldots \quad (8).$$

Wegen

$$\frac{\delta p_i}{\delta y_k} = \frac{\delta^2 F}{\delta x_i \delta y_k} = \frac{\delta q_k}{\delta x_i}$$

lässt sich der zweite mit dem Zeichen — versehene Theil dieses Elementes schreiben:

$$\begin{aligned}&\frac{\delta f_2}{\delta p_1}\left(\frac{\delta\varphi}{\delta q_1}\frac{\delta q_1}{\delta x_1}+\cdots+\frac{\delta\varphi}{\delta q_{n-1}}\frac{\delta q_{n-1}}{\delta x_1}\right)\\ +&\ \cdots\cdots\cdots\cdots\\ +&\frac{\delta f_2}{\delta p_n}\left(\frac{\delta\varphi}{\delta q_1}\frac{\delta q_1}{\delta x_n}+\cdots+\frac{\delta\varphi}{\delta q_n}\frac{\delta q_n}{\delta x_n}\right).\end{aligned}$$

Die Gleichung (7) giebt uns noch an Stelle dieses Ausdrucks:

$$\begin{aligned}&\frac{\delta f_2}{\delta p_1}\left(\frac{\delta f_1}{\delta x_1}+\frac{\delta f_1}{\delta p_1}\frac{\delta p_1}{\delta x_1}+\cdots+\frac{\delta f_1}{\delta p_n}\frac{\delta p_n}{\delta x_1}\right)\\ +&\ \cdots\cdots\cdots\cdots\\ +&\frac{\delta f_2}{\delta p_n}\left(\frac{\delta f_1}{\delta x_n}+\frac{\delta f_1}{\delta p_1}\frac{\delta p_1}{\delta x_n}+\cdots+\frac{\delta f_1}{\delta p_n}\frac{\delta p_n}{\delta x_n}\right).\end{aligned}$$

Da die Determinante, deren erstes Element der Ausdruck (8) ist, null ist und da die andern Elemente ihrer ersten Zeile ebenfalls null sind, so muss auch dieses erste Element selbst null sein. Mithin schliesslich:

$$\sum_1^{n-1}\frac{\delta\varphi}{\delta q_i}f'_{2,i}=\sum_1^n\frac{\delta f_1}{\delta x_i}\frac{\delta f_2}{\delta p_i}+\sum_1^n\sum_1^n\frac{\delta f_1}{\delta p_i}\frac{\delta f_2}{\delta p_k}\frac{\delta^2 F}{\delta x_i\delta x_k}.$$

Ebenso findet man:

$$\sum_1^{n-1}\frac{\delta\psi}{\delta q_i}f'_{1,i}=\sum_1^n\frac{\delta f_2}{\delta x_i}\frac{\delta f_1}{\delta p_i}+\sum_1^n\sum_1^n\frac{\delta f_1}{\delta p_i}\frac{\delta f_2}{\delta p_k}\frac{\delta^2 F}{\delta x_i\delta x_k}.$$

Subtrahirt man die erste dieser Gleichungen von der zweiten, so folgt:

$$(\varphi,\psi)=-(f_1,f_2)=0,$$

und dieses bildet die zweite Eigenschaft des transformirten Systems.

Man wird bemerken, dass wir nicht explicit ausgedrückt haben, dass f_1 und f_2 nach der Transformation nicht mehr x_n enthalten. Doch setzt man dies implicit voraus, indem man die Gleichungen (6) anwendet.[1])

[1]) Korkine schliesst aus diesen beiden Sätzen, dass das gegebene System eine Lösung mit $n+1-m$ Constanten hat. Die Umkehrung ist leichter zu beweisen, wenn man sich auf die Theorie von Jacobi und Bour stützt, wie leicht zu sehen. Bei dieser Gedankenfolge werden die umfangreichen und mühsamen Beweise, die wir hier geben, überflüssig.

§ 25. *Lineare Gleichungen. Methode von Boole.*[1])

91. Besondere Form der linearen Gleichungen und ihrer Integrabilitätsbedingungen.[2]) — Es seien m lineare Gleichungen zu betrachten:

$$H_1 = b_{1,1}p + b_{1,2}p_2 + \cdots + b_{1,N}p_N = 0$$
$$\cdots\cdots\cdots\cdots$$
$$H_m = b_{m,1}p_1 + b_{m,2}p_2 + \cdots + b_{m,N}p_N = 0,$$

in denen $m + n = N$ unabhängige Variable

$$x_1, x_2, \ldots, x_m, x_{m+1}, \ldots, x_N$$

und die Ableitungen von z nach diesen Variablen

$$p_1, p_2, \ldots, p_m, p_{m+1}, \ldots, p_N$$

vorkommen.

Aus den gegebenen Gleichungen kann man m andere Relationen ableiten, von denen jede eine einzige der m ersten Ableitungen enthält. Der grösseren Symmetrie wegen stellen wir die Variabeln

$$x_{m+1}, x_{m+2}, \ldots, x_N$$

durch

$$y_1, y_2, \ldots, y_n$$

und die entsprechenden Ableitungen durch

$$q_1, q_2, \ldots, q_n$$

dar. Hiernach werden die m neuen Gleichungen von der Form sein:

$$A_1z = p_1 + a_{1,1}q_1 + a_{1,2}q_2 + \cdots + a_{1,n}q_n = 0,$$
$$A_2z = p_2 + a_{2,1}q_1 + a_{2,2}q_2 + \cdots + a_{2,n}q_n = 0,$$
$$\cdots\cdots\cdots\cdots$$
$$A_mz = p_m + a_{m,1}q_1 + a_{m,2}q_2 + \cdots + a_{m,n}q_n = 0.$$

Die Integrabilitätsbedingungen sind, wie man aus § 17 weiss, sämmtlich von der Form

$$(A_iA_k - A_kA_i)\,z = 0$$

---

[1]) Boole, Treatise etc., Supplement Kap. 24, S. 68—69, Kap. 25, S. 74—89. Collet, Annal. de l'école normale, Bd. 7, S. 47—57.

[2]) Vgl. hierüber, ausser den vorher genannten, Imschenetsky, § 24 S. 136—141. Weder dieser Autor noch Graindorge legen die Methode von Boole dar.

oder auch, wenn man entwickelt:

$$q_1(A_i a_{k,1} - A_k a_{i,1}) + q_2(A_i a_{k,2} - A_k a_{i,2}) + \cdots + q_n(A_i a_{k,n} - A_k a_{i,n}) = 0.$$

Es ist mit Hülfe dieser Formel leicht, die Integrabilitätsbedingungen zu finden und das System der gegebenen Gleichungen zu vervollständigen, bis es eine solche Form angenommen hat, dass man darauf die Integrationsmethode von Jacobi und Bour anwenden kann.

92. Transformation der linearen Gleichungen.[1]) — Nimmt man neue unabhängige Veränderliche

$$u_1, u_2, \ldots, u_N,$$

so hat man:

$$p_1 = \frac{dz}{du_1}\frac{du_1}{dx_1} + \cdots + \frac{dz}{du_N}\frac{du_N}{dx_1}$$

$$\cdots\cdots\cdots\cdots$$

$$p_m = \frac{dz}{du_1}\frac{du_1}{dx_m} + \cdots + \frac{dz}{du_N}\frac{du_N}{dx_m}$$

$$q_1 = \frac{dz}{du_1}\frac{du_1}{dy_1} + \cdots + \frac{dz}{du_N}\frac{du_N}{dy_1}$$

$$\cdots\cdots\cdots\cdots$$

$$q_n = \frac{dz}{du_1}\frac{du_1}{dy_n} + \cdots + \frac{dz}{du_N}\frac{du_N}{dy_n}.$$

Substituirt man diese Werthe in die Gleichungen $Az = 0$, so gehen dieselben über in:

$$A_1 z = (A_1 u_1)\frac{dz}{du_1} + \cdots + (A_1 u_N)\frac{dz}{du_N} = 0,$$

$$A_2 z = (A_2 u_1)\frac{dz}{du_1} + \cdots + (A_2 u_N)\frac{dz}{du_N} = 0,$$

$$\cdots\cdots\cdots\cdots$$

$$A_m z = (A_m u_1)\frac{dz}{du_1} + \cdots + (A_m u_N)\frac{dz}{du_N} = 0.$$

Man kann diese Gleichungen vereinfachen und ihnen die Form der Gleichungen $Az = 0$ geben, wenn man setzt:

$$u_1 = x_1,\ u_2 = x_2, \ldots, u_m = x_m,\ u_{m+1} = v_1,\ u_{m+2} = v_2, \ldots, u_N = v_n.$$

---

[1]) Man könnte beweisen, dass das transformirte System den Integrabilitätsbedingungen genügt; doch ist dies unnöthig (vgl. die Bemerkung am Ende der Nr. 90), um so mehr, als die Methode selbst die Existenz einer Lösung z mit $n+1$ willkürlichen Constanten voraussetzt.

Infolge der Relationen

$$\begin{array}{llll} A_1x_1 = 1, & A_1x_2 = 0, \ldots, & A_1x_m = 0, \\ A_2x_1 = 0, & A_2x_2 = 1, \ldots, & A_2x_m = 0, \\ \cdot \quad \cdot \quad \cdot & \cdot \quad \cdot \quad \cdot & \cdot \quad \cdot \quad \cdot \\ A_mx_1 = 0, & A_mx_2 = 0, \ldots, & A_mx_m = 1 \end{array}$$

gehen die transformirten Gleichungen über in:

$$\begin{array}{l} A_1z = \left(\frac{dz}{dx_1}\right) + (A_1v_1)\,\frac{dz}{dv_1} + \cdots + (A_1v_n)\,\frac{dz}{dv_n} = 0, \\ A_2z = \left(\frac{dz}{dx_2}\right) + (A_2v_1)\,\frac{dz}{dv_1} + \cdots + (A_2v_n)\,\frac{dz}{dv_n} = 0, \\ \cdot \quad \cdot \quad \cdot \quad \cdot \quad \cdot \quad \cdot \quad \cdot \quad \cdot \quad \cdot \quad \cdot \\ A_mz = \left(\frac{dz}{dx_m}\right) + (A_mv_1)\,\frac{dz}{dv_1} + \cdots + (A_mv_n)\,\frac{dz}{dv_n} = 0.^{1)} \end{array}$$

Man kann leicht bewirken, dass die $m - 1$ letzten dieser Gleichungen nicht mehr x_1 explicit enthalten. Nehmen wir an, dass

$$v_1,\ v_2, \ldots, v_n$$

zusammen mit $x_2, x_3, \ldots, x_m$ die $m + n - 1$ verschiedenen Lösungen der ersten Gleichung $A_1z = 0$ bilden, so dass man

$$A_1v_1 = 0, \quad A_1v_2 = 0, \ldots\ldots, A_1v_n = 0$$

hat, so wird irgend einer der Coefficienten der $m-1$ letzten Gleichungen, z. B. A_2v_1, eine Lösung von $A_1z = 0$ sein; denn nach dem Satze von Jacobi ist:

$$A_1A_2v_1 = A_2A_1v_1 = A_20 = 0.$$

Mithin ist A_2v_1 eine Function der Lösungen $x_2, x_3, \ldots, x_m, v_1, \ldots, v_n$.

Die erste Gleichung reducirt sich im vorliegenden Falle auf

$$\left(\frac{dz}{dx_1}\right) = 0,$$

was beweist, dass infolge der Vertauschung der Variablen x_1 in dem Werthe von z nicht mehr explicit vorkommt.

---

[1]) Wir haben uns der Klammern bedient, um anzudeuten, dass zwischen den p und den $\frac{dz}{dx}$, welche in den uns hier beschäftigenden Gleichungen vorkommen, ein Unterschied besteht. Wäre z mittels $x_1, x_2, \ldots, x_m, v_1, v_2, \ldots, v_n$ ausgedrückt, so hätte man nach den von uns angenommenen Bezeichnungen $\left(\frac{dz}{dx}\right) = \frac{\delta z}{\delta x}$.

Aus dem Vorhergehenden ergiebt sich, dass die Substitution der Variabeln

$$x_1,\ x_2, \ldots, x_m,\ v_1,\ v_2, \ldots, v_n$$

an Stelle von

$$x_1,\ x_2, \ldots, x_m,\ y_1,\ y_2, \ldots, y_n$$

das gegebene System der m Gleichungen mit $m + n$ Variablen in ein äquivalentes System von $m - 1$ Gleichungen mit $m - 1 + n$ Variablen und von derselben Form verwandelt.

Mit dem neuen System kann man eine ähnliche Transformation vornehmen und so schrittweise zu einer einzigen linearen Gleichung mit $n + 1$ Variabeln gelangen.

93. Beispiel.[1]) — Es sei das folgende System zur Integration vorgelegt:

$$\begin{aligned}
2x_2x_4^2 \frac{dv}{dx_1} + x_3^2x_4 \frac{dv}{dx_4} - x_3^2 v &= 0,\\
2x_2 \frac{dv}{dx_2} - x_4 \frac{dv}{dx_4} - v &= 0,\\
x_2x_4^2 \frac{dv}{dx_3} + x_1x_3x_4 \frac{dv}{dx_4} - x_1x_3 v &= 0.
\end{aligned}$$

Allgemeine Methode. Setzt man $v = e^z$, so verschwindet v aus der Gleichung und man hat:

$$\begin{aligned}
H_1 &= 2x_2x_4^2p_1 + x_3^2x_4p_4 - x_3^2 = 0,\\
H_2 &= 2x_2p_2 - x_4p_4 - 1 = 0,\\
H_3 &= x_2x_4^2p_3 + x_1x_3x_4p_4 - x_1x_3 = 0.
\end{aligned}$$

Man findet leicht:

$$(H_1,\ H_2) = 0, \quad (H_2,\ H_3) = 0, \quad (H_3,\ H_1) = 0.$$

Aus den gegebenen Gleichungen erhält man:

$$\begin{aligned}
p_1 &= -\frac{x_3^2}{2x_2x_4} p_4 + \frac{x_3^2}{2x_2x_4^2}\\
p_2 &= \frac{x_4}{2x_2} p_4 + \frac{1}{2x_2}\\
p_3 &= -\frac{x_1x_3}{x_2x_4} p_4 + \frac{x_1x_3}{x_2x_4^2}.
\end{aligned}$$

[1]) Collet, Ann. de l'éc. norm. Bd. 7, § 10, S. 53—57. Die Gleichungen sind nicht homogen in Bezug auf die Grössen p, wie im allgemeinen Falle, aber es ist ersichtlich, dass dieser Umstand die Rechnungen in keiner Weise complicirt.

Die Hülfsgleichungen

$$(p_1 - \psi_1, f) = 0, \quad (p_2 - \psi_2, f) = 0, \quad (p_3 - \psi_3, f) = 0$$

sind:

$$\frac{\delta f}{\delta x_1} + \frac{x_3^2}{2x_2x_4}\frac{\delta f}{\delta x_4} + \frac{x_3^2}{2x_2x_4^3}(x_4p_4 - 2)\frac{\delta f}{\delta p_4} = 0,$$

$$\frac{\delta f}{\delta x_2} - \frac{x_4}{2x_2}\frac{\delta f}{\delta x_4} + \frac{p_4}{2x_2}\frac{\delta f}{\delta p_4} = 0,$$

$$\frac{\delta f}{\delta x_3} + \frac{x_1x_3}{x_2x_4}\frac{\delta f}{\delta x_4} + \frac{x_1x_3}{x_2x_4^3}(x_4p_4 - 2)\frac{\delta f}{\delta p_4} = 0.$$

Die zweite von diesen Gleichungen besitzt die Lösung:

$$\vartheta_1 = p_4x_4.$$

Substituirt man diesen Werth in die linke Seite der dritten Gleichung für f, so findet man eine andere Lösung:

$$\vartheta_2 = \frac{2x_1x_3}{x_2x_4^2}(x_4p_4 - 1).$$

Macht man dasselbe mit ϑ_2, so findet man eine dritte Lösung:

$$\vartheta_3 = \frac{2x_1}{x_2x_4^2}(x_4p_4 - 1) = \frac{\vartheta_2}{x_3}.$$

Eine Function $\vartheta(x_3, \vartheta_1, \vartheta_2)$ ist ebenfalls eine Lösung der zweiten Gleichung; um der dritten zu genügen, muss man haben:

$$\frac{d\vartheta}{dx_3} + \frac{d\vartheta}{d\vartheta_1}\vartheta_2 + \frac{d\vartheta}{d\vartheta_2}\vartheta_3 = 0 \text{ oder } \frac{d\vartheta}{dx_3} + \frac{d\vartheta}{d\vartheta_1}\vartheta_2 + \frac{d\vartheta}{d\vartheta_2}\frac{\vartheta_2}{x_3} = 0.$$

Diese Gleichung hat zur Lösung:

$$\vartheta_1' = \frac{\vartheta_2}{x_3} = \vartheta_3 = \frac{2x_1(x_4p_4 - 1)}{x_2x_4^2}.$$

Man findet eine andere gemeinschaftliche Lösung, wenn man diesen Werth ϑ_1' in die erste der Hülfsgleichungen einsetzt. Man erhält $\vartheta_2' = \frac{\vartheta_1'}{x_1}$. Eine Function $\vartheta(x_1, \vartheta_1')$ wird ebenfalls eine Lösung der drei Gleichungen sein, wenn man hat:

$$\frac{d\vartheta}{dx_1} + \frac{d\vartheta}{d\vartheta_1'}\frac{\vartheta_1'}{x_1} = 0.$$

Mithin ist schliesslich die gemeinschaftliche Lösung:

$$\frac{\vartheta_1'}{x_1} = 4a = \frac{2(x_4p_4 - 1)}{x_2x_4^2}.$$

Man findet sodann:

$$p_1 = -ax_3^2,\ p_2 = \frac{1}{x_2} + ax_4^2,\ p_3 = -2ax_1x_3,\ p_4 = \frac{1}{x_4} + 2ax_2x_4,$$

$$z = \log b + a(x_2x_4^2 - x_1x_3^2) + \log x_2x_4,$$

$$v = bx_2x_4e^{a(x_2x_4{}^2 - x_1x_3{}^2)}.$$

Methode von Boole. Ist $z = 0$ die gemeinschaftliche Lösung der gegebenen Gleichungen, so hat man nach der Transformation der Nr. 2 an Stelle der gegebenen Gleichungen, wenn man $v = x_5$ setzt:

$$A_1z = 2x_2x_4^2\frac{dz}{dx_1} + x_3^2x_4\frac{dz}{dx_4} + x_3^2x_5\frac{dz}{dx_5} = 0,$$

$$A_2z = 2x_2\frac{dz}{dx_2} - x_4\frac{dz}{dx_4} + x_5\frac{dz}{dx_5} = 0,$$

$$A_3z = x_2x_4^2\frac{dz}{dx_3} + x_1x_3x_4\frac{dz}{dx_4} + x_1x_3x_5\frac{dz}{dx_5} = 0.$$

Die erste dieser Gleichungen hat zu Lösungen:

$$u_1 = \frac{x_5}{x_4},\ u_2 = x_2,\ u_3 = x_3,\ u_4 = \frac{x_2x_4^2 - x_1x_3^2}{x_2}.$$

Nehmen wir x_1, u_1, u_2, u_3, u_4 als neue Veränderliche, so reducirt sich das System auf die beiden Gleichungen:

$$(A_2x_1)\frac{dz}{dx_1} + (A_2u_1)\frac{dz}{du_1} + (A_2u_2)\frac{dz}{du_2} + (A_2u_3)\frac{dz}{du_3} + (A_2u_4)\frac{dz}{du_4} = 0,$$

$$(A_3x_1)\frac{dz}{dx_1} + (A_3u_1)\frac{dz}{du_1} + (A_3u_2)\frac{dz}{du_2} + (A_3u_3)\frac{dz}{du_3} + (A_3u_4)\frac{dz}{du_4} = 0.$$

Es ist aber:

$$A_2x_1 = 0,\quad A_2u_1 = 2u_1,\quad A_2u_2 = 2x_2,\quad A_2u_3 = 0,\quad A_2u_4 = -2u_4,$$

$$A_3x_1 = 0,\quad A_3u_1 = 0,\quad A_3u_2 = 0,\quad A_3u_3 = x_2x_4{}^2,\ A_3u_4 = 0.$$

Mithin geht das System über in:

$$u_1\frac{dz}{du_1} + x_2\frac{dz}{dx_2} - u_4\frac{dz}{du_4} = 0,\ \frac{dz}{du_3} = 0.$$

Man findet als verschiedene Lösungen der ersten die Functionen

$$z_1 = \frac{u_1}{x_2},\ z_2 = x_2u_4,$$

welche auch der zweiten genügen. Dasselbe ist der Fall mit

$$\frac{u_1}{x_2} = F(x_2 u_4),$$

welche das allgemeinste Integral des Systems der gegebenen Gleichungen liefert, nämlich:

$$x_5 \text{ oder } v = x_2 x_4 F(x_2 x_4^2 - x_1 x_3^2).$$

Dieses Resultat ist in Übereinstimmung mit dem, welches durch die allgemeine Methode geliefert wurde.[1])

---

[1]) Collet (Annal. de l'éc. norm. Bd. 7, S. 57) behandelt noch die folgenden Beispiele:

1)
$$(x_4{}^2 - x_3{}^2)\frac{dz}{dx_1} - (x_1 x_3 - x_2 x_4)\frac{dz}{dx_3} + (x_2 x_3 - x_1 x_4)\frac{dz}{dx_4} = 0,$$
$$(x_4{}^2 - x_3{}^2)\frac{dz}{dx_2} + (x_2 x_3 - x_1 x_4)\frac{dz}{dx_3} + (x_1 x_3 - x_2 x_4)\frac{dz}{dx_4} = 0.$$

Allgemeines Integral:

$$z = F(x_1{}^2 + x_2{}^2 + x_3{}^2 + x_4{}^2,\ x_1 x_2 + x_3 x_4).$$

2)
$$x_1 \frac{dz}{dx_1} - x_2 \frac{dz}{dx_2} + x_2 \frac{dz}{dx_3} - x_4 \frac{dz}{dx_4} = 0,$$
$$x_3 \frac{dz}{dx_1} + x_4 \frac{dz}{dx_2} - x_1 \frac{dz}{dx_3} - x_2 \frac{dz}{dx_4} = 0.$$

Allgemeines Integral:

$$z = F\left((x_1{}^2 + x_3{}^2)(x_2{}^2 + x_4{}^2),\ \frac{x_1 x_2 + x_3 x_4}{x_2 x_3 - x_1 x_4}\right).$$

Imschenetsky, Nr. 108, S. 138—141, behandelt die folgenden Gleichungen:

$$p_1 + (x_4 + x_1 x_2 + x_1 x_3)\, p_3 + (x_2 + x_3 - 3x_1)\, p_4 = 0,$$
$$p_2 + (x_1 x_3 x_4 + x_2 - x_1 x_2)\, p_3 + (x_3 x_4 - x_2)\, p_4 = 0,$$

deren allgemeines Integral ist:

$$z = F\left(x_3 - x_1{}^3 - x_1 x_4 - \frac{x_2{}^2}{2}\right).$$

Graindorge, Nr. 84, S. 85—87, giebt das folgende Beispiel:

$$2x_5 p_4 + x_1{}^2 p_5 = 0,$$
$$x_1{}^2 p_1 - 2x_5 p_2 + (x_1{}^2 x_4 - 2x_5)\, p_3 - 2x_1 x_4 p_4 = 0.$$

Das vollständige Integral desselben ist:

$$2z + a x_1{}^2 x_4 - a x_5{}^2 + b = 0.$$

Ferner giebt er, Nr. 85, S. 87—89, das Beispiel von Imschenetsky.

6. Kapitel.

Mayer's Methode zur Integration der linearen partiellen Differentialgleichungen, zu welchen die Jacobi'sche Methode führt.[1])

§ 26. Integration der unbeschränkt integrablen Systeme von linearen totalen Differentialgleichungen.

94. Correspondenz zwischen den simultanen Systemen von linearen Gleichungen und gewissen Systemen von totalen Differentialgleichungen.[2]) — Jede lineare partielle Differentialgleichung ist bekanntlich einem gewissen Systeme gewöhnlicher Differentialgleichungen

---

[1]) Mayer, Math. Annal., Bd. 5, S. 448—470. Über unbeschränkt integrable Systeme von linearen totalen Differentialgleichungen und die simultane Integration linearer partieller Differentialgleichungen. Lie hat die Mayer'sche Methode mit der seinigen verglichen in den Göttinger Nachrichten 1872, Nr. 25, S. 474—476. Mayer erwähnt, dass ihm zur Begründung seiner Methode ausser den Untersuchungen von Boole namentlich auch Natani's Abhandlung: Über totale und partielle Differentialgleichungen (Crelle's Journal, Bd. 58, S. 301—328) und eine Bemerkung von Du Bois-Reymond (ibid., Bd. 70, S. 312) von Nutzen gewesen sei und dass des ersteren Methode zu der seinigen in einiger Beziehung stehe. Seit der ersten Auflage unseres Buches hat Mayer in den Math. Annal. 1877, Bd. 12, S. 132—142; 1880, Bd. 17, S. 523—530, verschiedene Artikel über die partiellen Differentialgleichungen veröffentlicht. Man kann diesen Arbeiten von Mayer noch die Abhandlung von H. Laurent: *Mémoire sur les équations simultanées aux dérivées partielles du premier ordre* (Journal de Liouville 1879, 3. série, Bd. 5, S. 249—284) hinzufügen. Goursat hat in seinen Leçons sur l'intégration des équations aux dérivées partielles du premier ordre eine eigenthümliche Darstellung der Mayer'schen Methode gegeben.

[2]) Boole, Treatise, Supplement, Kap. 25, S. 74 u. ff. beschäftigt sich mit diesen Systemen. Die Analogie seiner oben auseinandergesetzten Methode mit der von Mayer ist evident. Mayer hatte aber die weitere Idee, die Anfangswerthe der Variablen einzuführen, wie dies Cauchy gethan hat. Das zweite Heft des 56. Bandes von Grunert's Archiv, welches im April oder Mai 1874 erschien, enthielt auf S. 163—174 eine Arbeit von L. Zajacrkowski: „Zur Integration eines Systems linearer partieller Differentialgleichungen erster Ordnung", worin der Verfasser als Complement zur Methode von Boole genau das auseinandersetzt, was wir nach Mayer in den Nr. 94, 95, 96 dargelegt haben; nur beweist er direkt alles, was sich auf die Integrabilitätsbedingungen bezieht.

äquivalent (Nr. 32). Eine analoge Correspondenz besteht zwischen einem System linearer partieller Differentialgleichungen und gewissen Systemen von totalen Differentialgleichungen.

Es seien nämlich gegeben die m folgenden Gleichungen:

$$A_1 z = \frac{dz}{dx_1} + a_{1,1}\frac{dz}{dy_1} + a_{1,2}\frac{dz}{dy_2} + \cdots + a_{1,n}\frac{dz}{dy_n} = 0 \qquad (1_1)$$

$$\cdots\cdots\cdots\cdots\cdots\cdots\cdots\cdots$$

$$A_m z = \frac{dz}{dx_m} + a_{m,1}\frac{dz}{dy_1} + a_{m,2}\frac{dz}{dy_2} + \cdots + a_{m,n}\frac{dz}{dy_n} = 0 \qquad (1_m),$$

worin z und die a Functionen der unabhängigen Veränderlichen

$$x_1, \ldots, x_m, y_1, \ldots, y_n$$

sind.

Multiplicirt man diese Gleichungen mit irgend welchen Grössen $\lambda_1, \ldots, \lambda_m$ und addirt die Resultate, so findet man:

$$\begin{aligned} &\lambda_1 A_1 z + \cdots\cdots + \lambda_m A_m z \\ &= \lambda_1 \frac{dz}{dx_1} + \cdots\cdots + \lambda_m \frac{dz}{dx_m} \\ &+ \frac{dz}{dy_1}(\lambda_1 a_{1,1} + \cdots\cdots + \lambda_m a_{m,1}) \\ &+ \cdots\cdots\cdots\cdots \\ &+ \frac{dz}{dy_n}(\lambda_1 a_{1,n} + \cdots\cdots + \lambda_m a_{m,n}) = 0 \quad . \; . \; . \quad (2). \end{aligned}$$

Jede Lösung der Gleichungen (1) ist eine Lösung von (2) und somit, einer Constanten gleichgesetzt, auch eine Lösung der folgenden simultanen Gleichungen, welche der Gleichung (2) entsprechen:

$$\frac{dx_1}{\lambda_1} = \cdots = \frac{dx_m}{\lambda_m} = \frac{dy_1}{\lambda_1 a_{1,1} + \cdots + \lambda_m a_{m,1}} = \cdots = \frac{dy_n}{\lambda_1 a_{1,n} + \cdots + \lambda_m a_{m,n}},$$

oder auch der daraus sich ergebenden totalen Differentialgleichungen:

$$dy_1 = a_{1,1}dx_1 + a_{2,1}dx_2 + \cdots + a_{m,1}dx_m \quad . \; . \; . \quad (3_1),$$

$$dy_2 = a_{1,2}dx_1 + a_{2,2}dx_2 + \cdots + a_{m,2}dx_m \quad . \; . \; . \quad (3_2),$$

$$\cdots\cdots\cdots\cdots\cdots\cdots\cdots\cdots$$

$$dy_n = a_{1,n}dx_1 + a_{2,n}dx_2 + \cdots + a_{m,n}dx_m \quad . \; . \; . \quad (3_n).$$

Umgekehrt, wenn eine Function z derart beschaffen ist, dass ihr Differential zufolge der Gleichungen (3) identisch null ist, so ist klar, dass diese Function eine Lösung der Gleichungen (1) ist.

Es folgt hieraus, dass die Integration der Systeme von der Form (1) zurückkommt auf die Integration der Systeme von der Form (3) und umgekehrt.

Während Clebsch gezeigt hat, dass man bei der Untersuchung der Systeme von der Form (1) sich auf diejenigen beschränken kann, für welche

$$A_i A_h f - A_h A_i f = 0$$

ist, kann man sich auch, wir wir sehen werden, darauf beschränken, gewisse Systeme (3) zu untersuchen.

95. Nothwendige Bedingungen der unbeschränkten Integrabilität. — Wir betrachten hier nur die Systeme (3), welche aus einem System von n Gleichungen zwischen $n + m$ Veränderlichen von der Form

$$F(x_1, \ldots, x_m, y_1, \ldots, y_n) = \text{const}$$

durch totale Differentiation hervorgehen. Es folgt daraus, dass man von den Gleichungen (3), welche wir betrachten, annehmen kann, dass sie zu Lösungen n Functionen y von $x_1, \ldots, x_m$ und n willkürlichen Constanten besitzen. Man hat demnach:

$$\frac{\delta y_k}{\delta x_h} = a_{h,k}, \quad \frac{\delta y_k}{\delta x_i} = a_{i,k} \quad \ldots \ldots \ldots \quad (4)$$

und somit:

$$\frac{da_{h,k}}{dx_i} - \frac{da_{i,k}}{dx_h} = 0 \quad \ldots \ldots \ldots \quad (5).$$

Wir wenden hier für die Differentiation das Zeichen d an, weil die a gleichzeitig die x und die y enthalten. Man bemerke, dass

$$\frac{da_{h,k}}{dx_i} = \frac{\delta a_{h,k}}{\delta x_i} + \frac{\delta a_{h,k}}{\delta y_1}\frac{\delta y_1}{\delta x_i} + \cdots + \frac{\delta a_{h,k}}{\delta y_n}\frac{\delta y_n}{\delta x_i},$$

d. h. nach (4)

$$\frac{da_{h,k}}{dx_i} = \frac{\delta a_{h,k}}{\delta x_i} + a_{i,1}\frac{\delta a_{h,k}}{\delta y_1} + \cdots + a_{i,n}\frac{\delta a_{h,k}}{\delta y_n},$$

oder auch, wenn man auf die Bedeutung des Operationssymbols A_i Rücksicht nimmt:

$$\frac{da_{h,k}}{dx_i} = A_i(a_{h,k})$$

ist. Mithin können die Bedingungen (5) in der Form geschrieben werden:

$$A_i(a_{h,k}) - A_h(a_{i,k}) = 0 \quad \ldots \ldots \ldots \quad (5').$$

Die Anzahl der Bedingungen (5) oder (5') beträgt $n \,.\, \frac{m(m-1)}{2}$; dieselben müssen durch die Werthe der y identisch erfüllt werden, da diese n willkürliche Constanten enthalten.

Die Bedingungen (5) oder (5') sind daher nothwendig, wenn das System (3) ein Integralsystem von der angegebenen Form haben soll. Wir werden sagen, dass diese Bedingungen ein unbeschränkt integrables System (3) definiren. Wir werden weiter unten sehen, dass dieselben auch hinreichend dafür sind, dass die Integration möglich ist.

Man kann bemerken, dass die Bedingungen (5') für eine beliebige Function z geben:

$$\sum_{k=1}^{k=n} [A_i(a_{h,k}) - A_h(a_{i,k})] \frac{dz}{dy_k} = 0 \quad . \quad . \quad . \quad . \quad (6).$$

Es ist aber (§ 17, Nr. 58):

$$(A_i A_h - A_h A_i)z = \Sigma [A_i(a_{h,k}) - A_h(a_{i,k})] \frac{dz}{dy_k};$$

mithin haben die Bedingungen (5) die nachstehenden zur Folge:

$$A_i A_h z - A_h A_i z = 0 \quad . \quad . \quad . \quad . \quad . \quad . \quad . \quad (7).$$

Umgekehrt, wenn diese Bedingungen bestehen für n verschiedene Functionen z, so ist aus der Theorie der Determinanten ersichtlich, dass sie an Stelle der Bedingungen (5) oder (5') treten können.

96. Zurückführung des Systems (3) auf m Systeme von n gewöhnlichen Differentialgleichungen erster Ordnung. — Wenn es wirklich n Functionen y giebt, welche den Gleichungen (3) genügen, so müssen dieselben insbesondere den n folgenden Gleichungen (4_1) genügen:

$$\frac{\delta y_1}{\delta x_1} = a_{1,1}, \frac{\delta y_2}{\delta x_1} = a_{1,2}, \ldots, \frac{\delta y_n}{\delta x_1} = a_{1,n} \quad . \quad . \quad . \quad . \quad (4_1),$$

in denen $x_2, \ldots, x_m$ die Rolle von Constanten spielen. Es seien die Gleichungen

$$\varphi_1(x_1, \ldots, x_m, y_1, \ldots, y_n) = c_1 \quad . \quad . \quad . \quad . \quad (8_1)$$
$$\varphi_2(x_1, \ldots, x_m, y_1, \ldots, y_n) = c_2 \quad . \quad . \quad . \quad . \quad (8_2)$$
$$\cdots\cdots\cdots\cdots\cdots\cdots\cdots\cdots$$
$$\varphi_n(x_1, \ldots, x_m, y_1, \ldots, y_n) = c_n \quad . \quad . \quad . \quad . \quad (8_n)$$

das Integralsystem von (4_1), wobei $c_1, c_2, \ldots, c_n$ nur $x_2, \ldots, x_m$ enthalten.

Man kann sich dieser Gleichungen bedienen, um eine Änderung der Variablen auszuführen, welche darin besteht, dass $y_1, \ldots, y_n$ durch $c_1, \ldots, c_n$ ersetzt werden. Es ist leicht, die totalen Differentialgleichungen zu bilden welche dann an die Stelle des Systems (3) treten müssen. Man erhält nämlich aus (8):

$$dc = \left(\frac{\delta\varphi}{\delta x_1} + \frac{\delta\varphi}{\delta y_1}\frac{\delta y_1}{\delta x_1} + \cdots + \frac{\delta\varphi}{\delta y_n}\frac{\delta y_n}{\delta x_1}\right) dx_1$$

$$+ \left(\frac{\delta\varphi}{\delta x_2} + \frac{\delta\varphi}{\delta y_1}\frac{\delta y_1}{\delta x_2} + \cdots + \frac{\delta\varphi}{\delta y_n}\frac{\delta y_n}{\delta x_2}\right) dx_2$$

$$\cdots\cdots\cdots\cdots$$

$$+ \left(\frac{\delta\varphi}{\delta x_m} + \frac{\delta\varphi}{\delta y_1}\frac{\delta y_1}{\delta x_m} + \cdots + \frac{\delta\varphi}{\delta y_n}\frac{\delta y_n}{\delta x_m}\right) dx_m,$$

oder auch:

$$dc = \sum_1^m \left(\frac{\delta\varphi}{\delta x_h} + a_{h,1}\frac{\delta\varphi}{\delta y_1} + \cdots + a_{h,n}\frac{\delta\varphi}{\delta y_n}\right) dx_h.$$

Da die φ nach Voraussetzung die Lösungen von (4) sind, so hat man $\frac{d\varphi}{dx_1} = 0$ und somit reduciren sich die vorstehenden Gleichungen auf die folgenden, in denen wir uns des Operationssymbols A bedienen:

$$dc_1 = \sum_2^m A_h\varphi_1 dx_h \quad \ldots\ldots\ldots \quad (9_1),$$

$$dc_2 = \sum_2^m A_h\varphi_2 dx_h \quad \ldots\ldots\ldots \quad (9_2),$$

$$\cdots\cdots\cdots\cdots$$

$$dc_n = \sum_2^m A_h\varphi_n dx_h. \quad \ldots\ldots\ldots \quad (9_n).$$

Es ist übrigens klar, dass x_1 in diesen Gleichungen nicht mehr vorkommen kann, da die c diese Variable nicht enthalten. Man kann dies auch folgendermassen beweisen. Man hat wegen $A_1\varphi = 0$:

$$A_1 A_h \varphi = A_h A_1 \varphi = 0,$$

oder auch:

$$\frac{d(A_h\varphi)}{dx_1} + a_{1,1}\frac{d(A_h\varphi)}{dy_1} + a_{1,2}\frac{d(A_h\varphi)}{dy_2} + \cdots + a_{1,n}\frac{d(A_h\varphi)}{dy_n} = 0,$$

d. h. nach Substitution der Werthe von $y_1, y_2, \ldots, y_n$ in $A_h\varphi$ ist die totale Ableitung von $A_h\varphi$ nach x_1 gleich Null. Es folgt daraus, dass nach der in Rede stehenden Substitution die Gleichungen (9) nicht mehr x_1 enthalten.

Man kann somit unbesorgt an die Stelle von x_1 irgend einen beliebigen speciellen Werth setzen, ohne dass sich die Gleichungen (9) ändern.

Wie man sieht, ersetzt die soeben durchgeführte Transformation das System (3) durch ein anderes, welches eine gleiche Anzahl von Gleichungen und eine unabhängige Veränderliche weniger enthält. Man kann nun weiter das System (9) durch ein analoges System ersetzen, welches ebenfalls wieder eine Veränderliche x weniger enthält, u. s. f., da das System (9) offenbar unbeschränkt integrabel ist, weil es dem System (3) äquivalent ist. Man sieht also, dass man, wenn man in dieser Weise fortfährt, die Integration von (3) zurückführen kann auf diejenige von m Systemen von n den Gleichungen (3) analogen Gleichungen.

97. Bestimmung dieser aufeinanderfolgenden Systeme. — Führt man die Anfangswerthe der Variabeln y als Constante ein, so kann man unmittelbar die m Systeme, von denen wir am Schlusse der vorigen Nummer gesprochen haben, aufstellen. Wir wollen diese dem Werthe $x_1 = x_{1,0}$ entsprechenden Anfangswerthe $y_{1,0}, y_{2,0}, \ldots, y_{n,0}$ nennen.

Um dies zu zeigen, lösen wir die Gleichungen (8) nach $y_1, \ldots, y_n$ auf und finden so:

$$y_1 = \psi_1(x_1, \ldots, x_m, c_1, \ldots, c_n) \quad \ldots \quad (10_1)$$

$$\ldots\ldots\ldots\ldots\ldots\ldots$$

$$y_n = \psi_n(x_1, \ldots, x_m, c_1, \ldots, c_n) \quad \ldots \quad (10_n).$$

Nimmt man an, dass die c in passender Weise als Functionen von $x_2, \ldots, x_m$ bestimmt seien, so geben diese Gleichungen die Lösung der Gleichungen (3) und mithin findet man die n den Gleichungen (9) äquivalenten Relationen:

$$\frac{\delta\psi_1}{\delta c_1} dc_1 + \cdots + \frac{\delta\psi_1}{\delta c_n} dc_n = \left(a_{2,1} - \frac{\delta\psi_1}{\delta x_2}\right) dx_2 + \cdots + \left(a_{m,1} - \frac{\delta\psi_1}{\delta x_m}\right) dx_m \quad (11_1),$$

$$\ldots\ldots\ldots\ldots\ldots\ldots$$

$$\frac{\delta\psi_n}{\delta c_1} dc_1 + \cdots + \frac{\delta\psi_n}{\delta c_n} dc_n = \left(a_{2,n} - \frac{\delta\psi_n}{\delta x_2}\right) dx_2 + \cdots + \left(a_{m,n} - \frac{\delta\psi_n}{\delta x_m}\right) dx_m \quad (11_n).$$

Die x_1 kommen in diesen den Gleichungen (9) äquivalenten Gleichungen nicht mehr vor und ebenso sind daraus infolge jener Äquivalenz die dx_1 verschwunden. Man kann übrigens direkt sehen, dass dx_1 aus den Gleichungen (11) verschwinden muss. Da nämlich die ψ Lösungen des Systems (4_1) sind, so hat man:

$$\frac{\delta\psi_1}{\delta x_1} - a_{1,1} = 0, \; \frac{\delta\psi_2}{\delta x_1} - a_{1,2} = 0, \ldots, \; \frac{\delta\psi_n}{\delta x_1} - a_{1,n} = 0.$$

Wir führen jetzt die Anfangswerthe als Constanten ein. Setzen wir:

$$\varphi(x_1, \ldots, x_m, y_1, \ldots, y_n) = \varphi(x_{1,0}, x_2, \ldots, x_m, y_{1,0}, y_{2,0}, \ldots, y_{n,0}) = c,$$

und leiten wir aus den n in dieser Gleichung enthaltenen Relationen die folgenden Werthe her:

$$y_1 = \chi_1(x_1, \ldots, x_m, y_{1,0}, \ldots, y_{n,0}) \quad . \quad . \quad . \quad . \quad (10_1'),$$

$$\ldots\ldots\ldots\ldots\ldots\ldots\ldots\ldots$$

$$y_n = \chi_n(x_1, \ldots, x_m, y_{1,0}, \ldots, y_{n,0}) \quad . \quad . \quad . \quad . \quad (10_n').$$

so erhalten wir für diese Functionen χ ebenso wie für die ψ:

$$\frac{\delta \chi_1}{\delta y_{1,0}} dy_{1,0} + \cdots + \frac{\delta \chi_1}{\delta y_{n,0}} dy_{n,0} = \left(a_{2,1} - \frac{\delta \chi_1}{\delta x_2}\right) dx_2 + \cdots + \left(a_{m,1} - \frac{\delta \chi_1}{\delta x_m}\right) dx_m \quad (11_1'),$$

$$\ldots\ldots\ldots\ldots\ldots\ldots\ldots\ldots$$

$$\frac{\delta \chi_n}{\delta y_{1,0}} dy_{1,0} + \cdots + \frac{\delta \chi_n}{\delta y_{n,0}} dy_{n,0} = \left(a_{2,n} - \frac{\delta \chi_n}{\delta x_2}\right) dx_2 + \cdots + \left(a_{m,n} - \frac{\delta \chi_n}{\delta x_m}\right) dx_m \quad (11_n'),$$

Gleichungen, welche wie die äquivalenten Gleichungen (11) oder (9) unabhängig von x_1 sind. Setzt man darin $x_1 = x_{1,0}$, so ändern sie sich nicht. Unter dieser Voraussetzung reducirt sich χ_1 auf $y_{1,0}, \ldots, \chi_n$ auf $y_{n,0}$ und somit wird das System (11') ersetzt durch das folgende:

$$dy_{1,0} = a_{2,1,0} dx_2 + a_{3,1,0} dx_3 + \cdots + a_{m,1,0} dx_m \quad . \quad . \quad (12_1),$$

$$\ldots\ldots\ldots\ldots\ldots\ldots\ldots\ldots$$

$$dy_{n,0} = a_{2,n,0} dx_2 + a_{3,n,0} dx_3 + \cdots + a_{m,n,0} dx_m \quad . \quad . \quad (12_n).$$

Hierin haben wir den Indices der a noch den Index 0 hinzugefügt, um anzudeuten, dass in den a die eine Variable x_1 durch ihren Anfangswerth $x_{1,0}$ ersetzt worden ist.

Offenbar ist dieses System (12) ebenfalls unbeschränkt integrabel. In der That hat es zu Lösungen das Integralsystem des ersten. Man weiss ferner, dass, da die Integrabilitätsbedingungen (5) oder (5') für einen beliebigen Werth von x identisch erfüllt sind, sie es auch für den besonderen Werth $x_{1,0}$ sind.

Man kann die aufeinanderfolgenden Systeme von n Gleichungen leicht hinschreiben, wenn man übereinkommt, den Indices der Grössen y und a noch die Indices 1, 2, 3, . . ., $m - 1$ hinzuzufügen, um anzudeuten, dass darin der Reihe nach $x_1, x_2, \ldots, x_{m-1}$ durch ihre Anfangswerthe ersetzt worden sind; indessen ist dies unnöthig, wie wir sogleich zeigen werden.

98. Zurückführung der Integration der m Hülfssysteme von n Gleichungen auf diejenige eines einzigen Systems. — Es giebt einen Fall, in welchem man die Integration unmittelbar zu Ende führen kann. Dies ist derjenige, in welchem der besondere Werth von x_1, nämlich $x_{1,0}$, so beschaffen ist, dass für diesen Werth alle a, welche noch in den

Gleichungen (12) vorkommen, verschwinden. In diesem Falle giebt das System (12):

$$y_{1,0} = \text{const}, \ldots, y_{n,0} = \text{const};$$

die Aufgabe ist vollständig gelöst und es ist unnöthig, noch irgend eine weitere Transformation auszuführen.

Wir wollen zeigen, dass man in allen Fällen durch eine passende Änderung der unabhängigen Veränderlichen bewirken kann, dass diese Vereinfachung stattfindet. Wir setzen:

$$x_1 = x_1(u_1, \ldots, u_m), \ldots, x_m = x_m(u_1, \ldots, u_m) \quad . \quad . \quad (13).$$

Dadurch geht das System (3) über in:

$$dy_1 = b_{1,1}du_1 + b_{2,1}du_2 + \cdots + b_{m,1}du_m \quad . \quad . \quad (14_1),$$

$$\ldots\ldots\ldots\ldots\ldots\ldots$$

$$dy_n = b_{1,n}du_1 + b_{2,n}du_2 + \cdots + b_{m,n}du_m \quad . \quad . \quad (14_n),$$

worin

$$b_{1,1} = \sum_1^m \frac{\delta x_i}{\delta u_1} a_{i,1}, \ldots, b_{m,1} = \sum_1^m \frac{\delta x_i}{\delta u_m} a_{i,1} \quad . \quad . \quad (15_1),$$

$$\ldots\ldots\ldots\ldots\ldots\ldots$$

$$b_{1,n} = \sum_1^m \frac{\delta x_i}{\delta u_1} a_{i,n}, \ldots, b_{m,n} = \sum_1^m \frac{\delta x_i}{\delta u_m} a_{i,n} \quad . \quad . \quad (15_n)$$

ist. Dieses neue System (14) ist unbeschränkt integrabel, da sein Integralsystem aus demjenigen von (3) folgt. Ebenso hat man, wenn man

$$B_i z = \frac{\delta z}{\delta u_i} + \sum_{j=1}^{j=n} b_i \frac{dz}{du_j}$$

setzt:

$$B_i B_h z - B_h B_i z = 0,$$

was auch leicht durch die Rechnung bestätigt werden kann.

Um (14) zu integriren, suchen wir zunächst das Integralsystem der Gleichungen:

$$\frac{\delta y_1}{\delta u_1} = b_{1,1}, \quad \frac{\delta y_2}{\delta u_1} = b_{1,2}, \ldots, \frac{\delta y_n}{\delta u_1} = b_{1,n} \quad . \quad . \quad . \quad (16),$$

und führen darin die dem Werthe $u_{1,0}$ von u_1 entsprechenden Anfangswerthe $y_{1,0}, \ldots, y_{n,0}$ ein. Das System (14) wird alsdann ersetzt durch

$$dy_{1,0} = b_{2,1,0}du_2 + \cdots + b_{m,1,0}du_m \quad . \quad . \quad . \quad . \quad (17_1),$$

$$. \quad . \quad . \quad . \quad . \quad . \quad . \quad . \quad . \quad . \quad . \quad . \quad . \quad . \quad . \quad . \quad . \quad . \quad .$$

$$dy_{n,0} = b_{2,n,0}du_2 + \cdots + b_{m,n,0}du_m \quad . \quad . \quad . \quad . \quad (17_n).$$

Wir wählen jetzt die Gleichungen (13), welche die Substitution bestimmen, derart, dass

$$dy_{1,0} = 0, \quad dy_{2,0} = 0, \ldots, dy_{n,0} = 0 \quad . \quad . \quad . \quad (18)$$

ist. Dazu setzen wir einfach:

$$x_1 = x_{1,0} + (u_1 - u_{1,0})\, v_1 \quad . \quad . \quad . \quad . \quad . \quad (13_1'),$$

$$. \quad . \quad . \quad . \quad . \quad . \quad . \quad . \quad . \quad . \quad . \quad . \quad . \quad . \quad . \quad . \quad . \quad . \quad .$$

$$x_m = x_{m,0} + (u_1 - u_{1,0})\, v_m \quad . \quad . \quad . \quad . \quad . \quad (13_m'),$$

wo $v_1, v_2, \ldots, v_m$ Functionen von $u_1, u_2, \ldots, u_m$ sind, welche die Variabeln x wirklich unabhängig lassen, wo ferner $x_{1,0}, \ldots, x_{m,0}$ derartig gewählt sind, dass die a endlich und bestimmt bleiben, und ferner so, dass die Annahme $u_1 = u_{1,0}$ keine der Functionen v unendlich werden lässt. Man hat für ein beliebiges $b_{h,k}$, in welchem $h > 1$ ist:

$$b_{h,k} = (u_1 - u_{1,0}) \sum_{i=1}^{i=m} \frac{\delta v_i}{\delta u_h}\, a_{i,k},$$

mithin $b_{h,k} = 0$ für $u_1 = u_{1,0}$. Demnach reduciren sich die Gleichungen (17) auf die Gleichungen (18). Sodann hat man:

$$b_{1,k} = \sum_{i=1}^{i=m} a_{i,k} v_k + (u_1 - u_{1,0}) \sum_{i=1}^{i=m} \frac{\delta v_i}{\delta u_1}\, a_{i,k},$$

ein Ausdruck, der weder Null noch unendlich wird für $u_1 = u_{1,0}$, so dass die Gleichungen (16) nicht illusorisch werden.

Die Lösung des Systems (3) ist daher zurückgeführt auf diejenige der Gleichungen (16). Führt man in das Integralsystem von (16) die Anfangswerthe der y für $u_1 = u_{1,0}$ ein, so hat man zusammen mit den Gleichungen (13′) $2n$ Gleichungen zwischen den x, den y und den u. Eliminirt man die u, so erhält man das Integralsystem von (3).

Bemerkung. Die einfachste Form der Gleichungen (13′) ist folgende:

$$x_1 = u_1,$$

$$x_2 = x_{2,0} + (u_1 - u_{1,0})\, u_2,$$

$$. \quad . \quad . \quad . \quad . \quad . \quad . \quad . \quad . \quad . \quad . \quad .$$

$$x_n = x_{n,0} + (u_1 - u_{1,0})\, u_n,$$

wo die Constanten derart gewählt sind, dass die a für $u_1 = u_{1,0}$ nicht unendlich werden. Man hat in diesem Falle:

$$b_{1,k} = a_{1,k} + u_2 a_{2,k} + \cdots + u_m a_{m,k},$$

$$b_{i,k} = (u_1 - u_{1,0})\, a_{i,k},$$

wodurch gezeigt ist, dass man die gegebenen Gleichungen in sehr einfacher Weise transformiren kann.

§ 27. *Integration der partiellen Differentialgleichungen erster Ordnung.*

99. Vollständige Integration eines Jacobi'schen Systems. — Wir betrachten jetzt die Gleichungen

$$A_1 z = \frac{dz}{dx_1} + a_{1,1}\frac{dz_1}{dy_1} + \cdots + a_{1,n}\frac{dz}{dy_n} = 0 \quad . \quad . \quad (1_1),$$

$$\cdots\cdots\cdots\cdots\cdots\cdots\cdots\cdots$$

$$A_m z = \frac{dz}{dx_m} + a_{m,1}\frac{dz}{dy_1} + \cdots + a_{m,n}\frac{dz}{dy_n} = 0 \quad . \quad . \quad (1_m).$$

Um das Integralsystem derselben zu finden, transformiren wir es durch die Substitutionen

$$x_1 = x_{1,0} + (u_1 - u_{1,0})\, v_1 \quad . \quad . \quad . \quad . \quad . \quad (13'_1),$$

$$\cdots\cdots\cdots\cdots\cdots\cdots\cdots\cdots$$

$$x_m = x_{m,0} + (u_1 - u_{1,0})\, v_m \quad . \quad . \quad . \quad . \quad . \quad (13'_m)$$

in das folgende:

$$B_1 z = \frac{dz}{du_1} + b_{1,1}\frac{dz}{dy_1} + \cdots + b_{1,n}\frac{dz}{dy_n} = 0 \quad . \quad . \quad (1'_1),$$

$$\cdots\cdots\cdots\cdots\cdots\cdots\cdots\cdots$$

$$B_m z = \frac{dz}{du_m} + b_{m,1}\frac{dz}{dy_1} + \cdots + b_{m,n}\frac{dz}{dy_n} = 0 \quad . \quad . \quad (1'_m),$$

worin ist:

$$b_{1,k} = \sum_{i=1}^{i=m} a_{i,k} v_k + (u_1 - u_{1,0}) \sum_{i=1}^{i=m} \frac{\delta v_i}{\delta u_1}\, a_{i,k},$$

$$b_{h,k} = (u_1 - u_{1,0}) \sum_{i=1}^{i=m} \frac{\delta v_i}{\delta u_h}\, a_{i,k}.$$

Dies vorausgeschickt, suche man das Integralsystem der Gleichungen

$$\frac{\delta y_1}{\delta u_1} = b_{1,1},\ \frac{\delta y_2}{\delta u_1} = b_{1,2}, \ldots, \frac{\delta y_n}{\delta u_1} = b_{1,n} \quad . \quad . \quad . \quad . \quad (16),$$

und stelle die Constanten als Functionen der Anfangswerthe $y_{1,0}, \ldots, y_{n,0}$ der Variabeln y für $u_1 = u_{1,0}$ dar. Dieses Integralsystem ist zu gleicher Zeit dasjenige der totalen Differentialgleichungen:

$$dy_1 = b_{1,1} du_1 + b_{2,1} du_2 + \cdots + b_{m,1} du_m \quad . \quad . \quad . \quad (14_1),$$

$$\cdots\cdots\cdots\cdots\cdots\cdots\cdots$$

$$dy_n = b_{1,n} du_1 + b_{2,n} du_2 + \cdots + b_{m,n} du_m \quad . \quad . \quad . \quad (14_n),$$

wenn man $y_{1,0}, \ldots, y_{n,0}$ als Constanten betrachtet. Leiten wir aus den dieses Integralsystem darstellenden Gleichungen die Werthe von $y_{1,0}, \ldots, y_{n,0}$ her, so genügen die auf diese Weise gefundenen Gleichungen

$$y_{1,0} = F_1(u_1, \ldots, u_m, y_1, \ldots, y_n) \quad . \quad . \quad . \quad . \quad (18_1)$$

$$\cdots\cdots\cdots\cdots\cdots\cdots\cdots$$

$$y_{n,0} = F_n(u_1, \ldots, u_m, y_1, \ldots, y_n) \quad . \quad . \quad . \quad . \quad (18_n)$$

auch dem System (14) und somit bilden, infolge der Correspondenz, welche zwischen den Systemen (14) und (1') besteht, diese Gleichungen (18) das Integralsystem von (1'). Eliminiren wir daraus mittels der Umkehrung der Substitution (13) $u_1, \ldots, u_m$, so erhalten wir die vollständige Lösung des Systems (1).

Bemerkung. Die Systeme (1) sind selten vollständig zu integriren. Im Allgemeinen bedarf man nur einer einzigen Lösung der Systeme von dieser Art. Es ist daher von der grössten Wichtigkeit zu zeigen, wie man aus einer einzigen Lösung der Gleichungen (16) eine einzige Lösung von (1) ableiten kann.

100. Theorem von Mayer.[1]) — Man kann aus jeder Lösung des Systems (16) eine Lösung des Systems (1') herleiten. — Es sei

$$F(u_1, u_2, \ldots, u_m, y_1, \ldots, y_n) = \text{const} \quad . \quad . \quad . \quad (19)$$

eine Lösung des Systems (16). Betrachtet man die Lösungen

$$y_1 = \varphi_1(u_1, \ldots, u_m, y_{1,0}, y_{2,0}, \ldots, y_{n,0}) \quad . \quad . \quad . \quad (20_1)$$

$$\cdots\cdots\cdots\cdots\cdots\cdots\cdots$$

$$y_n = \varphi_n(u_1, \ldots, u_m, y_{1,0}, y_{2,0}, \ldots, y_{n,0}) \quad . \quad . \quad . \quad (20_n)$$

---

[1]) Lie, in den Göttinger Nachr. 1872, Nr. 25, S. 475, hat die ganze Wichtigkeit des Mayer'schen Theorems, dem er bei der natürlichen Entwicklung seiner eigenen Methode nicht begegnet war, wohl bemerkt. Im Grunde ist dieses Theorem nur eine Übertragung des Poisson'schen oder vielmehr des Jacobi'schen Satzes auf die hier betrachteten Systeme.

dieses Systems (16), so weiss man, dass für $u_1 = u_{1,0}$ die Grössen $y_1, \ldots, y_n$ übergehen in $y_{1,0}, \ldots, y_{n,0}$. Mithin hat man für $u_1 = u_{1,0}$:

$$U = F(u_1, u_2, \ldots, u_m, y_1, \ldots, y_n) - F(u_{1,0}, u_2, \ldots, u_m, y_{1,0}, \ldots, y_{n,0}) = 0 \quad (21),$$

wenn in F die y durch ihre Werthe ersetzt werden.

Nach dem, was wir oben gesehen haben, genügen die Relationen (20), wenn man $y_{1,0}, \ldots, y_{n,0}$ als Constante betrachtet, den Gleichungen (14) oder den Gleichungen

$$\frac{\delta y_k}{\delta u_h} = b_{h,k}.$$

Bei derselben Voraussetzung erhält man aber auch aus (21):

$$\frac{\delta U}{\delta u_h} + \frac{\delta U}{\delta y_1} \frac{\delta y_1}{\delta u_h} + \cdots + \frac{\delta U}{\delta y_n} \frac{\delta y_n}{\delta u_h} = 0,$$

oder auch:

$$\frac{\delta U}{\delta u_h} + \frac{\delta U}{\delta y_1} b_{h,1} + \cdots + \frac{\delta U}{\delta y_n} b_{h,n} = 0,$$

d. h.

$$B_h U = 0.$$

Zu demselben Resultat kann man mit Hülfe der Gleichung $B_1 F = 0$, welche nach Voraussetzung identisch ist, gelangen. Man hat nämlich:

$$B_1 (B_h U) = B_h (B_1 U) = B_h (B_1 F) = 0.$$

Mithin hat $B_h U$, wenn man darin die Werthe (20) substituirt, ebenso wie U einen von u_1 unabhängigen Werth. Für $u_1 = u_{1,0}$ ist aber, da $y_1, \ldots, y_n$ in $y_{1,0}, \ldots, y_{n,0}$ übergehen, U gleich Null und somit auch $B_h U$.

Demnach ist die Function U so beschaffen, dass man hat:

$$B_1 U = 0, \quad B_2 U = 0, \ldots, B_m U = 0 \quad \ldots \quad (22),$$

falls man darin die y durch ihre Werthe (20) ersetzt; überdies ist nach Voraussetzung die erste der Gleichungen (22) identisch erfüllt. Bringt man jetzt die Gleichung (21) auf die Form:

$$y_{1,0} = U_1 (u_1, u_2, \ldots, u_m, y_1, \ldots, y_n, y_{2,0}, \ldots, y_{n,0}) \quad . \quad (23),$$

so hat man zufolge (22) ebenfalls identisch

$$B_1 U_1 = 0 \quad \ldots \ldots \ldots \quad (24)$$

und ferner:

$$B_2 U_1 = 0, \quad B_3 U_1 = 0, \ldots, B_m U_1 = 0 \quad . \quad . \quad . \quad (25),$$

wenn man für y die Werthe (20) substituirt. Von diesen Gleichungen (25) kann keine eine Folge von (23) sein, da sie nicht $y_{1,0}$ enthalten. Es können nun zwei Fälle eintreten. Entweder sind alle Gleichungen (25) ebenso wie (24) identisch erfüllt; alsdann ist U_1 eine gesuchte gemeinschaftliche Lösung der Gleichungen $Bz = 0$. Oder man kann daraus noch $y_{2,0}, \ldots, y_{h,0}$ als Functionen der u, der y und der übrigen Constanten herleiten. Ist dies der Fall, so operirt man mit den neu gefundenen Werthen wie mit (23). Fährt man stets in dieser Weise fort, so findet man entweder eine gemeinschaftliche Lösung der Gleichungen $Bz = 0$, oder man kann die sämmtlichen Werthe der y_0 darstellen als Functionen der y und der u, und die so gefundenen Gleichungen sind äquivalent den Gleichungen (20), welche die vollständige Lösung der Gleichungen (14) und somit der Gleichungen (1') oder der Gleichungen (1) selbst geben.

101. Anwendung auf die Integration der linearen Gleichungen, zu denen die Jacobi'sche Methode führt. — Die Methode von Jacobi, angewandt auf die partiellen Differentialgleichungen erster Ordnung, führt die Integration dieser zurück auf diejenige linearer Systeme von der Form:

$$A_1 f = 0, \quad A_2 f = 0, \quad \ldots, A_\mu f = 0,$$

worin

$$A_h f = \frac{\delta f}{\delta x_h} + \sum_{\mu+1}^{\nu} \left(\frac{\delta p_h}{\delta x_i} \frac{\delta f}{\delta p_i} - \frac{\delta p_h}{\delta p_i} \frac{\delta f}{\delta x_i} \right) = 0$$

ist. ν bezeichnet hierin die Anzahl der Variablen der gegebenen partiellen Differentialgleichung und somit $2\nu - \mu$ die Anzahl der in dem System Af enthaltenen unabhängigen Variabeln, nämlich:

$$x_1, x_2, \ldots, x_\mu, x_{\mu+1}, \ldots, x_\nu, p_{\mu+1}, \ldots, p_\nu.$$

Wendet man die vorstehende Theorie an, so muss man setzen:

$$m = \mu, \quad n = 2(\nu - \mu).$$

Um ein Integral des Systems Af zu finden, muss man also ein Integral eines Systems von $2(\nu - \mu)$ gewöhnlichen Differentialgleichungen suchen.

Die Jacobi'sche Methode führt zu $\nu(\nu - 1)$ Hülfssystemen mit respective $2, 4, 6, \ldots, 2(\nu - 1)$ Gleichungen. Mithin erfordert die Mayer'sche Methode, um eine partielle Differentialgleichung zu integriren, nur die Ermittelung eines einzigen Integrals von

1	System von	$2(\nu-1)$	gewöhnlichen	Differentialgleichungen,
1	„ „	$2(\nu-2)$	„	„
1	„ „	$2(\nu-3)$	„	„
. . .	. . .	. . .	. . .	. . .
1	„ „	4	„	„
1	„ „	2	„	„

Man gelangt zu diesem Ergebniss, wenn man in der obigen Schlussfolgerung $\mu = 1, 2, \ldots, \nu - 1$ setzt. Man wird bemerken, dass die günstigste Methode, die von Clebsch, beinahe die doppelte Anzahl von Integrationen erfordert (vgl. Nr. 87).

III. Buch.

Methode von Cauchy und Lie.

1. Kapitel.

Allgemeine Auseinandersetzung. Arbeiten von Cauchy.[1])

§ 28. Gleichungen mit zwei unabhängigen Veränderlichen.

102. Allgemeiner Gedankengang der Cauchy'schen Methode für den Fall der Gleichungen mit zwei unabhängigen Veränderlichen. — Wir betrachten die Gleichung

$$f(x, y, z, p, q) = 0 \quad . \quad . \quad . \quad . \quad . \quad . \quad . \quad . \quad (1),$$

und nehmen an, dass x_0, y_0, z_0, p_0, q_0 die Anfangswerthe von x, y, z, p, q seien, welche unter einander durch die Gleichung verbunden sind:

$$f(x_0, y_0, z_0, p_0, q_0) = 0 \quad . \quad . \quad . \quad . \quad . \quad . \quad . \quad (2).$$

---

[1]) Cauchy, Exercices d'anal. et de phys. math., Bd. 2, S. 238—272. Der § 1, den wir hier analysiren, ist die Reproduction eines im Januar und Februar 1819 im Bulletin de la Société philomatique veröffentlichten Artikels. Die Untersuchung des Falles, in welchem die Cauchy'sche Methode nicht Stich hält, geschah durch Serret in den Comptes Rendus, Bd. 53, S. 598—606, 734—745 oder in den Annales de l'école normale supérieure, Bd. 3, S. 143—161. Auf die Existenz dieses singulären Falles hatte Bertrand hingewiesen, Comptes Rendus, Bd. 45, S. 617—619, jedoch behauptete er, wie wir nachgewiesen haben, mit Unrecht, dass derselbe mit dem allgemeinen Falle übereinstimme. Ossian Bonnet (C. R. Bd. 65, S. 581—585) hat einen Beweis für die Methode der Integration der partiellen Differentialgleichungen erster Ordnung mit zwei unabhängigen Veränderlichen gegeben, vermittelst dessen man die von Bertrand angedeutete Schwierigkeit umgehen kann. Die Cauchy'sche Methode ist ferner dargelegt bei Imschenetsky, S. 191—200. Er verweist hinsichtlich der Arbeiten von Serret auf die 6. Auflage des *Traité élémentaire de calcul différentiel et intégral* von Lacroix nebst Anmerkungen von Hermite und Serret, Bd. 2, S. 237—282, welches

Ist u eine Function von x und y, so kann man sich denken, dass y, z, p, q durch x und u ausgedrückt seien. Unter dieser Voraussetzung hat man:

$$\frac{dz}{dx} = p + q\frac{dy}{dx} \quad . \quad . \quad . \quad . \quad . \quad . \quad . \quad (3),$$

$$\frac{dz}{du} = \quad q\frac{dy}{du} \quad . \quad . \quad . \quad . \quad . \quad . \quad . \quad (4).$$

Differentiiren wir die Gleichung (3) nach u, die Gleichung (4) nach x, und subtrahiren wir das zweite Resultat vom ersten, so finden wir:

$$\frac{dp}{du} = \frac{dq}{dx}\frac{dy}{du} - \frac{dq}{du}\frac{dy}{dx} \quad . \quad . \quad . \quad . \quad . \quad . \quad (5).$$

Ferner erhält man aus der Gleichung (1):

$$\frac{\delta f}{\delta x} + \frac{\delta f}{\delta y}\frac{dy}{dx} + \frac{\delta f}{\delta z}\frac{dz}{dx} + \frac{\delta f}{\delta p}\frac{dp}{dx} + \frac{\delta f}{\delta q}\frac{dq}{dx} = 0 \quad . \quad . \quad (6),$$

$$\frac{\delta f}{\delta y}\frac{dy}{du} + \frac{\delta f}{\delta z}\frac{dz}{du} + \frac{\delta f}{\delta p}\frac{dp}{du} + \frac{\delta f}{\delta q}\frac{dq}{du} = 0 \quad . \quad . \quad (7).$$

Substituiren wir in diese letztere die sich aus (4) und (5) ergebenden Werthe von $\frac{dz}{du}, \frac{dp}{du}$ oder multipliciren wir (4) mit $-\frac{\delta f}{\delta z}$, (5) mit $-\frac{\delta f}{\delta p}$ und addiren sie zu (7), so kommt:

$$\frac{dy}{du}\left(\frac{\delta f}{\delta y} + \frac{\delta f}{\delta z}q + \frac{\delta f}{\delta p}\frac{dq}{dx}\right) + \frac{dq}{du}\left(\frac{\delta f}{\delta q} - \frac{\delta f}{\delta p}\frac{dy}{dx}\right) = 0 \quad . \quad (8).$$

Da die Function u noch unbestimmt ist, so können wir setzen:

$$\frac{\delta f}{\delta q} - \frac{\delta f}{\delta p}\frac{dy}{dx} = 0 \quad . \quad . \quad . \quad . \quad . \quad . \quad (9).$$

Werk wir nicht haben einsehen können. Vgl. auch Serret, *Cours de calcul différentiel et intégral*, Bd. 2, S. 624—649.

Cauchy hat im Jahre 1841 seiner ersten Abhandlung vom Jahre 1819 Anmerkungen nach unserer Ansicht von der höchsten Wichtigkeit hinzugefügt, in denen er seine Methode der Darstellung verallgemeinert.

Jacobi, Vorlesungen, S. 364—376, hat eine Darlegung *a posteriori* dieser Methode oder vielmehr der von ihm abgeänderten Pfaff'schen Methode gegeben. Mayer hat in der Abhandlung: Über die Jacobi-Hamilton'sche Integrationsmethode der partiellen Differentialgleichungen erster Ordnung (Math. Ann., Bd. 3, S. 435—452) gezeigt, wie man in jedem Falle ein vollständiges Integral finden kann. Die von Cauchy im Jahre 1841 gegebene allgemeine Darlegung seiner Methode enthält implicit jene Untersuchungen von Mayer. Padova hat in einer neueren Abhandlung *Sulla integrazione delle equazioni a derivate parziali del primo ordine* (Collectanea Mathematica, 1881, S. 105—116) gezeigt, wie die Cauchy'sche Methode abgeleitet werden kann aus der von Ampère (Cahier 17 und 18 des Journ. de l'école polyt.).

und hierdurch geht die Gleichung (8) über in:

$$\frac{\delta f}{\delta y} + \frac{\delta f}{\delta z} q + \frac{\delta f}{\delta p} \frac{dq}{dx} = 0 \quad . \quad . \quad . \quad . \quad . \quad (10).$$

Multipliciren wir ferner die Gleichung (3) mit $-\frac{\delta f}{\delta z}$, die Gleichung (10) mit $-\frac{dy}{dx}$, die Gleichung (9) mit $-\frac{dq}{dx}$ und addiren die Producte zur Gleichung (6), so erhalten wir:

$$\frac{\delta f}{\delta x} + \frac{\delta f}{\delta z} p + \frac{\delta f}{\delta p} \frac{dp}{dx} = 0 \quad . \quad . \quad . \quad . \quad . \quad (11).$$

Die Gleichungen (3), (9), (10), (11) lassen sich auf die folgende Form, der wir schon in Nr. 37 begegnet sind, bringen:

$$\frac{dx}{\frac{\delta f}{\delta p}} = \frac{dy}{\frac{\delta f}{\delta q}} = \frac{dz}{p\frac{\delta f}{\delta p} + q\frac{\delta f}{\delta q}} = \frac{-dp}{\frac{\delta f}{\delta x} + p\frac{\delta f}{\delta z}} = \frac{-dq}{\frac{\delta f}{\delta y} + q\frac{\delta f}{\delta z}} \quad . \quad (12).$$

Mithin besitzt jede Lösung der Gleichung (1) die folgende Eigenschaft: Man kann eine Function u von x und y von solcher Beschaffenheit wählen, dass die Gleichungen (12) gleichzeitig mit der Gleichung (4)

$$\frac{dz}{du} = q \frac{dy}{du} \quad . \quad . \quad . \quad . \quad . \quad . \quad . \quad . \quad . \quad . \quad (4)$$

erfüllt sind.

Es ist wichtig zu bemerken, dass das System (12) nur Ableitungen nach x enthält; es führt somit zu einem Integralsystem von der Form:

$$y = f_1(x, y_0, z_0, q_0) \quad . \quad . \quad . \quad . \quad . \quad . \quad . \quad (13_1),$$

$$z = f_2(x, y_0, z_0, q_0) \quad . \quad . \quad . \quad . \quad . \quad . \quad . \quad (13_2),$$

$$p = f_3(x, y_0, z_0, q_0) \quad . \quad . \quad . \quad . \quad . \quad . \quad . \quad (13_3),$$

$$q = f_4(x, y_0, z_0, q_0) \quad . \quad . \quad . \quad . \quad . \quad . \quad . \quad (13_4),$$

wobei angenommen wird, dass p_0 mittels der Bedingung (2) eliminirt ist, und worin u nur in den Integrationsconstanten von (12), nämlich in y_0, z_0, q_0 vorkommt. Diese Constanten enthalten u derart, dass die Gleichung (4) erfüllt ist.

Umgekehrt giebt jedes Integralsystem (13) der Gleichungen (4) und (12), in welchem die Anfangswerthe der Relation (2) genügen, ein Integral der Gleichung (1) von der Beschaffenheit, dass die Anfangswerthe derselben Gleichung (2) genügen. Die Relation zwischen x, y, z wird erhalten, indem man u zwischen (13_1) und (13_2) eliminirt, und die Werthe von p und q.

welche durch Elimination von u zwischen (13_1), (13_3) und (13_4) gefunden werden, sind genau $\frac{dz}{dx}$ und $\frac{dz}{dy}$. In der That, vermittelst der Gleichungen (12) und (4) kann man zu den Gleichungen (6) und (7) oder

$$\frac{df}{dx} = 0, \quad \frac{df}{du} = 0$$

zurückgelangen. Aus diesen ergiebt sich $df = 0$ oder $f = \text{const.}$ Diese Constante ist Null infolge der Bedingung (2). Mithin genügen zunächst die Gleichungen (12) identisch der Relation (1). Sodann folgt aus den Gleichungen (3) und (4):

$$dz = pdx + qdy.$$

Nimmt man also x und y als Variablen, so hat man:

$$\frac{dz}{dx} = p, \quad \frac{dz}{dy} = q.$$

Mithin ist die Integration der Gleichung (1) vollständig zurückgeführt auf diejenige des Systems der Gleichungen (12) und (4).

103. Bestimmung eines Integrals von (12), welches (4) genügt. Wir nehmen an, dass man das Integralsystem (13) der Gleichungen (12) bestimmt habe. Der Voraussetzung nach kann man dasselbe auf die Form bringen:

$$y = y_0 + (x - x_0)\psi_1(x, y_0, z_0, q_0) \quad . \quad . \quad . \quad (14_1),$$

$$z = z_0 + (x - x_0)\psi_2(x, y_0, z_0, q_0) \quad . \quad . \quad . \quad (14_2),$$

$$p = p_0 + (x - x_0)\psi_3(x, y_0, z_0, q_0) \quad . \quad . \quad . \quad (14_3)$$

$$q = q_0 + (x - x_0)\psi_4(x, y_0, z_0, q_0) \quad . \quad . \quad . \quad (14_4).$$

Wenn diese Gleichungen der Gleichung (4) nicht identisch genügen, so hat man:

$$\frac{dz}{du} = q\frac{dy}{du} + I \quad . \quad . \quad . \quad . \quad . \quad . \quad . \quad (4').$$

Aus den Gleichungen (4′) und (3) erhält man die Gleichung

$$\frac{dp}{du} = \frac{dq}{dx}\frac{dy}{du} - \frac{dq}{du}\frac{dy}{dx} + \frac{dI}{dx} \quad . \quad . \quad . \quad . \quad . \quad (5')$$

in derselben Weise, wie (5) mit Hülfe von (4) und (3) gefunden wurde. Die Gleichungen (3), (4), (5), (9) und (10) geben die Identität (7); in derselben Weise geben die Gleichungen (3), (4′), (5′), (9) und (10) eine Gleichung, welche infolge von (7) wird:

$$I\frac{\delta f}{\delta z} + \frac{dI}{dx}\frac{\delta f}{\delta p} = 0 \quad . \quad . \quad . \quad . \quad . \quad . \quad (15).$$

Aus dieser folgt:

$$I = I_0 e^{-\int_{x_0}^{x} \frac{\frac{\delta f}{\delta z}}{\frac{\delta f}{\delta p}} dx}.$$

Damit $I = 0$ sei, genügt es im Allgemeinen, dass $I_0 = 0$ ist. Nun hat man aber:

$$I = \frac{dz_0}{du} + (x - x_0)\frac{d\psi_2}{du} - \left[q_0 + (x - x_0)\psi_4\right]\left[\frac{dy_0}{du} + (x - x_0)\frac{d\psi_1}{du}\right]$$

Somit muss sein:

$$I_0 = \frac{dz_0}{du} - q_0 \frac{dy_0}{du} = 0 \quad \ldots\ldots \quad (16).$$

Dieser Gleichung kann man auf die beiden folgenden Arten genügen:

1) Nimmt man an, dass für $x = x_0$

$$z = \varphi(y)$$

sei, so hat man:

$$z_0 = \varphi(y_0), \quad q_0 = \varphi'(y_0)$$

und die Gleichung (16) ist identisch erfüllt. In diesem Falle findet man das allgemeine Integral, indem man y_0 und somit u eliminirt zwischen (13_1) und (13_2), welche übergehen in:

$$y = f_1(x, y_0, \varphi(y_0), \varphi'(y_0)) \quad \ldots\ldots \quad (13_1'),$$
$$z = f_2(x, y_0, \varphi(y_0), \varphi'(y_0)) \quad \ldots\ldots \quad (13_2').$$

2) Man kann für z_0 und y_0 willkürliche Constanten nehmen, welche u nicht enthalten; dann wird q_0 in den Gleichungen (13) nur allein u enthalten. Man gelangt in diesem Falle zu einer vollständigen Lösung mit zwei willkürlichen Constanten z_0 und y_0, indem man q_0 zwischen den Werthen von y und z eliminirt.[1])

104. Untersuchung eines Einwandes von Bertrand. — Bertrand hat gegen das vorstehende Beweisverfahren einen scheinbar sehr wesentlichen Einwand erhoben. Man könnte, sagt er, mit Hülfe dieses Verfahrens

---

[1]) Die am Eingange dieses Paragraphen erwähnten Autoren, nämlich Serret und Imschenetsky, haben sich mit diesem zweiten Falle nicht beschäftigt, obwohl derselbe von fundamentaler Wichtigkeit ist und von Cauchy in seinen im Jahre 1841 zu seiner ursprünglichen Abhandlung vom Jahre 1819 hinzugefügten Anmerkungen angegeben wurde. Es rührt dies daher, dass diese Autoren $u = y_0$ setzen, während man u ganz unbestimmt lassen muss, um nach Bedürfniss $u = y_0$ oder $u = q_0$ setzen zu können.

beweisen, dass jede Function $\varphi(x)$, welche für einen Werth x_0 von x verschwindet, für jeden Werth von x verschwindet. Setzt man nämlich

$$\pi(x) = \frac{\varphi'(x)}{\varphi(x)},$$

so hat man:

$$\int_{x_1}^{x} \pi(x)dx = \int_{x_1}^{x} \frac{\varphi'(x)}{\varphi(x)}\, dx = \log \frac{\varphi(x)}{\varphi(x_1)},$$

mithin:

$$\varphi(x) = \varphi(x_1) e^{\int_{x_1}^{x} \pi(x)dx} \quad \ldots\ldots \quad (17).$$

Für $x_1 = x_0$ ist $\varphi(x_1) = \varphi(x_0) = 0$, wonach es scheint, dass man nach dem Cauchy'schen Verfahren schliessen müsste, dass $\varphi(x) = 0$ ist für jeden Werth von x, was absurd ist.

Dieser im Allgemeinen sehr richtige Einwand trifft unserer Ansicht nach bei dem besonderen von Cauchy behandelten Falle nicht zu. Die Function $\pi(x)$ im Beispiele von Bertrand ist derart mit der Function $\varphi(x)$ verbunden, dass die Nullstellen der letzteren die Unendlichkeitsstellen der ersteren sind und umgekehrt. Die Gleichung (17) beweist, dass

$$e^{\int_{x_1}^{x} \pi(x)dx}, \quad \int_{x_1}^{x} \pi(x)dx, \quad \pi(x)$$

sich dem ∞ nähern, während gleichzeitig x_1 gegen x_0 oder $\varphi(x_1)$ gegen $\varphi(x_0)$ convergirt.

In dem besonderen von Cauchy behandelten Falle ist dem aber nicht so. Setzen wir:

$$\pi(x, y, z, p, q) = \left(- \frac{\delta f}{\delta z} : \frac{\delta f}{\delta p}\right),$$

so ist klar, dass diese Function π, wenn man darin die durch die Gleichungen (18) gegebenen Werthe von y, z, p, q einsetzt, nicht für jeden Werth von x unendlich wird, weil sie willkürliche Constanten oder eine willkürliche Function enthält. Somit kann

$$\int_{x_0}^{x} \pi dx$$

nur unendlich werden, wenn $\pi = \infty$ ist für $x = x_0$. Denn wenn π für einen andern Werth unendlich wäre, so würde dieses Integral, wenn man das Intervall $x - x_0$ genügend beschränkt, stets endlich sein.

Es kann also eine Ausnahme nur stattfinden, wenn man gleichzeitig hat:

$$f(x_0, y_0, \varphi(y_0), p_0, \varphi'(y_0)) = 0 \quad \ldots\ldots \quad (18),$$

$$\pi(x_0, y_0, \varphi(y_0), p_0, \varphi'(y_0)) = \infty \quad \ldots\ldots \quad (19).$$

Dies kann nur stattfinden, wenn man die besondere Form der Function φ nimmt, welche gerade durch diese Gleichungen bestimmt wird. In diesen besonderen Fällen wird das Integral

$$\int_{x_0}^{x} \pi dx,$$

wenn π, während x gegen x_0 convergirt, sich dem $-\infty$ nähert, entweder endlich oder negativ unendlich sein. In diesen beiden Fällen kann man somit ebenfalls noch von $I_0 = 0$ auf $I = 0$ schliessen. Im andern Falle muss man I direct berechnen. Findet man I verschieden von Null, so kann man daraus schliessen, dass es keine Lösung von der Beschaffenheit giebt, dass für $x = x_0$ $z = \varphi(y)$ ist, aber weiter nichts.

Es kann vorkommen, dass die Gleichung $\pi = \infty$, anstatt eine Form von φ zu geben, für welche man ganz sicher nicht $I = 0$ hat, im Gegentheil einen Werth $x = x_0$ von solcher Art giebt, dass es zweifelhaft ist, ob $I = 0$ ist. In diesem Falle, wenn wirklich I nicht Null ist, muss man schliessen, dass es keine Lösung giebt, welche gestattet, x den Anfangswerth x_0 zu geben. Auf diesen Ausnahmefall scheint noch nicht aufmerksam gemacht worden zu sein.

105. Bemerkungen. — I. In dem Falle, wo die Gleichung linear und von der Form ist:

$$Pp + Qq = R,$$

sind die beiden ersten Hülfsgleichungen diejenigen von Lagrange

$$\frac{dx}{P} = \frac{dy}{Q} = \frac{dz}{R}$$

und diese genügen, um die Aufgabe vollständig zu lösen (§ 5 und Nachtrag II).

II. Wenn die beiden Gleichungen (13_1), (13_2) nicht q_0 enthalten, so erhält man daraus:

$$y_0 = \varphi_1(x, y, z), \quad z_0 = \varphi_2(x, y, z).$$

Mithin hat man wegen $z_0 = \varphi(y_0)$ als allgemeines Integral:

$$\varphi_2 = \varphi(\varphi_1).$$

Dieses führt zu einer linearen Gleichung. Die linearen Gleichungen sind somit die einzigen, welche zu Integralen des Hülfssystems von solcher Beschaffenheit führen, dass die Werthe von z und y nicht q_0 enthalten. Das Umgekehrte ist der vorigen Bemerkung zufolge evident.

III. Drückt man aus, dass die durch die Relationen (13) gegebenen Werthe der Gleichung (4) unter der Voraussetzung genügen, dass q_0 nur Function von u sei, so findet man:

$$\frac{\delta f_2}{\delta q_0} = f_4 \frac{\delta f_1}{\delta q_0},$$

eine Relation, welche beweist, dass f_2 und f_1 gleichzeitig q_0 enthalten oder alle beide davon unabhängig sind, ausser in dem Falle, wo $f_4 = 0$ ist.[1])

106. Beispiele. — I. Die Gleichung sei[2]):

$$xy = pq.$$

Die Hülfsgleichungen werden:

$$\frac{dx}{q} = \frac{dy}{p} = \frac{dz}{2pq} = \frac{dp}{y} = \frac{dq}{x}$$

oder, wenn man mit $xy = pq$ multiplicirt:

$$pdx = qdy = \frac{1}{2}\,dz = xdp = ydq,$$

d. h.

$$\frac{dx}{x} = \frac{dp}{p},\quad \frac{dy}{y} = \frac{dq}{q},\quad dz = \frac{p}{x}\,.\,2xdx = \frac{q}{y}\,.\,2ydy.$$

Man findet unmittelbar als Integrale

$$\frac{x}{p} = \frac{x_0}{p_0},\quad \frac{y}{q} = \frac{y_0}{q_0},\quad z - z_0 = \frac{p_0}{x_0}(x^2 - x_0^2) = \frac{q_0}{y_0}(y^2 - y_0^2),$$

mit der Bedingung:

$$x_0 y_0 = p_0 q_0.$$

Multiplicirt man die beiden Werthe von $z - z_0$ mit einander, so erhält man:

$$(z - z_0)^2 = (x^2 - x_0^2)(y^2 - y_0^2),$$

---

[1]) Serret, der $u = y_0$, $z = \varphi(y_0)$, $q_0 = \varphi'(y_0)$ setzt, sucht diesen Satz folgendermassen zu beweisen: Die Gleichung (4) giebt unter dieser Voraussetzung:

$$\left(\frac{\delta f_2}{\delta y_0} + \frac{\delta f_2}{\delta z_0}\varphi'(y_0) + \frac{\delta f_2}{\delta q_0}\varphi''(y_0)\right) - f_4\left(\frac{\delta f_1}{\delta y_0} + \frac{\delta f_1}{\delta z_0}\varphi'(y_0) + \frac{\delta f_1}{\delta q_0}\varphi''(y_0)\right) = 0.$$

„Da nun", sagt er, „diese Gleichung identisch stattfinden muss, so müssen die mit $\frac{dq_0}{dy_0}$ multiplicirten Glieder sich wegheben. Man hat also identisch:

$$\frac{\delta f_2}{\delta q_0} - f_4\frac{\delta f_1}{\delta q_0} = 0."$$

Diese Schlussfolgerung erscheint uns nicht bindend, da $\varphi''(y_0)$ keinen von z_0 und q_0 unabhängigen Werth besitzt.

[2]) Cauchy, Exercices etc., Bd. II, S. 249.

welches das **vollständige Integral** mit einer überschüssigen Constanten z_0 ist, wenn man z_0 als willkürlich betrachtet.

Um das **allgemeine Integral** zu erhalten, braucht man zu dieser Relation nur die folgende

$$(z - z_0)\frac{\delta z_0}{\delta y_0} = (x^2 - x_0^2)y_0$$

oder:

$$(z - z_0)q_0 = (x^2 - x_0^2)y_0$$

hinzuzufügen, welche übrigens identisch ist mit einer der oben gegebenen Relationen:

$$(z - z_0)x_0 = (x^2 - x_0^2)p_0,$$

wenn man die Bedingung $x_0 y_0 = p_0 q_0$ in Betracht zieht.

II. Die Gleichung sei:

$$2z - px + qy + q^2 = 0.$$

Die Hülfsgleichungen sind:

$$\frac{dx}{-x} = \frac{dy}{y+2q} = \frac{dz}{q^2-2z} = \frac{-dp}{p} = \frac{-dq}{3q}.$$

Dieselben führen zu dem folgenden Integralsystem, in welchem $C = q_0 x_0^{-3}$ ist:

$$q = Cx^3$$

$$p = \frac{p_0}{x_0}x,$$

$$z = -\frac{C^2x^6}{4} + \frac{x^2}{x_0^2}\left(z_0 + \frac{C^2x_0^6}{4}\right)$$

$$y = -\frac{Cx^3}{2} + \frac{x_0}{x}\left(y_0 + \frac{Cx_0^3}{2}\right).$$

Die Grössen p_0, q_0, x_0, y_0, z_0 sind durch die Gleichung verbunden:

$$2z_0 - p_0 x_0 + q_0 y_0 + q_0^2 = 0.$$

Eliminirt man C zwischen den Werthen von y und z, so findet man das vollständige Integral, unter A und B zwei Constante bezeichnend:

$$z - Ax^2 + \left(y - \frac{B}{x}\right)^2 \frac{x^4}{x^4 - x_0^4} = 0.$$

Im vorliegenden Falle hat man $\pi = \infty$ für $x = x_0 = 0$. Es ist nämlich $\pi = \frac{2}{x}$. Man findet $I = I_0\left(\frac{x}{x_0}\right)^2$, eine Gleichung, welche nichts weiter aussagt. Da aber das soeben gefundene vollständige Integral für $x = 0$ keinen Sinn mehr hat, so können wir schliessen, dass wir hier den neuen oben angedeuteten Ausnahmefall vor uns haben. Es giebt kein vollständiges Integral für $q =$ willkürliche Function von u, welches so beschaffen wäre, dass man darin $x = 0$ setzen könnte.

§ 29. Gleichungen mit einer beliebigen Anzahl von Veränderlichen.

107. Zurückführung der Aufgabe auf die Integration eines Systems von simultanen Gleichungen. — Die Gleichung sei:

$$f(z, x_1, \ldots, x_n, p_1, \ldots, p_n) = 0 \quad \ldots\ldots \quad (1).$$

Wir nehmen an, dass für $x = x_{n,0}$ die Grössen $z, x_1, \ldots, x_{n-1}, p_1, \ldots, p_n$ die Werthe $z_0, x_{1,0}, \ldots, x_{n-1,0}, p_{1,0}, \ldots, p_{n,0}$ annehmen, welche unter einander durch die Gleichung verbunden sind:

$$f(z_0, x_{1,0}, \ldots, x_{n,0}, p_{1,0}, \ldots, p_{n,0}) = 0 \quad \ldots\ldots \quad (2).$$

Die Cauchy'sche Methode besteht darin, $n-1$ Functionen $u_1, u_2, \ldots, u_{n-1}$ von $x_1, x_2, \ldots, x_n$ als neue Veränderliche einzuführen. Man kann umgekehrt $z, x_1, \ldots, x_{n-1}, p_1, \ldots, p_n$ als Functionen von $u_1, u_2, \ldots, u_{n-1}, x_n$ betrachten und hat unter dieser Voraussetzung:

$$\frac{dz}{dx_n} = p_1 \frac{dx_1}{dx_n} + \cdots + p_{n-1} \frac{dx_{n-1}}{dx_n} + p_n \quad \ldots \quad (3),$$

$$\frac{dz}{du} = p_1 \frac{dx_1}{du} + \cdots + p_{n-1} \frac{dx_{n-1}}{du} \quad \ldots\ldots \quad (4),$$

wobei die Gleichung (4) $n - 1$ solche Gleichungen repräsentirt, welche man erhält, wenn man nach einander u durch $u_1, u_2, \ldots, u_{n-1}$ ersetzt.[1]) Differentiirt man die Gleichung (3) nach u, die Gleichung (4) nach x_n und zieht man das zweite Resultat vom ersten ab, so findet man:

$$\frac{dp_n}{du} = \left(\frac{dp_1}{dx_n}\frac{dx_1}{du} - \frac{dp_1}{du}\frac{dx_1}{dx_n}\right) + \cdots + \left(\frac{dp_{n-1}}{dx_n}\frac{dx_{n-1}}{du} - \frac{dp_{n-1}}{du}\frac{dx_{n-1}}{dx_n}\right) (5).$$

---

[1]) Wir wenden diese abgekürzte Art, $n - 1$ Gleichungen darzustellen, mehrmals an, um den § 29 ganz nach dem Vorbilde von § 28 gestalten zu können. So repräsentiren z. B. die Gleichungen (5), (7), (8), (9), (10), (10′), (11) je $n - 1$ Gleichungen, welche man erhält, indem man u durch $u_1, u_2, \ldots, u_{n-1}$, ebenso x durch $x_1, x_2, \ldots, x_{n-1}$ oder p durch $p_1, p_2, \ldots, p_{n-1}$ ersetzt.

Sodann erhält man aus der Gleichung (1):

$$\frac{\delta f}{\delta x_n} + \sum_{i=1}^{n-1} \frac{\delta f}{\delta x_i} \frac{dx_i}{dx_n} + \frac{\delta f}{\delta z} \frac{dz}{dx_n} + \sum_1^n \frac{\delta f}{\delta p_i} \frac{dp_i}{dx_n} = 0 \quad . \quad . \quad . \quad (6),$$

$$\sum_{i=1}^{n-1} \frac{\delta f}{\delta x_i} \frac{dx_i}{du} + \frac{\delta f}{\delta z} \frac{dz}{du} + \sum_1^n \frac{\delta f}{\delta p} \frac{dp_i}{du} = 0 \quad . \quad . \quad . \quad (7).$$

Substituirt man in diese letzte Gleichung die aus den Gleichungen (4) und (5) sich ergebenden Werthe von $\frac{dz}{du}$, $\frac{dp_n}{du}$, so folgt:

$$\sum_1^{n-1} \frac{dx_i}{du}\left(\frac{\delta f}{\delta x_i} + p_i \frac{\delta f}{\delta z} + \frac{\delta f}{\delta p_n} \frac{dp_i}{dx_n}\right) + \sum_1^{n-1} \frac{dp_i}{du}\left(\frac{\delta f}{\delta p_i} - \frac{\delta f}{\delta p_n} \frac{dx_i}{dx_n}\right) = 0 \quad . \quad . \quad (8).$$

Da die Functionen u unbestimmt sind, so wird man die letzte Summe, welche in dieser Gleichung vorkommt, zum Verschwinden bringen können, wenn man die $n - 1$ Gleichungen annimmt:

$$\frac{\delta f}{\delta p_i} - \frac{\delta f}{\delta p_n} \frac{dx_i}{dx_n} \quad . \quad . \quad . \quad . \quad . \quad . \quad . \quad . \quad . \quad (9).$$

Die Gleichung (8) geht dadurch über in:

$$\sum_1^{n-1} \frac{dx_i}{du}\left(\frac{\delta f}{\delta x_i} + p_i \frac{\delta f}{\delta z} + \frac{\delta f}{\delta p_n} \frac{dp_i}{dx_n}\right) = 0 \quad . \quad . \quad . \quad (10).$$

Da die Determinante

$$\frac{d(x_1, \ldots, x_{n-1})}{d(u_1, \ldots, u_{n-1})}$$

im Allgemeinen nicht Null ist, den Bedingungen (9) zufolge, welche u nicht explicit enthalten, so sind die Gleichungen (10) den folgenden äquivalent:

$$\frac{\delta f}{\delta x_i} + p_i \frac{\delta f}{\delta z} + \frac{\delta f}{\delta p_n} \frac{dp_i}{dx_n} = 0 \quad . \quad . \quad . \quad . \quad . \quad (10')$$

Schliesslich ergiebt sich aus den Gleichungen (6), (3), (10) und (9), wie wir im Falle zweier unabhängigen Veränderlichen gesehen haben:

$$\frac{\delta f}{\delta x_n} + p_n \frac{\delta f}{\delta z} + \frac{\delta f}{\delta p_n} \frac{dp_n}{dx_n} = 0 \quad . \quad . \quad . \quad . \quad . \quad (11).$$

Die Gleichungen (3), (9), (10'), (11) können auf die folgende Form gebracht werden, der wir schon in Nr. 42 begegneten:

$$\frac{dx_1}{\frac{\delta f}{\delta p_1}} = \cdots = \frac{dx_n}{\frac{\delta f}{\delta p_n}} = \frac{dz}{p_1 \frac{\delta f}{\delta p_1} + \cdots + p_n \frac{\delta f}{\delta p_n}} = \frac{-dp_1}{\frac{\delta f}{\delta x_1} + p_1 \frac{\delta f}{\delta z}} = \cdots = \frac{-dp_n}{\frac{\delta f}{\delta x_n} + p_n \frac{\delta f}{\delta z}} \quad (12).$$

Diese Gleichungen (12) enthalten die u nicht. Man erhält aus ihnen ein System von Werthen:

$$x_1 = f_1,\ x_2 = f_2, \ldots,\ x_{n-1} = f_{n-1},\ z = f_n,\ p_1 = f_{n+1}, \ldots,\ p_n = f_{2n} \quad . \quad (13),$$

wo jede der Functionen f_i x_n und die Anfangswerthe

$$z_0,\ x_{1,0}, \ldots,\ x_{n-1,0},\ p_{1,0}, \ldots,\ p_{n-1,0}$$

enthält. Es ist ersichtlich, dass man, um die Lösung zu vollenden, nur diese Anfangswerthe als Functionen der u derart zu bestimmen braucht, dass den Gleichungen (4) Genüge geschieht.

108. Bestimmung eines Integrals von (12), **welches der Gleichung** (4) **genügt.** — Wir substituiren die Werthe (13) in die Gleichung (4) und setzen:

$$\frac{dz}{du} = p_1 \frac{dx_1}{du} + \cdots + p_{n-1} \frac{dx_{n-1}}{du} + I \quad . \quad . \quad . \quad . \quad (4').$$

Mit Hülfe von (3) erhält man hieraus:

$$\frac{dp_n}{du} = \sum_1^{n-1} \left(\frac{dp_n}{dx_n} \frac{dx}{du} - \frac{dp}{du} \frac{dx}{dx_n} \right) + \frac{dI}{dx_n} \quad . \quad . \quad . \quad (5').$$

Substituirt man diese Werthe von $\frac{dz}{du}$ und $\frac{dp_n}{du}$ in (7), so folgt:

$$I \frac{\delta f}{\delta z} + \frac{dI}{dx_n} \frac{\delta f}{\delta p_n} = 0 \quad . \quad . \quad . \quad . \quad . \quad . \quad (14).$$

Hieraus ergiebt sich, wenn man

$$\left. \begin{aligned} I_0 &= \frac{dz_0}{du} - \left(p_{1,0} \frac{dx_{1,0}}{du} + \cdots + p_{n-1,0} \frac{dx_{n-1,0}}{du} \right), \\ \pi &= - \frac{\frac{\delta f}{\delta z}}{\frac{\delta f}{\delta x_n}} \end{aligned} \right\} \quad . \quad (15).$$

setzt:

$$I = I_0 e^{\int_{x_{n,0}}^{x_n} \pi dx} \quad . \quad . \quad . \quad . \quad . \quad . \quad . \quad . \quad (16).$$

Damit $I = 0$ sei, reicht es im Allgemeinen aus, dass $I_0 = 0$ sei oder:

$$\frac{dz_0}{du_1} = p_{1,0} \frac{dx_{1,0}}{du_1} + \cdots + p_{n-1,0} \frac{dx_{n-1,0}}{du_1} \quad . \quad . \quad . \quad (17_1),$$

. . . .

$$\frac{dz_0}{du_{n-1}} = p_{1,0} \frac{dx_{1,0}}{du_{n-1}} + \cdots + p_{n-1,0} \frac{dx_{n-1,0}}{du_{n-1}} \quad . \quad . \quad (17_{n-1}).$$

Dieser Bedingung kann man auf verschiedene Arten genügen[1]):

1) Man kann annehmen, dass z_0, $x_{1,0}, \ldots, x_{n-1,0}$ willkürliche Constanten und $p_{1,0}, \ldots, p_{n-1,0}$ beliebige Functionen der u oder auch die u selbst seien. In diesem Falle findet man, indem man die p_0 zwischen den n ersten Gleichungen (13) eliminirt, das vollständige Integral:

$$F(z, x_1, \ldots, x_n, z_0, x_{1,0}, \ldots, x_{n-1,0}) = 0 \quad . \quad . \quad . \quad (18).$$

2) Man kann annehmen:

$$z_0 = \varphi(x_{1,0}, \ldots, x_{n-1,0}),$$

$$p_{1,0} = \frac{\delta\varphi}{\delta x_{1,0}}, \ldots, p_{n-1,0} = \frac{\delta\varphi}{\delta x_{n-1,0}},$$

wo $x_{1,0}, x_{2,0}, \ldots, x_{n-1,0}$ irgend welche Functionen der u sind, oder auch selbst für die u genommen werden. Um das dieser Annahme entsprechende Integral zu finden, muss man sich vorher die Form der Function φ gegeben denken, um die u zwischen den n ersten Gleichungen (13) eliminiren zu können. Dieses Integral ist das allgemeine Integral.

3) Man kann schliesslich den Gleichungen (17) auch genügen durch Annahmen, welche zwischen den soeben behandelten in der Mitte liegen. Man kann gleichzeitig setzen:

$$z_0 = \varphi(x_{1,0}, \ldots, x_{m,0}),$$

$$x_{m+1,0} = \text{const}, \ldots, x_{n-1,0} = \text{const},$$

wo $x_{1,0}, x_{2,0}, \ldots, x_{m,0}, p_{m+1,0}, \ldots, p_{n-1,0}$ beliebige Functionen der u sind und die andern p durch die folgenden Relationen bestimmt werden:

$$p_{1,0} = \frac{\delta\varphi}{\delta x_{1,0}}, \ldots, p_{m,0} = \frac{\delta\varphi}{\delta x_{m,0}}.$$

109. Bemerkungen. — I. Wenn die gegebene Gleichung linear und von der Form ist

$$X_1 p_1 + \cdots + X_n p_n = Z,$$

so sind die n ersten Hülfsgleichungen diejenigen von Lagrange:

$$\frac{dx_1}{X_1} = \cdots = \frac{dx_n}{X_n} = \frac{dz}{Z} \quad . \quad . \quad . \quad . \quad . \quad . \quad (19).$$

Dieselben reichen aus, um die Aufgabe vollständig zu lösen (§ 6 und Nachtrag II).

---

[1]) Die im Folgenden angegebenen drei Arten sind nicht die einzigen, wie man diesen Gleichungen genügen kann (Nr. 116, III).

II. Wenn die n ersten Gleichungen (13) die p_0 nicht enthalten, so folgt daraus:

$$x_{1,0} = \psi_1(z, x_1, \ldots, x_n), \ldots, x_{n-1,0} = \psi_{n-1}(z, x_1, \ldots, x_n), z_0 = \psi_n(z, x_1, \ldots, x_n)$$

und dies giebt das Integral:

$$\psi_n = \varphi(\psi_1, \ldots, \psi_{n-1}),$$

welches zu einer linearen Gleichung gehört.

III. Drückt man aus, dass die durch die Relationen (13) gegebenen Werthe den Gleichungen (4) genügen, falls man $u = p_0$ annimmt, so folgt:

$$\frac{\delta f_n}{\delta p_{1,0}} = f_{n+1} \frac{\delta f_1}{\delta p_{1,0}} + \cdots + f_{2n-1} \frac{\delta f_{n-1}}{\delta p_{1,0}},$$

$$\cdots\cdots\cdots\cdots\cdots\cdots$$

$$\frac{\delta f_n}{\delta p_{n-1,0}} = f_{n+1} \frac{\delta f_1}{\delta p_{n-1,0}} + \cdots + f_{2n-1} \frac{\delta f_{n-1}}{\delta p_{n-1,0}}.$$

Aus diesen Gleichungen ergiebt sich, dass, wenn $n - 1$ der Functionen $f_1, \ldots, f_n$ eins der p_0 nicht enthalten, dasselbe mit der n^{ten} der Fall ist.

IV. Leitet man aus den n ersten Gleichungen (13) durch Elimination der p mehr als eine und weniger als n Relationen zwischen den z und den x her, so befindet man sich im Falle der semilinearen Gleichungen, auf den Lie (Nr. 14, III) aufmerksam gemacht hat und auf den auch Serret nebenbei gekommen war (Nr. 119).

V. Man kann von der Cauchy'schen Methode im allgemeinen Falle nach Lie's Auffassungsweise eine symbolische geometrische Deutung im Raume von $n + 1$ Dimensionen geben. Die Gleichung (1) stellt ∞^{2n} Elemente im Raume von $n + 1$ Dimensionen dar. Die Schlussfolgerungen der vorhergehenden Nummern zeigen, dass die Elemente jeder Lösung der Gleichung (1) unter denen enthalten sind, welche dem Hülfssystem (12) genügen; das Hülfssystem (12), welches nur ∞^{2n} Elemente enthält, enthält also nur die Elemente der Gleichung (1). Die Gleichungen (4) drücken einfach aus, wie man die Elemente der Gleichungen (12) gruppiren muss, damit $dz = p_1 dx_1 + \cdots + p_n dx_n$ sei. Diese Bemerkung erklärt auch, warum man in dem Falle, wo die gegebene Gleichung linear ist, nur die n ersten Gleichungen zu betrachten braucht.

110. Beispiel. — Die Gleichung sei[1]):

$$x_1 x_2 \ldots x_n = p_1 p_2 \ldots p_n.$$

[1]) Cauchy a. a. O. behandelt auf diese Weise diese Gleichung für den Fall $n = 3$. Graindorge, Nr. 49, S. 50, Nr. 69, S. 65 behandelt dieselbe Gleichung für $n = 3$ nach der Methode von Jacobi in ihren beiden Formen. Vgl. auch Nr. 73, I.

Die Hülfsgleichungen sind nach Multiplication mit $x_1 x_2 \ldots x_n = p_1 p_2 \ldots p_n$:

$$p_1 dx_1 = \cdots = p_n dx_n = \frac{dz}{n} = x_1 dp_1 = \cdots = x_n dp_n,$$

d. h.

$$\frac{dx_1}{x_1} = \frac{dp_1}{p_1}, \ldots, \frac{dx_n}{x_n} = \frac{dp_n}{p_n},$$

$$\frac{dz}{n} = \frac{p_1}{x_1} x_1 dx_1 = \ldots = \frac{p_n}{x_n} x_n dx_n.$$

Als Integrale findet man:

$$\frac{x_1}{p_1} = \frac{x_{1,0}}{p_{1,0}}, \ldots, \frac{x_n}{p_n} = \frac{x_{n,0}}{p_{n,0}},$$

$$2\,\frac{z - z_0}{n} = \frac{p_{1,0}}{x_{1,0}} (x_1^2 - x_{1,0}^2) = \ldots = \frac{p_{n,0}}{x_{n,0}} (x_n^2 - x_{n,0}^2),$$

mit der Bedingung, dass

$$x_{1,0} \ldots x_{n,0} = p_{1,0} \ldots p_{n,0}$$

sein muss. Multiplicirt man die n Werthe von $z - z_0$ mit einander, so findet man:

$$\frac{2^n}{n^n} (z - z_0)^n = (x_1^2 - x_{1,0}^2)(x_2^2 - x_{2,0}^2) \ldots (x_n^2 - x_{n,0}^2);$$

dies ist das vollständige Integral, welches eine überschüssige Constante enthält, wenn man z_0 als willkürlich betrachtet.

111. Scheinbarer Ausnahmefall. Modificationen von Mayer und Darboux. — I. Ist die gegebene Gleichung homogen in Bezug auf die p, so hat man wegen $f = 0$:

$$p_1 \frac{\delta f}{\delta p_1} + p_2 \frac{\delta f}{\delta p_2} + \cdots + p_n \frac{\delta f}{\delta p_n} = 0,$$

und somit giebt die n^{te} Gleichung (12) als Integral

$$z = \text{const.}$$

Offenbar ist es unmöglich, die p_0 aus dieser Gleichung und den $n - 1$ Relationen $(13_1), \ldots, (13_{n-1})$ zu eliminiren, und somit giebt die allgemeine Methode von Cauchy nicht mehr das vollständige Integral.

Mayer hat ein sehr einfaches Verfahren angegeben, um sowohl in diesem Falle wie im allgemeinen Falle zu einem vollständigen Integrale zu gelangen, welches $p_{1,0}, \ldots, p_{n-1,0}$ und z_0 als Constanten enthält. Zu dem Ende betrachten wir das allgemeine Integral, welches so beschaffen ist, dass

$$z_0 = z_0' + p_{1,0} x_{1,0} + \cdots + p_{n-1,0} x_{n-1,0} \quad . \quad . \quad . \quad (20)$$

ist. Man hat dann, da z'_0 eine Constante ist:

$$\frac{\delta z_0}{\delta x_{1,0}} = p_{1,0}, \ldots, \frac{\delta z_0}{\delta x_{n-1,0}} = p_{n-1,0}.$$

Somit braucht man, um das entsprechende vollständige Integral zu finden, nur $z_0, x_{1,0}, \ldots, x_{n-1,0}$ zwischen den Gleichungen $(13_1), \ldots, (13_n)$ und (20) zu eliminiren. Dies ist immer möglich, da sich die x auf x_0 für $x_n = x_{n,0}$ reduciren und daher die Determinante $\frac{\delta(x_1, \ldots, x_{n-1})}{\delta(x_{1,0}, \ldots, x_{n-1,0})}$ niemals gleich Null ist, weil sie für $x_n = x_{n,0}$ gleich der Einheit ist. Man kann somit die x_0 als Functionen der x ausdrücken.

Das Vorhergehende lässt sich leicht verallgemeinern. Wir setzen:

$$z_0 = \varphi(x_{1,0}, \ldots, x_{n-1,0}, a_1, \ldots, a_n) \quad . \quad . \quad . \quad (21),$$

$$p_{1,0} = \frac{\delta \varphi}{\delta x_{1,0}}, \ldots, p_{n-1,0} = \frac{\delta \varphi}{\delta x_{n-1,0}} \quad . \quad . \quad . \quad . \quad (22),$$

wo $a_1, \ldots, a_n$ Constanten sind. Eliminirt man zwischen den Gleichungen $(13_1), \ldots, (13_n)$, (21) und (22) die Grössen z_0, x_0 und p_0, so findet man:

$$F(z, x_1, \ldots, x_n, a_1, \ldots, a_n) = 0 \quad . \quad . \quad . \quad . \quad (23),$$

eine Relation, welche ein neues vollständiges Integral darstellt. Das System der Gleichungen $(13_1), \ldots, (13_n)$, (21) und (22) lässt sich ersetzen durch $(13_1), \ldots, (13_n)$, (22) und (23). Setzt man also $x_n = x_{n,0}$, so ergiebt die Gleichung (23), wenn die Gleichungen (13) $x_1 = x_{1,0}, \ldots, x_{n-1} = x_{n-1,0}$, $z = z_0$ geben, die Relation:

$$z_0 = \varphi(x_{1,0}, \ldots, x_{n-1,0}, a_1, \ldots, a_n) \quad . \quad . \quad . \quad (21).$$

Mithin würde man, wenn man einfach in (23) $x_n = x_{n,0}$ setzte, finden:

$$z = \varphi(x_1, \ldots, x_{n-1}, a_1, \ldots, a_n).$$

Das in Rede stehende vollständige Integral reducirt sich daher für $x_n = x_{n,0}$ auf die Function $\varphi(x_1, \ldots, x_{n-1}, a_1, \ldots, a_n)$.[1])

---

[1]) Mayer beweist diese Bemerkungen direkt mittels der von Jacobi modificirten Pfaff'schen Methode. Er giebt verschiedene interessante Sätze über den Zusammenhang der Integrale unter einander (vgl. Nr. 120, Anmerkung). Wie man sieht, enthält die Cauchy'sche Methode, wenn man sie so, wie wir es oben gethan haben, in ihrer ganzen Allgemeinheit darlegt, implicit die von Mayer angegebene Modification.

II. Man kann den Gleichungen (4) auch genügen, indem man setzt:

$$z = z_0' + p_{1,0}x_{1,0} + \cdots + p_{m,0}x_{m,0}$$

und $x_{1,0}, \ldots, x_{m,0}, p_{m+1,0}, \ldots, p_{n-1,0}$ als die u und $p_{1,0}, \ldots, p_{m,0}, x_{m+1,0}, \ldots, x_{n-1,0}, z_0'$ als die Constanten betrachtet.[1])

---

[1]) Darboux (Comptes rendus, 1874, Bd. 79, S. 1488—1489; 1875, Bd. 80, S. 160—164) hat zuerst auf dieses Integral aufmerksam gemacht, aber nur in dem Falle der halblinearen Gleichungen (vgl. Nr. 119). Er setzt ebenfalls diese Untersuchungen mittels der von Jacobi modificirten Pfaff'schen Methode auseinander.

2. Kapitel.

Untersuchungen von Serret.

§ 30. *Gleichungen mit zwei unabhängigen Veränderlichen.*

112. Form, welche der allgemeinen Lösung in den Untersuchungen von Serret gegeben wird. — Die Gleichung

$$f(x, y, z, p, q) = 0 \quad . \quad . \quad . \quad . \quad . \quad . \quad . \quad . \quad (1)$$

führt zu den Hülfsgleichungen:

$$\frac{dx}{\frac{\delta f}{\delta p}} = \frac{dy}{\frac{\delta f}{\delta q}} = \frac{dz}{p\frac{\delta f}{\delta p} + q\frac{\delta f}{\delta q}} = \frac{-dp}{\frac{\delta f}{\delta x} + p\frac{\delta f}{\delta z}} = \frac{-dq}{\frac{\delta f}{\delta y} + q\frac{\delta f}{\delta z}} \quad . \quad (2),$$

deren Integrale sind:

$$y = f_1(x, y_0, z_0, q_0) \quad . \quad . \quad . \quad . \quad . \quad . \quad . \quad (3_1),$$

$$z = f_2(x, y_0, z_0, q_0) \quad . \quad . \quad . \quad . \quad . \quad . \quad . \quad (3_2),$$

$$p = f_3(x, y_0, z_0, q_0) \quad . \quad . \quad . \quad . \quad . \quad . \quad . \quad (3_3),$$

$$q = f_4(x, y_0, z_0, q_0) \quad . \quad . \quad . \quad . \quad . \quad . \quad . \quad (3_4).$$

Nimmt man an, dass man aus den beiden ersten das vollständige Integral

$$z = M(x, y, y_0, z_0) \quad . \quad . \quad . \quad . \quad . \quad . \quad . \quad . \quad (4)$$

abgeleitet habe, so hat man:

$$p = \frac{\delta M}{\delta x} = N(x, y, y_0, z_0), \; q = \frac{\delta M}{\delta y} = P(x, y, y_0, z_0) \quad . \quad (5).$$

Will man das allgemeine Integral haben, so hat man nur zu setzen:

$$z_0 = \varphi(y_0),$$

$$q_0 = \varphi'(y_0),$$

und mit der Gleichung (4) ihre Ableitung nach y_0 zu verbinden:

$$\frac{\delta M}{\delta y_0} + \frac{\delta M}{\delta z_0} q_0 = 0 \quad . \quad . \quad . \quad . \quad . \quad . \quad . \quad (6).$$

Die Gleichungen (4), (5), (6) sind den Gleichungen (3) äquivalent und werden dieselben im Folgenden vollständig ersetzen.[1])

113. Neue von Serret gefundene Form des Werthes von I. — Man kann das totale Differential von $f(x, y, z, p, q)$ erhalten, indem man die Differentiale der Gleichungen (3) oder der äquivalenten Gleichungen (4), (5), (6) addirt, nachdem man sie mit Factoren von solcher Beschaffenheit multiplicirt hat, dass die Differentiale dy_0, dz_0, dq_0 aus dem schliesslichen Resultat verschwinden. Es ist klar, dass man die Gleichung (6), welche allein q_0 enthält, mit 0 multipliciren oder weglassen muss. Multiplicirt man die Gleichungen (1), (5_1), (5_2) resp. mit μ, ν, ϱ, so erhält man:

$$\begin{aligned} df = & \left(\mu \frac{\delta M}{\delta x} + \nu \frac{\delta N}{\delta x} + \varrho \frac{\delta P}{\delta x}\right) dx \\ & + \left(\mu \frac{\delta M}{\delta y} + \nu \frac{\delta N}{\delta y} + \varrho \frac{\delta P}{\delta y}\right) dy \\ & - \mu dz - \nu dp - \varrho dq = 0, \end{aligned}$$

vorausgesetzt, dass μ, ν, ϱ den Relationen genügen:

$$\mu \frac{\delta M}{\delta y_0} + \nu \frac{\delta N}{\delta y_0} + \varrho \frac{\delta P}{\delta y_0} = 0 \quad . \quad . \quad . \quad . \quad . \quad (7_1),$$

$$\mu \frac{\delta M}{\delta z_0} + \nu \frac{\delta N}{\delta z_0} + \varrho \frac{\delta P}{\delta z_0} = 0 \quad . \quad . \quad . \quad . \quad . \quad (7_2).$$

Offenbar hat man nach diesen Relationen:

$$\pi = - \frac{\frac{\delta f}{\delta z}}{\frac{\delta f}{\delta p}} = - \frac{\mu}{\nu},$$

---

[1]) Die Art, wie Serret diese Äquivalenz beweist, ist ziemlich heikel, da er sich auf das ungenügend bewiesene Princip stützt, welches wir in der Anmerkung zu Nr. 105 angedeutet haben. Man kann dieses kleine Versehen, wie wir es in der erwähnten Nummer gethan haben, leicht gut machen. Indessen ist diese nachträgliche Verification der Cauchy'schen Methode überflüssig, da alle Rechnungen von Cauchy in umgekehrtem Sinne durchgeführt werden können. Aus demselben Grunde haben wir die nachträgliche Verification der von Jacobi modificirten Pfaff'schen Methode, wie sie in den „Vorlesungen" S. 364—369 gegeben ist, weggelassen. Vgl. auch Nr. 109, V.

d. h. zufolge der letzten der Gleichungen (7):

$$\pi = -\frac{\mu}{\nu} = \frac{\frac{\delta N}{\delta z_0}}{\frac{\delta M}{\delta z_0}} + \frac{\varrho}{\nu}\frac{\frac{\delta P}{\delta z_0}}{\frac{\delta M}{\delta z_0}}$$

$$= \frac{\frac{\delta^2 M}{\delta x \delta z_0}}{\frac{\delta M}{\delta z_0}} + \frac{\varrho}{\nu}\frac{\frac{\delta^2 M}{\delta y \delta z_0}}{\frac{\delta M}{\delta z_0}}$$

$$= \frac{\delta}{\delta x}\log\frac{\delta M}{\delta z_0} + \frac{\varrho}{\nu}\frac{\delta}{\delta y}\log\frac{\delta M}{\delta z_0}.$$

Wir bemerken nun, dass man, um das Integral

$$\int_{x_0}^{x} \pi dx$$

zu berechnen, sich π mittels der Gleichungen (3) oder der Gleichungen (4), (5), (6) durch x allein ausgedrückt denken muss. Wir können uns daher dieser Gleichungen bedienen, um π zu transformiren. Nun giebt die Gleichung (6), welche (3_1) äquivalent ist, wenn man sie auf die Form

$$-q_0 = \frac{\frac{\delta M}{\delta y_0}}{\frac{\delta M}{\delta z_0}}$$

bringt:

$$\frac{\delta M}{\delta z_0}\left(\frac{\delta^2 M}{\delta y_0 \delta x} + \frac{\delta^2 M}{\delta y_0 \delta y}\frac{dy}{dx}\right) - \frac{\delta M}{\delta y_0}\left(\frac{\delta^2 M}{\delta z_0 \delta x} + \frac{\delta^2 M}{\delta z_0 \delta y}\frac{dy}{dx}\right) = 0.$$

Diese Gleichung ist erfüllt, wenn man setzt:

$$\frac{dy}{dx} = \frac{\varrho}{\nu}.$$

In der That wird dieselbe durch diese Substitution:

$$\frac{\delta M}{\delta z_0}\left(\frac{\delta N}{\delta y_0} + \frac{\delta P}{\delta y_0}\frac{\varrho}{\nu}\right) - \frac{\delta M}{\delta y_0}\left(\frac{\delta N}{\delta z_0} + \frac{\delta P}{\delta z_0}\frac{\varrho}{\nu}\right) = 0,$$

oder auch nach Multiplication mit ν zufolge der Gleichungen (7):

$$\frac{\delta M}{\delta z_0}\left(-\mu\frac{\delta M}{\delta y_0}\right) - \frac{\delta M}{\delta y_0}\left(-\mu\frac{\delta M}{\delta z_0}\right) = 0.$$

Man kann daher $\frac{\varrho}{v}$ in dem Werthe von π durch $\frac{dy}{dx}$ ersetzen, wodurch derselbe übergeht in:

$$\pi = \frac{\delta}{\delta x} \log \frac{\delta M}{\delta z_0} + \frac{\delta}{\delta y} \log \frac{\delta M}{\delta z_0} \times \frac{dy}{dx} = \frac{d}{dx} \log \frac{\delta M}{\delta z_0}.$$

Mithin:

$$I = I_0 e^{\int_{x_0}^{x} \pi dx} = I_0 e^{\log \frac{\delta M}{\delta z_0} - \log \left(\frac{\delta M}{\delta z_0}\right)_{x=x_0}}$$
$$= I_0 \frac{\delta M}{\delta z_0},$$

denn es ist $M = z = z_0$ für $x = x_0$ und somit $\left(\frac{\delta M}{\delta z_0}\right)_{x=x_0} = 1$.

114. Untersuchung des kritischen Falles. — Die vorstehende Formel gestattet uns den Fall zu discutiren, wo die Form der Function $\varphi(y)$, auf welche sich z für $x = x_0$ reduciren muss, so beschaffen ist, dass das Integral $\int_{x_0}^{x} \pi dx$ einen unendlich grossen positiven Werth hat, d. h. dass

$$-\log \frac{\delta M}{\delta z_0} = \infty, \text{ oder } \frac{\delta M}{\delta z_0} = 0$$

ist für $x = x_0$. In diesem Falle ist man von vornherein nicht mehr sicher, dass

$$I = 0$$

ist, wenn auch $I_0 = 0$ ist. Man muss demnach a posteriori verificiren, ob wirklich $I = 0$ ist. Wenn dem so ist, so wird auch eine Lösung $z = M$ existiren, welche sich für $x = x_0$ auf $z = \varphi(y)$ reducirt, die aber, was bemerkenswerth ist, vermittelst der vollständigen Lösung, wie Serret bewiesen hat, geliefert wird. Die Schlussfolgerungen dieses Geometers sind nicht nur auf den Fall anwendbar, wo

$$-\log \frac{\delta M}{\delta z_0}$$

unendlich gross ist, sondern auch auf alle Fälle, in denen dieser Ausdruck für $x = x_0$ einen von Null verschiedenen Werth annimmt, während $\frac{\delta M}{\delta z_0}$ für $x = x_0$ verschieden von 1 ist.

Es sei nämlich für $x = x_0$

$$\frac{\delta M}{\delta z_0} = \text{einer von 1 verschiedenen Constanten}$$

und es werde angenommen, dass $z = M$ für $x = x_0$ übergehe in $z = \varphi(y)$ oder vielmehr, dass man für $x = x_0$, $y = y_0$ habe: $z_0 = \varphi(y_0)$. Die

Gleichungen (3) oder die Gleichungen (4), (5), (6) müssen somit für diese Werthe identisch erfüllt sein. Nimmt man nun aber in der Gleichung (6)

$$x = x_0, \quad y = y_0, \quad z_0 = \varphi(y_0)$$

an, so kann dieselbe nicht erfüllt sein, wenn sie es nicht schon für

$$x = x_0, \quad z_0 = \varphi(y_0)$$

bei beliebigem y ist. Wäre dem nämlich nicht so, so erhielte man aus (6) nach Substitution von

$$x = x_0, \quad z_0 = \varphi(y_0)$$

den Werth $y = y_0$. Damit dies aber der Fall sei, müsste man für $x = x_0$ $\frac{\delta M}{\delta z_0} = 1$ haben, was der Voraussetzung widerspricht.[1])

Somit verschwindet y_0 aus der Gleichung (6), wenn man $x = x_0$ setzt. Die Gleichung (6) aber ist die Ableitung der Gleichung (4) nach y_0. Mithin verschwindet y_0 auch aus der Gleichung (4), wenn man $x = x_0$ setzt, da die Ableitung der linken Seite von (4) d. h. die linke Seite von (6) identisch Null ist für $x = x_0$. Wir wissen aber, dass die Gleichung (4) für $x = x_0$, $y = y_0$: $z_0 = \varphi(y_0)$ giebt; mithin giebt sie für $x = x_0$ allein $z = \varphi(y)$. Im gegenwärtigen Falle ist daher die Function $z_0 = \varphi(y_0)$ derart beschaffen, dass die Lösung

$$z = M$$

$z = \varphi(y)$ für $x = x_0$ ergiebt, ohne dass es nöthig wäre, y_0 zwischen dieser Gleichung und der Gleichung (6) zu eliminiren. Und dies sollte bewiesen werden.

Mit andern Worten: In dem Falle — dem einzigen wichtigen für die Theorie, die uns beschäftigt —, wo $\frac{\delta M}{\delta z_0} = 0$ ist für $x = x_0$, hat man auch der Gleichung (6) zufolge $\frac{\delta M}{\delta y_0} = 0$ und somit kommt y_0 für $x = x_0$ nicht mehr in der Gleichung (4) vor. Diese Schlussreihe ist viel einfacher

---

[1]) Diese Schlussreihe ist nur im Allgemeinen richtig. Man nimmt an, dass die Function M derart beschaffen ist, dass man darin nicht $x = x_0$, $y = y_0$ machen kann, ohne dass man nicht nur $M = z_0$, sondern auch $\frac{\delta M}{\delta z_0} = 1$ hätte. Der Werth von $\frac{\delta M}{\delta z_0}$ wird durch die Gleichung (6) gegeben; mithin muss die Gleichung (6) zu der Relation $\frac{\delta M}{\delta z_0} = 1$ für $x = x_0$, $y = y_0$ führen, abgesehen von den Fällen, wo y_0 in dieser Gleichung nicht vorkommt. Serret ist nicht präcis genug bei den Schlüssen, welche sich auf diesen kritischen Fall beziehen, der noch gründlicher untersucht werden muss.

wie die von Serret und ist auf Functionen anwendbar, welche für $x = x_0$, $y = y_0$ nicht $\frac{\delta M}{\delta z_0} = 1$ ergeben würden.

115. Beispiel. — Die Gleichung sei:

$$pqy - pz + aq = 0,$$

wo a eine Constante ist. Die Hülfsgleichungen

$$\frac{-pdx}{aq} = \frac{qdy}{pz} = \frac{dz}{pqy} = \frac{dp}{p^2} = \frac{dq}{0}$$

haben zu Integralen:

$$\begin{aligned} q &= q_0, \\ p &= aq_0R, \\ z &= R[z_0(z_0 - q_0y_0) + aq_0(x - x_0)], \\ y &= R[y_0(z_0 - q_0y_0) - a(x - x_0)], \end{aligned}$$

wo R definirt ist durch die Relation:

$$\frac{1}{R} = \sqrt{(z_0 - q_0y_0)^2 + 2aq_0(x - x_0)}.$$

Man erhält daraus als vollständiges Integral:

$$z = \frac{y}{y_0}\left[z_0 - \frac{a}{y_0}(x - x_0)\right] + \sqrt{\left(\frac{y^2}{y_0^2} - 1\right)(x - x_0)\left[-2a\frac{z_0}{y_0} + \frac{a^2}{y_0^2}(x - x_0)\right]} = M.$$

Ferner:

$$\frac{\delta M}{\delta z_0} = R(z_0 - q_0y_0).$$

Setzt man $z_0 - q_0y_0 = 0$, so hat man

$$z_0 = ay_0, \quad q = a, \quad \frac{\delta M}{\delta z_0} = 0,$$

wo a eine Constante ist. Führt man nun diese Werthe von z_0 und q_0 in das vollständige Integral ein, so findet man, dass sich für $x = x_0$: $z = ay$ ergiebt, und dies ist das durch den Serret'schen Satz angegebene Resultat.

§ 31. Gleichungen mit n Veränderlichen.

116. Form, welche in den Untersuchungen von Serret dem allgemeinen Integral gegeben wird. — Die Gleichung

$$f(x_1, \ldots, x_n, z, p_1, \ldots, p_n) = 0 \quad . \quad . \quad . \quad . \quad . \quad (1)$$

führt zu den Hülfsgleichungen:

$$\frac{dx_1}{\frac{\delta f}{\delta p_1}} = \cdots = \frac{dx_n}{\frac{\delta f}{\delta p_n}} = \frac{dz}{\Sigma p \frac{\delta f}{\delta p}} = \frac{-dp_1}{\frac{\delta f}{\delta x_1} + p_1 \frac{\delta f}{\delta z}} = \cdots = \frac{-dp_n}{\frac{\delta f}{\delta x_n} + p_n \frac{\delta f}{\delta z}} \quad (2),$$

deren Integrale wir durch die Gleichungen darstellen:

$$x_i = f_i(x_n, x_{1,0}, \ldots, x_{n-1,0}, z_0, p_{1,0}, \ldots, p_{n-1,0}) \quad . \quad . \quad (3_i),$$

$$z = f_n(x_n, x_{1,0}, \ldots, x_{n-1,0}, z_0, p_{1,0}, \ldots, p_{n-1,0}) \quad . \quad . \quad (3_n),$$

$$p_i = f_{n+i}(x_n, x_{1,0}, \ldots, x_{n-1,0}, z_0, p_{1,0}, \ldots, p_{n-1,0}) \quad . \quad (3_{n+i}).$$

I. Es sei

$$F(z, x_1, \ldots, x_n, z, x_{1,0}, \ldots, x_{n-1,0}) = 0 \quad . \quad . \quad . \quad (4)$$

das vollständige Integral, welches durch Elimination der p_0 aus den n ersten Gleichungen (3) erhalten wird. Man kann n der Gleichungen (3) ersetzen durch die folgenden, welche die Werthe der p geben:

$$\frac{\delta F}{\delta x_1} + p_1 \frac{\delta F}{\delta z} = 0, \ldots, \frac{\delta F}{\delta x_n} + p_n \frac{\delta F}{\delta z} = 0 \quad . \quad . \quad (5).$$

II. Will man das allgemeine Integral haben, so setze man (Nr. 10)

$$z_0 = \varphi(x_{1,0}, x_{2,0}, \ldots, x_{n-1,0}),$$

$$p_{1,0} = \frac{\delta \varphi}{\delta x_{1,0}}, \ldots, p_{n-1,0} = \frac{\delta \varphi}{\delta x_{n-1,0}}$$

und eliminire die x_0 aus den n ersten Gleichungen (3) oder aus (4) und den folgenden aus (4) abgeleiteten Gleichungen:

$$\frac{\delta F}{\delta x_{1,0}} + p_{1,0} \frac{\delta F}{\delta z_0} = 0, \ldots, \frac{\delta F}{\delta x_{n-1,0}} + p_{n-1,0} \frac{\delta F}{\delta z_0} = 0 \quad (6).$$

Die Gleichungen (4), (5), (6) sind den Gleichungen (3) äquivalent.

III. Man findet weniger allgemeine Integrale, wenn man annimmt

$$z = \varphi(x_{1,0}, \ldots, x_{n-1,0}),$$

$$p_{1,0} = \frac{\delta \varphi}{\delta x_{1,0}}, \ldots, p_{n-1,0} = \frac{\delta \varphi}{\delta x_{n-1,0}}$$

und ferner, dass die x_0 unter einander durch Gleichungen verbunden seien:

$$x_{m+1,0} = \varphi_1(x_{1,0}, \ldots, x_{m,0}), \ldots, x_{n-1,0} = \varphi_{n-m-1}(x_{1,0}, \ldots, x_{m,0}).$$

Die in Rede stehenden weniger allgemeinen oder gemischten Integrale werden gegeben durch die Gleichungen (Nr. 10):

$$F(z, x_1, \ldots, x_n, z_0, x_{1,0}, \ldots, x_{n-1,0}) = 0 \quad . \quad . \quad . \quad (4),$$

$$\frac{\delta F}{\delta x_{1,0}} + \frac{\delta F}{\delta z} p_{1,0} + \sum_{m+1}^{n-1}\left(\frac{\delta F}{\delta x_{i,0}} + \frac{\delta F}{\delta z_0} p_{i,0}\right)\frac{\delta \varphi_i}{\delta x_{1,0}} = 0 \quad . \quad . \quad (7_1),$$

$$\cdots\cdots\cdots\cdots\cdots\cdots\cdots$$

$$\frac{\delta F}{\delta x_{m,0}} + \frac{\delta F}{\delta z} p_{m,0} + \sum_{m+1}^{n-1}\left(\frac{\delta F}{\delta x_{i,0}} + \frac{\delta F}{\delta z_0} p_{i,0}\right)\frac{\delta \varphi_i}{\delta x_{m,0}} = 0 \quad . \quad . \quad (7_m).$$

Bemerkung. In diesem letzteren Falle wendet man im Grunde genommen m Hülfsvariable $x_{1,0}, \ldots, x_{m,0}$ und $n - m$ willkürliche Functionen an; im Falle der allgemeinen Lösung aber werden $n - 1$ Hülfsvariablen und eine willkürliche Function angewendet.

117. Neue von Serret gefundene Form des Werthes von I. — Zunächst beschäftigen wir uns mit dem Falle, wo

$$\frac{\delta(f_1, \ldots, f_{n-1})}{\delta(p_{1,0}, \ldots, p_{n-1,0})}$$

nicht null ist. Wir können uns in diesem Falle die Gleichung (4) auf die Form gebracht denken:

$$z = M(x_1, \ldots, x_n, z_0, x_{1,0}, \ldots, x_{n-1,0}) \quad . \quad . \quad . \quad (8),$$

und die Gleichungen (5) und (6) auf die folgende:

$$p_1 = \frac{\delta M}{\delta x_1} = N_1, \ldots, p_n = \frac{\delta M}{\delta x_n} = N_n \quad . \quad . \quad . \quad . \quad (9),$$

$$\frac{\delta M}{\delta x_{1,0}} + \frac{\delta M}{\delta z_0} p_{1,0} = 0, \ldots, \frac{\delta M}{\delta x_{n-1,0}} + \frac{\delta M}{\delta z_0} p_{n-1,0} = 0 \quad . \quad (10).$$

Das Ensemble dieser Gleichungen, welches dem Systeme (3) äquivalent ist, wird uns in den Stand setzen, I zu berechnen.

Man kann das totale Differential df der linken Seite von $f = 0$ erhalten, indem man das Differential der Gleichung (8) und diejenigen der Gleichungen (9) addirt, nachdem man dieselben mit Factoren $\mu, \nu_1, \ldots, \nu_n$ von solcher Beschaffenheit multiplicirt hat, dass die Differentiale

$$dz_0, dx_{1,0}, \ldots, dx_{n-1,0}$$

aus dem Resultat verschwinden. Man hat somit:

$$df = \sum_1^n \left(\mu \frac{\delta M}{\delta x} + \nu_1 \frac{\delta N_1}{\delta x} + \cdots + \nu_n \frac{\delta N_n}{\delta x}\right) - (\mu dz + \nu_1 dp_1 + \cdots + \nu_n dp_n),$$

wo die Factoren $\mu, \nu_1, \nu_2, \ldots, \nu_n$ den n Relationen genügen müssen:

$$\mu \frac{\delta M}{\delta z_0} + \nu_1 \frac{\delta N_1}{\delta z_0} + \cdots + \nu_n \frac{\delta N_n}{\delta z_0} = 0 \quad . \quad . \quad (11_1),$$

$$\mu \frac{\delta M}{\delta x_{1,0}} + \nu_1 \frac{\delta N_1}{\delta x_{1,0}} + \cdots + \nu_n \frac{\delta N_n}{\delta x_{1,0}} = 0 \quad . \quad . \quad (11_2),$$

$$\cdots\cdots\cdots\cdots\cdots\cdots\cdots\cdots$$

$$\mu \frac{\delta M}{\delta x_{n-1,0}} + \nu_1 \frac{\delta N_1}{\delta x_{n-1,0}} + \cdots + \nu_n \frac{\delta N_n}{\delta x_{n-1,0}} = 0 \quad . \quad . \quad (11_n).$$

Dem Werthe von df und der ersten dieser Gleichungen zufolge hat man:

$$\pi = -\frac{\frac{\delta f}{\delta z}}{\frac{\delta f}{\delta p_n}} = -\frac{\mu}{\nu_n} = \frac{\nu_1}{\nu_n} \frac{\frac{\delta N_1}{\delta z_0}}{\frac{\delta M}{\delta z_0}} + \cdots + \frac{\nu_{n-1}}{\nu_n} \frac{\frac{\delta N_{n-1}}{\delta z_0}}{\frac{\delta M}{\delta z_0}} + \frac{\frac{\delta N_n}{\delta z_0}}{\frac{\delta M}{\delta z_0}}.$$

Aus diesem Werthe von π müsste man mittels der Gleichungen (10) $x_1, x_2, \ldots, x_{n-1}$ eliminiren; man kann aber zuvor diesen Ausdruck transformiren und zwar mittels der Gleichungen (10) selbst, nachdem man sie auf die Form gebracht hat:

$$-p_0 = \frac{\frac{\delta M}{\delta x_0}}{\frac{\delta M}{\delta z_0}}.$$

Man erhält aus dieser Gleichung durch Differentiation nach x_n:

$$\frac{\delta M}{\delta z_0}\left(\frac{\delta N_1}{\delta x_0}\frac{dx_1}{dx_n} + \cdots + \frac{\delta N_{n-1}}{\delta x_0}\frac{dx_{n-1}}{dx_n} + \frac{\delta N_n}{\delta x_0}\right)$$
$$-\frac{\delta M}{\delta x_0}\left(\frac{\delta N_1}{\delta z_0}\frac{dx_1}{dx_n} + \cdots + \frac{\delta N_{n-1}}{\delta z_0}\frac{dx_{n-1}}{dx_n} + \frac{\delta N_n}{\delta z_0}\right) = 0.$$

Diese Gleichungen werden wegen (11) identisch erfüllt durch

$$\frac{dx_1}{dx_n} = \frac{\nu_1}{\nu_n}, \ldots, \frac{dx_{n-1}}{dx_n} = \frac{\nu_{n-1}}{\nu_n}.$$

Mithin lässt sich der Werth von π schreiben:

$$\pi = \frac{\frac{\delta N_1}{\delta z_0}}{\frac{\delta M}{\delta z_0}}\frac{dx_1}{dx_n} + \cdots + \frac{\frac{\delta N_{n-1}}{\delta z_0}}{\frac{\delta M}{\delta z_0}}\frac{dx_{n-1}}{dx_n} + \frac{\frac{\delta N_n}{\delta z_0}}{\frac{\delta M}{\delta z_0}}$$
$$= \frac{d}{dx_n}\log\frac{\delta M}{\delta z_0}.$$

Demnach hat man, wenn man bedenkt, dass für $x_n = x_{n,0}$

$$\frac{\delta M}{\delta z_0} = 1$$

ist:

$$I = I_0 e^{\int_{x_{n,0}}^{x_n} \pi dx} = I_0 \frac{\delta M}{\delta z_0},$$

welches die Serret'sche Formel ist.

118. Untersuchung des kritischen Falles nach Serret. — Wir nehmen an, dass die Function φ derart gewählt sei, dass für $x_n = x_{n,0}$

$$\frac{\delta M}{\delta z_0} = \text{einer von 1 verschiedenen Constante} \quad . \quad . \quad . \quad (12)$$

ist. Es ist möglich, dass trotzdem eine Lösung der Gleichung (1) von der Beschaffenheit existirt, dass für $x_1 = x_{1,0}$, $x_2 = x_{2,0}, \ldots, x_n = x_{n,0}$: $z = z_0 = \varphi(x_{1,0}, x_{2,0}, \ldots, x_{n-1,0})$ ist. In diesem Falle, behaupte ich, ist diese Lösung nicht das den Gleichungen (8), (9), (10) entsprechende allgemeine Integral, sondern es ist das vollständige Integral oder eine andere zwischen dem allgemeinen und dem vollständigen Integrale liegende Lösung.

In der That, wenn die vorerwähnten Umstände eintreten, so können die Gleichungen (10) zufolge der Gleichung (12) nicht $x_1 = x_{1,0}, \ldots, x_{n-1} = x_{n-1,0}$ für $x_n = x_{n,0}$ geben, da dies im Allgemeinen $\frac{\delta M}{\delta z_0} = 1$ voraussetzt. Man muss daher annehmen, dass für $x_n = x_{n,0}$ diese Gleichungen identisch erfüllt seien, welches auch $x_1, x_2, \ldots, x_{n-1}$ sein mögen, mögen dieselben verschieden sein, oder mögen sie sich auf eine Anzahl $m < n - 1$ reduciren.

Wir betrachten zunächst den ersten Fall. Nehmen wir an, dass für $x_n = x_{n,0}$ die linken Seiten der Gleichungen (10) identisch Null seien, so muss man daraus schliessen, dass $z - M$ für $x_n = x_{n,0}$ nicht $x_{1,0}, x_{2,0}, \ldots, x_{n-1,0}$ enthält, denn die linken Seiten der Gleichungen (10) sind die Ableitungen von $z - M$ nach $x_{1,0}, \ldots, x_{n-1,0}$. Indessen $z - M = 0$ für $x_1 = x_{1,0}, \ldots, x_{n-1} = x_{n-1,0}$ giebt $z = z_0 = \varphi(x_{1,0}, \ldots, x_{n-1,0})$, wenn $x_n = x_{n,0}$. Mithin hat man für $x_n = x_{n,0}$:

$$z = \varphi(x_1, x_2, \ldots, x_{n-1}).$$

Betrachten wir jetzt den Fall, wo die Gleichungen (10) sich auf $k = n - 1 - m$ verschiedene Gleichungen reduciren, falls man $x_n = x_{n,0}$ setzt. Wir leiten aus diesen die Werthe von k der Constanten

$$x_{m+1,0} = \varphi_1(x_{1,0}, \ldots, x_{m,0}), \ldots, x_{n-1,0} = \varphi_k(x_{1,0}, \ldots, x_{m,0})$$

her und substituiren sie in die Gleichungen (10) und in (8). Nach dieser

Substitution werden offenbar die Gleichungen (10) Identitäten. Dasselbe ist daher der Fall mit den folgenden Gleichungen, welche lineare Combinationen der Gleichungen (10) sind:

$$\frac{\delta M}{\delta x_0} + \frac{\delta M}{\delta z_0}\frac{\delta \varphi}{\delta x_0} + \sum_{m+1}^{n-1}\left(\frac{\delta M}{\delta x_{i,0}} + \frac{\delta M}{\delta z_0}\frac{\delta \varphi}{\delta x_{i,0}}\right)\frac{\delta \varphi_i}{\delta x_0} = 0 \quad . \quad (13);$$

demnach enthält $z - M = 0$, von welcher die Gleichungen (13) die identisch verschwindenden Ableitungen nach $x_{1,0}, x_{2,0}, \ldots, x_{m,0}$ sind, keine dieser willkürlichen Constanten. Nach Voraussetzung aber giebt für $x_1 = x_{1,0}$ $x_2 = x_{2,0}, \ldots, x_{n-1} = x_{n-1,0}$, falls $x_n = x_{n,0}$, die Gleichung $z - M = 0$:

$$z = z_0 = \varphi(x_{1,0}, \ldots, x_{n-1,0}).$$

Mithin ist schliesslich für $x_n = x_{n,0}$ die durch die Gleichungen (8), (9) (13) definirte gemischte Lösung so beschaffen, dass

$$z = \varphi(x_1, x_2, \ldots, x_{n-1})$$

ist, womit das oben ausgesprochene Theorem bewiesen ist.

Man gelangt zu demselben Resultate mit Hülfe des einfacheren Resultats der Nr. 114. Der Ausnahmefall ist charakterisirt durch:

$$\left(\frac{\delta M}{\delta z_0}\right)_{x_n = x_{n,0}} = 0.$$

Man hat somit wegen der Gleichungen (10):

$$\frac{\delta M}{\delta x_{1,0}} = 0, \ldots, \frac{\delta M}{\delta x_{n-1,0}} = 0,$$

was zu den vorstehenden Schlüssen führt.

119. Fall der halblinearen Gleichungen. — Wir beschäftigen uns jetzt an zweiter Stelle mit dem Falle der halblinearen Gleichungen. Die Relationen (3) geben durch Elimination der p_0 m Relationen zwischen den Variablen und ihren Anfangswerthen (Nr. 14, III und 109, IV). Als Integral kann man sodann die in Rede stehenden Relationen betrachten, die wir uns auf die Form gebracht denken:

$$x_{1,0} = \psi_1(z, x_1, \ldots, x_n, x_{m,0}, \ldots, x_{n-1,0}) \quad . \quad . \quad (14_1)$$

$$\ldots\ldots\ldots\ldots\ldots\ldots$$

$$x_{m-1,0} = \psi_{m-1}(z, x_1, \ldots, x_n, x_{m,0}, \ldots, x_{n-1,0}) \quad . \quad . \quad (14_{m-1})$$

$$z_0 = \psi_m(z, x_1, \ldots, x_n, x_{m,0}, \ldots, x_{n-1,0}) \quad . \quad . \quad (14_m)$$

Dieses Integral kann man durch das folgende ersetzen (Nr. 13)

$$\lambda_1 \psi_1 + \ldots + \lambda_{m-1} \psi_{m-1} - \psi_m = 0 \quad . \quad . \quad . \quad (15),$$

wo $\lambda_1, \ldots, \lambda_{m-1}$ willkürliche Constanten sind, oder auch durch

$$F(z, x_1, \ldots, x_n, \lambda_1, \ldots, \lambda_{m-1}, x_{m,0}, \ldots, x_{n-1,0}) = 0 \quad . \quad (16),$$

indem man die linke Seite durch ein einziges Functionenzeichen darstellt. Die Werthe der p sind gegeben durch die Gleichungen:

$$\frac{\delta F}{\delta x} + p \frac{\delta F}{\delta z} = 0 \quad . \quad . \quad . \quad . \quad . \quad . \quad . \quad . \quad (17),$$

worin

$$\frac{\delta F}{\delta x} = \lambda_1 \frac{\delta \psi_1}{\delta x} + \cdots + \lambda_{m-1} \frac{\delta \psi_{m-1}}{\delta x} - \frac{\delta \psi_m}{\delta x},$$

$$\frac{\delta F}{\delta z} = \lambda_1 \frac{\delta \psi_1}{\delta z} + \cdots + \lambda_{m-1} \frac{\delta \psi_{m-1}}{\delta z} - \frac{\delta \psi_m}{\delta z}$$

ist.

Man findet ein allgemeines Integral, wenn man die Ableitungen von F nach den Constanten x_0 gleich Null setzt. Man findet so die folgenden Gleichungen:

$$\lambda_1 \frac{\delta \psi_1}{\delta x_0} + \cdots + \lambda_{m-1} \frac{\delta \psi_{m-1}}{\delta x_0} - \frac{\delta \psi_m}{\delta x_0} = 0 \quad . \quad . \quad . \quad (18).$$

Die Gleichungen (14), (17), (18) ersetzen vollständig das System (3) und gestatten, wie Serret gezeigt hat, π zu berechnen, wobei man jedoch an Stelle der Relation (15) diejenige nimmt, welche sich aus den Gleichungen (14) und einer willkürlichen Relation

$$z_0 = \varphi(x_{1,0}, \ldots, x_{n-1,0})$$

ableiten lässt. Diese letztere Relation ersetzt die Gleichung, deren Existenz wir annehmen:

$$z_0 = \varphi(\lambda_1, \ldots, \lambda_{m-1}, x_{m,0}, \ldots, x_{n-1,0}) \quad . \quad . \quad . \quad (19).$$

Die Rechnungen erleiden keine Modification weiter, nur dass $\lambda_1, \ldots \lambda_{m-1}$ durch $p_{1,0}, \ldots, p_{m-1,0}$ ersetzt sind, wie man leicht sieht.

Wir setzen mit Serret:

$$\omega \frac{\delta F}{\delta z} = 1 \quad . \quad . \quad . \quad . \quad . \quad . \quad . \quad . \quad (20),$$

so dass die Gleichungen (17) übergehen in:

$$p_1 + \omega \frac{\delta F}{\delta x_1} = 0, \ldots, p_n + \omega \frac{\delta F}{\delta x_n} = 0 \quad . \quad . \quad (17').$$

Man erhält wiederum das totale Differential df der linken Seite der gegebenen Gleichung $f = 0$, wenn man die totalen Differentiale der Gleichungen (20) und (17′) addirt, nachdem man dieselben mit Factoren $\mu, \nu_1, \ldots, \nu_n$ von der Art multiplicirt hat, dass die Differentiale der n Grössen $\lambda_1, \ldots, \lambda_{m-1}, x_{m,0}, \ldots, x_{n-1,0}$ und ω aus dem Resultat verschwinden. Man hat:

$$\pi = -\frac{\frac{\delta f}{\delta z}}{\frac{\delta f}{\delta p_n}} = -\frac{\omega}{\nu_n}\left(\mu \frac{\delta^2 F}{\delta z^2} + \nu_1 \frac{\delta^2 F}{\delta x_1 \delta z} + \cdots + \nu_n \frac{\delta^2 F}{\delta x_n \delta z}\right).$$

Wegen der Gleichung (20) ist:

$$\omega \frac{\delta^2 F}{\delta z^2} = -\frac{\delta \log \omega}{\delta z}, \quad \omega \frac{\delta^2 F}{\delta x \delta z} = -\frac{\delta \log \omega}{\delta x},$$

und somit geht der Werth von π über in:

$$\pi = \frac{1}{\nu_n}\left(\mu \frac{\delta \log \omega}{\delta z} + \nu_1 \frac{\delta \log \omega}{\delta x_1} + \cdots + \nu_n \frac{\delta \log \omega}{\delta x_n}\right).$$

Man kann diesen Werth auf eine einfachere Form bringen, indem man daraus die Hülfsfactoren fortschafft. Drückt man aus, dass die Differentiale der λ aus df verschwinden, so folgt:

$$\mu \frac{\delta \psi_1}{\delta z} + \nu_1 \frac{\delta \psi_1}{\delta x_1} + \cdots + \nu_n \frac{\delta \psi_1}{\delta x_n} = 0,$$

$$\cdots\cdots\cdots\cdots\cdots\cdots\cdots\cdots$$

$$\mu \frac{\delta \psi_{m-1}}{\delta z} + \nu_1 \frac{\delta \psi_{m-1}}{\delta x_1} + \cdots + \nu_n \frac{\delta \psi_{m-1}}{\delta x_n} = 0.$$

Da der Factor von $d\omega$ ebenfalls null sein muss, so hat man ferner:

$$\mu \frac{\delta F}{\delta z} + \nu_1 \frac{\delta F}{\delta x_1} + \cdots + \nu_n \frac{\delta F}{\delta x_n} = 0,$$

eine Gleichung, die sich den vorhergehenden zufolge reducirt auf:

$$\mu \frac{\delta \psi_m}{\delta z} + \nu_1 \frac{\delta \psi_m}{\delta x_1} + \cdots + \nu_n \frac{\delta \psi_m}{\delta x_n} = 0.$$

Schliesslich ist wegen des Verschwindens der Differentiale $dx_{m,0}, \ldots, dx_{n-1,0}$ aus df:

$$\mu \frac{\delta^2 F}{\delta z \delta x_{m,0}} + \nu_1 \frac{\delta^2 F}{\delta x_1 \delta x_{m,0}} + \cdots + \nu_n \frac{\delta^2 F}{\delta x_n \delta x_{m,0}} = 0,$$

$$\cdots\cdots\cdots\cdots\cdots\cdots\cdots\cdots$$

$$\mu \frac{\delta^2 F}{\delta z \delta x_{n-1,0}} + \nu_1 \frac{\delta^2 F}{\delta x_1 \delta x_{n-1,0}} + \cdots + \nu_n \frac{\delta^2 F}{\delta x_n \delta x_{n-1,0}} = 0.$$

Alle diese Gleichungen zwischen μ und den ν sind erfüllt, wenn man setzt:

$$\frac{dx_1}{\nu_1} = \cdots = \frac{dx_n}{\nu_n} = \frac{dz}{\mu},$$

infolge der Gleichungen (14) und (18). Mithin ist schliesslich:

$$\pi dx_n = \frac{d \log \omega}{dx_n} dx_n.$$

Für $x_1 = x_{1,0}, \ldots, x_n = x_{n,0}, z = z_0$ hat man $\omega = 1$. Demnach:

$$I = I_0 e^{\int_{x_{n,0}}^{x_n} \pi dx} = I_0 \omega.$$

In dem Falle, wo man $\omega = \infty$ hat statt $\omega = 1$ für $x_n = x_{n,0}$, ist man nicht mehr sicher, dass I gleichzeitig mit I_0 gleich Null ist. In dem Falle, wo I trotz dieses Umstandes gleich Null ist, giebt es noch eine Lösung. Wie in den vorhergehenden Fällen erkennt man, dass dieselbe durch das vollständige Integral oder durch ein Integral gegeben wird, welches eine mittlere Stellung zwischen diesem und dem allgemeinen Integrale einnimmt, aber nicht das allgemeine Integral selbst ist.[1])

Bemerkung. Wenn die Gleichung

$$\frac{dz}{dt} + H(t, x_1, \ldots, x_n, p_1, \ldots, p_n) = 0 \quad . \quad . \quad . \quad (21)$$

zu Hülfsgleichungen führt, welche zu Lösungen die Relationen (14) haben, so findet man nach Nr. 111, II als Integral dieser halblinearen Gleichung (21):

$$z = z_0' + p_{1,0}\psi_1 + \cdots + p_{m-1,0}\psi_{m-1} + V \quad . \quad . \quad (22),$$

wo V der aus (14_m) abgeleitete Wert von z ist. Im vorliegenden Falle kommt z in den Gleichungen $(14_1), \ldots, (14_{m-1})$ nicht vor. Das Integral (22) ist von Darboux angegeben worden (vgl. Nr. 111, II).

[1]) Wie man sieht, ist die allgemeine Methode von Cauchy bei der Auseinandersetzung dieses bemerkenswerthen Falles derjenigen von Serret vorzuziehen, besonders wenn man in diese Theorie Lie's Auffassungsweise der halblinearen Gleichungen einführt.

3. Kapitel.

Lie's Methode, betrachtet als eine Erweiterung der Cauchy'schen.

§ 32. Darstellung von Mayer.[1])

120. Verfahren, um aus einem vollständigen Integral ein Integral abzuleiten, welches für $x_n = x_{n,0}$ eine gegebene Function der andern Variablen ist.[2]) — Es sei

$$z = z_0 + F(x_1, \ldots, x_n, c_1, \ldots, c_{n-1}) \quad . \quad . \quad . \quad . \quad (1)$$

---

[1]) Wir entlehnen das Folgende zwei Mittheilungen Mayer's aus den „Gött. Nachrichten" von 1872 Nr. 21, S. 405—420 und Nr. 24, S. 467—472. Die erste ist vollständig der Theorie der Transformationen der partiellen Differentialgleichungen gewidmet. Mayer zeigt, dass die verschiedenen Untersuchungen Jacobi's über diesen Gegenstand sowohl in der *Nova methodus,* wie in den „Vorlesungen über Dynamik" einer strengen Revision unterzogen werden müssen. Lie behauptet seinerseits (Göttinger Nachrichten 1872, S. 484) anlässlich der Untersuchungen von Mayer, dass seine eigene Methode eine leichte Behandlung der allgemeinen Theorie der Transformationen gestattet. Wir haben nach diesen Erklärungen geglaubt, alle Untersuchungen über diesen Gegenstand bei Seite lassen zu dürfen, da sie zur Zeit noch keinen definitiven Charakter hatten. Wir entlehnen Mayer nur das unumgänglich Nothwendige. Mayer hat (Math. Annal., Bd. VI, S. 162—191) seine Darstellung der Lie'schen Methode sehr ausführlich veröffentlicht unter dem Titel: „Die Lie'sche Integrationsmethode der partiellen Differentialgleichungen." In den §§ 1 und 2, Seite 162—166 giebt er den directen Beweis der Integrabilitätsbedingungen eines Systems partieller Differentialgleichungen, das einzige, was er bei seiner Darlegung der Jacobi'schen Methode entlehnt hat.

[2]) Mayer, Göttinger Nachrichten 1872, Nr. 21, Satz 1, S. 407—409. Das Beweisverfahren ist der schon erwähnten Abhandlung desselben Verfassers entliehen (Math. Annal., Bd. III, S. 449—450). Der ganze Schluss dieser Abhandlung S. 449—452 ist der Theorie der Transformationen gewidmet. Dasselbe Theorem, aber specialisirt, findet sich in der vollständigen Darlegung von Mayer (Math. Annal., Bd. VI, § 3, S. 166—169). Der Autor giebt ausführlich die algebraischen Bedingungen bezüglich der Lösbarkeit der benutzten Gleichungen an. Alle derartigen Bedingungen sind bei unserer Auseinandersetzung weggelassen.

ein vollständiges Integral einer partiellen Differentialgleichung, in welcher z nicht explicit vorkommt. Wir setzen:

$$Z = z_0' + F - F_0 + F_0' \quad . \; . \; . \; . \; . \; . \quad (2),$$

$$F_0 = F(x_{1,0}, \ldots, x_{n,0}, c_1, \ldots, c_{n-1}),$$

$$F_0' = F'(x_{1,0}, \ldots, x_{n-1,0}).$$

Leiten wir die Werthe von $c_1, \ldots, c_{n-1}, x_{1,0}, \ldots, x_{n-1,0}$ aus den $2\,(n-1)$ Gleichungen

$$\frac{\delta F}{\delta c_1} = \frac{\delta F_0}{\delta c_1}, \ldots, \frac{\delta F}{\delta c_{n-1}} = \frac{\delta F_0}{\delta c_{n-1}} \quad . \; . \; . \; . \quad (3)$$

$$\frac{\delta F_0'}{\delta x_{1,0}} = \frac{\delta F_0}{\delta x_{1,0}}, \ldots, \frac{\delta F_0'}{\delta x_{n-1,0}} = \frac{\delta F_0}{\delta x_{n-1,0}} \quad . \; . \; . \; . \quad (4)$$

her und substituiren sie in den Wert von Z, so erhalten wir ein neues Integral der Gleichung. Denn man hat unter dieser Voraussetzung:

$$\frac{dZ}{dx} = \frac{\delta F}{\delta x} + \Sigma\left(\frac{\delta F}{\delta c} - \frac{\delta F_0}{\delta c}\right)\frac{dc}{dx} + \Sigma\left(\frac{\delta F_0'}{\delta x_0} - \frac{\delta F_0}{\delta x_0}\right)\frac{dx_0}{dx},$$

oder infolge der Gleichungen (3) und (4):

$$\frac{dZ}{dx} = \frac{\delta F}{\delta x} = \frac{dz}{dx}.$$

Mithin ist Z eine Lösung der Gleichung.

Setzt man in den Gleichungen (3) $x_n = x_{n,0}$, so werden dieselben offenbar erfüllt durch die Werthe $x_1 = x_{1,0}, \ldots, x_{n-1} = x_{n-1,0}$. Setzt man daher in (2) $x_n = x_{n,0}$, so folgt:

$$Z_{x_n = x_{n,0}} = z_0' + F_0'(x_1, \ldots, x_{n-1}) \quad . \; . \; . \; . \; . \quad (5).$$

Somit kann man aus dem vollständigen Integral ein Integral ableiten, das sich für $x_n = x_{n,0}$ auf die Form (5) reducirt.

Besonderer Fall. Ist

$$F_0' = b_1 x_{1,0} + \cdots + b_{n-1} x_{n-1,0},$$

so werden die Gleichungen (4):

$$b_1 = \frac{\delta F}{\delta x_{1,0}}, \ldots, b_{n-1} = \frac{\delta F}{\delta x_{n-1,0}}$$

und das neue Integral muss sich für $x_n = x_{n,0}$ reduciren auf:

$$z_0' + b_1 x_1 + \cdots + b_{n-1} x_{n-1}.$$

Bemerkung. Die Gleichungen (3), (4) können mehrere Werthe für $x_{1,0}, \ldots, x_{n-1,0}$ geben. Für die Substitution in (2) muss man diejenigen dieser Werthe wählen, welche sich unendlich wenig von $x_1, \ldots, x_{n-1}$ unterscheiden, sobald sich x_n dem Werthe $x_{n,0}$ unendlich nähert, da sonst der oben gegebene Beweis ungenügend sein würde.

121. Transformation einer Gleichung in eine andere äquivalente Gleichung.[1]) — Es werde eine Function

$$\varphi(x_1, \ldots, x_n, x'_1, \ldots, x'_{n-1})$$

von n Variablen x und $n-1$ Variablen x' betrachtet. Wir setzen:

$$\frac{\delta\varphi}{\delta x'_1} = \frac{dz'}{dx'_1}, \ldots, \frac{\delta\varphi}{\delta x'_{n-1}} = \frac{dz'}{dx'_{n-1}} \quad \ldots \ldots \quad (6)$$

und leiten aus diesen Relationen (6) die Werthe von

$$x_1, \ldots, x_{n-1} \text{ als Functionen von } x'_1, \ldots, x'_{n-1}, x_n, \frac{dz'}{dx'_1}, \ldots, \frac{dz'}{dx'_{n-1}}$$

her. Ist sodann infolge dieser Werthe

$$\left.\begin{aligned} &\frac{\delta\varphi}{\delta x_n} + H\left(x_1, \ldots, x_n, \frac{\delta\varphi}{\delta x_1}, \ldots, \frac{\delta\varphi}{\delta x_{n-1}}\right) \\ &= -H'\left(x'_1, \ldots, x'_{n-1}, x_n, \frac{dz'}{dx'_1}, \ldots, \frac{dz'}{dx'_{n-1}}\right) \end{aligned}\right\} \quad \ldots \quad (7),$$

so behaupte ich, dass die Gleichungen

$$\frac{dz}{dx_n} + H\left(x_1, \ldots, x_n, \frac{dz}{dx_1}, \ldots, \frac{dz}{dx_{n-1}}\right) = 0 \quad \ldots \quad (8),$$

$$\frac{dz'}{dx_n} + H'\left(x'_1, \ldots, x'_{n-1}, x_n, \frac{dz'}{dx'_1}, \ldots, \frac{dz'}{dx'_{n-1}}\right) = 0 \quad . \quad (9),$$

derart beschaffen sind, dass man im Allgemeinen aus jedem vollständigen Integrale der einen ein vollständiges Integral der andern und umgekehrt ableiten kann.

Es sei nämlich:

$$z = z_0 + F(x_1, \ldots, x_n, c_1, \ldots, c_{n-1}) \quad \ldots \quad (10)$$

ein vollständiges Integral von (8). Setzt man:

$$z' = z'_0 + F_0 - F + \varphi \quad \ldots \ldots \quad (11),$$

[1]) Mayer, Göttinger Nachrichten, Nr. 21, S. 414—417, Theorem IV ohne Beweis; Math. Annal., Bd. VI, S. 169—173, § 3, Theorem II.

wobei F_0 den Ausdruck darstellt

$$F(x_{1,0}, \ldots, x_{n,0}, c_1, \ldots, c_{n-1}),$$

und eliminirt man aus dem Ausdruck (11) die Grössen $c_1, \ldots, c_{n-1}$, $x_1, \ldots, x_{n-1}$ mit Hülfe der Relationen:

$$\frac{\delta F_0}{\delta c_1} = \frac{\delta F}{\delta c_1}, \ldots, \frac{\delta F_0}{\delta c_{n-1}} = \frac{\delta F}{\delta c_{n-1}} \quad \ldots . \quad (12),$$

$$\frac{\delta F}{\delta x_1} = \frac{\delta \varphi}{\delta x_1}, \ldots, \frac{\delta F}{\delta x_{n-1}} = \frac{\delta \varphi}{\delta x_{n-1}} \quad \ldots . \quad (13),$$

so wird der Werth von z' in diesem Falle der Gleichung (9) genügen.

Denn man hat für $x' = x_1', \ldots, x_{n-1}'$:

$$\frac{dz'}{dx'} = \Sigma \left(\frac{\delta F_0}{\delta c} - \frac{\delta F}{\delta c}\right) \frac{dc}{dx'} - \Sigma \left(\frac{\delta F}{\delta x} - \frac{\delta \varphi}{\delta x}\right) \frac{dx}{dx'} + \frac{\delta \varphi}{\delta x'}$$

oder wegen der Gleichungen (12) und (13):

$$\frac{dz'}{dx'} = \frac{\delta \varphi}{\delta x'} \quad \ldots \ldots \quad (14).$$

Ferner:

$$\frac{dz'}{dx_n} = \Sigma \left(\frac{\delta F_0}{\delta c} - \frac{\delta F}{\delta c}\right) \frac{dc}{dx_n} - \Sigma \left(\frac{\delta F}{\delta x} - \frac{\delta \varphi}{\delta x}\right) \frac{dx}{dx_n} - \frac{\delta F}{\delta x_n} + \frac{\delta \varphi}{\delta x_n},$$

oder da F eine Lösung ist von (8) und wegen (12) und (13):

$$\frac{dz'}{dx_n} = H + \frac{\delta \varphi}{\delta x_n} \quad \ldots \ldots \quad (15).$$

Substituirt man die Werthe (14) und (15) in (9), so ergiebt sich infolge der mit (14) identischen Gleichungen (6) und der Gleichung (7):

$$\frac{\delta \varphi}{\delta x_n} + H - \left(\frac{\delta \varphi}{\delta x_n} + H\right) = 0,$$

womit der erste Theil der Behauptung bewiesen ist.

Es sei jetzt

$$z' = z_0' + F'(x_1', \ldots, x_{n-1}', x_n, c_1', \ldots, c_{n-1}') \quad . . \quad (16)$$

ein vollständiges Integral von (9). Setzen wir

$$z = z_0 + F_0' - F' + \varphi \quad \ldots \ldots \quad (17)$$

wobei F'_0 den Ausdruck bedeutet:

$$F'(x'_{1,0}, \ldots, x'_{n-1,0}, x_{n,0}, c'_1, \ldots, c'_{n-1}),$$

und eliminiren wir sodann aus dem Werthe von z die Grössen $c'_1, \ldots, c'_{n-1}$, $x'_1, \ldots, x'_{n-1}$ mit Hülfe der Gleichungen:

$$\frac{\delta F'_0}{\delta c'_1} = \frac{\delta F'}{\delta c'_1}, \ldots, \frac{\delta F'_0}{\delta c'_{n-1}} = \frac{\delta F'}{\delta c_{n-1}}$$
$$\frac{\delta F'}{\delta x'_1} = \frac{\delta \varphi}{\delta x'_1}, \ldots, \frac{\delta F'}{\delta x'_{n-1}} = \frac{\delta \varphi}{\delta x'_{n-1}},$$

so wird der Werth von z nach dieser Elimination ein Integral der Gleichung (8) sein. Man findet nämlich wie oben für $x = x_1, \ldots, x_{n-1}$:

$$\frac{dz}{dx} = \frac{\delta \varphi}{\delta x}$$

und somit:

$$\frac{dz}{dx_n} = -\frac{\delta F'}{\delta x_n} + \frac{\delta \varphi}{\delta x_n} = H' + \frac{\delta \varphi}{\delta x_n}.$$

Substituirt man diese Werthe in die Gleichung (8), so wird dieselbe identisch befriedigt.

Bemerkungen. I. Setzt man $x_n = x_{n,0}$ in den vorhergehenden Lösungen, so findet man wie in voriger Nummer, dass die aus F' und F abgeleiteten Lösungen z und z' sich respective auf

$$z_0 + \varphi(x_1, \ldots, x_{n-1}, x_{n,0}, x'_{1,0}, \ldots, x'_{n-1,0}),$$
$$z'_0 + \varphi(x_{1,0}, \ldots, x_{n-1,0}, x_{n,0}, x'_1, \ldots, x'_{n-1})$$

reduciren.

II. Ist φ eine Lösung der Gleichung (8), und sind $x'_1, \ldots, x'_{n-1}$ willkürliche Constanten, so giebt die Gleichung (7):

$$\frac{\delta \varphi}{\delta x_n} + H\left(x_1, \ldots, x_n, \frac{\delta \varphi}{\delta x_1}, \ldots, \frac{\delta \varphi}{\delta x_{n-1}}\right) = 0,$$

d. h. $H' = 0$. Die zweite Gleichung, d. i. (9), wird daher:

$$\frac{\delta z'}{\delta x_n} = 0.$$

III. Enthielten H und φ ausser den Variablen x und x' andere Variabeln $y_1, \ldots, y_m$, so würden sich dieselben in allen vorhergehenden Rechnungen wie Constante verhalten und man brauchte an denselben nichts weiter zu ändern.

122. Transformation eines Systems zweier Gleichungen.[1]) — Wir betrachten jetzt zwei Gleichungen mit $n+1$ unabhängigen Veränderlichen, von denen wir voraussetzen, dass sie eine gemeinschaftliche Lösung mit n willkürlichen Constanten haben:

$$\frac{dz}{dy} + K\left(x_1, \ldots, x_n, y, \frac{dz}{dx_1}, \ldots, \frac{dz}{dx_{n-1}}\right) = 0 \quad . \quad . \quad (18),$$

$$\frac{dz}{dx_n} + H\left(x_1, \ldots, x_n, y, \frac{dz}{dx_1}, \ldots, \frac{dz}{dx_{n-1}}\right) = 0 \quad . \quad . \quad (19).$$

Es sei

$$z = z_0 + \varphi(x_1, \ldots, x_n, y, x'_1, \ldots, x'_{n-1}) \quad . \quad . \quad . \quad (20)$$

eine Lösung der ersten mit n willkürlichen Constanten. Man findet dieselbe, indem man x_n in (18) als eine Constante betrachtet. Wir bedienen uns der Function φ, um die vorhergehenden Gleichungen nach der in Nr. 121 gegebenen Regel in zwei andere zu transformiren. Die erste Gleichung wird (Nr. 121, Bemerkung II):

$$\frac{dz'}{dy} = 0 \quad . \quad . \quad . \quad . \quad . \quad . \quad . \quad . \quad (21),$$

die zweite:

$$\frac{dz'}{dx_n} + H'\left(x'_1, \ldots, x'_{n-1}, x_n, y, \frac{dz'}{dx'_1}, \ldots, \frac{dz'}{dx'_{n-1}}\right) = 0 \quad (22).$$

Offenbar entspricht der gemeinschaftlichen Lösung der Gleichungen (18), (19) eine gemeinschaftliche Lösung der Gleichungen (21) und (22). Die Gleichung (21) aber drückt aus, dass diese Lösung y nicht enthält. In dem Falle, wo die beiden Gleichungen beliebige sind, kann man bezüglich der Gleichung (22) zwei Annahmen machen: entweder nämlich enthält dieselbe y explicit, oder y kommt darin nicht vor. Im letzteren Falle ist die vollständige Lösung von (22) mit n willkürlichen Constanten eine gemeinschaftliche Lösung der Gleichungen (21) und (22) und aus dieser gemeinschaftlichen Lösung kann man eine gemeinschaftliche Lösung der Gleichungen (18) und (19) mit n willkürlichen Constanten ableiten. Wenn dagegen die Gleichung (22) y enthält, so ist ihr vollständiges Integral von der Form:

$$z' = z'_0 + \Phi(x'_1, \ldots, x'_{n-1}, x_n, y, c_1, \ldots, c_{n-1}),$$

---

[1]) Mayer, Göttinger Nachrichten 1872, S. 467, sagt nur, dass man y aus (19) verschwinden lassen kann, wenn man eine vollständige Lösung von (18) kennt. Er citirt die Arbeit von Korkine, die wir oben analysirt haben. Es ist wichtig zu bemerken, dass die fundamentale Idee Mayer's, nämlich $y = y_0$ zu setzen, sich weder bei Korkine noch bei Bour findet. Unser Beweis ist genau der von Mayer, a. a. O. § 4 (Math. Ann., Bd. VI, S. 173—176); nur giebt dieser einen analytischen Beweis der Nichtexistenz von y in der Gleichung (22), während unser Beweis synthetisch ist.

wo die Constanten y enthalten. Um eine gemeinschaftliche Lösung der Gleichungen (21) und (22) zu erhalten, muss man ausdrücken, dass

$$\frac{dz'}{dy} = 0$$

ist, und diese Gleichung bestimmt eine Relation zwischen den n willkürlichen Constanten $z'_0, c_1, \ldots, c_{n-1}$. Infolgedessen giebt es keine den Gleichungen (18) und (19) gemeinsame Lösung, welche n willkürliche Constanten enthält, was im Widerspruch mit unserer Voraussetzung steht.

Mithin enthält schliesslich die Gleichung (22) in dem Falle, wo die Gleichungen (18) und (19) eine gemeinschaftliche Lösung mit n willkürlichen Constanten haben, die Grösse y nicht explicit.

123. Vereinfachung der vorhergehenden Transformation. Allgemeine Methode von Lie für die simultanen Systeme.[1] — Man kann die vorstehende Transformation mit Hülfe der folgenden Bemerkung vereinfachen. Da y in der Gleichung (22) nicht vorkommt, so kann man behufs Ausführung der Transformation annehmen, dass y einen beliebigen Werth erhalte. Andererseits kann man (Nr. 120) aus einem beliebigen Integrale der Gleichung (18) ein anderes Integral herleiten, welches für $y = y_0$ eine beliebig gegebene Form annimmt. Mithin kann man schliesslich, um die Transformation der Gleichung (19) auszuführen, an Stelle der Relation (20) die folgende nehmen:

$$z = z_0 + \varphi(x_1, \ldots, x_n, y_0, x'_1, \ldots, x'_{n-1}),$$

oder auch, wenn ψ ebenso wie y_0 beliebig ist:

$$z = z_0 + \psi(x_1, \ldots, x_n, y_0, x'_1, \ldots, x'_{n-1}).$$

Die Function ψ wählt man so, dass die Rechnungen möglichst einfach werden.

Man kann somit mit Hülfe der vollständigen Integration der Gleichung (18), sodann durch eine Transformation, in welcher eine beliebige Function ψ oder auch das vollständige Integral, welches man gefunden hat, vorkommt, die Ermittelung des n willkürliche Constanten enthaltenden und den beiden Gleichungen (18) und (19) gemeinsamen vollständigen Integrals auf die Ermittelung des vollständigen Integrals einer Gleichung (22) zurückführen, welche eine Variable weniger enthält.

---

[1]) Mayer bezeichnet die Bemerkung dieser Nummer als Theorem IV und giebt den Beweis desselben im § 4 der angeführten Abhandlung (Math. Annal., Bd. VI, S. 176—177).

Ebenso führt man successive das Integral von $q+1$ Gleichungen mit $n+q$ unabhängigen Variablen, welche eine gemeinschaftliche Lösung mit n willkürlichen Constanten besitzen, auf diejenigen von $q, q-1, q-2, \ldots,$ 2 Gleichungen mit respective $n+q-1, n+q-2, n+q-3, \ldots,$ $n+1$ unabhängigen Variabeln und schliesslich auf das einer Gleichung mit n unabhängigen Variabeln zurück.

Bemerkung. Mit Hülfe der Methode von Bour lässt sich beweisen, dass das System eine Lösung hat, welche eine Anzahl willkürlicher Constanten enthält, die gleich der Anzahl der Variabeln vermindert um die Anzahl der Gleichungen ist. Besitzt das System diese Eigenschaft nicht, so hat Bour genau das Mittel angegeben, um dem gegebenen System die Gleichungen hinzuzufügen, welche nöthig sind, damit dasselbe jene Eigenschaft besitze.

124. Zweite Vereinfachung. Fundamentaltheorem von Lie. — Wir betrachten die $m+1$ Gleichungen:

$$\frac{dz}{dy} + K\left(x_1, \ldots, x_{n-1}, y, t_1, \ldots, t_m, \frac{dz}{dx_1}, \ldots, \frac{dz}{dx_{n-1}}\right) = 0 \qquad (23),$$

$$\frac{dz}{dt_1} + H_1\left(x_1, \ldots, x_{n-1}, y, t_1, \ldots, t_m, \frac{dz}{dx_1}, \ldots, \frac{dz}{dx_{n-1}}\right) = 0 \qquad (24_1),$$

. . . .

$$\frac{dz}{dt_m} + H_m\left(x_1, \ldots, x_{n-1}, y, t_1, \ldots, t_m, \frac{dz}{dx_1}, \ldots, \frac{dz}{dx_{n-1}}\right) = 0 \qquad (24_m),$$

und führen zunächst eine Veränderung der Variabeln aus. Es sei

$$t_1 = t_{1,0} + (y - y_0)u_1,$$

. . . .

$$t_m = t_{m,0} + (y - y_0)u_m.$$

Für die neuen Ableitungen von z, die wir zur Unterscheidung vom ursprünglichen System in Parenthese setzen, ergiebt sich:

$$\left(\frac{dz}{du_1}\right) = \frac{dz}{dt_1}(y - y_0),$$

. . . .

$$\left(\frac{dz}{du_m}\right) = \frac{dz}{dt_m}(y - y_0),$$

$$\left(\frac{dz}{dy}\right) = \frac{dz}{dy} + \frac{dz}{dt_1}u_1 + \frac{dz}{dt_2}u_2 + \cdots + \frac{dz}{dt_m}u_m.$$

Die gegebenen Gleichungen können somit ersetzt werden durch das folgende System:

$$\left(\frac{dz}{dy}\right) + K + u_1 H_1 + \cdots + u_m H_m = 0 \quad . \quad . \quad . \quad (25),$$

$$\left(\frac{dz}{du_i}\right) + (y - y_0) H_i = 0 \quad . \quad . \quad . \quad . \quad . \quad . \quad . \quad . \quad . \quad (26_i).$$

Es sei nun

$$z = z_0 + \varphi(x_1, \ldots, x_{n-1}, y, u_1, \ldots, u_m, x_1', \ldots, x_{n-1}') \qquad (27)$$

eine vollständige Lösung von (25), wenn man die u als Constanten betrachtet. Wir transformiren nach der Vorschrift der Nr. 121 jede der Gleichungen (26), indem wir die in (27) vorkommende Function φ benutzen. Irgend eine dieser Gleichungen nimmt die Form an:

$$\frac{dz'}{du} + H' = 0 \quad . \quad . \quad . \quad . \quad . \quad . \quad . \quad . \quad . \quad (28),$$

wo H' bestimmt ist durch die Gleichung:

$$\frac{\delta \varphi}{\delta u} + (y - y_0)\, H = - H'$$

und $x_1, \ldots, x_{n-1}$ durch ihre aus den Gleichungen

$$\frac{\delta \varphi}{\delta x_1'} = \frac{dz'}{dx_1'}, \ldots, \frac{\delta \varphi}{\delta x_{n-1}'} = \frac{dz'}{dx_{n-1}'}$$

abgeleiteten Werthe ersetzt sind.

Wie wir wissen, können wir in H' $y = y_0$ setzen. In diesem Falle reducirt sich $-H'$ auf $\frac{\delta \varphi}{\delta u}$, worin $y = y_0$ gesetzt ist. Aus der Bemerkung der Nr. 121 weiss man, dass sich φ für diesen Werth auf den Ausdruck

$$\varphi(x_{1,0}, \ldots, x_{n-1,0}, y_{1,0}, u_1, \ldots, u_m, x_1', \ldots, x_{n-1}'),$$

den wir φ_0 nennen wollen, reducirt. Mithin geht schliesslich die transformirte Gleichung (28) über in

$$\frac{dz'}{du} = \frac{\delta \varphi_0}{\delta u}.$$

Demnach ersetzt die Transformation im vorliegenden Falle die Gleichungen (26) durch die folgenden

$$\frac{dz'}{du_1} = \frac{\delta \varphi_0}{\delta u_1}, \ldots, \frac{dz'}{du_m} = \frac{\delta \varphi_0}{\delta u_m} \quad . \quad . \quad . \quad . \quad (29),$$

deren gemeinschaftliche Lösung ist:

$$z' = z_0' + \varphi(x_{1,0}, \ldots, x_{n-1,0}, y_0, u_1, u_2, \ldots, u_m, x_1', \ldots, x_{n-1}') \quad (30),$$

welche n willkürliche Constanten enthält.

Wie man sieht, ist die Integration des Systems (23), (24) zurückgeführt auf diejenige der einzigen Gleichung (25), da man aus ihrem Integrale (27) das Integral (30) des transformirten Systems (29) ableiten kann. Aus dem Integrale (30) leitet man nach Nr. 120 ein beliebiges anderes Integral und sodann nach Nr. 121 das Integral der gegebenen Gleichungen her.[1])

125. Anwendungsweise der Lie'schen Methode. — Ist ein System von partiellen Differentialgleichungen erster Ordnung zur Integration vorgelegt, so führe man dasselbe nach der vorstehend entwickelten Theorie auf eine einzige Gleichung $H_1 = 0$ zurück. Man suche wie bei der Methode von Jacobi eine Function H_2 der x und der p von solcher Beschaffenheit, dass $(H_2, H_1) = 0$ ist. Mit Hülfe von $H_2 = a_2$ kann man H_1 auf eine Function zurückführen, welche ein p weniger enthält. Die so gefundene neue Gleichung behandele man wie die erste, wobei man bei jeder neuen Integration aus der folgenden Bemerkung Nutzen zu ziehen sucht: Allemal, wo man dem ungünstigsten Falle der Jacobi'schen Methode begegnet, wende man die Cauchy'sche Methode an, dann wird die Integration unmittelbar beendet sein.[2])

Wie man sieht, führt die Methode von Lie allmählich die Integration auf diejenige einer einzigen Gleichung zurück; die Methode von Cauchy und die von Jacobi dienen sodann dazu, die Integration auf die leichteste Weise auszuführen.

126. Direkter Beweis des Lie'schen Fundamentalsatzes durch die Cauchy'sche Methode.[3]) — Das Theorem der Nr. 124 kommt auf das folgende zurück: Es existirt eine Lösung der Gleichung (25), welche zu gleicher Zeit eine Lösung der Gleichungen (26) ist. Man kann dieses Theorem direkt durch die Methode von Cauchy beweisen.

Wir schreiben die Gleichungen (25) und (26) folgendermassen:

$$q + f(x_1, \ldots, x_{n-1}, y, u_1, \ldots, u_m, p_1, \ldots, p_{n-1}) = 0 \quad (25'),$$

$$\frac{dz}{du_i} + f_i(x_1, \ldots, x_{n-1}, y, u_1, \ldots, u_m, p_1, \ldots, p_{n-1}) = 0 \quad (26'_i).$$

---

[1]) Mayer spricht den Satz dieser Nummer in dem Falle $m = 1$ aus, ohne ihn zu beweisen, in den Göttinger Nachrichten 1872, S. 469 und 472. Beweis in der angeführten Abhandlung (Math. Annal., Bd. VI, S. 185—189) § 7, Theoreme VIII und IX. Mayer wendet die Methode auf die linearen homogenen Gleichungen an, § 8, S. 189—192. Die §§ 4 und 5, S. 179—183 sind dem Falle zweier Gleichungen gewidmet, mit dem man sich nicht speciell zu beschäftigen braucht.

[2]) Lie, ebenda S. 488—489. Es ist erstaunlich, dass eine so einfache Bemerkung allen Geometern vor Lie entgangen ist.

[3]) Mayer, Direkte Ableitung des Lie'schen Fundamentaltheorems durch die Methode von Cauchy (Math. Ann., Bd. VI, S. 192—196) und § 1 der allgemeineren Notiz: Zur Integration der partiellen Differentialgleichungen erster Ordnung (Göttinger Nachrichten 1873, S. 299—310). Mayer bedient sich des in Nr. 111 angegebenen Werthes von z_0, um die Ausnahmefälle zu vermeiden.

Unter den Bedingungen der simultanen Integration dieses Systems befinden sich m Gleichungen, welche durch die folgende repräsentirt werden:

$$\frac{\delta f}{\delta u_i} - \frac{\delta f_i}{\delta y} + \Sigma\left(\frac{\delta f}{\delta x_k}\frac{\delta f_i}{\delta p_k} - \frac{\delta f}{\delta p_k}\frac{\delta f_i}{\delta x_k}\right) = 0 \quad . \quad (31).$$

Die Cauchy'sche Methode, angewendet auf die Gleichung (25'), führt zur Betrachtung des Hülfssystems:

$$dy = \ldots = \frac{dx_k}{\frac{\delta f}{\delta p_k}} = \ldots = \frac{dz}{\Sigma p_k \frac{\delta f}{\delta p_k} - f} = \ldots = \frac{-dp_k}{\frac{\delta f}{\delta x_k}} = \ldots \quad (32).$$

Aus demselben erhält man das Integralsystem:

$$x_k = \chi_k(y, x_{1,0}, \ldots, x_{n-1,0}, p_{1,0}, \ldots, p_{n-1,0}, u_1, \ldots, u_m) \quad (33),$$

$$p_k = \varphi_k(y, x_{1,0}, \ldots, x_{n-1,0}, p_{1,0}, \ldots, p_{n-1,0}, u_1, \ldots, u_m) \quad (34),$$

$$z = z_0 + \int_{y_0}^{y}\left(\Sigma p_k \frac{\delta f}{\delta p_k} - f\right) dy \quad . \; . \; . \; . \; . \; . \; . \; . \quad (35),$$

wo $x_{1,0}, \ldots, x_{n-1,0}, p_{1,0}, \ldots, p_{n-1,0}$ die Anfangswerthe der Variablen für $y = y_0$ sind und z_0 irgend eine Function der u ist, welche eine willkürliche Constante z'_0 enthält. Unter dem Integrationszeichen hat man sich die p_k und die x_k durch ihre Werthe (33) und (34) ersetzt zu denken.

Eliminirt man $p_{1,0}, \ldots, p_{n-1,0}$ zwischen den Gleichungen (33) und (35), so findet man eine Lösung

$$Z = z'_0 + F(x_1, \ldots, x_{n-1}, y, x_{1,0}, \ldots, x_{n-1,0}, u_1, \ldots, u_m) \quad (36)$$

der Gleichung (25'). Ich behaupte, dass, wenn die Function z_0 der u passend gewählt ist, diese Lösung (36) auch den Gleichungen (26') genügt. Dazu ist nur nöthig, dass z_0 die u nicht enthalte.

Um dies zu beweisen, müssen wir Z nach irgend einem der u differentiiren. Dies kann nur indirekt auf folgende Weise geschehen: Substituirt man in die Gleichung (36) für $x_1, \ldots, x_{n-1}$ die Werthe (33), so kommt man auf die durch die Relation (35) gegebene Function z von y zurück und zwar unter der Form:

$$Z = z'_0 + F(\chi_1, \ldots, \chi_{n-1}, y, x_{1,0}, \ldots, x_{n-1,0}, u_1, \ldots, u_m) = z'_0 + F^* \quad (37)$$

Man gelangt zu dem gewünschten Ziele, indem man die Ableitungen der Ausdrücke (35) und (37) von z nach u einander gleichsetzt. Zunächst erhält man aus (37):

$$\frac{dz}{du_i} = \frac{\delta F^*}{\delta u_i} + \Sigma \frac{\delta F^*}{\delta \chi_k}\frac{\delta \chi_k}{\delta u_i}.$$

Eliminirt man die p_0, so sei

$$p_k = P_k(x_1, \ldots, x_{n-1}, y, x_{1,0}, \ldots, x_{n-1,0}, u_1, \ldots, u_m)$$

der aus der Gleichung (34) abgeleitete Werth von p_k. Man hat identisch:

$$\varphi_k = P_k(\chi_1, \ldots, \chi_{n-1}, y, x_{1,0}, \ldots, x_{n-1,0}, u_1, \ldots, u_m).$$

Da Z eine Lösung der Gleichung (25') ist, so ist:

$$\frac{\delta F}{\delta x_k} = P_k(x_1, \ldots, x_{n-1}, y, x_{1,0}, \ldots, x_{n-1,0}, u_1, \ldots, u_m)$$

und daher:

$$\frac{\delta F^*}{\delta \chi_k} = P_k(\chi_1, \ldots, \chi_{n-1}, y, x_{1,0}, \ldots, x_{n-1,0}, u_1, \ldots, u_m) = \varphi_k.$$

Mithin lässt sich obiger Werth von $\frac{dz}{du_i}$ folgendermassen schreiben:

$$\frac{dz}{du_i} = \frac{\delta F^*}{\delta u_i} + \Sigma \varphi_k \frac{\delta \chi_k}{\delta u_i} \quad \ldots \ldots \quad (38).$$

Wir suchen jetzt dieselbe Grösse mit Hülfe des Ausdruckes (35) von z. Es ergiebt sich, indem man unter dem Integrationszeichen die Glieder, welche sich aufheben, weglässt:

$$\frac{dz}{du_i} = \frac{dz_0}{du_i} + \int_{y_0}^{y} \Sigma\left(\varphi_k \frac{d\frac{\delta f}{\delta p_k}}{du_i} - \frac{\delta f}{\delta x_k}\frac{\delta \chi_k}{\delta u_i}\right) - \int_{y_0}^{y} \frac{\delta f}{\delta u_i}\, dy.$$

Man kann die beiden hier angedeuteten Integrationen ausführen, indem man die Integrabilitätsbedingungen (31) benutzt und ausdrückt, dass die Gleichungen (33) und (34) den Gleichungen (32) genügen. Man hat nämlich:

$$\frac{\delta \chi_k}{\delta y} = \frac{\delta f}{\delta p_k}, \quad \frac{\delta \varphi_k}{\delta y} = -\frac{\delta f}{\delta x_k};$$

somit:

$$\varphi_k \frac{d\frac{\delta f}{\delta p_k}}{du_i} - \frac{\delta f}{\delta x_k}\frac{\delta \chi_k}{\delta u_i} = \varphi_k \frac{d\frac{\delta \chi_k}{\delta y}}{du_i} + \frac{\delta \varphi_k}{\delta y}\frac{\delta \chi_k}{\delta u_i} = \frac{d}{dy}\left(\varphi_k \frac{\delta \chi_k}{\delta u_i}\right),$$

und die Integrabilitätsbedingung (31) geht, wenn man sich der Bezeichnung f^* für f bedient, um auszudrücken, dass in letzterem die Werthe (33) und (34) der x und der p substituirt sind, über in:

$$\begin{aligned}\frac{\delta f}{\delta u_i} &= \frac{\delta f_i}{\delta y} + \Sigma\left(\frac{\delta f_i}{\delta p_k}\frac{\delta \varphi_k}{\delta y} + \frac{\delta f_i}{\delta x_k}\frac{\delta \chi_k}{\delta y}\right) \\ &= \frac{d}{dy} f_i(\chi_1, \ldots, \chi_{n-1}, y, u_1, \ldots, u_m, \varphi_1, \ldots, \varphi_{n-1}) = \frac{df_i^*}{dy}.\end{aligned}$$

Führen wir nun die obigen Integrationen aus, so folgt:

$$\frac{dz}{du_i} = \frac{dz_0}{du_i} + \Sigma\varphi_k \frac{\delta\chi_k}{\delta u_i} - \left(\Sigma\,\varphi_k \frac{\delta\chi_k}{\delta u_i}\right)_0 - f_i^* + f_{i,0}^*.$$

Für $y = y_0$ verschwindet f_i, welches $y - y_0$ als Factor enthält, und ebenso $\frac{\delta\chi_k}{\delta u_i}$ da sich χ_k für $y = y_0$ auf $x_{k,0}$ reducirt. Mithin ist schliesslich:

$$\frac{dz}{du_i} = \frac{dz_0}{du_i} + \Sigma\varphi_k \frac{\delta\chi_k}{\delta u_i} - f_i^*.$$

Vergleicht man diesen Werth mit dem Werthe (38), so findet man:

$$\frac{\delta F^*}{\delta u_i} + f_i^* = 0 \quad . \; . \; . \; . \; . \; . \; . \; . \quad (39),$$

wenn man z_0 unabhängig von u_i annimmt, oder:

$$\frac{dz_0}{du_i} = 0 \quad . \; . \; . \; . \; . \; . \; . \; . \; . \quad (40).$$

Die Gleichung (39) muss in Bezug auf

$$\chi_1, \ldots, \chi_{n-1}, y, x_{1,0}, \ldots, x_{n-1,0}, u_1, \ldots, u_m$$

eine Identität sein, da die Functionen $\chi_1, \ldots, \chi_{n-1}$, welche im Allgemeinen $n - 1$ willkürliche Constanten $p_{1,0}, \ldots, p_{n-1,0}$ enthalten, von einander unabhängig sind. Man hat somit auch infolge dieser Gleichung (39):

$$\frac{\delta F}{\delta u} + f_i = 0.$$

Mithin genügt die Lösung Z der Gleichung (25') den Gleichungen (26'), vorausgesetzt, dass z_0 in der Gleichung (35) nicht die u enthält.

127. Bemerkungen über die vorstehend angegebene Methode. — I. Wendet man die vorige Methode auf die Gleichungen (23) und (24) an, so findet man zur Bestimmung von z die folgenden Gleichungen:

$$\frac{dz_0}{du_i} + H_i(x_{1,0}, \ldots, x_{n-1,0}, y_0, u_1, \ldots, u_m, p_{1,0}, \ldots, p_{n-1,0}) = 0,$$

welche nur integrabel sind, wenn man hat:

$$\frac{\delta H_i}{\delta u_l} = \frac{\delta H_l}{\delta u_i} \quad . \; . \; . \; . \; . \; . \; . \; . \quad (41)$$

Man kann somit die vorige Methode nicht direkt auf die Gleichungen (23) und (24) anwenden. Zugleich sieht man, dass die Bedingungen für das Gelingen der Methode auf den Gleichungen

$$f_{1,0} = 0, \ldots, f_{m,0}, = 0$$

oder auf den allgemeineren Gleichungen (41) beruhen. Die Methode ist daher in der Praxis mehrerer Modificationen fähig.

II. Die Integrabilitätsbedingungen (31) nehmen, wenn man die Functionen K und H einführt, die folgende Form an:

$$\frac{\delta K}{\delta t_i} - \frac{\delta H_i}{\delta y} + \Sigma\left(\frac{\delta K}{\delta x_k}\frac{\delta H_i}{\delta p_k} - \frac{\delta K}{\delta p_k}\frac{\delta H_i}{\delta x_k}\right)$$
$$+ \Sigma u_l\left\{\frac{\delta H_l}{\delta t_i} - \frac{\delta H_i}{\delta t_l} + \Sigma\left(\frac{\delta H_l}{\delta x_k}\frac{\delta H_i}{\delta p_k} - \frac{\delta H_l}{\delta p_k}\frac{\delta H_i}{\delta x_k}\right)\right\} = 0.$$

Lässt man in diesen Gleichungen die Grössen u gegen Null hin unendlich abnehmen, oder lässt man jede Grösse t gegen den willkürlichen Werth t_0 convergiren, so sieht man, dass man in der vorstehenden Gleichung den Ausdruck, welcher kein u als Factor enthält, und den Coefficienten eines jeden der u gleich Null setzen kann. Man hat somit:

$$\frac{\delta K}{\delta t_i} - \frac{\delta H_i}{\delta y} + \Sigma\left(\frac{\delta K}{\delta x_k}\frac{\delta H_i}{\delta p_k} - \frac{\delta K}{\delta p_k}\frac{\delta H_i}{\delta x_k}\right) = 0,$$
$$\frac{\delta H_l}{\delta t_i} - \frac{\delta H_i}{\delta t_l} + \Sigma\left(\frac{\delta H_l}{\delta x_k}\frac{\delta H_i}{\delta p_k} - \frac{\delta H_l}{\delta p_k}\frac{\delta H_i}{\delta x_k}\right) = 0.$$

Somit sind sämmtliche Integrabilitätsbedingungen des Systems der Gleichungen (23) und (24) den Bedingungen (31) äquivalent und umgekehrt.

Auf diese Weise erklärt sich das Paradoxon, dass die Gleichungen (31) von den Integrabilitätsbedingungen des Systems der Gleichungen (25') und (26') nur allein im Vorhergehenden benutzt wurden.

III. Zufolge der Bemerkung II der Nr. 55 kann das Integralsystem der Gleichungen (32) durch die folgenden Relationen dargestellt werden:

$$z = z_0' + F, \quad \frac{\delta F}{\delta x_i} = p_i, \quad \frac{\delta F}{\delta x_{i,0}} = a_i,$$

wo $a_1, \ldots, a_{n-1}$ Constanten sind, die, wie leicht zu sehen, respective gleich $p_{1,0}, \ldots, p_{n-1,0}$ sind. Unter dieser Form sieht man, dass das Integralsystem der Gleichungen (32) auch dasjenige der analogen Gleichungen ist, welche man erhält, wenn man y durch u_i und f durch f_i ersetzt. Diese Bemerkung ist sehr wichtig für die Darstellung der Lie'schen Methode, wie aus den Abhandlungen des norwegischen Gelehrten selbst hervorgeht.

Schluss.

Die Lie'sche Methode als Zusammenfassung der früheren Methoden.

§ 33. Darstellung von Lie[1]).

128. Definition der Charakteristiken. — Eine partielle Differentialgleichung

$$f(z, x_1, \ldots, x_n, p_1, \ldots, p_n) = 0 \quad \ldots \ldots \quad (1)$$

umfasst ∞^{2n} Elemente. Sucht man eine Figur, welche ∞^n Elemente derselben enthält, so müssen sich die Coordinaten eines jeden dieser Elemente darstellen als Functionen von n Variabeln, z. B. von $u_1, \ldots, u_{n-1}, x_n$. Wenn ferner diese Elemente ein Integral bilden, so genügen sie der Bedingung (Nr. 5):

$$dz = p_1 dx_1 + p_2 dx_2 + \cdots + p_n dx_n \quad \ldots \ldots \quad (2),$$

---

1) Diese Darlegung schliesst sich an die Schriften von Lie an, deren Titel sind: A. Kurzes Resumé mehrerer neuer Theorien (vorgelegt der Akademie zu Christiania, 3. Mai 1872.) 4 S. B. Neue Integrationsmethode partieller Gleichungen erster Ordnung zwischen n Variabeln (ibid., 10. Mai 1872.) 7 S. C. Ueber eine neue Integrationsmethode partieller Differentialgleichungen erster Ordnung (Gött. Nachr., 1872, S. 321—326). D. Zur Theorie partieller Differentialgleichungen erster Ordnung, insbesondere über eine Classification derselben (ibid., 1872, S. 473—489). Die neueren Schriften von Lie haben wir nicht benutzt, weil wir dann eine vollständige Darstellung der Theorie der Berührungstransformationen hätten geben müssen. Nachstehend geben wir ein Verzeichniss der andern Schriften Lie's in der Reihenfolge, wie sie gelesen werden müssen: 1. Zur analytischen Theorie der Berührungstransformationen (Akad. zu Christiania, 1873, S. 237—262). 2. Ueber eine Verbesserung der Jacobi-Mayer'schen Integrationsmethode (ibid., August 1873, S. 282—288). 3. Ueber partielle Differentialgleichungen erster Ordnung (ibid., März 1873, S. 16—51). 4. Partielle Differentialgleichungen 1. O., in denen die unbekannte Function explicite vorkommt (ibid., März 1873, S. 52—85). 5. Neue Integrationsmethode eines $2n$-gliedrigen Pfaff'schen Problems (ibid., October 1873, S. 320—343). Zusammen mit den vorhergehenden würden diese

d. h. es muss sein:

$$\frac{dz}{dx_n} = p_1 \frac{dx_1}{dx_n} + \cdots + p_{n-1} \frac{dx_{n-1}}{dx_n} + p_n \quad . \quad . \quad (3),$$

$$\frac{dz}{du} = p_1 \frac{dx_1}{du} + \cdots + p_{n-1} \frac{dx_{n-1}}{du} \quad . \quad . \quad . \quad . \quad (4).$$

Ausgehend von diesen Relationen, hat Cauchy die Integration der Gleichung (1) auf die Integration der vorstehenden und der folgenden Gleichungen zurückgeführt:

$$\sum_1^{n-1}\left\{\left(\frac{\delta f}{\delta x_i} + p_i \frac{\delta f}{\delta z} + \frac{\delta f}{\delta p_n}\frac{dp_i}{dx_n}\right)\frac{dx_i}{du} + \left(\frac{\delta f}{\delta p_i} - \frac{\delta f}{\delta p_n}\frac{dx_i}{dx_n}\right)\frac{dp_i}{du}\right\} = 0 \quad (5)$$

$$\frac{\delta f}{\delta x_n} + \frac{\delta f}{\delta z}\frac{dz}{dx_n} + \sum_1^{n-1}\left\{\frac{\delta f}{\delta x_i}\frac{dx_i}{dx_n} + \frac{\delta f}{\delta p_i}\frac{dp_i}{dx_n}\right\} = 0 \quad (6),$$

vorausgesetzt, dass zwischen den Anfangswerthen der Coordinaten des Elements die folgende Relation angenommen wird:

$$f(z_0, x_{1,0}, \ldots, x_{n,0}, p_{1,0}, \ldots, p_{n,0}) = 0 \quad . \quad . \quad . \quad . \quad (7).$$

Unter den Elementen aller Integrale, welche das Anfangselement enthalten, giebt es einfach unendlich viele (∞^1), welche allen diesen Integralen gemeinsam sind. Es sind dies diejenigen Elemente, welche so beschaffen sind, dass die Coefficienten der Ableitungen von x_i und p_i in der Gleichung (5) null sind, welches auch der Werth dieser Ableitungen sein möge, wobei diese Elemente überdies noch der Gleichung (4) genügen. Indem er die soeben angegebenen Bedingungen ausdrückte, wurde Cauchy zu den Hülfsgleichungen dieser Schaar von Elementen geführt:

$$\cdots = \frac{dx_i}{\frac{\delta f}{\delta p_i}} = \cdots = \frac{dz}{\Sigma p_i \frac{\delta f}{\delta p_i}} = \cdots = \frac{-\,dp_i}{\frac{\delta f}{\delta x_i} + p_i \frac{\delta f}{\delta z}} = \cdots \quad (8).$$

Schriften einen Band von 175 Octavseiten bilden, der fast völlig Neues über die Frage der Integration der partiellen Differentialgleichungen enthält. Nach Abfassung dieser Anmerkung bis zur Drucklegung der ersten Auflage dieses Werkes sind noch die folgenden Schriften erschienen: Lie, Begründung einer Invariantentheorie der Berührungstransformationen (Math. Annal., Bd. VIII, S. 215—303). Mayer, Direkte Begründung der Theorie der Berührungstransformationen (ibid., S. 304—312). Ueber eine Erweiterung der Lie'schen Integrationsmethode (ibid., S. 313—318). Diese beiden Schriften Mayer's waren bereits weniger ausführlich in den Göttinger Nachrichten, 1874, S. 317 und ff.. 1873, Nr. 11 an dem in Anm. zu Nr. 126 angegebenen Orte veröffentlicht worden. Von 1875—1890 hat Lie in verschiedenen Journalen unzählige Noten und Abhandlungen über seine tiefen Untersuchungsmethoden der totalen und partiellen Differentialgleichungen veröffentlicht. Es ist unmöglich, auch nur die Titel derselben anzugeben. Wir verweisen auf das Werk: Theorie der Transformationsgruppen, unter Mitwirkung von Dr. Friedrich Engel bearbeitet von Sophus Lie, Professor der Geometrie an der Universität Leipzig. Leipzig, B. G. Teubner, 1888 (X + 632 S. in 8[o]), 1890 (VIII + 555 S.). Ein dritter und letzter Band ist unter der Presse.

Unter diesen Elementen muss sich das Anfangselement befinden:

$$(z_0, x_{1,0}, \ldots, x_{n,0}, p_{1,0}, \ldots, p_{n,0}) \quad \ldots\ldots \quad (9).$$

Wir stellen die Integrale des Systems (8) durch die Gleichungen

$$z = f_n, \quad x_i = f_i, \quad p_i = f_{n+i} \quad \ldots\ldots \quad (10)$$

dar, wo die Functionen f von x_n und den Anfangswerthen der Variabeln abhängen. Es ist zu beachten, dass $x_{n,0}$ eine überschüssige Constante und $p_{n,0}$ eine durch die Relation (7) gegebene Function der andern Anfangswerthe ist.

Wir können somit den folgenden Satz aussprechen:

Alle Integrale der Gleichung (1), welche das Element (9) gemeinsam haben oder die sich im Punkte

$$z_0, x_{1,0}, \ldots, x_{n,0}$$

berühren, haben eine Schaar von Elementen gemeinsam, welche durch die Gleichungen (8) oder (10) gegeben werden; mit andern Worten, dieselben berühren sich längs einer Linie, welche durch die n ersten Gleichungen (10) dargestellt wird.

Lie hat die Gesammtheit dieser gemeinsamen Elemente die Charakteristik von f genannt.[1])

Folgerung. Zwei Lösungen

$$z = F, \quad z = \Phi$$

einer und derselben Gleichung $f = 0$ haben eine gemeinschaftliche Charakteristik.

Aus den Relationen

$$F = \Phi, \frac{\delta F}{\delta x_1} = \frac{\delta \Phi}{\delta x_1}, \ldots, \frac{\delta F}{\delta x_{n-1}} = \frac{\delta \Phi}{\delta x_{n-1}},$$

welche wegen $f = 0$ die folgende nach sich ziehen:

$$\frac{\delta F}{\delta x_n} = \frac{\delta \Phi}{\delta x_n},$$

folgt nämlich, dass es wenigstens ein System von Werthen der Grössen x giebt, für welche die durch die beiden Lösungen bestimmten Grössen z und p einander gleich werden. Diese Lösungen haben somit ein gemeinsames Element und infolge dessen auch eine gemeinschaftliche Charakteristik.[2])

---

[1]) Abhandlung B, Theorem I; Abhandlung C, Theorem a, S. 325.

[2]) Diese Bemerkung ist neu, aber im Folgenden nicht weiter benutzt.

129. Methode von Cauchy. — Aus den Gleichungen (10) kann man, wie wir in Nr. 108 gesehen haben, eine Lösung von (1) ableiten, indem man die Anfangswerthe, betrachtet als Functionen von $n-1$ Variabeln u, der Bedingung unterwirft, dass sie den Relationen

$$\frac{dz_0}{du} = p_{1,0}\frac{dx_{1,0}}{du} + \cdots + p_{n-1,0}\frac{dx_{n-1,0}}{du} \quad \ldots \quad (11)$$

genügen sollen. Zu dem Ende braucht man nur $z_0, x_{1,0}, \ldots, x_{n-1,0}$ constant zu nehmen. Eliminirt man dann p_0 zwischen den Gleichungen (10), so findet man die Lösung:

$$z = F(x_1, \ldots, x_n, z_1, x_{1,0}, \ldots, x_{n-1,0}), \; p_i = \frac{\delta F}{\delta x_i} \quad . \; . \quad (10).$$

Man kann dieses Resultat folgendermassen aussprechen:

Sämmtliche Charakteristiken von f, welche durch einen Punkt $(z_0, x_{1,0}, \ldots, x_{n-1,0})$ hindurchgehen, erzeugen ein Integral von f.[1])

Man kann den Gleichungen (11) auch genügen, wenn man setzt:

$$z_0 = z'_0 + p_{1,0}x_{1,0} + \cdots + p_{m,0}x_{m,0}$$

und annimmt, dass $z'_0, p_{1,0}, \ldots, p_{m,0}, x_{m+1,0}, \ldots, x_{n,0}$ Constanten sind (Nr. 111), was zu einem Satze führt, der dem vorigen entspricht, falls $m = n-1$.

Aus dem Vorhergehenden ersieht man, dass man bei Benutzung der Theorie der Charakteristiken: 1) der Cauchy'schen Methode oder der nicht wesentlich davon verschiedenen von Jacobi modificirten Pfaff'schen Methode, 2) der von Mayer an diesen beiden angebrachten Modification eine sehr einfache Form geben kann.

130. Eigenschaften zweier unendlich wenig verschiedener Elemente.[2]) — Es sei

$$z = F(x_1, \ldots, x_n)$$

eine Lösung der Gleichung $f = 0$, so dass man zwischen zwei unendlich nahen Elementen die Relation

$$dz = p_1 dx_1 + \cdots + p_n dx_n,$$

---

[1]) Abhandlung B, Bemerkung zum Theorem I; Abhandlung C, Bemerkung zum Theorem a, S. 325.

[2]) In den Schriften Lie's sind wir dieser Bemerkung nicht begegnet. Das bezügliche Theorem von Mayer (Nr. 129, am Ende) kann einen Beweis in den Fällen liefern, wo der der Cauchy'schen Methode äquivalente Satz nicht besteht.

oder anders ausgedrückt, die Beziehungen

$$p_1 = \frac{\delta F}{\delta x_1}, \ldots, p_n = \frac{\delta F}{\delta x_n}$$

hat. Lässt man $x_1, x_2, \ldots, x_n$ unendlich wenig variiren, so ändern sich auch die Grössen $z, p_1, \ldots, p_n$ unendlich wenig. Mithin: Zwei unendlich nahe gelegene Elemente eines Integrals oder zwei Elemente, welche durch unendlich nahe bei einander gelegene Punkte hindurchgehen, haben unendlich wenig von einander verschiedene Berührungscoordinaten oder sind unendlich wenig gegen einander geneigt.

Auch die Umkehrung dieses Satzes ist richtig: Zwei unendlich nahe gelegene und unendlich wenig gegen einander geneigte Elemente sind so beschaffen, dass man hat:

$$dz = p_1 dx_1 + \cdots + p_n dx_n.$$

Es seien nämlich A und B zwei unendlich nahe gelegene und unendlich wenig gegen einander geneigte Elemente:

$$(z, x_i, p_i) \text{ und } (z + \triangle z, x_i + \triangle x_i, p_i + \triangle p_i),$$

wo $\triangle z$, $\triangle x_i$, $\triangle p_i$ unendlich klein sind, und es seien mit a und b die Punkte bezeichnet:

$$(z, x_i) \text{ und } (z + \triangle z, x_i + \triangle x_i).$$

Durch den Punkt a geht eine Cauchy'sche Lösung, welche von allen diesen Punkt enthaltenden Charakteristiken gebildet wird und in einem Punkte c die durch B hindurchgehende Charakteristik trifft. Das Element dieser Charakteristik, welches durch c hindurchgeht, nennen wir C. Convergirt das Element B gegen das Element A, so convergirt c gegen a, dem es somit ebenso wie b unendlich nahe liegt. Daraus folgt, dass die Coordinaten des Elementes C nur unendlich wenig von denen des Elementes B oder des Elementes A verschieden sein können. Wir stellen dieselben durch

$$(z + \triangle' z, x_i + \triangle' x_i, p_i + \triangle' p_i)$$

dar und setzen:

$$\triangle z = \triangle' z + \triangle'' z, \quad \triangle x_i = \triangle' x_i + \triangle'' x_i.$$

Da A und c einer und derselben Lösung angehören, so hat man:

$$\triangle' z = p_1 \triangle' x_1 + \cdots + p_n \triangle' x_n + \varepsilon,$$

wo ε unendlich klein von der zweiten Ordnung ist. Ebenso ist:

$$\triangle'' z = (p_1 + \triangle' p_1)\triangle'' x_1 + \cdots + (p_n + \triangle' p_n)\triangle'' x_n + \varepsilon',$$

wo ε' ebenfalls von der zweiten Ordnung ist, da B und C einer und derselben Charakteristik angehören. Addiren wir diese beiden Relationen, so kommt:

$$\triangle z = p_1\triangle x_1 + \cdots + p_n\triangle x_n + \varepsilon'',$$

wo ε'' unendlich klein von der zweiten Ordnung ist. Mithin ist schliesslich, wenn man das Differential von z nimmt:

$$dz = p_1\triangle x_1 + \cdots + p_n\triangle x_n$$

oder:

$$dz = p_1 dx_1 + \cdots + p_n dx_n, \text{ w. z. b. w.}$$

Wir werden unendlich wenig verschiedene Elemente diejenigen Elemente nennen, welche die hier in Rede stehende Eigenschaft besitzen.

Es ergiebt sich hieraus, dass es, um ein Integral von $f = 0$ zu finden, nothwendig und hinreichend ist, ∞^n unendlich wenig verschiedene Elemente (Nr. 5) zu finden.

131. Charakteristische Congruenz; charakteristische Mannigfaltigkeit.[1]) — Wir betrachten zwei partielle Differentialgleichungen

$$f = 0, \quad \varphi = 0,$$

welche gemeinschaftliche Lösungen besitzen, und ein Element A, welches diesen Lösungen und den gegebenen Gleichungen gemeinsam ist. Der Nr. 128 zufolge enthalten die gemeinschaftlichen Lösungen und somit die gegebenen Gleichungen die Charakteristik von f, welche durch A hindurchgeht; ferner enthalten aus dem nämlichen Grunde die gemeinschaftlichen Lösungen und die gegebenen Gleichungen die unendlich vielen (∞) Charakteristiken von φ, welche durch die Elemente jener Charakteristik von f hindurchgehen. Mithin: Wenn gemeinschaftliche Lösungen zweier Gleichungen ein Element gemeinsam haben, so haben sie deren zweifach unendlich viele (∞^2) gemeinsam. Das Ensemble dieser gemeinsamen Elemente heisst eine charakteristische Congruenz der gegebenen Gleichungen in Bezug auf das betrachtete Element.

Drückt man die Entstehung der charakteristischen Congruenzen analytisch aus, so erkennt man, dass die Functionen f und φ in diesen Rechnungen symmetrisch auftreten. Es folgt daraus, dass man die charakte-

---

1) Abhandlung B, erster Theil des Theorems II; Abhandlung C, erster Theil der Theoreme b und c.

ristische Congruenz von $f = 0$ und $\varphi = 0$, welche durch A hindurchgeht, als das Ensemble der unendlich vielen Charakteristiken von φ betrachten kann, welche durch die Elemente der Charakteristik von f, die das Element A enthält, hindurchgehen, oder als das Ensemble der unendlich vielen Charakteristiken von f, welche durch die Elemente der Charakteristik von φ, die das Element A enthält, hindurchgehen.

Das Vorhergehende lässt sich ausdehnen auf eine beliebige Anzahl von Gleichungen

$$f = 0,\ \varphi = 0,\ \psi = 0,\ \ldots$$

welche gemeinschaftliche Lösungen besitzen, die sich in einem Elemente A berühren. Durch dieses Element A geht eine Charakteristik von f hindurch, welche sich in sämmtlichen gemeinschaftlichen Lösungen und den gegebenen Gleichungen selbst vorfindet. Durch jedes Element dieser Charakteristik geht auch eine Charakteristik von φ hindurch, welche innerhalb der verschiedenen betrachteten gemeinsamen Lösungen gelegen ist. Durch jedes Element der so erhaltenen charakteristischen Congruenz geht eine Charakteristik von ψ hindurch, die sich unter allen gemeinschaftlichen Lösungen und in allen Gleichungen befindet u. s. w. Mithin ergiebt sich schliesslich: Wenn m Gleichungen gemeinschaftliche Lösungen besitzen, welche durch ein Element A hindurchgehen, so haben sie ∞^m allen diesen gemeinschaftlichen Lösungen gemeinsame Elemente. Die Gesammtheit dieser gemeinsamen Elemente wird die charakteristische Mannigfaltigkeit dieser Gleichungen genannt.

Zusatz I. Man könnte, wie in Nr. 128, leicht beweisen, dass zwei gemeinschaftliche Lösungen eines Systems eine charakteristische Mannigfaltigkeit gemeinsam haben.

Zusatz II. Betrachten wir zwei simultane Gleichungen $f = 0$, $\varphi = 0$, welche eine gemeinsame Lösung besitzen. Die Charakteristiken von f und φ in einem dieser Lösung und den gegebenen Gleichungen gemeinsamen Elemente müssen sich respective unter den Elementen von $\varphi = 0$ und von $f = 0$ befinden. Es folgt daraus, dass $\varphi = 0$ eine Lösung der Gleichungen (8) und $f = 0$ eine Lösung der analogen Gleichungen, welche man erhält, indem man f durch φ ersetzt, sein muss. Man hat somit:

$$\Sigma\left\{\left(\frac{\delta f}{\delta x_i} + p_i\frac{\delta f}{\delta z}\right)\frac{\delta \varphi}{\delta p_i} - \left(\frac{\delta \varphi}{\delta x_i} + p_i\frac{\delta \varphi}{\delta z}\right)\frac{\delta f}{\delta p_i}\right\} = 0,$$

eine Relation, die wir einfach $f\varphi = 0$ schreiben wollen. Dies ist die Bedingung der simultanen Integration von Jacobi und Bour. Da die vorstehende Bemerkung auf beliebig viele Gleichungen anwendbar ist, so kann man vermöge derselben jedes System simultaner Gleichungen vervollständigen, wie wir in Nr. 79 gesehen haben.

132. Methode von Lie.[1] — Wenn zwei Gleichungen $f = 0$, $\varphi = 0$ der Bedingung $f\varphi = 0$ genügen, so bildet der Ort der charakteristischen Congruenzen, welche durch einen gemeinschaftlichen Punkt gehen, eine gemeinschaftliche Lösung. Denn zunächst setzt sich dieser Ort zusammen aus ∞^{n-2} charakteristischen Congruenzen, deren jede ∞^2 Elemente, die somit im Ganzen ∞^n Elemente enthalten. Um denselben zu finden, genügt es zu bemerken, dass durch den gegebenen Punkt $(z_0, x_{i,0})$ ∞^{n-2} den beiden Gleichungen gemeinsame Elemente gehen, welche man erhält, indem man $p_{1,0}, \ldots, p_{n-2,0}$ auf alle möglichen Arten variiren lässt und $p_{n-1,0}, p_{n,0}$ mittels der gegebenen Gleichungen bestimmt. Nun geht durch jedes gemeinschaftliche Element eine charakteristische Congruenz, somit giebt es deren im Ganzen ∞^{n-2} mit ∞^n Elementen.

Ferner sind zwei unendlich naheliegende Elemente A, B unter dieser Gruppe von ∞^n Elementen unendlich wenig von einander verschieden. Denn es ist klar, dass zwei unendlich benachbarte Elemente im Allgemeinen nicht zu zwei charakteristischen Congruenzen gehören können, welche durch nicht unendlich wenig verschiedene Elemente hindurchgehen. Man muss daher annehmen, dass die beiden in Rede stehenden benachbarten Elemente zu einer und derselben charakteristischen Congruenz oder zu zwei charakteristischen Congruenzen gehören, welche durch unendlich wenig gegen einander geneigte Elemente

$$(z_0, x_{i,0}, p_{i,0}), (z_0, x_{i,0}, p_{i,0} + \triangle p_{i,0})$$

bestimmt sind. 1. Wir wollen zunächst zwei Elemente A, B betrachten, welche auf einer und derselben charakteristischen Congruenz liegen. Die durch A gehende Charakteristik von f, welche eine Mannigfaltigkeit von einer Dimension ist, trifft die durch B gehende Charakteristik von φ in einem zu der eine Mannigfaltigkeit von zwei Dimensionen darstellenden Congruenz gehörigen Elemente C, welches im Allgemeinen A und B unendlich nahe liegt und somit von beiden unendlich wenig verschieden ist. Somit unterscheiden sich auch A und B unendlich wenig, w. z. b. w. 2. Ferner nehmen wir jetzt an, dass A und B zu den beiden Congruenzen gehören, welche durch die Anfangselemente $(z_0, x_{i,0}, p_{i,0})$, $(z_0, x_{i,0}, p_{i,0} + \triangle p_{i,0})$ charakterisirt sind. Die Coordinaten von A sind dargestellt als Functionen von $x_{n-1}, x_n, z_0, x_{i,0}, p_{i,0}$. Aendert man in den Ausdrücken dieser Coordinaten $p_{i,0}$ in $p_{i,0} + \triangle p_{i,0}$ um, so erhält man in der zweiten Congruenz ein Element C, welches A und somit B unendlich nahe liegt. Da sich $p_{i,0}$ beim Uebergange von A nach C nur unendlich wenig geändert hat, so ist C unendlich wenig von A verschieden; ebenso ist es von B unendlich wenig verschieden, da es B unendlich benachbart ist und zu derselben

[1] Abhandlung B, zweiter Theil des Theorems II; Abhandlung C, zweiter Theil der Theoreme b und c.

Congruenz gehört. Mithin sind schliesslich in allen Fällen A und B unendlich wenig verschieden und der Ort der charakteristischen Congruenzen, welche durch einen gemeinschaftlichen, ∞^n unendlich wenig von einander verschiedene Elemente enthaltenden Punkt gehen, ist ein Integral (Nr. 130).

Ebenso beweist man, dass der Ort der charakteristischen Mannigfaltigkeiten von m Gleichungen, welche den Bedingungen simultaner Integration genügen und durch einen Punkt hindurchgehen, eine gemeinschaftliche Lösung ist.

Wie man den Gleichungen eine solche Form geben kann, dass man ihre charakteristische Mannigfaltigkeit und somit ihr gemeinsames Integral finden kann, haben wir oben angegeben (Nr. 124, 126 und Schlussbemerkung von Nr. 127). In dem Falle von nur zwei Gleichungen braucht man die gegebenen Gleichungen nicht erst zu transformiren.[1])

133. Jacobi's Methode. — Betrachten wir m partielle Differentialgleichungen

$$f_1 = 0, \ldots, f_m = 0,$$

welche den Integrabilitätsbedingungen genügen, und nehmen wir an, dass man ausserdem $k = n + 1 - m$ Functionen $f_{m+1}, \ldots, f_{n+1}$ gefunden habe, welche mit den vorstehenden und unter einander den Bedingungen $f_i f_k = 0$ genügen, so behaupten wir, dass die Gleichungen

$$f_1 = 0, \ldots, f_m = 0, \; f_{m+1} = a_1, \ldots, f_{n+1} = a_k \quad . \quad . \quad (f)$$

oder diejenigen, welche man daraus erhält, indem man sie nach $z, p_1, \ldots, p_n$ auflöst:

$$z = F, \; p_1 = F_1, \ldots, p_n = F_n \quad . \quad . \quad . \quad . \quad (F)$$

die ∞^{2n+1-m} Elemente des ursprünglichen Systems darstellen, falls $a_1, \ldots, a_k$ willkürliche Constante sind, und dass überdies $z = F$ das gemeinsame vollständige Integral des gegebenen Systems ist.

Wir betrachten nämlich das System:

$$f_1 = 0, \ldots, f_m = 0, \; f_{m+1} = a_1.$$

Giebt man a_1 einen speciellen Werth, so stellt dieses System nur noch ∞^{2n-m} Elemente des ursprünglichen Systems dar, lässt man aber a_1 willkürlich, so stellt es wiederum ∞^{2n+1-m} Elemente dar. Diese Elemente sind dieselben wie vor der Adjunction von $f_{m+1} = a_1$, da diese Relation für sich genommen durch die Coordinaten eines beliebigen Elements des Raumes befriedigt wird, wenn a_1 willkürlich ist.

---

[1]) Wir haben in Nr. 127 die kleine Abhandlung citirt, in welcher Mayer die Rechnungen andeutet, die nöthig sind, um die Lie'sche Methode in ihrer allgemeinsten Form algebraisch zu begründen. Vgl. Abhandlung B von Lie, Theorem III und IV.

In derselben Weise kann man dem ursprünglichen System die andern Gleichungen $f = a$ adjungiren und auf diese Weise an Stelle des ursprünglichen Systems das System (f) oder (F) erhalten. Lässt man in den Gleichungen (F) $x_1, \ldots, x_n$ um unendlich kleine Grössen sich ändern, während man die Grössen a constant lässt, so ändern sich auch $z, p_1, \ldots, p_n$ unendlich wenig. Mithin sind die unendlich benachbarten Elemente des Systems (F) unendlich wenig verschieden und bilden für jeden Werth der Grössen a ein Integral. Somit ist $z = F$ das gemeinsame vollständige Integral und man hat:

$$\frac{\delta F}{\delta x_i} = F_i$$

oder:

$$dF = F_1 dx_1 + \cdots + F_n dx_n.$$

Aus der letzten Bemerkung geht hervor, dass man die erste Gleichung (F) finden kann durch Integration der Gleichung

$$dz = p_1 dx_1 + \cdots + p_n dx_n,$$

in welcher die Grössen p durch ihre aus den n ersten Gleichungen f abgeleiteten Werthe ersetzt sind. Dies setzt jedoch voraus, dass man wisse, dass es wirklich ein gemeinschaftliches vollständiges Integral mit k willkürlichen Constanten giebt, und dies erfährt man durch die Methode von Lie.

Bemerkung. Das Vorstehende enthält im Wesentlichen die Jacobi'sche Methode, d. h. die Art der Bestimmung von z mit Hülfe der Functionen f. Das Theorem von Poisson und Jacobi und die Methoden von Weiler, Boole und Mayer geben die Mittel an, um die Functionen f mehr oder weniger leicht zu finden.

134. Schluss. — Die verschiedenen Integrationsmethoden der partiellen Differentialgleichungen gruppiren sich um die Methoden von Cauchy, Lie und Jacobi. Wie wir gesehen haben, besteht die letztere wesentlich in einer Transformation des gegebenen Systems in ein anderes, welches eine Gleichung mehr enthält. Wenn man diese Transformation bis ans Ende fortsetzt, so findet man das Integral ohne weitere Rechnung. Man kann jedoch stehen bleiben, wann man will, und sich, wie wir in Nr. 125 gesehen haben, der Lie'schen Methode bedienen, um das System auf eine Gleichung zurückzuführen, welche man nach der Methode von Cauchy integriren kann, immer dann, wenn die Jacobi'sche Methode nicht günstiger ist (vgl. Nr. 125 und 70, III).

Vermittelst der Theorie der charakteristischen Linien, Congruenzen und Mannigfaltigkeiten kann man somit alle Methoden der Integration der partiellen Differentialgleichungen erster Ordnung in eine einzige zusammenfassen.

Anhang I.

Zur Theorie der partiellen Differentialgleichungen.[1]

Von

Frau Sophie von Kowalevsky.

[1]) Abdruck aus Crelle's Journal für die reine und angewandte Mathematik, Band 80, S. 1—32.

Einleitung.

Es sei eine algebraische Differentialgleichung

$$G\left(x, y, \frac{dy}{dx}, \ldots, \frac{d^n y}{dx^n}\right) = 0 \quad \ldots \ldots \quad (1)$$

vorgelegt, wo G eine ganze rationale Function der unabhängigen Veränderlichen x, der als Function derselben zu bestimmenden Grösse y und der Ableitungen derselben nach x bis zur n^{ten} Ordnung hin bedeutet.

Eine analytische Function ist vollständig bestimmt, sobald irgend ein regulärer Zweig derselben gegeben ist. Es kommt also darauf an, auf die allgemeinste Weise eine Potenzreihe

$$\sum_{\nu=0}^{\nu=\infty} b_\nu \frac{(x-a)^\nu}{\nu!},$$

wo a, b_0, b_1, ... Constanten bedeuten, so zu bestimmen, dass dieselbe, für y gesetzt, der gegebenen Differentialgleichung genügt und innerhalb eines gewissen die Stelle a umgebenden Bezirkes convergirt.

Es muss also, wenn man diese Reihe für y in den Ausdruck $G\left(x, y, \frac{dy}{dx}, \ldots, \frac{d^n y}{dx^n}\right)$ einsetzt und denselben nach Potenzen von $x - a$ entwickelt, jeder einzelne Coefficient dieser Entwicklung gleich Null werden.

So erhält man zunächst zwischen a, b_0, b_1, ..., b_n die Gleichung:

$$G(a, b_0, b_1, \ldots, b_n) = 0 \quad \ldots \ldots \quad (2).$$

Nun hat aber, wenn y irgend eine reguläre Function von x ist, die λ^{te} Ableitung von

$$G\left(x, y, \frac{dy}{dx}, \ldots, \frac{d^n y}{dx^n}\right)$$

die Form:

$$G'\left(x, y, \frac{dy}{dx}, \ldots, \frac{d^n y}{dx^n}\right)\frac{d^{n+\lambda}y}{dx^{n+\lambda}} + H_\lambda\left(x, y, \frac{dy}{dx}, \ldots, \frac{d^{n+\lambda-1}y}{dx^{n+\lambda-1}}\right),$$

wo G' die partielle Ableitung von G in Beziehung auf $\frac{d^n y}{dx^n}$ und H_λ eine ganze rationale Function von x, y, $\frac{dy}{dx}, \ldots, \frac{d^{n+\lambda-1}y}{dx^{n+\lambda-1}}$ bezeichnet. Es muss also (für $\lambda = 1, 2, \ldots, \infty$)

$$G'(a, b_0, b_1, \ldots, b_n)b_{n+\lambda} + H_\lambda(a, b_0, b_1, \ldots, b_{n+\lambda-1}) = 0 \quad . \quad (3)$$

sein, wenn der Coefficient von $(x - a)^\lambda$ in der genannten Entwickelung von

$$G\left(x, y, \frac{dy}{dx}, \ldots, \frac{d^n y}{dx^n}\right)$$

verschwinden soll. Umgekehrt genügt die für y angenommene Reihe der Gleichung (1) formell, wenn die Gleichung (2) und sämmtliche Gleichungen (3) erfüllt werden.

Durch die Gleichungen (3) werden aber sämmtliche Coefficienten b_ν, deren Index $> n$ ist, eindeutig bestimmt, sobald $a, b_0, b_1, \ldots, b_n$ gegeben sind und zugleich $G'(a, b_0, b_1, \ldots, b_n)$ einen von Null verschiedenen Werth hat.

So ergiebt sich der Satz:

„Nimmt man die Constanten

$$a, b_0, b_1, \ldots, b_n$$

willkürlich, jedoch so an, dass die Gleichung

$$G(a, b_0, b_1, \ldots, b_n) = 0$$

eine einfache Wurzel b_n hat, so lassen sich die Grössen

$$b_{n+1}, b_{n+2}, \ldots\ldots$$

stets in eindeutiger Weise so bestimmen, dass

$$\sum_{\nu=0}^{\nu=\infty} b_\nu \frac{(x-a)^\nu}{\nu!},$$

für y gesetzt, der Gleichung (1) formell genügt."

Diese Reihe ist aber auch stets innerhalb eines bestimmten Bezirks convergent und stellt, wenn man x innerhalb desselben annimmt, eine die vorgelegte Differentialgleichung befriedigende

Function dar. Aus jeder solchen Reihe entspringt dann ferner eine bestimmte (eindeutige oder mehrdeutige) analytische Function, von der jeder reguläre Zweig die vorgelegte Differentialgleichung ebenfalls befriedigt.[1])

Umgekehrt hat jede die vorgelegte Differentialgleichung befriedigende analytische Function y unendlich viele, durch das angegebene Verfahren bestimmbare reguläre Zweige, wenn sie nicht eine sogenannte singuläre Lösung der Differentialgleichung ist, d. h. ausser derselben noch der Gleichung

$$G'\left(x, y, \frac{dy}{dx}, \ldots, \frac{d^n y}{dx^n}\right) = 0$$

genügt. In diesem Falle kann man aber durch Combination der beiden Gleichungen

$$G = 0, \quad G' = 0$$

zur Bestimmung der Function y entweder eine algebraische Gleichung oder eine Differentialgleichung, von der sie keine singuläre Lösung ist, erhalten.

Analoge Sätze gelten ferner, wenn zur Bestimmung mehrerer Functionen einer unabhängigen Veränderlichen ein System von ebenso vielen algebraischen Differentialgleichungen gegeben ist.

Dasselbe kann stets auf die Form

$$\left.\begin{array}{l} G'(x, y_0, y_1, \ldots, y_n)\,\dfrac{dy_1}{dx} - G_1(x, y_0, y_1, \ldots, y_n) = 0 \\ \cdot\;\cdot \\ G'(x, y_0, y_1, \ldots, y_n)\,\dfrac{dy_n}{dx} - G_n(x, y_0, y_1, \ldots, y_n) = 0 \end{array}\right\} \quad (5)$$

gebracht werden, wo $y_1, \ldots, y_n$ die zu bestimmenden Functionen sind, y_0 eine mit $x, y_1, \ldots, y_n$ durch eine irreductible algebraische Gleichung

$$G(x, y_0, y_1, \ldots, y_n) = 0 \quad \ldots\ldots\ldots \quad (6)$$

verbundene Hülfsgrösse, $G, G_1, \ldots, G_n$ ganze rationale Functionen von

---

[1]) Dieser Satz findet sich zuerst in der Weierstrass'schen Abhandlung Zur Theorie der analytischen Facultäten" (Crelle's Journal, Bd. 51, S. 43) ausgesprochen, und ist bald darauf auch von den Herren Briot und Bouquet bewiesen worden (Journal de l'Ecole polytechnique cah. 36). Derselbe bleibt bestehen, wenn der Ausdruck auf der linken Seite der Gleichung (1) eine eindeutige und in eine beständig convergirende Potenzreihe der Grössen $x, y, \frac{dy}{dx}, \ldots, \frac{d^n y}{dx^n}$ entwickelbare Function ist.

$x, y_0, y_1, \ldots, y_n$ und G' die partielle Ableitung von G in Beziehung auf y_0 ist.[1])

Setzt man dann für $\lambda = 0, 1, \ldots, n$:

$$y_\lambda = \sum_{\mu=0}^{\mu=\infty} b_{\lambda,\mu} \frac{(x-a)^\mu}{\mu!} \quad \ldots \ldots \ldots \quad (7)$$

und nimmt

$$a, b_{1,0}, b_{2,0}, \ldots, b_{n,0}$$

so an, dass die Gleichung

$$G(a, b_{0,0}, b_{1,0}, \ldots, b_{n,0}) = 0$$

nach $b_{0,0}$ aufgelöst eine endliche, einfache Wurzel hat, und nimmt diese für $b_{0,0}$, so lassen sich, wenn man die Ausdrücke auf der Linken der Gleichungen (5), (6) nach Potenzen von $x - a$ entwickelt, die Coefficienten der einzelnen Potenzen gleich Null setzt, die Grössen

$$\begin{array}{l} b_{0,1}, b_{0,2}, \ldots \\ b_{1,1}, b_{1,2}, \ldots \\ \ldots\ldots\ldots \\ b_{n,1}, b_{n,2}, \ldots \end{array}$$

in eindeutiger Weise so bestimmen, dass den Gleichungen (5), (6) formell genügt wird.

Dann sind aber auch die so sich ergebenden $n+1$ Reihen (7) stets innerhalb eines bestimmten Bezirks convergent und stellen, wenn man x auf diesen Bezirk beschränkt, ein System von $n+1$ Functionen dar, welche die in Rede stehenden Gleichungen wirklich befriedigen.

Aus demselben entspringt dann ein System (eindeutiger oder mehrdeutiger) analytischer Functionen von der Beschaffenheit, dass je $n+1$ zusammengehörige reguläre Zweige derselben die Gleichungen (5), (6) ebenfalls befriedigen.

Umgekehrt, wenn ein System von $n+1$ analytischen Functionen die Gleichungen (5), (6), nicht aber zugleich die Gleichung

$$\frac{\partial G(x, y_0, y_1, \ldots, y_n)}{\partial y_0} = 0$$

---

[1]) Wie man jedes System algebraischer Differentialgleichungen auf diese „kanonische" Form zurückführen kann, lehrt Jacobi in den Abhandlungen: „De investigando ordine systematis aequationum differentialium vulgarium cujuscunque" (Borchardt's Journal, Bd. 64, S. 237) und „De aequationum differentialium systemate non normali ad formam normalem revocanda" (Vorlesungen über Dynamik, Anhang S. 55.)

befriedigt (d. h. wenn dasselbe nicht eine singuläre Lösung des Systems von partiellen Differentialgleichungen bildet), so lässt sich, wofern man specielle Werthe von a ausnimmt, jedes System zusammengehöriger Elemente[1]) dieser Functionen durch Reihen, welche in der beschriebenen Weise gebildet sind, ausdrücken.

Die singulären Lösungen erhält man aber, indem man die vorgelegten Gleichungen (5), (6) mit der Gleichung

$$\frac{\partial G(x, y_0, y_1, \ldots, y_n)}{\partial y_0} = 0$$

combinirt.

Diese Sätze, in der gegebenen Fassung, entnehme ich den Vorlesungen des Herrn Weierstrass, meines verehrten Lehrers. In der vorliegenden Arbeit habe ich mich nun mit der Aufgabe beschäftigt, zu untersuchen, ob und in wie weit sich dieselben auf den Fall ausdehnen lassen, wo zur Bestimmung analytischer Functionen mehrerer Veränderlichen partielle algebraische Differentialgleichungen gegeben sind.

§ 1.

Ich betrachte zunächst das nachstehende System von partiellen Differentialgleichungen, in denen $x, x_1, \ldots, x_r$ unabhängige Veränderliche und $\varphi_1, \ldots, \varphi_n$ zu bestimmende Functionen derselben bedeuten, während die $G^{(\gamma)}_{\alpha,\beta}(\varphi_1, \varphi_2, \ldots, \varphi_n)$ gegebene in der Form gewöhnlicher, innerhalb eines gewissen Bereiches convergirender Potenzreihen dargestellte Functionen von $\varphi_1, \ldots, \varphi_n$ sein sollen:

$$\left.\begin{array}{l}\dfrac{\partial\varphi_1}{\partial x} = \sum\limits_{\beta=1}^{\beta=n} G^{(1)}_{1,\beta}(\varphi_1, \ldots, \varphi_n)\dfrac{\partial\varphi_\beta}{\partial x_1} + \cdots + \sum\limits_{\beta=1}^{\beta=n} G^{(1)}_{r,\beta}(\varphi_1, \ldots, \varphi_n)\dfrac{\partial\varphi_\beta}{\partial x_r} \\ \cdots\cdots\cdots\cdots\cdots\cdots\cdots\cdots\cdots\cdots \\ \dfrac{\partial\varphi_n}{\partial x} = \sum\limits_{\beta=1}^{\beta=n} G^{(n)}_{1,\beta}(\varphi_1, \ldots, \varphi_n)\dfrac{\partial\varphi_\beta}{\partial x_1} + \cdots + \sum\limits_{\beta=1}^{\beta=n} G^{(n)}_{r,\beta}(\varphi_1, \ldots, \varphi_n)\dfrac{\partial\varphi_\beta}{\partial x_r}\end{array}\right\} (1),$$

Um mich kürzer ausdrücken zu können, will ich im Folgenden unter einer Potenzreihe mehrerer Veränderlichen $(x, x_1, \ldots, x_r)$ stets eine solche verstehen, die nur ganze und positive Potenzen dieser Grössen enthält.

Dieses vorausgesetzt, gelten folgende Sätze:

A. Sind

$$\varphi(x_1, \ldots, x_r)_{1,0}, \ldots, \varphi(x_1, \ldots, x_r)_{n,0}$$

[1]) Vgl. § III im Anfang.

n willkürlich angenommene Potenzreihen, welche einen gemeinschaftlichen, wenn auch beschränkten Convergenzbezirk besitzen, und an der Stelle

$$(x_1 = 0,\ x_2 = 0, \ldots, x_r = 0)$$

sämmtlich verschwinden, so giebt es n bestimmte Potenzreihen von $(x, x_1, \ldots, x_r)$, welche für $x = 0$ beziehlich in

$$\varphi(x_1, \ldots, x_r)_{1,0}, \ldots, \varphi(x_1, \ldots, x_r)_{n,0}$$

übergehen und, für $\varphi_1, \ldots, \varphi_n$ in die vorgelegten Differentialgleichungen eingesetzt, denselben formell genügen.

B. Diese n Reihen sind sämmtlich in einem gewissen Bereiche unbedingt convergent und stellen Functionen dar, welche die Differentialgleichungen (1) wirklich befriedigen.

Setzt man in die Gleichungen (1) für $\varphi_1, \ldots, \varphi_n$ Reihen von der Form

$$\varphi_1 = \varphi(x_1, \ldots, x_r)_{1,0} + \sum_{\nu=1}^{\nu=\infty} \varphi(x_1, \ldots, x_r)_{1,\nu} \frac{x^\nu}{\nu!}$$

$$\cdots\cdots\cdots\cdots\cdots\cdots$$

$$\varphi_n = \varphi(x_1, \ldots, x_r)_{n,0} + \sum_{\nu=1}^{\nu=\infty} \varphi(x_1, \ldots, x_r)_{n,\nu} \frac{x^\nu}{\nu!}$$

ein, so erhält man, indem man die Ausdrücke auf beiden Seiten in jeder Gleichung nach Potenzen von x entwickelt, zunächst

$$\varphi(x_1, \ldots, x_r)_{1,1} = \sum_{\beta=1}^{\beta=n} G^{(1)}_{1,\beta}(\varphi_{1,0}, \ldots, \varphi_{n,0}) \frac{\partial \varphi_{\beta,0}}{\partial x_1} + \cdots + \sum_{\beta=1}^{\beta=n} G^{(1)}_{r,\beta}(\varphi_{1,0}, \ldots, \varphi_{n,0}) \frac{\partial \varphi_{\beta,0}}{\partial x_r}$$

$$\cdots\cdots\cdots\cdots\cdots\cdots$$

$$\varphi(x_1, \ldots, x_r)_{n,1} = \sum_{\beta=1}^{\beta=n} G^{(n)}_{1,\beta}(\varphi_{1,0}, \ldots, \varphi_{n,0}) \frac{\partial \varphi_{\beta,0}}{\partial x_1} + \cdots + \sum_{\beta=1}^{\beta=n} G^{(n)}_{r,\beta}(\varphi_{1,0}, \ldots, \varphi_{n,0}) \frac{\partial \varphi_{\beta,0}}{\partial x_r},$$

und alsdann jede der Functionen

$$\varphi(x_1, \ldots, x_r)_{1,\nu}, \ldots, \varphi(x_1, \ldots, x_r)_{n,\nu}$$

ausgedrückt als ganze rationale Function einer gewissen Anzahl der Ableitungen von $\varphi_{1,0}, \ldots, \varphi_{n,0}$ nach $x_1, \ldots, x_r$, deren Coefficienten Potenzreihen von $\varphi_{1,0}, \ldots, \varphi_{n,0}$ sind. Dabei ist zu bemerken, dass jeder Coefficient der letzteren aus einer endlichen Anzahl von den Coefficienten der Ausdrücke $G^{(\gamma)}_{\alpha,\beta}$ bloss durch Addition und Multiplication zusammengesetzt wird.

Ist nun:

$$\left.\begin{array}{l} \varphi(x_1, \ldots, x_r)_{1,0} = \Sigma\left(\varphi^{(1)}_{0,\nu_1,\ldots,\nu_r} \dfrac{x_1^{\nu_1}}{\nu_1!} \cdots \dfrac{x_r^{\nu_r}}{\nu_r!}\right) \\ \qquad\qquad \nu_1 = 0 \ldots \infty, \ldots, \nu_r = 0 \ldots \infty \\ \ldots\ldots\ldots\ldots\ldots\ldots\ldots \\ \varphi(x_1, \ldots, x_r)_{n,0} = \Sigma\left(\varphi^{(n)}_{0,\nu_1,\ldots,\nu_r}, \dfrac{x_1^{\nu_1}}{\nu_1!} \cdots \dfrac{x_r^{\nu_r}}{\nu_r!}\right) \\ \qquad\qquad \nu_1 = 0 \ldots \infty, \ldots \nu_r = 0 \ldots \infty \end{array}\right\} \quad . \; . \quad (2)$$

und setzt man

$$\varphi(x_1, \ldots, x_r)_{\alpha,\nu} = \Sigma\left(\varphi^{(\alpha)}_{\nu,\nu_1,\ldots,\nu_r} \frac{x_1^{\nu_1}}{\nu_1!} \cdots \frac{x_r^{\nu_r}}{\nu_r!}\right) \quad (\alpha = 1, \ldots, n) \qquad (3)$$
$$\nu_1 = 0 \ldots \infty, \ldots, \nu_r = 0 \ldots \infty,$$

so ergiebt sich jede der Grössen

$$\varphi^{(\alpha)}_{\nu,\nu_1,\ldots,\nu_r} \qquad (\alpha = 1, \ldots, n)$$

als eine ganze rationale Function einer endlichen Anzahl der Grössen

$$\varphi^{(\alpha)}_{0,\mu_1,\ldots,\mu_r} \qquad (\alpha = 1, \ldots, n)$$

und der Coefficienten der

$$G^{(\gamma)}_{\alpha,\beta}(\varphi_1, \ldots, \varphi_n),$$

und es werden dann die gegebenen Differentialgleichungen formell befriedigt, wenn man

$$\left.\begin{array}{l} \varphi_\alpha = \Sigma\left(\varphi(x_1, \ldots, x_r)_{\alpha,\mu} \dfrac{x^\mu}{\mu!}\right) \\ \qquad\qquad \mu = 0 \ldots \infty \qquad\qquad (\alpha = 1, \ldots, n) \\ \quad = \Sigma\left(\varphi^{(\alpha)}_{\mu,\mu_1,\ldots,\mu_r} \dfrac{x^\mu}{\mu!} \dfrac{x_1^{\mu_1}}{\mu_1!} \cdots \dfrac{x_r^{\mu_r}}{\mu_r!}\right) \\ \quad \mu = 0 \ldots \infty, \mu_1 = 0 \ldots \infty, \ldots, \mu_r = 0 \ldots \infty \end{array}\right\} \quad . \; . \quad (4)$$

setzt.

Um nun zu beweisen, dass diese Reihen sämmtlich innerhalb eines bestimmten Bezirks unbedingt convergent sind, ersetze ich das vorgelegte System von Differentialgleichungen durch ein anderes von derselben Form:

$$\left.\begin{array}{l} \dfrac{\partial\psi_1}{\partial x} = \sum\limits_{\beta=1}^{\beta=n} \overline{G}^{(1)}_{1,\beta}(\psi_1, \ldots, \psi_n) \dfrac{\partial\psi_\beta}{\partial x_1} + \cdots + \sum\limits_{\beta=1}^{\beta=n} \overline{G}^{(1)}_{r,\beta}(\psi_1, \ldots, \psi_n) \dfrac{\partial\psi_\beta}{\partial x_r} \\ \ldots\ldots\ldots\ldots\ldots\ldots\ldots\ldots \\ \dfrac{\partial\psi_n}{\partial x} = \sum\limits_{\beta=1}^{\beta=n} \overline{G}^{(n)}_{1,\beta}(\psi_1, \ldots, \psi_n) \dfrac{\partial\psi_\beta}{\partial x_1} + \cdots + \sum\limits_{\beta=1}^{\beta=n} \overline{G}^{(n)}_{r,\beta}(\psi_1, \ldots, \psi_n) \dfrac{\partial\psi_\beta}{\partial x_r} \end{array}\right\} (5),$$

in welchem in jeder der Reihen $\bar{G}^{(\gamma)}_{\alpha,\beta}(\psi_1, \ldots, \psi_n)$ jeder einzelne Coefficient positiv und nicht kleiner als der absolute Betrag des entsprechenden Coefficienten in $G^{(\gamma)}_{\alpha,\beta}(\psi_1, \ldots, \psi_n)$ ist. Zugleich nehme ich an Stelle jeder der Reihen $\varphi(x_1, \ldots, x_r)_{\alpha,0}$ $(\alpha = 1, \ldots, n)$eine andere $\psi(x_1, \ldots, x_r)_{\alpha,0}$ an, in der ebenfalls jeder einzelne Coefficient positiv und nicht kleiner als der absolute Betrag des entsprechenden Coefficienten in $\varphi(x_1, \ldots, x_r)_{\alpha,0}$ ist. Wenn alsdann

$$\psi^{(\alpha)}_{\mu,\, \mu_1, \ldots, \mu_r}$$

den Ausdruck bezeichnet, der jetzt an die Stelle von

$$\varphi^{(\alpha)}_{\mu,\, \mu_1, \ldots, \mu_r}$$

tritt, so erhellt aus dem, was über die Zusammensetzung des letzteren aus den Coefficienten der Reihen $G^{(\gamma)}_{\alpha,\beta}$ und $\psi_{\alpha,0}$ gesagt ist, dass der erstere positiv und nicht kleiner als der absolute Betrag des anderen sein wird. Kann man also von den Reihen $\psi_1, \ldots, \psi_n$, wo

$$\psi_\alpha = \Sigma\left(\psi^{(\alpha)}_{\mu,\, \mu_1, \ldots, \mu_r} \frac{x^\mu}{\mu!} \frac{x_1^{\mu_1}}{\mu_1!} \cdots \frac{x_r^{\mu_r}}{\mu_r!}\right) \qquad (\alpha = 1, \ldots, n)$$

$$\mu = 0 \ldots \infty,\ \mu_1 = 0 \ldots \infty, \ldots, \mu_r = 0 \ldots \infty$$

ist, beweisen, dass sie sämmtlich innerhalb eines bestimmten Bezirkes convergent sind, so steht dasselbe für die Reihen $\varphi_1, \ldots, \varphi_n$ fest.

Dieses vorausgesetzt, werde, wie es immer möglich ist, eine positive Grösse g so angenommen, dass sämmtliche Reihen $G^{(\gamma)}_{\alpha,\beta}(\varphi_1, \ldots, \varphi_n)$ convergiren, wenn

$$\varphi_1 = \varphi_2 = \cdots = \varphi_n = g$$

gesetzt wird; dann kann man eine zweite, ebenfalls positive Grösse G so annehmen, dass aus dem Bruche

$$\frac{G}{1 - \frac{\psi_1 + \psi_2 + \cdots + \psi_n}{g}},$$

wenn derselbe nach steigenden Potenzen von $\psi_1, \ldots, \psi_n$ entwickelt wird, eine Reihe $\bar{G}(\psi_1, \ldots, \psi_n)$ entspringt, in welcher jeder einzelne Coefficient positiv und grösser als der absolute Betrag des entsprechenden Coefficienten in jeder der Reihen $G^{(\gamma)}_{\alpha,\beta}(\varphi_1, \ldots, \varphi_n)$ ist.

Ebenso kann man zwei positive Grössen g' und ϱ so wählen, dass in der Reihe, welche aus der Entwickelung des Bruches

$$\frac{g'(x_1 + x_2 + \cdots + x_r)}{1 - \frac{x_1 + x_2 + \ldots + x_r}{\varrho}}$$

nach steigenden Potenzen von $x_1, \ldots, x_r$ hervorgeht und die mit $\psi(x_1, \ldots, x_r)_0$ bezeichnet werden möge, jeder Coefficient positiv und grösser als der absolute Betrag des entsprechenden Coefficienten in jeder der Reihen

$$\varphi(x_1, \ldots, x_r)_{1,0}, \ldots, \varphi(x_1, \ldots, x_r)_{n,0}$$

wird.

Werden dann in dem System (5) sämmtliche Reihen

$$\overline{G}^{(\gamma)}_{\alpha,\beta}(\psi_1, \ldots, \psi_n) = \overline{G}(\psi_1, \ldots, \psi_n)$$

angenommen und wird zugleich festgesetzt, dass für $x = 0$ jede der Functionen ψ_α in

$$\psi(x_1, \ldots, x_r)_0$$

übergehen soll, so sind die eben angegebenen Bedingungen erfüllt, und es braucht also nur bewiesen zu werden, dass die so definirten Reihen $\psi_1, \ldots, \psi_n$ innerhalb eines gewissen Bezirks convergent sind.

Unter den gemachten Voraussetzungen werden aber die sämmtlichen Reihen $\psi_1, \ldots, \psi_n$ einander gleich und Functionen bloss von x und von

$$\frac{x_1 + x_2 + \ldots + x_r}{\varrho}.$$

Das System (5) reducirt sich also, wenn man

$$\psi = \frac{\psi_1 + \cdots + \psi_n}{g}, \qquad y = \frac{x_1 + \cdots + x_r}{\varrho}$$

setzt, so dass $\psi_\alpha = \frac{g}{n}\psi$ wird (für $\alpha = 1, \ldots, n$), auf die einzige partielle Differentialgleichung

$$\frac{\partial\psi}{\partial x} = \frac{a}{1-\psi}\frac{\partial\psi}{\partial y} \quad \ldots\ldots\ldots \quad (6),$$

wo a eine positive Constante bedeutet.

Dabei ist noch die Bedingung hinzuzufügen, dass für $x = 0$

$$\psi \text{ in } \frac{by}{1-y}$$

übergehen soll, wo b ebenfalls eine Constante bezeichnet.

Die Gleichung (6) besagt nichts weiter, als dass zwischen den Grössen ψ und $(1-\psi)\,y+ax$ eine Relation besteht. Diese wird aber durch die Festsetzung, dass ψ für $x=0$ in $\frac{by}{1-y}$ übergehen soll, eine völlig bestimmte; und es ergiebt sich zwischen ψ, x, y die Gleichung

$$(1-\psi)y+ax=\frac{1-\psi}{b+\psi}\,\psi,$$

woraus man

$$\psi=\frac{1-(1-b)\,y-ax-\sqrt{(1-(1+b)y-ax)^2-4abx}}{2(1-y)}$$

erhält, mit der Bedingung, dass bei der Entwickelung dieses Ausdrucks nach Potenzen von x, y das Anfangsglied in der Entwickelung der Quadratwurzel 1 sei.

Die so sich ergebende Potenzreihe von x, y hat nun einen bestimmten Convergenzbezirk, und es sind zugleich ihre Coefficienten durchweg positiv, wie man sofort sieht, wenn man die Entwickelung von ψ nach der im Vorstehenden auseinandergesetzten Methode vornimmt. Es wird daher auch die Potenzreihe von $(x, x_1, \ldots, x_r)$, in welche ψ durch die Substitution

$$y=\frac{x_1+\cdots+x_r}{\varrho}$$

übergeht, einen bestimmten Convergenzbezirk besitzen. Für jedes innerhalb dieses Bezirkes enthaltene Werthsystem $(x, x_1, \ldots, x_r)$ sind dann sicher auch die Reihen $\varphi_1, \ldots, \varphi_n$ sämmtlich unbedingt convergent. Dieselben besitzen also jedenfalls einen gemeinschaftlichen Convergenzbezirk und stellen, wenn man die Veränderlichen $(x, x_1, \ldots, x_r)$ auf einen innerhalb desselben liegenden Bereich in der Art beschränkt, dass für jedes in dem letzteren enthaltene Werthsystem $(x, x_1, \ldots, x_r)$ das System der zugehörigen Werthe von $(\varphi_1, \ldots, \varphi_n)$ dem gemeinschaftlichen Convergenzbezirk der Reihen $G^{(\gamma)}_{\alpha,\beta}$ angehört, Functionen von $(x, x_1, \ldots, x_r)$ dar, welche die gegebenen Differentialgleichungen befriedigen und zugleich für $x=0$ in

$$\varphi(x_1, \ldots, x_r)_{1,0}, \ldots, \varphi(x_1, \ldots, x_r)_{n,0}$$

übergehen; w. z. b. w.

Zusätze.

A. Es ist angenommen worden, dass $\varphi(x_1, \ldots, x_r)_{1,0}, \ldots, \varphi(x_1, \ldots, x_r)_{n,0}$ sämmtlich verschwinden, wenn jede der Grössen $x, x_1, \ldots, x_r$ den Werth Null erhält. Die entwickelten Sätze behalten aber ihre Gültigkeit, wenn nur die Functionen $\varphi_{\alpha,0}$ so angenommen werden, dass das Werthsystem

$$\varphi(0, \ldots, 0)_{1,0}, \ldots, \varphi(0, \ldots, 0)_{n,0}$$

dem gemeinschaftlichen Convergenzbereich der Reihen $G_{\alpha,\beta}^{(\gamma)}$ angehört, wie aus dem gegebenen Beweise ohne Weiteres folgt, wenn man

$$\varphi_1 - \varphi(0, \ldots, 0)_{1,0}, \ldots, \varphi_n - \varphi(0, \ldots, 0)_{n,0}$$

als die zu bestimmenden Functionen einführt.

B. Es bleiben ferner alle Sätze bestehen, wenn an Stelle des betrachteten Systems von Differentialgleichungen das folgende gegeben ist, in welchem sämmtliche Functionen $G_{\alpha,\beta}^{(\gamma)}(\varphi_1, \ldots, \varphi_n)$ dieselbe Beschaffenheit haben, wie in jenem:

$$\left.\begin{array}{l}
\frac{\partial \varphi_1}{\partial x} = \Sigma\left(G_{\nu,\beta}^{(1)}(\varphi_1, \ldots, \varphi_n)\frac{\partial \varphi_\beta}{\partial x_\nu}\right) + G_{0,0}^{(1)}(\varphi_1, \ldots, \varphi_n) \\
\qquad \nu = 1 \ldots r, \ \beta = 1 \ldots n \\
\ldots\ldots\ldots\ldots\ldots\ldots\ldots\ldots \\
\frac{\partial \varphi_n}{\partial x} = \Sigma\left(G_{\nu,\beta}^{(n)}(\varphi_1, \ldots, \varphi_n)\frac{\partial \varphi_\beta}{\partial x_\nu}\right) + G_{0,0}^{(n)}(\varphi_1, \ldots, \varphi_n) \\
\qquad \nu = 1 \ldots r, \ \beta = 1 \ldots n
\end{array}\right\} \quad (1^a).$$

Dies ergiebt sich sofort, wenn man den vorstehenden Gleichungen noch eine neue

$$\frac{\partial \varphi_0}{\partial x} = 0$$

hinzufügt, mit der Festsetzung, dass für $x = 0$

$$\varphi_0 = x_1$$

sein soll, so dass man jedes der Glieder $G_{0,0}^{(\gamma)}$ mit $\frac{\partial \varphi_0}{\partial x_1}$ multipliciren darf, und auf diese Weise ein Gleichungssystem von der Form (1) erhält.

C. Sodann behalten die in Rede stehenden Sätze ihre Gültigkeit auch dann, wenn in den Gleichungssystemen (1) und (1^a) die Functionen $G_{\alpha,\beta}^{(\gamma)}$ sämmtlich oder zum Theil Quotienten zweier Potenzreihen sind. Man hat nur in diesem Falle das Werthsystem

$$\varphi(0, \ldots, 0)_{1,0}, \ldots, \varphi(0, \ldots, 0)_{n,0}$$

so zu wählen, dass dasselbe dem gemeinschaftlichen Convergenzbezirk aller Zähler und Nenner angehört und keiner der Nenner verschwindet, wenn man

$$\varphi_1 = \varphi(0, \ldots, 0)_{1,0}, \ldots, \varphi_n = \varphi(0, \ldots, 0)_{n,0}$$

setzt.

Wenn nämlich diese Bedingungen erfüllt sind, so lassen sich die Functionen $G_{\alpha,\beta}^{(\gamma)}$ sämmtlich in Potenzreihen von

$$\varphi_1 - \varphi(0, \ldots, 0)_{1,0}, \ldots, \varphi_n - \varphi(0, \ldots, 0)_{n,0}$$

entwickeln, wodurch dem Gleichungssystem die ursprünglich vorausgesetzte Form gegeben wird.

D. Wenn man nun beachtet, dass die durch das auseinandergesetzte Verfahren für $\varphi_1, \ldots, \varphi_n$ sich ergebenden Reihen vollständig bestimmt sind, dass sie den vorgelegten Differentialgleichungen genügen und für $x = 0$ beziehlich in

$$\varphi(x_1, \ldots, x_r)_{1,0}, \ldots, \varphi(x_1, \ldots, x_r)_{n,0}$$

übergehen sollen, so ergiebt sich schliesslich, wenn man alles Vorstehende zusammenfasst, folgendes Resultat:

Es sei gegeben ein System partieller Differentialgleichungen von der Form:

$$\left.\begin{array}{l} G^{(1)}(\varphi_1, \ldots, \varphi_n)\,\dfrac{\partial\varphi_1}{\partial x} = \Sigma\left(G_{\alpha,\beta}^{(1)}(\varphi_1, \ldots, \varphi_n)\,\dfrac{\partial\varphi_\beta}{\partial x_\alpha}\right) + G_{0,0}^{(1)}(\varphi_1, \ldots, \varphi_n) \\ \qquad\qquad (\alpha = 1 \ldots r, \quad \beta = 1, \ldots, n) \\ \cdots\cdots\cdots\cdots\cdots\cdots\cdots\cdots \\ G^{(n)}(\varphi_1, \ldots, \varphi_n)\,\dfrac{\partial\varphi_n}{\partial x} = \Sigma\left(G_{\alpha,\beta}^{(n)}(\varphi_1, \ldots, \varphi_n)\,\dfrac{\partial\varphi_\beta}{\partial x_\alpha}\right) + G_{0,0}^{(n)}(\varphi_1, \ldots, \varphi_n), \\ \qquad\qquad (\alpha = 1 \ldots r, \quad \beta = 1 \ldots n) \end{array}\right\} (1^b)$$

in denen die $G_{\alpha,\beta}^{(\gamma)}$ und $G^{(\gamma)}$ sämmtlich Potenzreihen von $\varphi_1, \ldots, \varphi_n$ sind, und es seien auf irgend eine Weise n Potenzreihen von $x, x_1, \ldots, x_r$

$$\varphi_1(x, x_1, \ldots, x_r), \ldots, \varphi_n(x, x_1, \ldots, x_r)$$

hergestellt, welche für $\varphi_1, \ldots, \varphi_n$ gesetzt den Differentialgleichungen formell genügen, so dass in jeder dieser Gleichungen die Ausdrücke auf der linken und rechten Seite, wenn man sie nach Potenzen von $x, x_1, \ldots, x_r$ entwickelt, in den Coefficienten der gleichstelligen Glieder übereinstimmen, so werden jene Reihen stets innerhalb eines bestimmten Bezirks convergiren und analytische Functionen, welche die Differentialgleichungen wirklich befriedigen, darstellen, sobald nur folgende Bedingungen erfüllt sind:

a) Es müssen die Reihen

$$\varphi(0, x_1, \ldots, x_r)_1, \ldots, \varphi(0, x_1, \ldots, x_r)_n$$

einen gemeinschaftlichen Convergenzbezirk besitzen;

b) es muss das Werthsystem

$$\varphi(0,\ 0,\ \ldots,\ 0)_1,\ \ldots,\ \varphi(0,\ 0,\ \ldots,\ 0)_n$$

innerhalb des gemeinschaftlichen Convergenzbezirkes der Functionen

$$G^{(\gamma)}_{\alpha,\beta}(\varphi_1,\ \ldots,\ \varphi_n),\quad G^{(\gamma)}(\varphi_1,\ \ldots,\ \varphi_n)$$

enthalten sein;

c) es darf keine der Functionen $G^{(\gamma)}(\varphi_1, \ldots, \varphi_n)$ an der Stelle

$$(\varphi_1 = \varphi(0,\ \ldots,\ 0)_1,\ \ldots,\ \varphi_n = \varphi(0,\ \ldots,\ 0)_n)$$

verschwinden.

Wenn insbesondere die $G^{(\gamma)}_{\alpha,\beta}$, $G^{(\gamma)}$ sämmtlich ganze Functionen oder beständig convergirende Reihen von $\varphi_1, \ldots, \varphi_n$ sind, so ist die Bedingung b) von selbst erfüllt.

§ 2.

Ich nehme jetzt an, es sei zur Bestimmung einer Function φ von $r+1$ Veränderlichen $(x, x_1, \ldots, x_r)$ irgend eine algebraische partielle Differentialgleichung n^{ter} Ordnung gegeben und auf die Form

$$G\left(x,\ x_1,\ \ldots,\ x_r,\ \varphi,\ \ldots,\ \frac{\partial^{\alpha+\alpha_1+\cdots+\alpha_r}\varphi}{\partial x^\alpha \partial x_1^{\alpha_1}\ldots\partial x_r^{\alpha_r}}\ldots\right) = 0 \quad . \quad . \quad (1)$$

gebracht, wo G eine ganze rationale Function von $x, x_1, \ldots, x_r, \varphi$ und denjenigen Ableitungen

$$\frac{\partial^{\alpha+\alpha_1+\cdots+\alpha_r}\varphi}{\partial x^\alpha \partial x_1^{\alpha_1}\ldots\partial x_r^{\alpha_r}},$$

in denen

$$a + a_1 + \cdots + a_r \leqq n$$

ist, bedeutet. Dabei darf man voraussetzen, es sei diese Gleichung in dem Sinne irreductibel, dass G nicht das Produkt zweier Ausdrücke von derselben Form ist.

Es handelt sich darum, auf die allgemeinste Weise ein diese Differentialgleichung befriedigendes Functionenelement (in dem Sinne, wie Herr Weierstrass dies Wort gebraucht)

$$\varphi(x,\ x_1,\ \ldots,\ x_r \mid a,\ a_1,\ \ldots,\ a_r)$$

zu bestimmen, d. h. eine innerhalb eines bestimmten Bezirks convergente und der Differentialgleichung genügende Potenzreihe von $x-a, x_1-a_1, \ldots, x-a_r$, wo $a, a_1, \ldots, a_r$ Constanten bezeichnen.

Ich betrachte nun zunächst den Fall, den ich den **normalen** nennen will, wo von den Ableitungen

$$\frac{\partial^n \varphi}{\partial x^n}, \frac{\partial^n \varphi}{\partial x_1^n}, \ldots, \frac{\partial^n \varphi}{\partial x_r^n}$$

wenigstens eine — ich will annehmen $\frac{\partial^n \varphi}{\partial x^n}$ — in G wirklich vorkommt. Dieses vorausgesetzt, lässt sich zeigen, dass man eine der Differentialgleichung genügende Reihe

$$\varphi(x, x_1, \ldots, x_r | a, a_1, \ldots, a_r) = \Sigma\left(b_{\alpha, \alpha_1, \ldots, \alpha_r} \frac{(x-a)^\alpha}{\alpha!} \frac{(x_1-a_1)^{\alpha_1}}{\alpha!} \cdots \frac{(x_r-a_r)^{\alpha_r}}{\alpha_r!}\right)$$
$$(\alpha = 0 \ldots \infty, \alpha_1 = 0 \ldots \infty, \ldots, \alpha_r = 0 \ldots \infty)$$

erhalten kann, in der, wenn man sie auf die Form

$$\sum_{\nu=0}^{\nu=\infty} \overset{(\nu)}{\varphi}(x_1, \ldots, x_r | a_1, \ldots, a_r) \frac{(x-a)^\nu}{\nu!}$$

bringt, von den Functionen $\overset{(\nu)}{\varphi}(x_1, \ldots, x_r | a_1, \ldots, a_r)$ die n ersten

$$\overset{(0)}{\varphi}(x_1, \ldots, x_r | a_1, \ldots, a_r), \ldots, \overset{(n-1)}{\varphi}(x_1, \ldots, x_r | a_1, \ldots, a_r)$$

im Allgemeinen willkürlich angenommen werden können, die übrigen dann aber durch die Differentialgleichung bestimmt werden.

Setzt man die für φ angenommene Reihe in den Ausdruck auf der Linken der Gleichung (1) ein, und entwickelt denselben nach Potenzen von $x-a$, x_1-a_1, $\ldots$, x_r-a_r, so muss zunächst das constante Glied verschwinden, d. h. es muss

$$G(a, a_1, \ldots, a_r, b_0, \ldots, {}_0 \ldots b_{\alpha, \alpha_1, \ldots, \alpha_r} \ldots) = 0 \quad . \quad . \quad (2)$$

sein.

Ich bezeichne ferner zur Abkürzung

$$\frac{\partial^{\alpha+\alpha_1+\cdots+\alpha_r} \varphi(x, x_1, \ldots, x_r | a, a_1, \ldots, a_r)}{\partial x^\alpha \partial x_1^{\alpha_1} \ldots \partial x_r^{\alpha_r}}$$

mit $\varphi_{\alpha, \alpha_1, \ldots, \alpha_r}$ und

$$\overset{(\nu)}{\varphi}(x_1, \ldots, x_r | a_1, \ldots, a_r)$$

bloss mit $\overset{(\nu)}{\varphi}$. Dann wird für $x = a$

$$\varphi_{\alpha, \alpha_1, \ldots, \alpha_r} \text{ gleich } \frac{\partial^{\alpha_1+\cdots+\alpha_r} \overset{(\alpha)}{\varphi}}{\partial x_1^{\alpha_1} \ldots \partial x_r^{\alpha_r}}.$$

Entwickelt man nun

$$G(x, x_1, \ldots, x_r, \varphi, \ldots, \varphi_{\alpha, \alpha_1, \ldots, \alpha_r} \ldots)$$

nach Potenzen von $x-a$, so wird der Coefficient von $(x-a)^0$ eine ganze Function von $\overset{(n)}{\varphi}$, deren Coefficienten ausser den Veränderlichen $x_1, \ldots, x_r$ nur die Functionen $\overset{(0)}{\varphi}, \overset{(1)}{\varphi}, \ldots, \overset{(n-1)}{\varphi}$ und deren Ableitungen nach $x_1, \ldots, x_r$ enthalten, und es muss $\overset{(n)}{\varphi}$ so bestimmt werden, dass diese Function, welche mit $G_0(\overset{(n)}{\varphi})$ bezeichnet werde, verschwindet, und zugleich $\overset{(n)}{\varphi}$ eine Potenzreihe von $x_1 - a_1, \ldots, x_r - a_r$ wird. Dies ist aber immer, und zwar nur auf eine einzige Weise, möglich, wenn man $a, a_1, \ldots, a_r$ und diejenigen Grössen

$$b_{\alpha, \alpha_1, \ldots, \alpha_r,}$$

in denen

$$\alpha + \alpha_1 + \cdots + \alpha_r \leqq n, \quad \alpha < n$$

ist, so annimmt, dass sich aus der Gleichung (2) für $b_{n,0,\ldots,0}$ wenigstens ein endlicher Werth, der eine einfache Wurzel der Gleichung ist, ergiebt. Diese Bedingung als erfüllt vorausgesetzt, sind die Reihen

$$\overset{(0)}{\varphi}, \overset{(1)}{\varphi}, \ldots, \overset{(n-1)}{\varphi}$$

im Uebrigen willkürlich, jedoch so, dass jede von ihnen einen Convergenzbezirk besitzt, anzunehmen. Die Coefficienten der Reihe

$$\overset{(n)}{\varphi},$$

die dann stets auch einen gewissen Convergenzbezirk besitzt, werden rational aus den Coefficienten der vorstehenden und aus $b_{n,0,\ldots,0}$ zusammengesetzt; es giebt also so viel verschiedene Functionen $\overset{(n)}{\varphi}$, als verschiedene Werthe von $b_{n,0,\ldots,0}$, die einfache Wurzeln der Gleichung (2) sind, existiren.

Differentiirt man ferner den Ausdruck G, als Function von x betrachtet, so hat die λ^{te} Ableitung desselben die Form

$$G'(\varphi_{n,0}, \ldots, {}_0) \frac{\partial^{n+\lambda}\varphi}{\partial x^{n+\lambda}} + H_\lambda(x, x_1, \ldots, x_r, \varphi, \ldots, \varphi_{\alpha, \alpha_1, \ldots, \alpha_r}, \ldots),$$

wo $G'(\varphi_{n,0,\ldots,0})$ die partielle Ableitung von G nach $\varphi_{n,0,\ldots,0}$ ist und H_λ eine ganze Function von $x, x_1, \ldots, x_r$ und denjenigen Grössen $\varphi_{\alpha, \alpha_1, \ldots, \alpha_r}$ bezeichnet, in welchen

$$\alpha + \alpha_1 + \cdots + \alpha_r \leqq n + \lambda, \quad \alpha < n + \lambda$$

ist. Der Coefficient von $\frac{(x-a)^\lambda}{\lambda!}$ in der erwähnten Entwickelung von G hat also die Form:

$$\overset{(n)}{G'_0(\varphi)} \cdot \overset{(n+\lambda)}{\varphi} + H_{\lambda,0},$$

wo G'_0 und $H_{\lambda,0}$ diejenigen Functionen von $x_1, \ldots, x_r$ bezeichnen, in welche G' und H_λ dadurch übergehen, dass man $x = a$ und

$$\varphi_{\alpha,\,\alpha_1,\ldots,\,\alpha_r} = \frac{\partial^{\alpha_1+\cdots+\alpha_r} \overset{(\alpha)}{\varphi}}{\partial x_1^{\alpha_1} \ldots \partial x_r^{\alpha_r}}$$

setzt.

Dieser Coefficient muss nun gleich Null sein, und da sich, weil $\overset{(n)}{G'_0(\varphi)}$ an der Stelle $(x_1 = a_1, \ldots, x_r = a_r)$ nicht verschwindet,

$$\frac{1}{\overset{(n)}{G'_0(\varphi)}}$$

in eine Potenzreihe von $x_1 - a_1, \ldots, x_r - a_r$ entwickeln lässt, so ergiebt sich $\overset{(n+\lambda)}{\varphi}$ als Potenzreihe von $x_1 - a_1, \ldots, x_r - a_r$, welche völlig bestimmt ist, sobald

$$\overset{(0)}{\varphi}, \overset{(1)}{\varphi}, \ldots, \overset{(n+\lambda-1)}{\varphi}$$

es sind. Daraus folgt, dass sich, wenn man $a, a_1, \ldots, a_r, \overset{(0)}{\varphi}, \overset{(1)}{\varphi}, \ldots, \overset{(n-1)}{\varphi}$ den obigen Bedingungen gemäss annimmt, darauf nach Fixirung des Coefficienten $b_{n,0,\ldots,0}$ zunächst $\overset{(n)}{\varphi}$ und dann

$$\overset{(n+1)}{\varphi}, \quad \overset{(n+2)}{\varphi}, \ldots$$

so bestimmen lassen, und zwar nur auf eine einzige Weise, wie es erforderlich ist, wenn der Ausdruck

$$\varphi = \Sigma \overset{(\nu)}{\varphi}(x_1, \ldots, x_r \mid a_1, \ldots, a_r) \frac{(x-a)^\nu}{\nu!}$$

der vorgelegten Differentialgleichung formell genügen soll.

Um nun zu beweisen, dass φ ein Element einer diese Gleichung befriedigenden analytischen Function von $x, x_1, \ldots, x_r$ darstellt, hat man zu zeigen, dass sie innerhalb eines gewissen Bezirkes convergirt.

Dies geschieht in folgender Weise:

Ich setze

$$x = a + u,\ x_1 = a_1 + u_1, \ldots, x_r = a_r + u_r \quad . \quad . \quad (3)$$

und bezeichne, unter φ jetzt die Potenzreihe von $u, u_1, \ldots, u$ verstehend, in welche $\varphi(x, x_1, \ldots, x_r \mid a, a_1, \ldots, a_r)$ durch diese Substitution übergeht,

$$\varphi, \frac{\partial \varphi}{\partial u}, \ldots, \frac{\partial^n \varphi}{\partial u^n}$$

beziehlich mit

$$\varphi_0, \varphi_1, \ldots, \varphi_n,$$

sowie die übrigen Ableitungen

$$\frac{\partial^{\alpha+\alpha_1+\cdots+\alpha_r}\varphi}{\partial x^{\alpha}\partial x_1^{\alpha_1}\ldots\partial x_r^{\alpha_r}},$$

in denen $\alpha + \alpha_1 + \cdots + \alpha_r \leq n$ ist, in irgend einer Ordnung genommen mit $\varphi_{n+1}, \ldots, \varphi_s$.

Dann hat man

$$\left.\begin{array}{l} \dfrac{\partial \varphi}{\partial u} = \varphi_1 \\ \cdots\cdots \\ \dfrac{\partial \varphi_{n-1}}{\partial u} = \varphi_n \end{array}\right\} \quad \ldots\ldots\ldots \quad (4).$$

Ferner kann man, wenn $\lambda > 0$,

$$\frac{\partial \varphi_{n+\lambda}}{\partial u} = \frac{\partial \varphi_\mu}{\partial u_\nu} \quad \ldots\ldots\ldots \quad (5)$$

setzen, wo μ eine der Zahlen $1, \ldots, s$ und ν eine der Zahlen $1, \ldots, r$ ist. (Ist nämlich $\varphi_{n+\lambda} = \varphi_{\alpha, \alpha_1, \ldots, \alpha_r}$, so ist mindestens eine der Zahlen $\alpha_1, \ldots, \alpha_r$, z. B. α_ν von Null verschieden, und man hat dann

$$\frac{\partial \varphi_{n+\lambda}}{\partial u} = \frac{\partial \varphi_{\alpha+1, \alpha_1 \ldots, \alpha_\nu - 1, \ldots, \alpha_r}}{\partial u_\nu},$$

und es ist $\varphi_{\alpha+1, \alpha_1, \ldots, \alpha_\nu-1, \ldots, \alpha_r}$ eine der Grössen $\varphi_0, \varphi_1, \ldots, \varphi_s$).

Bezeichnet man ferner, unter G wie vorhin den Ausdruck auf der linken Seite der Gleichung (1) verstehend, dessen partielle Ableitungen in Beziehung auf $x, \varphi_0, \varphi_1, \ldots, \varphi_s$ respective mit

$$G'(x), \; G'(\varphi_0), \; G'(\varphi_1), \ldots, \; G'(\varphi_s),$$

so hat man:

$$G'(\varphi_n)\frac{\partial \varphi_n}{\partial u}$$

$$= -\left\{G'(x) + G'(\varphi_0)\frac{\partial \varphi_0}{\partial u} + \cdots + G'(\varphi_{n-1})\frac{\partial \varphi_{n-1}}{\partial u} + G'(\varphi_{n+1})\frac{\partial \varphi_{n+1}}{\partial u} + \cdots + G'(\varphi_s)\frac{\partial \varphi_s}{\partial u}\right\},$$

also:

$$G'(\varphi_n)\frac{\partial\varphi_n}{\partial u} = -\sum_{\lambda=1}^{\lambda=s-n}\left(G'(\varphi_{n+\lambda})\frac{\partial\varphi_\mu}{\partial u_\nu}\right) - \sum_{\lambda=0}^{n-1}(G'(\varphi_\lambda)\varphi_{\lambda+1}) - G'(x) \quad . \quad (6).$$

Endlich ist:

$$\frac{\partial x}{\partial u} = 1, \quad \frac{\partial x_1}{\partial u} = 0, \ldots, \quad \frac{\partial x_r}{\partial u} = 0 \quad . \quad . \quad . \quad . \quad (7).$$

Die Gleichungen (4), (5), (6), (7) bilden nun für die Grössen $x, x_1, \ldots, x_r$, $\varphi_0, \varphi_1, \ldots, \varphi_s$, welche sämmtlich Potenzreihen von $u, u_1, \ldots, u_r$ sind, ein System partieller Differentialgleichungen von der in § I, Zusatz D betrachteten Form. Da sie nun überdies den dort unter (a) und (c) angegebenen Bedingungen genügen, so ist damit festgestellt, dass sie sämmtlich innerhalb eines bestimmten Bezirks convergiren.

Jede auf die angegebene Weise hergestellte Potenzreihe

$$\varphi(x, x_1, \ldots, x_r \mid a, a_1, \ldots, a_r)$$

ist also wirklich ein Element einer die vorgelegte Differentialgleichung befriedigenden analytischen Function.

Es ist jetzt noch zu untersuchen, ob man umgekehrt auch für jede der vorgelegten Differentialgleichung genügende analytische Function φ ein sie definirendes Element durch das auseinandergesetzte Verfahren erhalten kann.

Es sei

$$\varphi(x, x_1, \ldots, x_r) = \sum_{\alpha, \alpha_1, \ldots, \alpha_r} b_{\alpha, \alpha_1, \ldots, \alpha_r} \frac{(x-a)^\alpha}{\alpha!}\frac{(x_1-a_1)^{\alpha_1}}{\alpha_1!}\cdots\frac{(x_r-a_r)^{\alpha_r}}{\alpha_r!}$$

ein beliebiges Element einer solchen Function, so bestehen für dasselbe, wenn die obigen Bezeichnungen beibehalten werden, die Gleichungen:

$$G_0(\overset{(n)}{\varphi}) = 0$$

$$G'_0(\overset{(n)}{\varphi})\overset{(n+\lambda)}{\varphi} + H_{\lambda,0} = 0.$$

Wenn nun $b_{n,0,\ldots,0}$ nicht eine mehrfache Wurzel der Gleichung

$$G(a, a_1, \ldots, a_r, b_{0,\ldots,0}, \ldots, b_{\alpha, \alpha_1, \ldots, \alpha_r}, \ldots, b_{n,0,\ldots,0}) = 0$$

ist, so sind durch diese Gleichungen und die Bedingung, dass $\overset{(n)}{\varphi}$ an der Stelle $(x_1 = a_1, \ldots, x_r = a_r)$ den Werth $b_{n,0,\ldots,0}$ haben soll,

$$\overset{(n)}{\varphi}, \quad \overset{(n+1)}{\varphi}, \quad \overset{(n+2)}{\varphi}, \ldots .$$

vollständig bestimmt.

Nun besitzt aber die Function stets unendlich viele Elemente, für welche $b_{n,0,\dots,0}$ eine einfache Wurzel der ebengenannten Gleichung ist, wofern die Function nicht eine sogenannte singuläre Lösung der Differentialgleichung ist, d. h. ausser dieser auch der Gleichung

$$G'\left(\frac{\partial^n \varphi}{\partial x^n}\right) = 0$$

genügt. Damit ist bewiesen:

Ist φ irgend eine der vorgelegten Differentialgleichung, aber nicht auch der Gleichung

$$G'\left(\frac{\partial^n \varphi}{\partial x^n}\right) = 0$$

genügende analytische Function, so lässt sich jedes Element

$$\varphi(x, x_1, \dots, x_r \mid a, a_1, \dots, a_r)$$

derselben, für welches $G'\left(\frac{\partial^n \varphi}{\partial x^n}\right)$ an der Stelle $(x = a, x_1 = a_1, \dots, x_r = a_r)$ einen von Null verschiedenen Werth hat, durch das im Vorstehenden entwickelte Verfahren bestimmen.

In dem Falle aber, wo φ eine singuläre Lösung der Differentialgleichung ist, erhält man für sie durch die Combination der beiden Gleichungen

$$G = 0, \quad G'\left(\frac{\partial^n \varphi}{\partial x^n}\right) = 0$$

entweder eine algebraische Gleichung oder eine partielle Differentialgleichung, der sie als nicht singuläre Lösung genügt.

§ 3.

Wenn die vorgelegte Differentialgleichung nicht die normale Form hat, so kann man ihr dieselbe doch stets dadurch geben, dass man an Stelle der Grössen $x, x_1, \dots, x_r$ ebenso viele lineare Functionen derselben $y, y_1, \dots, y_r$ als Argumente von φ einführt.

Setzt man nämlich

$$\begin{aligned}
y &= b + cx + c_1 x_1 + \cdots + c_r x_r \\
y_1 &= b' + c'x + c'_1 x_1 + \cdots + c'_r x_r \\
&\dots\dots\dots\dots\dots\dots \\
y_r &= b^{(r)} + c^{(r)} x + c_1^{(r)} x_1 + \cdots + c_r^{(r)} x_r,
\end{aligned}$$

wo die b, c Constanten bezeichnen, welche der Bedingung unterworfen sind, dass die Determinante

$$\begin{vmatrix} c, & c_1, & \ldots, & c_r \\ c', & c_1', & \ldots, & c_r' \\ \cdot & \cdot & \cdot & \cdot \\ c^{(r)}, & c_1^{(r)}, & \ldots, & c_r^{(r)} \end{vmatrix}$$

nicht gleich Null sein darf, so verwandelt sich der Ausdruck

$$G\left(x, x_1, \ldots, x_r, \varphi, \ldots, \varphi_{\alpha, \alpha_1, \ldots, \alpha_r} \ldots\right)$$

in einen anderen von derselben Form

$$\overline{G}\left(y, y_1, \ldots, y_r, \varphi, \ldots, \frac{\partial^{\beta+\beta_1+\cdots+\beta_r}\varphi}{\partial y^{\beta}\partial y_1^{\beta_1}\cdots\partial y_r^{\beta_r}}, \ldots\right),$$

in welchem ebenso wie in G nur Ableitungen von nicht höherer als der n^{ten} Ordnung vorkommen; und es lässt sich zeigen, dass derselbe im Allgemeinen, d. h. wenn man specielle Werthsysteme der Constanten $c, c_1, \ldots c_r$ ausschliesst, die Ableitung

$$\frac{\partial^n \varphi}{\partial y^n}$$

wirklich enthält.

Davon überzeugt man sich am leichtesten auf folgende Weise.

Man hat, wenn man mit

$$\varphi_{\alpha', \alpha_1', \ldots, \alpha_r'}, \quad \varphi_{\alpha'', \alpha_1'', \ldots, \alpha_r''}, \ldots.$$

die in G vorkommenden Ableitungen der n^{ten} Ordnung bezeichnet:

$$\frac{\partial G}{\partial x} = G_0 + G_1\,\varphi_{\alpha'+1, \alpha_1', \ldots, \alpha_r'} + G_2\,\varphi_{\alpha''+1, \alpha_1'', \ldots, \alpha_r''} + \ldots,$$

wo $G_0, G_1, \ldots, G_p$ nur Ableitungen von niedrigerer als der $n+1^{\text{ten}}$ Ordnung enthalten. Nun ist aber

$$\varphi_{\alpha'+1, \alpha_1', \ldots, \alpha_r'} = c^{\alpha'+1}\, c_1^{\alpha_1'} \ldots c_r^{\alpha_r'} \frac{\partial^{n+1}\varphi}{\partial y^{n+1}} + \ldots$$

$$\varphi_{\alpha''+1, \alpha_1'', \ldots, \alpha_r''} = c^{\alpha''+1}\, c_1^{\alpha_1''} \ldots c_r^{\alpha_r''} \frac{\partial^{n+1}\varphi}{\partial y^{n+1}} + \ldots$$

u. s. w.,

wo die weggelassenen Glieder nur solche Ableitungen

$$\frac{\partial^{\beta+\beta_1+\cdots+\beta_r}\varphi}{\partial y^{\beta}\partial y_1^{\beta_1}\ldots\partial y_r^{\beta_r}}$$

enthalten, in denen $\beta + \beta_1 + \cdots + \beta_r = n + 1$, aber $\beta < n + 1$ ist. Man hat also

$$\frac{\partial G}{\partial x} = (G_1 c^{\alpha'+1} c_1^{\alpha_1'} \ldots c_r^{\alpha_r'} + G_2 c^{\alpha''+1} c_1^{\alpha_1''} \ldots c_r^{\alpha_r''} + \cdots) \frac{\partial^{n+1}\varphi}{\partial y^{n+1}} + \cdots,$$

wo in den weggelassenen Gliedern, nachdem die in ihnen enthaltenen Ableitungen von φ nach $x, x_1, \ldots, x_r$ in Ableitungen nach $y, y_1, \ldots, y_r$ verwandelt worden, $\frac{\partial^{n+1}\varphi}{\partial y^{n+1}}$ nicht vorkommt.

Wählt man nun die Constanten $c, c_1, \ldots, c_r$ so, dass der Coefficient von $\frac{\partial^{n+1}\varphi}{\partial y^{n+1}}$ in der vorstehenden Gleichung, als Function von $x, x_1, \ldots, x_r, \ldots, \varphi_{\alpha, \alpha_1, \ldots, \alpha_r}, \ldots$ betrachtet, nicht identisch verschwindet — was nur für specielle Werthsysteme der $c, c_1, \ldots, c_r$ eintreten kann —, so wird derselbe auch nicht identisch gleich Null, wenn man in ihm an Stelle der Veränderlichen $x, x_1, \ldots, x_r$ die $y, y_1, \ldots, y_r$ einführt und die Ableitungen $\varphi_{\alpha, \alpha_1, \ldots, \alpha_r}$ in Ableitungen von φ nach $y, y_1, \ldots, y_r$ verwandelt; und es kommt also die Ableitung $\frac{\partial^{n+1}\varphi}{\partial y^{n+1}}$ wirklich vor. Es ist aber:

$$\frac{\partial G}{\partial x} = c \frac{\partial G}{\partial y} + c_1 \frac{\partial G}{\partial y_1} + \cdots + c_r \frac{\partial G}{\partial y_r},$$

und es kann daher $\frac{\partial G}{\partial x}$, auf die angegebene Weise transformirt, die Ableitung $\frac{\partial^{n+1}\varphi}{\partial y^{n+1}}$ nur dann enthalten, wenn in G die Ableitung $\frac{\partial^{n}\varphi}{\partial y^{n}}$ vorkommt.

Nimmt man insbesondere

$$\begin{aligned} y &= x - a - c_1 (x_1 - a_1) - \cdots - c_r (x_r - a_r) \\ y_1 &= x_1 - a_1 \\ &\cdot\ \cdot\ \cdot\ \cdot\ \cdot \\ y_r &= x_r - a_r, \end{aligned}$$

so sieht man, dass bei gehöriger Wahl von $c_1, \ldots, c_r$ sich φ stets nach Potenzen von

$$x - a - c_1 (x_1 - a_1) - \cdots - c_r (x_r - a_r),\ x_1 - a_1, \ldots, x_r - a_r$$

entwickeln lässt, und dass man diejenigen Functionen, in welche

$$\varphi,\ \frac{\partial \varphi}{\partial x}, \ldots, \frac{\partial^{n-1}\varphi}{\partial x^{n-1}}$$

für

$$x = a + c_1 (x_1 - a_1) + \cdots + c_r (x_r - a_r)$$

übergehen, als Potenzreihen von $x_1 - a_1, \ldots, x - a_r$ im Allgemeinen willkürlich nehmen kann.

Die im Vorstehenden beschriebene Umformung der vorgelegten Differentialgleichung könnte in dem Falle unnöthig erscheinen, wenn in dieser Gleichung zwar nicht die n^{te} Ableitung von φ nach x, aber doch eine andere $\frac{\partial^m \varphi}{\partial x^m}$ (wo $m < n$ aber > 0) vorkommt und überdies in den übrigen Ableitungen

$$\frac{\partial^{\alpha + \alpha_1 + \cdots + \alpha_r} \varphi}{\partial x^\alpha \partial x_1^{\alpha_1} \ldots \partial x_r^{\alpha_r}}$$

$a < m$ ist.

Denn nimmt man wie oben:

$$\varphi = \Sigma \overset{(\nu)}{\varphi} (x_1, \ldots, x_r \mid a_1, \ldots, a_r) \frac{(x-a)^\nu}{\nu!}$$

an und entwickelt den Ausdruck auf der linken Seite der Gleichung nach Potenzen von $x - a$, so erhält man zunächst eine Gleichung zwischen

$$\overset{(0)}{\varphi}, \overset{(1)}{\varphi}, \ldots, \overset{(m)}{\varphi}$$

und einer gewissen Anzahl der Ableitungen der m ersten dieser Functionen nach $x_1, \ldots, x_r$. Nimmt man dann die Reihen $\overset{(0)}{\varphi}, \overset{(1)}{\varphi}, \ldots, \overset{(m-1)}{\varphi}$ willkürlich an, doch so, dass die Gleichung, in welche die ebengenannte übergeht, wenn man $x_1 = a_1, \ldots, x_r = a_r$ setzt, nach $\overset{(m)}{\varphi}$ aufgelöst, eine endliche, einfache Wurzel hat, so kann man $\overset{(m)}{\varphi}$ als Potenzreihe von $x_1 - a_1, \ldots, x_r - a_r$ so bestimmen, dass sie die erstere Gleichung befriedigt und für $x_1 = a_1, \ldots, x_r = a_r$ in jene Wurzel übergeht.

Die übrigen Coefficienten der genannten Entwickelung liefern sodann zur Berechnung der übrigen Functionen

$$\overset{(m+\nu)}{\varphi} (x_1, \ldots, x_r \mid a_1, \ldots, a_r)$$

die erforderlichen Gleichungen, durch welche sie sämmtlich, und zwar eindeutig, bestimmt werden.

Man erhält so, ganz in der oben auseinandergesetzten Weise, eine Potenzreihe

$$\varphi(x, x_1, \ldots, x_r \mid a, a_1, \ldots, a_r),$$

welche für φ gesetzt die gegebene Differentialgleichung formell befriedigt.

Aber ich habe bemerkt, dass, wenn diese Reihe convergent sein soll, die Functionen $\overset{(0)}{\varphi}, \ldots, \overset{(m-1)}{\varphi}$ nicht willkürlich angenommen werden können, sondern solchen Beschränkungen unterworfen sind, dass man im Allgemeinen sagen kann, die Reihe

$$\varphi(x, x_1, \ldots, x_r \mid a, a_1, \ldots, a_r)$$

convergire an keiner Stelle $(x, x_1, \ldots, x_r)$, wie nahe man dieselbe auch der Stelle $(a, a_1, \ldots, a_r)$ annehmen kann.

Ich begnüge mich aber hier, dies an einem Beispiel nachzuweisen.

Es sei die Differentialgleichung

$$\frac{\partial \varphi}{\partial x} = \frac{\partial^2 \varphi}{\partial y^2}$$

gegeben. Wenn $\varphi_0(y|b)$ irgend eine Potenzreihe von $y - b$ ist, so genügt die Reihe

$$\sum_{\nu=0}^{\nu=\infty} \frac{d^{2\nu}\varphi_0(y \mid b)}{dy^{2\nu}} \frac{(x-a)^\nu}{\nu!}$$

dieser Differentialgleichung formell und geht für $x = a$ in $\varphi_0(y \mid b)$ über, sie besitzt aber nur bei einer ganz besonderen Wahl von $\varphi_0(y \mid b)$ einen Convergenzbezirk, während im Allgemeinen sie für kein Werthsystem (x, y) eine bestimmte endliche Summe hat.

Es sei z. B. $a = 0$, $b = 0$

$$\varphi_0(y \mid b) = \frac{1}{1-y}.$$

Dann ist

$$\frac{d^n \varphi_0}{dy^n} = \frac{n!}{(1-y)^{n+1}},$$

und die obige Reihe geht in

$$\sum_{\nu=0}^{\nu=\infty} \frac{2\nu!}{\nu!} \frac{x^\nu}{(1-y)^{2\nu+1}}$$

über, von der es leicht zu sehen ist, dass sie divergent ist, wie klein auch x, y angenommen werden.

Um allgemein zu zeigen, welche Bedingung die Function $\varphi_0(y|b)$ erfüllen muss, damit ein die gegebene Differentialgleichung befriedigendes Element $\varphi(x, y \mid a, b)$, das für $x = a$ in $\varphi_0(y|b)$ übergeht, existire, bemerke ich, dass die Differentialgleichung in Beziehung auf die Veränderliche y die normale Form hat; wenn man daher zwei Functionen

$$\overset{(0)}{\varphi}(x \mid a), \quad \overset{(1)}{\varphi}(x \mid a)$$

willkürlich annimmt, so kann man $\varphi(x, y|a, b)$ nach dem Vorhergehenden so bestimmen, dass diese Function der gegebenen Differentialgleichung genügt und für $y = b$

$$\varphi(x, y \mid a, b) \text{ in } \overset{(0)}{\varphi}(x \mid a)$$

und

$$\frac{\partial \varphi(x, y \mid a, b)}{\partial y} \text{ in } \overset{(1)}{\varphi}(x \mid a)$$

übergeht. Und zwar erhält man, da in diesem Falle

$$\overset{(2)}{\varphi}(x \mid a) \text{ nur den einen Werth } \frac{\partial \overset{(0)}{\varphi}(x \mid a)}{\partial x}$$

hat:

$$\sum_{\nu=0}^{\nu=\infty} \frac{\partial^\nu \overset{(0)}{\varphi}(x \mid a)}{\partial x^\nu} \frac{(y-b)^{2\nu}}{(2\nu)!} + \sum_{\nu=0}^{\nu=\infty} \frac{\partial^\nu \overset{(1)}{\varphi}(x \mid a)}{\partial x^\nu} \frac{(y-b)^{2\nu+1}}{(2\nu+1)!}$$

als den allgemeinsten Ausdruck von $\varphi(x, y \mid a, b)$.

Ist nun

$$\overset{(0)}{\varphi}(x \mid a) = \sum_{\nu=0}^{\nu=\infty} c_\nu (x-a)^\nu$$

und

$$\overset{(1)}{\varphi}(x \mid a) = \sum_{\nu=0}^{\nu=\infty} c'_\nu (x-a)^\nu,$$

so ergiebt sich:

$$\varphi_0(y|b) = \varphi(a, y|a, b) = \sum_{\nu=0}^{\nu=\infty} \frac{\nu!}{(2\nu)!} c_\nu (y-b)^{2\nu} + \sum_{\nu=0}^{\nu=\infty} \frac{\nu!}{(2\nu+1)!} c'_\nu (y-b)^{2\nu+1}.$$

Bezeichnet man nun mit ϱ eine positive Grösse, die kleiner ist als der Radius des gemeinschaftlichen Convergenzbezirks der Reihen $\overset{(0)}{\varphi}$, $\overset{(1)}{\varphi}$, und die absoluten Beträge von c_ν, c'_ν mit $|c_\nu|$, $|c'_\nu|$, so lässt sich eine positive Grösse g so angeben, dass für jeden Werth von ν

$$|c_\nu| < g\varrho^{-\nu}, \quad |c'_\nu| < g\varrho^{-\nu}$$

ist. Es muss also $\varphi_0(y|b)$ so gewählt werden, dass für zwei bestimmte Grössen g, ϱ dem absoluten Betrage nach

der Coefficient von $(y-b)^{2\nu}$ kleiner ist als $\frac{\nu!}{(2\nu)!} g\varrho^{-\nu}$

" " " $(y-b)^{2\nu+1}$ " " " $\frac{\nu!}{(2\nu+1)!} g\varrho^{-\nu}$.

Daraus folgt, dass die Reihe

$$\sum \frac{d^{2\nu}\varphi_0(y\,|\,b)}{dy^{2\nu}} \frac{(x-a)^\nu}{\nu!}$$

niemals convergent ist, wie klein man auch $x - a$, $y - b$ annehmen möge, wenn die Reihe $\varphi_0(y|b)$ nur einen beschränkten Convergenzbezirk besitzt. Aber auch wenn $\varphi_0(y|b)$ eine beständig convergirende Reihe ist, kann die vorstehende Reihe beständig divergent sein. Dies ist z. B. der Fall, wenn man

$$\varphi_0(y\,|\,b) = \sum_{\nu=0}^{\nu=\infty} \frac{(y-b)^\nu}{(\nu!)^{1/3}}$$

annimmt, weil dann die eben angegebenen Bedingungen für die Coefficienten der Reihe $\varphi_0(y|b)$ nicht erfüllt sind.

§ 4.

Ich gehe jetzt zu dem Fall über, wo zur Bestimmung von m Functionen $\varphi_1, \ldots, \varphi_m$ von $r+1$ Veränderlichen $x, x_1, \ldots, x_r$ ein System von m algebraischen partiellen Differentialgleichungen gegeben ist, welches in Beziehung auf φ_λ von der $n_\lambda$ten Ordnung sein möge. Ich setze dabei voraus, dass dasselbe die normale Form habe, d. h. dass in demselben die Ableitungen

$$\frac{\partial^{n_1}\varphi_1}{\partial x^{n_1}}, \ldots\ldots, \frac{\partial^{n_m}\varphi_m}{\partial x^{n_m}}$$

wirklich vorkommen, und dass es, wenn man diese Grössen als die Unbekannten, die übrigen in ihm vorkommenden aber als willkürlich gegebene betrachtet, auflösbar sei, und nur eine endliche Anzahl von Werthsystemen der genannten Grössen liefere.

Der ersten Bedingung ist, wenn sie nicht von selbst erfüllt sein sollte, stets durch eine lineare Transformation der unabhängigen Veränderlichen in der im vorhergehenden Paragraphen angegebenen Weise zu genügen.

Was dagegen die zweite Bedingung angeht, so bleibt allerdings noch zu untersuchen, ob ein Gleichungssystem von nicht normaler Form stets durch ein ähnliches Verfahren, wie es Jacobi bei einem System gewöhnlicher Differentialgleichungen angewandt hat, auf ein normales zurückgeführt werden könne, worauf ich aber hier nicht eingehen kann[1]).

Dieses vorausgeschickt, bringe ich das vorgelegte Gleichungssystem folgendermassen auf eine „canonische" Gestalt:

---

[1]) Über den hier gemachten Vorbehalt und als Ergänzung zu der Abhandlung von Fr. v. Kowalevsky vergleiche man die kürzlich erschienene (April 1891) Inaugural-Dissertation des Herrn C. Bourlet: *Sur les équations aux dérivées partielles simultanées qui contiennent plusieurs fonctions inconnues.* Paris, Gauthier-Villars et fils, 1891 (63 S. in 4°). (P. M.)

Man kann, um die Grössen

$$\frac{\partial^{n_1}\varphi_1}{\partial x^{n_1}}, \ldots, \frac{\partial^{n_m}\varphi_m}{\partial x^{n_m}}$$

durch $x, x_1, \ldots, x_r, \varphi_1, \ldots, \varphi_m$ und die in den gegebenen Gleichungen enthaltenen Ableitungen von $\varphi_1, \ldots, \varphi_m$ auszudrücken, eine lineare Function der ersteren

$$\varphi_0 = c_1 \frac{\partial^{n_1}\varphi_1}{\partial x^{n_1}} + \cdots + c_m \frac{\partial^{n_m}\varphi_m}{\partial x^{n_m}},$$

wo $c_1, \ldots, c_m$ willkürlich anzunehmende Constanten bezeichnen, als unbekannte Grösse einführen. Man erhält dann für φ_0 eine algebraische Gleichung

$$\mathfrak{G} = 0,$$

wo $\mathfrak{G}$ eine ganze Function von φ_0, deren Coefficienten ganze und rationale Functionen der als bekannt angenommenen Grössen sind, bezeichnet.

Es sei G ein unzerlegbarer Theiler von $\mathfrak{G}$, so entspricht jedem Werthe von φ_0, welcher der Gleichung

$$G = 0$$

genügt, ein Werthsystem der unbekannten Ableitungen

$$\frac{\partial^{n_1}\varphi_1}{\partial x^{n_1}} = \frac{G_1}{G'}, \ldots, \frac{\partial^{n_m}\varphi_m}{\partial x^{n_m}} = \frac{G_m}{G'},$$

wo

$$G' = \frac{\partial G}{\partial \varphi_0}, \quad G_\lambda = -\frac{\partial G}{\partial c_\lambda}$$

ist.

Es werden daher die gegebenen Gleichungen ersetzt durch eine gewisse Anzahl von Gleichungssystemen der Form

$$\left.\begin{array}{l} G(\varphi_0) = 0 \\ G' \dfrac{\partial^{n_1}\varphi_1}{\partial x^{n_1}} = G_1 \\ \cdot\ \cdot\ \cdot\ \cdot\ \cdot\ \cdot \\ G' \dfrac{\partial^{n_m}\varphi_m}{\partial x^{n_m}} = G_m, \end{array}\right\} \quad \ldots\ldots\ldots \quad (1),$$

wo die sämmtlichen G, wenn man

$$\frac{\partial^{\alpha+\alpha_1+\cdots+\alpha_r}\varphi_\lambda}{\partial x^{\alpha}\partial x_1^{\alpha_1}\ldots\partial x_r^{\alpha_r}}$$

mit $\varphi_{\lambda;\,\alpha,\alpha_1,\ldots,\alpha_r}$ bezeichnet, ganze rationale Functionen von $x, x_1, \ldots, x_r$ und denjenigen Grössen

$$\varphi_{\lambda;\,\alpha,\alpha_1,\ldots,\alpha_r}$$

sind, in denen — für den jedesmal betrachteten Werth von λ —

$$a + a_1 + \cdots + a_r \leqq n_\lambda, \quad a < n_\lambda$$

ist.

Es handelt sich nun darum, $m + 1$ Functionenelemente

$$\varphi_0(x, x_1, \ldots, x_r \,|\, a, a_1, \ldots, a_r),\ \varphi_1(x, x_1, \ldots, x_r \,|\, a, a_1, \ldots, a_r), \ldots,\ \varphi_m(x, x_1, \ldots, x_r \,|\, a, a_1, \ldots, a_r)$$

auf die allgemeinste Weise so zu bestimmen, dass dieselben für $\varphi_0, \varphi_1, \ldots, \varphi_m$ gesetzt, die Gleichungen (1) befriedigen.

Man setze, unter λ eine der Zahlen 0, 1, . . ., m verstehend,

$$\left.\begin{aligned} \varphi_\lambda &= \Sigma\left(b^{(\lambda)}_{\alpha, \alpha_1, \ldots, \alpha_r} \frac{(x-a)^\alpha}{\alpha!} \frac{(x_1-a_1)^{\alpha_1}}{\alpha_1!} \cdots \frac{(x_r-a_r)^{\alpha_r}}{\alpha_r!}\right) \\ &\qquad (\alpha = 0 \cdots \infty,\ \alpha_1 = 0 \cdots \infty, \cdots, \alpha_r = 0 \cdots \infty) \\ &= \sum_{\alpha=0}^{\alpha=\infty} \overset{(\alpha)}{\varphi}_\lambda (x_1, \ldots, x_r \,|\, a_1, \ldots, a_r) \frac{(x-a)^\alpha}{\alpha!} \end{aligned}\right\} \quad (2)$$

die Constanten $a, a_1, \ldots, a_r$ und sämmtliche Coefficienten $b^{(\lambda)}_{\alpha, \alpha_1, \ldots, \alpha_r}$ vorläufig ganz unbestimmt lassend, und entwickele den Ausdruck G nach Potenzen von $x - a,\ x_1 - a_1, \ldots, x_r - a_r$, so erhält man das constante Glied dieser Entwickelung, das mit $\overline{G}$ bezeichnet werden möge, wenn man in G

$$a, a_1, \ldots, a_r \text{ für } x, x_1, \ldots, x_r$$

$$b^{(\lambda)}_{\alpha, \alpha_1, \ldots, \alpha_r} \text{ für } \varphi_{\lambda;\, \alpha, \alpha_1, \ldots, \alpha_r}$$

und

$$b^{(0)}_{0, 0, \ldots, 0} \text{ für } \varphi_0$$

setzt. Dann muss, wenn die Gleichungen (1) befriedigt werden sollen, zunächst

$$\overline{G} = 0$$

sein. Diese Gleichung dient dazu, um $b^{(0)}_{0,0,\ldots,0}$ durch die eben genannten Grössen auszudrücken. Die letzteren müssen also so gewählt werden, dass in dem Ausdrucke $\overline{G}$ die zu bestimmende Grösse $b^{(0)}_{0,0,\ldots,0,}$ wirklich vorkommt.

Entwickelt man ferner G nach Potenzen von $x - a$, so wird der Coefficient von $(x - a)^0$, der mit $\overset{*}{G}(\overset{(0)}{\varphi_0})$ bezeichnet werden möge, dadurch erhalten, dass man in G

$$a \text{ für } x$$

$$\frac{\partial^{\alpha_1 + \cdots + \alpha_r} \overset{(\alpha)}{\varphi}(x_1, \ldots, x_r \,|\, a_1, \ldots, a_r)}{\partial x_1^{\alpha_1} \ldots \partial x_r^{\alpha_r}} \text{ für } \varphi_{\lambda;\, \alpha, \alpha_1, \ldots, \alpha_r}$$

und

$$\overset{(0)}{\varphi}_0 \text{ für } \varphi_0$$

setzt. Es ist also:

$$\overset{*}{G}(\overset{(0)}{\varphi}_0)$$

eine ganze Function von $\overset{(0)}{\varphi}_0$ mit Coefficienten, welche ganze Functionen von

$$x_1, \ldots, x_r,$$

ferner von

$$\overset{(0)}{\varphi}_1, \ldots, \overset{(n_1-1)}{\varphi}_1, \ldots, \overset{(0)}{\varphi}_m, \ldots, \overset{(n_m-1)}{\varphi}_m$$

und einer gewissen Anzahl der Ableitungen dieser Functionen sind. Dieselbe geht in $\overline{G}$ über, wenn man $x_1 = a_1, \ldots, x_r = a_r$ nimmt. Unterwirft man also die in $\overline{G}$ vorkommenden Grössen $a, a_1, \ldots, a_r, b^{(\lambda)}_{\alpha, \alpha_1, \ldots, \alpha_r}$ der Bedingung, dass die Gleichung $\overline{G} = 0$, nach $b^{(0)}_{0, \ldots, 0}$ aufgelöst, mindestens **eine** endliche einfache Wurzel besitze, und versteht jetzt unter $b^{(0)}_{0,0 \ldots, 0}$ eine solche, so giebt es eine völlig bestimmte Function $\overset{(0)}{\varphi}_0(x_1, \ldots, x_r \,|\, a_1, \ldots, a_r)$, welche, für $\overset{(0)}{\varphi}_0$ gesetzt, der Gleichung

$$\overset{*}{G}(\overset{(0)}{\varphi}_0) = 0 \quad . \; . \; . \; . \; . \; . \; . \; . \quad (3)$$

genügt, und in $b^{(0)}_{0,0, \ldots, 0}$ übergeht, wenn man $x_1 = a_1, \ldots, x_r = a_r$ setzt. Dabei können die Coefficienten der eben genannten $n_1 + n_2 + \cdots + n_m$ Functionen

$$\overset{(\mu)}{\varphi}_\lambda(x_1, \ldots, x_r \,|\, a_1, \ldots, a_r),$$

abgesehen von der angegebenen Beschränkung, ganz willkürlich angenommen werden, selbstverständlich jedoch so, dass jede von ihnen einen Convergenzbezirk besitze. Dann hat die in der angegebenen Weise bestimmte Function $\overset{(0)}{\varphi}_0(x_1, \ldots, x_r | a_1, \ldots, a_r)$ ebenfalls immer einen gewissen Convergenzbezirk.

Differentiirt man ferner den Ausdruck

$$G' \frac{\partial^{n_\lambda} \varphi_\lambda}{\partial x^{n_\lambda}} - G_\lambda,$$

als Function von x betrachtet, so hat die ν^{te} Ableitung desselben die Form

$$G' \frac{\partial^{n_\lambda + \nu} \varphi_\lambda}{\partial x^{n_\lambda + \nu}} + H^{(\lambda)}_\nu,$$

wo $H_\nu^{(\lambda)}$ eine ganze Function von $x, x_1, \ldots, x_r$ und denjenigen Grössen

$$\varphi_{\mu;\, a,\, a_1,\, \ldots,\, a_r},$$

in denen — bei dem jedesmal betrachteten Werth von λ —

$$a + a_1 + \cdots + a_r \leqq n_\mu + \nu,\; a < n_\mu + \nu$$

ist, bezeichnet.

Die Entwickelung von

$$G' \frac{\partial^{n_\lambda} \varphi_\lambda}{\partial x^{n_\lambda}} - G_\lambda$$

nach Potenzen von $x - a$ hat also die Form

$$\overset{*}{G'} \overset{(n_\lambda + \nu)}{\varphi_\lambda} + \overset{*}{H}{}_\nu^{(\lambda)},$$

wo $\overset{*}{G'}$, $\overset{*}{H}{}_\nu^{(\lambda)}$ aus G', $H_\nu^{(\lambda)}$ dadurch entstehen, dass man setzt:

$$x = a$$

und

$$\varphi_{\mu;\, a,\, a_1,\, \ldots,\, a_r} = \frac{\partial^{a_1 + \cdots + a_r} \overset{(a)}{\varphi_\mu}}{\partial x_1^{a_1} \ldots \partial x_r^{a_r}}.$$

Es hat ferner die ν^{te} Ableitung des Ausdruckes G nach x die Gestalt:

$$G' \frac{\partial^\nu \varphi_0}{\partial x^\nu} + H_\nu^{(0)},$$

wo $H_\nu^{(0)}$ dieselbe Gestalt wie die vorstehenden Functionen $H_\nu^{(\lambda)}$ hat.

Bezeichnet man also mit

$$\overset{*}{G}{}^{(\lambda)},\; \overset{*}{H}{}_\nu^{(0)}$$

die Ausdrücke, in welche $G^{(\lambda)}$, $H_\nu^{(0)}$ dadurch übergehen, dass man $x = a$ und

$$\varphi_{\mu;\, a,\, a_1,\, \ldots,\, a_r} = \frac{\partial^{a_1 + \cdots + a_r} \overset{(a)}{\varphi_\mu}}{\partial x_1^{a_1} \ldots \partial x_r^{a_r}}$$

setzt, so ist der Coefficient von $\frac{(x-a)^\nu}{\nu!}$ in der Entwickelung von G nach Potenzen von $x - a$

$$\overset{*}{G'} \overset{(\nu)}{\varphi_0} + \overset{*}{H}{}_\nu^{(0)}$$

Damit also die Gleichungen (1) befriedigt werden, muss man haben

$$\overset{*}{G'}\overset{(n\lambda+\nu)}{\varphi_\lambda} + \overset{*}{H}{}_\nu^{(\lambda)} = 0, \ (\lambda = 0, 1, \ldots, m) \quad . \quad . \quad . \quad (4).$$

Da sich, weil $\overset{*}{G'}$ an der Stelle $(x_1 = a_1, \ldots, x_r = a_r)$ nicht verschwindet,

$$\frac{1}{\overset{*}{G'}}$$

in eine Potenzreihe von $x_1 - a_1, \ldots, x_r - a_r$ entwickeln lässt, so ergeben sich aus den Gleichungen (4)

$$\overset{(\nu+1)}{\varphi_0}, \quad \overset{(n_1+\nu)}{\varphi_1}, \ldots, \overset{(nm+\nu)}{\varphi_m}$$

als Potenzreihen von $x_1 - a_1, \ldots, x_r - a_r$, welche vollständig bestimmt sind, sobald

$$\begin{array}{l} \overset{(0)}{\varphi_0} \\ \overset{(0)}{\varphi_1}, \ldots, \overset{(n_1-1)}{\varphi_1} \\ \cdot \quad \cdot \quad \cdot \quad \cdot \quad \cdot \quad \cdot \\ \overset{(0)}{\varphi_m}, \ldots, \overset{(nm-1)}{\varphi_m} \end{array}$$

es sind.

Daraus folgt, dass, wenn man $a, a_1, \ldots, a_r$ und die vorstehenden Functionen

$$\overset{(\mu)}{\varphi_\lambda}(x_1, \ldots, x_r \mid a_1, \ldots, a_r) \quad (\text{für } \lambda = 1, \ldots, m)$$

den angegebenen Bedingungen gemäss, im Übrigen aber willkürlich annimmt, darauf, nach Fixirung der aus der Gleichung

$$\overline{G} = 0$$

sich ergebenden Coefficienten $b^{(0)}_{0,0,\ldots,0}$, zunächst $\overset{(0)}{\varphi_0}$ und dann die sämmtlichen Functionen $\overset{(n\lambda+\nu)}{\varphi_\lambda}(x_1, \ldots, x_r | a_1, \ldots, a_r)$ sich so bestimmen lassen, und zwar nur auf eine einzige Weise, wie es erforderlich ist, wenn

$$\left.\begin{array}{l} \varphi_0 = \sum\limits_{\alpha=0}^{\alpha=\infty} \overset{(\alpha)}{\varphi_0}(x_1, \ldots, x_r \mid a_1, \ldots, a_r) \dfrac{(x-a)^\alpha}{\alpha!} \\ \varphi_1 = \sum\limits_{\alpha=0}^{\alpha=\infty} \overset{(\alpha)}{\varphi_1}(x_1, \ldots, x_r \mid a_1, \ldots, a_r) \dfrac{(x-a)^\alpha}{\alpha!} \\ \cdot \quad \cdot \quad \cdot \quad \cdot \quad \cdot \quad \cdot \quad \cdot \quad \cdot \quad \cdot \quad \cdot \quad \cdot \quad \cdot \\ \varphi_m = \sum\limits_{\alpha=0}^{\alpha=\infty} \overset{(\alpha)}{\varphi_m}(x_1, \ldots, x_r \mid a_1, \ldots, a_r) \dfrac{(x-a)^\alpha}{\alpha!} \end{array}\right\} \quad . \quad . \quad (5)$$

den Gleichungen (1) formell genügen sollen.

Um nun zu beweisen, dass die so bestimmten Ausdrücke $\varphi_0, \varphi_1, \ldots, \varphi_m$ ein System von Functionenelementen bilden, welches die Gleichungen (1) wirklich befriedigt, hat man nur zu zeigen, dass sie innerhalb eines bestimmten Bezirks convergiren.

Ich setze wieder

$$x = a + u, \quad x_1 = a_1 + u_1, \ldots, \quad x_r = a_r + u_r$$

und verstehe jetzt unter $\varphi_{\lambda;\, \alpha, \alpha_1, \ldots, \alpha_r}$ die Potenzreihe von $u, u_1, \ldots, u_r$, in welche

$$\frac{\partial^{\alpha + \alpha_1 + \cdots + \alpha_r} \varphi_\lambda}{\partial x^\alpha \partial x_1^{\alpha_1} \ldots \partial x_r^{\alpha_r}}$$

durch diese Substitution übergeht.

Dann hat man

$$\left.\begin{array}{l} \dfrac{\partial \varphi_\lambda}{\partial u} = \varphi_{\lambda;\, 1, 0, \ldots, 0} \\ \quad \cdot \quad \cdot \quad \cdot \quad \cdot \quad \cdot \quad \cdot \quad \cdot \qquad\qquad (\lambda = 1, \ldots, m) \\ \dfrac{\partial \varphi_{\lambda;\, n_\lambda - 2, 0, \ldots, 0}}{\partial u} = \varphi_{\lambda;\, n_\lambda - 1, 0, \ldots, 0} \end{array}\right\} \quad (6),$$

$$G' \frac{\partial \varphi_{\lambda;\, n_\lambda - 1, 0, \ldots, 0}}{\partial u} = G_\lambda$$

wo man, wenn $n_\lambda = 1$ ist, nur die letzte Gleichung beizubehalten hat.

Ferner hat man

$$G' \frac{\partial \varphi_0}{\partial u} + H_1^{(0)} = 0,$$

wo $H_1^{(0)}$ eine ganze Function von $u, u_1, \ldots, u_r$ und denjenigen Grössen

$$\varphi_{\mu;\, \alpha, \alpha_1, \ldots, \alpha_r},$$

in welchen für den jedesmal betrachteten Werth von μ

$$\alpha + \alpha_1 + \cdots + \alpha_r \leqq n_\mu + 1, \quad \alpha \leqq n_\mu$$

ist. Man kann aber aus $H_1^{(0)}$ die Grössen

$$\frac{\partial^{n_1} \varphi_1}{\partial x^{n_1}}, \ldots, \frac{\partial^{n_m} \varphi_m}{\partial x^{n_m}}$$

und deren erste Ableitungen nach den Veränderlichen $x_1, \ldots, x_r$ vermittelst der Gleichungen (4) eliminiren, und erhält so eine Gleichung

$$(G')^k \frac{\partial \varphi_0}{\partial u} - G_0 = 0 \quad \ldots \ldots \ldots \quad (7),$$

wo k eine der Zahlen 0, 1, 2, 3,... und G_0 ein Ausdruck von derselben Gestalt wie die G_λ in den Gleichungen (6) ist.

Sodann hat man für jede Function $\varphi_{\lambda;\, a, a_1, \ldots, a_r}$, in welcher

$$a + a_1 + \cdots + a_r < n_\lambda$$

und mindestens eine der Grössen $a_1, \ldots, a_r$, z. B. $a_\mu > 0$ ist,

$$\frac{\partial \varphi_{\lambda;\, a, a_1, \ldots, a_\mu, \ldots a_r}}{\partial u} = \frac{\partial \varphi_{\lambda;\, a+1, \ldots a_\mu, \ldots, a_r}}{\partial u_\mu} \quad . \quad . \quad . \quad (8).$$

Endlich ist

$$\frac{\partial x}{\partial u} = 1, \ \frac{\partial x_1}{\partial u} = 0, \ldots, \frac{\partial x_r}{\partial u} = 0 \quad . \quad . \quad . \quad . \quad (9).$$

So ergiebt sich für $x, x_1, \ldots, x_r$ und diejenigen Functionen

$$\varphi_{\lambda;\, a, a_1, \ldots, a_r},$$

in welchen $a + a_1 + \cdots + a_r < n_\lambda$ ist (wobei jedoch jetzt jede solche Function, auch wenn sie in den Gleichungen (1) nicht vorkommen sollte, in Betracht zu ziehen ist), ein System partieller Differentialgleichungen von der in § I, Zusatz D, betrachteten Form.

Damit ist festgestellt, dass sie Potenzreihen von $u, u_1, \ldots, u_r$ oder $x - a, x_1 - a_1, \ldots, x_r - a_r$ sind, welche sämmtlich innerhalb eines bestimmten Bezirks convergiren, indem die am angeführten Orte unter a, b angegebenen Bedingungen in diesem Falle erfüllt sind.

Der Beweis ferner, dass man für jedes die Gleichungen (1) befriedigende System analytischer Functionen ein dasselbe definirendes System von Functionenelementen durch das beschriebene Verfahren erhalten kann, wird ganz so geführt, wie es am Schlusse des § II für den Fall, dass nur eine Differentialgleichung vorliegt, geschehen ist. Die singulären Lösungen der Gleichungen (1) bilden diejenigen Functionensysteme $\varphi_0, \varphi_1, \ldots, \varphi_m$, welche ausser den genannten Gleichungen auch noch die Gleichung $G' = 0$ befriedigen. Die Bestimmung dieser singulären Functionensysteme lässt sich aber immer durch algebraische Gleichungen oder vermittelst eines Systems anderer Differentialgleichungen, von dem sie keine singulären Lösungen sind, bewerkstelligen.

Hiermit ist die Aufgabe, die ich mir gestellt habe, vollständig gelöst. Ich bemerke aber noch Folgendes. Auch transcendente partielle Differentialgleichungen lassen sich in vielen Fällen auf das Gleichungssystem (1) in der Art zurückführen, dass

$$G, G_1, \ldots, G_m$$

nicht rationale, aber in der Form beständig convergirender Potenzreihen darstellbare ganze Functionen von

$$x, x_1, \ldots, x_r \text{ und den Grössen } \varphi_{\lambda;\, \alpha, \alpha_1, \ldots, \alpha_r}$$

sind. In diesem Falle behalten die im Vorstehenden gefundenen Resultate ihre volle Gültigkeit, wie aus der Herleitung derselben ohne Weiteres ersichtlich ist.

Berlin im Juli 1874.

Anhang II.

Untersuchung der Methoden zur Integration partieller Differentialgleichungen zweiter Ordnung mit einer abhängigen und zwei unabhängigen Veränderlichen.[1]

Von

V. G. Imschenetsky.

[1]) Übersetzung eines Aufsatzes in Grunert's Archiv Bd. 54, S. 209—360.

Einleitung.

Die Theorie der Differentialgleichungen stellt ein so eng verkettetes, so streng logisches Ganzes dar, dass die Möglichkeit der Auflösung jedes neuen Problems, dem man beim Vorwärtsschreiten in dieser Theorie begegnet, von der mehr oder weniger vollständigen Art und Weise abhängt, in der man die vorher aufgetretenen Probleme niedrigerer Ordnung gelöst hat. Dieser enge Zusammenhang zwischen allen Theilen der Lehre ist ein Übelstand, sobald sich bei einer gewissen Art von Aufgaben Schwierigkeiten einstellen, die den Kräften der mathematischen Analysis einen längeren Widerstand zu leisten vermögen; denn ein Hinderniss in der Entwickelung eines einzigen Theiles macht sich störend bemerkbar in dem ganzen System, dessen verschiedene Theile ein organisches Ganzes bilden. Dieser Übelstand verwandelt sich aber in einen Vortheil, so oft man bei irgend einem Punkte der Theorie einen bemerkenswerthen Erfolg errungen hat; die Überwindung eines beträchtlichen Hindernisses zieht zuweilen den Einsturz andrer Hindernisse nach sich und giebt der Entwickelung der gesammten Theorie einen kräftigen Anstoss. So hat die neuere Ausbildung der allgemeinen Methoden der Integration der partiellen Differentialgleichungen erster Ordnung den Aufbau und die Vervollständigung der Theorie der simultanen canonischen Gleichungen mächtig gefördert, aber auch zur Weiterbildung der Theorie der partiellen Differentialgleichungen zweiter Ordnung sehr viel beigetragen.

Ist einmal die Theorie der partiellen Differentialgleichungen erster Ordnung endgültig begründet, so kommen naturgemäss die partiellen Differentialgleichungen höherer Ordnung an die Reihe; und auf die Lösung dieses letzteren Problems müssen jetzt die Bemühungen der Mathematiker gerichtet sein. Infolge des organischen Zusammenhanges, welcher zwischen sämmtlichen Theilen der Theorie der Differentialgleichungen ebenso wie zwischen den Unterabtheilungen eines jeden Theiles besteht, giebt sich eine bemerkenswerthe Analogie und Einheit in den Auflösungsmethoden der von ihr umfassten Aufgaben kund, mag auch sonst deren Natur noch so verschieden sein. Daraus folgt, dass, wenn der Analyst einer Aufgabe begegnet, deren

Lösung zwar bis zu einem gewissen Punkte gediehen, aber bei diesem Punkte ihrer Entwickelung Halt zu machen gezwungen war, er sich vor Allem Rechenschaft zu geben suchen muss von dem Wege, den man bis dahin verfolgt hat, zumal wenn dieser Weg von Männern wie D'Alembert, Euler, Laplace, Lagrange, Monge, Ampère gebahnt wurde.

In der That kann das aufmerksame Studium dessen, was bereits gemacht worden ist, zuweilen zeigen, dass der fernere Erfolg weniger von der Erfindung neuer Methoden als von einer vollständigeren und allgemeineren Anwendung der älteren Methoden abhängt.

Die Theorie der Integration der partiellen Differentialgleichungen höherer Ordnung zerfällt in zwei Theile. In dem ersten betrachtet man Differentialgleichungen von complicirten Formen und sucht entweder ihre allgemeinen Integrale unter endlicher Form zu bestimmen oder die gegebenen Gleichungen auf Formen zurückzuführen, die die einfachsten sind unter denen, deren Integrale sich nicht durch endliche Ausdrücke darstellen lassen. In dem zweiten hat man es mit diesen vereinfachten Gleichungen und den Methoden ihrer Integration, sei es mit Hülfe von Reihen, sei es mit Hülfe von bestimmten Integralen, zu thun.

In der vorliegenden Abhandlung behandle ich die auf die beiden Theile der Theorie bezüglichen Fragen für den Fall der partiellen Differentialgleichungen zweiter Ordnung mit einer abhängigen und zwei unabhängigen Veränderlichen. Indem ich einen kurzen, aber möglichst vollständigen Abriss der hauptsächlichen Auflösungsmethoden dieser Art von Problemen gebe, glaube ich eine Lücke ausgefüllt zu haben, welche in den systematischen Lehrbüchern der Integralrechnung besteht. Die meisten Autoren beschränken sich in der That auf die Darlegung der Monge'schen Methode; zuweilen enthalten die vollständigeren Werke auch die Methoden von Euler und Laplace. Keiner aber erwähnt, soviel ich weiss, die Arbeiten von Ampère über diesen Gegenstand, die im 17. und 18. Hefte des Journal de l'école polytechnique veröffentlicht sind. Die Untersuchungen Ampère's, welche die Theorie der Integrale und die Methoden der Integration für die Fälle umfassen, auf welche die Monge'sche Methode nicht anwendbar ist, sollten einen beachtenswerthen Platz in jedem gewissenhaften Lehrbuch der Integralrechnung einnehmen, während man gewöhnlich, wie eben erwähnt, nur die Methode von Monge, zuweilen mit mehr oder weniger glücklichen formellen Änderungen, darlegt. Die Nichtbeachtung der schönen Arbeit Ampère's ist zum Theil ohne Zweifel durch die Art der Abfassung der beiden umfangreichen Abhandlungen veranlasst, welche sich nicht in Kürze wiedergeben lassen; ich habe indessen alle meine Kräfte aufgeboten, um dies Ziel zu erreichen. Ich habe die Mittel gefunden, im Verlaufe meiner Auseinandersetzung die Ergebnisse meiner eigenen Untersuchungen an den durch die Anordnung des Stoffes gebotenen Stellen einzuschieben.

Unter diesen Resultaten erlaube ich mir einen Versuch einer Verallgemeinerung der Laplace'schen Methode (Kap. II, § 9) und eine neue Form, die ich der Auseinandersetzung der Methode der Variation der willkürlichen Constanten gegeben habe (Kap. IV), hervorzuheben. Der mit diesem Gegenstande vertraute Leser wird leicht die minder wichtigen Stellen erkennen, in denen ich mich von meinen Quellen, die ich überall in den Anmerkungen am Fusse der Seiten sorgfältig angegeben habe, entferne.

---

1. Kapitel.
Theorie der Integrale der partiellen Differentialgleichungen.

§ 1.

1. Die Integrationsmethoden einer jeden Klasse von Differentialgleichungen gründen sich auf die Art und Weise, wie wir uns einerseits die Form und die Zusammensetzung ihrer Integrale, andrerseits den Gang und die verschiedenen charakteristischen Umstände der Bildung der betrachteten Differentialgleichungen mittels ihrer Integrale vorstellen. In der That muss die Methode zur Integration einer Differentialgleichung im Allgemeinen darin bestehen, dass man in umgekehrter Richtung den Weg durchläuft, den man, je nach der Annahme über die Form des Integrals, hätte einschlagen müssen, um zu dieser Differentialgleichung zu gelangen. Obwohl dieser umgekehrte Weg im Allgemeinen viel schwieriger ist, als der directe Weg, wird er doch durch die Besonderheiten des letzteren und seines schliesslichen Zieles erleichtert. Geleitet von dieser Analogie werden wir zunächst, bevor wir die Methoden zur Integration der partiellen Differentialgleichungen zweiter Ordnung auseinandersetzen, die Theorie ihrer Integrale geben.

2. Trotz unsres Wunsches, die Einführung von Bezeichnungen, die nicht durch den gewöhnlichen Gebrauch sanctionirt sind, zu vermeiden, werden wir doch zuweilen gezwungen sein, von dieser Regel abzuweichen, und wollen sogleich eine Festsetzung treffen, die im Übrigen keine Schwierigkeiten darbieten wird. Stellen wir z. B. durch den Buchstaben u eine explicite oder implicite Function der beiden Veränderlichen x, y dar, so bezeichnen wir durch $u_k^{(i)}$ die partielle Ableitung dieser Function, die man erhält, indem man in beliebiger Reihenfolge i-mal nach x und k-mal nach y differentiirt, so dass also die Indices der Differentiationen nach x und y immer rechts von dem Buchstaben u geschrieben werden und zwar der erstere oben, der letztere unten. Sobald wir veranlasst sind, an Stelle der Veränderlichen x und y auf Grund irgend einer zwischen x, y und α bestehenden Relation die neuen Veränderlichen x, α oder vielmehr auf Grund zweier verschiedenen zwischen x, y, α, β bestehenden Relationen die neuen unabhängigen Veränderlichen α, β einzuführen, werden wir in diesen beiden Fällen zur Bezeichnung der partiellen Ableitungen der Function u die gewöhnlichen Bezeichnungen

$$\frac{\partial^{i+k} u}{\partial x^i \partial \alpha^k}, \quad \frac{\partial^{i+k} u}{\partial \alpha^i \partial \beta^k}$$

anwenden.

Es ist kaum nöthig hinzuzufügen, dass man bei diesen verschiedenen auf die unabhängigen Veränderlichen bezüglichen Annahmen partielle Ableitungen wie

$$u^{(i)} \text{ und } \frac{\partial^i u}{\partial x^i}, \quad \frac{\partial^k u^{(i)}}{\partial \alpha^k} \text{ und } \frac{\partial^{i+k} u}{\partial x^i \partial \alpha^k}, \text{ u. s. w.}$$

nicht als gleich betrachten darf.

3. Wenden wir die vorher erwähnte Festsetzung an und bezeichnen wir mit z eine Function der beiden unabhängigen Veränderlichen x, y und mit F einen Ausdruck, der in bekannter Weise aus den unter diesem Zeichen auftretenden Grössen zusammengesetzt ist, so können wir die partiellen Differentialgleichungen zweiter Ordnung unter der allgemeinen Form

$$F(x, y, z, z', z_{,}, z'', z'_{,}, z_{,,}) = 0 \quad . \quad . \quad . \quad . \quad . \quad (1).$$

darstellen, und ebenso wird die allgemeine Gleichung m^{ter} Ordnung dargestellt sein durch

$$F(x, y, z, z', z_{,}, z'', z'_{,}, z_{,,}, \ldots, z^{(m)}, z^{(m-1)}_{,}, \ldots, z'_{m-1}, z_m) = 0 \quad (2).$$

Um möglichst allgemeine und von der Ordnung der Gleichung unabhängige Resultate zu erhalten, wollen wir die charakteristischen Eigenschaften der Integrale der Gleichung m^{ter} Ordnung (2) untersuchen.

Die Gleichung (2) kann als eine zur Bestimmung der unbekannten Function z gegebene Bedingung betrachtet werden; und da wir ausser dieser Bedingung keine andere Bedingung weiter kennen, so wird die Function z durch diese Bedingung auf die allgemeinste Weise bestimmt sein, wenn sie dieser Bedingung und allen unmittelbar daraus ableitbaren Folgerungen genügt. Solcher Folgerungen der Gleichung (2) giebt es unendlich viele; dieselben werden erhalten, wenn man diese Gleichung beliebig oft nach x und y differentiirt. Die Veränderliche z soll ferner bestimmt werden als Function von x und y; demnach wird sich die gesuchte Lösung darstellen müssen unter der Form einer Gleichung zwischen x, y, z, oder unter der Form eines Systems von Gleichungen zwischen diesen Grössen und anderen Veränderlichen, Gleichungen, die sich schliesslich reduciren auf eine einzige Gleichung zwischen x, y, z. Auf Grund dieser Betrachtungen kann man die Lösung oder das allgemeinste Integral der Gleichung (2) folgendermassen definiren.

4. Man nennt allgemeines Integral einer partiellen Differentialgleichung m^{ter} Ordnung eine Gleichung oder ein System von Gleichungen zwischen den Veränderlichen des Problems x, y, z von folgender Eigenschaft: Nimmt man einerseits die Integralgleichungen und alle ihre Ableitungen nach x und y bis zur n^{ten} Ordnung einschliesslich, wo n eine willkürliche Zahl nicht kleiner als m ist, und nimmt man andrerseits die gegebene Gleichung (2) und alle ihre Ableitungen nach x und y bis zur $(n - m)$-^{ten} Ordnung einschliesslich, so muss das erste System zwischen den Veränderlichen x, y, der Function z dieser Veränderlichen und den Ableitungen dieser Function bis zur n^{ten} Ordnung dieselben Relationen und nur diese ergeben, wie die, welche durch das zweite Gleichungssystem ausgedrückt werden.

Wenn das erste Gleichungssystem die eben erwähnten Bedingungen erfüllt, aber ausserdem noch zwischen den Veränderlichen x, y, z und den Ableitungen von z Beziehungen giebt, die nicht in dem zweiten Gleichungssystem enthalten sind, so ist das Integral entweder particulär oder singulär. Ein particuläres Integral folgt als besonderer Fall aus dem allgemeinen Integral und aus ihm kann man durch eine passende Verallgemeinerung das allgemeine Integral ableiten. Ein singuläres Integral besitzt diese Eigenschaften nicht.

Von den in Rede stehenden Integralen ist angenommen worden, dass sie die Ableitungen der Function z nicht enthalten; man kann sie demgemäss primitive Integrale nennen. Kommen in einem Integrale Ableitungen von z vor, so kann man mittels der vorstehenden, nur passend abgeänderten Regel immer erkennen, ob dasselbe allgemein ist. Mag das Integral solcher Art allgemein sein oder nicht, so kann man es in allen Fällen ein Zwischenintegral nennen, da es als eine Differentialgleichung betrachtet werden kann, durch deren Integration man das primitive Integral erhalten kann.

§ 2.

5. Wir wollen die oben gegebenen Definitionen und die Eigenschaften der partiellen Differentialgleichungen durch einfache Beispiele erläutern. Es sei die Gleichung zweiter Ordnung

$$z_{\prime\prime} - m z'' = 0 \quad \ldots\ldots\ldots \quad (3),$$

wo m eine gegebene Constante ist. Ihr allgemeines Integral kann dargestellt werden durch das System der Gleichungen

$$z = \varphi(\alpha) + \psi(\beta), \quad \alpha = x + y\sqrt{m}, \quad \beta = x - y\sqrt{m} \qquad (4),$$

oder, indem man α und β eliminirt, durch die einzige Gleichung:

$$z = \varphi(x + y\sqrt{m}) + \psi(x - y\sqrt{m}) \quad \ldots\ldots \quad (5),$$

wo φ und ψ vollkommen willkürliche Functionen bezeichnen.

In der That genügt der vorstehende Werth von z der gegebenen Gleichung und allen Gleichungen von der Form:

$$z_{k+2}^{(i)} - mz_k^{(i+2)} = 0 \quad . \quad . \quad . \quad . \quad . \quad . \quad . \quad . \quad (6),$$

welche man erhält, indem man die gegebene Gleichung i-mal nach x und k-mal nach y differentiirt. Und da die Gleichung (5) keine anderen Relationen zwischen den Ableitungen von z liefert als die, welche durch die Gleichungen (6) dargestellt werden, so folgt daraus, dass sie das allgemeine Integral der Gleichung (3) darstellt.

6. Nimmt man jetzt diesen andern Ausdruck

$$z = a + bx + cy + hx^2 + gxy + mhy^2 \quad . \quad . \quad . \quad (7),$$

wo a, b, c, h, g willkürliche Constanten bezeichnen, so überzeugt man sich leicht, dass er ebenfalls der gegebenen Gleichung (3) und allen ihren Folgerungen (6) genügt; aber ausserdem giebt der Ausdruck (7) noch andere Relationen zwischen den Ableitungen von z; es sind nämlich alle diese Ableitungen von der dritten Ordnung an einander gleich, da sie sich auf Null reduciren. Mithin stellt die Gleichung (7) nur ein particuläres Integral der Gleichung (3) dar. Dieses particuläre Integral ist dadurch bemerkenswerth, dass es genau ebenso viele willkürliche Constanten enthält, als es Ableitungen von z von der ersten Ordnung bis zur Ordnung der gegebenen Gleichung giebt, d. h. fünf. Wenn man daher die Integralgleichung und alle ihre Ableitungen bis zur zweiten Ordnung einschliesslich nimmt, so erhält man genau so viele Gleichungen, als man braucht, um alle Constanten zu eliminiren. Wegen dieser Eigenschaft ist ein solches particuläres Integral von Lagrange ein vollständiges Integral genannt worden. Es leuchtet ein, dass das vollständige Integral einer Gleichung m^{ter} Ordnung $\frac{1}{2}(m+1)(m+2) - 1$ willkürliche Constanten enthalten muss.

7. Ein particuläres Integral muss, wie sein Name anzeigt, aus dem allgemeinen Integrale als besonderer Fall abgeleitet werden können. Um dies bei dem vorstehenden Beispiele zu bestätigen, führen wir in die Gleichung (7) mit Hülfe der beiden letzten Gleichungen des Systems (4) α und β an Stelle von x und y ein. Es kommt

$$z = a + \frac{b}{2}(\alpha+\beta) + \frac{c}{2\sqrt{m}}(\alpha-\beta) + \frac{h}{4}(\alpha+\beta)^2 + \frac{g}{4\sqrt{m}}(\alpha^2-\beta^2) + \frac{h}{4}(\alpha-\beta)^2,$$

und diese Gleichung folgt aus der Gleichung (5), wenn man den willkürlichen Functionen die besonderen Werthe giebt:

$$\varphi(\alpha) = a + \frac{1}{2}\left(b + \frac{c}{\sqrt{m}}\right)\alpha + \frac{1}{2}\left(h + \frac{g}{2\sqrt{m}}\right)\alpha^2,$$

$$\psi(\beta) = \frac{1}{2}\left(b - \frac{c}{\sqrt{m}}\right)\beta + \frac{1}{2}\left(h - \frac{g}{2\sqrt{m}}\right)\beta^2.$$

8. Aber die reciproke Beziehung zwischen den Integralen (4) und (7), vermöge deren man aus dem vollständig genannten particulären Integrale durch eine passende Verallgemeinerung das allgemeine Integral ableiten kann, ist noch viel wichtiger. Lagrange[1]) hat diese Transformation auf die Variation der willkürlichen Constanten gegründet. Seine Methode kann in folgender Weise unter einer allgemeinen Form dargestellt werden.

Es sei

$$V = 0$$

ein vollständiges Integral der Gleichung (1), wo V die Veränderlichen x, y, z und fünf willkürliche Constanten a, b, c, g, h enthalte. Hieraus mögen die Gleichungen folgen:

$$z' = P, \quad z_{,} = Q.$$

Sodann nehmen wir an, um zum allgemeinen Integral zu gelangen, dass a, b, c, g, h Functionen von x, y, z darstellen, welche so bestimmt werden sollen, dass die totalen Differentiale der Ausdrücke V, P, Q genau dieselbe Form behalten, welche sie hätten, wenn a, b, c, g, h constante Grössen darstellen würden. Dazu braucht man nur die Differentiale von P, Q, V, genommen, indem man a, b, c, g, h sich ändern lässt, gleich Null zu setzen, was drei lineare und in Bezug auf da, db, dc, dg, dh homogene Gleichungen liefert. Zwischen diesen Gleichungen eliminiren wir irgend zwei der fünf Differentiale und setzen in dem Resultat der Elimination die Coefficienten der drei übrig bleibenden Differentiale gleich Null; dadurch erhalten wir drei Gleichungen zur Bestimmung der fünf Grössen a, b, c, g, h. Demnach bleiben zwei der betrachteten fünf Grössen unbestimmt und diese können dargestellt werden als willkürliche Functionen der drei andern; jedenfalls müssen wir so verfahren, dass schliesslich die Werthe der fünf Grössen a, b, c, g, h sämmtlich ausgedrückt sind als Functionen von x, y, z. Man hat sodann nur die gefundenen Ausdrücke mit der Gleichung $V = 0$ zu combiniren, um das allgemeine Integral zu erhalten.

9. Um diese Methode auf das betrachtete Beispiel anzuwenden, bemerken wir, dass man hat:

$$\begin{aligned} V &= -z + a + bx + cy + hx^2 + gxy + mhy^2, \\ z' &= P = b + 2hx + gy, \\ z_{,} &= Q = c + gx + 2mhy. \end{aligned}$$

Setzt man sodann die Differentiale von V, P, Q bezüglich der Variation

---

[1]) Sur les intégrales particulières des équations différentielles. Nouveaux Mémoires de l'Académie de Berlin, 1774, p. 266. — Oeuvres, tome IV, p. 98.

von a, b, c, g, h gleich Null, so findet man zur Bestimmung dieser letzteren Grössen die drei Gleichungen:

$$da + xdb + ydc + x^2dh + xydg + my^2dh = 0,$$
$$db + 2xdh + ydg = 0,$$
$$dc + xdg + 2mydh = 0.$$

Die beiden letzten Gleichungen können durch zwei andere ersetzt werden, die ihnen äquivalent sind. Dazu multipliciren wir die erste mit einem unbestimmten Factor μ und addiren sie zur zweiten; so kommt:

$$\mu db + dc + x(2\mu dh + dg) + \mu y\left(2\,\frac{m}{\mu}\,dh + dg\right) = 0.$$

Man kann μ derart bestimmen, dass man hat: $\mu = \frac{m}{\mu}$, woraus man die beiden Werthe $\mu = \pm\sqrt{m}$ erhält. Hiernach kann man an Stelle der beiden letzten Gleichungen des vorstehenden Systems die folgenden beiden nehmen:

$$dc + \sqrt{m}db + (x + \sqrt{m}y)(dg + 2\sqrt{m}dh) = 0,$$
$$dc - \sqrt{m}db + (x - \sqrt{m}y)(dg - 2\sqrt{m}dh) = 0.$$

In der ersten dieser Gleichungen kommen nur die Differentiale der Veränderlichen

$$c + \sqrt{m}b, \quad g + 2\sqrt{m}h,$$

in der zweiten nur die der Veränderlichen

$$c - \sqrt{m}b, \quad g - 2\sqrt{m}h$$

vor, und es liegt nichts im Wege, die erste dieser Veränderlichen einer willkürlichen Function der zweiten und die dritte einer willkürlichen Function der vierten gleich zu setzen. Bezeichnet man also mit ω und π willkürliche Functionen und mit ω', π' ihre Ableitungen nach ihren respectiven Argumenten, so hat man:

$$c + \sqrt{m}b = \omega(g + 2\sqrt{m}h), \quad c - \sqrt{m}b = \pi(g - 2\sqrt{m}h),$$

und hieraus:

$$dc + \sqrt{m}db = \omega'(g + 2\sqrt{m}h)(dg + 2\sqrt{m}dh),$$
$$dc - \sqrt{m}db = \pi'(g - 2\sqrt{m}h)(dg - 2\sqrt{m}dh).$$

Somit nehmen die vorstehenden Gleichungen die Form an:

$$\omega'(g + 2\sqrt{m}h) + (x + \sqrt{m}y) = 0,$$
$$\pi'(g - 2\sqrt{m}h) + (x - \sqrt{m}y) = 0.$$

Da ω', π' willkürliche Functionen sind, so hat man, wenn man durch Ω, Π zwei andere willkürliche Functionen bezeichnet, nach diesen Gleichungen:

$$g + 2\sqrt{m}h = \Omega(x + \sqrt{m}y),$$
$$g - 2\sqrt{m}h = \Pi(x - \sqrt{m}y),$$

oder, wenn man $x + \sqrt{m}y = \alpha$, $x - \sqrt{m}y = \beta$ setzt:

$$g + 2\sqrt{m}h = \Omega(\alpha),$$
$$g - 2\sqrt{m}h = \Pi(\beta),$$

und zu gleicher Zeit nehmen die vorstehenden Differentialgleichungen die Form an:

$$dc + \sqrt{m}db = -\alpha d\Omega(\alpha),$$
$$dc - \sqrt{m}db = -\beta d\Pi(\beta).$$

Mittels der vier letzten Gleichungen findet man die folgenden Werthe von vier der gesuchten Grössen:

$$g = \frac{1}{2}(\Omega(\alpha) + \Pi(\beta)), \qquad h = \frac{1}{4\sqrt{m}}(\Omega(\alpha) - \Pi(\beta)),$$
$$c = -\frac{1}{2}(\int\alpha d\Omega(\alpha) + \int\beta d\Pi(\beta), \quad b = -\frac{1}{2\sqrt{m}}(\int\alpha d\Omega(\alpha) - \int\beta d\Pi(\beta)).$$

Indem man diese Werthe und die Ausdrücke

$$x = \frac{\alpha+\beta}{2}, \quad y = \frac{\alpha-\beta}{2\sqrt{m}}$$

in die erste der Bedingungsgleichungen substituirt, erhält man nach allen Reductionen:

$$da = \frac{1}{4\sqrt{m}}(\alpha^2 d\Omega(\alpha) - \beta^2 d\Pi(\beta)),$$

und indem man integrirt, findet man als Werth der letzten Unbekannten:

$$a = \frac{1}{4\sqrt{m}}(\int\alpha^2 d\Omega(\alpha) - \int\beta^2 d\Pi(\beta)).$$

10. Das Ensemble der Gleichung (7) und derjenigen, welche die Werthe von a, b, c, g, h, x, y darstellen, bildet bereits das allgemeine Integral. Will man dieses aber durch eine einzige Gleichung darstellen, so muss man in die Gleichung (7) die Werthe von a, b, c, g, h, x, y substituiren. Man findet so nach einigen Reductionen:

$$z = \frac{1}{4\sqrt{m}}\{\int a^2 d\Omega(a) - 2a\int a d\Omega(a) + a^2\Omega(a)\} - \frac{1}{4\sqrt{m}}\{\int \beta^2 d\Pi(\beta) - 2\beta\int\beta d\Pi(\beta) + \beta^2\Pi(\beta)\}.$$

Dieser Ausdruck von z vereinfacht sich aber noch mittels der partiellen Integration und nimmt die Form an:

$$z = \frac{1}{2\sqrt{m}}\{\int da\int\Omega(a)da - \int d\beta\int\Pi(\beta)d\beta\}.$$

Endlich kann man, wenn man will, indem man von der Bemerkung, dass die Functionen Ω, Π willkürlich sind, Nutzen zieht,

$$\Omega(a) = 2\sqrt{m}\,\frac{d^2\varphi(\alpha)}{d\alpha^2},\quad \Pi(\beta) = -\,2\sqrt{m}\,\frac{d^2\psi(\beta)}{d\beta^2}$$

setzen, wo φ und ψ willkürliche Functionen bezeichnen. Dadurch nimmt das allgemeine Integral die Form an:

$$z = \varphi(a) + \psi(\beta),\quad a = x + \sqrt{m}\,y,\quad \beta = x - \sqrt{m}\,y,$$

unter welcher es oben gegeben worden war.

11. Die Methode der Variation der willkürlichen Constanten hat für die von uns betrachtete Klasse von Gleichungen nicht geringere Wichtigkeit, wie für die andern Fälle, in denen sie dazu gedient hat, allgemeine Integrationsweisen zu finden. Ihr Erfinder Lagrange jedoch, der nicht die bequemste Form für die Anwendung dieser Methode in dem betrachteten Falle entdeckt hatte, hat sie nicht nach ihrem richtigen Werthe geschätzt.[1]) Eine weit glücklichere Anwendung von dieser Methode hat Ampère gemacht, wie wir am Schlusse der gegenwärtigen Abhandlung zeigen werden, wo wir eine noch grössere Verallgemeinerung dieser Methoden aufstellen und Formeln geben werden, denen zufolge die Methode der Variation der willkürlichen Constanten sich als das allgemeinste der Hülfsmittel zur Integration der betrachteten Klasse von Gleichungen ausweisen wird.

---

[1]) „Übrigens sieht man an diesem Beispiel, welches noch eins der einfachsten ist, dass die in Rede stehende Methode, wenn auch direkt und allgemein, doch mehr merkwürdig als nützlich ist, wegen der Schwierigkeiten, die bei der Integration der Bedingungsgleichungen eintreten können.“ (Lagrange, a. a. O. p. 269. — Oeuvres, tome IV, p. 101).

12. Untersuchen wir jetzt, wie die Methode von **Lagrange** auf die Zwischenintegrale der partiellen Differentialgleichungen Anwendung findet. Es möge durch

$$V = 0$$

ein Integral der partiellen Differentialgleichung m^{ter} Ordnung

$$F = 0$$

dargestellt werden. Enthält dasselbe Ableitungen von z von der Ordnung $k < m$, so nennen wir es ein Zwischenintegral von der Ordnung k. Die Gleichung $V = 0$ mit allen ihren Ableitungen nach x und y bis zur Ordnung $m - k$ bildet ein System von Gleichungen, deren Anzahl gleich $\frac{1}{2}(m-k)(m-k+1)$ ist. Wenn daher das Integral $V = 0$ particulär ist, so ist die grösste Anzahl von willkürlichen Constanten, welche es enthalten kann, damit man durch ihre Elimination aus dem in Rede stehenden System die gegebene Gleichung $F = 0$ erhalte, gleich

$$\frac{1}{2}(m-k)(m-k+1) - 1.$$

Unter dieser Bedingung heisst das Zwischenintegral vollständig.

13. Hiernach können die Zwischenintegrale einer partiellen Differentialgleichung zweiter Ordnung nur von der ersten Ordnung sein, und ein vollständiges Integral $W = 0$ einer derartigen Gleichung muss zwei willkürliche Constanten, etwa a und b, enthalten. Um von diesem vollständigen Integral zum allgemeinen Integrale erster Ordnung überzugehen, müssen wir a und b als Functionen von $x, y, z, z', z_,$ betrachten, die derartig bestimmt sind, dass das vollständige Differential von W auch unter dieser Annahme noch dieselbe Form behält, wie diejenige war, welche es hatte, als a und b Constanten waren. Setzen wir das Differential von W, genommen mit Rücksicht auf die Variation von a und b, gleich Null, so haben wir als einzige Bedingungsgleichung:

$$\frac{\partial W}{\partial a} da + \frac{\partial W}{\partial b} db = 0,$$

eine Gleichung, welche zur Bestimmung der Functionen a und b dienen soll. Da in ihr nur die Differentiale der beiden einzigen Veränderlichen a und b vorkommen, so kann man für die zweite dieser Grössen eine willkürliche Function der ersten nehmen und $b = \varphi(a)$ setzen. Mithin nimmt die vorstehende Bedingungsgleichung die Form an:

$$\frac{\partial W}{\partial a} + \frac{\partial W}{\partial b} \varphi'(a) = 0,$$

und diese stellt im Verein mit den Gleichungen

$$b = \varphi(a), \quad W = 0$$

das allgemeine Integral der gegebenen Gleichung dar.

So ist z. B. das vollständige Integral erster Ordnung der Gleichung (3):

$$z_{,} + \sqrt{m}\,z' = a + b(x + \sqrt{m}\,y).$$

Um es zu verallgemeinern, setzt man:

$$da + (x + \sqrt{m}\,y)\,db = 0, \quad b = \varphi(a),$$

hieraus folgt:

$$1 + (x + \sqrt{m}\,y)\varphi'(a) = 0,$$

oder:

$$\varphi'(a) = -\frac{1}{x + \sqrt{m}\,y}.$$

Mithin ist a eine willkürliche Function von $x + \sqrt{m}\,y$; es ist aber b eine willkürliche Function von a und daher ebenfalls von $x + \sqrt{m}\,y$. Somit ist auch $a + b\,(x + \sqrt{m}\,y)$ gleich einer willkürlichen Function von $x + \sqrt{m}\,y$. Demnach ist das allgemeine Integral erster Ordnung der Gleichung (1):

$$z_{,} + \sqrt{m}\,z' = \omega(x + \sqrt{m}\,y),$$

wo ω eine willkürliche Function bezeichnet. Mittels dieses Integrals kann man nun leicht das primitive allgemeine Integral erhalten.

14. Man sieht hieraus, dass die Anwendung der Lagrange'schen Methode auf die vollständigen Zwischenintegrale der Gleichungen zweiter Ordnung durch den Umstand beträchtlich vereinfacht wird, dass man für die Bestimmung der Functionen a und b nur eine einzige Bedingungsgleichung hat. Es könnte hiernach scheinen, dass es, anstatt diese Methode unmittelbar auf das primitive vollständige Integral anzuwenden, viel leichter sein würde, aus diesem ein vollständiges Integral erster Ordnung abzuleiten und sodann auf dieses letztere die Methode der Variation der willkürlichen Constanten anzuwenden. Indessen bietet sich beim Verfolg dieses Weges eine Schwierigkeit dar: Das primitive vollständige Integral enthält fünf willkürliche Constanten und giebt im Verein mit ihren beiden Ableitungen erster Ordnung im Ganzen drei Gleichungen, aus denen es im Allgemeinen unmöglich ist, drei Constanten zu eliminiren, um ein vollständiges Integral erster Ordnung zu erhalten, welches nur zwei Constanten enthalten darf.

Demnach folgt hieraus, dass ein vollständiges Integral einer partiellen Differentialgleichung nicht wie ein vollständiges Integral einer gewöhnlichen Differentialgleichung als nothwendige algebraische Folge die Existenz vollständiger Zwischenintegrale nach sich zieht. Ein noch bemerkenswertherer Umstand ist der, dass es unter den partiellen Differentialgleichungen solche giebt, die überhaupt keine Zwischenintegrale besitzen. Um diese Bemerkung zu bestätigen, braucht man sie nur durch ein einfaches Beispiel zu verificiren.

15. Die gegebene Gleichung sei

$$z'_{,} = z \quad . \quad . \quad . \quad . \quad . \quad . \quad . \quad . \quad . \quad (a).$$

Wir nehmen an, dass dieser Gleichung ein Integral erster Ordnung entspricht, das wir ohne Beschränkung der Allgemeinheit unter der Form darstellen können:

$$z' = f(x, y, z, z_{,}).$$

Hiernach kann die gegebene Gleichung als eine algebraische Folge dieser letzten Gleichung und ihrer beiden abgeleiteten Gleichungen

$$z'_{,} = \frac{\partial f}{\partial y} + \frac{\partial f}{\partial z} z_{,} + \frac{\partial f}{\partial z_{,}} z_{,,} \quad . \quad . \quad . \quad . \quad . \quad . \quad (b)$$

$$z'' = \frac{\partial f}{\partial x} + \frac{\partial f}{\partial z} z' + \frac{\partial f}{\partial z_{,}} z'_{,} \quad . \quad . \quad . \quad . \quad . \quad . \quad (c)$$

betrachtet werden, und in diesem System kann man daher eine oder die andere der Gleichungen (b), (c) durch die gegebene Gleichung ersetzen. Wenn man aber aus den Gleichungen (b), (c) die Werthe von zweien der Grössen z'', $z'_{,}$, $z_{,,}$ ableitete und von Neuem diese Werthe in diese selben Gleichungen substituirte, so würde man offenbar Identitäten erhalten. Mithin wird man auf vollständig gleiche Weise als Resultat der Substitution dieser Werthe in die gegebene Gleichung eine Identität erhalten.

Setzt man in die gegebene Gleichung für z seinen Werth aus der Gleichung (b), so folgt:

$$\frac{\partial f}{\partial y} + \frac{\partial f}{\partial z} z_{,} + \frac{\partial f}{\partial z_{,}} z_{,,} = z \quad . \quad . \quad . \quad . \quad . \quad . \quad (d).$$

Dem Vorhergehenden zufolge muss diese Gleichung identisch sein, sobald die gegebene Gleichung ein Integral erster Ordnung zulässt. In der vorausgesetzten Identität kann sich das Glied mit $z_{,,}$ mit keinem andern aufheben; mithin hat man:

$$\frac{\partial f}{\partial z_{,}} = 0,$$

d. h. f enthält $z_{,}$ nicht. In diesem Falle giebt es zu dem Gliede mit $z_{,}$ kein anderes ihm analoges; man muss daher haben:

$$\frac{\partial f}{\partial z} = 0.$$

Mithin kann f nur x und y enthalten. Alsdann aber kann die Gleichheit zwischen $\frac{\partial f}{\partial z}$ und z, auf welche sich schliesslich die Bedingungsgleichung (d) reducirt, nicht bestehen. Folglich kann die betrachtete Gleichung kein Integral erster Ordnung besitzen.[1])

16. Die vorstehende Schlussreihe besitzt, obwohl an einem besonderen Beispiel entwickelt, nichtsdestoweniger eine hinreichende Allgemeinheit. Durch Anwendung auf bestimmte Fälle, wie wir es soeben gethan haben, überzeugt man sich von der Unmöglichkeit der Existenz eines Zwischenintegrals. In andern Fällen wird man zu mehreren simultanen einander nicht widersprechenden Gleichungen für die partiellen Ableitungen der Function f geführt. Zuweilen nämlich führt die Integration einer partiellen Differentialgleichung zweiter Ordnung auf diesem Wege auf die Integration eines Systems simultaner partieller Differentialgleichungen erster Ordnung. Wir beschränken uns indessen hier auf diese Angabe, da wir beabsichtigen, jetzt auf die Darlegung der hauptsächlichen Eigenschaften der allgemeinen Integrale einzugehen, auf welche sich andere allgemeinere Methoden für die Integration der betrachteten Klasse von Gleichungen gründen.

§ 3.

17. Die Fundamentaleigenschaften des allgemeinen Integrals einer partiellen Differentialgleichung ergeben sich aus seiner oben (§ 1) gegebenen Definition. Wir sahen, dass das allgemeine Integral dargestellt werden kann durch ein System von mehreren Gleichungen, die schliesslich auf eine einzige Gleichung zwischen den Veränderlichen x, y, z des Problems führen. Es sei also

$$V = 0$$

eine Gleichung zwischen x, y, z und gewissen willkürlichen Grössen, deren Anzahl und Natur noch unbekannt ist, welche das allgemeine Integral der partiellen Differentialgleichung m^{ter} Ordnung (2) darstellt. Wir nehmen uns vor, den hauptsächlichen Charakter und die Anzahl dieser willkürlichen Grössen zu bestimmen und die verschiedenen Umstände zu untersuchen, welche bei dem Übergange vom allgemeinen Integral zur entsprechenden Differentialgleichung auftreten können.

18. Bezeichnet man mit n eine Zahl, die nicht kleiner ist als m, und verbindet man mit der allgemeinen Integralgleichung alle ihre Ableitungen nach x und y bis zur n^{ten} Ordnung einschliesslich, so bildet man ein System

[1]) Raabe, Differential- und Integralrechnung. Bd. III, § 704.

von Gleichungen, welches man nach dem von uns angenommenen System von Bezeichnungen folgendermassen darstellen kann:

$$\left.\begin{array}{l} V = 0, \\ V' = 0, \quad V_, = 0, \\ V'' = 0, \quad V'_, = 0, \quad V_{,,} = 0, \\ \cdot \quad \cdot \quad \cdot \quad \cdot \quad \cdot \quad \cdot \quad \cdot \quad \cdot \quad \cdot \quad \cdot \quad \cdot \\ V^{(n)} = 0, \quad V_,^{(n-1)} = 0, \ldots\ldots, \quad V'_{n-1} = 0, \quad V_n = 0 \end{array}\right\} \quad (A).$$

Ebenso bildet man aus der Gleichung (2) und allen ihren Ableitungen bis zur Ordnung $n - m$ das System von Gleichungen:

$$\left.\begin{array}{l} F = 0, \\ F' = 0, \quad F_, = 0, \\ F'' = 0, \quad F'_, = 0, \quad F_{,,} = 0, \\ \cdot \quad \cdot \quad \cdot \quad \cdot \quad \cdot \quad \cdot \quad \cdot \quad \cdot \quad \cdot \quad \cdot \quad \cdot \\ F^{(n-m)} = 0, \quad F_,^{(n-m-1)} = 0, \ldots\ldots, \quad F'_{n-m-1} = 0, \quad F_{n-m} = 0 \end{array}\right\} \quad (B).$$

Die Gleichungen (A) dürfen nach der Definition des allgemeinen Integrals zwischen

$$x, \; y, \; z, \; z', \; z_, , \; \ldots, \; z^{(n)}, \; \ldots, \; z_n$$

keine andern Relationen liefern wie die, welche sich aus den Gleichungen (B) ergeben. Im System (A) hat man aber $\frac{1}{2}(n+1)(n+2)$ Gleichungen, während das System (B) nur $\frac{1}{2}(n-m+1)(n-m+2)$ enthält. Mithin kann oder muss vielmehr das erste dieser beiden Systeme willkürliche Grössen enthalten, welche in dem zweiten nicht auftreten und deren Anzahl nicht kleiner sein darf als die Differenz der beiden Zahlen

$$\frac{1}{2}(n+1)(n+2) \text{ und } \frac{1}{2}(n-m+1)(n-m+2), \text{ d. h. als}$$

$$(n+1)m - \frac{1}{2}m(m-1) \quad . \quad . \quad . \quad . \quad . \quad . \quad (C).$$

Nur in diesem Falle ist es möglich, durch Elimination der willkürlichen Grössen die Systeme (A) und (B) vollkommen identisch zu machen. Betrachtet man die Zahl (C), welche die untere Grenze für die Anzahl der willkürlichen Grössen in den Gleichungen (A) angiebt, so bemerkt man, dass dieselbe nicht constant ist, sondern vielmehr zugleich mit n wächst. Mithin sind wir mit Rücksicht auf die Natur der willkürlichen Grössen, welche in dem allgemeinen Integral auftreten, berechtigt, folgenden Schluss zu ziehen:

Ein endliches Integral einer partiellen Differentialgleichung muss, um allgemein zu sein, willkürliche Grössen enthalten, deren Anzahl mit der wiederholten Differentiation des Integrals wächst.

19. Die mathematische Analysis liefert nur zwei Formen von Ausdrücken willkürlicher Grössen, welche der vorstehenden Bedingung genügen.

Zur ersten Form gehören die willkürlichen Functionen von Argumenten, die ausgedrückt sind durch bestimmte Functionen der Hauptveränderlichen, nach denen die Differentiation geschieht. So haben wir z. B. für die Gleichung

$$z_{,,} - mz'' = 0$$

das allgemeine Integral gehabt:

$$z = \varphi(\alpha) + \psi(\beta), \quad \alpha = x + \sqrt{m}\,y, \quad \beta = x - \sqrt{m}\,y,$$

wo φ und ψ willkürliche Functionen der respectiven Argumente α und β sind, die ihrerseits wieder als explicite Functionen von x und y gegeben sind.

Die Argumente aber, welche unter den willkürlichen Functionszeichen im allgemeinen Integrale auftreten, drücken sich zuweilen auch durch implicite Functionen der Hauptveränderlichen aus und zwar so, dass diese Ausdrücke sich gleichzeitig mit der Form der willkürlichen Functionen ändern. Ein Beispiel findet man in der Gleichung

$$(z'' - z'z_{,,})^2 = z_{,}^2 z'' z_{,,},$$

deren Integral ist:

$$z = \frac{x\alpha^4 - 2\alpha^2 y + 4\alpha^3\varphi(\alpha)}{3} - 4\int \alpha^2\varphi(\alpha)d\alpha + \psi(\beta),$$

$$y = \alpha^2\left(x + \frac{d\varphi(\alpha)}{d\alpha}\right),$$

$$\beta = \frac{y}{\alpha} + \alpha x + \varphi(\alpha),$$

wie man sich durch Verification überzeugen kann. Es kommen in diesem Ausdruck zwei willkürliche Functionen φ und ψ vor, deren respective Argumente α und β gegeben sind unter der Form impliciter Functionen von x und y, die durch die beiden letzten Gleichungen des Integrales bestimmt werden und zwar so, dass ihre Ausdrücke sich ändern mit der Form der Function φ.

20. Es giebt noch eine andere mögliche Form für die analytischen Ausdrücke der willkürlichen Grössen des allgemeinen Integrals, welche ebenfalls der oben ausgesprochenen Bedingung genügt. Um uns eine Vorstellung von dieser Form zu machen, denken wir uns das — bestimmte oder unbestimmte — Integral eines eine willkürliche Function enthaltenden Ausdrucks combinirt mit gewissen veränderlichen Grössen, von denen eine einzige — diejenige, mit deren Differential dieser Ausdruck multiplicirt ist — als veränderlich betrachtet wird, während die andern bei dieser Operation als constant angenommen werden. Die Ausführung einer solchen Integration kann nach Ampère in Analogie zur partiellen Differentiation eine partielle Integration genannt werden und ihr Resultat wird als partielles Integral oder partielle Quadratur bezeichnet.

Da bei einem partiellen Integral alle Grössen mit Ausnahme der Integrationsvariablen als constant betrachtet werden, so erhält man durch Differentiation nach diesen Constanten andere partielle, im Allgemeinen von dem ersten verschiedene Integrale, welche somit, da sie sich in den Gleichungen (A) vorfinden, einzeln für sich eliminirt werden müssen.

Um besser verständlich zu machen, welches die Ausdrücke von dieser Form sind, nehmen wir besondere Beispiele. Das allgemeine Integral der Gleichung

$$z'' = z,$$

kann dargestellt werden unter der Form:

$$z = \int_{-\infty}^{+\infty} \varphi(x + 2u\sqrt{y})\, e^{-u}\, du.$$

Hierin kommt das bestimmte partielle Integral eines Ausdrucks vor, in welchem φ eine willkürliche Function und u die Integrationsvariable bezeichnet, während die unabhängigen Veränderlichen x, y der gegebenen Gleichung in diesem Integral als willkürliche Parameter figuriren.

Die Gleichung

$$z'' - z_{,,} + \frac{4}{x+y}\, z' = 0$$

hat zum allgemeinen Integral:

$$z = 2e^{-\frac{2x}{\alpha}}\left[\int \frac{e^{\frac{2x}{\alpha}}}{\alpha}\, \varphi(\alpha - 2x)\, dx + \psi(\alpha)\right],$$

$$\alpha = x + y,$$

wo e die Basis der Napier'schen Logarithmen, φ und ψ willkürliche Functionsbezeichnungen, x die Integrationsvariable in dem partiellen unbestimmten Integral und die Grösse $\alpha = x + y$ während der Integration als ein constanter Parameter zu betrachten ist.

21. Die allgemeinen Integrale der partiellen Differentialgleichungen, welche willkürliche Functionen enthalten, in deren Ausdruck aber keine partiellen Integrale auftreten, bilden eine verhältnissmässig einfachere Klasse, welche besser bestimmte charakteristische Züge darbietet. Ihre relative Einfachheit besteht darin, dass, wenn man sie nach den anderen Veränderlichen, welche nicht die Argumente α, β, . . der willkürlichen Functionen sind, differentiirt, sie keine andern willkürlichen Grössen liefern, als diejenigen, welche bereits in den Gleichungen des allgemeinen Integrals enthalten sind, was, wie wir oben bemerkt haben, nicht stattfinden kann bei den partiellen Integralen. Ihr constanter charakteristischer Zug besteht, wie wir weiter unten beweisen werden, darin, dass die Anzahl der unabhängigen willkürlichen Functionen, die sie enthalten, stets gleich der Ordnung der Differentialgleichungen ist, zu denen diese Integrale gehören.

Ampère hat aus diesen Integralen eine besondere Klasse gebildet, die er die erste Klasse nennt. Diese Bezeichnung ist vielleicht nicht sehr zweckmässig, da sie glauben machen könnte, dass nach der ersten Klasse eine zweite kommen müsste, während die Classification nicht weiter geht. Es dürfte daher besser sein, für diese Integrale die Bezeichnung „allgemeine Integrale ohne partielle Quadraturen“ zu adoptiren.

22. Wir werden den allgemeinen Typus eines Integrals dieser Klasse, welches einer Differentialgleichung der m^{ten} Ordnung entspricht, darstellen unter der Form eines Systems von Gleichungen, deren Anzahl $k+1$ vorläufig unbestimmt ist und die enthalten:

1) ausser den Hauptveränderlichen x, y, z die k veränderlichen Grössen

$$\alpha, \beta, \gamma, \ldots;$$

2) eine vorläufig unbestimmte Anzahl von willkürlichen von einander unabhängigen Functionen

$$\varphi(\alpha), \quad \psi(\beta), \quad \omega(\gamma), \ldots;$$

3) die Ableitungen dieser Functionen bis zu bestimmten Ordnungen

$$\varphi'(\alpha), \quad \varphi''(\alpha), \ldots; \quad \psi'(\beta), \quad \psi''(\beta), \ldots; \quad \omega'(\gamma), \quad \omega''(\gamma), \ldots,$$

die man erhält durch Differentiation nach ihren respectiven Argumenten α, β, γ, ...

4) Grössen, erhalten durch Integration nach α von irgend welchen gegebenen von α, $\varphi(\alpha)$, $\varphi'(\alpha)$, ... abhängenden Ausdrücken, oder durch Integration nach β von irgend welchen von β, $\psi(\beta)$, $\psi'(\beta)$, ... abhängenden Ausdrücken, u. s. w.

§ 4.

23. Ein allgemeines Integral ohne partielle Quadraturen von dem soeben beschriebenen Typus enthält willkürliche Grössen, deren Anzahl mit derjenigen der Differentiationen der Gleichungen des Integrals wächst. Untersuchen wir jetzt, wie willkürliche Grössen, die nicht in den Gleichungen des Integrals enthalten sind, nach und nach in den Ausdrücken der partiellen

Ableitungen der Function z auftreten. Dazu wollen wir zunächst zusehen, wie man aus den Gleichungen des Integrals die Ausdrücke aller Ableitungen von z erhalten kann.

Differentiirt man der Reihe nach nach x und y die $k+1$ Gleichungen des Integrals, so erhält man $2(k+1)$ Gleichungen erster Ordnung, aus denen man die Ausdrücke der $2(k+1)$ Ableitungen erster Ordnung

$$z', \; z_{,}, \; \alpha', \; \alpha_{,}, \; \beta', \; \beta_{,}, \; \gamma', \; \gamma_{,}, \ldots$$

erhalten kann.

Geht man mittels Differentiation nach x und y zu den Gleichungen zweiter Ordnung über, deren Anzahl $3(k+1)$ ist, und substituirt man darin die vorhergehenden Ausdrücke von $z', z_{,}, \alpha', \alpha_{,}, \beta', \beta_{,}, \ldots$, so kann man daraus die Ausdrücke der $3(k+1)$ Ableitungen zweiter Ordnung

$$z'', \; z'_{,}, \; z_{,,}, \; \alpha'', \; \alpha'_{,}, \; \alpha_{,,}, \; \beta'', \; \beta'_{,}, \; \beta_{,,}, \ldots$$

ableiten. Indem man so fortfährt, bis man zu einer beliebigen Ordnung n gelangt, kann man nach und nach Ausdrücke aller Ableitungen

$$z', \; z_{,}, \; z'', \; z'_{,}, \; z_{,,}, \ldots, \; z^{(n)}, \ldots, \; z_{n}$$

erhalten, in denen die in dem Integrale enthaltenen Grössen und ausserdem die neuen willkürlichen Grössen vorkommen, die man erhält durch Differentiation der willkürlichen Grössen des Integrals nach ihren respectiven Argumenten.

24. Für die Erledigung der verschiedenen Fragen, welche sich auf das Erscheinen dieser neuen willkürlichen Grössen in den Ausdrücken der Ableitungen von z beziehen, ändern wir zunächst das System der unabhängigen Veränderlichen. Unter der Annahme, dass jedes der Argumente $\alpha, \beta, \gamma, \ldots$ der willkürlichen Functionen zugleich von den beiden Veränderlichen x, y abhängt, führen wir als neues System von unabhängigen Veränderlichen irgend eines dieser Argumente, z. B. α, und eine der alten unabhängigen Veränderlichen, z. B. x ein.

Angenommen, es sei

$$\alpha = f(x, y).$$

Zufolge dieser Gleichung wird y eine Function von x und α sein und alle veränderlichen von x und y abhängenden Grössen können jetzt als Functionen von x und α betrachtet werden.

Hierzu fügen wir noch eine Bemerkung, die uns bald von Nutzen sein wird, nämlich die, dass die Ableitungen $\frac{\partial y}{\partial x}$ und $\frac{\partial y}{\partial \alpha}$ nicht 0 und ∞ zu ihren Werthen haben können. Denn nimmt man in der vorstehenden

Gleichung x und α zu unabhängigen Veränderlichen und differentiirt man diese Gleichung nach x, indem man α als constant betrachtet, so hat man:

$$0 = \frac{\partial f}{\partial x} + \frac{\partial f}{\partial y}\frac{\partial y}{\partial x}, \quad \text{also:} \quad \frac{\partial y}{\partial x} = -\frac{\frac{\partial f}{\partial x}}{\frac{\partial f}{\partial y}}.$$

Mithin wird $\frac{\partial y}{\partial x}$ gleich 0 oder ∞, wenn man respective $\frac{\partial f}{\partial x} = 0$ oder $\frac{\partial f}{\partial y} = 0$ hat; keiner dieser beiden Fälle ist aber möglich, da f den Werth von α darstellt, der nach Voraussetzung von x und y abhängt.

Ferner ist y zufolge der Gleichung $\alpha = f(x, y)$ offenbar eine Function von α; mithin kann sich $\frac{\partial y}{\partial \alpha}$ nicht auf Null reduciren. Differentiirt man diese Gleichung nach α, so dass x als constant betrachtet wird, so kommt:

$$1 = \frac{\partial f}{\partial y}\frac{\partial y}{\partial \alpha}, \quad \text{also:} \quad \frac{\partial y}{\partial \alpha} = \frac{1}{\frac{\partial f}{\partial y}}.$$

Mithin wird $\frac{\partial y}{\partial \alpha} = \infty$ sein, wenn $\frac{\partial f}{\partial y} = 0$ ist; dieser Fall ist jedoch nicht möglich, da die Function f, welche den Werth von α darstellt, y enthält.

Man betrachtet also in den $k + 1$ Gleichungen des Integrals x und α als die unabhängigen Veränderlichen, während die andern $k + 1$ Veränderlichen, nämlich $y, z, \beta, \gamma, \ldots$ Functionen von x und α sind.

In Betreff der Bezeichnung der partiellen Ableitungen nach den neuen unabhängigen Veränderlichen x und α erinnere man sich der oben getroffenen Festsetzung (§ 1, Nr. 2).

25. Jetzt können wir bezüglich des Auftretens willkürlicher Grössen in den aus den Gleichungen des Integrals hergeleiteten Ableitungen von z, welche nicht in diesen Gleichungen vorkommen, den folgenden Satz beweisen:

Wenn eine neue willkürliche Grösse (irgend eine willkürliche Function von α, die nicht in den Gleichungen des Integrals vorkommt) zum ersten Male in dem Ausdrucke der partiellen Ableitung $z_k^{(i)}$ von der Ordnung $n = i + k$ auftritt, so muss diese Grösse nothwendig auch in allen partiellen Ableitungen n^{ter} Ordnung von z

$$z^{(n)},\; z_{,}^{(n-1)}, \ldots,\; z_{k-1}^{(i+1)},\; z_k^{(i)},\; z_{k+1}^{(i-1)}, \ldots,\; z'_{n-1},\; z_n \quad \ldots (n)$$

auftreten.

Wir brauchen diesen Satz nur für die Ableitungen $z_{k-1}^{(i+1)}$ und $z_{k+1}^{(i-1)}$ welche $z_k^{(i)}$ in der Reihe (n) benachbart sind, zu beweisen, weil man ihn, indem man ihn auf die Ableitungen rechts von $z_{k+1}^{(i-1)}$ und links von $z_{k-1}^{(i+1)}$ anwendet, auf die ganze Reihe (n) ausdehnen kann.

Zu diesem Zwecke nehmen wir die partiellen Ableitungen $(n-1)^{\text{ter}}$ Ordnung $z_k^{(i-1)}$ und $z_{k-1}^{(i)}$, aus denen man $z_k^{(i)}$ (wo x und y als unabhängige Veränderliche genommen sind) ableitet, indem man die erste nach x, die zweite nach y differentiirt.

Nimmt man jetzt x und a als unabhängige Veränderliche, so folgt durch Differentiation eben dieser beiden Functionen nach x:

$$\frac{\partial z_k^{(i-1)}}{\partial x} = z_k^{(i)} + z_{k+1}^{(i-1)} \frac{\partial y}{\partial x}, \quad \frac{\partial z_{k-1}^{(i)}}{\partial x} = z_{k-1}^{(i+1)} + z_k^{(i)} \frac{\partial y}{\partial x},$$

und hieraus:

$$z_{k-1}^{(i+1)} = \frac{\partial z_{k-1}^{(i)}}{\partial x} - z_k^{(i)} \frac{\partial y}{\partial x}, \quad z_{k+1}^{(i-1)} = \frac{\dfrac{\partial z_k^{(i-1)}}{\partial x} - z_k^{(i)}}{\dfrac{\partial y}{\partial x}}.$$

Nach Voraussetzung tritt aber in $z_k^{(i)}$ eine neue willkürliche Grösse auf, welche weder in den Gleichungen des Integrals, noch in den Ausdrücken der Ableitungen von z bis zur $(n-1)^{\text{ten}}$ Ordnung inclusive vorkommt; mithin kann sie auch nicht vorkommen in dem aus den Gleichungen des Integrals abgeleiteten Ausdrucke von y, ebensowenig in den Ausdrücken von $\frac{\partial z_{k-1}^{(i)}}{\partial x}$, $\frac{\partial z_k^{(i-1)}}{\partial x}$, die man erhält, wenn man die Ableitungen $(n-1)^{\text{ter}}$ Ordnung $z_{k-1}^{(i)}$, $z_k^{(i-1)}$, in denen man a als constant betrachtet, nach x differentiirt. Überdies kann dem oben Bewiesenen zufolge $\frac{\partial y}{\partial x}$ weder 0 noch ∞ sein. Mithin treten die betrachteten willkürlichen Functionen von a auf den rechten Seiten der letzteren Gleichungen nur durch den Multiplicator $z_k^{(i)}$ der zweiten Glieder auf, und da diese Glieder nicht verschwinden können, so müssen die linken Seiten dieser Gleichungen, nämlich die Ausdrücke $z_{k-1}^{(i+1)}$ und $z_{k+1}^{(i-1)}$ dieselbe willkürliche Function von a enthalten, welche in $z_k^{(i)}$ eingeführt wurde, und dies sollte bewiesen werden.

26. Die Umkehrung des vorstehenden Satzes muss ebenfalls stattfinden, nämlich:

Wenn der Ausdruck der Ableitung $z_k^{(i)}$ von der Ordnung $n = i + k$ keine anderen willkürlichen Functionen von a enthält wie diejenigen, welche in den Ableitungen der niedrigeren Ordnungen vorkamen, so müssen sämmtliche Ableitungen der n^{ten} Ordnung die nämliche Eigenschaft besitzen.

27. Um zu sehen, unter welcher Bedingung in den Ausdrücken der Ableitungen n^{ter} Ordnung eine neue willkürliche Function von a auftritt, die sich nicht in den Ausdrücken der Ableitungen der $(n-1)^{\text{ten}}$ Ordnung vorfindet, nehmen wir eine dieser letzteren $z_{k-1}^{(i)}$ und differentiiren sie partiell nach a. Man erhält die Gleichheit:

$$\frac{\partial z_{k-1}^{(i)}}{\partial \alpha} = z_k^{(i)} \frac{\partial y}{\partial \alpha},$$

worin $\frac{\partial y}{\partial \alpha}$ weder 0 noch ∞ sein kann, mithin:

$$z_k^{(i)} = \frac{\frac{\partial z_{k-1}^{(i)}}{\partial \alpha}}{\frac{\partial y}{\partial \alpha}}.$$

Im Zähler und Nenner des Bruches auf der rechten Seite muss die neue willkürliche Function von a vorkommen, welche in den Ausdrücken von $z_{k-1}^{(i)}$ und y nicht auftrat. Diese Function wird daher, falls sie nicht ausschliesslich in einem dem Zähler und Nenner gemeinschaftlichen Factor vorkommt, auch in dem Ausdrucke der Ableitung n^{ter} Ordnung $z_k^{(i)}$ auftreten. Diese Bemerkung führt, verbunden mit dem vorigen Satze, zu folgenden Schlüssen:

1) Die Ausdrücke der Ableitungen n^{ter} Ordnung $z^{(n)}, \ldots, z_n$ enthalten eine willkürliche Function, die in den Ausdrücken der Ableitungen $n-1^{\text{ter}}$ Ordnung $z^{(n-1)}, \ldots, z_{n-1}$ nicht vorkommt, vorausgesetzt, dass diese Function nicht ausschliesslich in einem Factor auftritt, der $\frac{\partial y}{\partial \alpha}$ und jedem der Ausdrücke $\frac{\partial z^{(n-1)}}{\partial \alpha}, \frac{\partial z_{,}^{(n-2)}}{\partial \alpha}, \ldots, \frac{\partial z_{n-1}}{\partial \alpha}$ gemeinschaftlich ist. Diese letzteren Ausdrücke müssen alle ohne Ausnahme entweder den in Rede stehenden mit $\frac{\partial y}{\partial \alpha}$ gemeinschaftlichen Factor enthalten oder nicht enthalten.

2) Da in der Function, welche den Werth von $z_k^{(i)}$ darstellt, auch bei der Variation der Zahl $n = i + k$ der Nenner beständig derselbe bleibt, während der Zähler sich fortwährend ändert, so kann die neue Function von a, welche darin erscheint, nicht beständig dieselbe sein; ist sie aber verschieden und stets in einem besonderen Factor enthalten, so kann sie sich nicht beständig mit einem ähnlichen Factor des Nenners aufheben, denn dann müsste dieser letztere aus einer unbestimmten Anzahl verschiedener Factoren gebildet sein. Mithin giebt es stets eine Ordnung von Ableitungen, in denen eine willkürliche Function von a auftritt, die nicht in den Ausdrücken der Ableitungen niederer Ordnung vorkommt, und

3) sobald dies für eine bestimmte Ordnung n von Ableitungen eintritt, so werden in jeder der folgenden Ordnungen $n+1$, $n+2$, .. neue willkürliche Functionen erscheinen. Es genügt, sich hiervon für die Ordnung $n+1$ zu überzeugen. Differentiirt man $z_k^{(i)}$ in ähnlicher Weise nach α, so findet man:

$$\frac{\partial z_k^{(i)}}{\partial \alpha} = z_{k+1}^{(i)} \frac{\partial y}{\partial \alpha}, \quad \text{also: } z_{k+1}^{(i)} = \frac{\frac{\partial z_k^{(i)}}{\partial \alpha}}{\frac{\partial y}{\partial \alpha}}.$$

Der Zähler der rechten Seite der letzten Gleichung enthält eine Function von α, welche die Ableitung ist von derjenigen, die zum ersten Male in $z_k^{(i)}$ auftrat, und diese Function kann nicht in $\frac{\partial y}{\partial \alpha}$ vorkommen, da die entsprechende primitive Function nicht in y vorkam.

28. Nach dem Beispiele Ampère's nennen wir die Ausdrücke der Ableitungen von z gleichartig mit dem Integral in Bezug auf α (homogènes à l'intégrale par rapport à α), wenn sie nur dieselben willkürlichen Functionen von α enthalten, welche in den Gleichungen des Integrals vorkommen.

Aus dieser Definition folgt nicht, dass die mit dem Integrale gleichartigen Ableitungen nothwendig alle willkürlichen Functionen von α, welche in dem Integrale vorkommen, enthalten müssen; es genügt, dass sie keine anderen als die enthalten, die in dem Integral auftreten.

Die Ableitungen von z werden ungleichartig (hétérogènes) mit dem Integral in Bezug auf α genannt, wenn sie willkürliche Functionen von α enthalten, die sich nicht in den Gleichungen des Integrals vorfinden.

29. Mit Anwendung dieser Benennungen kann man die in diesem Paragraphen erhaltenen Resultate folgendermassen ausdrücken:

1) Wenn die Ableitung z' und daher auch die Ableitung z, ungleichartig mit dem Integral ist, so sind sämmtliche andern Ableitungen ungleichartig mit dem Integral.

2) Wenn die Ableitung $z_k^{(i)}$ von der Ordnung $i+k$ gleichartig mit dem Integral ist, so sind sämmtliche Ableitungen derselben Ordnung und der niederen Ordnungen gleichartig mit dem Integral.

3) Es giebt stets eine Ableitung von z, in welcher eine willkürliche Function von α, die in den das Integral bildenden Gleichungen nicht vorkommt, zuerst erscheint; diese Function tritt gleichzeitig in allen Ableitungen derselben Ordnung auf.

4) Alsdann aber treten in jeder der folgenden Ordnungen von Ableitungen neue willkürliche Functionen von α auf, welche sich weder in den Gleichungen des Integrals, noch in den Ableitungen der vorhergehenden Ordnungen finden.

30. Bemerkung. Wir haben oben (Nr. 24) vorausgesetzt, dass die Gleichungen des allgemeinen Integrals ohne partielle Quadraturen nur willkürliche Functionen enthalten, deren Argumente α, β, γ, ... Functionen der beiden Veränderlichen x, y zugleich sind. Unter dieser Voraussetzung ist bewiesen worden, dass die Ausdrücke der Ableitungen von z von irgend einer Ordnung, die aus den Gleichungen des Integrals hergeleitet sind, entweder sämmtlich gleichartig oder sämmtlich ungleichartig mit dem Integral sind. Diese Eigenschaft der Ableitungen findet nicht statt, wenn das Integral willkürliche Functionen enthält, deren Argument von der einzigen Veränderlichen y abhängt.

Nehmen wir nämlich an, dass das Integral eine willkürliche Function von α enthalte und dass α Function von y allein sei, so folgt daraus, dass umgekehrt y eine Function von α allein ist, die wir bezeichnen mit

$$y = f(\alpha).$$

Man hat also:

$$\frac{\partial y}{\partial x} = 0, \quad \frac{\partial y}{\partial \alpha} = f'(\alpha)$$

und an Stelle der in Nr. 25 bewiesenen Gleichung

$$\frac{\partial z_{k-1}^{(i)}}{\partial x} = z_{k-1}^{(i+1)} + z_k^{(i)} \frac{\partial y}{\partial x},$$

hat man folgende:

$$\frac{\partial z_{k-1}^{(i)}}{\partial x} = z_{k-1}^{(i+1)},$$

welche zeigt, dass in der Ableitung n^{ter} Ordnung $z_{k-1}^{(i+1)}$ keine andere willkürliche Function von α erscheinen kann, als die, welche schon in der Ableitung $n-1^{\text{ter}}$ Ordnung $z_{k-1}^{(i)}$ vorkam, denn die Differentiation nach x setzt α als constant voraus.

Andrerseits hat man:

$$\frac{\partial z_{k-1}^{(i)}}{\partial \alpha} = z_k^{(i)} \frac{\partial y}{\partial \alpha} = z_k^{(i)} f'(\alpha),$$

somit:

$$z_k^{(i)} = \frac{\dfrac{\partial z_{k-1}^{(i)}}{\partial \alpha}}{f'(\alpha)}.$$

Im Zähler der rechten Seite dieser Gleichheit muss infolge der Differentiation von $z_{k-1}^{(i)}$ nach α eine willkürliche Function von α auftreten, welche vorher in $z_{k-1}^{(i)}$ nicht vorkam und diese Function kann sich nicht mit einem Theile des Nenners wegheben, da dieser letztere eine bestimmte

Function $f'(\alpha)$ von α ist. Es muss also der Ausdruck von $z_k^{(i)}$ eine willkürliche Function enthalten, welche in dem Ausdrucke von $z_{k-1}^{(i)}$ nicht vorkommt.

Mithin ist von den beiden Ableitungen n^{ter} Ordnung $z_{k-1}^{(i+1)}$ und $z_k^{(i)}$ die erste mit der Ableitung $n-1^{\text{ter}}$ Ordnung $z_{k-1}^{(i)}$ in Bezug auf α gleichartig, die zweite ungleichartig. Demnach sind diese Ableitungen n^{ter} Ordnung unter einander ungleichartig, was zu beweisen war.

31. Ferner ist leicht zu folgern, aus dem, was oben bewiesen wurde, dass die Ableitungen

$$z', z'', z''', \ldots, z^{(n)}, \ldots,$$

welche man durch Differentiation allein nach x erhält, keine andern willkürlichen Functionen von α enthalten als diejenigen, welche in dem Ausdruck von z vorkommen.

Dagegen werden die Ableitungen

$$z_, = \frac{\frac{\partial z}{\partial \alpha}}{f'(\alpha)},\quad z'_, = \frac{\frac{\partial z'}{\partial \alpha}}{f'(\alpha)}, \ldots,\quad z_,^{(n-1)} = \frac{\frac{\partial z^{(n-1)}}{\partial \alpha}}{f'(\alpha)}, \ldots,$$

zu deren Bildung man eine veränderliche Anzahl von Differentiationen nach x, aber nur eine einzige Differentiation nach y nöthig hat, eine einzige und zwar dieselbe willkürliche Function von α enthalten, die verschieden ist von den in z vorkommenden.

Ebenso werden die Ableitungen

$$z_{,,} = \frac{\frac{\partial z_,}{\partial \alpha}}{f'(\alpha)},\quad z'_{,,} = \frac{\frac{\partial z'_,}{\partial \alpha}}{f'(\alpha)}, \ldots,\quad z_{,,}^{(n-2)} = \frac{\frac{\partial z_,^{(n-2)}}{\partial \alpha}}{f'(\alpha)}, \ldots$$

dieselben beiden willkürlichen Functionen von α enthalten, welche von den in z vorkommenden verschieden sind; u. s. w.

Mithin sind die Ausdrücke der Ableitungen, welche entstehen durch Differentiationen allein nach x, gleichartig mit dem Integral, die andern Ableitungen aber ungleichartig mit dem Integral. Die Ableitungen aber, zu deren Bildung gleich oft nach y differentiirt worden ist, sind unter einander gleichartig. Bei allem diesen verstehen wir die Gleichartigkeit oder Ungleichartigkeit als sich beziehend auf das Argument α, das nur abhängig ist von y.

Offenbar gelangt man, wenn man in dem Vorhergehenden den Buchstaben x mit dem Buchstaben y vertauscht, zu analogen Schlüssen.

§ 5.

32. Nunmehr können wir eine sehr wichtige auf die Integrale ohne partielle Quadraturen bezügliche Aufgabe lösen, nämlich die Frage nach der Anzahl der von einander unabhängigen willkürlichen Functionen, welche in einem solchen Integral vorkommen können, wenn dasselbe einer partiellen Differentialgleichung m^{ter} Ordnung angehört.

Als Grundlage für diese Untersuchung muss man die Definition des allgemeinen Integrals (§ 1) nehmen und die Schlussfolgerungen der Nr. 18 wiederholen, welche uns zu den Gleichungssystemen (A) und (B) geführt haben. In dieser letzteren Nummer haben wir aber das allgemeine Integral unter der Form einer einzigen Gleichung dargestellt, während wir es hier entsprechend dem am Ende des § 3 angegebenen allgemeinen Typus unter der Form eines Systems von $k + 1$ Gleichungen darstellen. Nimmt man daher die Integralgleichungen und alle ihre Ableitungen nach x und y bis zur n^{ten} Ordnung einschliesslich, so erhält man jetzt

$$\frac{(n+1)(n+2)}{2}(k+1)$$

Gleichungen. Die gegebene partielle Differentialgleichung m^{ter} Ordnung

$$F = 0$$

liefert mit allen ihren Ableitungen nach x und y bis zur $n - m^{\text{ten}}$ Ordnung einschliesslich nach dem Vorigen

$$\frac{(n-m+1)(n-m+2)}{2} = \frac{(n+1)(n+2)}{2} - m(n+1) + \frac{m(m-1)}{2}$$

Gleichungen.

Infolge der Definition des allgemeinen Integrals muss das erste dieser Gleichungssysteme nach Elimination der Grössen, welche nicht in der gegebenen Differentialgleichung sich vorfinden, mit dem zweiten vollständig identisch werden. Die Möglichkeit, diese Bedingung zu erfüllen, wird schon dadurch bestätigt, dass das erste System mehr Gleichungen enthält als das zweite, indem der Unterschied in den Anzahlen der Gleichungen beider Systeme ist:

$$\frac{(n+1)(n+2)}{2}k + m(n+1) - \frac{m(m-1)}{2} \quad . \quad . \quad . \quad (D).$$

Es reicht daher aus, dass die Anzahl der aus dem ersten System zu eliminirenden Grössen nicht kleiner sei als diese Differenz. Die Anzahl muss gleich (D) sein, wenn jede der in Frage kommenden Grössen sich einzeln eliminirt; sie kann dagegen grösser sein als (D), wenn einige von diesen Grössen sich gleichzeitig gruppenweise eliminiren.

33. Versuchen wir jetzt, den Ausdruck für die Gesammtzahl der der Elimination unterworfenen Grössen zu bestimmen. Dieselben können in zwei Kategorien getheilt werden:

1) Die k Argumente $\alpha, \beta, \gamma, \ldots$ mit allen ihren Ableitungen bis zur n^{ten} Ordnung einschliesslich:

$$\alpha', \alpha_{\prime}, \alpha'', \alpha'_{\prime}, \alpha_{\prime\prime}, \ldots, \alpha^{(n)}, \ldots, \alpha_{n},$$

$$\beta', \beta_{\prime}, \beta'', \beta'_{\prime}, \beta_{\prime\prime}, \ldots, \beta^{(n)}, \ldots, \beta_{n},$$

u. s. w.

Die Anzahl dieser Grössen ist augenscheinlich gleich

$$\frac{(n+1)\,(n+2)}{2}\,k.$$

2) Die willkürlichen Functionen und ihre Ableitungen nach ihren respectiven Argumenten.

Um auf die allgemeinste Weise die Anzahl der zu eliminirenden Grössen dieser letzteren Kategorie auszudrücken, führen wir folgende Bezeichnung ein:

Es sei g die Anzahl der von einander unabhängigen willkürlichen Functionen wie $\varphi(\alpha)$, $\psi(\beta)$, ..., welche in den Gleichungen des Integrals vorkommen. Sind alle Argumente von einander verschieden, so ist offenbar $g = k$, im entgegengesetzten Falle muss $g > k$ sein.

Es sei ferner g' die Anzahl der willkürlichen Functionen, welche mit Hülfe der vorhergehenden durch Differentiation oder Integration (oder durch beide Operationen zugleich) nach einem und demselben Argument gebildet sind. Unter dieser Anzahl fassen wir die Functionen zusammen, welche wirklich in den Gleichungen des Integrals vorkommen, sowie auch die, welche, ohne darin vorzukommen, in der Reihe der Transformationen auftreten, welche man ausführen muss, um von einer Function zu einer andern Function überzugehen, die beide in den Gleichungen des Integrals auftreten. Z. B. wird $\varphi'(\alpha)$ in der Zahl g' mit einbegriffen sein, wenn die Gleichungen des Integrals $\varphi(\alpha)$ und $\varphi''(\alpha)$ enthalten. Ebenso wird, wenn F eine gegebene Function bezeichnet, $\int F(\alpha, \varphi(\alpha))d\alpha$ in der Zahl g' mitenthalten sein, wenn die Gleichungen des Integrals $\int d\alpha \int F[\alpha, \varphi(\alpha)]d\alpha$ und $\varphi(\alpha)$ enthalten.

Endlich seien $l+1$, $l'+1$, $l''+1$, ... die Ordnungen der Gleichungen, welche aus den Gleichungen des Integrals abgeleitet sind und die als die ersten mit dem Integrale in Bezug auf $\alpha, \beta, \gamma, \ldots$ respective ungleichartig sind. Die Zahlen $l, l', l'' \ldots$ müssen endliche und bestimmte Werthe haben und können sich auch auf Null reduciren.

34. Wir haben aber im vorigen Paragraphen bewiesen, dass, wenn in den aus den Gleichungen des Integrals abgeleiteten Gleichungen vor irgend einer Ordnung eine willkürliche Function, z. B. eine gewisse Ableitung von $\varphi(\alpha)$ zum ersten Male erscheint, alsdann beim Übergange zu abgeleiteten Gleichungen der folgenden Ordnungen jedesmal neue willkürliche Functionen entstehen, die ebenfalls aus $\varphi(\alpha)$ hervorgehen. Sobald man also bei der Differentiation der Gleichungen des Integrals zur n^{ten} Ordnung gelangt, hat man willkürliche Functionen eingeführt, die nicht in diesen Gleichungen sich vorfinden, und unter denen es $n-l$ aus $\varphi(\alpha)$, $n-l'$ aus $\psi(\beta)$, u. s. w. hervorgehende giebt. Somit ist die Gesammtzahl der so eingeführten willkürlichen Functionen gleich $ng - l - l' - l'' - \ldots$. Addirt man hierzu die oben bestimmten Zahlen g, g' und $\frac{1}{2}(n+1)(n+2)k$, so erhält man einen allgemeinen Ausdruck für die Anzahl der der Elimination unterworfenen Grössen unter der folgenden Form:

$$\frac{1}{2}(n+1)(n+2)k + g(n+1) + g' - l - l' - l'' - \cdots$$

Diese Zahl darf, wie oben auseinandergesetzt wurde, in keinem Falle kleiner als die Zahl (D) sein. Mithin muss man nothwendig haben:

$$\frac{1}{2}(n+1)(n+2)k+g(n+1)+g'-l-l'-l''-\ldots \overline{\geq} \frac{1}{2}(n+1)(n+2)k+m(n+1)-\frac{1}{2}m(m-1),$$

d. h.

$$(m-g)(n+1) \leq \frac{1}{2}m(m-1) + g' - l - l' - l'' - \cdots$$

Die rechte Seite dieser letzteren Gleichheit oder Ungleichheit ist aber eine endliche bestimmte Zahl, während auf der linken Seite als gemeinschaftlicher Factor die Zahl $n+1$ auftritt, die beliebig gross werden kann. Mithin muss man, wenn diese Gleichheit oder Ungleichheit für ein beliebiges n stattfinden soll, haben:

$$g = m,$$

d. h. das endliche allgemeine Integral ohne partielle Quadraturen muss so viel willkürliche und von einander unabhängige Functionen enthalten, als die Ordnung der partiellen Differentialgleichung, zu welcher dieses Integral gehört, angiebt.

§ 6.

35. Die oben auseinandergesetzten allgemeinen Eigenschaften der partiellen Differentialgleichungen mit zwei unabhängigen Veränderlichen liefern uns die Fingerzeige, welche uns zur Bestimmung der zu gegebenen Differentialgleichungen dieser Klasse gehörigen Integrale führen werden.

Vor allem wollen wir uns damit beschäftigen zu untersuchen, wie man aus der Form einer gegebenen Gleichung ein Urtheil fällen kann über die Eigenschaften der Argumente der willkürlichen Functionen des allgemeinen Integrals ohne partielle Quadraturen, wenn ein solches Integra möglich ist.

Wir haben (§ 5) gesehen, dass in dem Ausdrucke eines solchen Integrals nothwendig willkürliche, von einander vollständig unabhängige Functionen $\varphi(\alpha)$, $\psi(\beta)$, ... vorkommen müssen, deren Anzahl gleich der Ordnung der zu integrirenden Gleichung ist, und deren Argumente α, β, ... im Allgemeinen bestimmte und von einander verschiedene Functionen der unabhängigen Veränderlichen x, y darstellen. Das Integral hört aber nicht auf, allgemein zu sein, wenn die Functionen α, β, .. entweder theilweise oder insgesammt unter einander identisch sind oder nur von der einen Veränderlichen x oder der einen Veränderlichen y abhängen. Und da diese Umstände nicht ohne Einfluss auf den Gang der Integration sind, so ist es wichtig, dass man im Stande ist, aus der blossen Form der gegebenen Gleichung die Eigenschaften der Argumente der willkürlichen Functionen in dem allgemeinen Integrale ohne partielle Quadraturen im Voraus zu erkennen, wenn die Möglichkeit eines solchen Integrals vorausgesetzt wird.

36. Zu diesem Zwecke denken wir uns, dass die Gleichung

$$\alpha = f(x, y)$$

eins der Argumente α der willkürlichen Functionen des angenommenen Integrals bestimme. Mit Hülfe dieser Gleichung können wir an Stelle der ursprünglichen unabhängigen Veränderlichen x und y die neuen Veränderlichen x und α oder y und α in die gegebene Gleichung einführen. Indem man nach einander diese beiden Annahmen macht und die vorstehende Gleichung partiell zuerst nach x, dann nach y differentiirt, während die zweite Veränderliche α in diesen beiden Fällen als constant betrachtet wird, erhält man:

$$0 = \frac{\partial f}{\partial x} + \frac{\partial f}{\partial y}\frac{\partial y}{\partial x}, \quad 0 = \frac{\partial f}{\partial y} + \frac{\partial f}{\partial x}\frac{\partial x}{\partial y},$$

daher:

$$\frac{\partial y}{\partial x} = -\frac{\frac{\partial f}{\partial x}}{\frac{\partial f}{\partial y}} = -\frac{\alpha'}{\alpha_{,}}, \quad \frac{\partial x}{\partial y} = -\frac{\frac{\partial f}{\partial y}}{\frac{\partial f}{\partial x}} = -\frac{\alpha_{,}}{\alpha'}$$

und zugleich ist:

$$\frac{\partial y}{\partial x}\frac{\partial x}{\partial y} = 1.$$

Wenn es daher möglich ist, verschiedene Functionen m, n, ... der Veränderlichen x, y zu bestimmen, welche die Werthe von $\frac{\partial y}{\partial x}$ darstellen, so erhalten wir zu gleicher Zeit die Werthe von $\frac{\partial x}{\partial y}$ unter der Form $\frac{1}{m}$, $\frac{1}{n}$, ..., und die entsprechenden Werthe der Argumente α, β, ... der willkürlichen Functionen werden erhalten durch Integration linearer partieller Differentialgleichungen von der Form:

$$\alpha' + m\alpha_{,} = 0, \quad \beta' + n\beta_{,} = 0, \ldots$$

Auf diese Weise ist die Untersuchung der Argumente der willkürlichen Functionen zurückgeführt auf die Untersuchung der verschiedenen diesen Argumenten entsprechenden Werthe von $\frac{\partial y}{\partial x}$, Werthe, die man versuchen muss, allein aus der gegebenen Gleichung zu erhalten.

37. Wir nehmen an, dass die gegebene Gleichung von der zweiten Ordnung und von der Form sei:

$$F(x, y, z, z', z_{,}, z'', z'_{,}, z_{,,}) = 0.$$

Nimmt man x und α zu unabhängigen Veränderlichen, so ergeben sich aus den Gleichungen des allgemeinen Integrals Ausdrücke für die Functionen y, z, z', $z_{,}$, z'', ... mittels dieser Veränderlichen, durch deren Substitution man nicht nur der gegebenen Gleichung, sondern auch allen ihren Ableitungen nach x und y bis zu irgend einer Ordnung genügt. Differentiirt man die gegebene Gleichung $n-2$-mal nach y, so folgt:

$$\frac{\partial F}{\partial z_{,,}} z_n + \frac{\partial F}{\partial z'_{,}} z'_{n-1} + \frac{\partial F}{\partial z''} z''_{n-2} + R = 0.$$

Hierin kommen die Ableitungen von der Ordnung n nur linear vor, während ihre Coefficienten mit Hülfe allein der Grössen, welche in der gegebenen Gleichung auftreten, gebildet sind und das Glied R ausserdem die Ableitungen von z von den Ordnungen, die niedriger sind als n, enthält.

38. Im § 4 haben wir gesehen, dass von einer bestimmten Ordnung an die aus den Gleichungen des Integrals abgeleiteten partiellen Ableitungen von z nothwendig mit diesem in Bezug auf α ungleichartig sein müssen. Und da die Zahl n willkürlich ist, so hindert nichts, anzunehmen, dass die Ableitungen n^{ter} Ordnung mit dem Integral in Bezug auf α ungleichartig sind. Unter dieser Voraussetzung wollen wir zusehen, wie wir der vorstehenden Gleichung genügen können.

Wir drücken zunächst z'_{n-1} und z''_{n-2} mittels z_n aus. Man hat dazu die Gleichungen:

$$\frac{\partial z_{n-1}}{\partial x} = z'_{n-1} + z_n \frac{\partial y}{\partial x}, \quad \frac{\partial z'_{n-2}}{\partial x} = z''_{n-2} + z'_{n-1} \frac{\partial y}{\partial x},$$

mit deren Hülfe man findet:

$$z'_{n-1} = \frac{\partial z_{n-1}}{\partial x} - \frac{\partial y}{\partial x} z_n, \quad z''_{n-2} = \frac{\partial z'_{n-2}}{\partial x} - \frac{\partial y}{\partial x} \frac{\partial z_{n-1}}{\partial x} + \left(\frac{\partial y}{\partial x}\right)^2 z_n.$$

Setzt man diese Werthe von z'_{n-1}, z''_{n-2} in die betrachtete Gleichung ein, so erhält man:

$$\left[\frac{\partial F}{\partial z_{,,}}-\frac{\partial F}{\partial z'_{,}}\frac{\partial y}{\partial x}+\frac{\partial F}{\partial z''}\left(\frac{\partial y}{\partial x}\right)^2\right]z_n+R+\frac{\partial F}{\partial z'_{,}}\frac{\partial z_{n-1}}{\partial x}+\frac{\partial F}{\partial z''}\left(\frac{\partial z'_{n-2}}{\partial x}-\frac{\partial y}{\partial x}\frac{\partial z_{n-1}}{\partial x}\right)=0.$$

Substituirt man schliesslich hierin die Ausdrücke, welche die Gleichungen des Integrals für die Functionen y, z, z', $z_{,,}$ . . . und ihre partiellen Ableitungen nach x ergeben, so muss man eine Identität erhalten.

Nun ist der aus der Formel

$$z_n=-\frac{\dfrac{\partial z_{n-1}}{\partial \alpha}}{\dfrac{\partial y}{\partial \alpha}}$$

erhaltene Werth von z_n nach dem Vorhergehenden ungleichartig mit dem Integral, d. h. er enthält eine willkürliche Function von α, welche weder in den Gleichungen des Integrals, noch in den Ausdrücken der Ableitungen von z von niederer als der n^{ten} Ordnung und daher auch nicht in den partiellen Ableitungen dieser letzteren und von y nach x vorkommt; denn die Differentiation nach x setzt α als constant voraus.

Mithin kann sich in der obigen Gleichung das Glied mit dem Factor z_n nicht gegen die übrigen Glieder aufheben, und die Gleichung kann sich nur dann in eine Identität verwandeln, wenn man hat:

$$\frac{\partial F}{\partial z_{,,}}-\frac{\partial F}{\partial z'_{,}}\frac{\partial y}{\partial x}+\frac{\partial F}{\partial z''}\left(\frac{\partial y}{\partial x}\right)^2=0.$$

39. Dies ist die Gleichung, welcher das zum Argumente α gehörige $\frac{\partial y}{\partial x}$ genügen muss. Da aber α nicht explicit darin vorkommt, so muss man, wenn man die Bedingung sucht, welcher das dem Argumente β entsprechende $\frac{\partial y}{\partial x}$ genügen muss, wiederum auf dieselbe Gleichung kommen. Mithin werden die Wurzeln dieser Gleichung, die wir mit m und n bezeichnen wollen, die beiden Werthe von $\frac{\partial y}{\partial x}$ ergeben, welche den beiden Argumenten α und β der beiden willkürlichen Functionen des allgemeinen Integrals ohne partielle Quadraturen der partiellen Differentialgleichung zweiter Ordnung entsprechen, falls diese Gleichung eines solchen Integrals fähig ist.

40. Das Resultat, welches wir soeben erhalten haben, gestattet uns die folgenden Schlüsse bezüglich der aus der Form der gegebenen Gleichung sich ergebenden Beschaffenheit der Argumente α, β zu ziehen:

1) α und β müssen allgemein bestimmte Functionen von x und y sein; denn die zugehörigen, durch die Wurzeln m und n der vorstehender

Gleichung dargestellten Werthe von $\frac{\partial y}{\partial x}$ sind unter bestimmter Form ausgedrückt mit Hülfe von x, y und der von x, y abhängigen Functionen z, z', $z_{,}$, z'', $z'_{,}$, $z_{,,}$.

2) Wenn $\frac{\partial F}{\partial z''}$, $\frac{\partial F}{\partial z'_{,}}$, $\frac{\partial F}{\partial z_{,,}}$ sich ausdrücken als Functionen von x und y, sei es unmittelbar, sei es nach Division mit einem gemeinschaftlichen Factor, so werden m und n Functionen derselben Grössen sein. Demnach können α und β bestimmt werden durch Integration der Gleichungen:

$$\alpha' + m\alpha_{,} = 0, \quad \beta' + n\beta_{,} = 0.$$

3) Ist $m = n$, d. h. hat man

$$\left(\frac{\partial F}{\partial z'_{,}}\right)^2 = 4\,\frac{\partial F}{\partial z''}\,\frac{\partial F}{\partial z_{,,}},$$

so ist $\alpha = \beta$, somit muss das gesuchte Integral zwei verschiedene willkürliche Functionen desselben Argumentes enthalten.

4) Ist $m = 0$, d. i. $\frac{\partial F}{\partial z_{,,}} = 0$, so nimmt die Gleichung, welche α bestimmt, die Form an $\alpha' = 0$; mithin ist α eine willkürliche Function von y. Wenn daher die zu integrirende Gleichung $z_{,,}$ nicht enthält, so wird eine der willkürlichen Functionen in dem gesuchten Integral nur von der einen Veränderlichen y abhängen.

5) Ist $m = \infty$, d. i. $\frac{\partial F}{\partial z''} = 0$, so nimmt die Gleichung, welche α bestimmt, die Form $\alpha_{,} = 0$ an; mithin ist α eine willkürliche Function von x. Wenn daher die zu integrirende Gleichung z'' nicht enthält, so wird eine der willkürlichen Functionen in dem gesuchten Integral nur von der einen Veränderlichen x abhängen.

6) Ist $m = 0$, $n = \infty$, d. h. ist $\frac{\partial F}{\partial z_{,,}} = 0$ und $\frac{\partial F}{\partial z''} = 0$, so werden die Gleichungen, welche α und β bestimmen, die Form $\alpha' = 0$ und $\beta_{,} = 0$ annehmen; mithin ist α eine willkürliche Function von y und β eine willkürliche Function von x. Wenn daher in der zu integrirenden Gleichung keine andere Ableitung zweiter Ordnung als $z'_{,}$ vorkommt, so wird in dem gesuchten Integrale die eine der willkürlichen Functionen nur von x, die andere nur von y abhängen.

7) Ist $m = 0$, $n = 0$, d. h. ist $\frac{\partial F}{\partial z_{,,}} = 0$ und $\frac{\partial F}{\partial z'_{,}} = 0$, so werden die Gleichungen, welche α und β bestimmen, die Form $\alpha' = 0$ und $\beta' = 0$ annehmen, mithin sind α und β willkürliche Functionen der einen Veränderlichen y. Wenn daher in der zu integrirenden Gleichung keine andere Ableitung zweiter Ordnung als z'' vorkommt, so werden in dem gesuchten

Integral die beiden willkürlichen Functionen von der einen Veränderlichen y abhängen.

8) Ist $m = \infty$, $n = \infty$, d. h. ist $\frac{\partial F}{\partial z''} = 0$ und $\frac{\partial F}{\partial z_,} = 0$, so werden die Gleichungen, welche α und β bestimmen, die Form $\alpha_, = 0$ und $\beta_, = 0$ annehmen; mithin sind α und β willkürliche Functionen der einen Veränderlichen x. Wenn daher in der zu integrirenden Gleichung keine andere Ableitung zweiter Ordnung als $z_{,,}$ vorkommt, so werden in dem gesuchten Integral die beiden willkürlichen Functionen nur von der einen Veränderlichen x abhängen.

41. Bemerkung. Es ist noch zu beachten, dass das allgemeine endliche Integral ohne partielle Quadraturen in den letzten beiden Fällen (7 und 8) nur unter der folgenden Bedingung möglich ist: nämlich dass, wenn die gegebene Gleichung nur die Ableitung zweiter Ordnung z'' enthält, die Ableitung erster Ordnung $z_,$ nicht darin vorkommt, oder dass, wenn die gegebene Gleichung nur die Ableitung zweiter Ordnung $z_{,,}$ enthält, die Ableitung erster Ordnung z' nicht darin vorkommt.

Die Gleichungen nämlich, welche dieser Bedingung nicht genügen, können ohne Beschränkung der Allgemeinheit auf eine der Formen gebracht werden:

$$z_, = F(x, y, z, z', z''),$$
$$z' = F(x, y, z, z_,, z_{,,}),$$

indem man die erste als aufgelöst nach $z_,$, die zweite als aufgelöst nach z' annimmt.

Untersuchen wir jetzt, ob wir annehmen dürfen, dass z. B. die erste von diesen Gleichungen ein endliches allgemeines Integral ohne partielle Quadraturen besitze. Die beiden willkürlichen Functionen eines solchen Integrals müssten nach dem Vorhergehenden nur von der einen Veränderlichen y abhängen. Mithin muss α eine Function von y und umgekehrt y eine Function $f(\alpha)$ von α sein. Führt man mit Hülfe dieser letzteren Relation $y = f(\alpha)$ an Stelle von y die Veränderliche α ein, so findet man infolge der Bemerkung zu § 4, Nr. 31, dass die aus den Gleichungen des Integrals gezogenen Ausdrücke von z' und z'' mit dem Integrale in Bezug auf α gleichartig sein müssen, während der Ausdruck

$$z_, = \frac{\frac{\partial z}{\partial \alpha}}{f'(\alpha)}$$

nothwendig ungleichartig mit demselben in Bezug auf α ist. Mithin ist es unmöglich, durch Substitution dieser Ausdrücke in die betrachtete Gleichung diese Gleichung in eine Identität zu verwandeln, da die linke Seite eine willkürliche Function von a enthalten müsste, welche auf der rechten Seite nicht vorkommen kann.

Vertauscht man die Buchstaben x und y mit einander, so kann man in genau derselben Weise den auf die Gleichung $z' = F(x, y, z, z_{,}, z_{,,})$ bezüglichen analogen Satz beweisen.

42. Die soeben auseinandergesetzte Methode für die Untersuchung der Argumente der willkürlichen Functionen des Integrals findet auch ohne Schwierigkeit Anwendung auf die partiellen Differentialgleichungen beliebiger Ordnung. Wenn man die Gleichförmigkeit bei der für diese Untersuchung angewendeten Verfahrungsweise berücksichtigt, so genügt es, diese Verallgemeinerung für die Gleichung dritter Ordnung kurz anzudeuten.

Es sei

$$F(x, y, z, z', z_{,}, z'', z'_{,}, z_{,,}, z''', z''_{,}, z'_{,,}, z_{,,,}) = 0$$

die gegebene Gleichung. Differentiirt man dieselbe $n-3$-mal nach y, so kommt:

$$\frac{\partial F}{\partial z_{,,,}} z_n + \frac{\partial F}{\partial z'_{,,}} z'_{n-1} + \frac{\partial F}{\partial z''_{,}} z''_{n-2} + \frac{\partial F}{\partial z'''} z'''_{n-3} + R = 0.$$

Hier kommen die Ableitungen n^{ter} Ordnung nur linear vor, ihre Coefficienten sind gebildet aus Grössen, welche in der gegebenen Gleichung auftreten, und das Glied R enthält überdies die Ableitungen von z von den niedrigeren Ordnungen als der n^{ten}.

Wir nehmen jetzt an, dass eins der Argumente der willkürlichen Functionen des vorausgesetzten Integrals $a = f(x, y)$ sei und führen x und a an Stelle von x und y als unabhängige Veränderliche ein. Wir erhalten so die Gleichungen:

$$\frac{\partial z_{n-1}}{\partial x} = z'_{n-1} + z_n \frac{\partial y}{\partial x},$$

$$\frac{\partial z'_{n-2}}{\partial x} = z''_{n-2} + z'_{n-1} \frac{\partial y}{\partial x},$$

$$\frac{\partial z''_{n-3}}{\partial x} = z'''_{n-3} + z''_{n-2} \frac{\partial y}{\partial x},$$

aus denen folgt:

$$z'_{n-1} = \frac{\partial z_{n-1}}{\partial x} - \frac{\partial y}{\partial x} z_n,$$

$$z''_{n-2} = \frac{\partial z'_{n-2}}{\partial x} - \frac{\partial y}{\partial x} \frac{\partial z_{n-1}}{\partial x} + \left(\frac{\partial y}{\partial x}\right)^2 z_n,$$

$$z'''_{n-3} = \frac{\partial z''_{n-3}}{\partial x} - \frac{\partial y}{\partial x} \frac{\partial z'_{n-2}}{\partial x} + \left(\frac{\partial y}{\partial x}\right)^2 \frac{\partial z_{n-1}}{\partial x} - \left(\frac{\partial y}{\partial x}\right)^3 z_n.$$

Substituirt man diese Werthe, so nimmt die obige Gleichung die Form an:

$$\left[\frac{\partial F}{\partial z_{,,,}} - \frac{\partial F}{\partial z'_{,,}}\frac{\partial y}{\partial x} + \frac{\partial F}{\partial z''_{,}}\left(\frac{\partial y}{\partial x}\right)^2 - \frac{\partial F}{\partial z'''}\left(\frac{\partial y}{\partial x}\right)^3\right] z_n$$

$$+ R + \frac{\partial F}{\partial z'_{,,}}\frac{\partial z_{n-1}}{\partial x} + \frac{\partial F}{\partial z''_{,}}\left(\frac{\partial z'_{n-2}}{\partial x} - \frac{\partial y}{\partial x}\frac{\partial z_{n-1}}{\partial x}\right)$$

$$+ \frac{\partial F}{\partial z'''}\left[\frac{\partial z''_{n-3}}{\partial x} - \frac{\partial y}{\partial x}\frac{\partial z'_{n-2}}{\partial x} + \left(\frac{\partial y}{\partial x}\right)^2\frac{\partial z_{n-1}}{\partial x}\right] = 0.$$

Da die Zahl n willkürlich ist, so kann man sie immer derart annehmen, dass die Ausdrücke der Ableitungen n^{ter} Ordnung von z mit dem Integral in Bezug auf α ungleichartig sind. In diesem Falle kann man, wenn man in der vorstehenden Gleichung die Ausdrücke der Functionen y und z und der aus den Gleichungen des Integrales sich ergebenden partiellen Ableitungen von z substituirt, derselben nur Genüge leisten, wenn man die in Bezug auf $\frac{\partial y}{\partial x}$ kubische Gleichung hat:

$$\frac{\partial F}{\partial z_{,,,}} - \frac{\partial F}{\partial z'_{,,}}\frac{\partial y}{\partial x} + \frac{\partial F}{\partial z''_{,}}\left(\frac{\partial y}{\partial x}\right)^2 - \frac{\partial F}{\partial z'''}\left(\frac{\partial y}{\partial x}\right)^3 = 0,$$

deren Wurzeln m, n, p mit den Argumenten α, β, γ der willkürlichen Functionen des Integrals durch die Gleichungen

$$\alpha' + m\alpha_{,} = 0, \quad \beta' + n\beta_{,} = 0, \quad \gamma' + p\gamma_{,} = 0$$

verbunden sind. Mithin können alle auf die Form der Argumente sich beziehenden Fragen wie im vorhergehenden Falle erledigt werden.

2. Kapitel.

Integration der einfachsten Formen der partiellen Differentialgleichungen zweiter Ordnung mit einer abhängigen und zwei unabhängigen Veränderlichen.

§ 7.

43. Die Formen der betrachteten Klasse von Differentialgleichungen sind hauptsächlich characterisirt durch die Form der Argumente α, β der willkürlichen Functionen, welche in den allgemeinen Integralen dieser Gleichungen auftreten. Demgemäss werden wir, da wir uns zunächst mit den einfachsten Gleichungen, auf welche sich sodann die Gleichungen von complicirterer Form zurückführen lassen, beschäftigen wollen, mit den einfachsten Annahmen bezüglich der Form der Argumente α und β beginnen. Offenbar entspricht der Fall, in welchem diese Argumente gleich sind und sich mittels einer einzigen der unabhängigen Veränderlichen x und y ausdrücken, der einfachsten Annahme.

Ist z. B. $\alpha = \beta = y$, so kann die entsprechende Differentialgleichung ein allgemeines Integral von endlicher Form nur in dem Falle besitzen (§ 6, Nr. 40 und 41), wo die Gleichung keine andere Ableitung zweiter Ordnung als z'' und keine andere Ableitung erster Ordnung als z' enthält, d. h. allein in dem Falle, wo die Gleichung von der allgemeinen Form ist:

$$F(x, y, z, z', z'') = 0.$$

In diesem Falle ist es übrigens leicht, sich hiervon unmittelbar zu überzeugen, indem man sich den Übergang von dem zwei willkürliche Functionen von y enthaltenden allgemeinen Integrale zur entsprechenden partiellen Differentialgleichung zweiter Ordnung mittels der Elimination der willkürlichen Functionen vergegenwärtigt. Da bei der Berechnung der Ableitungen z' und z'' die Grösse y als constant betrachtet wird, so kann man sich auch bei der Integration der in Rede stehenden Gleichung auf diesen Gesichtspunkt stützen. Man wird so eine gewöhnliche Differentialgleichung zwischen x und z haben und durch Integration ihr allgemeines Integral mit zwei verschiedenen willkürlichen Constanten erhalten. Diese letzteren brauchen aber nur constant zu sein in Bezug auf x; mithin können sie als zwei verschiedene willkürliche Functionen von y betrachtet werden, und wir erhalten so das allgemeine Integral der gegebenen Gleichung.

Für eine gewöhnliche Differentialgleichung zweiter Ordnung giebt es immer zwei Zwischenintegrale erster Ordnung, deren jedes eine einzige willkürliche Constante enthält. Verwandelt man also diese Constanten in willkürliche Functionen von y, so erhält man immer allgemeine Zwischenintegrale der ersten Ordnung für die gegebene Gleichung.

44. Überhaupt können die Gleichungen, welche ein allgemeines Integral, in welchem $\alpha = \beta$ ist, besitzen, durch eine passende Transformation auf die soeben betrachtete einfachste Form zurückgeführt werden. Dazu braucht man nur in die gegebene Gleichung α und x oder α und y an Stelle von x und y als unabhängige Veränderliche einzuführen. Wir werden im Cap. IV ausführlicher die allgemeinen Methoden zur Ausführung dieser Transformation in dem Falle auseinandersetzen, wo man mit Hülfe der gegebenen Gleichung den Ausdruck von α als Function von $x, y, z, z', z,$ erhalten kann; gegenwärtig beschränken wir uns auf den weniger allgemeinen Fall, wo man mit Hülfe der gegebenen Gleichung den Ausdruck des Argumentes α als Function von x und y bilden kann.

45. Wir nehmen an, dass die gegebene Gleichung von der allgemeinen Form sei:

$$F(x, y, z, z', z_,, \zeta) = 0,$$

wo

$$\zeta = Rz'' + 2Sz'_, + Tz_{,,}$$

ist und R, S, T Functionen von x und y bezeichnen.

Dem oben (§ 6, Nr. 40) Bewiesenen zufolge können die Argumente α, β des allgemeinen Integrals der gegebenen Gleichung nur gleich sein unter der Bedingung:

$$\left(\frac{\partial F}{\partial z'_,}\right)^2 - 4\frac{\partial F}{\partial z''}\frac{\partial F}{\partial z_{,,}} = 0.$$

Nun hat man:

$$\frac{\partial F}{\partial z''} = R\frac{\partial F}{\partial \zeta}, \ \frac{\partial F}{\partial z'_,} = 2S\frac{\partial F}{\partial \zeta}, \ \frac{\partial F}{\partial z_{,,}} = T\frac{\partial F}{\partial \zeta};$$

somit nimmt die vorstehende Bedingung die Form an:

$$4\left(\frac{\partial F}{\partial \zeta}\right)^2 (S^2 - RT) = 0,$$

und da der Factor $\frac{\partial F}{\partial \zeta}$ nicht Null sein kann, so muss sein:

$$S^2 - RT = 0.$$

Setzt man diese Bedingung als erfüllt voraus, so hat man:

$$\zeta = R(z'' + 2\ m\ z'_{,} + m^2 z_{,,}),$$

wenn man zur Abkürzung setzt:

$$m = \frac{S}{R}.$$

Um das Argument α zu bestimmen, hat man (Nr. 36) die partielle Differentialgleichung erster Ordnung:

$$\frac{\partial \alpha}{\partial x} + m \frac{\partial \alpha}{\partial y} = 0,$$

aus welcher folgt, wenn mit μ der integrirende Factor bezeichnet wird:

$$\alpha = \int \mu (dy - m dx) = f(x, y).$$

Mittels der durch diese letztere Gleichung dargestellten Relation zwischen x, y, α kann man nunmehr α und x an Stelle von x und y als unabhängige Veränderliche einführen. Betrachtet man so die beiden Systeme von unabhängigen Veränderlichen, so muss man sich der oben (Nr. 2) getroffenen Festsetzung erinnern, nach welcher die partiellen Ableitungen irgend einer Function nach x und y bezeichnet werden durch oben oder unten angefügte Striche zur Rechten der Function, während zur Darstellung der partiellen Ableitungen nach x und α die gewöhnliche Bezeichnung angewendet wird.

Hiernach hat man:

$$z' = \frac{\partial z}{\partial x} + \frac{\partial z}{\partial \alpha}\frac{\partial \alpha}{\partial x}, \quad z_{,} = \frac{\partial z}{\partial \alpha}\frac{\partial \alpha}{\partial y},$$

somit:

$$z' + m z_{,} = \frac{\partial z}{\partial x}.$$

Man findet ebenso:

$$(z' + m z_{,})' + m(z' + m z_{,})_{,} = \frac{\partial (z' + m z_{,})}{\partial x},$$

oder:

$$z'' + 2 m z'_{,} + m^2 z_{,,} + (m' + m m_{,}) z_{,} = \frac{\partial^2 z}{\partial x^2}.$$

Aus diesen Gleichungen folgt:

$$\zeta = R(z'' + 2 m z'_{,} + m^2 z_{,,}) = R\left[\frac{\partial^2 z}{\partial x^2} - (m' + m m_{,}) z_{,}\right],$$

und

$$z' = \frac{\partial z}{\partial x} - m z_{,}.$$

Wenn demnach die gegebene Gleichung ein allgemeines Integral von endlicher Form mit zwei willkürlichen Functionen des Argumentes $\alpha = f(x, y)$ besitzt, so muss sich, wenn man die vorstehenden Werthe von ζ und z' substituirt, $z_{,}$ infolge der Reductionen von selbst daraus wegheben. In diesem Falle muss man also, indem man an Stelle von ζ und z' ihre obigen Ausdrücke betrachtet und die linke Seite der gegebenen Gleichung partiell nach $z_{,}$ differentiirt, ein Resultat erhalten, das identisch gleich Null ist. Mithin sind die beiden Gleichungen

$$\frac{\partial F}{\partial \zeta} R(m' + mm_{,}) + \frac{\partial F}{\partial z'} m - \frac{\partial F}{\partial z_{,}} = 0, \quad S^2 - RT = 0$$

die hinreichenden und nothwendigen Bedingungen, und wenn dieselben erfüllt sind, so reducirt sich die Integration der betrachteten partiellen Differentialgleichung auf die Integration einer gewöhnlichen Differentialgleichung zweiter Ordnung.

Offenbar erhält man, wenn man die Rollen von x und y vertauscht und zur Abkürzung

$$n = \frac{S}{T}$$

setzt, die zu den vorigen analogen beiden Bedingungen:

$$\frac{\partial F}{\partial \zeta} T(n_{,} + nn') + \frac{\partial F}{\partial z_{,}} n - \frac{\partial F}{\partial z'} = 0, \quad S^2 - RT = 0.$$

46. Wir wollen das Vorhergehende durch ein einfaches Beispiel erläutern. Wir nehmen die Gleichung

$$f[\zeta + (1 + x + y) z_{,}] + x\zeta + (x^2 + xy - y) z_{,} - z' = 0,$$

in welcher

$$\zeta = z'' + 2(x + y) z'_{,} + (x + y)^2 z_{,,}$$

ist und f irgend eine gegebene Function bezeichnet. Wir haben hier:

$$m = x + y, \quad \alpha = \int e^{-x} (dy - (x + y) dx) = \frac{1 + x + y}{e^x}.$$

Führt man x und α an Stelle von x und y als unabhängige Veränderliche ein, so folgt:

$$z' = \frac{\partial z}{\partial x} - (x + y) z_{,,} \quad \zeta = \frac{\partial^2 z}{\partial x^2} - (1 + x + y) z_{,}.$$

Bei der Substitution dieser Werthe von z' und ζ in die gegebene Gleichung fällt zugleich $z_,$ weg und die Gleichung reducirt sich auf die Form:

$$f\left(\frac{\partial^2 z}{\partial x^2}\right) + x\,\frac{\partial^2 z}{\partial x^2} - \frac{\partial z}{\partial x} = 0,$$

eine gewöhnliche Differentialgleichung zweiter Ordnung, die nach der Clairaut'schen Regel integrirbar ist. Führen wir in das vollständige Integral dieser Gleichung an Stelle der willkürlichen Constanten zwei verschiedene willkürliche Functionen von α ein, so erhalten wir das allgemeine Integral der gegebenen Gleichung unter der Form:

$$z = \frac{x^2}{2}\varphi\left(\frac{1+x+y}{e^x}\right) + xf\left[\varphi\left(\frac{1+x+y}{e^x}\right)\right] + \psi\left(\frac{1+x+y}{e^x}\right).$$

Es ist leicht zu bestätigen, dass in diesem Beispiele die erste der Formeln für die Integrabilität (Nr. 45) erfüllt ist.

47. Ist die gegebene Gleichung von der besonderen Form

$$Rz'' + 2Sz'_, + Tz_{,,} + U = 0,$$

wo U eine gegebene Function von $x, y, z, z', z_,$ darstellt, so sind die Integrabilitätsbedingungen der vorstehenden Methode zufolge:

$$S^2 - RT = 0, \quad R(m' + mm_,) + \frac{\partial U}{\partial z'}m - \frac{\partial U}{\partial z_,} = 0, \quad \text{oder:}$$

$$S^2 - RT = 0, \quad T(n_, + nn') + \frac{\partial U}{\partial z_,}n - \frac{\partial U}{\partial z'} = 0.$$

Setzt man in dieser Gleichung

$$U = Qz_, + Pz' + Nz - M,$$

wo M, N, P, Q gegebene Functionen von x und y bezeichnen, so verwandelt sie sich in die lineare Gleichung:

$$Rz'' + 2Sz'_, + Fz_{,,} + Qz_, + Pz' + Nz = M$$

und man erhält als Bedingungen der Integrabilität nach der vorigen Methode:

$$S^2 - RT = 0, \quad R(m' + mm_,) + Pm - Q = 0, \quad \left(m = \frac{S}{R}\right)$$

oder:

$$S^2 - RT = 0, \quad T(n_, + nn') + Qn - P = 0, \quad \left(n = \frac{S}{T}\right).$$

48. Wir bemerken noch, dass, wenn wir die symbolischen Bezeichnungen ∇ und ∇_1 einführen, welche definirt werden durch die Gleichungen:

$$\nabla v = v' + mv_,, \quad \nabla^2 v = \nabla\nabla v = (v' + mv_,)' + m(v' + mv_,)_,,$$
$$\nabla_1 v = v_, + nv', \quad \nabla_1^2 v = \nabla_1 \nabla_1 v = (v_, + nv')_, + n(v_, + nv')',$$

wir erhalten:

$$\nabla z = \frac{\partial z}{\partial x}, \quad \nabla^2 z = \frac{\partial^2 z}{\partial x^2};$$
$$\nabla_1 z = \frac{\partial z}{\partial y}, \quad \nabla_1^2 z = \frac{\partial^2 z}{\partial y^2};$$

mithin lassen sich die partiellen Differentialgleichungen zweiter Ordnung von der allgemeinen Form

$$F(x, y, z, \nabla z, \nabla^2 z) = 0 \text{ oder } F(x, y, z, \nabla_1 z, \nabla_1^2 z) = 0$$

nach der vorstehenden Methode integriren, und umgekehrt können die nach dieser Methode integrirbaren Gleichungen (d. h. diejenigen, welche den oben gegebenen Integrabilitätsbedingungen genügen) auf eine der vorstehenden symbolischen Formen gebracht werden.

§ 8.

49. Nächst den im vorhergehenden Paragraphen betrachteten Gleichungen sind diejenigen Gleichungen von einfachster Form, welche der Annahme entsprechen, dass eins der Argumente der willkürlichen Functionen ihres allgemeinen Integrals gleich x, das andere gleich y sei. In diesem Falle darf, wie wir gesehen haben (Nr. 40, 6), die Differentialgleichung keine andere Ableitung zweiter Ordnung als $z'_,$ enthalten; sie ist daher von der allgemeinen Form:

$$F(x, y, z, z', z_,, z'_,) = 0.$$

Die Theorie der Integration der Gleichungen von dieser Form besitzt eine besondere Wichtigkeit, weil sich alle Gleichungen der von uns untersuchten Klasse offenbar darauf zurückführen lassen, sobald man darin als unabhängige Veränderliche die Argumente der willkürlichen Functionen der zu ihnen gehörigen allgemeinen Integrale einführt.

50. Ampère hat die nothwendigen und hinreichenden Bedingunger dafür, dass die vorstehende Gleichung ein Integral der ersten Ordnung mit einer einzigen willkürlichen Function von y oder von x besitzen könne, in folgender Weise festgestellt.

Wir nehmen an, dass die Gleichung

$$f[x, y, z, \varphi(x), \psi(y)] = 0,$$

in der φ und ψ willkürliche Functionen bezeichnen, das allgemeine Integral darstelle. Differentiirt man dasselbe nach y und eliminirt man $\varphi(x)$ aus der dadurch erhaltenen und der gegebenen Gleichung, so erhält man ein Resultat von der Form:

$$f_1[x, y, z, z_, \psi(y), \psi'(y)] = 0.$$

Diese letztere Gleichung kann offenbar nur dann das allgemeine Integral erster Ordnung darstellen, wenn es möglich ist, aus dieser Gleichung und derjenigen, welche man durch Differentiation derselben nach x erhält, alle willkürlichen Functionen zu eliminiren.

Dazu ist es nothwendig, dass $\psi(y)$ und $\psi'(y)$ in der letzten Gleichung nur in einer abgesonderten Gruppe von der Form

$$\Psi[y, \psi(y), \psi'(y)]$$

vorkommen; alsdann wird die durch diese Gruppe dargestellte willkürliche Function von y ohne Änderung auch in derjenigen Gleichung auftreten, welche aus der Differentiation der vorigen nach x entsteht, und somit kann dieselbe zwischen diesen beiden Gleichungen eliminirt werden. Da das Resultat einer solchen Elimination stets unter der Form einer in Bezug auf $z'_,$ und z' linearen Gleichung, wie

$$Gz'_, + Hz' + K = 0,$$

dargestellt werden kann, wo G, H, K im Allgemeinen x, y, z, $z_,$ enthalten können, so ist diese Form der Differentialgleichung auch eine der Bedingungen dafür, dass für sie ein allgemeines Integral erster Ordnung mit einer einzigen willkürlichen Function von y möglich sei.

51. Die erhaltene Bedingung ist zwar nothwendig, aber nicht hinreichend. Bemerkt man nämlich, dass man hat:

$$z'_, = \frac{\partial z_,}{\partial x}, \quad z' = \frac{\partial z}{\partial x},$$

und multiplicirt man vorstehende Gleichung mit ∂x, so folgt:

$$G\partial z_, + H\partial z + K\partial x = 0.$$

In dieser in Bezug auf die Differentiale der drei Veränderlichen x, z, $z_,$ linearen Gleichung kann man y als constant betrachten. Sie besitzt bekanntlich ein Integral mit einer willkürlichen Constanten (welche durch eine willkürliche Function von y ersetzt werden kann) nur in dem Falle, wenn die Euler'sche Bedingung

$$G\left(\frac{\partial H}{\partial x} - \frac{\partial K}{\partial z}\right) + H\left(\frac{\partial K}{\partial z_,} - \frac{\partial G}{\partial x}\right) + K\left(\frac{\partial G}{\partial z} - \frac{\partial H}{\partial z_,}\right) = 0 \quad . (E)$$

erfüllt ist.

Somit bildet die Existenz dieser letzteren Gleichheit verbunden mit der in Bezug auf $z'_,$ und z' linearen Form der vorgelegten Gleichung die nothwendigen und hinreichenden Bedingungen dafür, dass diese letztere Gleichung ein allgemeines Integral erster Ordnung mit einer willkürlichen Function von y besitze.

In genau derselben Weise findet man die Bedingungen für die Existenz eines allgemeinen Integrals erster Ordnung mit einer willkürlichen Function von x.

52. Es ist z. B. leicht auf diese Weise zu zeigen, dass die Gleichung

$$(x + yz)z'_, - yz_,z' + \frac{y(z-1)}{x+y} z_, = 0$$

kein Integral erster Ordnung mit einer willkürlichen Function von x besitzen kann, wohl aber ein solches mit einer willkürlichen Function von y besitzt. Um dieses zu erhalten, multipliciren wir die beiden ersten Glieder der linken Seite der gegebenen Gleichung mit ∂x; dies giebt:

$$(x + yz)\partial z_, - yz_,\partial z.$$

Betrachtet man in diesem binomischen Differentialausdruck $z_,$ und z als einzige Veränderliche, multiplicirt den Ausdruck mit $-\frac{1}{z_,^2}$ und integrirt, so findet man:

$$\int \frac{yz_,\partial z - (x + yz)\partial z_,}{z_,^2} = \frac{x + yz}{z_,}.$$

Führt man jetzt an Stelle der ursprünglichen abhängigen Veränderlichen z eine neue Veränderliche u ein, indem man setzt:

$$u = \frac{x + yz}{z_,},$$

so findet man hieraus durch Differentiation nach x:

$$u' = \frac{z_,(1 + yz') - (x + yz)z'_,}{z_,^2}.$$

Addirt man diese letztere Gleichung zu der mit $\frac{1}{z_,^2}$ multiplicirten gegebenen Gleichung, so erhält man:

$$u' = \frac{x + yz}{(x + y)z_,},$$

oder:

$$u' - \frac{u}{x + y} = 0.$$

Man erhält also eine Gleichung erster Ordnung; da darin keine Ableitung nach y vorkommt, so ergiebt sich, wenn man dieselbe wie eine gewöhnliche Differentialgleichung zwischen den Veränderlichen x und u integrirt und die willkürliche Constante des Integrals durch eine willkürliche Function von y ersetzt:

$$\frac{u}{x+y} = \psi(y).$$

Indem man in diese Gleichung für u seinen Werth einsetzt, erhält man das Integral erster Ordnung der vorgelegten Gleichung in der Form:

$$z_{,} = \frac{y}{(x+y)\psi(y)} z + \frac{x}{(x+y)\psi(y)}.$$

In dieser Gleichung erster Ordnung kommt keine Ableitung nach x vor; integrirt man sie also wie eine gewöhnliche Differentialgleichung zwischen den beiden Veränderlichen y und z und ersetzt man die willkürliche Constante des Integrals durch eine willkürliche Function von x, so findet man als allgemeines primitives Integral der gegebenen Gleichung:

$$z = e^{\int \frac{y}{x+y} \frac{dy}{\psi(y)}} \left[\varphi(x) + x \int e^{-\int \frac{y}{x+y} \frac{dy}{\psi(y)}} \frac{dy}{(x+y)\psi(y)}\right].$$

53. Hat man:

$$G = 1,\ H = P,\ K = Qz_{,} + Nz - M,$$

wo M, N, P, Q gegebene Functionen von x und y bezeichnen, so ist die betrachtete Gleichung linear in Bezug auf z, z', $z_{,}$, $z'_{,}$ und von der Form:

$$z'_{,} + Qz_{,} + Pz' + Nz = M,$$

und die Bedingungen dafür, dass dieselbe ein allgemeines Integral erster Ordnung mit willkürlichen Functionen von x allein oder von y allein haben könne, drücken sich respective aus durch die Gleichungen:

$$\frac{\partial P}{\partial x} - N + PQ = 0,\ \frac{\partial Q}{\partial y} - N + PQ = 0.$$

Diese Bedingungen sind auch von Euler (Inst. calc. integr. t. III) bewiesen worden.

Die gegebene Gleichung kann nämlich unter den beiden folgender Formen geschrieben werden:

$$\frac{\partial(z_{,}+Pz)}{\partial x}+Q(z_{,}+Pz)+\left(N-PQ-\frac{\partial P}{\partial x}\right)z=M,$$

$$\frac{\partial(z'+Qz)}{\partial y}+P(z'+Qz)+\left(N-PQ-\frac{\partial Q}{\partial y}\right)z=M;$$

und wenn die eine der vorstehenden Bedingungen erfüllt ist, so ergiebt sich, wenn man an Stelle der ursprünglichen Veränderlichen z im ersten Falle die Veränderliche

$$u=z_{,}+Pz,$$

im zweiten die Veränderliche

$$v=z'+Qz$$

einführt, eine der beiden folgenden Gleichungen:

$$u'+Qu=M,\quad v_{,}+Pv=M,$$

welche die allgemeinen Integrale der ersten Ordnung liefern, nämlich die erste ein Integral mit einer willkürlichen Function von y, die zweite ein Integral mit einer willkürlichen Function von x.

§ 9.

54. Die folgenden Worte Ampère's, die auch heute noch vollständig wahr sind, kennzeichnen die Wichtigkeit und den Grad der Entwickelung der Theorie der Integration der Gleichungen, die wir im vorigen Paragraphen zu betrachten begonnen haben:

„Die partiellen Differentialgleichungen zweiter Ordnung, welche nur die Ableitung $z'_{,}$ von dieser Ordnung enthalten, müssen mit um so grösserer Sorgfalt untersucht werden, als es sehr oft geschieht, dass sich die andern partiellen Differentialgleichungen zweiter Ordnung, die man integriren soll, darauf zurückführen lassen. Die allgemeine Integration der in der Form

$$F(x,y,z,z',z_{,},z'_{,})=0$$

enthaltenen Gleichungen kann als die erste der zu lösenden Aufgaben betrachtet werden, wenn man zur Integration aller Gleichungen zweiter Ordnung gelangen will. Indessen scheint sich dieses Problem noch lange den Methoden der gegenwärtigen Analysis entziehen zu wollen; man kann diese Gleichungen nur in dem soeben besprochenen Falle (unter der Bedingung (E) Nr. 51) integriren, wo dieselben ein Zwischenintegral besitzen, und in dem Falle der linearen von Laplace integrirten Gleichungen*).“

*) Journal de l'École Polytechnique, XVIII cahier, p. 43.

Nach diesen Betrachtungen zu urtheilen, muss jeder wirkliche Fortschritt in der Entwickelung und Verallgemeinerung der Integrationsmethoden für die Gleichungen von der betrachteten Form für die ganze Theorie der partiellen Differentialgleichungen zweiter Ordnung von grosser Bedeutung sein.

55. Die von Ampère erwähnte Laplace'sche Methode sucht vermittelst einer passenden Veränderung der abhängigen Veränderlichen die Integration einer linearen Gleichung

$$z'_{,} + Qz_{,} + Pz' + Nz = M,$$

welche keiner der beiden Integrabilitätsbedingungen

$$\frac{\partial P}{\partial x} - N + PQ = 0, \quad \frac{\partial Q}{\partial y} - N + PQ = 0$$

genügt, auf die Integration einer Gleichung von derselben allgemeinen Form zurückzuführen.

Wenn die transformirte Gleichung den Integrabilitätsbedingungen ebenfalls nicht genügt, so kann man auf dieselbe wiederum die nämliche Transformationsmethode anwenden. Fährt man in dieser Weise fort, so gelangt man entweder zu einer linearen Gleichung, welche den Integrabilitätsbedingungen genügt und durch deren Integral man das der gegebenen ausdrücken kann, oder man überzeugt sich von der Unmöglichkeit, diese letztere Gleichung in endlicher Form zu integriren.

Demnach gründet sich diese Methode auf die Möglichkeit, das Integral der gegebenen Gleichung mittels des Integrals einer andern Gleichung von derselben allgemeinen Form auszudrücken, die aber bestimmten Bedingungen genügt, denen die gegebene Gleichung nicht Genüge leistet. Man kann aber zeigen, dass dieses Verfahren nicht allein auf die linearen Gleichungen, auf welche Laplace sich beschränkt hat, sondern auch auf Gleichungen von der allgemeineren Form

$$Gz'_{,} + Hz' + K = 0 \quad . \quad . \quad . \quad . \quad . \quad . \quad (a),$$

in welcher G, H, K als Functionen von x, y, z, $z_{,}$ sich darstellen, Anwendung findet. Hat man diese Verallgemeinerung begründet, so erhält man daraus leicht die Laplace'sche Methode als besonderen Fall.

56. Wir gehen nun über zur Integration der vorstehenden Gleichung, wie oben angedeutet wurde (Nr. 51). Wir multipliciren die beiden ersten Glieder ihrer linken Seite mit ∂x, dies giebt den Differentialausdruck

$$G\partial z_{,} + H\partial z.$$

Hierin betrachten wir $z_{,}$ und z als einzige Veränderliche, bestimmen den integrirenden Factor μ und integriren sodann. Man erhält so die Gleichung:

$$\int \mu (G \partial z_{,} + H \partial z) = F(x, y, z, z_{,}),$$

deren rechte Seite der Werth des Integrals auf der linken ist. Jetzt führen wir an Stelle von z die neue abhängige Veränderliche u ein, indem wir setzen:

$$u = F(x, y, z, z_{,}).$$

Die Differentiation dieser Gleichung nach x giebt:

$$u' = \frac{\partial F}{\partial z_{,}} z_{,}' + \frac{\partial F}{\partial z} z' + \frac{\partial F}{\partial x} = \mu (G z_{,}' + H z') + \frac{\partial F}{\partial x}.$$

Mithin erhält man, wenn man die gegebene Gleichung mit μ multiplicirt und das Product von der vorstehenden Gleichung abzieht:

$$u' = \frac{\partial F}{\partial x} - \mu K.$$

Die rechte Seite dieser Gleichung drückt sich in bestimmter Weise mittels $x, y, z, z_{,}$ aus; man kann daher der Einfachheit wegen setzen:

$$u' = F_1(x, y, z, z_{,}).$$

Wenn die Functionen F und F_1 nicht von einander verschieden sind in Bezug auf z und $z_{,}$, d. h. wenn man, indem man aus den Gleichungen

$$u = F(x, y, z, z_{,}), \quad u' = F_1(x, y, z, z_{,})$$

eine der Grössen $z, z_{,}$ eliminirt, auch zugleich die andere mit eliminirt, so erhält man eine Gleichung zwischen x, y, u, u', aus der man, wie wir oben (§ 8) gezeigt haben, ein allgemeines Integral erster Ordnung mit einer willkürlichen Function von y ableiten kann. In diesem Falle muss man aber bekanntlich die Identität haben:

$$\frac{\partial F}{\partial z} \frac{\partial F_1}{\partial z_{,}} - \frac{\partial F}{\partial z_{,}} \frac{\partial F_1}{\partial z} = 0,$$

welche auch die Bedingung der Existenz des in Frage kommenden Integrals erster Ordnung ist und äquivalent sein muss der oben gegebenen Bedingung:

$$G\left(\frac{\partial H}{\partial x} - \frac{\partial K}{\partial z}\right) + H\left(\frac{\partial K}{\partial z_{,}} - \frac{\partial G}{\partial x}\right) + K\left(\frac{\partial G}{\partial z} - \frac{\partial H}{\partial z_{,}}\right) = 0.$$

In der That verificirt man leicht, dass diese letztere Bedingung aus der ersten folgt*).

57. Wir sind nunmehr zu der Frage gelangt, welche den Gegenstand dieser Untersuchung bildet: Wie hat man zu verfahren, wenn die vorstehenden Bedingungen nicht erfüllt sind?

Wir bemerken, dass die Gleichungen

$$u = F(x, y, z, z_,), \quad u' = F_1(x, y, z, z_,)$$

als äquivalent zu der gegebenen Gleichung betrachtet werden können. Substituirt man nämlich den aus der ersten folgenden Werth von u in die zweite, so erhält man die gegebene Gleichung. Löst man die vorstehenden Gleichungen algebraisch nach z und $z_,$ auf, so erhält man zwei andere Gleichungen von der Form:

$$z = f(x, y, u, u'), \quad z_, = f_1(x, y, u, u'),$$

die äquivalent sind denen, aus welchen sie abgeleitet sind, und somit auch der gegebenen Gleichung. Wenn man also in die gegebene Gleichung die vorstehenden Werthe von z, $z_,$ und die durch Differentiation der vorstehenden Gleichungen nach x erhaltenen Werthe von z', $z'_,$ substituirt, so muss man nothwendig für jeden Werth von u eine Identität erhalten. Nun muss die Function u so bestimmt werden, dass die Werthe $z = f$ und $z_, = f_1$ mit einander verträglich sind, und dies erfordert, dass die Ableitung von f nach y gleich f_1 sei. Drückt man diese Bedingung aus, so hat man die Gleichung:

$$\frac{\partial f}{\partial u'} u'_, + \frac{\partial f}{\partial u} u_, + \frac{\partial f}{\partial y} - f_1(x, y, u, u') = 0 \quad . \quad . \quad . \quad (a_1).$$

Bestimmt man das Integral dieser und substituirt man den Werth dieses Integrals in die rechte Seite der Gleichung

$$z = f(x, y, u, u'),$$

so erhält man das Integral der gegebenen Gleichung.

58. Es ist aber leicht zu zeigen, dass die Gleichung (a_1), betrachtet als linear in Bezug auf $u'_,$ und $u_,$, kein Integral erster Ordnung mit einer willkürlichen Function von x haben kann. In der That, multiplicirt man die beiden ersten Glieder ihrer linken Seite mit ∂y und integrirt man, so folgt:

$$\int\left(\frac{\partial f}{\partial u'} \partial u' + \frac{\partial f}{\partial u} \partial u\right) = f(x, y, u, u') = v.$$

---

[1]) Vgl. z. B. Boole, Treatise on Differential Equations p. 271.

Differentiirt man den Werth von v nach y, so findet man:

$$v_{,} = \frac{\partial f}{\partial u'} u'_{,} + \frac{\partial f}{\partial u} u_{,} + \frac{\partial f}{\partial y},$$

und indem man dies von der Gleichung (a_1) abzieht, erhält man:

$$v_{,} = f_1(x, y, u, u').$$

Hier sind f und f_1 offenbar dieselben Functionen, die wir oben hatten.

Die Gleichung (a_1) würde ein Integral erster Ordnung mit einer willkürlichen Function von x haben können, wenn der Ausdruck

$$\frac{\partial f}{\partial u} \frac{\partial f_1}{\partial u'} - \frac{\partial f}{\partial u'} \frac{\partial f_1}{\partial u}$$

identisch gleich Null wäre. Aber man hat infolge eines bekannten Satzes über die Functionaldeterminanten von inversen Functionen

$$\frac{\partial f}{\partial u} \frac{\partial f_1}{\partial u'} - \frac{\partial f}{\partial u'} \frac{\partial f_1}{\partial u} = \frac{1}{\frac{\partial F}{\partial v} \frac{\partial F_1}{\partial v_{,}} - \frac{\partial F}{\partial v_{,}} \frac{\partial F_1}{\partial v}}.$$

Die Determinante, welche auf der rechten Seite dieser Gleichung vorkommt, ist nach Voraussetzung verschieden von Null. Mithin kann die Determinante auf der linken Seite weder gleich Null noch gleich unendlich sein.

59. Mithin führt die Gleichung (a_1), betrachtet als linear in Bezug auf $u'_{,}$ und $u_{,}$, nicht zum gewünschten Ziele. Indessen bleibt noch die Möglichkeit, die Frage in der Weise, wie wir es uns vorgenommen, zu erledigen, wenn die Gleichung (a_1) gleichfalls linear ist in Bezug auf u und u', und dazu ist nur nöthig, dass die Functionen f und f_1 vom ersten Grade seien in Bezug auf u'. Wir führen diese Bedingung ein, indem wir setzen:

$$z = f(x, y, u, u') = Mu' + N$$
$$z_{,} = f_1(x, y, u, u') = mu' + n,$$

wo M, N, m, n Functionen von x, y, u bezeichnen.

Jetzt nimmt die Gleichung (a_1) die Form an:

$$Mu'_{,} + \left(\frac{\partial M}{\partial u} u_{,} + \frac{\partial M}{\partial y} - m\right) u' + \frac{\partial N}{\partial u} u_{,} + \frac{\partial N}{\partial y} - n = 0,$$

oder, wenn man zur Abkürzung

$$M = g, \quad \frac{\partial M}{\partial u} u_{,} + \frac{\partial M}{\partial y} - m = h, \quad \frac{\partial N}{\partial u} u_{,} + \frac{\partial N}{\partial y} - n = k$$

setzt:

$$gu'_{,} + hu' + k = 0 \quad . \; . \; . \; . \; . \; . \; . \; . \; (a').$$

Wenn die Gleichung (a') der Integrabilitätsbedingung

$$g\left(\frac{\partial h}{\partial x} - \frac{\partial k}{\partial u}\right) + h\left(\frac{\partial k}{\partial u_,} - \frac{\partial g}{\partial x}\right) + k\left(\frac{\partial g}{\partial u} - \frac{\partial h}{\partial u_,}\right) = 0$$

genügt, welche infolge der Gleichungen

$$\frac{\partial g}{\partial u} = \frac{\partial h}{\partial u_,} = \frac{\partial M}{\partial u}$$

die Form annimmt:

$$g\left(\frac{\partial h}{\partial x} - \frac{\partial k}{\partial u}\right) + h\left(\frac{\partial k}{\partial u_,} - \frac{\partial g}{\partial x}\right) = 0,$$

so wird dieselbe ein Integral erster Ordnung mit einer willkürlichen Function von y haben, mit dessen Hülfe man das primitive allgemeine Integral der Gleichung (a') erhalten kann; sodann erhält man das Integral der Gleichung (a) durch die Formel:

$$z = f(x, y, u, u').$$

Genügt die Gleichung (a') der Bedingung der Integrabilität nicht, so kann man auf sie wiederum die Transformationsmethode anwenden, die man auf die Gleichung (a) angewandt hat. Fährt man so fort, so gelangt man entweder zu einer Gleichung, welche der Integrabilitätsbedingung genügt und somit das Integral der gegebenen Gleichung liefert, oder man überzeugt sich von der Unmöglichkeit, diese Auflösungsmethode anzuwenden.

60. Wir wollen die vorstehende Theorie durch ein sehr einfaches Beispiel erläutern. Wir nehmen die Gleichung:

$$z'_, - zz' = 0.$$

Vergleicht man sie mit der allgemeinen Gleichung

$$Gz'_, + Hz' + K = 0,$$

so findet man, dass die Integrabilitätsbedingung (E) erfüllt ist; und in der That, multiplicirt man die gegebene Gleichung mit ∂x, so folgt:

$$\partial z_, - z\partial z = 0,$$

und hieraus erhält man durch Integration das allgemeine Integral erster Ordnung:

$$z_, - \frac{1}{2} z^2 = \Psi(y),$$

welches eine willkürliche Function von y enthält.

Da man aber die Gleichungen zwischen zwei Veränderlichen z, y von der Form der letzten Gleichung nicht zu integriren weiss, so können wir uns derselben nicht bedienen, um daraus das ursprüngliche allgemeine Integral der gegebenen Gleichung abzuleiten. Vergleichen wir daher die gegebene Gleichung mit der andern allgemeinen Form

$$Gz'_{,} + Hz_{,} + K = 0,$$

so haben wir:

$$G = 1,\ H = 0,\ K = -\ zz'$$

und, wenn man bestätigen will, ob die Integrabilitätsbedingung

$$G\left(\frac{\partial H}{\partial y} - \frac{\partial K}{\partial z}\right) + H\left(\frac{\partial K}{\partial z'} - \frac{\partial G}{\partial y}\right) + K\left(\frac{\partial G}{\partial z} - \frac{\partial H}{\partial z'}\right) = 0$$

erfüllt ist, so findet man, dass ihre linke Seite nicht gleich Null, sondern gleich z' ist. Mithin kann die gegebene Gleichung kein Integral erster Ordnung mit einer willkürlichen Function von x haben.

Es bleibt uns daher nur übrig, auf die oben auseinandergesetzte allgemeine Methode zurückzugehen, nach welcher man zunächst findet:

$$\int(G\partial z' + H\partial z) = \int \partial z' = z'.$$

Führen wir sodann an Stelle von z die neue abhängige Veränderliche z' ein, indem wir setzen:

$$v = z',$$

differentiiren sodann diese Gleichung nach y und addiren sie zu der gegebenen, so folgt:

$$v_{,} = zz'.$$

Aus den beiden vorhergehenden Gleichungen erhält man:

$$z = \frac{v_{,}}{v},\ z' = v.$$

Substituirt man in die gegebene Gleichung die für z und z' erhaltenen Werthe, sowie den Werth von $z'_{,}$, welchen man findet, indem man die zweite der obigen Gleichungen nach y differentiirt, so erhält man die Identität $v_{,} = v_{,}$. Damit aber die Werthe von z und z' mit einander verträglich seien, muss man der Bedingung genügen:

$$\left(\frac{v_{,}}{v}\right)' = v,$$

die man auch so schreiben kann:

$$\frac{\partial^2 \log v}{\partial x \partial y} = v.$$

Liouville[1]) hat als allgemeines Integral dieser Gleichung den Ausdruck gefunden:

$$v = \frac{2\varphi'(x)\psi'(y)e^{\varphi(x)+\psi(y)}}{[1-e^{\varphi(x)+\psi(y)}]^2}.$$

Man erhält aus ihm:

$$\log v = \log 2 + \log\varphi'(x) + \log\psi'(y) + \varphi(x) + \psi(y) - 2\log[1-e^{\varphi(x)+\psi(y)}].$$

Differentiirt man schliesslich diese letztere Gleichung nach y, so erhält man das allgemeine Integral der gegebenen:

$$z = \frac{v_{,}}{v} = \frac{\psi''(y)}{\psi'(y)} + \psi'(y) + 2\,\frac{e^{\varphi(x)+\psi(y)}.\psi'(y)}{1-e^{\varphi(x)+\psi(y)}},$$

dessen Richtigkeit leicht zu bestätigen ist. Dieses Integral muss aber auch der Gleichung genügen:

$$z_{,} - \frac{1}{2}z^2 = \Psi(y).$$

Um sich hiervon zu überzeugen, so ist:

$$z_{,} = \frac{d^2\log\psi'}{dy^2} + \psi'' + 2\psi''\cdot\frac{e^{\varphi+\psi}}{1-e^{\varphi+\psi}} + 2\psi'^2\frac{e^{\varphi+\psi}}{1-e^{\varphi+\psi}} + 2\psi'^2\frac{e^{2\varphi+2\psi}}{(1-e^{\varphi+\psi})^2}$$

$$\frac{1}{2}z^2 = \frac{1}{2}\left(\frac{d\log\psi'}{dy} + \psi'\right)^2 + 2\left(\frac{d\log\psi'}{dy} + \psi'\right)\frac{e^{\varphi+\psi}\psi'}{1-e^{\varphi+\psi}} + 2\psi'^2\frac{e^{2\varphi+2\psi}}{(1-e^{\varphi+\psi})^2},$$

und indem man die zweite Gleichung von der ersten abzieht:

$$z_{,} - \frac{1}{2}z^2 = \frac{d^2\log\psi'(y)}{dy^2} + \psi''(y) - \frac{1}{2}\left[\frac{d\log\psi'(y)}{dy} + \psi'(y)\right]^2,$$

wobei die rechte Seite einer willkürlichen Function $\Psi(y)$ gleichgesetzt werden kann wegen der vollständig unbestimmten Form dieser Function und der Function $\psi(y)$.

Bemerkung. Auf diese Weise erhält man unter andern das Integral der vorstehenden Gleichung zwischen z und y, die von einer ziemlich complicirten Form ist. Man leitet dieses Integral aus dem soeben angegebenen Werthe von z ab, indem man darin bloss $\varphi(x)$ durch eine willkürliche Constante ersetzt.

---

[1]) Monge, Application de l'Analyse à la Géométrie 5e éd., corrigée par Liouville, Note IV, p. 597.

§ 10.

61. Untersuchen wir jetzt, wie man aus der vorstehenden Verallgemeinerung die Laplace'sche[1]) Methode für die Integration der linearen Gleichung

$$z'_{,} + Pz' + Qz_{,} + Nz = M$$

in dem Falle ableiten kann, wo die Ausdrücke

$$N - PQ - P' = A,\quad N - PQ - Q_{,} = 0$$

nicht gleich Null sind.

Nach der allgemeinen Methode multiplicirt man die beiden ersten Glieder der gegebenen Gleichung mit ∂x, betrachtet in dem Producte $z_{,}$ und z als einzige Veränderliche und integrirt sodann; dies giebt:

$$\int(\partial z_{,} + P\partial z) = z_{,} + Pz.$$

Sodann führt man an Stelle von z eine neue abhängige Veränderliche ein, indem man setzt:

$$z_{,} + Pz = u.$$

Differentiirt man diese nach x und subtrahirt man das Resultat von der gegebenen Gleichung, so kommt:

$$Qz_{,} + (N - P')z = M - u'.$$

Löst man die beiden letzten Gleichungen nach z und $z_{,}$ auf, so findet man:

$$z = \frac{1}{A}(M - Qu - u'),\quad z_{,} = \frac{1}{A}[(N - P')u + Pu' - MP].$$

Offenbar genügt man der gegebenen Gleichung, indem man den Werth von z, welcher durch die erste der beiden vorstehenden Gleichungen geliefert wird, substituirt, vorausgesetzt, dass der Werth von $z_{,}$, welchen man daraus erhält, gleich ist demjenigen, welchen die zweite dieser beiden Gleichungen giebt. Demnach muss die Function u durch die Bedingung bestimmt werden:

$$\left(\frac{M - Qu - u'}{A}\right)_{,} = \frac{(N - P')u + Pu' - MP}{A}.$$

Entwickelt man dieselbe und ordnet das Resultat nach der absteigenden Ordnung der Ableitungen von u, so findet man die lineare Gleichung:

$$u'_{,} + pu' + qu_{,} + nu = m,$$

[1]) Histoire de l'Académie des Sciences, 1773.

wo gesetzt ist:

$$p = P - \frac{A_{,}}{A} \qquad\qquad q = Q$$

$$n = N - P' + Q_{,} - Q\,\frac{A_{,}}{A}, \quad m = M_{,} - M\,\frac{A_{,}}{A} + MP.$$

62. Aus dem vorigen Paragraphen wissen wir schon, dass die transformirte Gleichung kein Integral erster Ordnung haben kann mit einer willkürlichen Function von x, und in der That, bildet man den Ausdruck, welcher verschwinden muss, wenn ein solches Integral erster Ordnung existiren soll, so findet man für diese Grösse:

$$b = n - pq - q_{,} = N - PQ - P' = A,$$

und dies ist nach Voraussetzung verschieden von Null.

Bilden wir sodann den Ausdruck, welcher gleich Null sein muss, wenn die transformirte Gleichung ein Integral erster Ordnung mit einer willkürlichen Function von y besitzt, so folgt:

$$B = n - pq - p' = N - PQ - P' + (Q_{,} - P') + \left(\frac{A_{,}}{A}\right)',$$

oder infolge der Gleichungen

$$A = N - PQ - P', \; a = N - PQ - Q_{,}$$

und der hieraus folgenden:

$$A - a = Q_{,} - P:$$

$$B = \left(\frac{A_{,}}{A}\right)' + 2A - a = \frac{\partial^2 \log A}{\partial x \partial y} + 2A - a.$$

63. Man sieht hieraus, dass B gleich Null sein kann, auch wenn es A und a nicht wären. Ist B nicht gleich Null, so kann man auf die transformirte Gleichung dasselbe Transformationsverfahren anwenden wie auf die gegebene Gleichung. Es ist indessen noch einfacher, anstatt die transformirten Gleichungen zu bilden, die Reihe der zu B und b analogen Grössen fortzusetzen, von deren Werth die Integrabilität der zu ihnen gehörigen Gleichungen abhängt. Diese Reihe kann in folgender Weise geschrieben werden:

$$A = N - PQ - \frac{\partial P}{\partial x}, \quad a = N - PQ - \frac{\partial Q}{\partial y}$$

$$\text{I)} \quad B = \frac{\partial^2 \log A}{\partial x \partial y} + 2A - a, \quad b = A$$

$$C = \frac{\partial^2 \log B}{\partial x \partial y} + 2B - b, \quad c = B,$$

. . . .

Gelangt man bei der Fortsetzung der Reihe $A, B, C, \ldots$ zu einem Gliede, welches gleich Null ist, so ist die Laplace'sche Methode anwendbar, und der Rang des Gliedes, welches verschwindet, giebt an, nach wieviel Transformationen man das gesuchte Integral erhält.

64. In der vorstehenden Untersuchung kann man der Veränderlichen y die Rolle zuertheilen, welche x hatte, und umgekehrt. Man gelangt auf diese Weise zu der folgenden, der vorhergehenden ähnlichen Reihe:

$$\text{II)}\quad \begin{aligned} a &= N - PQ - \frac{\partial Q}{\partial y}, & A &= N - PQ - \frac{\partial P}{\partial x} \\ b &= \frac{\partial^2 \log a}{\partial x \partial y} + 2a - A, & B &= a \\ c &= \frac{\partial^2 \log b}{\partial x \partial y} + 2b - B, & C &= b, \\ &\ldots\ldots\ldots\ldots \end{aligned}$$

Dabei muss man beachten, dass $B, C, \ldots, b, c, \ldots$ in den Formeln I und II verschiedene Bedeutungen haben.

65. Wendet man diese Methode auf die Gleichung an:

$$z'_{,} + xyz' - 2yz = 0,$$

in welcher $P = xy$, $Q = 0$, $N = -2y$, $M = 0$ ist, so findet man nach den Formeln (I):

$$\begin{aligned} A &= -3y, & B &= -4y, & C &= -5y, \ldots\ldots \\ a &= -2y, & b &= -3y, & c &= -4y, \ldots\ldots \end{aligned}$$

Mithin kann die Reihe der Grössen $A, B, C, \ldots$ nicht mit Null endigen.

Wendet man aber die Formeln (II) an, so folgt:

$$\begin{aligned} a &= -2y, & b &= -y, & c &= 0 \\ A &= -3y, & B &= -2y. \end{aligned}$$

Somit erhält man auf diese Weise nach drei Transformationen das Integral der gegebenen Gleichung. In der That, setzt man:

$$z' = u,$$

differentiirt diese Gleichung nach y und subtrahirt sie dann von der gegebenen, so folgt:

$$xyz' - 2yz = -u_{,},$$

und aus den beiden vorhergehenden Gleichungen erhält man:

$$z = \frac{1}{2}\, xu + \frac{u_,}{2y}.$$

Somit muss man haben:

$$\left(\frac{1}{2}\, xu + \frac{u_,}{2y}\right)' = u,$$

oder:

$$u_,' + xyu' - yu = 0.$$

Setzt man:

$$u' = v,$$

differentiirt dies nach y und subtrahirt das Resultat von der vorhergehenden Gleichung, so hat man:

$$xyu' - yu = - v_,.$$

Aus den beiden letzten Gleichungen ergiebt sich

$$u = xv + \frac{v_,}{y}.$$

Somit muss sein:

$$\left(xv + \frac{v_,}{y}\right)' = v,$$

oder:

$$v_,' + xyv' = 0.$$

Hieraus folgt:

$$v = \psi(y) + \int e^{-\frac{xy^2}{2}}\varphi(x)\,dx$$

und:

$$v_, = \psi'(y) - y\int e^{-\frac{xy^2}{2}}x\varphi(x)\,dx,$$

folglich:

$$u = x\psi(y) + \frac{\psi'(y)}{y} + x\int e^{-\frac{xy^2}{2}}\varphi(x)\,dx - \int e^{-\frac{xy^2}{2}}x\varphi(x)\,dx.$$

Bestimmt man endlich die Ableitung von u nach y und substituirt man für u und $u_,$ ihre Werthe in die Formel

$$2z = xu + \frac{u_,}{y},$$

so erhält man als das gesuchte allgemeine Integral

$$2z = x^2\psi(y) + \frac{2xy-1}{y^3}\psi'(y) + \frac{\psi''(y)}{y^2} + x^2\int e^{-\frac{xy^2}{2}}\varphi(x)dx + \frac{1-2xy^2}{y^2}\int e^{-\frac{xy^2}{2}}x\varphi(x)\,dx$$
$$+ \frac{1}{y^2}\int e^{-\frac{xy^2}{2}}(xy^2 - 1)\,x\varphi(x)\,dx.$$

§ 11.

66. Eine lineare Gleichung von der allgemeinen Form

$$z'' + sz'_{,} + tz_{,,} + qz_{,} + pz' + Nz = M,$$

in welcher alle drei partiellen Ableitungen zweiter Ordnung vorkommen und in der die Coefficienten M, N, p, q, s, t gegebene Functionen von x und y bezeichnen, kann auf die im vorigen Paragraphen betrachtete einfachere Form zurückgeführt werden, wenn man sich auf die oben (§ 6, Cap. I) auseinandergesetzten allgemeinen Principien stützt. Man braucht dazu nur an Stelle von x und y in diese Gleichung als unabhängige Veränderliche die Argumente α und β der willkürlichen Functionen ihres allgemeinen Integrals einzuführen. Zur Bestimmung der Argumente α und β selbst muss man, wie bekannt, zwei partielle Differentialgleichungen erster Ordnung von der Form

$$\frac{\partial \alpha}{\partial x} + m \frac{\partial \alpha}{\partial y} = 0, \quad \frac{\partial \beta}{\partial x} + n \frac{\partial \beta}{\partial y} = 0$$

integriren, in denen m und n die Wurzeln der Gleichung zweiten Grades

$$\xi^2 - s\xi + t = 0$$

bezeichnen, die man aus der allgemeinen Formel

$$\frac{\partial F}{\partial z''} \xi^2 - \frac{\partial F}{\partial z'_{,}} \xi + \frac{\partial F}{\partial z''} = 0$$

erhält, wenn man für F die linke Seite der gegebenen Gleichung nimmt.

67. Auf diese Weise kann man jedoch nicht erkennen, ob die vorstehende Gleichung nach der Laplace'schen Methode integrirt werden kann, bevor man darin die neuen unabhängigen Veränderlichen eingeführt hat, was die vorangegangene Integration der beiden Gleichungen

$$dy = mdx, \quad dy = ndx$$

zwischen den zwei Veränderlichen x und y erfordert.

Indessen hat Legendre ein Verfahren angegeben, um auf die gegebene Gleichung, ohne darin die unabhängigen Veränderlichen zu verändern, eine analoge Untersuchung unmittelbar anwenden zu können. Er sagt, indem er von den von ihm erhaltenen Resultaten spricht: Sie sind die Frucht einer sehr beschwerlichen Rechnung, deren Einzelheiten hier anzugeben ich wegen ihrer Länge nicht für nützlich halte.

Man kann jedoch diese Untersuchung unter einer Form anstellen, die ziemlich einfach ist und vollständig übereinstimmt mit den im vorhergehenden Paragraphen dargelegten Untersuchungen.

68. Zu dem Zwecke führen wir die Bezeichnungen $\Box$ und ∇ ein, welche definirt werden durch die Gleichungen:

$$\Box = \frac{\partial}{\partial x} + m\,\frac{\partial}{\partial y}, \quad \nabla = \frac{\partial}{\partial x} + n\,\frac{\partial}{\partial y},$$

in denen m und n irgend zwei gegebene Functionen von x und y bezeichnen.

Stellt man durch u, v Functionen von x und y dar und wendet man eine der Operationen $\Box$ und ∇ auf die zusammengesetzten Functionen $u \pm v$, $u \cdot v$, $\frac{u}{v}$ an, so findet man sehr leicht:

$$\begin{aligned}
\Box(u \pm v) &= \Box u \pm \Box v \\
\Box(u \cdot v) &= u \cdot \Box v + v \cdot \Box u \\
\Box\,\frac{u}{v} &= \frac{v\Box u - u\Box v}{v^2}.
\end{aligned}$$

Ferner hat man nach der Definition:

$$\Box u = u' + m u_{,}, \quad \nabla u = u' + n u_{,},$$

woraus folgt:

$$u_{,} = \frac{\Box u - \nabla u}{m - n}, \quad u' = \frac{m\nabla u - n\Box u}{m - n}.$$

Wendet man jetzt auf u die Operationen $\Box$ und ∇ nach einander aber in verschiedener Reihenfolge an, so erhält man die verschiedenen Resultate:

$$\begin{aligned}
\nabla\Box u &= u'' + (m + n)u'_{,} + mnu_{,,} + (\nabla m)\,u_{,} \\
\Box\nabla u &= u'' + (m + n)u'_{,} + mnu_{,,} + (\Box n)\,u_{,}
\end{aligned}$$

mithin:

$$\nabla\Box u - \Box\nabla u = \frac{\nabla m - \Box n}{m - n}\,(\Box u - \nabla u),$$

oder, wenn man zur Abkürzung

$$\mu = \frac{\nabla m - \Box n}{m - n}$$

setzt:

$$\nabla\Box u - \Box\nabla u = \mu(\Box u - \nabla u).$$

69. Wir nehmen nun eine partielle Differentialgleichung zweiter Ordnung von der Form:

$$\Box\nabla z + P\Box z + Q\nabla z + Nz = M,$$

wo M, N, P, Q gegebene Functionen von x und y bezeichnen. Wir schreiben sie in der folgenden Weise:

$$\Box(\nabla z + Pz) + Q(\nabla z + Pz) + (N - PQ - \Box P)z = M$$

und bemerken, dass, wenn man hat:

$$N - PQ - \square P = 0,$$

die Gleichung folgendermassen integrirt werden kann.

Setzt man:

$$\nabla z + Pz = u,$$

so erhält man eine partielle Differentialgleichung erster Ordnung

$$\square u + Qu = M,$$

deren Integral nach der oben auseinandergesetzten Methode (§ 7) erhalten wird und in seinem Ausdrucke eine willkürliche Function von x und y einschliesst. Substituirt man seinen Werth in die vorige Gleichung, so erhält man eine andere partielle Differentialgleichung erster Ordnung. Integrirt man sie genau ebenso wie die erste, so liefert sie das allgemeine Integral des Problems mit zwei willkürlichen Functionen von x und y.

70. Es giebt noch ein anderes Mittel, um die betrachtete Gleichung zu integriren. Mittels der oben (Nr. 68) festgestellten Gleichheit:

$$\square \nabla z = \nabla \square z + \mu(\nabla z - \square z)$$

kann man $\nabla \square z$ an Stelle von $\square \nabla z$ einführen, wodurch die gegebene Gleichung die Form annimmt:

$$\nabla \square z + (Q + \mu)\nabla z + (P - \mu)\square z + Nz = M,$$

und diese kann man auch in folgender Weise schreiben:

$$\nabla[\square z + (Q+\mu)z] + (P-\mu)[\square z + (Q+\mu)z] + [N - (P-\mu)(Q+\mu) - \nabla(Q+\mu)]z = 0.$$

Wenn daher die Gleichung besteht:

$$N - (P - \mu)(Q + \mu) - \nabla(Q + \mu) = 0,$$

so kann man die gegebene Gleichung genau so wie im vorigen Falle integriren.

71. Wenn die Ausdrücke

$$N - PQ - \square P = A, \quad N - (P - \mu)(Q + \mu) - \nabla(Q + \mu) = a$$

von Null verschieden sind, so führen wir an Stelle von z eine neue abhängige Veränderliche u ein, indem wir setzen:

$$\nabla z + Pz = u.$$

Führen wir an beiden Seiten dieser Gleichung die Operation $\square$ aus und subtrahiren wir das Resultat von der gegebenen Gleichung, so folgt:

$$Q\nabla z + (N - \square P)z = M - \square u,$$

und aus diesen beiden Gleichungen erhält man:

$$z = \frac{M - Qu - \square u}{A}, \quad \nabla z = \frac{(N - \square P)u + P\square u - MP}{A}.$$

Substituirt man in die gegebene Gleichung die vorstehenden Werthe von z und ∇z und die Werthe von $\square z$ und $\square \nabla z$, welche man aus den vorstehenden Gleichungen erhält, indem man an jeder derselben die Operation $\square$ ausführt, so überzeugt man sich leicht, dass man auf diese Weise der gegebenen Gleichung genügt. Damit aber die Werthe von ∇z und $\square \nabla z$, welche durch die zweite der vorstehenden Gleichungen geliefert werden, gleich seien denen, welche man in gleicher Weise aus der ersten erhalten kann, muss nothwendig die folgende Bedingung erfüllt sein:

$$\triangle\left(\frac{M - Qu - \square u}{A}\right) = \frac{(N - \square P)u + P\square u - MP}{A}.$$

Führt man auf der linken Seite die Operation ∇ aus, so kann das Resultat durch die Gleichung dargestellt werden:

$$\nabla\square u + \left(P - \frac{\nabla A}{A}\right)\square u + Q\nabla u + \left[N - \square P + \nabla Q - Q\frac{\nabla A}{A}\right]u = \nabla M - Q\frac{\nabla A}{A} + MP.$$

Um dasselbe aber auf eine allgemeine Form zu bringen, die mit derjenigen der gegebenen Gleichung vollständig identisch ist, führen wir $\square\nabla u$ an Stelle von $\nabla\square u$ ein, wodurch die vorstehende Gleichung die Form annimmt:

$$\square\nabla u + p\square u + q\nabla u + ru = l,$$

wo gesetzt ist:

$$p = P + \mu - \frac{\nabla A}{A}, \qquad q = Q - \mu$$

$$r = N - \square P + \nabla Q - Q\frac{\nabla A}{A}, \quad l = \nabla M - Q\frac{\nabla A}{A} + MP.$$

72. Um ein Urtheil darüber zu gewinnen, ob die transformirte Gleichung nach der soeben auseinandergesetzten Methode integrirt werden kann, bilden wir die Ausdrücke:

$$n - pq - \square p = B, \quad n - (p - \mu)(q + \mu) - \nabla(q + \mu) = b.$$

Setzt man für n, p, q ihre Werthe, so hat man, wie man leicht sieht:

$$B = \square \frac{\nabla A}{A} + 2A - a - \mu \frac{\nabla A}{A} + \lambda, \qquad b = A,$$

wo zur Abkürzung gesetzt ist:

$$\lambda = 2\mu^2 - (\square\mu + \nabla\mu).$$

Hiernach ist b verschieden von Null, dagegen kann B gleich Null sein. Ist auch B von Null verschieden, so kann man auf die transformirte Gleichung dieselbe Transformationsweise anwenden wie auf die gegebene Gleichung. Es ist jedoch noch einfacher, anstatt die transformirte Gleichung zu bilden, die Reihe der zu B und b analogen Grössen, von deren Werth die Integrabilität der zu ihnen gehörigen Gleichungen abhängt, weiter fortzusetzen. Diese Reihe wird in folgender Weise gebildet:

$$A = N - PQ - \square P, \qquad a = N - (P-\mu)(Q+\mu) - \nabla(Q+\mu),$$

$$B = \square \frac{\nabla A}{A} + 2A - a - \mu \frac{\nabla A}{A} + \lambda, \qquad b = A$$

$$C = \square \frac{\nabla B}{B} + 2B - b - \mu \frac{\nabla B}{B} + \lambda, \qquad c = B,$$

. . . .

Die Möglichkeit, diese Integrationsmethode anzuwenden, ist dadurch bedingt, dass die Reihe A, B, C, ... mit Null endigt. Die Ordnung des Gliedes, welches zuerst verschwindet, giebt an, nach wieviel Transformationen man das gesuchte Integral erhalten kann.

Die vorhergehende Untersuchung kann man unter anderer Form darstellen, indem man sie anwendet auf die gegebene Gleichung, die man in der Form schreibt:

$$\nabla\square z + (Q + \mu)\nabla z + (P - \mu)\square z + Nz = M.$$

Man hätte aber dann nur die ganze obige Rechnung zu wiederholen, indem man überall die Zeichen

$$P, \qquad Q, \qquad A, \quad a, \quad \square, \quad \nabla$$

respective durch

$$Q + \mu, \quad P - \mu, \quad a, \quad A, \quad \nabla, \quad \square$$

ersetzt.

73. Um zu zeigen, wie die vorstehenden Resultate auf die Gleichung

$$z'' + sz'_{,} + tz_{,,} + qz_{,} + pz' + Nz = M$$

Anwendung finden, brauchen wir nur für m und n die Wurzeln der Gleichung

$$\xi^2 - s\xi + t = 0$$

zu nehmen, wodurch wir den oben gegebenen Formeln zufolge die Gleichung erhalten:

$$\square\nabla z - [z'' + sz'_{,} + tz_{,,} + (\square n)z_{,}] = 0,$$

und indem wir diese zur gegebenen Gleichung addiren, folgt:

$$\square\nabla z + (q - \square n)z_{,} + pz' + Nz = M.$$

Substituirt man die Werthe

$$z' = \frac{m\nabla z - n\square z}{m - n}, \quad z_{,} = \frac{\square z - \nabla z}{m - n},$$

so nimmt die vorstehende Gleichung die Form an:

$$\square\nabla z + \frac{q - \square n + pn}{m - n}\square z + \frac{pm - q + \square n}{m - n}\nabla z + Nz = M,$$

auf welche die oben auseinandergesetzte Integrationsmethode anwendbar ist.

74. Um diese Methode zu erläutern, wenden wir sie auf die Gleichung an:

$$z'' - a^2 z_{,,} + \frac{b}{x^2} z = 0,$$

für welche die Bedingung der Integrabilität unter endlicher Form schon von Euler[1]) festgestellt worden ist.

Setzt man:

$$\square z = z' + az_{,,} \quad \nabla z = z' - az_{,,}$$

so hat man:

$$\square\nabla z = \nabla\square z = z'' - a^2 z_{,,},$$

und es nimmt daher die gegebene Gleichung die Form an:

$$\square\nabla z + \frac{b}{x^2} z = 0.$$

Hier hat man:

$$P = 0,\ Q = 0,\ N = \frac{b}{x^2},\ M = 0,\ \square P = 0,\ \nabla Q = 0,\ \mu = 0,\ A = \frac{b}{x^2},\ a = \frac{b}{x^2},$$

folglich:

$$\nabla A = -\frac{2b}{x^3},\ \frac{\nabla A}{A} = -\frac{2}{x},\ \square\frac{\nabla A}{A} = \frac{2}{x^2}.$$

---

[1]) Miscellanea Taurinensia, T. III, p. 60.

Hiernach erhält man die folgenden Reihen:

$$a = \frac{b}{x^2}, \quad A = \frac{b}{x^2},$$

$$b = \frac{b}{x^2}, \quad B = \frac{k_1}{x^2}, \quad k_1 = b + 2$$

$$c = \frac{k_1}{x^2}, \quad C = \frac{k_2}{x^2}, \quad k_2 = 2(k_1 + 1) - b$$

$$d = \frac{k_2}{x^2}, \quad D = \frac{k_3}{x^2}, \quad k_3 = 2(k_2 + 1) - k_1$$

$$\cdots\cdots\cdots\cdots\cdots\cdots$$

Fährt man so fort und geht man bis zum $n + 2^{\text{ten}}$ Gliede, so folgt:

$$r = \frac{k_n}{x^2}, \quad R = \frac{k_{n+1}}{x^2}, \quad k_{n+1} = 2(k_n + 1) - k_{n-1}.$$

Die Coefficienten k genügen somit der endlichen Differenzengleichung:

$$k_{n+1} - 2k_n + k_{n-1} = 2,$$

die man unter Einführung des Zeichens $\triangle$ für die endlichen Differenzen auch in der Form schreiben kann:

$$\triangle^2 k_{n-1} = 2.$$

Durch Integration findet man:

$$k_{n-1} = n(n-1) + Cn + C'$$

oder:

$$k_n = n(n+1) + C(n+1) + C'.$$

Um die willkürlichen Constanten zu bestimmen, setze man $n = 1$ und $n = 2$, dann wird:

$$b = 2C + C', \quad b = 3C + C',$$

also $C = 0$, $C' = b$, und daher:

$$k_n = n(n+1) + b.$$

Hieraus erhält man die Euler'sche Bedingung: Für eine gegebene Constante b ist die betrachtete Gleichung in endlicher Form integrirbar, wenn es möglich ist, der Bedingung zu genügen:

$$n(n+1) + b = 0,$$

für irgend einen ganzen und positiven Werth von n. Betrachtet man b

als eine unbestimmte Constante und setzt man $b = -n(n+1)$, so erhält man in

$$z'' - a^2 z_{\prime\prime} - \frac{n(n+1)}{x^2} z = 0$$

eine Form von Gleichungen, welche in endlicher Weise integrirbar sind. Setzt man der Reihe nach

$$z = x^{n+1} u, \quad z = x^{-n} v,$$

so geht die vorstehende Gleichung in eine der folgenden Formen über:

$$u'' - a^2 u_{\prime\prime} + \frac{2(n+1)}{x} u' = 0$$

$$v'' - a^2 v_{\prime\prime} - \frac{2n}{x} v' = 0.$$

Mithin kann die Gleichung

$$z'' - a^2 z_{\prime\prime} + \frac{b}{x} z' = 0$$

für jeden geraden positiven oder negativen Werth der Zahl b in endlicher Form integrirt werden.

75. Bemerkung. Es ist bekannt, dass die Laplace'sche Methode auch auf gewisse Gleichungen anwendbar ist, die gleichzeitig endliche Differenzen und Differentialquotienten enthalten. Wir könnten auch zeigen, dass die Grundidee dieser Methode in gleicher Weise auf mehrere gewöhnliche lineare Differentialgleichungen zweiter Ordnung von der Form

$$F(x) \frac{d^2 y}{dx^2} + f(x) \frac{dy}{dx} + \varphi(x) y = \psi(x)$$

anwendbar ist; indessen dürfte hier nicht der Ort sein, um näher auf diese Einzelheiten einzugehen.

3. Kapitel.

Integration complicirter Formen von partiellen Differentialgleichungen zweiter Ordnung mit einer abhängigen und zwei unabhängigen Veränderlichen.

§ 12.

76. Die Gleichung

$$Hz'' + 2Kz'_{,} + Lz_{,,} + M + N(z''z_{,,} - z'^{2}_{,}) = 0 \quad . \quad . \quad (1),$$

in welcher die Coefficienten H, K, L, M, N als irgendwelche Functionen von x, y, z, z', $z_{,}$ vorausgesetzt werden, stellt die allgemeinste Form der Gleichungen, die wir betrachten, dar, für welche es ganz allgemeine Methoden oder eine Theorie ihrer Integration giebt.

Monge[1]) hat zuerst eine allgemeine Methode für die Integration der Gleichungen von dieser Form[2]) gegeben; aber die von ihm dargelegte Methode erschöpft nicht alle die Fälle, die bei der Integration der Gleichungen, auf welche die betrachtete Aufgabe führt, eintreten können. Die vollständigste Entwickelung der Theorie dieser Aufgabe hat Ampère[3]) gegeben. Unter den neueren Autoren, welche sich mit derselben allgemeinen Aufgabe beschäftigt haben, kennen wir nur die beiden englischen Mathematiker Boole[4]) und De Morgan.[5])

---

[1]) Mémoire sur le calcul intégral des équations aux différences partielles. (Histoire de l'Acad. d. Sciences 1784.)

[2]) Er betrachtet besonders den Fall $N = 0$; jedoch ist diese Beschränkung nicht nothwendig.

[3]) Mémoire contenant l'application de la théorie exposée dans le XVII$^{\underline{e}}$ cahier du Journal de l'École Polytechnique. (Journ. de l'Ec. polyt. t. XI. 1820.)

[4]) a) Über die partielle Differentialgleichung zweiter Ordnung

$$Rr + Ss + Tt + U(s^2 - rt) = V$$

(Crelle's Journ. Bd. 61, 1863). — b) Treatise on Differential Equations. Supplementary Volume 1865, Ch. XXVIII. — c) In der Abhandlung: Considérations sur la recherche des intégrales premières des équations différentielles partielles du second ordre, von Boldt, im Bulletin de l'Acad. d. Sciences de St. Pétersbourg, t. IV. 1862. Der Titel enthält nach Todhunter bezüglich des Namens des Verfassers einen Druckfehler. Diese Abhandlung soll Boole gehören.

[5]) Die Untersuchungen dieses Autors in den Cambridge Phil. Trans. Vol. IX, Part. IV sind mir nur durch den Hinweis bekannt, den Boole darauf gemacht, indem er zugleich auf die Ähnlichkeit ihrer beiderseitigen Methoden aufmerksam macht.

Die von diesen beiden Gelehrten eingeschlagenen Wege sind, obwohl sie eine weniger allgemeine und weniger vollständige Untersuchung darbieten als die Arbeit von Ampère, doch nicht weniger bemerkenswerth wegen der neuen Art und Weise, mit welcher sie das Problem angegriffen haben, indem sie die Integration der betrachteten partiellen Differentialgleichung zweiter Ordnung zurückführen auf die Integration zweier simultanen partiellen Differentialgleichungen erster Ordnung. Mit Hülfe dieser Reduction, die man übrigens, wie Bour[1]) bemerkt hat, ausführen kann, ohne sich von den fundamentalen Theorien Ampère's zu entfernen, begründet man sehr einfach die verschiedenen Bedingungen zwischen den Coefficienten H, K, . . ., N, durch deren Existenz oder Nichtexistenz sich alle möglichen Fälle offenbaren, für welche Ampère die Theorie der Integration gegeben hat.

77. Die Gleichungen, auf deren Integration die betrachtete Aufgabe zurückführt, erhält man nach der Ampère'schen Methode folgendermassen. An Stelle der ursprünglichen unabhängigen Veränderlichen x, y führen wir die neuen Veränderlichen x, α ein, indem wir die Existenz einer gewissen Abhängigkeit zwischen x, y und α voraussetzen. Auf diese Weise erhalten wir unter Beibehaltung der Bezeichnungen, die wir für die partiellen Ableitungen in diesen beiden Systemen von unabhängigen Veränderlichen angenommen haben:

$$\frac{\partial z'}{\partial x} = z'' + z'_{,}\frac{\partial y}{\partial x}, \quad \frac{\partial z_{,}}{\partial x} = z'_{,} + z_{,,}\frac{\partial y}{\partial x}, \quad \frac{\partial z_{,}}{\partial \alpha} = z_{,,}\frac{\partial y}{\partial \alpha} \quad . \quad (2).$$

Aus der letzten Gleichung folgt:

$$z_{,,} = \frac{\frac{\partial z_{,}}{\partial \alpha}}{\frac{\partial y}{\partial \alpha}} \quad . \; . \; . \; . \; . \; . \; . \; . \; . \quad (3),$$

sodann giebt die vorletzte:

$$z'_{,} = \frac{\partial z_{,}}{\partial x} - \frac{\partial y}{\partial x} \cdot \frac{\frac{\partial z_{,}}{\partial \alpha}}{\frac{\partial y}{\partial \alpha}} \quad . \; . \; . \; . \; . \; . \; . \; . \quad (3)$$

und schliesslich die erste:

$$z'' = \frac{\partial z'}{\partial x} - \frac{\partial y}{\partial x}\frac{\partial z_{,}}{\partial x} + \left(\frac{\partial y}{\partial x}\right)^2 \frac{\frac{\partial z_{,}}{\partial \alpha}}{\frac{\partial y}{\partial \alpha}}. \quad . \; . \; . \; . \; . \quad (3).$$

78. Um diese Werthe in die Gleichung (1) zu substituiren, bemerken wir zunächst, dass man hat:

$$z''z_{,,} = \left(\frac{\partial z'}{\partial x} - \frac{\partial y}{\partial x}\frac{\partial z_{,}}{\partial x}\right)\frac{\frac{\partial z_{,}}{\partial \alpha}}{\frac{\partial y}{\partial \alpha}} + \left(\frac{\partial y}{\partial x}\right)^2 \left(\frac{\frac{\partial z_{,}}{\partial \alpha}}{\frac{\partial y}{\partial \alpha}}\right)^2$$

---

[1]) Journal de l'Ecole Polyt. t. XXII. Sur l'intégration des équations différentielles partielles du premier et du second ordre.

$$z_{,}'^2 = \left(\frac{\partial z'}{\partial x}\right)^2 - 2\,\frac{\partial y}{\partial x}\,\frac{\partial z_{,}}{\partial x}\,\frac{\frac{\partial z_{,}}{\partial \alpha}}{\frac{\partial y}{\partial \alpha}} + \left(\frac{\partial y}{\partial x}\right)^2 \left(\frac{\frac{\partial z_{,}}{\partial \alpha}}{\frac{\partial y}{\partial \alpha}}\right)^2.$$

Subtrahirt man also die zweite Gleichheit von der ersten, so zerstören sich die Glieder zweiten Grades in $\frac{\frac{\partial z_{,}}{\partial \alpha}}{\frac{\partial y}{\partial \alpha}}$ und man erhält:

$$z''z_{,,} - z_{,}'^2 = -\left(\frac{\partial z_{,}}{\partial x}\right)^2 + \left(\frac{\partial z'}{\partial x} + \frac{\partial y}{\partial x}\,\frac{\partial z_{,}}{\partial x}\right)\frac{\frac{\partial z_{,}}{\partial \alpha}}{\frac{\partial y}{\partial \alpha}}.$$

Hiernach nimmt das Resultat der Substitution die Form an:

$$P + Q\,\frac{\frac{\partial z_{,}}{\partial \alpha}}{\frac{\partial y}{\partial \alpha}} = 0 \quad . \quad . \quad . \quad . \quad . \quad . \quad . \quad . \quad (4),$$

worin gesetzt ist:

$$P = H\left(\frac{\partial z'}{\partial x} - \frac{\partial y}{\partial x}\,\frac{\partial z_{,}}{\partial x}\right) + 2K\,\frac{\partial z_{,}}{\partial x} + M - N\left(\frac{\partial z_{,}}{\partial x}\right)^2$$

$$Q = H\left(\frac{\partial y}{\partial x}\right)^2 - 2K\,\frac{\partial y}{\partial x} + L + N\left(\frac{\partial z'}{\partial x} + \frac{\partial y}{\partial x}\,\frac{\partial z_{,}}{\partial x}\right).$$

79. Die Werthe der Function z und ihrer partiellen Ableitungen, welche man aus dem zur Gleichung (1) gehörigen allgemeinen Integrale erhält, müssen dieser Gleichung (1) genügen. Ebenso werden wir, wenn wir die Function z und ihre partiellen Ableitungen mittels der Veränderlichen x und α ausdrücken, durch diese Ausdrücke dem Resultat derselben Transformation ausgeführt an der Gleichung (1), d. h. der Gleichung (4) genügen.

Bisher ist die Wahl der Abhängigkeit zwischen den Veränderlichen x, y, α willkürlich geblieben. Setzen wir aber voraus, dass α das Argument einer der beiden willkürlichen Functionen, welche in dem allgemeinen Integrale vorkommen, darstelle, so werden wir aus den vorhergehenden Schlüssen sehr wichtige Folgerungen ziehen können. Denn bei dieser Wahl der neuen Veränderlichen werden dem oben Bewiesenen zufolge (Kap. I, § 4) die Ausdrücke der partiellen Ableitungen der Function z mit dem Integrale in Bezug auf α entweder gleichartig oder ungleichartig sein können, und in diesem letzteren Falle werden die Ausdrücke der partiellen Ableitungen von z jeder Ordnung solche willkürliche Functionen von α enthalten, welche weder in dem Integrale noch in den Ausdrücken der Ableitungen der vorhergehenden Ordnungen vorkommen. Nimmt man daher an, dass die

Ableitungen zweiter Ordnung z'', $z'_{,}$, $z_{,,}$ mit dem Integrale in Bezug auf α ungleichartig seien, so muss man in dem Ausdrucke

$$\frac{\frac{\partial z_{,}}{\partial \alpha}}{\frac{\partial y}{\partial \alpha}} = z_{,,}$$

das Vorhandensein einer willkürlichen Function von α annehmen, welche weder in dem allgemeinen Integrale noch in den Ausdrücken von y, z', $z_{,}$ noch in ihren partiellen Differentialquotienten $\frac{\partial y}{\partial x}$, $\frac{\partial z'}{\partial x}$, $\frac{\partial z_{,}}{\partial x}$ vorkommt, denn bei der Differentiation nach x wird α als eine Constante betrachtet. Mithin kann die in Frage kommende Function von α weder in P noch in Q vorkommen, und die linke Seite der Gleichung (4) kann sich nur dann auf Null reduciren, wenn man gleichzeitig die beiden Gleichungen hat:

$$P = 0, \quad Q = 0 \quad . \quad . \quad . \quad . \quad . \quad . \quad . \quad (5).$$

80. Umgekehrt, wenn man beurtheilen will, ob die Ableitungen zweiter Ordnung z'', $z'_{,}$, $z_{,,}$ in der Gleichung (1) ungleichartig mit dem Integral in Bezug auf α sind, braucht man nur die Gleichungen (5) zu nehmen und, indem man damit die beiden ersten Gleichungen (2) verbindet, zwischen diesen vier Gleichungen die drei Ableitungen $\frac{\partial z'}{\partial x}$, $\frac{\partial z_{,}}{\partial x}$, $\frac{\partial y}{\partial x}$ zu eliminiren. Ist das Eliminationsresultat identisch mit der gegebenen Gleichung (1), so werden die Gleichungen (5) ihr äquivalent sein und die Annahme, dass die Ableitungen z'', $z'_{,}$, $z_{,,}$ mit dem Integrale in Bezug auf α ungleichartig seien, ist gerechtfertigt. Dagegen wird diese Annahme falsch sein, wenn man als Eliminationsresultat eine von (1) verschiedene Gleichung zwischen x, y, z, z', $z_{,}$, z'', $z'_{,}$, $z_{,,}$ erhielte.

81. Man kann sich aber leicht überzeugen, dass für die Gleichung (1) immer der erste Fall stattfindet. Substituirt man nämlich in die Gleichungen (5) für $\frac{\partial z'}{\partial x}$, $\frac{\partial z_{,}}{\partial x}$ ihre Werthe

$$z'' + z'_{,} \frac{\partial y}{\partial x} \qquad z'_{,} + z_{,,} \frac{\partial y}{\partial x},$$

so findet man:

$$P = H\left[z'' - z_{,,}\left(\frac{\partial y}{\partial x}\right)^2\right] + 2K\left(z'_{,} + z_{,,}\frac{\partial y}{\partial x}\right) + M - N\left(z'_{,} + z_{,,}\frac{\partial y}{\partial x}\right)^2 = 0$$

$$Q = H\left(\frac{\partial y}{\partial x}\right)^2 - 2K\frac{\partial y}{\partial x} + L + N\left[z'' + 2z'_{,}\frac{\partial y}{\partial x} + z''\left(\frac{\partial y}{\partial x}\right)^2\right] = 0,$$

oder:

$$Hz'' + 2Kz'_, + M - Nz'^2_, + 2(K - Nz'_,)z_{,,} \frac{\partial y}{\partial x} - (H + Nz_{,,})z_{,,} \left(\frac{\partial y}{\partial x}\right)^2 = 0$$

$$L + Nz'' - 2(K - Nz'_,) \frac{\partial y}{\partial x} + (H + Nz_{,,}) \left(\frac{\partial y}{\partial x}\right)^2 = 0,$$

und um $\frac{\partial y}{\partial x}$ zu eliminiren, braucht man offenbar nur die zweite von diesen beiden Gleichungen mit $z_{,,}$ zu multipliciren und sodann zur ersten zu addiren, wodurch man zu der gegebenen Gleichung kommt:

$$Hz'' + 2Kz'_, + Lz_{,,} + M + N(z''z_{,,} - z'^2_,) = 0.$$

82. Die Gleichungen (5), auf welche so die Integration der gegebenen Differentialgleichung zurückgeführt ist, sind von der ersten Ordnung aber nicht vom ersten Grade, und in dieser letzteren Beziehung sind sie einer neuen Vereinfachung fähig. Zu diesem Zwecke lösen wir die Gleichung $Q = 0$ oder die mit ihr äquivalente Gleichung

$$(H + Nz_{,,}) \left(\frac{\partial y}{\partial x}\right)^2 - 2(K - Nz'_,) \frac{\partial y}{\partial x} + L + Nz'' = 0$$

nach $\frac{\partial y}{\partial x}$ auf:

$$\frac{\partial y}{\partial x} = \frac{K - Nz'_, \pm \sqrt{(K - Nz'_,)^2 - (H + Nz_{,,})(L + Nz'')}}{H + Nz_{,,}}$$

$$= \frac{K - Nz'_, \pm \sqrt{K^2 - HL - N[Hz'' + 2Kz'_, + Lz_{,,} + N(z''z_{,,} - z'^2_,)]}}{H + Nz_{,,}}$$

oder infolge der Gleichung (1):

$$\frac{\partial y}{\partial x} = \frac{K - Nz'_, \pm \sqrt{K^2 - HL + MN}}{H + Nz_{,,}}.$$

83. Man erhält auf diese Weise für $\frac{\partial y}{\partial x}$ zwei Werthe, was sein muss, da ja die unabhängige Veränderliche α, die wir in Verbindung mit x anwenden, eins der beiden Argumente der willkürlichen Functionen des allgemeinen Integrals darstellt. Bezeichnet man diese Argumente mit α und β, so werden die beiden verschiedenen Werthe von $\frac{\partial y}{\partial x}$ den beiden verschiedenen Systemen von unabhängigen Veränderlichen x, α und x, β entsprechen. In der That wurde oben (Kap. I, § 6) bewiesen, dass die verschiedenen Werthe von $\frac{\partial y}{\partial x}$, welche den Argumenten α und β entsprechen, erhalten werden als Wurzeln der Gleichung

$$\frac{\partial F}{\partial z_{,,}} - \frac{\partial F}{\partial z'_,} \frac{\partial y}{\partial x} + \frac{\partial F}{\partial z''} \left(\frac{\partial y}{\partial x}\right)^2 = 0.$$

Bezeichnet man jetzt mit F die linke Seite der Gleichung (1), so findet man:

$$\frac{\partial F}{\partial z_{,,}} = L + Nz'', \quad \frac{\partial F}{\partial z'_{,}} = 2(K - Nz'_{,}), \quad \frac{\partial F}{\partial z''} = H + Nz_{,,};$$

mithin sind die beiden Gleichungen zweiten Grades in $\frac{\partial y}{\partial x}$ vollständig identisch.

84. Setzt man zur Abkürzung

$$K^2 - HL + MN = G,$$

so hat man an Stelle von $Q = 0$ die Gleichung:

$$(H + Nz_{,,})\frac{\partial y}{\partial x} - K + Nz'_{,} \mp \sqrt{G} = 0.$$

Ferner kann die Gleichung $P = 0$ folgendermassen geschrieben werden:

$$H\frac{\partial z'}{\partial x} + \left(2K - H\frac{\partial y}{\partial x} - N\frac{\partial z_{,}}{\partial x}\right)\frac{\partial z_{,}}{\partial x} + M = 0,$$

und diese nimmt infolge der vorigen Gleichung die Form an:

$$H\frac{\partial z'}{\partial x} + (K \mp \sqrt{G})\frac{\partial z_{,}}{\partial x} + M = 0.$$

Die verschiedenen Vorzeichen von $\sqrt{G}$ entsprechen den verschiedenen Systemen von unabhängigen Veränderlichen x, α und x, β. Das Vorhandensein der zweiten unabhängigen Veränderlichen α oder β tritt nicht zu Tage, da die Gleichungen nur die partiellen Ableitungen der Functionen y, z', $z_{,}$ nach x allein enthalten, während α und β auch in den Coefficienten nicht explicit auftreten. Um anzudeuten, welche der beiden Grössen α, β man gleichzeitig mit x als unabhängige Veränderliche betrachtet, wendet Ampère in diesem Falle und allgemein in analogen Fällen die folgende Bezeichnung für die partiellen Ableitungen an:

$$\frac{\partial y}{\partial x(\alpha}, \quad \frac{\partial z'}{\partial x(\alpha}, \quad \frac{\partial z_{,}}{\partial x(\alpha}, \quad \frac{\partial y}{\partial x(\beta}, \quad \frac{\partial z'}{\partial x(\beta}, \quad \frac{\partial z_{,}}{\partial x(\beta}.$$

85. Hiernach kann man, wenn man vor $\sqrt{G}$ das obere Zeichen beibehält, falls die unabhängigen Veränderlichen x, α, und das untere Zeichen, falls sie x, β sind, die Gleichungen, auf welche schliesslich die Integration von (1) zurückgeführt ist, folgendermassen schreiben:

$$\left.\begin{aligned} H\frac{\partial y}{\partial x(\alpha} + N\frac{\partial z_{,}}{\partial x(\alpha} - K - \sqrt{G} &= 0 \\ H\frac{\partial z'}{\partial x(\alpha} + (K - \sqrt{G})\frac{\partial z_{,}}{\partial x(\alpha} + M &= 0. \end{aligned}\right\} \quad . \; . \; . \; (A),$$

$$\left.\begin{array}{l} H\dfrac{\partial y}{\partial x(\beta} + N\dfrac{\partial z_,}{\partial x(\beta} - K + \sqrt{G} = 0 \\ H\dfrac{\partial z'}{\partial x(\beta} + (K + \sqrt{G})\dfrac{\partial z_,}{\partial x(\beta} + M = 0 \end{array}\right\} \quad . \; . \; . \quad (B).$$

Zu jedem dieser beiden Systeme kann man noch die Gleichung

$$\frac{\partial z}{\partial x} = z' + z_, \frac{\partial y}{\partial x} \quad . \; . \; . \; . \; . \; . \; . \; . \quad (C)$$

hinzufügen, in welcher zusammen mit x als zweite unabhängige Veränderliche entweder α oder β auftritt, je nachdem man die Gleichung (C) mit (A) oder (B) zusammennimmt.

86. Es ist hier der Ort, auch die andern am Anfange dieses Kapitels erwähnten Methoden anzugeben, mittels deren man die Integration der Gleichung (1) auf andere den Ampère'schen Gleichungen (A), (B), (C) analoge Gleichungen zurückgeführt hat. Monge hat die allgemeine Form der in Bezug auf z'', $z'_,$, $z_{,,}$ nur linearen Gleichungen betrachtet, aber seine Methode kann leicht ausgedehnt werden auf die Gleichungen, welche auch noch in Bezug auf $z''z_{,,} - z'^2_,$ linear sind, d. h. auf die allgemeine Gleichung:

$$Hz'' + 2Kz'_, + Lz_{,,} + M + N(z''z_{,,} - z'^2_,) = 0.$$

Er beginnt mit der Bemerkung, dass die gegebene Gleichung, da sie nur eine einzige Relation zwischen den drei Grössen z'', $z'_,$, $z_{,,}$ darstellt, nicht hinreichend sein kann für die Bestimmung der Werthe einer jeden derselben mit Hülfe von x, y, z, z', $z_,$. Wenn man daher mit ihr die beiden Gleichungen verbindet:

$$dz' = z''dx + z'_,dy, \quad dz_, = z'_,dx + z_{,,}dy,$$

welche nur die Definitionen der partiellen Ableitungen z'', $z'_,$, $z_{,,}$ darstellen und daher keine neuen Relationen zwischen ihnen geben („nichts Neues aussagen") können, und wenn man mittels derselben aus der gegebenen Gleichung irgend zwei der Grössen z'', $z'_,$, $z_{,,}$ eliminirt, so erhält man auf diese Weise Gleichungen von der Form:

$$P + Qz_{,,} = 0, \quad R + Sz'' = 0, \quad T + Uz'_, = 0,$$

welche die Werthe von $z_{,,}$, z'', $z'_,$ nicht bestimmen dürfen. Da somit die vorstehenden Gleichungen unabhängig von den Werthen der Grössen $z_{,,}$, z'', $z'_,$ stattfinden, so müssen sie sich respective auf die folgenden reduciren:

$$P = 0, \; Q = 0; \quad R = 0, \; S = 0; \quad T = 0, \; U = 0.$$

Es ist aber leicht zu sehen, dass von diesen sechs Gleichungen nur zwei nothwendig sind, z. B. die beiden Gleichungen:

$$P = 0, \quad Q = 0,$$

indem die andern entweder identisch oder äquivalent mit diesen sind. In der That führt man die in Rede stehende Elimination aus, so findet man:

$$P = H(dxdz' - dydz_,) + 2Kdxdz_, + Mdx^2 - Ndz_,^2 = 0$$
$$R = L(dydz_, - dxdz') + 2Kdydz' + Mdy^2 - Ndz'^2 = 0$$
$$T = Hdydz' + Ldxdz_, + Mdxdy + Ndz'dz_, = 0,$$

und

$$Q = S = -U = Hdy^2 - 2Kdxdy + Ldx^2 + N(dxdz' + dydz_,) = 0.$$

Die letzte Gleichung nimmt aber wegen

$$dxdz' + dydz_, = z''dx^2 + 2z_,'dxdy + z_{,,}dy^2$$

die Form an:

$$(H + Nz_{,,})dy^2 - 2(K - Nz_,')dxdy + (L + Nz'')dx^2 = 0.$$

Löst man diese auf, einmal nach $\frac{dy}{dx}$, sodann nach $\frac{dx}{dy}$, so findet man mit Rücksicht auf die gegebene Gleichung:

$$dy = \frac{K - Nz_,' \pm \sqrt{G}}{H + Nz_{,,}}\, dx, \quad dx = \frac{K - Nz \pm \sqrt{G}}{L + Nz''}\, dy,$$

worin

$$G = K^2 - HL + MN$$

ist. Schafft man die Nenner weg, bringt alles auf eine Seite und berücksichtigt die Gleichungen

$$dz' = z''dx + z_,'dy, \quad dz_, = z_,'dx + z_{,,}dy,$$

so kann man die obigen Gleichungen in folgender Weise schreiben:

$$Hdy + Ndz_, - (K \pm \sqrt{G})\, dx = 0 \quad . \; . \; . \; . \; . \quad (a)$$
$$Ldx + Ndz' - (K \pm \sqrt{G})\, dy = 0 \quad . \; . \; . \; . \; . \quad (a').$$

Ferner geht die Gleichung $P = 0$, in der Form geschrieben:

$$Hdxdz' + (2Kdx - Hdy - Ndz_,)\, dz_, + Mdx^2 = 0$$

zufolge der Gleichung (a) über in:

$$Hdz' + (K \mp \sqrt{G})\, dz_, + Mdx = 0 \quad . \; . \; . \; . \quad (b).$$

Auf diese Weise sind die Gleichungen $P = 0$, $Q = 0$ ersetzt durch (a) und (b).

Sodann nimmt die Gleichung $R = 0$, wenn man sie so schreibt:

$$Ldydz_{,} + (2Kdy - Ldx - Ndz')dz' + Mdy^2 = 0$$

zufolge der Gleichung (a') die Form an:

$$Ldz_{,} + (K \mp \sqrt{G})dz' + Mdy = 0 \quad \ldots \ldots \quad (b').$$

Mithin können die Gleichungen $S = 0$ und $R = 0$ ersetzt werden durch die Gleichungen (a') und (b'). Nun ist aber die Gleichung (a') äquivalent zu (a) und (b') erhält man durch Elimination von dx zwischen (a) und (b).

Endlich geht die Gleichung $T = 0$, in der Form geschrieben:

$$dz_{,}(Ldx + Ndz') + (Hdz' + Mdx)dy = 0$$

zufolge der Gleichung (a') über in:

$$Hdz' + Mdx + (K \mp \sqrt{G})dz_{,} = 0 \quad \ldots \ldots \quad (b).$$

Mithin reduciren sich die Gleichungen $T = 0$, $U = 0$ und $P = 0$, $R = 0$ auf dieselben Gleichungen (a) und (b).

87. Demnach ist nach der Monge'schen Methode die Integration der Gleichung (1) zurückgeführt auf die Integration des Systems von Gleichungen:

$$Hdy + Ndz_{,} - (K \pm \sqrt{G})dx = 0$$
$$Hdz' + (K \mp \sqrt{G})dz_{,} + Mdx = 0,$$

mit denen man noch die Gleichung

$$dz = z'dx + z_{,}dy$$

verbinden kann.

Die Gleichungen Ampère's (A), (B), (C) werden durch Multiplication mit dx der Form nach identisch mit den vorstehenden, indessen unterscheiden sich diese beiden Systeme von Gleichungen wesentlich dadurch, dass das eine die Differentiale der beiden unabhängigen Veränderlichen und die totalen Differentiale der abhängigen Veränderlichen enthält, während in dem andern das Differential nur einer einzigen der unabhängigen Veränderlichen zugleich mit den partiellen Differentialen der abhängigen Veränderlichen nach dieser unabhängigen Veränderlichen auftritt.

88. Wir betrachten nun auch die Methode von Boole. Sie gründet sich auf die Annahme der Existenz eines Zwischenintegrals oder eines Integrals erster Ordnung für die Gleichung (1). Der Autor der Methode setzt

diese fundamentale Idee unter zwei verschiedenen Formen auseinander, um einen und denselben Zweck zu erreichen. Da jedoch die Grundlage dieser Methode der nöthigen Allgemeinheit entbehrt, so wird es genügen, nur eine einzige von diesen Formen zu betrachten.

Es sei

$$F = 0$$

das vorausgesetzte Integral erster Ordnung der Gleichung (1). In seiner Zusammensetzung kommen ausser den Veränderlichen x, y, z auch die Grössen z' und $z_{,}$ vor; differentiirt man dasselbe also nach x und y, so folgt:

$$-\left(\frac{\partial F}{\partial x} + \frac{\partial F}{\partial z} z'\right) = \frac{\partial F}{\partial z'} z'' + \frac{\partial F}{\partial z_{,}} z'_{,}$$

$$-\left(\frac{\partial F}{\partial y} + \frac{\partial F}{\partial z} z_{,}\right) = \frac{\partial F}{\partial z'} z'_{,} + \frac{\partial F}{\partial z_{,}} z_{,,}.$$

Diese beiden Gleichungen können zu demselben Zwecke dienen, zu welchem nach der Methode von Monge die Gleichungen

$$dz' = z''dx + z'_{,}dy, \quad dz_{,} = z'_{,}dx + z_{,,}dy$$

benutzt wurden. Man würde aber auf diese Weise zur Wiederholung alles dessen geführt werden, was bei der Darlegung der Monge'schen Methode entwickelt wurde; nur hätte man an Stelle von

$$dx, \quad dy, \quad dz', \quad dz_{,}$$

respective anzuwenden:

$$\frac{\partial F}{\partial z'}, \; \frac{\partial F}{\partial z_{,}}, \; -\left(\frac{\partial F}{\partial x} + \frac{\partial F}{\partial z} z'\right), \; -\left(\frac{\partial F}{\partial y} + \frac{\partial F}{\partial z} z_{,}\right).$$

Man kann daher die Gleichungen, auf welche sich die Integration von (1) reducirt, direct hinschreiben:

$$H \frac{\partial F}{\partial z_{,}} - N\left(\frac{\partial F}{\partial y} + \frac{\partial F}{\partial z} z_{,}\right) - (K \pm \sqrt{G}) \frac{\partial F}{\partial z'} = 0$$

$$H\left(\frac{\partial F}{\partial x} + \frac{\partial F}{\partial z} z'\right) + (K \mp \sqrt{G}) \left(\frac{\partial F}{\partial y} + \frac{\partial F}{\partial z} z_{,}\right) - M \frac{\partial F}{\partial z'} = 0.$$

Mithin muss von den beiden für die partiellen Differentialgleichungen zweiter Ordnung im Allgemeinen möglichen Integralen erster Ordnung das eine den vorstehenden simultanen partiellen Differentialgleichungen erster Ordnung, in denen man $\sqrt{G}$ mit den oberen Zeichen (oder unteren) nimmt, genügen; und das andere muss denselben Gleichungen genügen, wenn man $\sqrt{G}$ mit den unteren (oder oberen) Zeichen nimmt.

89. Vergleicht man diese drei Methoden, so kann man nicht umhin, der von Ampère angegebenen den Vorzug zuzuerkennen; erstens wegen der Allgemeinheit des Verfahrens, welches sich nur auf die Annahme der Existenz eines endlichen Integrals der Gleichung (1) stützt und hierin den Vorzug hat vor der Methode von Boole, welche die Existenz eines allgemeinen Integrals erster Ordnung voraussetzt, während doch ein solches Integral, selbst wenn das endliche Integral existirt, nicht immer möglich ist; — zweitens wegen ihrer grösseren Durchsichtigkeit im Vergleich zu dem analogen Theile der Monge'schen Methode, in welchem die transformirte Gleichung (1) in zwei zerfällt, — endlich wegen der Form der Gleichungen, auf welche sich die Integration der Gleichung (1) reducirt. Man wird auf einem natürlichen Wege zu den Ampère'schen Integralen mit Hülfe der willkürlichen Functionen der Argumente α oder β, welche für die Allgemeinheit dieser Integrale erforderlich sind, geführt; denn sie enthalten nur die partiellen Ableitungen oder die Differentiale nach einer einzigen x der unabhängigen Veränderlichen.

Bezüglich des zweiten der vorstehend erwähnten Punkte ist noch zu bemerken, dass Ampère, nachdem er den Grund, weshalb die transformirte Gleichung (1) in zwei zerlegt werden kann, mit Schärfe und Genauigkeit angegeben hat, zu gleicher Zeit klarlegte, wovon die Möglichkeit oder Unmöglichkeit der Anwendung dieser selben Methode auf andere von (1) verschiedene Gleichungen abhängt.

90. Wir nehmen hierzu die partielle Differentialgleichung zweiter Ordnung:

$$F(x, y, z, z', z_{,}, z'', z'_{,}, z_{,,}) = 0,$$

von der wir voraussetzen, dass sie wenigstens in Bezug auf z'', $z'_{,}$, $z_{,,}$ ganz und rational und der Form nach von (1) verschieden sei.

Nimmt man für diese Gleichung die Existenz eines allgemeinen endlichen Integrals an und nimmt man das Argument α der einen der beiden willkürlichen Functionen als unabhängige Veränderliche zugleich mit x, so erhält man für z'', $z'_{,}$, $z_{,,}$ die Ausdrücke (3) (Nr. 77). Substituirt man dieselben in die gegebene Gleichung und ordnet das Resultat nach steigenden Potenzen von $\frac{\partial z_{,}}{\partial \alpha} : \frac{\partial y}{\partial \alpha}$, so erhält man eine transformirte Gleichung von der Form:

$$P + Q\,\frac{\frac{\partial z_{,}}{\partial \alpha}}{\frac{\partial y}{\partial \alpha}} + R\left[\frac{\frac{\partial z_{,}}{\partial \alpha}}{\frac{\partial y}{\partial \alpha}}\right]^2 + \cdots = 0.$$

Ebenso wie die gegebene Gleichung erfüllt wird durch die Werthe von z, z', $z_{,}$, z'', $z'_{,}$, $z_{,,}$, welche man unter der Voraussetzung, dass die unabhängigen Veränderlichen x und y seien, aus dem allgemeinen Integrale abgeleitet hat, so wird auch die transformirte Gleichung befriedigt werden durch die Werthe von y, z, z', $z_{,}$, welche aus denselben Integralgleichungen unter Voraussetzung von x und α als unabhängigen Veränderlichen abgeleitet sind. Die transformirte Gleichung kann sich aber auf zweierlei Weise in eine Identität verwandeln, je nachdem die Ableitungen zweiter Ordnung z'', $z'_{,}$, $z_{,,}$ mit dem Integrale in Bezug auf α ungleichartig oder gleichartig sind. Im ersten Falle enthält das Verhältniss $\frac{\partial z_{,}}{\partial \alpha} : \frac{\partial y}{\partial \alpha}$ eine willkürliche Function von α, welche in den Coefficienten nicht vorkommt, und diese letzteren reduciren sich von selbst auf Null. Im zweiten Falle kommen dieselben willkürlichen Functionen sowohl in dem Verhältniss $\frac{\partial z_{,}}{\partial \alpha} : \frac{\partial y}{\partial \alpha}$ als auch in den Coefficienten vor; somit kann sich die linke Seite der transformirten Gleichung auf Null reduciren, ohne dass man die Identitäten $P = 0$, $Q = 0, \ldots$ hätte. Um über die Möglichkeit des ersten Falles zu urtheilen, muss man die Gleichungen aufstellen:

$$P = 0, \quad Q = 0, \quad R = 0, \ldots$$

und sodann darin $\frac{\partial z'}{\partial x}$ und $\frac{\partial z_{,}}{\partial x}$ durch ihre respectiven Werthe

$$z'' + z'_{,} \frac{\partial y}{\partial x}, \quad z'_{,} + z_{,,} \frac{\partial y}{\partial x}$$

ersetzen, wonach sie nur noch

$$x, \; y, \; z, \; z', \; z_{,}, \; z'', \; z'_{,}, \; z_{,,}, \; \frac{\partial y}{\partial x}$$

enthalten werden.

91. Wenn man sodann, als Resultate der Elimination von $\frac{\partial y}{\partial x}$, unter einander und mit der gegebenen Gleichung $F = 0$ äquivalente Gleichungen erhält, so ist die Annahme, dass z'', $z'_{,}$, $z_{,,}$ mit dem Integrale in Bezug auf α (welches der beiden Argumente man auch durch α darstellen möge) ungleichartig seien, gerechtfertigt; im andern Falle ist sie es nicht. Bei dieser Elimination kann man im Allgemeinen aus jeder der Gleichungen

$$P = 0, \quad Q = 0, \quad R = 0, \ldots$$

Werthe von $\frac{\partial y}{\partial x}$ ableiten und dieselben in die andern substituiren. Um sich indessen auf die alleinige Betrachtung derjenigen unter ihnen zu beschränken, welche wirklich den beiden Argumenten α und β der willkürlichen Functionen des Integrals entsprechen, die nach einander neben x als unabhängige Veränderliche genommen wurden, muss man sie den Werthen von $\frac{\partial y}{\partial x}$ gleichsetzen, welche man als Lösungen der quadratischen Gleichung

$$\frac{\partial F}{\partial z_{,,}} - \frac{\partial F}{\partial z'_{,}} \frac{\partial y}{\partial x} + \frac{\partial F}{\partial z''} \left(\frac{\partial y}{\partial x}\right)^2 = 0$$

erhält, oder man kann auch, wenn dies in dem gegebenen Falle einfacher ist, die beiden Wurzeln dieser Gleichung nehmen und sie in die Gleichungen

$$P = 0, \quad Q = 0, \quad R = 0, \ldots$$

substituiren.

92. Um das Vorhergehende zu erläutern, wollen wir z. B. die Gleichung betrachten:

$$z'_, z'' + x(z'' z_{,,} - z'^2_,)^2 = 0.$$

Substituirt man darin die Werthe (3) für z'', $z'_,$, $z_{,,}$, so folgt:

$$x\left(\frac{\partial z_,}{\partial x}\right)^4 + \left[\frac{\partial z_,}{\partial x} - 2x\left(\frac{\partial z_,}{\partial x}\right)^2\left(\frac{\partial z'}{\partial x} + \frac{\partial y}{\partial x}\frac{\partial z_,}{\partial x}\right)\right]\frac{\frac{\partial z_,}{\partial \alpha}}{\frac{\partial y}{\partial \alpha}} + \left[x\left(\frac{\partial z'}{\partial x} + \frac{\partial y}{\partial x}\frac{\partial z_,}{\partial x}\right)^2 - \frac{\partial y}{\partial x}\right]\left[\frac{\frac{\partial z_,}{\partial \alpha}}{\frac{\partial y}{\partial \alpha}}\right]^2 = 0.$$

Setzt man die Coefficienten der verschiedenen Potenzen des Verhältnisses $\frac{\partial z_,}{\partial \alpha} : \frac{\partial y}{\partial \alpha}$ gleich Null, so hat man die Gleichungen:

$$P = \frac{\partial z_,}{\partial x} = 0$$

$$Q = \frac{\partial z_,}{\partial x}\left[1 - 2x\frac{\partial z_,}{\partial x}\left(\frac{\partial z'}{\partial x} + \frac{\partial y}{\partial x}\frac{\partial z_,}{\partial x}\right)\right] = 0$$

$$R = x\left(\frac{\partial z'}{\partial x} + \frac{\partial y}{\partial x}\frac{\partial z_,}{\partial x}\right)^2 - \frac{\partial y}{\partial x} = 0.$$

Zufolge der ersten von diesen Gleichungen ist auch die zweite erfüllt, und die dritte vereinfacht sich, so dass wir nur die beiden Gleichungen zu betrachten brauchen:

$$\frac{\partial z_,}{\partial x} = 0, \quad x\left(\frac{\partial z'}{\partial x}\right)^2 - \frac{\partial y}{\partial x} = 0,$$

und diese nehmen durch Substitution der Werthe

$$\frac{\partial z'}{\partial x} = z'' + z'_,\frac{\partial y}{\partial x}, \quad \frac{\partial z_,}{\partial x} = z'_, + z_{,,}\frac{\partial y}{\partial x}$$

die Form an:

$$z'_, + z_{,,}\frac{\partial y}{\partial x} = 0, \quad x\left(z'' + z'_,\frac{\partial y}{\partial x}\right)^2 - \frac{\partial y}{\partial x} = 0.$$

Substituirt man aber in die zweite von diesen Gleichungen den aus der ersten sich ergebenden Werth

$$\frac{\partial y}{\partial x} = -\frac{z'_,}{z_{,,}},$$

so geht sie über in:

$$x\left(z'' - \frac{z'^2_,}{z_{,,}}\right)^2 + \frac{z'_,}{z_{,,}} = 0,$$

und diese ist äquivalent mit der gegebenen. Mithin kann der Werth

$$\frac{\partial y}{\partial x(\alpha} = -\frac{z'_{,}}{z_{,,}}$$

in dem vorausgesetzten endlichen Integrale einer willkürlichen Function eines Argumentes a entsprechen, in Bezug auf welches die zweiten Ableitungen z'', $z'_{,}$, $z_{,,}$ mit dem Integrale ungleichartig sind.

Überdies muss man auch bestätigen können, dass dieser Werth Wurzel der quadratischen Gleichung ist:

$$\frac{\partial F}{\partial z_{,,}} - \frac{\partial F}{\partial z'_{,}}\frac{\partial y}{\partial x} + \frac{\partial F}{\partial z''}\left(\frac{\partial y}{\partial x}\right)^2 = 0,$$

welche im gegenwärtigen Falle die Form hat:

$$2xz_{,,}(z''z_{,,} - z'^2_{,})\left(\frac{\partial y}{\partial x}\right)^2 - [4xz'_{,}(z''z_{,,} - z'^2_{,}) - z_{,,}]\frac{\partial y}{dx} + 2xz_{,,}(z''z_{,,} - z'^2_{,}) = 0.$$

Dividirt man hierzu die linke Seite derselben durch $\frac{\partial y}{\partial x} + \frac{z'_{,}}{z_{,,}}$, so erhält man als Quotienten:

$$2xz_{,,}(z''z_{,,} - z'^2_{,})\frac{\partial y}{\partial x} + 2xz'_{,}(z''z_{,,} - z'^2_{,}) - z_{,,}$$

und als Rest:

$$\frac{2}{z_{,,}}[x(z''z_{,,} - z'^2_{,})^2 + z'_{,}z_{,,}].$$

Dieser letztere ist gleich Null zufolge der gegebenen Gleichung; demnach ist der Werth $\frac{\partial y}{\partial x} = -\frac{z'_{,}}{z_{,,}}$ in der That eine Wurzel der obigen Gleichung zweiten Grades. Ihre andere Wurzel erhält man, wenn man den Quotienten gleich Null setzt und die so erhaltene Gleichung nach $\frac{\partial y}{\partial x}$ auflöst. Es folgt so:

$$\frac{\partial y}{\partial x(\beta} = \frac{1}{2x(z''z_{,,} - z'^2_{,})} - \frac{z'_{,}}{z_{,,}}.$$

Dieser Werth entspricht offenbar dem Argumente β, welches unter dem Zeichen einer willkürlichen Function in dem vorausgesetzten endlichen allgemeinen Integral der Art vorkommt, dass sämmtliche Ableitungen z', $z_{,}$, z'', $z'_{,}$, $z_{,,}$ mit jenem in Bezug auf β homogen sind.

§ 13.

93. Im vorhergehenden Paragraphen haben wir gesehen, dass das Problem der Integration der Gleichung

$$Hz'' + 2Kz'_{,} + Lz_{,,} + M + N(z''z_{,,} - z'^2_{,}) = 0 \quad . \quad . \quad (1)$$

sich reducirt auf die Integration eines Systems von mehreren Gleichungen, das wir zur Abkürzung so schreiben können:

$$\left.\begin{aligned} Hdy + Ndz_{,} - (K \pm \sqrt{G})\,dx &= 0 \\ Hdz' + (K \mp \sqrt{G})\,dz_{,} + Mdx &= 0 \\ dz - z'dx - z_{,}dy &= 0 \end{aligned}\right\} \quad . \quad . \quad . \quad . \quad (2).$$

Bezüglich dieses Systems untersuchen wir zunächst die folgende Frage:

Unter welchen Bedingungen kann es für die Gleichungen (2) Integrale von der Form $u = \text{const}$, wo u als eine Function von $x, y, z, z', z_{,}$ vorausgesetzt wird, geben und wie viele solche Integrale kann es geben?

In den Gleichungen (2) muss man überall entweder die oberen oder die unteren Zeichen von $\sqrt{G}$ nehmen; man hat daher zwei unvollständige Systeme simultaner Gleichungen, da die Anzahl der in jeder von ihnen vorkommenden Veränderlichen $x, y, z, z', z_{,}$ um zwei Einheiten grösser ist als die Anzahl der Gleichungen. Man kann Integral dieser Systeme von Differentialgleichungen jede Function u der Veränderlichen $x, y, z, z', z_{,}$ nennen, deren Differential infolge der Gleichungen (2) identisch Null ist. Nun findet man, indem man die Gleichungen (2) nach dz, dz', $dz_{,}$ auflöst:

$$\begin{aligned} dz &= z'dx + z_{,}dy \\ dz' &= -\frac{L}{N}\,dx + \frac{K \mp \sqrt{G}}{N}\,dy \\ dz_{,} &= \frac{K \pm \sqrt{G}}{N}\,dx - \frac{H}{N}\,dy, \end{aligned}$$

und substituirt man diese Werthe von dz, dz', $dz_{,}$ in den Ausdruck von du, so folgt:

$$\begin{aligned} du = &\left(\frac{\partial u}{\partial x} + z'\frac{\partial u}{\partial z} - \frac{L}{N}\frac{\partial u}{\partial z'} + \frac{K \pm \sqrt{G}}{N}\frac{\partial u}{\partial z_{,}}\right) dx \\ &+ \left(\frac{\partial u}{\partial y} + z_{,}\frac{\partial u}{\partial z} + \frac{K \mp \sqrt{G}}{N}\frac{\partial u}{\partial z'} - \frac{H}{N}\frac{\partial u}{\partial z_{,}}\right) dy. \end{aligned}$$

Mithin reducirt sich du auf Null und $u = \text{const}$ ist ein Integral der Gleichungen (2), wenn die Function u den in Bezug auf die Ableitungen erster Ordnung linearen und homogenen Gleichungen genügt:

$$\left.\begin{aligned} \frac{\partial u}{\partial x} + z'\frac{\partial u}{\partial z} - \frac{L}{N}\frac{\partial u}{\partial z'} + \frac{K \pm \sqrt{G}}{N}\frac{\partial u}{\partial z_{,}} &= 0 \\ \frac{\partial u}{\partial y} + z_{,}\frac{\partial u}{\partial z} + \frac{K \mp \sqrt{G}}{N}\frac{\partial u}{\partial z'} - \frac{H}{N}\frac{\partial u}{\partial z_{,}} &= 0 \end{aligned}\right\} \quad . \quad . \quad . \quad (3).$$

94. Über die Theorie der Integration simultaner partieller Differentialgleichungen erster Ordnung ist erst in neuerer Zeit, Dank den Arbeiten von Jacobi, Bour und Boole[1]), Licht verbreitet worden, und die Frage, die uns beschäftigt, bietet uns Gelegenheit zur Anwendung dieser Theorie.

Zu diesem Zwecke stellen wir zur Abkürzung die beiden Systeme von Operationen

$$\frac{\partial}{\partial x} + z' \frac{\partial}{\partial z} - \frac{L}{N}\frac{\partial}{\partial z'} + \frac{K \pm \sqrt{G}}{N}\frac{\partial}{\partial z_{\prime}},$$

$$\frac{\partial}{\partial y} + z_{\prime} \frac{\partial}{\partial z} + \frac{K \mp \sqrt{G}}{N}\frac{\partial}{\partial z_{\prime}} - \frac{H}{N}\frac{\partial}{\partial z_{\prime}}$$

respective durch die Symbole ∇_1 und ∇_2 dar, vermittelst deren die Gleichungen (3) die Form annehmen:

$$\nabla_1 u = 0, \quad \nabla_2 u = 0.$$

Die nothwendige Bedingung dafür, dass diese beiden Gleichungen ein gemeinschaftliches Integral besitzen können, besteht bekanntlich darin, dass das Resultat der Operation ∇_1, ausgeführt an der Function $\nabla_2 u$, gleich ist dem Resultat der Operation ∇_2, ausgeführt an der Function $\nabla_1 u$, d. h. dass man hat:

$$\nabla_1 \nabla_2 u = \nabla_2 \nabla_1 u.$$

Führt man nun die angedeuteten Operationen aus, so findet man:

$$\nabla_1 \nabla_2 u - \nabla_2 \nabla_1 u$$

$$= \left(\frac{K \pm \sqrt{G}}{N} - \frac{K \mp \sqrt{G}}{N}\right)\frac{\partial u}{\partial z} + \left(\nabla_1 \frac{K \mp \sqrt{G}}{N} + \nabla_2 \frac{L}{N}\right)\frac{\partial u}{\partial z'} - \left(\nabla_1 \frac{H}{N} + \nabla_2 \frac{K \pm \sqrt{G}}{N}\right)\frac{\partial u}{\partial z_{\prime}}.$$

Hieraus erhellt, dass diese nothwendige Bedingung auf zweierlei Weise erfüllt werden kann: 1) wenn sich in dem vorstehenden Ausdruck jeder der Coefficienten von $\frac{\partial u}{\partial z}, \frac{\partial u}{\partial z'}, \frac{\partial u}{\partial z_{\prime}}$ auf Null reducirt, 2) wenn wir, falls diese Coefficienten von Null verschieden sind, mit den beiden Gleichungen $\nabla_1 u = 0$, $\nabla_2 u = 0$ eine dritte verbinden:

$$\nabla_1 \nabla_2 u - \nabla_2 \nabla_1 u = 0,$$

welche augenscheinlich von den beiden ersten algebraisch verschieden ist, da sie die Ableitungen $\frac{\partial u}{\partial x}, \frac{\partial u}{\partial y}$ nicht erhält.

---

[1]) Eine Skizze dieser Theorie habe ich gegeben in meiner Abhandlung: „Sur l'intégration des équations aux dérivées partielles du premier ordre". Grunert's Archiv d. Math. und Physik. Bd. 50, S. 393—416, §§ 23—25.

95. Jeder dieser beiden Fälle muss für sich untersucht werden. Beschäftigen wir uns zunächst mit dem ersten, in welchem nach Voraussetzung die Gleichungen stattfinden:

$$\frac{K\pm\sqrt{G}}{N}-\frac{K\mp\sqrt{G}}{N}=0,\ \nabla_1\frac{K\mp\sqrt{G}}{N}+\nabla_2\frac{L}{N}=0,\ \nabla_1\frac{H}{N}+\nabla_2\frac{K\pm\sqrt{G}}{N}=0,$$

oder:

$$G=0,\ \nabla_1\frac{K}{N}+\nabla_2\frac{L}{N}=0,\ \nabla_1\frac{H}{N}+\nabla_2\frac{K}{N}=0\text{[1]},$$

so nehmen die betrachteten simultanen Gleichungen die Form an:

$$\nabla_1 u=\frac{\partial u}{\partial x}+z'\frac{\partial u}{\partial z}-\frac{L}{N}\frac{\partial u}{\partial z'}+\frac{K}{N}\frac{\partial u}{\partial z_,}=0$$

$$\nabla_2 u=\frac{\partial u}{\partial y}+z_,\frac{\partial u}{\partial z}+\frac{K}{N}\frac{\partial u}{\partial z'}-\frac{H}{N}\frac{\partial u}{\partial z_,}=0.$$

Es ist leicht zu sehen, dass in diesem Falle die Gleichungen

$$\nabla_1 u=0,\ \nabla_2 u=0$$

drei gemeinschaftliche Integrale von der Form

$$u_1=\text{const},\quad u_2=\text{const},\quad u_3=\text{const}$$

haben, und zugleich zu zeigen, wie diese Integrale gefunden werden.

Dazu seien v, v_1, v_2 die verschiedenen Integrale der Gleichung $\nabla_1 u=0$, deren Anzahl gleich drei sein muss. Wir bestimmen ferner eine Function $F(y,\ v,\ v_1,\ v_2)$ dieser drei Integrale und der Veränderlichen y, welche der zweiten der betrachteten Gleichungen $\nabla_2 F=0$ genügt. Es ergiebt sich, indem man sie entwickelt:

$$\frac{\partial F}{\partial y}\nabla_2 y+\frac{\partial F}{\partial v}\nabla_2 v+\frac{\partial F}{\partial v_1}\nabla_2 v_1+\frac{\partial F}{\partial v_2}\nabla_2 v_2=0.$$

Hier hat man augenscheinlich $\nabla_2 y=1$, und es ist leicht zu sehen, dass sich die Grössen $\nabla_2 v$, $\nabla_2 v_1$, $\nabla_2 v_2$ mit Hülfe von v, v_1, v_2 allein ausdrücken. In der That, man hat identisch für irgend eine Function u:

$$\nabla_1\nabla_2 u=\nabla_2\nabla_1 u;$$

setzt man also der Reihe nach $u=v,\ v_1,\ v_2$, so erhält man die Identitäten:

$$\nabla_1(\nabla_2 v)=\nabla_2(\nabla_1 v)=\nabla_2 0=0$$

$$\nabla_1(\nabla_2 v_1)=\nabla_2(\nabla_1 v_1)=\nabla_2 0=0$$

$$\nabla_1(\nabla_2 v_2)=\nabla_2(\nabla_1 v_2)=\nabla_2 0=0,$$

---

[1]) Diese Bedingungen sind von Boole aufgestellt worden. Vgl. Philosophical Transactions 1862, T. CLII, Part. I, p. 452.

und diese beweisen, dass $\nabla_2 v$, $\nabla_2 v_1$, $\nabla_2 v_2$ Integrale sind der Gleichung $\nabla_1 u = 0$. Es stellen aber v, v_1, v_2 alle verschiedenen Integrale der *Gleichung* $\nabla_1 u = 0$ *dar: mithin müssen sich* $\nabla_2 v$, $\nabla_2 v_1$, $\nabla_2 v_2$ *mit Hülfe* von v, v_1, v_2 ausdrücken lassen, und wenn diese Ausdrücke sind:

$$\nabla_2 v = f(v, v_1, v_2), \quad \nabla_2 v_1 = f_1(v, v_1, v_2), \quad \nabla_2 v_2 = f_2(v, v_1, v_2),$$

so hat man die Gleichung:

$$\frac{\partial F}{\partial y} + \frac{\partial F}{\partial v} f + \frac{\partial F}{\partial v_1} f_1 + \frac{\partial F}{\partial v_2} f_2 = 0.$$

Für diese Gleichung findet man nach den bekannten Methoden drei verschiedene Integrale von der Form:

$$u_1 = F_1(y, v, v_1, v_2) = \text{const}, u_2 = F_2(y, v, v_1, v_2,) = \text{const}, u_3 = F_3(y, v, v_1, v_2) = \text{const},$$

die offenbar gemeinschaftliche Integrale der Gleichungen

$$\nabla_1 u = 0, \quad \nabla_2 u = 0$$

sein müssen.

96. Bei der vorstehenden Auseinandersetzung der Methode der simultanen Integration der Gleichungen $\nabla_1 u = 0$, $\nabla_2 u = 0$ kann man schliesslich auch die Rollen dieser beiden Gleichungen mit einander vertauschen; in allen Fällen muss man aber zunächst drei verschiedene Integrale der einen von ihnen bestimmen. Dazu kann man sich neben den gewöhnlichen Methoden auch des Verfahrens bedienen, welches Poisson für die Gleichungen der Dynamik entdeckt hat. Denn zufolge der Identität

$$\nabla_1(\nabla_2 u) = \nabla_2(\nabla_1 u)$$

muss die Substitution eines Integrals irgend einer der Gleichungen

$$\nabla_1 u = 0, \nabla_2 u = 0$$

in die linke Seite der andern ein Integral der ersten geben. Der Erfolg dieser Methode hängt schliesslich von der Bedingung ab, dass diese Substitution Integrale ergiebt, die von den substituirten verschieden sind.

97. Wir wollen jetzt angeben, wie man aus den drei oben erhaltenen Integralen

$$u_1 = a, \quad u_2 = b, \quad u_3 = c \quad . \quad . \quad . \quad . \quad . \quad (4),$$

in denen a, b, c willkürliche Constanten sind, zunächst ein particuläres Integral und sodann das allgemeine Integral der Gleichung (1) ableiten kann.

Aus den Gleichungen (4) erhält man für z, z', $z_{,}$ Ausdrücke von der Form:

$$z = \omega(x, y, a, b, c), \; z' = \omega_1(x, y, a, b, c), \; z_{,} = \omega_2(x, y, a, b, c) \quad (5).$$

Schon aus der Methode der Berechnung der Integrale (4) der Gleichungen (3) kann man schliessen, dass die Ausdrücke (5) von z, z', $z,$ den Gleichungen (2) genügen müssen. Löst man diese auf nach dz, dz', $dz,$ und führt man die Bedingung $G = 0$ ein, so bringt man sie auf die Form:

$$\left.\begin{aligned} dz &= z'dx + z,dy \\ dz' &= -\frac{L}{N}\,dx + \frac{K}{N}\,dy \\ dz, &= \frac{K}{N}\,dx - \frac{H}{N}\,dy. \end{aligned}\right\} \quad \ldots\ldots \quad (6).$$

Dieser Schluss ist indessen so wichtig, dass wir versuchen wollen, einen directen Beweis desselben zu geben. Dazu bemerken wir, dass eine vollständig willkürliche Function von u_1, u_2, u_3, welche wir mit $\varphi(u_1, u_2\; u_3)$ bezeichnen, den Gleichungen (3) genügen muss, wenn man sie für u substituirt, da

$$\begin{aligned} \nabla_1\varphi &= \frac{\partial\varphi}{\partial x} + z'\frac{\partial\varphi}{\partial z} - \frac{L}{N}\frac{\partial\varphi}{\partial z'} + \frac{K}{N}\frac{\partial\varphi}{\partial z,} \\ &= \frac{\partial\varphi}{\partial u_1}\nabla_1 u_1 + \frac{\partial\varphi}{\partial u_2}\nabla_1 u_2 + \frac{\partial\varphi}{\partial u_3}\nabla_1 u_3 \\ \nabla_2\varphi &= \frac{\partial\varphi}{\partial y} + z,\frac{\partial\varphi}{\partial z} + \frac{K}{N}\frac{\partial\varphi}{\partial z'} - \frac{H}{N}\frac{\partial\varphi}{\partial z,} \\ &= \frac{\partial\varphi}{\partial u_1}\nabla_2 u_1 + \frac{\partial\varphi}{\partial u_2}\nabla_2 u_2 + \frac{\partial\varphi}{\partial u_3}\nabla_2 u_3 \end{aligned}$$

ist und die Grössen

$$\begin{matrix} \nabla_1 u_1, & \nabla_1 u_2, & \nabla_1 u_3 \\ \nabla_2 u_1, & \nabla_2 u_2, & \nabla_2 u_3 \end{matrix}$$

gleich Null sind. Nimmt man das Differential von φ und substituirt man in seinen Ausdruck die aus den Gleichungen $\nabla_1\varphi = 0$, $\nabla_2\varphi = 0$ abgeleiteten Werthe von $\frac{\partial\varphi}{\partial x}$ und $\frac{\partial\varphi}{\partial y}$, so hat man die Gleichung:

$$d\varphi(u_1,u_2,u_3) = \frac{\partial\varphi}{\partial z}(dz - z'dx - z,dy) + \frac{\partial\varphi}{\partial z'}\left(dz' + \frac{L}{N}dx - \frac{K}{N}dy\right) + \frac{\partial\varphi}{\partial z,}\left(dz, - \frac{K}{N}dx + \frac{H}{N}dy\right) \quad (7),$$

worin

$$\begin{aligned} \frac{\partial\varphi}{\partial z} &= \frac{\partial\varphi}{\partial u_1}\frac{\partial u_1}{\partial z} + \frac{\partial\varphi}{\partial u_2}\frac{\partial u_2}{\partial z} + \frac{\partial\varphi}{\partial u_3}\frac{\partial u_3}{\partial z} \\ \frac{\partial\varphi}{\partial z'} &= \frac{\partial\varphi}{\partial u_1}\frac{\partial u_1}{\partial z'} + \frac{\partial\varphi}{\partial u_2}\frac{\partial u_2}{\partial z'} + \frac{\partial\varphi}{\partial u_3}\frac{\partial u_3}{\partial z'} \\ \frac{\partial\varphi}{\partial z,} &= \frac{\partial\varphi}{\partial u_1}\frac{\partial u_1}{\partial z,} + \frac{\partial\varphi}{\partial u_2}\frac{\partial u_2}{\partial z,} + \frac{\partial\varphi}{\partial u_3}\frac{\partial u_3}{\partial z,} \end{aligned}$$

ist.

Ersetzt man jetzt z, z', $z_{,}$ durch ihre Werthe (5), so reducirt sich die linke Seite der Gleichung (7) auf Null, da u_1, u_2 u_3, $\varphi(u_1, u_2, u_3)$ sich resp. in a, b, c, $\varphi(a, b, c)$ verwandeln; mithin muss die rechte Seite der Gleichung (7) ebenfalls gleich Null sein. Es ist aber leicht zu bemerken, dass die Ableitungen $\frac{\partial\varphi}{\partial z}$, $\frac{\partial\varphi}{\partial z'}$, $\frac{\partial\varphi}{\partial z_{,}}$ nicht identisch Null sein können, und dies braucht man nur für eine dieser Ableitungen, z. B. für $\frac{\partial\varphi}{\partial z}$ ausführlicher zu zeigen.

In der That, die drei Ableitungen $\frac{\partial u_1}{\partial z}$, $\frac{\partial u_2}{\partial z}$, $\frac{\partial u_3}{\partial z}$ können nicht sämmtlich Null sein, da man, wenn sie es wären, aus den Gleichungen (4) nicht die Werthe (5) ableiten könnte. Ihre Multiplicatoren $\frac{\partial\varphi}{\partial u_1}$, $\frac{\partial\varphi}{\partial u_2}$, $\frac{\partial\varphi}{\partial u_3}$ verwandeln sich durch die Substitution der Werthe (5) von z, $z_{,}$, z' in willkürliche Constanten. Mithin kann sich die rechte Seite der Gleichung (7) nur dadurch auf Null reduciren, dass sich die Gleichungen (6) durch die Substitution der Werthe von z, z', $z_{,}$ in Identitäten verwandeln.

98. Hiernach hat man die Gleichung:

$$d\omega = \omega_1 dx + \omega_2 dy,$$

infolge deren die Gleichungen (5) ersetzt werden können durch die folgenden:

$$z = \omega(x, y, a, b, c), \quad z' = \frac{\partial\omega}{\partial x}, \quad z_{,} = \frac{\partial\omega}{\partial y}.$$

Substituirt man diese Werthe von z, z', $z_{,}$ in die beiden letzten Gleichungen (6), so hat man die Gleichheiten:

$$d\frac{\partial\omega}{\partial x} = -\frac{L}{N}dx + \frac{K}{N}dy, \quad d\frac{\partial\omega}{\partial y} = \frac{K}{N}dx - \frac{H}{N}dy,$$

welche weiter zu den folgenden drei Gleichungen führen:

$$\left.\begin{aligned} N\frac{\partial^2\omega}{\partial x^2} + L &= 0 \\ N\frac{\partial^2\omega}{\partial x\partial y} - K &= 0 \\ N\frac{\partial^2\omega}{\partial y^2} + H &= 0 \end{aligned}\right\} \quad \ldots\ldots\ldots \quad (8).$$

Jetzt ist es leicht zu beweisen, dass das den vorstehenden drei Gleichungen genügende Integral $z = \omega(x, y, a, b, c)$ nothwendig auch der Gleichung (1) genügen muss. Dazu genügt es zu bemerken, dass infolge der Bedingung $G = K^2 - HL + MN = 0$ die Gleichung (1) folgendermassen geschrieben werden kann:

$$\left(N\frac{\partial^2 z}{\partial x^2} + L\right)\left(N\frac{\partial^2 z}{\partial y^2} + H\right) = \left(N\frac{\partial^2 z}{\partial x\partial y} - K\right)^2.$$

99. Somit haben wir bereits ein particuläres Integral der Gleichung (1) mit drei willkürlichen Constanten a, b, c; wir suchen daraus das allgemeine Integral derselben Gleichung mit zwei willkürlichen Functionen abzuleiten.

Dazu bemerken wir zunächst, dass die Argumente α und β der beiden willkürlichen Functionen des gesuchten allgemeinen Integrals gleich sein müssen; denn man hat allgemein für die Gleichung (1):

$$-\frac{\frac{\partial\alpha}{\partial x}}{\frac{\partial\alpha}{\partial y}} = \frac{\partial y}{\partial x(\alpha} = \frac{K - Nz_{\prime}' + \sqrt{G}}{H + Nz_{\prime\prime}}, \quad -\frac{\frac{\partial\beta}{\partial x}}{\frac{\partial\beta}{\partial y}} = \frac{\partial y}{\partial x(\beta} = \frac{K - Nz_{\prime}' - \sqrt{G}}{H + Nz_{\prime\prime}}.$$

Nun ist im gegenwärtigen Falle $G = 0$, mithin hat man:

$$\frac{\partial\alpha}{\partial x}\frac{\partial\beta}{\partial y} - \frac{\partial\alpha}{\partial y}\frac{\partial\beta}{\partial x} = 0 \text{ und } \alpha = \beta.$$

100. Wir beweisen nunmehr den folgenden Satz. Es seien φ und ψ willkürliche Functionen; substituiren wir α, $\varphi(\alpha)$, $\psi(\alpha)$ an Stelle von a, b, c in dem Integrale $z = \omega(x, y, a, b, c)$ und bestimmen wir die Function α durch die Bedingung, dass die Ableitung der Function ω in Bezug auf α gleich Null sein soll, so stellen die beiden so erhaltenen Gleichungen

$$z = \omega[x, y, \alpha, \varphi(\alpha), \psi(\alpha)], \quad \frac{\partial\omega}{\partial\alpha} = 0$$

das allgemeine Integral der Gleichung (1) dar.

Differentiirt man nämlich die Gleichungen (9) nach x und y, so folgt:

$$z' = \frac{\partial\omega}{\partial x}, \quad \frac{\partial^2\omega}{\partial\alpha\partial x} = -\frac{\partial^2\omega}{\partial\alpha^2}\frac{\partial\alpha}{\partial x}$$

$$z_{\prime} = \frac{\partial\omega}{\partial y}, \quad \frac{\partial^2\omega}{\partial\alpha\partial y} = -\frac{\partial^2\omega}{\partial\alpha^2}\frac{\partial\alpha}{\partial y}.$$

Differentiirt man die Werthe von z' und $z_{\prime}$ nochmals nach x und y, so erhält man:

$$z'' = \frac{\partial^2\omega}{\partial x^2} + \frac{\partial^2\omega}{\partial x\partial\alpha}\frac{\partial\alpha}{\partial x} = \frac{\partial^2\omega}{\partial x^2} - \frac{\partial^2\omega}{\partial\alpha^2}\left(\frac{\partial\alpha}{\partial x}\right)^2,$$

$$z_{\prime}' = \frac{\partial^2\omega}{\partial x\partial y} + \frac{\partial^2\omega}{\partial x\partial\alpha}\frac{\partial\alpha}{\partial y} = \frac{\partial^2\omega}{\partial y\partial x} + \frac{\partial^2\omega}{\partial y\partial\alpha}\frac{\partial\alpha}{\partial x} = \frac{\partial^2\omega}{\partial x\partial y} - \frac{\partial^2\omega}{\partial\alpha^2}\frac{\partial\alpha}{\partial x}\frac{\partial\alpha}{\partial y},$$

$$z_{\prime\prime} = \frac{\partial^2\omega}{\partial y^2} + \frac{\partial^2\omega}{\partial y\partial\alpha}\frac{\partial\alpha}{\partial y} = \frac{\partial^2\omega}{\partial y^2} - \frac{\partial^2\omega}{\partial\alpha^2}\left(\frac{\partial\alpha}{\partial y}\right)^2.$$

Um sich von der Richtigkeit des ausgesprochenen Satzes zu überzeugen, braucht man nur zu beweisen, dass durch die Substitution der vorstehenden

Werthe von z, z', $z_{,}$, z'', $z'_{,}$, $z_{,,}$ der Gleichung (1) genügt wird. Setzen wir zur Abkürzung

$$\frac{\partial^2\omega}{\partial x^2} = \omega'', \quad \frac{\partial^2\omega}{\partial x\partial y} = \omega'_{,}, \quad \frac{\partial^2\omega}{\partial y^2} = \omega_{,,}$$

$$\frac{\partial^2\omega}{\partial\alpha^2} = -q, \quad \frac{\partial\alpha}{\partial x} = h, \quad \frac{\partial\alpha}{\partial y} = l$$

und bezeichnen wir die linke Seite der Gleichung (1) mit $F(z'', z'_{,}, z_{,,})$, so nimmt das Resultat dieser Substitution nach dem Taylor'schen Satze die folgende Form an:

$$F(\omega''+qh^2, \omega'_{,}+qhl, \omega_{,,}+ql^2) = F(\omega'', \omega'_{,}, \omega_{,,}) + \left(\frac{\partial F}{\partial\omega''}h^2 + \frac{\partial F}{\partial\omega'_{,}}hl + \frac{\partial F}{\partial\omega_{,,}}l^2\right)q$$
$$+\frac{1}{2}\left(\frac{\partial^2 F}{\partial\omega''^2}h^4 + 2\frac{\partial^2 F}{\partial\omega''\partial\omega'_{,}}h^3l + \frac{\partial^2 F}{\partial\omega'^2_{,}}h^2l^2 + 2\frac{\partial^2 F}{\partial\omega''\partial\omega_{,,}}h^2l^2 + 2\frac{\partial^2 F}{\partial\omega_{,,}\partial\omega'_{,}}hl^3 + \frac{\partial^2 F}{\partial\omega_{,,}^2}l^4\right)q^2.$$

Nun hat man aber:

$$F(\omega'', \omega'_{,}, \omega_{,,}) = (N\omega'' + L)(N\omega_{,,} + H) - (N\omega'_{,} - K)^2,$$

$$\frac{\partial F}{\partial\omega''} = N(N\omega_{,,} + H), \quad \frac{\partial F}{\partial\omega'_{,}} = 2N(K - N\omega'_{,}), \quad \frac{\partial F}{\partial\omega_{,,}} = N(L + N\omega'');$$

mithin reducirt sich das erste und zweite Glied der vorstehenden Entwickelung auf Null zufolge der Gleichungen (8), welche stattfinden müssen unabhängig von den Werthen von a, b, c.

Der Factor von q^2 verschwindet ebenfalls, denn alle Ableitungen zweiter Ordnung von F sind gleich Null mit Ausnahme von

$$\frac{\partial^2 F}{\partial\omega'^2_{,}} = -2N^2 \text{ und } \frac{\partial^2 F}{\partial\alpha''\partial\omega_{,,}} = N^2,$$

welche gleiche Glieder mit entgegengesetzten Vorzeichen ergeben.

Nachdem somit der Satz bewiesen ist, haben wir nunmehr eine vollständig reguläre Methode für die Integration der Gleichung (1) unter den Bedingungen:

$$G = 0, \quad \nabla_1\frac{K}{N} + \nabla_2\frac{L}{N} = 0, \quad \nabla_1\frac{H}{N} + \nabla_2\frac{K}{N} = 0 \quad . \quad . \quad . \quad (10).$$

101. Es bleibt nur noch übrig, diese theoretische Auseinandersetzung durch ein besonderes Beispiel zu erläutern. Wir nehmen dazu die Gleichung:

$$\left(\frac{\partial z}{\partial x} + \frac{\partial z}{\partial y} + \frac{\partial^2 z}{\partial x^2}\right)\left(1 + \frac{\partial^2 z}{\partial y^2}\right) = \left(1 - \frac{\partial^2 z}{\partial x\partial y}\right)^2,$$

oder mit anderer Bezeichnung:

$$(z' + z_{,} + z'')(1 + z_{,,}) = (1 - z'_{,})^2.$$

Hier sind die Bedingungen (10) offenbar erfüllt. Wir bilden die beiden simultanen Gleichungen

$$\nabla_1 u = \frac{\partial u}{\partial x} + z' \frac{\partial u}{\partial z} - (z' + z_,) \frac{\partial u}{\partial z'} + \frac{\partial u}{\partial z_,} = 0$$

$$\nabla_2 u = \frac{\partial u}{\partial y} + z_, \frac{\partial u}{\partial z} + \frac{\partial u}{\partial z'} - \frac{\partial u}{\partial z_,} = 0$$

und suchen alle drei verschiedenen Integrale der zweiten von diesen Gleichungen. Nimmt man dazu das Gleichungssystem

$$dy = \frac{dz}{z_,} = dz' = - dz_,,$$

so findet man die drei verschiedenen Integrale:

$$v = z' + z_,, \quad v_1 = y - z', \quad v_2 = z + \frac{z_,^2}{2}.$$

Wir suchen jetzt eine Function $F(x, v, v_1, v_2)$, welche der Gleichung $\nabla_1 F = 0$ genügt. Entwickelt man diese, so findet man:

$$\frac{\partial F}{\partial x} \nabla_1 x + \frac{\partial F}{\partial v} \nabla_1 v + \frac{\partial F}{\partial v_1} \Delta_1 v_1 + \frac{\partial F}{\partial v_2} \nabla_1 v_2 = 0.$$

Nun ist aber:

$$\nabla_1 x = 1, \quad \nabla_1 v = 1 - v, \quad \nabla_1 v_1 = v, \quad \nabla_1 v_2 = v;$$

mithin nimmt die vorige Gleichung die Form an:

$$\frac{\partial F}{\partial x} + \frac{\partial F}{\partial v}(1 - v) + \left(\frac{\partial F}{\partial v_1} + \frac{\partial F}{\partial v_2}\right) v = 0.$$

Ihre drei verschiedenen Integrale erhält man durch Integration der Gleichungen:

$$dx = \frac{dv}{1 - v} = \frac{dv_1}{v} = \frac{dv_2}{v},$$

sie sind demnach von der Form

$$(1 - v) e^x = a, \quad v_1 - v_2 = b, \quad v_1 + v - x = c,$$

wo a, b, c willkürliche Constanten bezeichnen. Substituirt man die Werthe von v, v_1, v_2, so folgt:

$$(1 - z' - z_,) e^x = a, \quad y - z - z' - \frac{z_,^2}{2} = b, \quad y - x + z_, = c,$$

und hieraus erhält man:

$$z_, = c + x - y$$
$$z' = 1 - ae^{-x} - x + y - c$$
$$z = b + ae^{-x} + x + c - \frac{1}{2}(c + x - y)^2,$$

wo für $- b - 1$ wiederum einfach b gesetzt ist.

Diese letztere Gleichung stellt ein particuläres Integral der gegebenen Gleichung dar. Sie giebt nämlich durch Differentiation:

$$\frac{\partial z}{\partial x} = 1 - ae^{-x} - x + y - c, \quad \frac{\partial z}{\partial y} = c + x - y$$
$$\frac{\partial^2 z}{\partial x^2} = ae^{-x} - 1, \quad \frac{\partial^2 z}{\partial x \partial y} = 1, \quad \frac{\partial^2 z}{\partial y^2} = -1.$$

Man sieht hieraus zunächst, dass die für z' und $\frac{\partial z}{\partial x}$, ebenso die für z, und $\frac{\partial z}{\partial y}$ gefundenen Werthe identisch sind; ferner reduciren sich durch Substitution der Werthe der Ableitungen erster und zweiter Ordnung von z die Ausdrücke

$$z' + z_, + z'', \quad 1 + z_{,,}, \quad 1 - z'_,$$

auf Null, und somit wird die gegebene Gleichung befriedigt. Hieraus ergiebt sich dem oben Bewiesenen zufolge, dass, wenn man in dem vorigen particulären Integrale zwei der Constanten a, b, c als willkürliche Functionen der dritten betrachtet und die partielle Ableitung von z nach dieser dritten Constanten gleich Null setzt, die beiden so erhaltenen Gleichungen das allgemeine Integral der gegebenen Gleichung bilden werden. Macht man z. B.:

$$c = a, \quad b = \varphi(a), \quad a = \psi(a),$$

so wird das allgemeine Integral dargestellt unter der Form der beiden Gleichungen:

$$z = \varphi(a) + \psi(a)e^{-x} + x + a - \frac{1}{2}(a + x - y)^2$$
$$0 = \varphi'(a) + \psi'(a)e^{-x} - a - x + y + 1.$$

Es ist übrigens leicht, das vorstehende Resultat zu verificiren, indem man zeigt, dass man durch Elimination der Grössen a, $\varphi(a)$, $\psi(a)$ aus den vorstehenden beiden Gleichungen die gegebene Gleichung erhält. Aus der zweiten von diesen Gleichungen folgt:

$$\frac{\partial \alpha}{\partial x} = \frac{1 + \psi'(\alpha)e^{-x}}{\varphi''(\alpha) + \psi''(\alpha)e^{-x} - 1}, \quad \frac{\partial \alpha}{\partial y} = \frac{-1}{\varphi''(\alpha) + \psi''(\alpha)e^{-x} - 1};$$

daher:

$$\frac{\frac{\partial \alpha}{\partial x}}{\frac{\partial \alpha}{\partial y}} = -[1 + \psi'(a)e^{-x}].$$

Differentiirt man die erste Gleichung des Integrals, so kommt:

$$\frac{\partial z}{\partial x} = 1 - \psi(a)e^{-x} - x + y - a, \quad \frac{\partial z}{\partial y} = x - y + a$$
$$\frac{\partial^2 z}{\partial x^2} = \psi(a)e^{-x} - 1 - [1 + \psi'(a)e^{-x}]\frac{\partial \alpha}{\partial x}, \quad \frac{\partial^2 z}{\partial x \partial y} = 1 + \frac{\partial \alpha}{\partial x}, \quad \frac{\partial^2 z}{\partial y^2} = -1 + \frac{\partial \alpha}{\partial y},$$

und hieraus:

$$\frac{\partial \alpha}{\partial x} = \frac{\partial^2 z}{\partial x \partial y} - 1, \quad \frac{\partial \alpha}{\partial y} = \frac{\partial^2 z}{\partial y^2} + 1, \quad -[1 + \psi'(a) e^{-x}] = \frac{\frac{\partial z}{\partial x} + \frac{\partial z}{\partial y} + \frac{\partial^2 z}{\partial x^2}}{\frac{\partial^2 z}{\partial x \partial y} - 1}.$$

Hiernach nimmt die dritte der vorstehenden Gleichungen die Form an:

$$\frac{\frac{\partial^2 z}{\partial x \partial y} - 1}{\frac{\partial^2 z}{\partial y^2} + 1} = \frac{\frac{\partial z}{\partial x} + \frac{\partial z}{\partial y} + \frac{\partial^2 z}{\partial x^2}}{\frac{\partial^2 z}{\partial x \partial y} - 1}$$

oder:

$$\left(\frac{\partial^2 z}{\partial x \partial y} - 1\right)^2 = \left(\frac{\partial z}{\partial x} + \frac{\partial z}{\partial y} + \frac{\partial^2 z}{\partial x^2}\right)\left(\frac{\partial^2 z}{\partial y^2} + 1\right),$$

und diese letztere Gleichung ist identisch mit der gegebenen.

102. Bemerkung I. Die Bedingungen

$$\nabla_1 \frac{K}{N} + \nabla_2 \frac{L}{N} = 0, \quad \nabla_2 \frac{K}{N} + \nabla_1 \frac{H}{N} = 0,$$

welche im Verein mit der Bedingung $G = 0$ den Erfolg der Integration der Gleichung (1) nach der vorstehenden Methode sichern, können sehr einfach ausgedrückt werden. Dazu bemerken wir, dass wegen $G = 0$ die Anwendung der vorigen Methode noch der Bedingung unterliegt, dass für die drei Gleichungen

$$z'' + \frac{L}{N} = 0, \quad z'_{,} - \frac{K}{N} = 0, \quad z_{,,} + \frac{H}{N} = 0$$

ein einziges gemeinschaftliches particuläres Integral möglich ist, was bezüglich der Coefficienten H, K, L, N zwei Bedingungen erfordert, die nothwendig den vorigen äquivalent sein müssen. In der That geben diese Gleichungen:

$$z''_{,} = \frac{\partial.\left(-\frac{L}{N}\right)}{\partial y} = \frac{\partial.\left(\frac{K}{N}\right)}{\partial x}, \quad z'_{,,} = \frac{\partial.\left(-\frac{H}{N}\right)}{\partial x} = \frac{\partial.\left(\frac{K}{N}\right)}{\partial y}.$$

Wir deuten hier durch einen hinter das Zeichen ∂ gesetzten Punkt an, dass man nach x und y differentiiren muss nicht allein, insofern diese Veränderlichen explicit vorkommen, sondern auch insofern sie durch Vermittlung von z, z', $z_{,}$ auftreten. Führt man diese Operationen aus und ersetzt man z'', $z'_{,}$, $z_{,,}$ durch ihre Werthe, so folgt:

$$\frac{\partial.\frac{K}{N}}{\partial x} = \frac{\partial \frac{K}{N}}{\partial x} + \frac{\partial \frac{K}{N}}{\partial z} z' - \frac{L}{N} \frac{\partial \frac{K}{N}}{\partial z'} + \frac{K}{N} \frac{\partial \frac{K}{N}}{\partial z_{,}} = \nabla_1 \frac{K}{N},$$

ebenso

$$\frac{\partial.\frac{L}{N}}{\partial y}=\nabla_2\frac{L}{N},\quad \frac{\partial.\frac{K}{N}}{\partial y}=\nabla_2\frac{K}{N},\quad \frac{\partial.\frac{H}{N}}{\partial x}=\nabla_1\frac{H}{N}.$$

Mithin kann man die Bedingungen (10) einfacher folgendermassen darstellen:

$$G=0,\quad \frac{\partial.\frac{K}{N}}{\partial x}+\frac{\partial.\frac{L}{N}}{\partial y}=0,\quad \frac{\partial.\frac{K}{N}}{\partial y}+\frac{\partial.\frac{H}{N}}{\partial x}=0.$$

103. Bemerkung II. Es ist oben bewiesen worden, dass die Gleichung (1) unter den Bedingungen (10) ein allgemeines Integral von der Form besitzt:

$$z=\omega[x,\ y,\ a,\ \varphi(a),\ \psi(a)],\quad \frac{\partial.\omega}{\partial\alpha}=0.$$

Der umgekehrte Satz ist gleichfalls richtig, nämlich, dass jedem Integrale von der vorstehenden Form eine Differentialgleichung von der Form (1) entspricht, welche den Bedingungen (10) genügt. In der That, differentiirt man die erste der vorstehenden Gleichungen und berücksichtigt man die zweite, so folgt:

$$z'=\frac{\partial\omega}{\partial x}+\frac{\partial.\omega}{\partial\alpha}\frac{\partial\alpha}{\partial x}=\frac{\partial\omega}{\partial x},\quad z_{,}=\frac{\partial\omega}{\partial y}+\frac{\partial.\omega}{\partial\alpha}\frac{\partial\alpha}{\partial y}=\frac{\partial\omega}{\partial y},$$

$$z''=\frac{\partial^2\omega}{\partial x^2}+\frac{\partial.\frac{\partial\omega}{\partial x}}{\partial\alpha}\frac{\partial\alpha}{\partial x},\qquad z_{,,}=\frac{\partial^2\omega}{\partial y^2}+\frac{\partial.\frac{\partial\omega}{\partial y}}{\partial\alpha}\frac{\partial\alpha}{\partial y}$$

$$z'_{,}=\frac{\partial^2\omega}{\partial y\partial x}+\frac{\partial.\frac{\partial\omega}{\partial x}}{\partial\alpha}\frac{\partial\alpha}{\partial y}=\frac{\partial^2\omega}{\partial x\partial y}+\frac{\partial.\frac{\partial\omega}{\partial y}}{\partial\alpha}\frac{\partial\alpha}{\partial x}.$$

Hier ist es zweckmässig, die Transformation der vorstehenden Ausdrücke von z'', $z'_{,}$, $z_{,,}$ einzuführen, die wir schon oben, aber ohne nähere Entwickelung angewandt haben. Mit Rücksicht auf die Bedeutung des hinter dem Zeichen ∂ stehenden Punktes hat man:

$$\frac{\partial.\omega}{\partial\alpha}=\frac{\partial\omega}{\partial\alpha}+\frac{\partial\omega}{\partial\varphi}\varphi'(a)+\frac{\partial\omega}{\partial\psi}\psi'(a)$$

$$\frac{\partial.\frac{\partial\omega}{\partial\alpha}}{\partial x}=\frac{\partial^2\omega}{\partial\alpha\partial x}+\frac{\partial^2\omega}{\partial x\partial\varphi}\varphi'(a)+\frac{\partial^2\omega}{\partial x\partial\psi}\psi'(a)$$

$$\frac{\partial.\frac{\partial\omega}{\partial x}}{\partial\alpha}=\frac{\partial^2\omega}{\partial\alpha\partial x}+\frac{\partial^2\omega}{\partial\varphi\partial x}\varphi'(a)+\frac{\partial^2\omega}{\partial\psi\partial x}\psi'(a),$$

und indem man die zweite der Gleichungen des Integrals nach x differentiirt, hat man:

$$\frac{\partial . \frac{\partial \omega}{\partial \alpha}}{\partial x} = - \frac{\partial^2 . \omega}{\partial \alpha^2} \frac{\partial \alpha}{\partial x},$$

mithin:

$$\frac{\partial . \frac{\partial \omega}{\partial x}}{\partial \alpha} = \frac{\partial \frac{\partial . \omega}{\partial \alpha}}{\partial x} = - \frac{\partial^2 . \omega}{\partial \alpha^2} \frac{\partial \alpha}{\partial x}.$$

Ebenso findet man:

$$\frac{\partial . \frac{\partial \omega}{\partial y}}{\partial \alpha} = \frac{\partial \frac{\partial . \omega}{\partial \alpha}}{\partial y} = - \frac{\partial^2 . \omega}{\partial \alpha^2} \frac{\partial \alpha}{\partial y}.$$

Hiernach hat man:

$$z'' = \frac{\partial^2 \omega}{\partial x^2} - \frac{\partial^2 . \omega}{\partial \alpha^2} \left(\frac{\partial \alpha}{\partial x}\right)^2, \quad z_{,,} = \frac{\partial^2 \omega}{\partial y^2} - \frac{\partial^2 . \omega}{\partial \alpha^2} \left(\frac{\partial \alpha}{\partial y}\right)^2, \quad z'_{,} = \frac{\partial^2 \omega}{\partial x \partial y} - \frac{\partial^2 . \omega}{\partial \alpha^2} \frac{\partial \alpha}{\partial x} \frac{\partial \alpha}{\partial y}.$$

Eliminirt man zwischen diesen Gleichungen $\frac{\partial \alpha}{\partial x}$, $\frac{\partial \alpha}{\partial y}$, so findet man die Gleichung:

$$\left(z'' - \frac{\partial^2 \omega}{\partial x^2}\right)\left(z_{,,} - \frac{\partial^2 \omega}{\partial y^2}\right) = \left(z'_{,} - \frac{\partial^2 \omega}{\partial x \partial y}\right)^2.$$

Schliesslich können wir α, $\varphi(\alpha)$, $\psi(\alpha)$ mit Hülfe der Gleichungen

$$z = \omega, \quad z' = \frac{\partial \omega}{\partial x}, \quad z_{,} = \frac{\partial \omega}{\partial y}$$

durch x, y, z, z', $z_{,}$ ausdrücken und diese Werthe in die Functionen

$$\frac{\partial^2 \omega}{\partial x^2}, \quad \frac{\partial^2 \omega}{\partial y^2}, \quad \frac{\partial^2 \omega}{\partial x \partial y}$$

substituiren, wonach diese letzteren eine Form annehmen, die wir darstellen können durch

$$- \frac{L}{N}, \quad - \frac{H}{N}, \quad \frac{K}{N},$$

und die vorige Gleichung geht über in:

$$\left(z'' + \frac{L}{N}\right)\left(z_{,,} + \frac{H}{N}\right) = \left(z'_{,} - \frac{K}{N}\right)^2,$$

d. h. wir erhalten eine Gleichung von der Form (1). Man sieht, dass sie der Bedingung (10) genügt, weil die Coefficienten $-\frac{L}{N}$, $-\frac{H}{N}$, $\frac{K}{N}$ infolge ihrer Entstehung die Gleichungen befriedigen müssen:

$$\frac{\partial . \left(-\frac{L}{N}\right)}{\partial y} = \frac{\partial . \left(\frac{K}{N}\right)}{\partial x}, \quad \frac{\partial . \left(-\frac{H}{N}\right)}{\partial x} = \frac{\partial . \left(\frac{K}{N}\right)}{\partial y},$$

die sich, wie oben bewiesen wurde, auf die folgenden reduciren:

$$\nabla_1 \frac{K}{N} + \nabla_2 \frac{L}{N} = 0, \quad \nabla_2 \frac{K}{N} + \nabla_1 \frac{H}{N} = 0.$$

Die Gleichung $G = 0$ ergiebt sich schon aus der Form der Gleichung selbst.

Unter geometrischem Gesichtspunkte betrachtet, stellen, wenn x, y, z die Coordinaten der Punkte einer Fläche sind, die beiden Gleichungen des allgemeinen Integrals

$$z = \omega\,[x, y, a, \varphi(a), \psi(a)], \quad \frac{\partial \cdot \omega}{\partial \alpha} = 0$$

eine Fläche dar, welche eine Schaar von Flächen einhüllt, die durch die particuläre Integralgleichung

$$z = \omega(x, y, a, b, c)$$

gegeben sind, wenn man darin die durch die beiden willkürlichen Relationen

$$b = \varphi(a), \quad c = \psi(a)$$

verbundenen drei Parameter a, b, c in stetiger Weise variiren lässt. Somit stellt die Gleichung (1) unter den Bedingungen (10) die gemeinschaftliche Differentialgleichung dieser einhüllenden Flächen dar.

§ 14.

104. Nachdem wir gezeigt haben, wie man die Gleichung (1) des vorigen Paragraphen integrirt, wenn die drei Grössen

$$\nabla_1 \frac{H}{N} + \nabla_2 \frac{K \pm \sqrt{G}}{N} = P, \quad \nabla_2 \frac{L}{N} + \nabla_1 \frac{K \mp \sqrt{G}}{N} = Q, \quad \pm \frac{2\sqrt{G}}{N} = R$$

sich auf Null reduciren, gehen wir jetzt zur Betrachtung der andern Fälle, welche eintreten können, über.

Wenn P, Q, R von Null verschieden sind, so können die beiden Gleichungen:

$$\nabla_1 u = \frac{\partial u}{\partial x} + z' \frac{\partial u}{\partial z} - \frac{L}{N} \frac{\partial u}{\partial z'} + \frac{K \pm \sqrt{G}}{N} \frac{\partial u}{\partial z_,} = 0,$$

$$\nabla_2 u = \frac{\partial u}{\partial y} + z_, \frac{\partial u}{\partial z} + \frac{K \mp \sqrt{G}}{N} \frac{\partial u}{\partial z'} - \frac{H}{N} \frac{\partial u}{\partial z_,} = 0$$

nur in dem Falle ein gemeinschaftliches Integral besitzen, wo gleichzeitig die dritte Gleichung stattfindet:

$$\nabla_1 \nabla_2 u - \nabla_2 \nabla_1 u = \nabla_3 u = R \frac{\partial u}{\partial z} + Q \frac{\partial u}{\partial z'} - P \frac{\partial u}{\partial z_,} = 0.$$

Nimmt man die Existenz dieser Gleichung an, so untersuchen wir, unter welchen Bedingungen und in welcher Anzahl es Integrale geben kann, die gleichzeitig den drei vorstehenden Gleichungen genügen. Um diese Fragen möglichst einfach zu lösen, bringen wir die partiellen Ableitungen in jeder Gleichung auf die kleinstmögliche Anzahl. Dazu eliminiren wir aus den beiden ersten Gleichungen mit Hülfe der dritten eine der Ableitungen $\frac{\partial u}{\partial z}$, $\frac{\partial u}{\partial z'}$, $\frac{\partial u}{\partial z_{,}}$. Nimmt man R verschieden von Null an und eliminirt man daher $\frac{\partial u}{\partial z}$, so bringt man die betrachteten drei Gleichungen auf die Form:

$$\nabla' u = \frac{\partial u}{\partial x} + A\frac{\partial u}{\partial z'} + B\frac{\partial u}{\partial z_{,}} = 0$$

$$\nabla'' u = \frac{\partial u}{\partial y} + C\frac{\partial u}{\partial z'} + D\frac{\partial u}{\partial z_{,}} = 0$$

$$\nabla''' u = \frac{\partial u}{\partial z} + E\frac{\partial u}{\partial z'} + F\frac{\partial u}{\partial z_{,}} = 0,$$

wo die neu eingeführten Symbole ∇', ∇'', ∇''' bestimmt werden durch die Formeln:

$$\nabla' = \nabla_1 - \frac{z_{,}}{R}\nabla_3, \quad \nabla'' = \nabla_2 - \frac{z'}{R}\nabla_3, \quad \nabla''' = \frac{1}{R}\nabla_3,$$

und die Ausdrücke der Coefficienten A, B. . ., F mittels der Coefficienten der vorhergehenden Gleichungen leicht zu erhalten sind. Die nothwendigen Bedingungen dafür, dass den drei Gleichungen $\nabla' u = 0$, $\nabla'' u = 0$, $\nabla''' u = 0$ ein gemeinschaftliches Integral zugehört, bestehen darin, dass die Resultate der Operationen

$$\nabla'\nabla'' u, \quad \nabla'\nabla''' u, \quad \nabla''\nabla''' u$$

resp. gleich sein müssen den folgenden:

$$\nabla''\nabla' u, \quad \nabla'''\nabla' u, \quad \nabla'''\nabla'' u.$$

Nun ist jeder der Ausdrücke

$$\nabla'\nabla'' u - \nabla''\nabla' u, \quad \nabla'\nabla''' u - \nabla'''\nabla' u, \quad \nabla''\nabla''' u - \nabla'''\nabla'' u$$

von der Form:

$$S\frac{\partial u}{\partial z'} + T\frac{\partial u}{\partial z_{,}},$$

d. h. er ist linear und homogen in Bezug auf die beiden Ableitungen $\frac{\partial u}{\partial z'}$ und $\frac{\partial u}{\partial z_{,}}$ allein. Demnach können diese Ausdrücke auf folgende Weise gleich Null sein:

1) Erstens weil die Coefficienten von $\frac{\partial u}{\partial z'}$ und $\frac{\partial u}{\partial z_{,}}$ in den drei Ausdrücken für sich verschwinden;

2) Zweitens dadurch, dass man, wenn die Coefficienten von $\frac{\partial u}{\partial z'}$ und $\frac{\partial u}{\partial z}$, in den drei Ausdrücken nicht Null sind, Ausdrücke der Null gleichsetzt, welche nicht an und für sich verschwinden, und dass man somit zu den drei gegebenen Gleichungen neue hinzufügt, welche von den gegebenen Gleichungen algebraisch verschieden sind, da sie die Ableitungen $\frac{\partial u}{\partial x}, \frac{\partial u}{\partial y}, \frac{\partial u}{\partial z}$ nicht enthalten.

105. Betrachten wir jeden dieser beiden Fälle für sich und beschäftigen wir uns zunächst mit dem ersten, in welchem man nach Voraussetzung die drei Gleichungen hat:

$$\nabla'\nabla''u = \nabla''\nabla'u, \quad \nabla'\nabla'''u = \nabla'''\nabla'u, \quad \nabla''\nabla'''u = \nabla'''\nabla''u,$$

so sieht man leicht, dass in diesem Falle die drei simultanen Gleichungen

$$\nabla'u = 0, \quad \nabla''u = 0, \quad \nabla'''u = 0$$

zwei gemeinschaftliche Integrale haben müssen.

Hiernach findet man, indem man eine von ihnen, z. B. die erste

$$\nabla'u = \frac{\partial u}{\partial x} + A\frac{\partial u}{\partial z'} + B\frac{\partial u}{\partial z},$$

vollständig integrirt, nur zwei verschiedene Integrale dieser Gleichung

$$v = \text{const}, \quad v_1 = \text{const}.$$

Sodann führt die Aufsuchung des Integrals

$$F(y, v, v_1) = \text{const},$$

welches den beiden ersten Gleichungen genügt, zu der Gleichung

$$\nabla''F = \frac{\partial F}{\partial y}\nabla''y + \frac{\partial F}{\partial v}\nabla''v + \frac{\partial F}{\partial v_1}\nabla''v_1 = 0,$$

in der $\nabla''y = 1$ ist und die Grössen $\nabla''v$ und $\nabla''v_1$ sich mittels der Veränderlichen v, v_1 allein ausdrücken, da den Identitäten

$$\nabla'\nabla''v = \nabla''\nabla'v = \nabla''0 = 0, \quad \nabla'\nabla''v_1 = \nabla''\nabla'v_1 = \nabla''0 = 0$$

zufolge $\nabla''v$ und $\nabla''v_1$ Integrale sind der Gleichungen $\nabla'u = 0$. Setzt man also

$$\nabla''v = f(v, v_1), \quad \nabla''v_1 = f_1(v, v_1),$$

so hat man zur Bestimmung von F die Gleichung:

$$\frac{\partial F}{\partial y} + \frac{\partial F}{\partial v}f(v, v_1) + \frac{\partial F}{\partial v_1}f_1(v, v_1) = 0,$$

deren vollständige Integration die beiden verschiedenen Integrale liefert:

$$w = F(y, v, v_1) = \text{const}, \quad w_1 = F_1(y, v, v_1) = \text{const}.$$

Endlich führt die Aufsuchung des Integrals

$$\varphi(z, w, w_1) = \text{const},$$

welches gleichzeitig den drei gegebenen Gleichungen genügt, zu der Gleichung

$$\nabla'''\varphi = \frac{\partial \varphi}{\partial z} \nabla''' z + \frac{\partial \varphi}{\partial w} \nabla''' w + \frac{\partial \varphi}{\partial w_1} \nabla''' w_1 = 0,$$

in welcher $\nabla''' z = 1$ ist und die Grössen $\nabla''' w$ und $\nabla''' w_1$ sich mittels w und w_1 ausdrücken, da den Identitäten

$$\nabla''\nabla''' w = \nabla'''\nabla'' w = \nabla''' 0 = 0, \quad \nabla''\nabla''' w_1 = \nabla'''\nabla'' w_1 = \nabla''' 0 = 0$$

zufolge $\nabla''' w$ und $\nabla''' w_1$ Integrale der Gleichung $\nabla'' u = 0$ sind. Setzt man also

$$\nabla''' w = \varphi(w, w_1), \quad \nabla''' w_1 = \varphi_1(w, w_1),$$

so hat man zur Bestimmung der Function φ die Gleichung:

$$\frac{\partial \varphi}{\partial z} + \frac{\partial \varphi}{\partial w} \varphi_1(w, w_1) + \frac{\partial \varphi}{\partial w_1} \varphi_1(w, w_1) = 0,$$

deren vollständige Integration die beiden verschiedenen Integrale

$$u_1 = \Phi_1(z, w, w_1) = \text{const}, \quad u_2 = \Phi_2(z, w, w_1) = \text{const}$$

liefert, welche den drei simultanen Gleichungen

$$\nabla' u = 0, \quad \nabla'' u = 0, \quad \nabla''' u = 0$$

Genüge leisten.

Es ist leicht zu sehen, dass diese beiden Integrale auch den drei Gleichungen

$$\nabla_1 u = 0, \quad \nabla_2 u = 0, \quad \nabla_3 u = 0$$

genügen, da man

$$\nabla_3 u = R\nabla''' u, \quad \nabla_2 u = \nabla'' u + z,\nabla''' u, \quad \nabla_1 u = \nabla' u + z'\nabla''' u$$

hat und die rechten Seiten dieser letzteren Gleichungen verschwinden, wenn man darin u durch u_1 oder u_2 ersetzt.

106. Somit muss man, wenn man die beiden Integrale bestimmen will, welche den drei simultanen Gleichungen $\nabla' u = 0$, $\nabla'' u = 0$, $\nabla''' u = 0$ genügen, zunächst eine der drei Gleichungen vollständig integriren, d. h.

zwei verschiedene Integrale dieser Gleichung bestimmen. Indessen kann man sich bisweilen auf die Bestimmung eines einzigen von diesen beiden Integralen beschränken, denn die Substitution eines Integrals der einen von diesen drei Gleichungen $\nabla' u = 0$, $\nabla'' u = 0$, $\nabla''' u = 0$ in die linken Seiten der beiden andern muss Integrale der ersten geben. In der That, ist $v = \text{const}$ ein Integral der Gleichung $\nabla' u = 0$, so zeigen die Identitäten

$$\nabla'\nabla'' v = \nabla''\nabla' v = 0, \quad \nabla'\nabla''' v = \nabla'''\nabla' v = 0,$$

dass $\nabla'' v = \text{const}$ und $\nabla''' v = \text{const}$ ebenfalls Integrale der Gleichung $\nabla' u = 0$ sind, und es braucht nur eins von ihnen von dem Integrale $v = \text{const}$ verschieden zu sein, damit diese Methode die Lösung des Problems der simultanen Integration der Gleichungen

$$\nabla' u = 0, \quad \nabla'' u = 0, \quad \nabla''' u = 0$$

vereinfachen könne.

107. Nach dem, was wir gesehen haben, sind dafür, dass man nach der vorstehenden Methode zwei den drei simultanen Gleichungen

$$\nabla' u = 0, \quad \nabla'' u = 0, \quad \nabla''' u = 0$$

genügende Integrale finden könne, drei Bedingungen nothwendig, welche ausgedrückt werden durch die Gleichungen:

$$\nabla'\nabla'' u - \nabla''\nabla' u = 0, \quad \nabla'\nabla''' u - \nabla'''\nabla' u = 0, \quad \nabla''\nabla''' u - \nabla'''\nabla'' u = 0,$$

die für jede Function u stattfinden müssen. Es ist aber leicht zu sehen, dass zwei von diesen Bedingungen hinreichend sind, da die dritte infolge einer sehr einfachen zwischen den linken Seiten dieser Bedingungsgleichungen bestehenden Relation eine Folge der beiden andern ist. Diese Beziehung wird ausgedrückt durch die Gleichung:

$$(\nabla'\nabla'' u - \nabla''\nabla' u) + z_{,}(\nabla'\nabla''' u - \nabla'''\nabla' u) - z'(\nabla''\nabla''' u - \nabla'''\nabla'' u) = 0,$$

welche staftfindet für jede Function u.

Da diese Gleichung nur von den Eigenschaften der Symbole ∇', ∇'', ∇''' abhängt und vollständig unabhängig von dem Werthe der durch den Buchstaben u dargestellten Function u ist, so kann man von diesem abstrahiren, und es stellt sich alsdann der zu beweisende Satz symbolisch in folgender Weise dar:

$$(\nabla'\nabla'' - \nabla''\nabla') + z_{,}(\nabla'\nabla''' - \nabla'''\nabla') - z'(\nabla''\nabla''' - \nabla'''\nabla'') = 0.$$

Um ihn zu beweisen, erinnern wir uns, dass sich ∇', ∇'', ∇''' mittels ∇_1, ∇_2, ∇_3 folgendermassen ausdrücken:

$$\nabla' = \nabla_1 - \frac{z_{,}}{R}\nabla_3, \quad \nabla'' = \nabla_2 - \frac{z'}{R}\nabla_3, \quad \nabla''' = \frac{1}{R}\nabla_3,$$

und dass überdies

$$\nabla_3 = \nabla_1 \nabla_2 - \nabla_2 \nabla_1$$

ist. Zufolge dieser Definitionen erhält man leicht folgende symbolische Gleichungen (die man übrigens leicht in gewöhnliche Gleichungen verwandeln kann, wenn man unter den Operationszeichen die Function u, die man weggelassen, wiederherstellt):

$$\nabla' \nabla'' - \nabla'' \nabla' = \left[1 - \left(\nabla_1 \frac{z_,}{R}\right) + \left(\nabla_2 \frac{z'}{R}\right) + \frac{z'}{R}\left(\nabla_3 \frac{z_,}{R}\right) - \frac{z_,}{R}\left(\nabla_3 \frac{z_,}{R}\right)\right] \nabla_3$$
$$- \frac{z_,}{R}(\nabla_1 \nabla_3 - \nabla_3 \nabla_1) + \frac{z'}{R}(\nabla_2 \nabla_3 - \nabla_3 \nabla_2).$$

$$\nabla' \nabla''' - \nabla''' \nabla' = \left[\left(\nabla_1 \frac{1}{R}\right) - \frac{z'}{R}\left(\nabla_3 \frac{1}{R}\right) + \frac{1}{R}\left(\nabla_3 \frac{z'}{R}\right)\right] \nabla_3$$
$$+ \frac{1}{R}(\nabla_1 \nabla_3 - \nabla_3 \nabla_1)$$

$$\nabla'' \nabla''' - \nabla''' \nabla'' = \left[\left(\nabla_2 \frac{1}{R}\right) - \frac{z_,}{R}\left(\nabla_3 \frac{1}{R}\right) + \frac{1}{R}\left(\nabla_3 \frac{z'}{R}\right)\right] \nabla_3 + \frac{1}{R}(\nabla_2 \nabla_3 - \nabla_3 \nabla_2).$$

Addirt man diese drei Gleichungen, nachdem man die zweite mit $z_,$, die dritte mit $-z'$ multiplicirt hat, und führt man die leicht ersichtlichen Vereinfachungen aus, so folgt:

$$(\nabla' \nabla'' - \nabla'' \nabla') + z_,(\nabla' \nabla''' - \nabla''' \nabla') - z'(\nabla'' \nabla''' - \nabla''' \nabla'') = \frac{R - \nabla_1 z_, + \nabla_2 z'}{R}.$$

Nun ist:

$$R = \frac{\pm 2\sqrt{G}}{N}, \quad \nabla_1 z_, = \frac{K \pm \sqrt{G}}{N}, \quad \nabla_2 z' = \frac{K \mp \sqrt{G}}{N},$$

mithin:

$$R - \nabla_1 z_, + \nabla_2 z' = 0$$

und somit:

$$(\nabla' \nabla'' - \nabla'' \nabla') + z_,(\nabla' \nabla''' - \nabla''' \nabla') - z'(\nabla'' \nabla''' - \nabla''' \nabla'') = 0,$$

was zu beweisen war.

108. Wir gehen nunmehr zu den andern Fällen über, welche sich bei der Integration der Gleichungen

$$\nabla' u = 0, \quad \nabla'' u = 0, \quad \nabla''' u = 0$$

darbieten können.

Dieser Fälle giebt es zwei:

a) Wenn keiner der Ausdrücke

$$\nabla' \nabla'' u - \nabla'' \nabla' u, \quad \nabla' \nabla''' u - \nabla''' \nabla' u, \quad \nabla'' \nabla''' u - \nabla''' \nabla'' u$$

sich identisch auf Null reducirt.

b) Wenn einer von diesen Ausdrücken sich identisch auf Null reducirt.

Da in jedem dieser Fälle diese drei Ausdrücke gleich Null sein müssen, wenn die drei Gleichungen $\nabla' u = 0$, $\nabla'' u = 0$, $\nabla''' u = 0$ ein gemeinschaftliches Integral besitzen sollen, so braucht man im Falle (a) dem eben bewiesenen Satze zufolge nur zwei von ihnen gleich Null zu setzen. Auf diese Weise fügt man zu den drei gegebenen Gleichungen noch die folgenden beiden hinzu:

$$S \frac{\partial u}{\partial z'} + T \frac{\partial u}{\partial z_{,}} = 0, \quad S_1 \frac{\partial u}{\partial z'} + T_1 \frac{\partial u}{\partial z_{,}} = 0.$$

Wenn diese letzteren algebraisch verschieden sind, so hat man zu gleicher Zeit mit den gegebenen Gleichungen fünf in Bezug auf die fünf Ableitungen $\frac{\partial u}{\partial x}$, $\frac{\partial u}{\partial y}$, $\frac{\partial u}{\partial z}$, $\frac{\partial u}{\partial z'}$, $\frac{\partial u}{\partial z_{,}}$ lineare und homogene Gleichungen. Aus diesen Gleichungen kann man nur den einzigen Schluss ziehen, dass

$$\frac{\partial u}{\partial x} = 0, \quad \frac{\partial u}{\partial y} = 0, \quad \frac{\partial u}{\partial z} = 0, \quad \frac{\partial u}{\partial z'} = 0, \quad \frac{\partial u}{\partial z_{,}} = 0$$

ist, was beweist, dass man den gegebenen drei Gleichungen und somit auch den Gleichungen

$$\nabla_1 u = 0, \quad \nabla_2 u = 0, \quad \nabla_3 u = 0$$

nur genügen kann durch Substitution einer constanten Grösse für u.

Sind die Gleichungen

$$S \frac{\partial u}{\partial z'} + T \frac{\partial u}{\partial z_{,}} = 0, \quad S_1 \frac{\partial u}{\partial z'} + T_1 \frac{\partial u}{\partial z_{,}} = 0$$

nicht algebraisch verschieden, so braucht man nur eine von ihnen mit den gegebenen Gleichungen zu verbinden. Die dann anzustellende Untersuchung ist identisch mit dem, was wir jetzt für den Fall (b) entwickeln werden.

109. In diesem letzten Falle reducirt sich nach Voraussetzung einer der drei Ausdrücke

$$\nabla'\nabla'' u - \nabla''\nabla' u, \quad \nabla'\nabla''' u - \nabla'''\nabla' u, \quad \nabla''\nabla''' u - \nabla'''\nabla'' u$$

identisch auf Null. Nach dem bewiesenen Satze (Nr. 107) hat man also nur einen der beiden Ausdrücke, welche nicht verschwinden, der Null gleich zu setzen. Man erhält so ein System von Gleichungen von der Form:

$$\begin{aligned}
\nabla' u &= \frac{\partial u}{\partial x} + A \frac{\partial u}{\partial z'} + B \frac{\partial u}{\partial z_{,}} = 0 \\
\nabla'' u &= \frac{\partial u}{\partial y} + C \frac{\partial u}{\partial z'} + D \frac{\partial u}{\partial z_{,}} = 0 \\
\nabla''' u &= \frac{\partial u}{\partial z} + E \frac{\partial u}{\partial z'} + F \frac{\partial u}{\partial z_{,}} = 0 \\
\nabla'''' u &= \qquad S \frac{\partial u}{\partial z'} + T \frac{\partial u}{\partial z_{,}} = 0,
\end{aligned}$$

und diese verwandeln sich, wenn man eine der Ableitungen $\frac{\partial u}{\partial z''}$, $\frac{\partial u}{\partial z,}$ aus den drei ersten Gleichungen mit Hülfe der letzten wegschafft, in die folgenden:

$$\triangle_1 u = \frac{\partial u}{\partial x} + a\,\frac{\partial u}{\partial z,} = 0$$

$$\triangle_2 u = \frac{\partial u}{\partial y} + b\,\frac{\partial u}{\partial z,} = 0$$

$$\triangle_3 u = \frac{\partial u}{\partial z} + c\,\frac{\partial u}{\partial z,} = 0$$

$$\triangle_4 u = \frac{\partial u}{\partial z'} + d\,\frac{\partial u}{\partial z,} = 0,$$

wobei

$$\triangle_1 = \nabla' - \frac{A}{S}\nabla'''', \quad \triangle_2 = \nabla'' - \frac{C}{S}\nabla'''', \quad \triangle_3 = \nabla''' - \frac{E}{S}\nabla'''', \quad \triangle_4 = \frac{1}{S}\nabla''''$$

gesetzt ist und a, b, c, d sich in bekannter Weise mittels der Coefficienten der vorigen Gleichungen ausdrücken lassen.

Das letzte System von Gleichungen besitzt nur in dem Falle ein gemeinschaftliches Integral, wenn man identisch hat die Gleichungen

$$\triangle_i \triangle_k u = \triangle_k \triangle_i u$$

für jede Function u und für alle verschiedenen Werthe von i und k aus der Reihe der Zahlen 1, 2, 3, 4.

Im andern Falle ist es offenbar unmöglich, den vier betrachteten Gleichungen oder den Gleichungen, aus denen sie abgeleitet sind, simultan zu genügen. Nun haben alle diese Gleichungen die beiden ursprünglichen Gleichungen $\nabla_1 u = 0$, $\nabla_2 u = 0$ als gemeinschaftlichen Ursprung; mithin lassen diese in diesem Falle kein gemeinschaftliches Integral zu.

Ist die Bedingung $\triangle_i \triangle_k u = \triangle_k \triangle_i u$ erfüllt, wie oben verlangt, so ist die Methode für die Bestimmung eines einzigen den vier Gleichungen

$$\triangle_1 u = 0, \quad \triangle_2 u = 0, \quad \triangle_3 u = 0, \quad \triangle_4 u = 0$$

gemeinschaftlichen Integrals vollständig dieselbe wie die, welche wir bei Gelegenheit der Integration der vorhergehenden Systeme ausführlich auseinandergesetzt haben. Es genügt uns daher, kurz die Anwendung zu zeigen.

110. Wir bestimmen zunächst das Integral der einen von den vorstehenden Gleichungen, z. B. der ersten. Mit Hülfe der Gleichung

$$a\,dx - dz, = 0$$

zwischen den beiden Veränderlichen x und z, erhält man dasselbe; es sei $v = \text{const}$ dieses Integral. Sucht man das Integral

$$w = F(y, v) = \text{const},$$

welches der ersten und zweiten Gleichung genügt, so gelangt man zu einer Gleichung von der Form:

$$\triangle_2 w = \frac{\partial w}{\partial y} + \frac{\partial w}{\partial v} f(v) = 0,$$

wo $f(v)$ eine bekannte Function ist. Mithin erhält man das gesuchte Integral durch eine Quadratur:

$$w = y - \int \frac{dv}{f(v)} = \text{const}.$$

Um das Integral

$$t = \Phi(z, w) = \text{const}$$

zu finden, welches den drei ersten Gleichungen genügt, wird man zu einer Gleichung geführt von der Form:

$$\triangle_3 t = \frac{\partial t}{\partial z} + \frac{\partial t}{\partial w} \varphi(w) = 0,$$

wo $\varphi(w)$ eine bekannte Function ist, und das gesuchte Integral drückt sich aus durch eine Quadratur:

$$t = z - \int \frac{dw}{\varphi(w)} = \text{const}.$$

Schliesslich führt die Bestimmung des Integrals

$$u_1 = \Psi(z', t) = \text{const},$$

welches den vier Gleichungen zu gleicher Zeit genügt, zu der Gleichung:

$$\triangle_4 u_1 = \frac{\partial u_1}{\partial z'} + \frac{\partial u_1}{\partial t} \psi(t) = 0,$$

wo $\psi(t)$ eine bekannte Function ist, und das gesuchte Integral drückt sich ebenfalls mit Hülfe einer Quadratur aus:

$$u_1 = z' - \int \frac{dt}{\psi(t)} = \text{const}.$$

Dieses letztere Integral genügt gleichfalls den beiden simultanen Gleichungen:

$$\nabla_1 u = 0, \quad \nabla_2 u = 0,$$

da man hat:

$$\nabla_1 u = \nabla' u + z' \nabla''' u, \quad \nabla_2 u = \nabla'' u + z_{,} \nabla''' u,$$

und

$$\nabla' u = \triangle_1 u + A \triangle_4 u, \quad \nabla'' u = \triangle_2 u + C \triangle_4 u, \quad \nabla''' u = \triangle_3 u + E \triangle_4 u,$$

und sich die Werthe von $\triangle_1 u$, $\triangle_2 u$, $\triangle_3 u$, $\triangle_4 u$ auf Null reduciren müssen, wenn man u_1 an die Stelle von u setzt.

§ 15.

111. In den beiden vorhergehenden Paragraphen haben wir eine Methode auseinandergesetzt zur Bestimmung aller möglichen Integrale der beiden unvollständigen Gleichungssysteme:

$$\begin{aligned} Hdy + Ndz_{,} - (K \pm \sqrt{G})\,dx &= 0 \\ Hdz' + (K \mp \sqrt{G})\,dz_{,} + Mdx &= 0 \\ dz - z'dx - z_{,}dy &= 0, \end{aligned}$$

deren eines den oberen, deren anderes den unteren Zeichen der Wurzelgrösse $\sqrt{G}$ entspricht.

Bei der Auseinandersetzung dieser Methode haben wir weniger die allgemeinen Formeln als vielmehr den allgemeinen Gang für eine solche Untersuchung im Auge gehabt. Infolge dessen haben wir auch nicht die Fälle erwähnt, in denen z. B. die Coefficienten N, R, ..., welche in den Nennern in unseren Gleichungen vorkommen, sich auf Null reduciren; in der That spielen die Veränderlichen x, y, z, z', $z_{,}$ in diesen Gleichungen identische Rollen, und man kann immer eine von ihnen an Stelle der andern nehmen, um diese in Rede stehenden Schwierigkeiten zu vermeiden.

112. Nachdem wir uns auf diese Weise überzeugt haben, dass die Anzahl der Integrale eines jeden der beiden obigen Systeme von Gleichungen von drei bis Null einschliesslich variiren kann, werden wir jetzt annehmen, dass verschiedene Combinationen dieser Anzahlen von Integralen zugleich für das eine und das andere Gleichungssystem möglich sind, und wollen untersuchen, wie man in jedem Falle das endliche allgemeine Integral der Gleichung

$$Hz'' + 2Kz'_{,} + Lz_{,,} + M + N(z''z_{,,} - z'^2_{,}) = 0 \quad . \quad . \quad (1)$$

erhalten kann.

Der einfachste dieser Fälle, nämlich der, wo die beiden Gleichungssysteme drei gemeinschaftliche Integrale haben und in dem $\sqrt{G} = 0$ ist, ist bereits vollständig im vorigen Paragraphen untersucht worden; wir gehen daher sogleich zur Untersuchung der übrigen Fälle über. Jedoch ist es jetzt am Platze, die obige Bemerkung zu vervollständigen, dass in den betrachteten zwei Gleichungssystemen die Veränderlichen x, y, z, $z_,$, z' identische Rollen spielen. Dazu werden wir beweisen, dass man in die Gleichung (1) selbst an Stelle der unabhängigen Veränderlichen x, y der Reihe nach z' und $z_,$, x und $z_,$, y und z' einführen und jedesmal die abhängige Veränderliche derart wählen kann, dass der allgemeine Typus der transformirten Gleichung nicht geändert wird.

113. Die erste dieser Transformationen, welche von Legendre[1]) angegeben ist, lässt sich folgendermassen darstellen: Wir nehmen an, dass die Ausdrücke von z, z', $z_,$ als Functionen von x und y seien:

$$z = f(x, y), \quad z' = \varphi(x, y), \quad z_, = \psi(x, y),$$

wo die rechten Seiten dieser Gleichungen den Bedingungen genügen müssen:

$$\frac{\partial f}{\partial x} = \varphi, \quad \frac{\partial f}{\partial y} = \psi.$$

Mit Hülfe der Gleichungen $z' = \varphi$, $z_, = \psi$ kann man z' und $z_,$ an Stelle von x und y als neue unabhängige Veränderliche einführen. Ferner führen wir an Stelle der abhängigen Veränderlichen z die Veränderliche w ein, welche bestimmt wird durch die Gleichung:

$$w = xz' + yz_, - z.$$

Differentiirt man w der Reihe nach nach den unabhängigen Veränderlichen z', $z_,$, so folgt:

$$\frac{\partial w}{\partial z'} = x + \left(z' - \frac{\partial z}{\partial x}\right)\frac{\partial x}{\partial z'} + \left(z_, - \frac{\partial z}{\partial y}\right)\frac{\partial y}{\partial z'},$$

$$\frac{\partial w}{\partial z_,} = y + \left(z' - \frac{\partial z}{\partial x}\right)\frac{\partial x}{\partial z_,} + \left(z_, - \frac{\partial z}{\partial y}\right)\frac{\partial y}{\partial z_,}.$$

Infolge der Gleichungen $\frac{\partial f}{\partial x} = \varphi$, $\frac{\partial f}{\partial y} = \psi$ verschwinden die Coefficienten von $\frac{\partial x}{\partial z'}$, $\frac{\partial y}{\partial z'}$, $\frac{\partial x}{\partial z_,}$, $\frac{\partial y}{\partial z_,}$ auf den rechten Seiten dieser Gleichungen und man hat einfach:

$$\frac{\partial w}{\partial z'} = x, \quad \frac{\partial w}{\partial z_,} = y.$$

Differentiirt man ferner die Gleichungen $z' = \varphi$, $z_, = \psi$ nach z' und $z_,$, so folgt:

$$1 = \frac{\partial \varphi}{\partial x}\frac{\partial x}{\partial z'} + \frac{\partial \varphi}{\partial y}\frac{\partial y}{\partial z'}, \quad 0 = \frac{\partial \psi}{\partial x}\frac{\partial x}{\partial z'} + \frac{\partial \psi}{\partial y}\frac{\partial y}{\partial z'}$$

$$0 = \frac{\partial \varphi}{\partial x}\frac{\partial x}{\partial z_,} + \frac{\partial \varphi}{\partial y}\frac{\partial y}{\partial z_,}, \quad 1 = \frac{\partial \psi}{\partial x}\frac{\partial x}{\partial z_,} + \frac{\partial \psi}{\partial y}\frac{\partial y}{\partial z_,}.$$

[1]) Histoire de l'Académie des Sciences 1787. Mémoire sur l'intégration de quelques équations aux différences partielles, par Le Gendre, p. 314.

Mit Rücksicht aber auf die Relationen

$$x = \frac{\partial w}{\partial z'},\ y = \frac{\partial w}{\partial z_{\prime}},\ \frac{\partial \varphi}{\partial x} = z'',\ \frac{\partial \varphi}{\partial y} = z'_{\prime} = \frac{\partial \psi}{\partial x},\ \frac{\partial \psi}{\partial y} = z_{\prime\prime}$$

kann man die vorstehenden Gleichungen unter der Form schreiben:

$$1 = z'' \frac{\partial^2 w}{\partial z'^2} + z'_{\prime} \frac{\partial^2 w}{\partial z' \partial z_{\prime}},\ 0 = z'_{\prime} \frac{\partial^2 w}{\partial z'^2} + z_{\prime\prime} \frac{\partial^2 w}{\partial z' \partial z_{\prime}}$$

$$0 = z'' \frac{\partial^2 w}{\partial z' \partial z_{\prime}} + z'_{\prime} \frac{\partial^2 w}{\partial z_{\prime}^2},\ 1 = z'_{\prime} \frac{\partial^2 w}{\partial z' \partial z_{\prime}} + z_{\prime\prime} \frac{\partial^2 w}{\partial z_{\prime}^2},$$

und hieraus folgt:

$$\frac{\partial^2 w}{\partial z'^2} = \frac{z_{\prime\prime}}{z'' z_{\prime\prime} - z'^2_{\prime}},\quad \frac{\partial^2 w}{\partial z' \partial z_{\prime}} = \frac{-z'_{\prime}}{z'' z_{\prime\prime} - z'^2_{\prime}},\quad \frac{\partial^2 w}{\partial z_{\prime}^2} = \frac{z''}{z'' z_{\prime\prime} - z'^2_{\prime}}$$

$$\frac{\partial^2 w}{\partial z'^2} \cdot \frac{\partial^2 w}{\partial z_{\prime}^2} - \left(\frac{\partial^2 w}{\partial z' \partial z_{\prime}}\right)^2 = \frac{1}{z'' z_{\prime\prime} - z'^2_{\prime}}.$$

Ersetzt man daher in den Coefficienten der Gleichung (1)

$$x,\quad y,\quad z$$

respective durch

$$\frac{\partial w}{\partial z'},\quad \frac{\partial w}{\partial z_{\prime}},\quad z' \frac{\partial w}{\partial z'} + z_{\prime} \frac{\partial w}{\partial z_{\prime}} - w,$$

und dividirt man dieselbe durch $z'' z_{\prime\prime} - z'^2_{\prime}$, so nimmt sie infolge der vorstehenden Gleichungen die Form an:

$$L \frac{\partial^2 w}{\partial z'^2} - 2K \frac{\partial^2 w}{\partial z' \partial z_{\prime}} + H \frac{\partial^2 w}{\partial z_{\prime}^2} + N + M \left[\frac{\partial^2 w}{\partial z'^2} \frac{\partial^2 w}{\partial z_{\prime}^2} - \left(\frac{\partial^2 w}{\partial z' \partial z_{\prime}}\right)^2\right] = 0.$$

Hat man durch Integration dieser Gleichung den Werth von w als Function von z' und $z_{\prime}$ gefunden, so kann man aus den Gleichungen

$$\frac{\partial w}{\partial z'} = x,\quad \frac{\partial w}{\partial z_{\prime}} = y,\quad z = xz' + yz_{\prime} - w$$

die Ausdrücke von z', $z_{\prime}$, z mittels der Veränderlichen x und y ausdrücken.

114. Ampère[1]) hat die Möglichkeit zweier andern der Legendre'schen analogen Transformationen bewiesen. Für die erste Transformation kann man annehmen, dass man mittels der drei Gleichungen

$$z = f(x, y),\quad z' = \varphi(x, y),\quad z_{\prime} = \psi(x, y)$$

---

[1]) Journal de l'Ecole Polyt., 18. cahier, p. 90.

y als Function von x und von $z_{,}$ dargestellt habe. Ferner führen wir an Stelle von z die abhängige Veränderliche v ein, welche bestimmt ist durch die Gleichung:

$$v = z - z_{,}y.$$

Differentiirt man v nacheinander nach den unabhängigen Veränderlichen x und $z_{,}$, so folgt:

$$\frac{\partial v}{\partial x} = z' + \left(\frac{\partial z}{\partial y} - z_{,}\right)\frac{\partial y}{\partial x}, \quad \frac{\partial v}{\partial z_{,}} = \left(\frac{\partial z}{\partial y} - z_{,}\right)\frac{\partial y}{\partial z_{,}} - y.$$

Zufolge der Bedingung $\frac{\partial f}{\partial y} = \psi$ verschwinden die Coefficienten von $\frac{\partial y}{\partial x}$ und $\frac{\partial y}{\partial z_{,}}$ auf den rechten Seiten dieser Gleichungen und es folgt:

$$\frac{\partial v}{\partial x} = z', \quad \frac{\partial v}{\partial z_{,}} = -y.$$

Differentiirt man ferner die Gleichungen $z' = \varphi$, $z_{,} = \psi$ nach x und $z_{,}$, so hat man:

$$\frac{\partial z'}{\partial x} = \frac{\partial \varphi}{\partial x} + \frac{\partial \varphi}{\partial y}\frac{\partial y}{\partial x}, \quad 0 = \frac{\partial \psi}{\partial x} + \frac{\partial \psi}{\partial y}\frac{\partial y}{\partial x}, \quad 1 = \frac{\partial \psi}{\partial y}\frac{\partial y}{\partial z_{,}},$$

oder:

$$\frac{\partial^2 v}{\partial x^2} = z'' - z'_{,}\frac{\partial^2 v}{\partial x \partial z_{,}}, \quad 0 = z'_{,} - z_{,,}\frac{\partial^2 v}{\partial x \partial z_{,}}, \quad 1 = -z_{,,}\frac{\partial^2 v}{\partial z_{,}^2}.$$

Hieraus erhält man:

$$\frac{\partial^2 v}{\partial z_{,}^2} = -\frac{1}{z_{,,}}, \quad \frac{\partial^2 v}{\partial x \partial z_{,}} = \frac{z'_{,}}{z_{,,}}, \quad \frac{\partial^2 v}{\partial x^2} = \frac{z'' z_{,,} - z_{,}'^2}{z_{,,}}.$$

Ersetzt man daher in den Coefficienten der Gleichung (1)

$$y, \quad z, \quad z'$$

respective durch

$$-\frac{\partial v}{\partial z_{,}}, \quad v - z_{,}\frac{\partial v}{\partial z_{,}}, \quad \frac{\partial v}{\partial x}$$

und dividirt man durch $z_{,,}$, so nimmt die Gleichung (1) den vorstehenden Gleichungen zufolge die Form an:

$$N\frac{\partial^2 v}{\partial x^2} + 2K\frac{\partial^2 v}{\partial x \partial z_{,}} - M\frac{\partial^2 v}{\partial z_{,}^2} + L - H\left[\frac{\partial^2 v}{\partial x^2}\frac{\partial^2 v}{\partial z_{,}^2} - \left(\frac{\partial^2 v}{\partial x \partial z_{,}}\right)^2\right] = 0.$$

Hat man durch Integration dieser Gleichung den Werth von v als Function von x und $z_{,}$ gefunden, so kann man aus den Gleichungen

$$\frac{\partial v}{\partial z_{,}} = -y, \quad z = v + z_{,}y$$

die Ausdrücke von $z_{,}$ und z mittels der Veränderlichen x und y ableiten.

115. Die dritte Transformation endlich ist vollständig analog der vorigen. Mit Hülfe der zweiten der Gleichungen $z = f$, $z' = \varphi$, $z_, = \psi$ kann man x als Function von y und z' ausdrücken. Führt man ferner an Stelle von z die abhängige Veränderliche

$$u = z - z'x$$

ein, so erhält man wie bei der vorigen Transformation:

$$\frac{\partial u}{\partial y} = z_{,,}, \quad \frac{\partial u}{\partial z'} = -x, \quad \frac{\partial^2 u}{\partial y^2} = \frac{z'' z_{,,} - z_,'^2}{z''}, \quad \frac{\partial^2 u}{\partial y \partial z'} = \frac{z_,'}{z''}, \quad \frac{\partial^2 u}{\partial z'^2} = -\frac{1}{z''}$$

$$\frac{\partial^2 u}{\partial y^2}\frac{\partial^2 u}{\partial z'^2} - \left(\frac{\partial^2 u}{\partial y \partial z'}\right)^2 = -\frac{z_{,,}}{z''}.$$

Ersetzt man also in den Coefficienten der Gleichung (1)

$$x, \qquad z, \qquad z_,$$

resp. durch

$$-\frac{\partial u}{\partial z'}, \quad u - z'\frac{\partial u}{\partial z'}, \quad \frac{\partial u}{\partial y},$$

und dividirt man durch z'', so nimmt dieselbe infolge der soeben aufgestellten Gleichungen die Form an:

$$N\frac{\partial^2 u}{\partial y^2} + 2K\frac{\partial^2 u}{\partial y \partial z'} - M\frac{\partial^2 u}{\partial z'^2} + H - L\left[\frac{\partial^2 u}{\partial y^2}\frac{\partial^2 u}{\partial z'^2} - \left(\frac{\partial^2 u}{\partial y \partial z'}\right)^2\right] = 0.$$

Hat man durch Integration dieser Gleichung den Werth von u als Function von y und z' erhalten, so kann man aus den Gleichungen

$$\frac{\partial u}{\partial z'} = -x, \quad z = u + z'x$$

die Ausdrücke von z' und z mittels der Veränderlichen x und y ableiten.

116. Man sieht leicht, dass die Ausdrücke, welche aus den Coefficienten der transformirten Gleichungen nach demselben Gesetz gebildet sind, wie dasjenige ist, welches zur Bildung des Ausdruckes $G = K^2 - HL + MN$ aus den Coefficienten der Gleichung (1) gedient hat, Werthe haben, die mit diesem letzteren identisch sind.

Legendre und Ampère haben, nachdem sie die Möglichkeit dieser allgemeinen Transformationen der Gleichung (1) entdeckt hatten, zugleich sehr wichtige Anwendungen derselben gegeben. Man findet ferner ein schönes Beispiel der Legendre'schen Transformation in den Untersuchungen von Fuchs über die Integration der Gleichung

$$(1 + z_,^2)z'' = (1 + z'^2)z_{,,},$$

deren Lösung von Hoppe[1]) vervollständigt und vereinfacht worden ist. Wir halten uns indessen hier nicht bei diesen speciellen Beispielen auf, da wir am Schlusse dieser Abhandlung (Kap. IV) beweisen werden, dass es eine unbeschränkte Anzahl von Methoden giebt, um Transformationen der Gleichung (1), und nicht nur Transformationen, die denen von Legendre und Ampère analog sind, zu finden, infolge deren die transformirte Gleichung den ursprünglichen Typus bewahrt, sondern auch solche Transformationen, infolge deren man an Stelle der Gleichung (1) eine einfachere transformirte Gleichung, nämlich eine transformirte Gleichung von in Bezug auf die Ableitungen zweiter Ordnung linearer Form erhält. Zugleich werden wir Anwendungen dieser Arten von Transformationen geben.

§ 16.

117. Wir kehren jetzt zur Betrachtung der Methoden für die Integration der Gleichung

$$Hz'' + 2Kz'_{,} + Lz_{,,} + M + N(z''z_{,,} - z'^{2}_{,}) = 0 \quad . \quad . \quad (1)$$

in den Fällen zurück, wo jedes der Systeme

$$\left.\begin{aligned} Hdy + Ndz_{,} - (K + \sqrt{G})\,dx &= 0 \\ Hdz' + (K - \sqrt{G})\,dz_{,} + Mdx &= 0 \\ dz - z'dx - z_{,}dy &= 0 \end{aligned}\right\} \quad . \quad . \quad . \quad (A),$$

$$\left.\begin{aligned} Hdy + Ndz_{,} - (K - \sqrt{G})\,dx &= 0 \\ Hdz' + (K + \sqrt{G})\,dz_{,} + Mdx &= 0 \\ dz - z'dx - z_{,}dy &= 0 \end{aligned}\right\} \quad . \quad . \quad . \quad (B)$$

weniger als drei verschiedene Integrale besitzt. Wir nehmen an, dass wir zwei verschiedene Integrale

$$u_1 = \text{const}, \quad u_2 = \text{const}$$

des Systems (*A*) kennen. Dem oben Bewiesenen zufolge genügen die Functionen u_1 und u_2 für u gesetzt, den beiden Gleichungen

$$\nabla_1 u = 0, \quad \nabla_2 u = 0,$$

in denen man $\sqrt{G}$ mit dem oberen Zeichen nehmen muss. Eine willkürliche Function $\varphi(u_1, u_2)$ von u_1 und u_2 genügt ihnen ebenfalls; mithin wird die Gleichung

$$\Phi(u_1, u_2) = 0 \quad . \quad . \quad . \quad . \quad . \quad . \quad . \quad . \quad (2)$$

[1]) Crelle's Journal 1861, Bd. 58, S. 80 und 369.

ein Integral des Systems (A) sein und demnach muss es auch ein Integral der gegebenen Gleichung (1) sein, und zwar ist es, da es Ableitungen erster Ordnung und eine willkürliche Function enthält, ein allgemeines Integral erster Ordnung.

Ebenso erhält man, wenn man zwei Integrale des Systems (B) nimmt:

$$v_1 = \text{const}, \quad v_2 = \text{const},$$

ein anderes allgemeines Integral erster Ordnung

$$\Psi(v_1, v_2) = 0 \quad . \quad . \quad . \quad . \quad . \quad . \quad . \quad . \quad (3).$$

118. Die von Monge vorgeschlagene Methode, das primitive Integral der Gleichung (1) zu finden, beruht auf der vorausgehenden Bestimmung eines allgemeinen Integrals erster Ordnung dieser Gleichung, und ist ein solches bekannt, so bleibt nach dieser Methode nur noch übrig, dasselbe zu integriren wie eine partielle Differentialgleichung erster Ordnung. Erhält man ein allgemeines Integral, so wird in dem Ausdrucke desselben eine willkürliche Function vorkommen, die verschieden ist von derjenigen, die bereits in der zu integrirenden Gleichung enthalten war; somit wird dieses Integral, da es zwei willkürliche Functionen enthält, das primitive allgemeine Integral der Gleichung (1) sein. Erhält man ein vollständiges Integral, so werden in seinem Ausdruck zwei willkürliche Constanten vorkommen. Nimmt man eine von ihnen als willkürliche Function der andern an und verbindet man mit der Integralgleichung ihre Ableitung nach der übrigbleibenden willkürlichen Constanten, so erhält man das primitive allgemeine Integral der Gleichung (1) und der Bedingung für die Bestimmung des Arguments der einen der beiden darin vorkommenden willkürlichen Functionen.

Kann man zu zwei allgemeinen Integralen erster Ordnung (2) und (3) gelangen, so erhält man, wenn man zwischen ihnen eine der partiellen Ableitungen erster Ordnung z', $z_,$ eliminirt, eine Gleichung, welche integrirt werden kann wie eine gewöhnliche Differentialgleichung zwischen den beiden Veränderlichen z und x oder z und y. Das Integral muss nothwendigerweise die beiden willkürlichen Functionen enthalten, welche in der zu integrirenden Function vorkamen. Wenn man die Gleichungen (2) und (3) nach z' und $z_,$ auflösen kann, so kann man nach Substitution dieser Werthe die Gleichung

$$dz - z'dx - z_,dy = 0$$

integriren, da die Integrabilitätsbedingung

$$\frac{\partial \Phi}{\partial z'}\left(\frac{\partial \Psi}{\partial x}+\frac{\partial \Psi}{\partial z}z'\right)-\frac{\partial \Psi}{\partial z'}\left(\frac{\partial \Phi}{\partial x}+\frac{\partial \Phi}{\partial z}z'\right)+\frac{\partial \Phi}{\partial z_,}\left(\frac{\partial \Psi}{\partial y}+\frac{\partial \Psi}{\partial z}z_,\right)-\frac{\partial \Psi}{\partial z_,}\left(\frac{\partial \Phi}{\partial y}+\frac{\partial \Phi}{\partial z}z_,\right)=0$$

erfüllt ist, wovon man sich leicht überzeugen kann, wenn man die Gleichungen

$$\nabla_1 \Phi = 0, \quad \nabla_2 \Phi = 0, \quad \nabla_1 \Psi = 0, \quad \nabla_2 \Psi = 0$$

berücksichtigt.

119. Wie man indessen aus der Abhandlung ersieht, in welcher Monge seine Methode auseinandergesetzt hat[1]), ist hinsichtlich des Punktes der Allgemeinheit bereits ein gewichtiger Einwand erhoben worden, der sich darauf gründet, dass es Gleichungen von der Form (1) giebt, die zwar ein endliches primitives Integral, aber kein allgemeines Integral erster Ordnung besitzen, z. B. die Gleichung

$$z'' - z_{,,} - \frac{2z'}{x} = 0,$$

deren endliches allgemeines Integral

$$z = \varphi(x + y) + \psi(x - y) - x[\varphi'(x + y) + \psi'(x - y)]$$

schon von Euler gefunden worden ist. (Vgl. § 11.)

Indem Monge eine derartige Thatsache nicht zulassen wollte, bemühte er sich die allgemeinen Integrale erster Ordnung der vorstehenden Gleichung unter der Form darzustellen:

$$z' + z_{,} = \varphi'(x + y) - 2x\varphi''(x + y) + \int\left[\frac{z'}{x} + \varphi''(x + y)\right](dx - dy)$$

$$z' - z_{,} = \psi'(x - y) - 2x\psi''(x - y) + \int\left[\frac{z'}{x} + \psi''(x - y)\right](dx + dy),$$

indem er zur Bestimmung der überflüssigen Functionen die Bedingungen hinzufügt:

$$\psi''(x - y) = \frac{z'}{x} + \varphi''(x + y)$$

$$\varphi''(x + y) = \frac{z'}{x} + \psi''(x - y).$$

In diesen Ausdrücken ist jedoch, wie man mit Recht bemerkt hat, von dem Zeichen $\int$ ein unrichtiger Gebrauch gemacht worden.[2]) Man kann ausserdem noch hinzufügen, dass, wenn man die Existenz eines der Integrale von dieser Form zugelassen hat, kein Grund vorhanden ist, das andere zu verwerfen; in diesem Falle würden aber die vorstehenden Bedingungen für die Bestimmung der überflüssigen willkürlichen Functionen, da sie gleichzeitig stattfinden, $z' = 0$ ergeben, d. h. sie würden z in eine Function von y allein verwandeln.

---

[1]) Histoire de l'Académie des Sciences, 1773.

[2]) „On a reproché que ces expressions étaient abusives.“ Ibid. p. 137.

120. Nimmt man daher für die Integrale erster Ordnung nur die Form (2) oder (3) an, so kann man immer untersuchen, ob die Gleichung (1) solche Integrale zulässt; denn diese Aufgabe reducirt sich auf folgende andere: Haben die Gleichungssysteme (A) und (B) ein jedes zwei verschiedene Integrale? und die Lösung dieser letzteren Frage ist in einem der vorhergehenden Paragraphen in aller Ausführlichkeit auseinandergesetzt worden.

Nachdem Ampère in dieser Weise auf die Nothwendigkeit hingewiesen hatte, die Anwendung der Monge'schen Methode allein auf die Fälle zu beschränken, in denen die zu integrirende Gleichung ein allgemeines Integral erster Ordnung besitzt, hat er auch die Schwierigkeit hervorgehoben, welche die Anwendung der gewöhnlichen Integrationsmethoden auf das allgemeine Integral erster Ordnung infolge des Vorhandenseins einer willkürlichen Function in diesem Integral verursacht. Indessen beseitigt die Ampère'sche Methode selbst, da sie sich ebenfalls auf die vorausgegangene Bestimmung eines allgemeinen Integrals erster Ordnung gründet, die Schwierigkeit nicht, die er selbst bemerkt hatte, und der man offenbar nur dann aus dem Wege gehen kann, wenn man anstatt allgemeiner Integrale particuläre Integrale der Gleichung (1) benutzt, wie wir solches später sehen werden.

121. Wir verfolgen nun unsere Untersuchung der Ampère'schen Methode weiter und lenken gegenwärtig die Aufmerksamkeit auf eine andere Bemerkung dieses Geometers, welche darin besteht, dass das Hülfssystem der gewöhnlichen Differentialgleichungen, auf welche die Integration der Gleichung (2) zurückkommt, die Gleichung (B) liefert, und ebenso, dass das System der Gleichungen, auf welche die Integration der Gleichung (3) zurückkommt, die Gleichungen (A) liefert. Man kann sich von der Richtigkeit dieser Bemerkung in folgender Weise überzeugen:

Die Integration der partiellen Differentialgleichung erster Ordnung

$$\Phi(u_1, u_2) = 0$$

führt bekanntlich auf das System von simultanen Gleichungen:

$$\frac{dx}{\frac{\partial\Phi}{\partial z'}} = \frac{dy}{\frac{\partial\Phi}{\partial z_{,}}} = \frac{dz}{\frac{\partial\Phi}{\partial z'}z' + \frac{\partial\Phi}{\partial z_{,}}z_{,}} = \frac{-dz'}{\frac{\partial\Phi}{\partial x} + \frac{\partial\Phi}{\partial z}z'} = \frac{-dz_{,}}{\frac{\partial\Phi}{\partial y} + \frac{\partial\Phi}{\partial z}z_{,}} \ldots (4)$$

Infolge der Gleichung $\nabla_2\Phi = 0$ oder:

$$\frac{\partial\Phi}{\partial y} + \frac{\partial\Phi}{\partial z}z_{,} = \frac{H}{N}\frac{\partial\Phi}{\partial z_{,}} - \frac{K-\sqrt{G}}{N}\frac{\partial\Phi}{\partial z'}$$

können aber die Gleichungen, welche mittels des ersten, zweiten und letzten Bruches gebildet werden, folgendermassen geschrieben werden:

$$\frac{dx}{\frac{\partial\Phi}{\partial z'}} = \frac{dy}{\frac{\partial\Phi}{\partial z_{,}}} = \frac{-dz_{,}}{\frac{H}{N}\frac{\partial\Phi}{\partial z_{,}} - \frac{K-\sqrt{G}}{N}\frac{\partial\Phi}{\partial z'}}.$$

Multiplicirt man Zähler und Nenner des ersten dieser Brüche mit $-(K-\sqrt{G})$, die des zweiten mit H und die des dritten mit N und setzt man den dritten Bruch dem Verhältniss der Summe der Zähler und Nenner der beiden ersten gleich, so folgt:

$$\frac{Hdy-(K-\sqrt{G})\,dx}{H\frac{\partial\Phi}{\partial z_,}-(K-\sqrt{G})\frac{\partial\Phi}{\partial z'}}=\frac{-Ndz_,}{H\frac{\partial\Phi}{\partial z_,}-(K-\sqrt{G})\frac{\partial\Phi}{\partial z'}},$$

und unterdrückt man hier die Nenner, welche gleich sind, so erhält man die erste der Gleichungen (B).

Ferner kann man infolge der Gleichungen $\nabla_1\Phi=0$, $\nabla_2\Phi=0$, deren erste giebt:

$$\frac{\partial\Phi}{\partial x}+\frac{\partial\Phi}{\partial z}z'=\frac{L}{N}\frac{\partial\Phi}{\partial z'}-\frac{K+\sqrt{G}}{N}\frac{\partial\Phi}{\partial z_,},$$

die Gleichungen, welche aus dem ersten, vierten und fünften der Brüche (4) gebildet werden, folgendermassen schreiben:

$$\frac{dx}{\frac{\partial\Phi}{\partial z'}}=\frac{-dz'}{\frac{L}{N}\frac{\partial\Phi}{\partial z'}-\frac{K+\sqrt{G}}{N}\frac{\partial\Phi}{\partial z_,}}=\frac{-dz_,}{\frac{H}{N}\frac{\partial\Phi}{\partial z_,}-\frac{K-\sqrt{G}}{N}\frac{\partial\Phi}{\partial z'}}.$$

Multiplicirt man Zähler und Nenner des ersten Bruches mit M, die des zweiten mit H, die des dritten mit $K+\sqrt{G}$ und verfährt analog, so folgt:

$$\frac{Mdx}{M\frac{\partial\Phi}{\partial z'}}=\frac{-Hdz'-(K+\sqrt{G})\,dz_,}{\frac{HL-K^2+G}{N}\frac{\partial\Phi}{\partial z'}}.$$

Nun ist aber

$$G=K^2-LH+MN,\text{ also }\frac{HL-K^2+G}{N}=M.$$

Unterdrückt man also den gleichen Nenner in den letzten beiden Brüchen, so findet man die zweite der Gleichungen (B).

Endlich findet man leicht die folgende Combination der Brüche (4):

$$\frac{z'dx+z_,dy}{z'\frac{\partial\Phi}{\partial z'}+z_,\frac{\partial\Phi}{\partial z_,}}=\frac{dz}{z'\frac{\partial\Phi}{\partial z'}+z_,\frac{\partial\Phi}{\partial z_,}},$$

und hieraus folgt die dritte der Gleichungen (B).

Man würde in genau derselben Weise den zweiten Theil der Bemerkung Ampère's beweisen.

122. Abgesehen von der oben angedeuteten Unvollkommenheit ist die Monge'sche Methode sehr der Beachtung werth, da sie die erste hinreichend allgemeine Methode ist, welche für die Integration der Gleichungen von der betrachteten Form vorgeschlagen worden ist, um so mehr, als der Urheber dieser Methode schöne Anwendungen derselben in seiner berühmten „*Application de l'Analyse à la Géométric*“ gegeben hat. Wir wollen in kurzem Auszuge diesem Werke ein Beispiel entlehnen, um eine vollständigere Vorstellung von den verschiedenen Hülfsmitteln zu geben, welche ein geschickter Analyst bei der Entwickelung und Anwendung der einfachen Ideen, welche dieser Methode zu Grunde liegen, benutzen kann.

Wir nehmen an, dass es sich um die Integration der Gleichung handle

$$\alpha(\beta + z_{,})z'' + [\beta(\beta + z_{,}) - \alpha(\alpha + z')]z'_{,} - \beta(\alpha + z')z_{,,} = 0,$$

worin zur Abkürzung gesetzt ist:

$$\frac{y + zz_{,}}{xz_{,} - yz'} = -\alpha, \quad \frac{x + zz'}{xz_{,} - yz'} = \beta.$$

Durch Vergleichung mit der Gleichung (1) hat man hier:

$$H = \alpha(\beta + z_{,}), \quad K = \frac{1}{2}[\beta(\beta + z_{,}) - \alpha(\alpha + z')], \quad L = -\beta(\alpha + z')$$

$$M = N = 0, \quad G = \frac{1}{4}[\beta(\beta + z_{,}) + \alpha(\alpha + z')]^2.$$

Hiernach nehmen die Gleichungen (A) und (B) die Form an:

$$\left.\begin{aligned} (\beta + z_{,})dy + (\alpha + z')dx &= 0 \\ \alpha dz' + \beta dz_{,} &= 0 \\ dz - z'dx - z_{,}dy &= 0 \end{aligned}\right\} \quad \ldots \quad (A);$$

$$\left.\begin{aligned} \alpha dy - \beta dx &= 0 \\ (\beta + z_{,})dz' - (\alpha + z')dz_{,} &= 0 \\ dz - z'dx - z_{,}dy &= 0 \end{aligned}\right\} \quad \ldots \quad (B).$$

Addirt man die erste und dritte der Gleichungen (A), so findet man:

$$\alpha dx + \beta dy + dz = 0.$$

Die letztere Gleichung, betrachtet zugleich mit

$$\alpha dz' + \beta dz_{,} = 0,$$

kann durch zwei andere ersetzt werden. Dazu braucht man nur zu bemerken, dass die oben für α und β gegebenen Werthe erhalten werden als algebraische Lösungen der beiden Gleichungen:

$$\alpha x + \beta y + z = 0$$
$$\alpha z' + \beta z_{,} - 1 = 0.$$

Denkt man sich also hier für α und β ihre Werthe substituirt und differentiirt man die so erhaltenen Identitäten, so findet man die identischen Gleichungen:

$$\alpha dx + \beta dy + dz + x d\alpha + y d\beta = 0$$
$$\alpha dz' + \beta dz_{,} + z' d\alpha + z_{,} d\beta = 0,$$

zufolge deren die beiden zu integrirenden Gleichungen sich reduciren auf die Form:

$$x d\alpha + y d\beta = 0, \quad z' d\alpha + z_{,} d\beta = 0,$$

oder:

$$d\alpha = 0, \qquad d\beta = 0.$$

Somit sind die beiden verschiedenen Integrale des Systems (A):

$$\alpha = a, \qquad \beta = b,$$

oder:

$$-\frac{y + zz_{,}}{xz_{,} - yz'} = a, \quad \frac{x + zz'}{xz_{,} - yz'} = b,$$

wo a und b willkürliche Constanten bezeichnen.

Man erhält jetzt ein allgemeines Integral erster Ordnung der gegebenen Gleichung, wenn man a aus den beiden Gleichungen eliminirt:

$$-\frac{y + zz_{,}}{xz_{,} - yz'} = a, \quad \frac{x + zz'}{xz_{,} - yz'} = \varphi(a),$$

wo φ eine willkürliche Function bezeichnet. Infolge der vorher gemachten Bemerkung aber kann man an Stelle dieser Gleichungen die beiden folgenden nehmen:

$$ax + y\varphi(a) + z = 0$$
$$az' + z_{,}\varphi(a) - 1 = 0.$$

Um a zu eliminiren, kann man sich den Werth dieser Grösse aus der ersten Gleichung entnommen und in die zweite substituirt denken. Welches nun aber auch die Function φ sein möge, dieser Werth muss sich ausdrücken mittels x, y, z allein. Mithin wird die zweite Gleichung, welche nach der Substitution das allgemeine Integral erster Ordnung darstellt, linear in Bezug auf z' und z, sein. Um daher daraus das primitive Integral der gegebenen Gleichung abzuleiten, braucht man nur das System simultaner Gleichungen

$$\frac{dx}{a} = \frac{dy}{\varphi(a)} = dz \quad \ldots \ldots \quad (\gamma)$$

zu integriren, indem man a als eine Function von x, y, z betrachtet, die der Gleichung

$$ax + y\varphi(a) + z = 0$$

genügt.

Hat man zwei verschiedene Integrale dieses Systems mit zwei willkürlichen Constanten c und c' bestimmt, und stellt man zwischen diesen letzteren eine willkürliche Relation $c' = \psi(c)$ fest, so hat man zwischen den so erhaltenen drei Gleichungen nur noch die Grössen c und c' zu eliminiren. Das Resultat der Elimination wird das primitive allgemeine Integral der gegebenen Gleichung ergeben.

123. Eins der Integrale des betrachteten Systems kann man sehr einfach finden. Man hat nämlich nach diesem System:

$$\frac{xdx + ydy}{ax + y\varphi(a)} = dz$$

oder infolge der Gleichung $ax + y\varphi(a) + z = 0$:

$$xdx + ydy + zdz = 0,$$

also integrirt und wenn man mit c eine willkürliche Constante bezeichnet:

$$x^2 + y^2 + z^2 = c^2.$$

Dieses Integral kann nach einer Bemerkung Ampère's auch leicht mit Hülfe des Systems der Gleichungen (B) erhalten werden. In der That, substituirt man die Werthe von α und β in die erste dieser Gleichungen und addirt man sie, nachdem man den Nenner weggelassen, zur dritten, so erhält man:

$$xdx + ydy + zdz = 0.$$

Indem wir jetzt zur Berechnung des andern Integrals des Systems (γ) übergehen, bemerken wir, dass wir haben:

$$\frac{dx}{dz} = a, \quad \frac{dy}{dz} = \varphi(a),$$

somit:

$$\frac{dy}{dz} = \varphi\left(\frac{dx}{dz}\right).$$

Aus den Gleichungen

$$xdx + ydy + zdz = 0, \quad x^2 + y^2 + z^2 = c^2$$

erhält man aber:

$$dz = \frac{xdx + ydy}{\sqrt{c^2 - x^2 - y^2}},$$

somit:

$$\frac{dy\sqrt{c^2 - x^2 - y^2}}{xdx + ydy} = \varphi\left(\frac{dx\sqrt{c^2 - x^2 - y^2}}{xdx + ydy}\right).$$

Die Integration dieser letzteren Gleichung zwischen den beiden Veränderlichen x und y kann in folgender Weise ausgeführt werden. Bezeichnet man mit ω die Grösse unter dem Functionszeichen φ, so hat man an Stelle der vorstehenden Gleichung die folgenden beiden:

$$\omega x + y\varphi(\omega) = \sqrt{c^2 - x^2 - y^2}, \quad \omega dy - \varphi(\omega)\, dx = 0 \quad . \ (a).$$

Wäre ω constant, so würde das Integral der letzteren Gleichung von der Form sein:

$$\omega y - \varphi(\omega) x = \text{const};$$

da aber ω eine veränderliche Grösse ist, so muss die Constante auf der rechten Seite durch eine Function von ω ersetzt werden, so dass man hat:

$$\omega y - \varphi(\omega) x - f(\omega) = 0 \ . \ . \ . \ . \ . \ . \ (b),$$

wo $f(\omega)$ derart zu bestimmen ist, dass die Ableitung der linken Seite der vorstehenden Gleichung, genommen nach ω allein, gleich Null ist, d. h. derart, dass man hat:

$$y - \varphi'(\omega) x - f'(\omega) = 0 \ . \ . \ . \ . \ . \ . \ . \ (c).$$

Durch Elimination von x und y zwischen den Gleichungen (a), (b), (c) erhält man eine gewöhnliche Differentialgleichung zwischen ω, $\varphi(\omega)$, $f(\omega)$, welche dazu dienen kann, die Form der Function f zu bestimmen. Aus den Gleichungen (b) und (c) erhält man nämlich:

$$x = \frac{f - \omega f'}{\omega\varphi' - \varphi}, \quad y = \frac{\varphi' f - \varphi f'}{\omega\varphi' - \varphi}.$$

Substituirt man diese Werthe von x und y in die erste Gleichung (a), so folgt:

$$(\omega + \varphi\varphi') f - (\omega^2 + \varphi^2) f'$$
$$= \{c^2(\omega\varphi' - \varphi)^2 - (1 + \varphi'^2) f^2 + 2(\omega + \varphi\varphi') ff' - (\omega^2 + \varphi^2) f'^2\}^{1/2}$$

Setzt man nun

$$v = \frac{f}{\sqrt{\omega^2 + \varphi^2}},$$

so ist:

$$\frac{dv}{d\omega} = \frac{(\omega^2 + \varphi^2) f' - (\omega + \varphi\varphi') f}{\sqrt{\omega^2 + \varphi^2}^3},$$

und hierdurch geht die vorige Gleichung über in:

$$\left(\frac{dv}{d\omega}\right)^2 = \frac{c^2(\omega\varphi' - \varphi)^2 - (1 + \varphi'^2) f^2 + 2(\omega + \varphi\varphi') ff' - (\omega^2 + \varphi^2) f'^2}{(\omega^2 + \varphi^2)^3}.$$

Multiplicirt man diese letztere Gleichung mit $\omega^2 + \varphi^2$ und addirt sie sodann zu dem Quadrat der vorigen, so folgt:

$$(1 + \omega^2 + \varphi^2)\left(\frac{dv}{d\omega}\right)^2 = \left(\frac{\omega\varphi' - \varphi}{\omega^2 + \varphi^2}\right)^2 \left(c^2 - \frac{f^2}{\omega^2 + \varphi^2}\right),$$

somit:

$$\frac{dv}{\sqrt{c^2 - v^2}} = \frac{(\omega\varphi' - \varphi)\, d\omega}{(\omega^2 + \varphi^2)\sqrt{1 + \omega^2 + \varphi^2}}.$$

Hierin sind demnach die Veränderlichen getrennt. Integrirt man, so ergiebt sich:

$$\frac{v}{c} = \frac{f}{c\sqrt{\omega^2 + \varphi^2}} = \sin\left[c' + \int \frac{(\omega\varphi' - \varphi)\, d\omega}{(\omega^2 + \varphi^2)\sqrt{1 + \omega^2 + \varphi^2}}\right].$$

Substituirt man den Werth von f in die Gleichung (b) und setzt man

$$c' = \psi(c), \quad c = \sqrt{x^2 + y^2 + z^2},$$

so erhält man das primitive allgemeine Integral des Problems unter der Form:

$$V = \omega y - x\varphi(\omega) + \sqrt{(x^2+y^2+z^2)(\omega^2+\varphi^2)}\sin\left[\psi(x^2+y^2+z^2) + \int \frac{(\omega\varphi' - \varphi)\, d\omega}{(\omega^2+\varphi^2)\sqrt{1+\omega^2+\varphi^2}}\right] = 0.$$

An Stelle der Bedingung, welche ω bestimmt, hat man die Gleichung (c) oder

$$\frac{\partial V}{\partial \omega} = 0.$$

Beginnt man mit der Integration des Systems (B), so kann man ebenfalls eine allgemeine Lösung des vorstehenden Problems erhalten, welche ein besonderes Interesse für die geometrische Interpretation der gegebenen Gleichung und aller daraus abgeleiteten Rechnungsresultate darbietet. Es ist uns aber nicht möglich, hier in alle diese Einzelheiten einzugehen.

§ 17.

124. Die Ampère'sche Methode für die Integration der Gleichung

$$Hz'' + 2Kz'_{,} + Lz_{,,} + M + N(z''z_{,,} - z'^{2}_{,}) = 0$$

in den Fällen, wo sie ein allgemeines Integral erster Ordnung besitzt, bildet eine Abänderung in der Form und eine Vervollkommnung der Monge-schen Methode.

Wir stellen die beiden Systeme von Gleichungen, auf welche sich die Integration der Gleichung (1) reducirt, unter der Form dar, die ihnen Ampère gegeben hat (§ 12):

$$\left.\begin{aligned} H\frac{\partial y}{\partial x(\alpha} + N\frac{\partial z_{,}}{\partial x(\alpha} - (K + \sqrt{G}) &= 0 \\ H\frac{\partial z'}{\partial x(\alpha} + (K - \sqrt{G})\frac{\partial z_{,}}{\partial x(\alpha} + M &= 0 \\ \frac{\partial z}{\partial x(\alpha} - z' - z_{,}\frac{\partial y}{\partial x(\alpha} &= 0 \end{aligned}\right\} \quad . \; . \; . \; (A)$$

$$\left.\begin{aligned} H\frac{\partial y}{\partial x(\beta} + N\frac{\partial z_{,}}{\partial x(\beta} - (K - \sqrt{G}) &= 0 \\ H\frac{\partial z'}{\partial x(\beta} + (K + \sqrt{G})\frac{\partial z_{,}}{\partial x(\beta} + M &= 0 \\ \frac{\partial z}{\partial x(\beta} - z' - z_{,}\frac{\partial y}{\partial x(\beta} &= 0 \end{aligned}\right\} \quad . \; . \; . \; (B).$$

In den Gleichungen (A) und (B) nimmt man resp. x, α und x, β als unabhängige Veränderliche. Dabei kann x irgend eine der beiden früheren unabhängigen Veränderlichen darstellen, und α und β bezeichnen die Argumente der beiden willkürlichen Functionen des primitiven allgemeinen und endlichen Integrals dieser Gleichung. Offenbar kann man in den Gleichungen (A) und (B) überall das Vorzeichen der Wurzelgrösse $\sqrt{G}$ ändern.

125. Wenn die Gleichung (1) ein allgemeines Integral erster Ordnung zulässt, so kann man annehmen, dass zwei Combinationen der Gleichung (A) existiren von der Art, dass man sie auf dieselbe Weise integriren würde, wie wenn sie an Stelle der partiellen Ableitungen gewöhnliche Ableitungen von Functionen einer einzigen Veränderlichen x enthielten. Um diese beiden integrablen Combinationen zu finden, kann man, wenn sie sich nicht von selbst darbieten, die in § 14 auseinandergesetzte Methode benutzen. Hat man ihre Integrale, in denen zwei willkürliche Constanten auftreten, erhalten, so ist man berechtigt, eine dieser Constanten durch α, die andere durch eine willkürliche Function $\varphi(\alpha)$ von α zu ersetzen; denn bei den

Gleichungen (A) nimmt man an, dass zugleich mit x eine zweite unabhängige Veränderliche α auftritt. Wir nehmen also an, dass die beiden verschiedenen Integrale der Gleichungen (A) seien:

$$f(x, y, z, z', z_{,}) = \alpha, \quad F(x, y, z, z', z_{,}) = \varphi(\alpha).$$

Betrachtet man jetzt x und β als unabhängige Veränderliche und differentiirt man unter dieser Annahme nach x, so erhält man aus den beiden vorstehenden Gleichungen die folgenden:

$$\left.\begin{aligned} \frac{\partial f}{\partial x} + \frac{\partial f}{\partial y}\frac{\partial y}{\partial x(\beta} + \frac{\partial f}{\partial z}\frac{\partial z}{\partial x(\beta} + \frac{\partial f}{\partial z'}\frac{\partial z'}{\partial x(\beta} + \frac{\partial f}{\partial z_{,}}\frac{\partial z_{,}}{\partial x(\beta} &= \frac{\partial \alpha}{\partial x(\beta} \\ \frac{\partial F}{\partial x} + \frac{\partial F}{\partial y}\frac{\partial y}{\partial x(\beta} + \frac{\partial F}{\partial z}\frac{\partial z}{\partial x(\beta} + \frac{\partial F}{\partial z'}\frac{\partial z'}{\partial x(\beta} + \frac{\partial F}{\partial z_{,}}\frac{\partial z_{,}}{\partial x(\beta} &= \varphi'(\alpha)\frac{\partial \alpha}{\partial x(\beta} \end{aligned}\right\} \quad (3).$$

Eliminirt man zwischen den sieben Gleichungen (2), (3) und (B) die vier Grössen z', $z_{,}$, $\frac{\partial z'}{\partial x(\beta}$, $\frac{\partial z_{,}}{\partial x(\beta}$, so erhält man drei Gleichungen, in denen nur die Ableitungen der Veränderlichen y, z, α nach x vorkommen. Man kann sie daher integriren wie ein bestimmtes System simultaner Gleichungen mit gewöhnlichen Differentialen und man findet so die Ausdrücke von y, z, α mit Hülfe von x und drei willkürlichen Constanten C, C', C''. Da hierbei aber vorausgesetzt ist, dass β neben x die zweite unabhängige Veränderliche ist, so können die willkürlichen Constanten C, C', C'' resp. ersetzt werden durch β, $\psi(\beta)$, $\chi(\beta)$, wo ψ und χ willkürliche Functionen bezeichnen.

Das Ensemble dieser drei Gleichungen aber, welche drei willkürliche Functionen φ, ψ, χ enthalten, stellt noch nicht das allgemeine Integral der Gleichung (1) dar, da dieses Integral nur zwei willkürliche Functionen enthalten darf. Das Vorhandensein der überschüssigen willkürlichen Function erklärt sich dadurch, dass wir nur einen Theil der Bedingungen benutzt haben, welche die Function z bestimmen, nämlich Gleichungen, in denen nur die partiellen Ableitungen nach x vorkommen, während man nothwendig auch die anderen Gleichungen berücksichtigen muss, in denen auch die partiellen Ableitungen nach β vorkommen.

In der That, drückt man die Gleichung

$$dz = z'dx + z_{,}dy$$

mittels der unabhängigen Veränderlichen x und β aus, so erhält man:

$$\frac{\partial z}{\partial x}dx + \frac{\partial z}{\partial \beta}d\beta = z'dx + z_{,}\left(\frac{\partial y}{\partial x}dx + \frac{\partial y}{\partial \beta}d\beta\right).$$

Hieraus folgen die beiden Gleichungen:

$$\frac{\partial z}{\partial x} = z' + z_{,}\frac{\partial y}{\partial x}, \quad \frac{\partial z}{\partial \beta} = z_{,}\frac{\partial y}{\partial \beta},$$

und wir haben bisher noch nicht die zweite von diesen Gleichungen in Berücksichtigung gezogen. Substituirt man also darin die für die Functionen y, z, $z_{,}$ gefundenen Werthe, so erhält man eine Bedingung für die Bestimmung und die Elimination der überschüssigen willkürlichen Function. Dazu kann man sich einer andern der vorigen äquivalenten Gleichung bedienen, die man findet, wenn man sich darauf stützt, dass man hat:

$$\frac{\partial\left(z' + z_{,} \frac{\partial y}{\partial x}\right)}{\partial \beta} = \frac{\partial\left(z_{,} \frac{\partial y}{\partial \beta}\right)}{\partial x},$$

oder:

$$\frac{\partial z'}{\partial \beta} + \frac{\partial z_{,}}{\partial \beta} \frac{\partial y}{\partial x} + z_{,} \frac{\partial^2 y}{\partial x \partial \beta} = \frac{\partial z_{,}}{\partial x} \frac{\partial y}{\partial \beta} + z_{,} \frac{\partial^2 y}{\partial x \partial \beta},$$

und hieraus folgt:

$$\frac{\partial z'}{\partial \beta} = \frac{\partial z_{,}}{\partial x} \frac{\partial y}{\partial \beta} - \frac{\partial z_{,}}{\partial \beta} \frac{\partial y}{\partial x}.$$

126. Wir wenden diese Methode auf das folgende Beispiel an:

$$(z_{,} + y z_{,,})(z'' + 1) = (y z'_{,} - z' - x)\, z'_{,}.$$

Die beiden ersten Gleichungen des Systems (A), in welchem wir die Zeichen von $\sqrt{G}$ durch die entgegengesetzten ersetzen wollen, nehmen die Form an:

$$z_{,} \frac{\partial y}{\partial x(\alpha} + y \frac{\partial z_{,}}{\partial x(\alpha} = 0, \quad z_{,} \frac{\partial z'}{\partial x(\alpha} + (z' + x) \frac{\partial z_{,}}{\partial x(\alpha} + z_{,} = 0.$$

Integrirt man die erste von diesen Gleichungen, so folgt:

$$z_{,} y = a.$$

Eliminirt man zwischen jenen Gleichungen $\frac{\partial z_{,}}{\partial x(\alpha}$, so erhält man die integrable Combination:

$$y\left(\frac{\partial z'}{\partial x(\alpha} + 1\right) - (z' + x) \frac{\partial y}{\partial x(\alpha} = 0,$$

aus welcher folgt:

$$\frac{z' + x}{y} = \varphi(a).$$

Nimmt man x und β als unabhängige Veränderliche und differentiirt man unter dieser Voraussetzung die Gleichungen

$$z_{,} y = a \quad \ldots\ldots\ldots\ldots \quad (1)$$

$$z' + x = y\varphi(a) \quad \ldots\ldots\ldots \quad (2),$$

so findet man:

$$z_{,} \frac{\partial y}{\partial x(\beta} + y \frac{\partial z_{,}}{\partial x(\beta} = \frac{\partial \alpha}{\partial x(\beta} \quad . \quad . \quad . \quad . \quad . \quad . \quad . \quad (3)$$

$$\frac{\partial z'}{\partial x(\beta} + 1 = \varphi(\alpha) \frac{\partial y}{\partial x(\beta} + y\varphi'(\alpha) \frac{\partial \alpha}{\partial x(\beta} \quad . \quad . \quad . \quad . \quad (4).$$

Zu diesen vier Gleichungen muss man noch das System (B) hinzufügen, welches wird, nachdem man überall das Zeichen von $\sqrt{G}$ geändert hat:

$$z_{,} \frac{\partial y}{\partial x(\beta} + y \frac{\partial z_{,}}{\partial x(\beta} - (z' + 1) = 0 \quad . \quad . \quad . \quad . \quad . \quad (5)$$

$$\frac{\partial z'}{\partial x(\beta} + 1 = 0 \quad . \quad . \quad . \quad . \quad . \quad . \quad . \quad . \quad . \quad (6)$$

$$\frac{\partial z}{\partial x(\beta} = z' + z_{,} \frac{\partial y}{\partial x(\beta} \quad . \quad . \quad . \quad . \quad . \quad . \quad . \quad . \quad (7).$$

Die Gleichung (4) nimmt infolge von (6) die Form an:

$$\frac{1}{y} \frac{\partial y}{\partial x(\beta} + \frac{\varphi'(\alpha)}{\varphi(\alpha)} \frac{\partial \alpha}{\partial x(\beta} = 0, \text{ also: } y\varphi(\alpha) = \beta \quad . \quad . \quad . \quad (8)$$

Die Gleichung (5) nimmt infolge von (3), (2) und (8) die Form an:

$$\frac{\partial \alpha}{\partial x(\beta} = y\varphi(\alpha) = \beta, \quad \text{also } \alpha = \beta x + \psi(\beta).$$

Die Gleichung (7) kann man infolge von (2), (8) und (1) folgendermassen schreiben:

$$\frac{\partial z}{\partial x(\beta} = \beta - x + \frac{\alpha}{\beta} \varphi(\alpha) \frac{\partial y}{\partial x(\beta}.$$

Nun folgt aber aus (8)

$$\frac{\partial y}{\partial x(\beta} = - \frac{\beta\varphi'(\alpha)}{[\varphi(\alpha)]^2} \frac{\partial \alpha}{\partial x(\beta},$$

mithin:

$$\frac{\partial z}{\partial x(\beta} = \beta - x - \alpha \frac{\varphi'(\alpha)}{\varphi(\alpha)} \frac{\partial \alpha}{\partial x(\beta}.$$

Hieraus ergiebt sich durch Integration:

$$z = \left(\beta - \frac{x}{2}\right) x - \alpha \log \varphi(\alpha) + \int \log \varphi(\alpha)\, d\alpha + \chi(\beta).$$

Setzt man jetzt $\log \varphi(\alpha) = \Phi'(\alpha)$, so kann man die drei durch Integration erhaltenen Gleichungen folgendermassen schreiben:

$$z = \left(\beta - \frac{x}{2}\right) x + \Phi(\alpha) - \alpha\Phi'(\alpha) + \chi(\beta),$$

$$y = \beta e^{-\Phi'(\alpha)}$$

$$\alpha = \beta x + \psi(\beta).$$

Um die überschüssige willkürliche Function zu eliminiren, muss man der Gleichung genügen:

$$\frac{\partial z}{\partial \beta (x} = z, \frac{\partial y}{\partial \beta (x}.$$

Man findet dazu:

$$\frac{\partial z}{\partial \beta (x} = x - a\,\Phi''(a)\,\frac{\partial \alpha}{\partial \beta (x} + \chi'(\beta), \quad z, = \frac{\alpha}{y} = \frac{\alpha}{\beta}\,e^{\Phi'(a)},$$

$$\frac{\partial y}{\partial \beta (x} = e^{-\Phi'(a)}\left[1 - \beta\Phi''(a)\,\frac{\partial \alpha}{\partial \beta (x}\right], \quad x = \frac{\alpha - \psi(\beta)}{\beta}.$$

Substituirt man diese Werthe in die vorige Gleichung, so erhält man die folgende Relation zwischen den Functionen ψ und χ:

$$\psi(\beta) = \beta\chi'(\beta).$$

Mithin kann man nach Elimination von a das primitive allgemeine Integral der gegebenen Gleichung auf folgende Form bringen:

$$z = \left(\beta - \frac{x}{2}\right)x + \Phi\{\beta[x + \chi'(\beta)]\} - \beta[x + \chi'(\beta)]\Phi'\{\beta[x + \chi'(\beta)]\} + \chi(\beta)$$

$$y = \beta e^{-\Phi'\{\beta[x + \chi'(\beta)]\}}.$$

Das primitive allgemeine Integral kann man in einer einfacheren Form erhalten, wenn man die Integrale des Systems (A) auf die Form bringt:

$$yz, = \varphi(a) \quad \ldots\ldots\ldots \quad (1')$$

$$z' + x = ya \quad \ldots\ldots\ldots \quad (2').$$

Betrachtet man x und β als unabhängige Veränderliche und differentiirt man die vorstehenden Gleichungen nach x, so folgt:

$$y\,\frac{\partial z,}{\partial x (\beta} + z, \frac{\partial y}{\partial x (\beta} = \varphi'(a)\,\frac{\partial \alpha}{\partial x (\beta} \quad \ldots\ldots \quad (3')$$

$$\frac{\partial z'}{\partial x (\beta} + 1 = y\,\frac{\partial \alpha}{\partial x (\beta} + a\,\frac{\partial y}{\partial x (\beta} \quad \ldots\ldots \quad (4').$$

Aus den Gleichungen (4') und (6) folgt:

$$ay = \beta \quad \ldots\ldots\ldots \quad (8').$$

Die Gleichung (5) wird infolge von (3'), (2') und (8'):

$$\varphi'(a)\,\frac{\partial \alpha}{\partial x (\beta} = \beta$$

und giebt durch Integration:

$$\varphi(a) = \beta x + \psi(\beta).$$

Endlich nimmt (7) infolge von (2'), (8') und (1') die Form an:

$$\frac{\partial z}{\partial x(\beta} = \beta - x + \frac{\alpha}{\beta}\varphi(\alpha)\frac{\partial y}{\partial x(\beta}.$$

Nun erhält man aber aus (8')

$$\frac{\partial y}{\partial x(\beta} = -\frac{\beta}{\alpha^2}\frac{\partial \alpha}{\partial x(\beta},$$

somit:

$$\frac{\partial z}{\partial x(\beta} = \beta - x - \frac{\varphi(\alpha)}{\alpha}\frac{\partial \alpha}{\partial x(\beta},$$

und hieraus erhält man, wenn man $\varphi(\alpha) = \alpha\Phi'(\alpha)$ setzt:

$$z = \left(\beta - \frac{x}{2}\right)x - \Phi(\alpha) + \chi(\beta), \quad y = \frac{\beta}{\alpha}$$

$$\alpha\Phi'(\alpha) = \beta x + \psi(\beta), \quad z_1 = \frac{\alpha^2}{\beta}\Phi'(\alpha).$$

Es ist leicht zu verificiren, dass man mittels der vorstehenden Werthe von y, z, z_1 auch der Gleichung

$$\frac{\partial z}{\partial \beta(x} = z_1\frac{\partial y}{\partial \beta(x}$$

genügt, wenn man ähnlich, wie dies im vorigen Falle geschah,

$$\psi(\beta) = \beta\chi'(\beta)$$

setzt. Hieraus folgt, dass nach Elimination von α das primitive allgemeine Integral dargestellt wird durch die Gleichungen:

$$z = \left(\beta - \frac{x}{2}\right)x - \Phi\left(\frac{\beta}{y}\right) + \chi(\beta)$$

$$0 = x - \frac{1}{y}\Phi'\left(\frac{\beta}{y}\right) + \chi'(\beta),$$

deren zweite man erhält, wenn man die erste partiell nach β differentiirt.

Man kann sich leicht überzeugen, dass man dies Integral in dieser letzteren Form auch sehr einfach nach der Monge'schen Methode erhalten kann.

127. Nach den soeben gegebenen Andeutungen sieht man, dass die Ampère'sche Methode in Wirklichkeit nur in einer einfachen formalen Abänderung der Methode von Monge besteht. In der ersten genau ebenso wie in der zweiten beginnt man damit, mittels des Systems (A) z. B. ein allgemeines Integral der ersten Ordnung der Gleichung (1) zu bestimmen. Anstatt aber mit Monge dieses Integral als eine partielle Differentialgleichung erster Ordnung zu betrachten und zu ihrer Integration das Lagrange'sche Hülfssystem simultaner Gleichungen zu bilden, benutzt Ampère direct die Gleichungen (B), die wie bewiesen in dem Lagrange'schen System enthalten sein müssen. Und gerade in diesem Vorgehen besteht der Vortheil der Ampère'schen Methode. Indessen befreit man sich auf diese Weise nicht von der willkürlichen Function des allgemeinen Integrals erster Ordnung, die unvermeidlich in den drei simultanen Gleichungen mit gewöhnlichen Differentialen auftritt, auf deren Integration sich schliesslich die Aufgabe reducirt. Ausserdem treten in den Integralen dieser Gleichungen drei willkürliche Functionen auf, von denen eine mit Hülfe einer der Gleichungen

$$\frac{\partial z'}{\partial \beta} = z, \frac{\partial y}{\partial \beta} \text{ oder: } \frac{\partial z'}{\partial \beta} = \frac{\partial z,}{\partial x}\frac{\partial y}{\partial \beta} - \frac{\partial y}{\partial x}\frac{\partial z,}{\partial \beta}$$

eliminirt werden muss, und dies führt eine Complication des Problems herbei, deren man bei der Monge'schen Methode nicht begegnet.

Im folgenden Kapitel werden wir eine Methode auseinandersetzen, welche das Auftreten von willkürlichen Functionen in den zu integrirenden Gleichungen des ursprünglichen Problems vermeidet. Denn in den Fällen selbst, in denen die Gleichung (1) allgemeine Integrale erster Ordnung besitzt, kann man nach unserer Methode an Stelle dieser letzteren particuläre Integrale benutzen, in denen keine willkürlichen Functionen vorkommen.

4. Kapitel.

Methode der Variation der willkürlichen Constanten.

§ 18.

128. Wenn die Gleichung

$$Hz'' + 2Kz'_{,} + Lz_{,,} + M + N(z''z_{,,} - z'^{2}_{,}) = 0 \quad . \quad . \quad (1)$$

keine allgemeinen Integrale erster Ordnung hat, so sind die Integrationsmethoden, welche sich wie die von Monge auf die Annahme der Existenz von solchen Integralen gründen, nicht mehr anwendbar. Lagrange versuchte es, die Theorie der Integration der in der allgemeinen Form (1) enthaltenen Gleichungen auf die Bestimmung ihrer vollständigen particulären Integrale, d. h. derjenigen Integrale, welche fünf willkürliche Constanten enthalten, und auf die Anwendung der von ihm entdeckten Methode der Variation der willkürlichen Constanten zu gründen. Auf diese Weise gelangt man aber zu Bedingungen, deren Befriedigung im Allgemeinen so schwierig ist, dass er selbst dieses Verfahren mehr als merkwürdig denn als vortheilhaft anerkannt hat. Ampère[1]) hat mit mehr Erfolg die Methode der Variation der willkürlichen Constanten auf die particulären Integrale erster Ordnung angewandt, die sich aus den Systemen von Gleichungen ergeben

$$\left.\begin{aligned} H\frac{\partial y}{\partial x(\alpha} + N\frac{\partial z_{,}}{\partial x(\alpha} - K - \sqrt{G} &= 0 \\ H\frac{\partial z'}{\partial x(\alpha} + (K - \sqrt{G})\frac{\partial z_{,}}{\partial x(\alpha} + M &= 0 \\ \frac{\partial z}{\partial x(\alpha} - z' - z_{,}\frac{\partial y}{\partial x(\alpha} &= 0 \end{aligned}\right\} \quad . \quad . \quad . \quad . \quad (A),$$

$$\left.\begin{aligned} H\frac{\partial y}{\partial x(\beta} + N\frac{\partial z_{,}}{\partial x(\beta} - K + \sqrt{G} &= 0 \\ H\frac{\partial z'}{\partial x(\beta} + (K + \sqrt{G})\frac{\partial z_{,}}{\partial x(\beta} + M &= 0 \\ \frac{\partial z}{\partial x(\beta} - z' - z_{,}\frac{\partial y}{\partial x(\beta} &= 0 \end{aligned}\right\} \quad . \quad . \quad . \quad . \quad (B),$$

[1]) Journal de l'Ecole polytechnique. 18. Cahier § IV.

in dem Falle, wo jedes dieser Systeme oder wenigstens eins von ihnen nur eine einzige integrable Combination zulässt und es daher unmöglich ist, für die Gleichung (1) ein allgemeines Integral erster Ordnung zu erhalten. Bevor Ampère die Aufmerksamkeit auf diese particulären Integrale gelenkt hatte, wusste man daraus für die Ermittelung des allgemeinen primitiven Integrals der Gleichung (1) keinen Nutzen zu ziehen.

Man kann indessen nicht umhin zu bemerken, dass die von Ampère auf diese fruchtbare und originelle Idee gegründete Methode sich nicht durch Einfachheit auszeichnet, und dass auch der Weg, den er gewählt hat, an vielen Stellen geebnet werden und directer zum Ziele führen könnte. Ausserdem haben sich, wie Bour mit Recht bemerkt hat, die Fälle, in denen die Gleichungen der Charakteristik (d. h. die Gleichungen (A) und (B)) keine integrable Combination zulassen, bisher fast gänzlich jedem Versuch einer allgemeinen Theorie entzogen.[1] Nach einigen Stellen in der Bour'schen Abhandlung zu urtheilen, aus welcher die vorstehende Bemerkung entnommen ist und in der er einige kurze Betrachtungen über die Integration der partiellen Differentialgleichungen zweiter Ordnung auseinandersetzt, kann man schliessen, dass er es als möglich erachtet hat, auf die Methode von Lagrange zurückzugehen trotz der Schwierigkeiten, welche sie darbietet. „Ich bin glücklich", sagt er am Schlusse seiner Abhandlung, „bewiesen zu haben, dass diese Schwierigkeiten nicht immer unübersteiglich sind, und dass die schöne Methode von Lagrange, nachdem dieselbe über alle auf die Gleichungen erster Ordnung bezüglichen Fragen so viel Licht verbreitet hat, noch nicht ihr letztes Wort über die viel schwierigere Theorie der partiellen Differentialgleichungen zweiter Ordnung gesprochen hat."[2]

Das aufmerksame Studium der Methoden von Lagrange und Ampère hat mich zu der Überzeugung geführt, dass es möglich ist, die Theorie der Variation der willkürlichen Constanten auf die particulären Integrale der Gleichung (1) unter einer einfacheren und allgemeineren Form anzuwenden, als diejenige ist, unter der Ampère seine Methode dargestellt hat. Indem ich mich nur auf die Annahme der Existenz von primitiven particulären Integralen der Gleichung (1) mit drei willkürlichen Constanten stütze, habe ich allgemeine Formeln erhalten, um daraus das allgemeine Integral der Gleichung (1) mit Hülfe der Variation der willkürlichen Constanten des particulären Integrals abzuleiten. Die Allgemeinheit dieser Grundvoraussetzung gestattet, diese Formeln nicht allein auf den oben erwähnten Fall, mit dem sich Ampère ausschliesslich beschäftigt hat, sondern im Gegentheil auch auf denjenigen anzuwenden, in welchem die Gleichungen (A) und (B) keine integrablen Combinationen zulassen, sowie auf den, wo sie mehr als eine integrable Combination zulassen. Wir haben so eine Methode,

---

[1] Journal de l'Ecole polyt. 39. Cahier p. 189.

[2] Ibid. p. 191.

welche alle die Fälle der Integration der Gleichung (1) umfasst, welche sich durch die Anzahl der möglichen Integrale der Gleichungen (A) und (B) unterscheiden, eine Anzahl, die von drei bis Null einschliesslich variiren kann. Unsere allgemeinen Formeln geben, unter einem andern Gesichtspunkte betrachtet, eine unbegrenzte Anzahl von Methoden, um Transformationen der Gleichung (1) zu erhalten, vermöge deren diese ihren ursprünglichen Typus beibehält oder eine bemerkenswerthe Vereinfachung erfährt, indem sie sich in eine in Bezug auf die partiellen Ableitungen zweiter Ordnung lineare Gleichung verwandelt.

129. Indem wir jetzt die Auseinandersetzung der Methode der Variation der willkürlichen Constanten in Angriff nehmen, beschäftigen wir uns zunächst mit der Lösung der folgenden wichtigen Frage: Wie kann man das allgemeine Integral der Gleichung (1) erhalten, wenn man irgend ein particuläres Integral mit drei willkürlichen Constanten kennt?

Es ist klar, dass der Erfolg der Lösung dieser Frage die ganze Theorie der betrachteten Integrationsmethode umfasst.

Es sei

$$z = \omega(x, y, \alpha, \gamma, \eta) \quad . \quad . \quad . \quad . \quad . \quad . \quad . \quad (2)$$

ein particuläres Integral der Gleichung (1) mit drei willkürlichen Constanten α, γ, η. Differentiirt man dasselbe nach x und y, so erhält man die Ausdrücke der fünf partiellen Ableitungen erster und zweiter Ordnung der Function z, welche man darstellen kann durch

$$z' = \omega', \quad z_{,} = \omega_{,}, \quad z'' = \omega'', \quad z'_{,} = \omega'_{,}, \quad z_{,,} = \omega_{,,}.$$

Durch die Substitution dieser Ausdrücke und des gegebenen Ausdruckes von z muss sich die linke Seite der Gleichung (1) nach Voraussetzung auf Null reduciren und zwar für beliebige Werthe der Grössen α, γ, η.

Wir nehmen jetzt an, dass eine von diesen, z. B. η, eine vorläufig unbestimmte Function von α und γ darstelle, und dass α und γ bestimmt seien als Functionen von x und y durch die Gleichungen:

$$\frac{\partial\omega}{\partial\alpha} + \frac{\partial\omega}{\partial\eta}\frac{\partial\eta}{\partial\alpha} = 0, \quad \frac{\partial\omega}{\partial\gamma} + \frac{\partial\omega}{\partial\eta}\frac{\partial\eta}{\partial\gamma} = 0,$$

die man erhält, wenn man die partiellen Ableitungen von ω nach α und γ für sich gleich Null setzt. Man kann diese Gleichungen kürzer auf folgende Weise schreiben (Nr. 102):

$$\frac{\partial\,.\,\omega}{\partial\alpha} = 0, \quad \frac{\partial\,.\,\omega}{\partial\gamma} = 0 \quad . \quad . \quad . \quad . \quad . \quad . \quad (3),$$

wenn man festsetzt, dass ein Punkt hinter dem Zeichen ∂ andeuten soll, dass die Differentiation nach α oder γ ausgeführt werden soll nicht nur insofern diese Grössen explicit vorkommen, sondern auch insofern sie mit Hülfe von andern Grössen auftreten, wie es im gegenwärtigen Falle geschieht durch Vermittelung von η.

130. Wir untersuchen jetzt, unter welchen Bedingungen die drei Gleichungen (2) und (3) ein Integral von (1) darstellen können. Dazu berechnen wir von Neuem die Ausdrücke der partiellen Ableitungen von z mit Rücksicht auf die Annahmen, die wir bezüglich α, γ, η gemacht haben.

Infolge der Gleichungen (3) bewahren die Ausdrücke der Ableitungen erster Ordnung ihre ursprüngliche Form:

$$z' = \omega', \quad z_, = \omega_,.$$

Die Ausdrücke für die Ableitungen zweiter Ordnung ändern sich und werden:

$$z'' = \omega'' + \frac{\partial . \omega'}{\partial \alpha} \frac{\partial \alpha}{\partial x} + \frac{\partial . \omega'}{\partial \gamma} \frac{\partial \gamma}{\partial x},$$

$$z'_, = \omega'_, + \frac{\partial . \omega'}{\partial \alpha} \frac{\partial \alpha}{\partial y} + \frac{\partial . \omega'}{\partial \gamma} \frac{\partial \gamma}{\partial y} = \omega'_, + \frac{\partial . \omega_,}{\partial \alpha} \frac{\partial \alpha}{\partial x} + \frac{\partial . \omega_,}{\partial \gamma} \frac{\partial \gamma}{\partial x}$$

$$z_{,,} = \omega_{,,} + \frac{\partial . \omega_,}{\partial \alpha} \frac{\partial \alpha}{\partial y} + \frac{\partial . \omega_,}{\partial \gamma} \frac{\partial \gamma}{\partial y},$$

oder:

$$z'' = \omega'' + h, \quad z'_, = \omega'_, + k = \omega'_, + k', \quad z_{,,} = \omega_{,,} + l,$$

indem man zur Abkürzung setzt:

$$h = \frac{\partial . \omega'}{\partial \alpha} \frac{\partial \alpha}{\partial x} + \frac{\partial . \omega'}{\partial \gamma} \frac{\partial \gamma}{\partial x}, \quad k = \frac{\partial . \omega'}{\partial \alpha} \frac{\partial \alpha}{\partial y} + \frac{\partial . \omega'}{\partial \gamma} \frac{\partial \gamma}{\partial y},$$

$$k' = \frac{\partial . \omega_,}{\partial \alpha} \frac{\partial \alpha}{\partial x} + \frac{\partial . \omega_,}{\partial \gamma} \frac{\partial \gamma}{\partial x}, \quad l = \frac{\partial . \omega_,}{\partial \alpha} \frac{\partial \alpha}{\partial y} + \frac{\partial . \omega_,}{\partial \gamma} \frac{\partial \gamma}{\partial y}.$$

Den vorstehenden Ausdrücken von h, k, k', l kann man eine andere Form geben, nachdem man die Werthe von $\frac{\partial \alpha}{\partial x}$, $\frac{\partial \alpha}{\partial y}$, $\frac{\partial \gamma}{\partial x}$, $\frac{\partial \gamma}{\partial y}$ bestimmt hat, in welchem Falle die Gleichheit von k und k' von selbst zu Tage tritt. Dazu differentiiren wir die erste der Gleichungen (3) nach x, wodurch sich ergiebt:

$$\frac{\partial \frac{\partial . \omega}{\partial \alpha}}{\partial x} + \frac{\partial . \frac{\partial . \omega}{\partial \alpha}}{\partial \alpha} \frac{\partial \alpha}{\partial x} + \frac{\partial . \frac{\partial . \omega}{\partial \alpha}}{\partial \gamma} \frac{\partial \gamma}{\partial x} = 0.$$

Im ersten Gliede der linken Seite aber werden die Differentiationen nach x und α wie nach zwei unabhängigen Veränderlichen ausgeführt; mithin ist:

$$\frac{\partial \frac{\partial . \omega}{\partial \alpha}}{\partial x} = \frac{\partial . \frac{\partial \omega}{\partial x}}{\partial \alpha} = \frac{\partial . \omega'}{\partial \alpha},$$

und somit nimmt die vorige Gleichung die Form an:

$$\frac{\partial\,.\,\omega'}{\partial\alpha} + \frac{\partial^2.\,\omega}{\partial\alpha^2}\frac{\partial\alpha}{\partial x} + \frac{\partial^2.\,\omega}{\partial\alpha\partial\gamma}\frac{\partial\gamma}{\partial x} = 0.$$

Ebenso erhält man, wenn man die zweite der Gleichungen (3) nach x differentiirt:

$$\frac{\partial\,.\,\omega'}{\partial\gamma} + \frac{\partial^2.\,\omega}{\partial\alpha\partial\gamma}\frac{\partial\alpha}{\partial x} + \frac{\partial^2.\omega}{\partial\gamma^2}\frac{\partial\gamma}{\partial x} = 0.$$

Differentiirt man die beiden Gleichungen (3) nach y, so folgt:

$$\frac{\partial\,.\,\omega_,}{\partial\alpha} + \frac{\partial^2.\,\omega}{\partial\alpha^2}\frac{\partial\alpha}{\partial y} + \frac{\partial^2.\,\omega}{\partial\alpha\partial\gamma}\frac{\partial\gamma}{\partial y} = 0,$$

$$\frac{\partial\,.\,\omega_,}{\partial\gamma} + \frac{\partial^2.\,\omega}{\partial\alpha\partial\gamma}\frac{\partial\alpha}{\partial y} + \frac{\partial^2.\,\omega}{\partial\gamma^2}\frac{\partial\gamma}{\partial y} = 0.$$

Aus den vier vorhergehenden Gleichungen erhält man:

$$\frac{\partial\alpha}{\partial x} = \frac{1}{D}\left(\frac{\partial^2.\,\omega}{\partial\alpha\partial\gamma}\frac{\partial\,.\,\omega'}{\partial\gamma} - \frac{\partial^2.\,\omega}{\partial\gamma^2}\frac{\partial\,.\,\omega'}{\partial\alpha}\right), \quad \frac{\partial\gamma}{\partial x} = \frac{1}{D}\left(\frac{\partial^2.\,\omega}{\partial\alpha\partial\gamma}\frac{\partial\,.\,\omega'}{\partial\alpha} - \frac{\partial^2.\,\omega}{\partial\alpha^2}\frac{\partial\,.\,\omega'}{\partial\gamma}\right),$$

$$\frac{\partial\alpha}{\partial y} = \frac{1}{D}\left(\frac{\partial^2.\,\omega}{\partial\alpha\partial\gamma}\frac{\partial\,.\,\omega_,}{\partial\gamma} - \frac{\partial^2.\,\omega}{\partial\gamma^2}\frac{\partial\,.\,\omega_,}{\partial\alpha}\right), \quad \frac{\partial\gamma}{\partial y} = \frac{1}{D}\left(\frac{\partial^2.\,\omega}{\partial\alpha\partial\gamma}\frac{\partial\,.\,\omega_,}{\partial\alpha} - \frac{\partial^2.\,\omega}{\partial\alpha^2}\frac{\partial\,.\,\omega_,}{\partial\gamma}\right),$$

wenn man setzt:

$$D = \frac{\partial^2.\,\omega}{\partial\alpha^2}\frac{\partial^2.\,\omega}{\partial\gamma^2} - \left(\frac{\partial^2.\,\omega}{\partial\alpha\partial\gamma}\right)^2,$$

und durch Substitution dieser Werthe der partiellen Ableitungen von α und γ in die Ausdrücke von h, k, k', l erhalten diese letzteren die folgende Form:

$$k = \frac{-1}{D}\left[\frac{\partial^2.\,\omega}{\partial\alpha^2}\left(\frac{\partial.\omega'}{\partial\gamma}\right)^2 - 2\frac{\partial^2.\,\omega}{\partial\alpha\partial\gamma}\frac{\partial.\omega'}{\partial\gamma}\frac{\partial.\omega'}{\partial\alpha} + \frac{\partial^2.\omega}{\partial\gamma^2}\left(\frac{\partial.\omega'}{\partial\alpha}\right)^2\right],$$

$$k = k' = \frac{-1}{D}\left[\frac{\partial^2.\,\omega}{\partial\alpha^2}\frac{\partial.\omega'}{\partial\gamma}\frac{\partial.\omega_,}{\partial\gamma} - \frac{\partial^2.\,\omega}{\partial\alpha\partial\gamma}\left(\frac{\partial.\omega'}{\partial\alpha}\frac{\partial.\omega_,}{\partial\gamma} + \frac{\partial.\omega'}{\partial\gamma}\frac{\partial.\omega_,}{\partial\alpha}\right) + \frac{\partial^2.\,\omega}{\partial\gamma^2}\frac{\partial.\omega'}{\partial\alpha}\frac{\partial.\omega_,}{\partial\alpha}\right]$$

$$l = \frac{-1}{D}\left[\frac{\partial^2.\,\omega}{\partial\alpha^2}\left(\frac{\partial.\omega_,}{\partial\gamma}\right)^2 - 2\frac{\partial^2.\,\omega}{\partial\alpha\partial\gamma}\frac{\partial\,.\,\omega_,}{\partial\gamma}\frac{\partial.\omega_,}{\partial\alpha} + \frac{\partial^2.\,\omega}{\partial\gamma^2}\left(\frac{\partial.\omega_,}{\partial\alpha}\right)^2\right].$$

Ausserdem bestätigt man durch eine einfache algebraische Rechnung leicht, dass man, indem man das Quadrat der zweiten der vorstehenden Gleichungen von dem Product der ersten und dritten abzieht, das folgende einfache Resultat erhält:

$$hl - k^2 = \frac{1}{D}\left(\frac{\partial\,.\,\omega'}{\partial\alpha}\frac{\partial\,.\,\omega_,}{\partial\gamma} - \frac{\partial\,.\,\omega'}{\partial\gamma}\frac{\partial\,.\,\omega_,}{\partial\alpha}\right)^2.$$

131. Jetzt findet man ohne Schwierigkeit die Bedingung, zufolge deren die Gleichungen (2) und (3) ein Integral von (1) darstellen. Bezeichnet man zur Abkürzung die linke Seite der Gleichung (1) mit

$$F(x, y, z, z', z_{,}, z'', z'_{,}, z_{,,}),$$

substituirt darin die Werthe

$$z = \omega,\ z' = \omega',\ z_{,} = \omega_{,},\ z'' = \omega'' + h,\ z'_{,} = \omega'_{,} + k,\ z_{,,} = \omega_{,,} + l,$$

welche sich aus den Gleichungen (2) und (3) ergeben, und setzt man die Summe der Glieder, welche nicht verschwinden, gleich Null, so erhält man die gesuchte Bedingung.

Das Resultat der Substitution kann man nach dem Taylor'schen Satze folgendermassen schreiben:

$$F(x, y, \omega, \omega', \omega_{,}, \omega'' + h, \omega'_{,} + k, \omega_{,,} + l) = F(x, y, \omega, \omega', \omega_{,}, \omega'', \omega'_{,}, \omega_{,,})$$
$$+ \frac{\partial F}{\partial \omega''} h + \frac{\partial F}{\partial \omega'_{,}} k + \frac{\partial F}{\partial \omega_{,,}} l + \frac{1}{2} \frac{\partial^2 F}{\partial \omega'^2_{,}} k^2 + \frac{\partial^2 F}{\partial \omega'' \partial \omega''} hl.$$

Das erste Glied der rechten Seite dieser Gleichung reducirt sich auf Null infolge der Voraussetzung, dass durch Substitution der Werthe

$$z = \omega,\ z' = \omega',\ z_{,} = \omega_{,},\ z'' = \omega'',\ z'_{,} = \omega'_{,},\ z_{,,} = \omega_{,,}$$

die Gleichung (1) erfüllt werden soll für beliebige Werthe von α, γ, η. Ferner findet man:

$$\frac{\partial F}{\partial \omega''} = H + N\omega_{,,},\quad \frac{\partial F}{\partial \omega'_{,}} = 2(K - N\omega'_{,}),\quad \frac{\partial F}{\partial \omega_{,,}} = L + N\omega'',$$
$$-\frac{1}{2} \frac{\partial^2 F}{\partial \omega'^2_{,}} = \frac{\partial^2 F}{\partial \omega_{,,} \partial \omega''} = N,$$

mithin:

$$F(x, y, \omega, \omega', \omega_{,}, \omega'' + h, \omega'_{,} + k, \omega_{,,} + l)$$
$$= (H + N\omega_{,,})h + 2(K - N\omega'_{,})k + (L + N\omega'')l + N(hl - k^2).$$

Man schliesst hieraus, dass die Gleichungen (2) und (3) nur in den Fällen ein Integral von (1) darstellen können, wenn die Function η derart bestimmt wird, dass sie die rechte Seite der vorigen Gleichung auf Null reducirt. Substituirt man darin die oben für h, k, l, $hl - k^2$ gegebenen Werthe, setzt das Resultat der Substitution gleich Null und unterdrückt den gemeinschaftlichen Nenner D, so erhält man eine Gleichung von der Form:

$$R \frac{\partial^2 . \omega}{\partial \alpha^2} + 2S \frac{\partial^2 . \omega}{\partial \alpha \partial \gamma} + T \frac{\partial^2 . \omega}{\partial \gamma^2} + U = 0 \quad . \quad . \quad . \quad (4),$$

worin zur Abkürzung gesetzt ist:

$$\left.\begin{aligned}
-R &= (H+N\omega_{,,})\left(\frac{\partial.\omega'}{\partial\gamma}\right)^2 + 2(K-N\omega'_{,})\frac{\partial.\omega'}{\partial\gamma}\frac{\partial.\omega_{,}}{\partial\gamma}+(L+N\omega'')\left(\frac{\partial.\omega_{,}}{\partial\gamma}\right)^2\\
S &= (H+N\omega_{,,})\frac{\partial.\omega'}{\partial\alpha}\frac{\partial.\omega'}{\partial\gamma}+(K-N\omega'_{,})\left(\frac{\partial.\omega'}{\partial\alpha}\frac{\partial.\omega_{,}}{\partial\gamma}+\frac{\partial.\omega'}{\partial\gamma}\frac{\partial.\omega_{,}}{\partial\alpha}\right)+(L+N\omega'')\frac{\partial.\omega_{,}}{\partial\gamma}\frac{\partial.\omega_{,}}{\partial\alpha}\\
-T &= (H+N\omega_{,,})\left(\frac{\partial.\omega'}{\partial\alpha}\right)^2 + 2(K-N\omega'_{,})\frac{\partial.\omega'}{\partial\alpha}\frac{\partial.\omega_{,}}{\partial\alpha}+(L+N\omega'')\left(\frac{\partial.\omega_{,}}{\partial\alpha}\right)^2\\
U &= N\left(\frac{\partial.\omega'}{\partial\alpha}\frac{\partial.\omega_{,}}{\partial\gamma}-\frac{\partial.\omega'}{\partial\gamma}\frac{\partial.\omega_{,}}{\partial\alpha}\right)^2
\end{aligned}\right\}\quad(5).$$

Beachtet man die Zusammensetzung der Gleichung (4), so sieht man leicht, dass sie linear ist in Bezug auf die partiellen Differentialquotienten zweiter Ordnung von η:

$$\frac{\partial^2\eta}{\partial\alpha^2},\ \frac{\partial^2\eta}{\partial\alpha\partial\gamma},\ \frac{\partial^2\eta}{\partial\gamma^2}$$

und dass in ihren Coefficienten schliesslich nur vorkommen:

$$\alpha,\ \gamma,\ \eta,\ \frac{\partial\eta}{\partial\alpha},\ \frac{\partial\eta}{\partial\gamma}.$$

In der That, die Ableitungen $\frac{\partial^2\eta}{\partial\alpha^2}, \frac{\partial^2\eta}{\partial\alpha\partial\gamma}, \frac{\partial^2\eta}{\partial\gamma^2}$ können ausschliesslich vorkommen die erste nur in $\frac{\partial^2.\omega}{\partial\alpha^2}$, die zweite nur in $\frac{\partial^2.\omega}{\partial\alpha\partial\gamma}$, die dritte nur in $\frac{\partial^2.\omega}{\partial\gamma^2}$ und demzufolge treten sie in keiner andern Potenz als in der ersten auf. Überdies kommen in der Zusammensetzung der Gleichung (4) nur die Veränderlichen $\alpha, \gamma, \eta, \frac{\partial\eta}{\partial\alpha}, \frac{\partial\eta}{\partial\gamma}, x, y$ vor, deren letzte beiden mit Hülfe der Gleichungen (2) und (3) eliminirt werden können.

132. Mithin liefert die Methode der Variation der willkürlichen Constanten die Möglichkeit, die wegen Auftretens der Grösse $z''z_{,,} - z'^2_{,}$ nicht lineare Gleichung (1) in eine Gleichung (4) zu transformiren, die in Bezug auf die Ableitungen zweiter Ordnung der gesuchten Function linear ist, während dieses Ziel durch die oben (III. Kap., § 15) angegebenen Transformationen von Legendre und Ampère nicht erreicht wird. Man kann beweisen, dass es unendlich viele dieser letzteren analoge Transformationen giebt, d. h. solche, dass die Gleichung (1) nach der Transformation ihren ursprünglichen Typus beibehält. Dazu braucht man nur vorauszusetzen, dass in dem vorigen Beweise der Werth

$$z = \omega(x, y, \alpha, \gamma, \eta) \quad . \quad . \quad . \quad . \quad . \quad . \quad . \quad (2)$$

vollständig willkürlich gewählt sei und nicht mehr ein particuläres Integral der Gleichung (1) darstelle. Alsdann bleiben alle Schlüsse der vorstehenden Rechnung bestehen, ausser dass

$$F(x, y, \omega, \omega', \omega_{,}, \omega'', \omega'_{,}, \omega_{,,}) = W$$

nicht mehr gleich Null ist. Mithin erhält man, wenn man die schliessliche Gleichung mit

$$D = \frac{\partial^2 . \omega}{\partial \alpha^2} \frac{\partial^2 . \omega}{\partial \gamma^2} - \left(\frac{\partial^2 . \omega}{\partial \alpha \partial \gamma}\right)^2$$

multiplicirt, noch das Glied $W . D$ und an Stelle der Gleichung (4) hat man die folgende:

$$R \frac{\partial^2 . \omega}{\partial \alpha^2} + 2 S \frac{\partial^2 . \omega}{\partial \alpha \partial \gamma} + T \frac{\partial^2 . \omega}{\partial \gamma^2} + W \left[\frac{\partial^2 . \omega}{\partial \alpha^2} \frac{\partial^2 . \omega}{\partial \gamma^2} - \left(\frac{\partial^2 . \omega}{\partial \alpha \partial \gamma}\right)^2\right] + U = 0.$$

Zufolge der Bemerkung des vorigen Artikels über die Art, wie die Ableitungen $\frac{\partial^2 \eta}{\partial \alpha^2}, \frac{\partial^2 \eta}{\partial \alpha \partial \gamma}, \frac{\partial^2 \eta}{\partial \gamma^2}$ in $\frac{\partial^2 . \omega}{\partial \alpha^2}, \frac{\partial^2 . \omega}{\partial \alpha \partial \gamma}, \frac{\partial^2 . \omega}{\partial \gamma^2}$ vorkommen, ist klar, dass D von der Form sein wird:

$$D = a \left[\frac{\partial^2 \eta}{\partial \alpha^2} \frac{\partial^2 \eta}{\partial \gamma^2} - \left(\frac{\partial^2 \eta}{\partial \alpha \partial \gamma}\right)^2\right] + b \frac{\partial^2 \eta}{\partial \alpha^2} + c \frac{\partial^2 \eta}{\partial \alpha \partial \gamma} + e \frac{\partial^2 \eta}{\partial \gamma^2} + f,$$

wo sich a, b, c, e, f ausdrücken mit Hülfe von $\alpha, \gamma, \eta, \frac{\partial \eta}{\partial \alpha}, \frac{\partial \eta}{\partial \gamma}$. Somit behält die transformirte Gleichung den allgemeinen Typus der Gleichung (1) bei.

§ 19.

133. Die Methode der Variation der willkürlichen Constanten führt das Problem der Integration der Gleichung (1) auf die Integration der Gleichung (4) zurück. Die Werthe der Coefficienten der letzteren hängen von der besonderen Form des particulären Integrals $z = \omega$ der Gleichung (1) ab. Mithin besteht die ganze Schwierigkeit der Anwendung dieser Methode darin, unter den particulären Integralen der Gleichung (1) dasjenige auszuwählen, für welches (4) eine der integrablen Formen annimmt. Wir werden die Charaktere, auf welche man bei dieser Wahl in den bekannten Fällen recurriren kann, ausführlicher auseinandersetzen. Jetzt wollen wir, um die allgemeinen Formeln zu erläutern, dieselben auf ein besonderes Beispiel anwenden, nämlich auf:

$$a \frac{x^2}{y^2} z'' + b \frac{y^2}{x^2} z_{,,} + (lx + my + nxy) \left[z'' z_{,,} - z'^2_{,} - 2\left(\frac{z}{xy} - \frac{z'}{y} - \frac{z_{,}}{x}\right) - \left(\frac{z}{xy} - \frac{z'}{y} - \frac{z_{,}}{x}\right)^2\right] = 0,$$

wo a, b, l, m, n gegebene Constanten bezeichnen.

Untersucht man die Möglichkeit, der gegebenen Gleichung durch Werthe von der allgemeinen Form

$$z = Ax^2 + Bxy + Cy^2 + Dx + Ey + F$$

zu genügen, so findet man ohne Schwierigkeit als particuläres Integral der gegebenen Gleichung den Ausdruck:

$$z = \alpha x + \gamma y - \eta xy = \omega,$$

welcher drei willkürliche Constanten α, γ, η enthält. Betrachtet man somit η als eine Function von α und γ und verbindet man mit der vorigen Gleichung die beiden folgenden:

$$\frac{\partial.\omega}{\partial\alpha} = x\left(1 - y\frac{\partial\eta}{\partial\alpha}\right) = 0$$

$$\frac{\partial.\omega}{\partial\gamma} = y\left(1 - x\frac{\partial\eta}{\partial\gamma}\right) = 0,$$

so erhält man das allgemeine Integral der gegebenen Gleichung, wenn man die Function η durch die Bedingung bestimmt:

$$R\frac{\partial^2.\omega}{\partial\alpha^2} + 2S\frac{\partial^2.\omega}{\partial\alpha\partial\gamma} + T\frac{\partial^2.\omega}{\partial\gamma^2} + U = 0.$$

Um die Coefficienten dieser Gleichung zu finden, berechnen wir

$$\omega' = \alpha - \eta y, \quad \omega_{,} = \gamma - \eta x, \quad \omega'' = 0, \quad \omega'_{,} = -\eta, \quad \omega_{,,} = 0$$

durch Differentiation der Function ω nach x und y, wenn man diese als von α und γ unabhängige Veränderliche betrachtet. Differentiirt man sodann ω' und $\omega_{,}$ nach α und γ, indem man diese als unabhängig von x und y betrachtet, so folgt:

$$\frac{\partial.\omega'}{\partial\gamma} = -y\frac{\partial\eta}{\partial\gamma}, \quad \frac{\partial.\omega_{,}}{\partial\alpha} = -x\frac{\partial\eta}{\partial\alpha}$$

$$\frac{\partial.\omega'}{\partial\alpha} = 1 - y\frac{\partial\eta}{\partial\alpha}, \quad \frac{\partial.\omega_{,}}{\partial\gamma} = 1 - x\frac{\partial\eta}{\partial\gamma}.$$

Die rechten Seiten der letzten beiden Gleichungen reduciren sich infolge der zweiten und der dritten Gleichung des allgemeinen Integrals auf Null. Nunmehr findet man nach den allgemeinen Formeln (5) des vorhergehenden Paragraphen:

$$-R = H\left(\frac{\partial.\omega'}{\partial\gamma}\right)^2 = ax^2\left(\frac{\partial\eta}{\partial\gamma}\right)^2,$$

oder zufolge der dritten Gleichung des allgemeinen Integrals:

$$-R = a.$$

Sodann findet man:

$$S = (K + N\eta)\,\frac{\partial.\omega'}{\partial\gamma}\,\frac{\partial.\omega_{,}}{\partial\alpha} = 0,$$

weil sich der Factor $K + N\eta$ nach Elimination von η mittels der Gleichungen des Integrals und Substitution der aus der gegebenen Gleichung entnommenen Werthe von K und N auf Null reducirt. Ferner ist:

$$-T = L\left(\frac{\partial.\omega_{,}}{\partial\alpha}\right)^2 = by^2\left(\frac{\partial\eta}{\partial\alpha}\right)^2,$$

oder infolge der zweiten Gleichung des Integrals:

$$-T = b.$$

Schliesslich:

$$U = N\left(\frac{\partial.\omega'}{\partial\gamma}\right)^2\left(\frac{\partial.\omega_{,}}{\partial\alpha}\right)^2 = (lx + my + nz)\,x^2y^2\left(\frac{\partial\eta}{\partial\alpha}\right)^2\left(\frac{\partial\eta}{\partial\gamma}\right)^2,$$

oder infolge der zweiten und dritten Gleichung des allgemeinen Integrals:

$$U = lx + my + nz.$$

Hiernach reducirt sich die Gleichung (4) auf die Form:

$$a\,\frac{\partial^2.\omega}{\partial\alpha^2} + b\,\frac{\partial^2.\omega}{\partial\gamma^2} - (lx + my + nz) = 0.$$

Differentiirt man jetzt die Function ω zweimal nach jeder der Veränderlichen α und γ, die man hier als unabhängig von einander und von den Variablen x und y betrachten muss, so hat man:

$$\frac{\partial^2.\omega}{\partial\alpha^2} = -\,xy\,\frac{\partial^2\eta}{\partial\alpha^2},\quad \frac{\partial^2.\omega}{\partial\gamma^2} = -\,xy\,\frac{\partial^2\eta}{\partial\gamma^2}.$$

Substituirt man diese Werthe in die vorige Gleichung und dividirt man sie durch xy, so folgt:

$$a\,\frac{\partial^2\eta}{\partial\alpha^2} + b\,\frac{\partial^2\eta}{\partial\gamma^2} + \frac{l}{y} + \frac{m}{x} + n = 0.$$

Die zweite und dritte Gleichung des allgemeinen Integrals geben aber:

$$\frac{1}{x} = \frac{\partial\eta}{\partial\gamma},\quad \frac{1}{y} = \frac{\partial\eta}{\partial\alpha};$$

wir erhalten daher schliesslich zur Bestimmung der Function η die lineare Gleichung mit constanten Coefficienten:

$$a\,\frac{\partial^2\eta}{\partial\alpha^2} + b\,\frac{\partial^2\eta}{\partial\gamma^2} + l\,\frac{\partial\eta}{\partial\alpha} + m\,\frac{\partial\eta}{\partial\gamma} + n = 0,$$

deren allgemeines Integral, sei es unter endlicher Form, sei es mittels bestimmter Integrale, immer nach der Methode von Laplace (Histoire de l'Ac. d. Sciences 1779, Mémoire sur les suites) erhalten werden kann. Nimmt man also die Function η als bekannt an, so kann man mit Hülfe dieser Function und ihrer partiellen Ableitungen das allgemeine Integral der gegebenen Gleichung unter folgender Form darstellen:

$$z = \frac{\alpha}{\frac{\partial \eta}{\partial \gamma}} + \frac{\gamma}{\frac{\partial \eta}{\partial \alpha}} + \frac{\eta}{\frac{\partial \eta}{\partial \alpha}\frac{\partial \eta}{\partial \gamma}}, \quad y = \frac{1}{\frac{\partial \eta}{\partial \alpha}}, \quad x = \frac{1}{\frac{\partial \eta}{\partial \gamma}}.$$

§ 20.

134. Wie bereits oben bemerkt worden, hat Ampère eine wichtige Vervollkommnung in die Theorie der Integration der Gleichung (1) eingeführt, indem er die Möglichkeit entdeckte, die Methode der Variation der willkürlichen Constanten anzuwenden auf die Integrale dieser Gleichung, welche mit Hülfe der Gleichungen (A) und (B) erhalten werden, falls jedes dieser beiden Systeme nur eine integrable Combination zulässt. Indem er aber seine Theorie auf diesen richtigen, nur nicht genügend allgemeinen Gedanken gründete, hat er nicht bemerkt, erstens dass dieselbe Methode angewendet werden kann auf die particulären Integrale der Gleichung (1), welche mit Hülfe der Systeme (A) und (B) erhalten werden, falls jedes dieser beiden Systeme mehr als eine integrable Combination zulässt, und allgemein auf jedes particuläre Integral der Gleichung (1) mit drei willkürlichen Constanten, auf welchem Wege man es auch erhalten habe. Zweitens haben die allgemeinen Formeln Ampère's den schweren Nachtheil, dass sie nicht gestatten, sich zugleich der Integrale der Systeme (A) und (B) auf die vortheilhafteste Weise zu bedienen. Drittens könnte auch die Anwendung der Ampère'schen Formeln vereinfacht werden durch die Anwendung der bekannten Lagrange'schen und Charpit'schen Methode für die partiellen Differentialgleichungen erster Ordnung, welche in dieser Theorie vorkommen, anstatt der von Ampère selbst angegebenen Methode.

Wir wollen versuchen, diese Sätze in diesem Paragraphen und den folgenden zu beweisen; zuvor aber wollen wir untersuchen, welchen besonderen Nutzen die Anwendung der Methode der Variation der willkürlichen Constanten auf diejenigen particulären Integrale gewährt, welche mit Hülfe der Gleichungssysteme (A) und (B) erhalten werden.

135. Nehmen wir an, dass die Gleichungen (1) eine integrable Combination zulassen, deren Integral wir unter der Form

$$f(x, y, z, z', z_{,}) = a$$

darstellen, so wird dies bezüglich der Gleichung (1) ein particuläres Integral erster Ordnung sein. Betrachtet man es aber als eine partielle Differentialgleichung erster Ordnung, so wird man nach der Lagrange'schen und Charpit'schen Methode ein vollständiges Integral desselben

$$z = \omega(x, y, a, \gamma, \eta)$$

bestimmen können, welches ausser a noch zwei andere willkürliche Constanten γ, η enthält und welches bezüglich der Gleichung (1) ein primitives particuläres Integral sein wird. Wendet man darauf die Methode der Variation der willkürlichen Constanten an, so muss man η als eine Function von a und γ betrachten und zu ihrer Bestimmung wird man eine Gleichung mit den partiellen Ableitungen zweiter Ordnung

$$\frac{\partial^2 \eta}{\partial \alpha^2}, \quad \frac{\partial^2 \eta}{\partial \alpha \partial \gamma}, \quad \frac{\partial^2 \eta}{\partial \gamma^2}$$

erhalten.

Die Grösse a stellt, wie man weiss, das Argument der einen der beiden willkürlichen Functionen des allgemeinen Integrals von (1) dar, und dieses letztere Integral muss sich ausdrücken mit Hülfe von η und der willkürlichen Functionen, welche η enthält. Mithin muss eine der willkürlichen Functionen, welche in dem allgemeinen Integrale, welches den Werth von η darstellt, vorkommen, ebenfalls a als Argument haben. In diesem Falle aber darf die Gleichung, welche die Function η bestimmt, nicht die Ableitung $\frac{\partial^2 \eta}{\partial \alpha^2}$ enthalten, wie wir in der Theorie der Integrale der partiellen Differentialgleichungen zweiter Ordnung bewiesen haben (Kap. I, § 6). Diese Ableitung $\frac{\partial^2 \eta}{\partial \alpha^2}$ darf und muss in die Gleichung (4) eintreten nur mittels des Ausdruckes $\frac{\partial^2 . \omega}{\partial \alpha^2}$; somit hat man in dem betrachteten Falle nothwendig $R = 0$.

Benutzt man das Integral

$$F(x, y, z, z', z_,) = \beta,$$

welches aus einer integrablen Combination der Gleichungen (B) abgeleitet ist, und berechnet man ein vollständiges Integral dieser Gleichung:

$$z = \omega(x, y, \beta, \gamma, \eta),$$

so wende man hierauf die Methode der Variation der willkürlichen Constanten an. Betrachtet man η als Function von β und γ, so hat man zur Bestimmung dieser Function eine Gleichung wie Formel (4), in welcher man nur β für γ und γ für a zu schreiben hat. Aus demselben Grunde wie im vorigen Falle schliesst man, dass man jetzt nothwendig $T = 0$ haben muss.

136. Kann man vermittelst integrabler Combinationen der Gleichungen (A) und (B) die Integrale, die wir resp. durch

$$f(x,\ y,\ z,\ z',\ z_,) = \alpha, \quad F(x,\ y,\ z,\ z',\ z_,) = \beta$$

bezeichnen, erhalten, so liefern die linken Seiten dieser Gleichungen, die bekanntlich (Kap. III, § 16) der Integrabilitätsbedingung

$$\left(\frac{\partial f}{\partial x} + \frac{\partial f}{\partial z} z'\right) \frac{\partial F}{\partial z'} - \left(\frac{\partial F}{\partial x} + \frac{\partial F}{\partial z} z'\right) \frac{\partial f}{\partial z'}$$
$$+ \left(\frac{\partial f}{\partial y} + \frac{\partial f}{\partial z} z_,\right) \frac{\partial F}{\partial z_,} - \left(\frac{\partial F}{\partial y} + \frac{\partial F}{\partial z} z_,\right) \frac{\partial f}{\partial z_,} = 0$$

genügen, die Werthe von z' und $z_{,,}$ durch deren Substitution die Gleichung

$$dz = z'dx + z_,dy$$

entweder unmittelbar oder nach Multiplication mit dem Integrabilitätsfactor integrabel wird. Als Resultat dieser Integration erhält man den Werth:

$$z = \omega(x,\ y,\ \alpha,\ \beta,\ \eta),$$

welcher ein particuläres Integral der Gleichung (1) darstellt. Betrachtet man η als Function von α und β und wendet man die Methode der Variation der willkürlichen Constanten auf dieses Integral an, so findet man zur Bestimmung der Function η die durch die Formel (4) gegebene Gleichung, in der man β für γ zu schreiben hat. Das allgemeine Integral, welches den Werth von z darstellt, drückt sich aus vermittelst des allgemeinen Integrals, welches den Werth von η darstellt, und der beiden in diesem Integrale enthaltenen willkürlichen Functionen. Nun müssen die Argumente der willkürlichen Functionen des ersten Integrals α und β sein, mithin müssen α und β auch die Argumente der willkürlichen Functionen des zweiten Integrals sein. Demnach darf die Gleichung (4) im gegenwärtigen Falle (Kap. I, § 6) nicht die partiellen Ableitungen zweiter Ordnung

$$\frac{\partial^2 \eta}{\partial \alpha^2}, \quad \frac{\partial^2 \eta}{\partial \beta^2}$$

enthalten, woraus mit Nothwendigkeit folgt, dass $R = 0$ und $T = 0$ ist.

137. Hat man schliesslich in der Gleichung (1)

$$G = K^2 - HL + MN = 0,$$

so hören, wie man weiss, die beiden Gleichungssysteme (A) und (B) auf, von einander verschieden zu sein, und die Argumente α und β werden einander gleich. Hat man in diesem Falle eine integrable Combination der Gleichungen (A), deren Integral

$$f(x, y, z, z', z_{,}) = a$$

sei, und integrirt man diese partielle Differentialgleichung erster Ordnung, so erhält man das vollständige Integral derselben

$$z = \omega(x, y, a, \gamma, \eta),$$

welches ein primitives particuläres Integral der Gleichung (1) ist. Betrachtet man η als eine willkürliche Function von a und γ und wendet man auf dieses Integral die Methode der Variation der willkürlichen Constanten an, so erhält man zur Bestimmung der Function η eine Gleichung vermittelst der allgemeinen Formel (4). Das allgemeine Integral, welches den Werth von z darstellt, muss sich ausdrücken vermittelst des allgemeinen Integrals, welches den Werth von η darstellt, und der willkürlichen Functionen, welche dieses Integral enthält. Die Argumente der willkürlichen Functionen des Integrals für z müssen aber gleich a sein, mithin muss a auch das gemeinschaftliche Argument der willkürlichen Functionen des Integrals für η sein. Demnach kann im gegenwärtigen Falle (Kap. I, § 6) die Gleichung (4) nicht die Ableitungen zweiter Ordnung

$$\frac{\partial^2\eta}{\partial\alpha^2}, \quad \frac{\partial^2\eta}{\partial\alpha\partial\gamma}$$

enthalten und daraus folgt nothwendig, dass $R = 0$ und $S = 0$ ist.

138. Somit besteht der Vortheil der Anwendung der Methode der Variation der willkürlichen Constanten auf die mittels der Gleichungen (A) und (B) erhaltenen particulären Integrale der Gleichung (1) darin, dass die allgemeine Gleichung

$$R\frac{\partial^2.\omega}{\partial\alpha^2} + 2S\frac{\partial^2.\omega}{\partial\alpha\partial\gamma} + T\frac{\partial^2.\omega}{\partial\gamma^2} + U = 0,$$

auf welche sich schliesslich das Problem der Integration der Gleichung (1) reducirt, in den soeben betrachteten vier Fällen folgende vereinfachte Formen zulässt:

$$2S\frac{\partial^2.\omega}{\partial\alpha\partial\gamma} + T\frac{\partial^2.\omega}{\partial\gamma^2} + U = 0$$

$$2S\frac{\partial^2.\omega}{\partial\beta\partial\gamma} + R\frac{\partial^2.\omega}{\partial\alpha^2} + U = 0$$

$$2S\frac{\partial^2.\omega}{\partial\alpha\partial\beta} + U = 0$$

$$T\frac{\partial^2.\omega}{\partial\gamma^2} + U = 0.$$

Ist in der Gleichung (1) $N = 0$, ein Fall, auf den sich Ampère in seiner Theorie[1]) beschränkt hat, so hat man zufolge der letzten der Formeln (5) des vorigen Paragraphen, $U = 0$ und die definitiven Gleichungen nehmen die noch einfacheren Formen an:

$$2S\frac{\partial^2 . \omega}{\partial\alpha\partial\gamma} + T\frac{\partial^2 . \omega}{\partial\gamma^2} = 0$$

$$2S\frac{\partial^2 . \omega}{\partial\alpha\partial\gamma} + R\frac{\partial^2 . \omega}{\partial\alpha^2} = 0$$

$$S\frac{\partial^2 . \omega}{\partial\alpha\partial\beta} = 0$$

$$T\frac{\partial^2 . \omega}{\partial\gamma^2} = 0.$$

Die beiden letzten Gleichungen stellen die einfachsten Formen dar, welche die Gleichung (4) annehmen kann. Ampère erhält mit Hülfe seiner Methode leicht die durch die letzte Gleichung dargestellte Form in dem Falle, wo die Gleichung $G = 0$ gilt. Aber viel schwieriger ist es, nach dieser Methode die Form zu erhalten, welche die vorletzte Gleichung darbietet, in dem Falle, wo G nicht gleich Null ist und wo die Systeme (A) und (B) ein jedes integrable Combinationen liefern, deren Integrale wir in der Form dargestellt haben (Nr. 136):

$$f(x, y, z, z', z_,) = \alpha, \quad F(x, y, z, z', z_,) = \beta.$$

Die Schwierigkeit entspringt daraus, dass Ampère, indem er seine Methode nur anwendet auf das erste der beiden vorstehenden Integrale,

---

[1]) Wir citiren die Stelle der Ampère'schen Abhandlung, wo von dieser Beschränkung die Rede ist.

„Je vais appliquer la méthode que j'emploie à l'équation

$$Hr + 2Ks + Lt + M = 0.$$

Cette méthode peut aussi être appliquée avec quelques modifications à l'équation

$$Hr + 2Ks + Lt + M + N(rt - s^2) = 0$$

et servir à la ramener à l'une des deux formes

$$t = f(x, y, z, p, q), \quad s = f(x, y, z, p, q)$$

suivant que la quantité $K^2 - HL + MN$ est nulle ou ne l'est pas. Mais pour rendre plus simple l'exposition de cette méthode et les démonstrations qui y sont relatives, j'ai cru devoir me borner à la formule

$$Hr + 2Ks + Lt + M = 0$$

où les dérivées du second ordre ne se trouvent qu'à la première puissance.“ (Journ. de l'Ecole polyt. 18e cahier p. 106.)

auf diese Weise das Problem auf die Integration einer Gleichung von der Form:

$$2S\frac{\partial^2.\omega}{\partial\alpha\partial\gamma}+T\frac{\partial^2.\omega}{\partial\gamma^2}=0$$

zurückführt; er muss sodann mit dieser Gleichung wie mit der gegebenen Gleichung (1) verfahren und beweisen, dass die neue transformirte Gleichung von der Form ist:

$$S\frac{\partial^2.\omega}{\partial\alpha\partial\beta}=0,$$

während bei Anwendung des von uns oben angegebenen Verfahrens mit einem Male das Problem auf die Integration einer Gleichung von dieser letzteren Form zurückgeführt wird.

139. Wir bemerken ferner, dass die linke Seite jeder der Gleichungen

$$S\frac{\partial^2.\omega}{\partial\alpha\partial\beta}=0,\quad T\frac{\partial^2.\omega}{\partial\gamma^2}=0$$

aus zwei Factoren besteht, deren jeder im Allgemeinen der Null gleichgesetzt werden kann. Das allgemeine Integral aber, welches den Werth von η darstellt, können nur die zweiten Factoren liefern, weil nur diese die Ableitungen zweiter Ordnung von dieser Function enthalten. Die ersten Factoren S und T für sich können nur in gewissen Fällen particuläre Integrale mit einer einzigen willkürlichen Function liefern, weil sie nur partielle Ableitungen erster Ordnung von η enthalten. Im Allgemeinen kann man diese Factoren weglassen.

Ist also $G=0$ und erhält man aus den Gleichungen (A) und (B) ein particuläres Integral der Gleichung (1) von der Form:

$$z=\omega(x,\ y,\ a,\ \gamma,\ \eta),$$

so erhält man ihr allgemeines Integral, wenn man mit der vorstehenden die drei Gleichungen verbindet:

$$\frac{\partial.\omega}{\partial\alpha}=0,\quad\frac{\partial.\omega}{\partial\gamma}=0,\quad\frac{\partial^2.\omega}{\partial\gamma^2}=0,$$

deren letzte zur Bestimmung von η als Function von a und γ dient.

Ist G nicht gleich Null und hat man mit Hülfe der Gleichungen (A) und (B) ein particuläres Integral von (1) gefunden:

$$z=\omega(x,\ y,\ a,\ \beta,\ \eta),$$

so findet man ihr allgemeines Integral, indem man mit der vorstehenden Gleichung die drei folgenden verbindet:

$$\frac{\partial . \omega}{\partial \alpha} = 0, \quad \frac{\partial . \omega}{\partial \beta} = 0, \quad \frac{\partial^2 . \omega}{\partial \alpha \partial \beta} = 0,$$

deren letzte zur Bestimmung von η als Function von α und β dient.

§ 21.

140. Um eine Anwendung der soeben erhaltenen theoretischen Resultate zu geben, nehmen wir zunächst die Beispiele, welche Ampère als Erläuterung für seine Methode behandelt hat. Wir werden auf diese Weise bestätigen, dass man in allen Fällen der Anwendung der Methode der Variation der willkürlichen Constanten sich derselben Formeln (5) bedienen kann, welche ausserdem die Resultate Ampère's auf directerem Wege liefern. Zuvor aber bringen wir diese allgemeinen Formeln auf eine für die Anwendung bequemere Form. Dazu bemerken wir, dass die Ausdrücke von R und T in Factoren zerlegt werden können, da jeder von ihnen eine homogene Function zweiten Grades darstellt. Durch Auflösung der Gleichung zweiten Grades

$$m^2 + 2\frac{K - N\omega_{,}'}{H + N\omega_{,,}} m + \frac{L + N\omega''}{H + N\omega_{,,}} = 0$$

findet man:

$$m = \frac{-K + N\omega_{,}' \pm \sqrt{(K - N\omega_{,}')^2 - (H + N\omega_{,,})(L + N\omega'')}}{H + N\omega_{,,}}.$$

Bezeichnet man nun mit P die Grösse unter dem Wurzelzeichen, so hat man:

$$P = K^2 - HL - N[H\omega'' + 2K\omega_{,}' + L\omega_{,,} + N(\omega''\omega_{,,} - \omega_{,}'^2)]$$

und, wenn man hierzu die identische Gleichung addirt:

$$0 = N[H\omega'' + 2K\omega_{,}' + L\omega_{,,} + M + N(\omega''\omega_{,,} - \omega_{,}'^2)],$$

welche gilt infolge der Voraussetzung, dass ω der Gleichung (1) genügt, so folgt:

$$P = K^2 - HL + MN = G.$$

Mithin

$$m = \frac{-K + N\omega_{,}' \pm \sqrt{G}}{H + N\omega_{,,}}.$$

Mittels der soeben erhaltenen zwei Werthe von m können die Ausdrücke von R, S, T folgendermassen geschrieben werden:

$$\left.\begin{aligned}
-R &= (H+N\omega_{,,})\left\{\left(\frac{\partial\omega_{,}}{\partial\gamma}\right)^2\left[\frac{\frac{\partial\omega'}{\partial\gamma}}{\frac{\partial\omega_{,}}{\partial\gamma}}+\frac{K-N\omega'_{,}+\sqrt{G}}{H+N\omega_{,,}}\right]\left[\frac{\frac{\partial\omega'}{\partial\gamma}}{\frac{\partial\omega_{,}}{\partial\gamma}}+\frac{K-N\omega'_{,}-\sqrt{G}}{H+N\omega_{,,}}\right]\right\}\\
S &= (H+N\omega_{,,})\left\{\frac{\partial\omega_{,}}{\partial\alpha}\frac{\partial\omega_{,}}{\partial\gamma}\left[\frac{\frac{\partial\omega'}{\partial\alpha}}{\frac{\partial\omega_{,}}{\partial\alpha}}\cdot\frac{\frac{\partial\omega'}{\partial\gamma}}{\frac{\partial\omega_{,}}{\partial\gamma}}+\frac{K-N\omega'_{,}}{H+N\omega_{,,}}\left(\frac{\frac{\partial\omega'}{\partial\alpha}}{\frac{\partial\omega_{,}}{\partial\alpha}}+\frac{\frac{\partial\omega'}{\partial\gamma}}{\frac{\partial\omega_{,}}{\partial\gamma}}\right)+\frac{L+N\omega''}{H+N\omega_{,,}}\right]\right\}\\
-T &= (H+N\omega_{,,})\left\{\left(\frac{\partial\omega_{,}}{\partial\alpha}\right)^2\left[\frac{\frac{\partial\omega'}{\partial\alpha}}{\frac{\partial\omega_{,}}{\partial\alpha}}+\frac{K-N\omega'_{,}+\sqrt{G}}{H+N\omega_{,,}}\right]\left[\frac{\frac{\partial\omega'}{\partial\alpha}}{\frac{\partial\omega_{,}}{\partial\alpha}}+\frac{K-N\omega'_{,}-\sqrt{G}}{H+N\omega_{,,}}\right]\right\}
\end{aligned}\right\}\text{(6).}$$

141. Wir beschäftigen uns nunmehr mit den Beispielen Ampère's.

I. $$x^4z'' - 4x^2z_{,}z'_{,} + 4z_{,}^2z_{,,} + 2z'x^3 = 0.$$

Man hat hier:

$$H = x^2,\ K = -2x^2z_{,},\ L = 4z_{,}^2,\ M = 2z'x^3,\ N = 0,$$

mithin:

$$G = K^2 - HL + MN = 0.$$

Demnach verschmelzen die beiden Gleichungssysteme (A) und (B) zu einem, nämlich:

$$\begin{aligned}
x^2\frac{\partial y}{\partial x(\alpha} + 2z_{,} &= 0\\
x^2\frac{\partial z'}{\partial x(\alpha} - 2z_{,}\frac{\partial z_{,}}{\partial x(\alpha} + 2z'x &= 0\\
\frac{\partial z}{\partial x(\alpha} - z' - z_{,}\frac{\partial y}{\partial x(\alpha} &= 0.
\end{aligned}$$

Die zweite von diesen der Integrabilitätsbedingung genügenden Gleichungen giebt das Integral:

$$x^2z' - z_{,}^2 = 2a.$$

Um diese partielle Differentialgleichung erster Ordnung nach der Methode von Lagrange und von Charpit zu integriren, bilden wir das System simultaner Gleichungen:

$$\frac{dx}{x^2} = \frac{dy}{-2z_{,}} = \frac{-dz'}{2xz'} = \frac{-dz_{,}}{0},$$

deren ein Integral offenbar $z_{,} = \text{const}$ ist. Man hat demnach:

$$z' = \frac{2\alpha + \gamma^2}{x^2}, \quad z_{,} = \gamma$$

und:

$$dz = \frac{2\alpha + \gamma^2}{x^2} dx + \gamma dy.$$

Integrirt man diese letzte Gleichung, so erhält man das particuläre Integral der gegebenen Gleichung:

$$z = \gamma y - \frac{2\alpha + \gamma^2}{x} + \eta = \omega,$$

dessen Richtigkeit man leicht bestätigt. Betrachtet man η als Function von α und γ und verbindet man mit der vorstehenden Gleichung die drei folgenden:

$$\frac{\partial . \omega}{\partial \alpha} = -\frac{2}{x} + \frac{\partial \eta}{\partial \alpha} = 0$$

$$\frac{\partial . \omega}{\partial \gamma} = y + \frac{\partial \eta}{\partial \gamma} - \frac{2\gamma}{x} = 0$$

$$\frac{\partial^2 . \omega}{\partial \gamma^2} = -\frac{2}{x} + \frac{\partial^2 \eta}{\partial \gamma^2} = 0,$$

so erhalten wir das allgemeine Integral, wenn wir die Function γ mit Hülfe der letzten Gleichung bestimmen. Subtrahirt man nun hiervon die erste Gleichung des allgemeinen Integrals, so erhält man die Gleichung:

$$\frac{\partial^2 \eta}{\partial \gamma^2} = \frac{\partial \eta}{\partial \alpha},$$

deren Integral von Laplace unter der allgemeinen Form

$$\eta = \int_{-\infty}^{+\infty} \varphi(\gamma + 2u\sqrt{\alpha})\, e^{-u^2} du,$$

in der φ eine willkürliche Function bezeichnet, gegeben worden ist. Die partiellen Ableitungen dieses Werthes von η nach α und γ sind:

$$\frac{\partial \eta}{\partial \alpha} = \frac{1}{\sqrt{\alpha}} \int_{-\infty}^{+\infty} u\varphi'(\gamma + 2u\sqrt{\alpha})\, e^{-u^2} du, \quad \frac{\partial \eta}{\partial \gamma} = \int_{-\infty}^{+\infty} \varphi'(\gamma + 2u\sqrt{\alpha})\, e^{-u^2} du.$$

Der Werth des ersten kann noch mittels partieller Integration auf die Form gebracht werden:

$$\frac{\partial \eta}{\partial \alpha} = \int_{-\infty}^{+\infty} \varphi''(\gamma + 2u\sqrt{\alpha})\, e^{-u^2} du.$$

Substituirt man diese Werthe, so erhält man das von **Ampère** gegebene Integral des Problems in der Form der drei Gleichungen:

$$z = \gamma y - \frac{2\alpha + \gamma^2}{x} + \int_{-\infty}^{+\infty} \varphi(\gamma + 2u\sqrt{a})e^{-u^2}du$$

$$0 = y - \frac{2\gamma}{x} + \int_{-\infty}^{+\infty} \varphi'(\gamma + 2u\sqrt{a})e^{-u^2}du$$

$$0 = \frac{2}{x} - \int_{-\infty}^{+\infty} \varphi''(\gamma + 2u\sqrt{a})e^{-u^2}du.$$

Um die Schlüsse der Theorie bezüglich der Werthe von R, S, T zu bestätigen, differentiiren wir die Function ω nach x und y, indem wir dabei α und γ als Constanten betrachten. Es folgt:

$$\omega' = \frac{2\alpha + \gamma^2}{x^2}, \quad \omega_{,} = \gamma.$$

Differentiirt man ferner die Functionen ω' und $\omega_{,}$ nach α und γ unter der Annahme, dass x und y constant seien, so findet man:

$$\frac{\partial.\omega'}{\partial\alpha} = \frac{2}{x^2}, \quad \frac{\partial.\omega'}{\partial\gamma} = \frac{2\gamma}{x^2}, \quad \frac{\partial.\omega_{,}}{\partial\alpha} = 0, \quad \frac{\partial.\omega_{,}}{\partial\gamma} = 1.$$

Substituirt man diese Werthe in die allgemeinen Formeln (6), in denen man $N = 0$ setzt, so findet man übereinstimmend mit der Theorie:

$$R = 0, \quad S = 0, \quad T = -1.$$

Genau in derselben Weise integrirt man die beiden andern Beispiele:

$$z'' + 2(z_{,} - x)z'_{,} + (z' - x)^2 z_{,,} - z_{,} = 0$$

und:

$$(x + z_{,})^2 z'' + 2(x + z_{,})(y + z')z'_{,} + (y + z')^2 z_{,,} + 2(x + z_{,})(y + z') = 0,$$

welche alle beide von derselben Art sind wie die vorige, da auch bei diesen Beispielen die Bedingung $G = 0$ erfüllt ist.

142. Betrachten wir nun Beispiele, in denen diese Bedingung nicht erfüllt ist.

II. $$x^2 z'' + 2x^2 z'_{,} + \left(x^2 - \frac{b^2}{x^2 z_{,}^2}\right) z_{,,} - 2z = 0.$$

Man hat hier:

$$H = x^2, \; K = x^2, \; L = x^2 - \frac{b^2}{x^2 z_{,}^2}, \; M = -2z, \; N = 0, \; \sqrt{G} = \frac{b}{z_{,}}.$$

Mithin nehmen die Gleichungen (A) und (B) bezüglich die Form an:

$$x^2 \frac{\partial y}{\partial x(\alpha} - x^2 - \frac{b}{z_,} = 0, \qquad x^2 \frac{\partial y}{\partial x(\beta} - x^2 + \frac{b}{z_,} = 0$$

$$x^2 \frac{\partial z'}{\partial x(\alpha} + \left(x^2 - \frac{b}{z_,}\right) \frac{\partial z_,}{\partial x(\alpha} - 2z = 0, \quad x^2 \frac{\partial z'}{\partial x(\beta} + \left(x^2 + \frac{b}{z_,}\right) \frac{\partial z_,}{\partial x(\beta} - 2z = 0$$

$$\frac{\partial z}{\partial x(\alpha} - z' - z_, \frac{\partial y}{\partial x(\alpha}, \qquad \frac{\partial z}{\partial x(\beta} - z' - z_, \frac{\partial y}{\partial x(\beta} = 0.$$

Keine dieser Gleichungen, für sich genommen, genügt der Integrabilitätsbedingung; indessen hat Ampère eine integrable Combination dieser Gleichungen angegeben, welche man erhält, wenn man in beiden Systemen die erste Gleichung mit $-\frac{2z_,}{x}$, die zweite mit -1, die dritte mit $-2z$ multiplicirt und sodann einzeln die Gleichungen jedes Systems addirt. Die beiden Summen können folgendermassen dargestellt werden:

$$0 = x^2 \partial z' + 2xz' \partial x + x^2 \partial z_, + 2xz_, \partial x - 2z \partial x - 2x \partial z \mp \frac{b \partial z_,}{z_,} \pm \frac{2b \partial x}{x},$$

wenn man festhält, dass die Gleichung mit den oberen Zeichen aus dem System (A), diejenige mit den unteren Zeichen aus dem System (B) folgt. Diese beiden Gleichungen enthalten partielle Ableitungen nach x; als zweite unabhängige Veränderliche betrachtet man aber in der einen α, in der andern β. Man hat daher als Integrale die beiden Gleichungen:

$$x^2 z' + x^2 z_, - 2zx - b \log z_, + 2b \log x = \alpha$$
$$x^2 z' + x^2 z_, - 2zx + b \log z_, - 2b \log x = \beta,$$

aus denen durch Addition und Subtraction folgt:

$$2x^2(z' + z_,) - 4zx = \alpha + \beta$$
$$2b \log \frac{z_,}{x^2} = \beta - \alpha.$$

Die zweite von diesen Gleichungen giebt:

$$z_, = x^2 e^{\frac{\beta - \alpha}{2b}},$$

und substituirt man diesen Werth von $z_,$ in die erste, so hat man:

$$z' = \frac{\alpha + \beta}{2x^2} + \frac{2z}{x} - x^2 e^{\frac{\beta - \alpha}{2b}},$$

somit:

$$dz = \left(\frac{\alpha + \beta}{2x^2} + \frac{2z}{x} - x^2 e^{\frac{\beta - \alpha}{2b}}\right) dx + e^{\frac{\beta - \alpha}{2b}} x^2 dy.$$

Integrirt man diese Gleichung, nachdem man sie mit $\frac{1}{x^2}$ multiplicirt hat, so erhält man, wie man leicht a posteriori bestätigen kann, das particuläre Integral der gegebenen Gleichung:

$$z = -\frac{\alpha+\beta}{6x} + e^{\frac{\beta-\alpha}{2b}}(y-x)x^2 - x^2\eta = \omega.$$

Betrachtet man nun η als Function von α und β und verbindet man mit der vorstehenden Gleichung die beiden folgenden:

$$\frac{\partial.\omega}{\partial\alpha} = -\frac{1}{6x} - \frac{1}{2b}e^{\frac{\beta-\alpha}{2b}}(y-x)x^2 - x^2\frac{\partial\eta}{\partial\alpha} = 0$$

$$\frac{\partial.\omega}{\partial\beta} = -\frac{1}{6x} + \frac{1}{2b}e^{\frac{\beta-\alpha}{2b}}(y-x)x^2 - x^2\frac{\partial\eta}{\partial\beta} = 0,$$

so erhält man das allgemeine Integral der gegebenen Gleichung, wenn man η mittels der Gleichung bestimmt:

$$\frac{\partial^2.\omega}{\partial\alpha\partial\beta} = -\frac{1}{4b^2}e^{\frac{\beta-\alpha}{2b}}(y-x)x^2 - x^2\frac{\partial^2\eta}{\partial\alpha\partial\beta} = 0.$$

Subtrahirt man nun die zweite Gleichung des allgemeinen Integrals von der dritten, so folgt:

$$\frac{1}{b}e^{\frac{\beta-\alpha}{2b}}(y-x)x^2 + x^2\left(\frac{\partial\eta}{\partial\alpha} - \frac{\partial\eta}{\partial\beta}\right) = 0.$$

Multiplicirt man diese mit $\frac{1}{4b}$, addirt sie dann zu der vorigen und dividirt durch x^2, so erhält man zur Bestimmung von η die Gleichung:

$$\frac{\partial^2\eta}{\partial\alpha\partial\beta} - \frac{1}{4b}\left(\frac{\partial\eta}{\partial\alpha} - \frac{\partial\eta}{\partial\beta}\right) = 0.$$

Man bemerkt leicht, dass dieselbe in endlicher Form nicht integrirbar ist, ihr allgemeines Integral drückt sich aber nach der Laplace'schen Methode mittels bestimmter Integrale aus.

Um die Werthe von R, S, T zu bestätigen, so findet man durch Differentiation der Function ω nach x und y, wobei α und β als Constanten betrachtet werden:

$$\omega' = \frac{\alpha+\beta}{6x^2} + e^{\frac{\beta-\alpha}{2b}}(2xy - 3x^2) - 2x\eta, \quad \omega_{,} = e^{\frac{\beta-\alpha}{2b}}x^2.$$

Differentiirt man ω' und $\omega,$ nach α und β und betrachtet man x und y als constant, so folgt:

$$\frac{\partial\omega'}{\partial\alpha} = \frac{1}{6x^2} - \frac{1}{2b}e^{\frac{\beta-\alpha}{2b}}(2xy - 3x^2) - 2x\frac{\partial\eta}{\partial\alpha}, \quad \frac{\partial\omega_,}{\partial\alpha} = -\frac{1}{2b}e^{\frac{\beta-\alpha}{2b}}x^2.$$

$$\frac{\partial\omega'}{\partial\beta} = \frac{1}{6x^2} + \frac{1}{2b}e^{\frac{\beta-\alpha}{2b}}(2xy - 3x^2) - 2x\frac{\partial\eta}{\partial\beta}, \quad \frac{\partial\omega_,}{\partial\beta} = \frac{1}{2b}e^{\frac{\beta-\alpha}{2b}}x^2.$$

Aus der ersten und der dritten dieser Gleichungen kann man $\frac{\partial\eta}{\partial\alpha}$ und $\frac{\partial\eta}{\partial\beta}$ eliminiren, indem man zu ihnen die mit $-\frac{2}{x}$ multiplicirte zweite und dritte Gleichung des allgemeinen Integrals addirt. Man findet so:

$$\frac{\partial\omega'}{\partial\alpha} = \frac{1}{2x^2} + \frac{1}{2b}e^{\frac{\beta-\alpha}{2b}}x^2, \quad \frac{\partial\omega'}{\partial\beta} = \frac{1}{2x^2} - \frac{1}{2b}e^{\frac{\beta-\alpha}{2b}}x^2.$$

Mit Rücksicht auf die Gleichung aber

$$\omega_, = e^{\frac{\beta-\alpha}{2b}}x^2$$

kann man die vorstehenden Gleichungen noch auf folgende Weise schreiben:

$$\frac{\partial\omega'}{\partial\alpha} = \frac{1}{2x^2} + \frac{\omega_,}{2b}, \quad \frac{\partial\omega'}{\partial\beta} = \frac{1}{2x^2} - \frac{\omega_,}{2b}$$

$$\frac{\partial\omega_,}{\partial\alpha} = -\frac{\omega_,}{2b}, \quad \frac{\partial\omega_,}{\partial\beta} = \frac{\omega_,}{2b}.$$

Diese Werthe müssen in die allgemeinen Formeln (6), in denen man $\gamma = \beta$ und $N = 0$ zu setzen hat, substituirt werden. Dividirt man dazu die beiden ersten vorstehenden Gleichungen resp. durch die beiden letzten, so folgt:

$$\frac{\frac{\partial\omega'}{\partial\alpha}}{\frac{\partial\omega_,}{\partial\alpha}} = -\frac{b}{x^2\omega_,} - 1, \quad \frac{\frac{\partial\omega'}{\partial\beta}}{\frac{\partial\omega_,}{\partial\beta}} = \frac{b}{x^2\omega_,} - 1.$$

Andererseits hat man:

$$\frac{K+\sqrt{G}}{H} = 1 + \frac{b}{x^2\omega_,}, \quad \frac{K-\sqrt{G}}{H} = 1 - \frac{b}{x^2\omega_,},$$

mithin:

$$\frac{\frac{\partial\omega'}{\partial\alpha}}{\frac{\partial\omega_,}{\partial\alpha}} = -\frac{K+\sqrt{G}}{H}, \quad \frac{\frac{\partial\omega'}{\partial\beta}}{\frac{\partial\omega_,}{\partial\beta}} = -\frac{K-\sqrt{G}}{H},$$

also $R = 0$ und $T = 0$.

Multiplicirt und addirt man die vorigen Gleichungen, so ergiebt sich:

$$\frac{\frac{\partial \omega'}{\partial \alpha}}{\frac{\partial \omega_{,}}{\partial \alpha}} \cdot \frac{\frac{\partial \omega'}{\partial \beta}}{\frac{\partial \omega_{,}}{\partial \beta}} = \frac{K^2 - G}{H^2} = \frac{L}{H}, \quad \frac{\frac{\partial \omega'}{\partial \alpha}}{\frac{\partial \omega_{,}}{\partial \alpha}} + \frac{\frac{\partial \omega'}{\partial \beta}}{\frac{\partial \omega_{,}}{\partial \beta}} = -\frac{2K}{H},$$

folglich giebt die zweite der Formeln (6)

$$S = -2 \frac{\partial \omega_{,}}{\partial \alpha} \frac{\partial \omega_{,}}{\partial \beta} \frac{K^2 - HL}{H} = -2 \frac{\partial \omega_{,}}{\partial \alpha} \frac{\partial \omega_{,}}{\partial \beta} \frac{G}{H},$$

Man hat aber:

$$\frac{\partial \omega_{,}}{\partial \alpha} \frac{\partial \omega_{,}}{\partial \beta} = -\frac{\omega_{,}^2}{4b^2}, \quad G = \frac{b^2}{\omega_{,}^2}, \quad H = x^2;$$

mithin:

$$S = \frac{1}{2x^2}.$$

143. Wir wollen dieses Beispiel noch benutzen, um den Unterschied zwischen unserer Auflösungsmethode und derjenigen, welche Ampère befolgt hat, klarer hervortreten zu lassen. Wie wir schon oben bemerkt haben, hat Ampère, anstatt die Auflösung gleichzeitig auf die beiden den Systemen (A) und (B) genügenden Integrale zu gründen, nur von einem derselben Gebrauch gemacht, nämlich:

$$x^2 z' + x^2 z_{,} - 2xz - b \log z_{,} + 2b \log x = a.$$

Aus dieser Differentialgleichung erster Ordnung musste er zuerst sein particuläres Integral mit drei willkürlichen Constanten a, γ, η ableiten, ein Integral, welches wir bezeichnen mit

$$V = 0,$$

sodann sein allgemeines Integral, welches man erhält, wenn man η als Function von a und γ betrachtet und mit der vorstehenden Gleichung die folgende verbindet:

$$\frac{\partial . V}{\partial \gamma} = 0.$$

Anstatt aber zu diesem Zwecke die Methode von Charpit und Lagrange anzuwenden, welche das allgemeine Integral genau unter der gewünschten Form giebt, bedient sich Ampère seiner eigenen Methode für die Integration der partiellen Differentialgleichungen erster Ordnung, welche im Allgemeinen das Integral nicht unter der Form der Gleichungen

$$V = 0, \quad \frac{\partial . V}{\partial \gamma} = 0$$

giebt, so dass es einer besonderen Transformation bedarf, um zu dieser Form zu gelangen.

Wenn man auch der geistreichen Idee, auf welche diese Transformation sich gründet[1]), volle Gerechtigkeit widerfahren lässt, kann man doch nicht umhin zu bemerken, dass die Anwendung eines solchen Verfahrens auf den gegenwärtigen Fall die Rechnung sehr unnöthig complicirt. In der That, bildet man das Lagrange'sche System simultaner Differentialgleichungen, welches der gegebenen partiellen Differentialgleichung erster Ordnung entspricht, so hat man:

$$\frac{dx}{x^2} = \frac{dy}{x^2 - \frac{b}{z_,}} = \frac{dz}{z'x^2 + z_,x^2 - b} = \frac{-dz'}{2xz_, + \frac{2b}{x}} = \frac{dz_,}{2xz_,},$$

und wenn man den ersten Bruch dem letzten gleichsetzt, findet man:

$$2\frac{dx}{x} = \frac{dz_,}{z_,}, \quad \text{also} \quad z_, = \gamma x^2.$$

Mit Hülfe dieser Gleichung findet man aus der gegebenen:

$$z' = \frac{2z}{x} + \frac{\alpha + b\log\gamma}{x^2} - x^2\gamma.$$

Integrirt man schliesslich

$$dz = z'dx + z_,dy,$$

nachdem man die vorigen Werthe von z' und $z_,$ substituirt hat, so erhält man genau das particuläre Integral

$$z = \gamma x^2 y - \gamma x^3 - \frac{\alpha + b\log\gamma}{3x} + x^2\eta = \omega,$$

zu dessen Bestimmung die Ampère'sche Methode weit complicirtere Rechnungen erfordert.[2])

Sodann wendet Ampère die Methode der Variation der willkürlichen Constanten auf das vorstehende particuläre Integral an. Man gelangt zu denselben Resultaten wie er, wenn man das oben entwickelte Verfahren einschlägt. Betrachtet man η als Function von α und γ und verbindet man mit der vorstehenden Gleichung die beiden folgenden

$$\frac{\partial.\omega}{\partial\alpha} = -\frac{1}{3x} + x^2\frac{\partial\eta}{\partial\alpha} = 0$$

$$\frac{\partial.\omega}{\partial\gamma} = x^2y - x^3 - \frac{b}{3\gamma x} + x^2\frac{\partial\eta}{\partial\gamma} = 0,$$

[1]) S. 20 u. ff. der Ampère'schen Abhandlung.

[2]) S. 145—148 seiner Abhandlung.

so hat man das allgemeine Integral der gegebenen Gleichung, wenn man die Function η durch die Gleichung (4) bestimmt. Differentiirt man aber ω nach x und y und betrachtet man α und γ als Constanten, so findet man:

$$\omega' = 2\gamma xy - 3\gamma x^2 + \frac{\alpha + b\log\gamma}{3x^2} + 2x\eta, \quad \omega_, = \gamma x^2.$$

Differentiirt man jetzt ω' und $\omega_,$ nach α und γ und betrachtet dabei x und y als Constanten, so folgt:

$$\frac{\partial\omega_,}{\partial\alpha} = 0, \quad \frac{\partial\omega_,}{\partial\gamma} = x^2,$$

$$\frac{\partial\omega'}{\partial\gamma} = 2xy - 3x^2 + \frac{b}{3\gamma x^2} + 2x\frac{\partial\eta}{\partial\gamma}, \quad \frac{\partial\omega'}{\partial\alpha} = \frac{1}{3x^2} + 2x\frac{\partial\eta}{\partial\alpha}.$$

Die beiden letzten Gleichungen nehmen infolge der zweiten und dritten Gleichung des allgemeinen Integrals die Form an:

$$\frac{\partial\omega'}{\partial\gamma} = -x^2 + \frac{b}{\gamma x^2}, \quad \frac{\partial\omega'}{\partial\alpha} = \frac{1}{x^2}.$$

Wendet man sodann die allgemeinen Formeln (5) oder (6) an, so findet man sehr einfach:

$$R = 0, \quad S = \frac{b}{\gamma x^2}, \quad T = \frac{1}{x^2},$$

somit erhält die Gleichung zur Bestimmung der Function η die Form:

$$\frac{2b}{\gamma}\frac{\partial^2 . \alpha}{\partial\alpha\partial\gamma} - \frac{\partial^2 . \alpha}{\partial\gamma^2} = 0,$$

wie es nach der Theorie vorauszusehen war. Man findet sodann:

$$\frac{\partial^2 . \omega}{\partial\alpha\partial\gamma} = x^2\frac{\partial^2\eta}{\partial\alpha\partial\gamma}, \quad \frac{\partial^2 . \omega}{\partial\gamma^2} = \frac{b}{3\gamma^2 x} + x^2\frac{\partial^2\eta}{\partial\gamma^2},$$

und ausserdem giebt die zweite Gleichung des allgemeinen Integrals:

$$\frac{1}{3x^3} = \frac{\partial\eta}{\partial\alpha}.$$

Mithin hat man schliesslich zur Bestimmung von η die Gleichung:

$$\frac{\partial^2\eta}{\partial\gamma^2} - \frac{2b}{\gamma}\frac{\partial^2\eta}{\partial\alpha\partial\gamma} + \frac{b}{\gamma^2}\frac{\partial\eta}{\partial\alpha} = 0,$$

genau in der Form, welche ihr Ampère gegeben hat.

Diese Gleichung muss man sodann zwei Transformationen unterwerfen, um sie auf die einfachste Form, die wir oben unmittelbar erhalten haben, zu bringen. Für die erste Transformation führen wir, indem wir

$$\log \gamma = \varepsilon$$

setzen, ε an Stelle von γ als unabhängige Veränderliche ein und erhalten dadurch die Gleichung mit constanten Coefficienten:

$$\frac{\partial^2 \eta}{\partial \varepsilon^2} - 2b \frac{\partial^2 \eta}{\partial \alpha \partial \varepsilon} + b \frac{\partial \eta}{\partial \alpha} - \frac{\partial \eta}{\partial \varepsilon} = 0.$$

Für die zweite Transformation führen wir, indem wir

$$\beta = \alpha + 2b\varepsilon$$

setzen, β als unabhängige Veränderliche für ε ein und bringen dadurch die Gleichung auf die verlangte Form:

$$4b \frac{\partial^2 \eta}{\partial \alpha \partial \beta} - \frac{\partial \eta}{\partial \alpha} + \frac{\partial \eta}{\partial \beta} = 0.$$

Diese letzteren Transformationen lassen sich im betrachteten Beispiele ziemlich einfach ausführen, da die zu transformirende Gleichung bereits eine lineare Form hatte und zwar nicht nur in Bezug auf die zweiten, sondern auch in Bezug auf die ersten Ableitungen der Function η.

Die Schwierigkeit dieser Transformationen ist aber grösser, wenn die zu transformirende Gleichung nur in den zweiten Ableitungen von η linear ist. Man überzeugt sich davon leicht durch Behandlung der folgenden Beispiele:

$$z'' + 2z_{,}z'_{,} + (z_{,}^2 - x^2)z_{,,} - z_{,} = 0$$
$$x^4 z'' - 4x^2 z_{,}z'_{,} + 3z_{,}z_{,,} + 2x^3 z' = 0$$
$$z'' + 2z_{,}z'_{,} + (z_{,}^2 - b^2)z_{,,} = 0,$$

bei welchen man aber nach unserer Methode auf die allereinfachste Weise zu den schliesslichen Resultaten Ampère's gelangt.

§ 22.

144. Wir haben oben für die Anwendung der Methode der Variation der willkürlichen Constanten auf die Integration der Gleichung (1) vorausgesetzt, dass es primitive particuläre Integrale dieser Gleichung mit drei willkürlichen Constanten gäbe. Man begegnet aber Fällen, in denen man nur ein particuläres Integral mit zwei willkürlichen Constanten zu haben braucht. Ein solcher Fall bietet sich dar in den in Bezug auf die Ableitungen zweiter Ordnung linearen Gleichungen, welche nur z'' und $z'_,$ oder nur $z'_,$ und $z_{,,}$ enthalten. Man muss beachten, dass diese Form der Gleichungen in der Ampère'schen Theorie eine besondere Wichtigkeit besitzt, da man, wie oben bemerkt wurde, auf diese Form stets die vollständigen in Bezug auf z'', $z'_,$, $z_{,,}$ linearen Gleichungen zurückführen kann. In unsrer Auseinandersetzung dieser Integrationsmethode kann man die betreffende Form als einen besonderen Fall betrachten; demnach wollen wir uns auf die Vorführung eines der von Ampère behandelten Beispiele beschränken, um eine Idee von der von diesem Geometer benutzten Integrationsmethode zu geben. Wir nehmen die Gleichung:

$$zz'_, + \frac{z}{z_,^2} z_{,,} + z'z_, = 0.$$

Nach einer Untersuchung ihrer Form schliesst man (Kap. I, § 6), dass das Argument einer der beiden willkürlichen Functionen des allgemeinen Integrals gleich x ist. Setzt man $\alpha = x$, so muss das andere Argument β als eine gewisse Function von x und y betrachtet werden. Ist

$$\beta = f(x, y),$$

so kann man zufolge dieser Gleichung x und β an Stelle von x und y als unabhängige Veränderliche einführen.

Differentiirt man unter dieser Voraussetzung die Relation zwischen β, x, y partiell nach x und betrachtet man β als Constante, so folgt:

$$\frac{\partial f}{\partial x} + \frac{\partial f}{\partial y}\frac{\partial y}{\partial x(\beta} = 0, \text{ oder } \frac{\partial \beta}{\partial x} + \frac{\partial \beta}{\partial y}\frac{\partial y}{\partial x(\beta} = 0.$$

Man hat ferner:

$$\frac{\partial z_,}{\partial x(\beta} = z'_, + z_{,,}\frac{\partial y}{\partial x(\beta}, \quad \frac{\partial z'}{\partial x(\beta} = z_{,,}\frac{\partial y}{\partial x(\beta}.$$

Substituirt man die aus diesen letzteren Gleichungen sich ergebenden Werthe von $z'_,$ und $z_{,,}$ in die gegebene Gleichung, so folgt:

$$z\frac{\partial z_,}{\partial x(\beta} + z'z_, + z\left(\frac{1}{z_,^2} - \frac{\partial y}{\partial x(\beta}\right)\frac{\frac{\partial z'}{\partial x(\beta}}{\frac{\partial y}{\partial x(\beta}} = 0.$$

Diese letztere Gleichung muss (Kap. III, § 12) in die beiden folgenden zerfallen:

$$z\frac{\partial z_,}{\partial x(\beta} + z'z_, = 0, \quad \frac{\partial y}{\partial x(\beta} - \frac{1}{z_,^2} = 0,$$

zu denen man noch eine dritte hinzufügen kann:

$$\frac{\partial z}{\partial x(\beta} - z' - z, \frac{\partial y}{\partial x(\beta} = 0.$$

Da die drei vorstehenden Gleichungen keine Ableitung von z' enthalten, so kann man mit ihnen keine andere integrable Combination bilden, als indem man z' eliminirt. Dazu eliminiren wir z' aus der ersten und dritten, was giebt:

$$z \frac{\partial z_,}{\partial x(\beta} + z, \frac{\partial z}{\partial x(\beta} - z_,^2 \frac{\partial y}{\partial x(\beta} = 0$$

oder infolge der zweiten von eben jenen drei Gleichungen

$$z \frac{\partial z_,}{\partial x(\beta} + z, \frac{\partial z}{\partial x(\beta} - 1 = 0.$$

Durch Integration dieser Gleichung findet man:

$$zz_, - x = \beta.$$

Betrachtet man hier β als eine constante Grösse und nimmt man wieder x und y als unabhängige Veränderliche, so stellt die vorstehende Gleichung ein particuläres Integral erster Ordnung der gegebenen Gleichung dar. In der That, differentiirt man sie nach x und y, so folgt:

$$zz'_, + z'z_, - 1 = 0, \quad zz_{,,} + z_,^2 = 0.$$

Addirt man die erste von diesen zu der mit $\frac{1}{z_,^2}$ multiplicirten zweiten Gleichung, so erhält man wieder die gegebene Gleichung.

Aus dem particulären Integrale erster Ordnung erhält man, indem man sie wie eine gewöhnliche Differentialgleichung integrirt (da in ihr keine Ableitung nach x vorkommt), das primitive particuläre Integral

$$\omega = \frac{z^2}{2} - (x + \beta) y + \eta = 0,$$

wo η eine vollkommen willkürliche Function von x bezeichnet. Betrachtet man aber η als eine Function von x und β, so wird die letztere Gleichung noch immer ein Integral derjenigen Gleichung sein, aus der sie abgeleitet ist, wenn man mit ihr die Bedingung verbindet:

$$\frac{\partial . \omega}{\partial \beta} = - y + \frac{\partial \eta}{\partial \beta} = 0.$$

Es bleibt noch die Bedingung zu finden, welche erfüllt sein muss, damit die Gleichung $zz_, - x = \beta$ noch immer ein Integral der gegebenen ist. Differentiirt man dazu dieselbe nach x und y, so folgt:

$$zz'_, + z'z_, - 1 = \frac{\partial\beta}{\partial x}, \quad zz_{,,} + z_,^2 = \frac{\partial\beta}{\partial y}.$$

Addirt man die erste von diesen Gleichungen zu der mit $\frac{1}{z_,^2}$ multiplicirten zweiten, so kommt:

$$zz'_, + \frac{z}{z_,^2} z_{,,} + z'z_, = \frac{\partial\beta}{\partial x} + \frac{1}{z_,^2}\frac{\partial\beta}{\partial y}.$$

Mithin ist die gesuchte Bedingung ausgedrückt durch die Gleichung:

$$\frac{\partial\beta}{\partial x} + \frac{1}{z_,^2}\frac{\partial\beta}{\partial y} = 0.$$

Nun hatten wir aber:

$$\frac{\partial\beta}{\partial x} + \frac{\partial\beta}{\partial y}\frac{\partial y}{\partial x(\beta} = 0,$$

somit nimmt die Bedingungsgleichung die Form an:

$$\frac{\partial y}{\partial x(\beta} - \frac{1}{z_,^2} = 0.$$

Substituirt man in diese Gleichung die Werthe:

$$y = \frac{\partial\eta}{\partial\beta}, \quad \text{also} \quad \frac{\partial y}{\partial x(\beta} = \frac{\partial^2\eta}{\partial x\partial\beta}$$

und:

$$z_,^2 = \left(\frac{x+\beta}{z}\right)^2 = \frac{(x+\beta)^2}{2(x+\beta)y - 2\eta} = \frac{(x+\beta)^2}{2(x+\beta)\frac{\partial\eta}{\partial\beta} - 2\eta},$$

so hat man zur Bestimmung der Function η die Gleichung:

$$(x+\beta)^2\frac{\partial^2\eta}{\partial x\partial\beta} - 2(x+\beta)\frac{\partial\eta}{\partial\beta} + 2\eta = 0,$$

die nach der Laplace'schen Methode integrabel ist.

§ 23.

145. Die Methode der Variation der willkürlichen Constanten in der Form, die wir ihr im Vorhergehenden gegeben haben, bildet das allgemeinste aller Verfahren, die man bisher für die Integration der Gleichung (1)

$$Hz'' + 2Kz'_, + Lz_{,,} + M + N(z''z_{,,} - z_,'^2) = 0 \quad . \quad . \quad (1)$$

vorgeschlagen hat, denn sie umfasst alle die Fälle, welche sich durch die Anzahl der möglichen Integrale der Gleichungen (A) und (B) von einander unterscheiden.

In der That, in diesem Kapitel haben wir ihre Anwendung auf die Fälle betrachtet, wo wir nicht einmal ein einziges Integral der Gleichungen (A) und (B) kannten, und auf diejenigen, wo jedes dieser beiden Systeme nicht mehr als ein Integral zulässt. Wir haben weiter oben (Kap. III, § 13) die Anwendung dieser Methode auf den andern extremen Fall angegeben, wo die beiden Systeme (A) und (B) bis drei Integrale zulassen und in eins verschmelzen infolge der Bedingung $G = 0$. Da wir aber diese Methode auf die vorgängige Bestimmung eines beliebigen primitiven particulären Integrals der Gleichung (1) mit drei willkürlichen Constanten gegründet haben, so ist von selbst klar, dass wir, wenn jedes der Systeme (A) und (B) oder auch nur eins von ihnen zwei Integrale zulässt, sogar mehrere Mittel haben, um zu dem gesuchten particulären Integral der Gleichung (1) zu gelangen. Die vortheilhaftesten von diesen Wegen sind offenbar diejenigen, wo in die Gleichung (4) α und β als unabhängige Veränderliche eingeführt sind.

Um dieses Verfahren zu erläutern, nehmen wir als Beispiel die Gleichung:

$$z_{,}z'' + (z' + x)z'_{,} + yz_{,,} + y(z''z_{,,} - z'^{2}_{,}) + z_{,} = 0,$$

die wir schon früher (Kap. III, § 17) nach der Ampère'schen Methode, die sich wie die Monge'sche auf die vorausgehende Bestimmung eines allgemeinen Integrals erster Ordnung gründet, behandelt haben. Man hat hier:

$$H = M = z_{,}, \quad L = N = y, \quad K = \sqrt{G} = \frac{z' + x}{2},$$

mithin nehmen die Systeme (A) und (B) die Form an:

$$z' \frac{\partial y}{\partial x(\alpha} + y \frac{\partial z_{,}}{\partial x(\alpha} - z' - x = 0, \qquad z_{,} \frac{\partial y}{\partial x(\beta} + y \frac{\partial z_{,}}{\partial x(\beta} = 0,$$

$$\frac{\partial z'}{\partial x(\alpha} + 1 = 0, \qquad z' \frac{\partial z'}{\partial x(\beta} + (x + z') \frac{\partial z_{,}}{\partial x(\beta} + z_{,} = 0,$$

$$\frac{\partial z}{\partial x(\alpha} - z' - z_{,} \frac{\partial y}{\partial x(\alpha} = 0, \qquad \frac{\partial z}{\partial x(\beta} - z' - z_{,} \frac{\partial y}{\partial x(\beta} = 0.$$

Das erste von diesen Systemen liefert das Integral:

$$z' + x = \text{const.} \quad \ldots \ldots \quad (a),$$

aus dem zweiten erhält man die beiden Integrale:

$$yz_{,} = \text{const} \quad \ldots \ldots \quad (b).$$

$$z_{,}(z' + x) = \text{const} \quad \ldots \ldots \quad (c),$$

Die Gleichungen (a) und (c), in denen man die willkürlichen Constanten resp. durch α und β ersetzen kann, geben:

$$z' = \alpha - x, \quad z_{,} = \frac{\beta}{\alpha}$$

und

$$z = \alpha x - \frac{x^2}{2} + \frac{\beta}{\alpha} y + \eta = \omega.$$

Betrachtet man η als eine Function von α und β und verbindet man mit der vorstehenden die beiden folgenden Gleichungen

$$\frac{\partial . \omega}{\partial \alpha} = x - \frac{\beta y}{\alpha^2} + \frac{\partial \eta}{\partial \alpha} = 0, \quad \frac{\partial . \omega}{\partial \beta} = \frac{y}{\alpha} + \frac{\partial \eta}{\partial \beta} = 0,$$

so erhält man das allgemeine Integral der gegebenen Gleichung, wenn man η durch die Gleichung

$$2S \frac{\partial^2 . \omega}{\partial \alpha \partial \beta} + U = 0$$

bestimmt. Nun hat man aber:

$$\omega' = \alpha - x, \quad \omega_{,} = \frac{\beta}{\alpha}, \quad \omega'' = -1, \quad \omega'_{,} = 0, \quad \omega_{,,} = 0.$$

$$\frac{\partial . \omega'}{\partial \alpha} = 1, \quad \frac{\partial . \omega'}{\partial \beta} = 0, \quad \frac{\partial . \omega_{,}}{\partial \alpha} = -\frac{\beta}{\alpha^2}, \quad \frac{\partial . \omega_{,}}{\partial \beta} = \frac{1}{\alpha}, \quad \frac{\partial^2 . \omega}{\partial \alpha \partial \beta} = -\frac{y}{\alpha^2} + \frac{\partial^2 \eta}{\partial \alpha \partial \beta}.$$

Hiernach geben die allgemeinen Formeln (6):

$$S = \frac{1}{2}, \qquad U = \frac{y}{\alpha^2}.$$

Demnach hat man zur Bestimmung von η die Gleichung:

$$\frac{\partial^2 \eta}{\partial \alpha \partial \beta} = 0,$$

aus welcher folgt:

$$\eta = \varphi(\alpha) + \psi(\beta).$$

Mithin drückt sich das allgemeine Integral der gegebenen Gleichung durch die drei Gleichungen aus:

$$z = \left(\alpha - \frac{x}{2}\right) x + \frac{\beta y}{\alpha} + \varphi(\alpha) + \psi(\beta), \quad y = -\alpha \psi'(\beta), \quad x = \frac{\beta y}{\alpha^2} + \varphi'(\alpha).$$

Ebenso kann man, wenn man das Integral (a) des Systems (A) und das Integral (b) des Systems (B) benutzt, das allgemeine Integral der gegebenen Gleichung durch die drei Gleichungen darstellen:

$$z = \left(\alpha - \frac{x}{2}\right) x + \beta \log y + \beta \log\left(\log \frac{1}{\alpha}\right) - \varphi(\alpha) - \psi(\beta),$$

$$x = \varphi'(\alpha) + \frac{\beta}{\alpha \log \alpha}, \quad \log y = \psi'(\beta) - \log\left(\log \frac{1}{\alpha}\right).$$

Nachdem wir die Anwendung der Methode der Variation der willkürlichen Constanten auf alle Fälle gezeigt haben, indem wir uns stets auf dieselben allgemeinen Formeln stützten, dürften wir wohl hinreichenden Grund haben, dieselbe eine allgemeine und grösstentheils neue Methode für die Integration partieller Differentialgleichungen zweiter Ordnung und wenigstens derjenigen Gleichungen zu nennen, welche von der allgemeinen Form, auf die wir unsere Untersuchungen beschränkt haben, sich nicht entfernen.[1])

---

[1]) G. Teixeira hat in einer „Note sur l'intégration des équations aux dérivées partielles du second ordre (Bullet. de la Soc. math. de France, 1889, t. 17, S. 125—131, und Jorn. de Sciencias mathematicas et astronomicas, 1889, t. 9, S. 163—172) mehrere der in diesem Kapitel auseinandergesetzten Resultate in directer und einfacher Weise erhalten. (P. M.)

Anhang III.

Über die partiellen Differentialgleichungen zweiter Ordnung.[1]

Von

G. Darboux.

[1] Übersetzung eines Aufsatzes in den Annales scientifiques de l'Ecole normale supérieure, Bd. 7, 1870, S. 163—173.

I.

Bei dem gegenwärtigen Stande der Wissenschaft weiss man noch sehr wenig von den partiellen Differentialgleichungen zweiter Ordnung. Abgesehen von einer sehr scharfsinnigen Bemerkung von Bour (Journal de l'École polytechnique, 39. cahier p. 186—189) ist der wichtigen Theorie, wie sie in so lichtvoller Weise von Ampère im 17. und 18. Hefte des Journal de l'École polytechnique auseinandergesetzt wurde, nichts Wesentliches hinzugefügt worden. In der vorliegenden Note beabsichtige ich, nur die Principien einer neuen Methode auseinanderzusetzen, welche, ohne eine vollständige Lösung des Problems zu geben, mir einen Fortschritt in der Theorie der partiellen Differentialgleichungen zu bilden scheint. Diese Methode erstreckt sich auf Gleichungen aller Ordnungen mit beliebig vielen Variablen und selbst auf die simultanen Gleichungen. Um mich jedoch in diesem kleinen Exposé möglichst kurz fassen zu können, werde ich nur von den partiellen Differentialgleichungen zweiter Ordnung mit zwei unabhängigen Veränderlichen sprechen.[1])

Es sei

$$f(x,\ y,\ z,\ p,\ q,\ r,\ s,\ t) = 0 \quad . \quad . \quad . \quad . \quad . \quad . \quad (1)$$

die gegebene Gleichung und

$$Xdx + Ydy + Zdz + Pdp + Qdq + Rdr + Sds + Tdt = 0 \qquad (2)$$

ihr totales Differential. Wir bedienen uns, um die Aufgabe zu lösen, der von Ampère und Cauchy mit so grossem Erfolge angewendeten Methode der Vertauschung der Variablen. Zu diesem Zwecke ersetzen wir x und y durch die unabhängigen Veränderlichen x, y_0, wo y_0 eine Function von x, y ist, die man nach Belieben in passender Weise bestimmen kann.

---

[1]) Herr E. Picard sagt in seiner Revue annuelle d'Analyse (veröffentlicht in der Nummer vom 30. November 1890 der Revue générale des Sciences pures et appliquées und reproducirt in den Rendi conti del Circolo matematico di Palermo, 1891, Bd. 5, S. 80—90) hierüber (S. 85): „Für die zweite Ordnung ist die Reduction der Integration der Gleichung auf die Integration eines Systems von gewöhnlichen Differentialgleichungen noch nicht bewerkstelligt und wird es ohne Zweifel nicht so bald werden. In dieser Beziehung ist eine interessante Hinzufügung zu den berühmten Abhandlungen von Monge und Ampère im Jahre 1870 von Darboux gemacht worden.“ [P. M.]

Wir haben zunächst die folgenden bekannten Relationen:

$$\frac{\partial z}{\partial y_0} = q\frac{\partial y}{\partial y_0},\quad \frac{\partial p}{\partial y_0} = s\frac{\partial y}{\partial y_0},\quad \frac{\partial q}{\partial y_0} = t\frac{\partial y}{\partial y_0}\quad \ldots\ldots\ (3),$$

$$\frac{\partial z}{\partial x} = p + q\frac{\partial y}{\partial x},\quad \frac{\partial p}{\partial x} = r + s\frac{\partial y}{\partial x},\quad \frac{\partial q}{\partial x} = s + t\frac{\partial y}{\partial x}\quad .\ (4).$$

Ferner nehmen die Integrabilitätsbedingungen die Form an:

$$\left.\begin{aligned}\frac{\partial p}{\partial y_0} &= \frac{\partial q}{\partial x}\frac{\partial y}{\partial y_0} - \frac{\partial q}{\partial y_0}\frac{\partial y}{\partial x}\\ \frac{\partial r}{\partial y_0} &= \frac{\partial s}{\partial x}\frac{\partial y}{\partial y_0} - \frac{\partial s}{\partial y_0}\frac{\partial y}{\partial x}\\ \frac{\partial s}{\partial y_0} &= \frac{\partial t}{\partial x}\frac{\partial y}{\partial y_0} - \frac{\partial t}{\partial y_0}\frac{\partial y}{\partial x}\end{aligned}\right\}\quad \ldots\ldots\ldots\ (5).$$

Mit diesen Gleichungen muss man die folgende zusammennehmen, welche man erhält, indem man die Ableitung der Gleichung (1) nach y_0 nimmt:

$$Y\frac{\partial y}{\partial y_0} + Z\frac{\partial z}{\partial y_0} + P\frac{\partial p}{\partial y_0} + Q\frac{\partial q}{\partial y_0} + R\frac{\partial r}{\partial y_0} + S\frac{\partial s}{\partial y_0} + T\frac{\partial t}{\partial y_0} = 0.$$

Bedienen wir uns jetzt der Gleichungen (3), (4), (5), um aus der vorstehenden Gleichung alle Ableitungen nach y_0 mit Ausnahme von $\frac{\partial y}{\partial y_0}$ und $\frac{\partial t}{\partial y_0}$ zu eliminiren, so erhalten wir die neue Gleichung:

$$\left.\begin{aligned}&\left(Y + Zq + Ps + Qt + R\frac{\partial s}{\partial x} + S\frac{\partial t}{\partial x} - R\frac{\partial t}{\partial x}\frac{\partial y}{\partial x}\right)\frac{\partial y}{\partial y_0}\\ &\qquad - \left[S\frac{\partial y}{\partial x} - R\left(\frac{\partial y}{\partial x}\right)^2 - T\right]\frac{\partial t}{\partial y_0} = 0\end{aligned}\right\}\quad .\ (a).$$

Nun kann man annehmen, aus Gründen, die wir hier nicht anzuführen brauchen, dass y_0 derart gewählt sei, dass die Gleichung

$$R\left(\frac{\partial y}{\partial x}\right)^2 - S\frac{\partial y}{\partial x} + T = 0\quad \ldots\ldots\ldots\ (6)$$

befriedigt ist.

Die Gleichung (a) reducirt sich alsdann und wird:

$$Y + Zq + Ps + Qt + R\frac{\partial s}{\partial x} + S\frac{\partial t}{\partial x} - R\frac{\partial t}{\partial x}\frac{\partial y}{\partial x} = 0,$$

die man auch mit Rücksicht auf die Gleichung (6) schreiben kann:

$$Y + Zq + Ps + Qt + R\frac{\partial s}{\partial x} + T\frac{\frac{\partial t}{\partial x}}{\frac{\partial y}{\partial x}} = 0\quad \ldots\ (7).$$

Wir haben daher schliesslich die sieben Unbekannten y, z, p, q, r, s, t als Functionen von x und von y_0 derart zu bestimmen, dass sie den Gleichungen (1), (3), (4), (6), (7) Genüge leisten. Man kann auch die gegebene Gleichung ersetzen durch ihre Ableitung nach x, die mit Berücksichtigung der Gleichung (7) die folgende sehr einfache Form annimmt:

$$X + Zp + Pr + Qs + R\frac{\partial r}{\partial x} + S\frac{\partial s}{\partial x} = 0 \quad . \quad . \quad . \quad (8).$$

Von den Gleichungen (3), (4), (6), (7), (8) enthalten nun sechs die Variable y_0 nicht; da es aber sieben Unbekannte giebt, so hat hier die Vertauschung der Variablen nicht mehr denselben Nutzen wie im Falle der Differentialgleichungen erster Ordnung; sie kann nicht die vollständige Lösung des Problems geben.

II.

Die vorhergehende Methode ist einer grossen Vereinfachung fähig in dem sehr wichtigen Falle, wo die gegebene Gleichung von der Form ist:

$$Hr + 2Ks + Lt + M + N(rt - s^2) = 0 \quad . \quad . \quad . \quad (9),$$

in welcher H, K, L, M, N beliebige Functionen von x, y, z, p, q sind.

Man kann sich hier der Gleichungen bedienen:

$$\frac{\partial p}{\partial x} = r + s\frac{\partial y}{\partial x}, \quad \frac{\partial q}{\partial x} = s + t\frac{\partial y}{\partial x}.$$

Wenn man aus diesen beiden Gleichungen r und s als Functionen von t ausdrückt und ihre Werthe in die gegebene Gleichung (9) substituirt, so ergiebt sich infolge der besonderen Form dieser Gleichung, dass der Coefficient von t Null wird; t verschwindet aus dem Resultat. Man wird demnach zu dem folgenden System geführt:

$$\left.\begin{aligned}
&\frac{\partial y}{\partial x} = m\\
&Hm^2 - 2Km + L + N\left(\frac{\partial p}{\partial x} + m\frac{\partial q}{\partial x}\right) = 0\\
&H\left(\frac{\partial p}{\partial x} - m\frac{\partial q}{\partial x}\right) + 2K\frac{\partial q}{\partial x} + M - N\left(\frac{\partial q}{\partial x}\right)^2 = 0\\
&dz = pdx + qdy
\end{aligned}\right\} \quad . \quad . \quad . \quad . \quad (10),$$

welches nicht mehr die Ableitungen zweiter Ordnung r, s, t, sondern nur z, y, p, q und ihre Ableitungen nach x enthält. Es sind dies die Gleichungen von **Monge**, zu denen man zur vollständigen Bestimmung von y, z, p, q noch die folgenden hinzufügen muss:

$$\frac{\partial q}{\partial x}\frac{\partial y}{\partial y_0} - \frac{\partial y}{\partial x}\frac{\partial q}{\partial y_0} = \frac{\partial p}{\partial y_0}, \quad \frac{\partial z}{\partial y_0} = q\,\frac{\partial y}{\partial y_0} \quad . \quad . \quad . \quad (11).$$

Man sieht, dass in dem Falle, den wir soeben untersucht haben und der beinahe der einzige ist, welcher von den Geometern betrachtet wurde, die besondere Form der Gleichung gestattet, aus dem System der oben betrachteten gewöhnlichen Differentialgleichungen die drei Ableitungen r, s, t zu eliminiren. Wir wollen jedoch hinzufügen, dass eine derartige Vereinfachung nur selten einen Vortheil bildet, und dass analoge Vereinfachungen bei allen Ordnungen auftreten, wenn die partiellen Differentialgleichungen eine passend gewählte Form haben.

III.

In den beiden vorhergehenden Paragraphen haben wir gesehen, dass sich das Problem der Gleichungen von höherer Ordnung von dem auf die Gleichungen erster Ordnung bezüglichen Problem sehr scharf unterscheidet. Bei der ersten Ordnung wird nämlich durch die Methode der Vertauschung der Variablen die Aufgabe auf die Integration eines vollständigen Systems von gewöhnlichen Differentialgleichungen zurückgeführt. Bei der zweiten und allen höheren Ordnungen hat man dagegen weniger Gleichungen, als Unbekannte zu bestimmen sind. Die folgenden Bemerkungen dürften ebenfalls einen tiefen Unterschied zwischen den beiden Problemen andeuten.

Da man in dem Falle, wo man sich auf die Unbekannten y, z, p, q, r, s, t beschränkt, eine Gleichung weniger hat, als zur gesuchten Lösung des Problems erforderlich wären, so muss man sich natürlich fragen, ob man nicht dadurch, dass man zu den vorhergehenden Unbekannten die vier partiellen Ableitungen dritter Ordnung, die wir α, β, γ, δ nennen wollen, adjungirt, zu einer Anzahl von Gleichungen gelangt, die hinreichend ist, um nicht nur die ursprünglichen Unbekannten, sondern auch α, β, γ, δ als Functionen von x zu bestimmen. Es zeigt sich da eine wichtige Thatsache, die, wie ich glaube, noch nicht bemerkt worden ist. Die Zahl der Gleichungen, welche y_0 nicht enthalten, ist ebenfalls um eins kleiner als die Anzahl der unbekannten Functionen. Diese Gleichungen genügen demnach nicht zur Bestimmung der Unbekannten als Functionen der einzigen Variablen x: aber der Unterschied zwischen der Anzahl der Gleichungen und der Anzahl der Unbekannten bleibt derselbe wie vorher, er ist gleich 1. Dasselbe ist der Fall, wenn man, anstatt bei der dritten Ordnung stehen zu bleiben, die Rechnungen bis zu einer beliebigen Ordnung fortsetzt: Man hat immer eine Gleichung weniger als Unbekannten.

Die vorstehenden Resultate begründen, wie man sieht, einen wesentlichen Unterschied zwischen den partiellen Differentialgleichungen erster Ordnung und denjenigen höherer Ordnung. Bei den Gleichungen erster Ordnung ist die Anzahl der Gleichungen, welche nur die Ableitungen nach x enthalten, stets gleich der Anzahl der unbekannten Functionen. Für die Gleichungen höherer Ordnung ist dem nicht mehr so. Bei der im § II betrachteten Gleichung von Monge z. B. hat man nur drei Relationen zur Bestimmung von z, p, q, y, betrachtet als Functionen von x. Man kennt übrigens den ganzen Nutzen, den man aus diesen Differentialrelationen zieht: allemal, wenn sie zwei integrable Combinationen darbieten, kann man die Differentialgleichung auflösen oder sie wenigstens auf eine Gleichung erster Ordnung zurückführen.

Die von uns gemachten Bemerkungen geben ebenso für die Gleichungen der zweiten Ordnung die folgende Methode an die Hand:

Man suche, ausser der gegebenen Gleichung, zwei integrable Combinationen der Gleichungen in y, z, p, q, r, s, t zu finden. Wenn in den beiden Systemen, welche man erhält, wenn man nacheinander für $\frac{\partial y}{\partial x}$ die beiden Wurzeln der diese Ableitung bestimmenden Gleichung zweiten Grades nimmt, solche Combinationen existiren, so kann das Problem als vollständig gelöst betrachtet werden; hat man keine integrable Combination, so muss man die Gleichungen zu Hülfe nehmen, welche die Ableitungen dritter Ordnung enthalten. Selbst dann, wenn die ersten Gleichungen keine integrirbaren Combinationen liefern, kann doch das zweite mit den Ableitungen bis zur dritten Ordnung gebildete System solche liefern. Wenn dieses System keiner partiellen Integration fähig ist, so geht man zu den Ableitungen vierter Ordnung, wobei man integrable Combinationen erhalten kann, u. s. w.

IV.

Die am Schlusse des vorigen Paragraphen ausgesprochene Bemerkung scheint mir zu einer allgemeineren Methode als die, welche man gewöhnlich anwendet, zu führen. Man kann übrigens diese Methode unter einem andern Gesichtspunkte darlegen, welcher gestattet, die aufeinander folgenden Systeme, die man theilweise benutzt, in leichterer Weise zu erhalten.

Wir nehmen an, dass irgend eins unserer Systeme zu zwei integrablen Combinationen führe:

$$F(x, y, z, p, q, \ldots) = \text{const}, \quad F_1(x, y, z, p, q, \ldots) = \text{const}.$$

Die beiden Constanten, welche in diesen Gleichungen vorkommen, müssen als unbekannte Functionen von y_0 betrachtet werden. Eliminirt man y_0, so kommt man zu einer Gleichung von der Form

$$F = \text{willkür. Function von } F_1.$$

Diese letztere Gleichung kann offenbar als eine neue mit der gegebenen verträgliche Differentialgleichung betrachtet werden, die gemeinschaftlich mit dieser ein Integral mit einer willkürlichen Function besitzt. Wir werden somit zu der Lösung der folgenden Aufgabe geführt, die dieser zweiten Art der Auseinandersetzung entspricht.

Eine Differentialgleichung n^{ter} Ordnung

$$V = a$$

zu finden, welche mit der gegebenen eine Lösung gemeinschaftlich hat, die wenigstens eine willkürliche Function enthält.

Dazu braucht man nur zu bemerken, dass die gegebene Gleichung, $(n-1)$mal differentiirt, n Gleichungen giebt, welche die Ableitungen von der Ordnung $n + 1$, deren Anzahl $n + 2$ ist, enthalten. Die Gleichung $V = a$, der Reihe nach nach x und y differentiirt, giebt zwei Gleichungen, welche ebenfalls die Ableitungen von der Ordnung $n + 1$ enthalten. Man hat also im Ganzen $n + 2$ Gleichungen, welche die Ableitungen $n + 1^{\text{ter}}$ Ordnung linear enthalten und welche diese $n + 2$ Ableitungen als Functionen der Ableitungen niedrigerer Ordnung bestimmen, falls die beiden Differentialgleichungen, deren gemeinschaftliche Lösung man sucht, willkürlich angenommen werden. Aber hier darf dies nicht der Fall sein, sonst würden die Ableitungen von höherer Ordnung als der $n + 1^{\text{ten}}$ ebenso wie die Ableitungen $n + 1^{\text{ter}}$ Ordnung sämmtlich bestimmt sein als Functionen der Ableitungen niedrigerer Ordnung, da man, nachdem einmal sämmtliche Ableitungen $n + 1^{\text{ter}}$ Ordnung als Functionen der Ableitungen niedrigerer Ordnung erhalten sind, nur sämmtliche Gleichungen, welche je eine dieser Ableitungen ergeben, abzuleiten brauchte, um die Ableitungen höherer Ordnung zu erhalten, und die gemeinschaftliche Lösung, wenn eine solche existirt, nur höchstens eine begrenzte Anzahl willkürlicher Constanten enthalten könnte. Diese $n + 2$ Gleichungen, welche die $n + 2$ Ableitungen $(n + 1)^{\text{ter}}$ Ordnung linear enthalten, müssen daher ein unbestimmtes System bilden, was zwei Bedingungsgleichungen ergiebt. Da zwei der Gleichungen die Ableitungen von $V, \frac{\partial V}{\partial x}, \frac{\partial V}{\partial y}, \frac{\partial V}{\partial z}, \frac{\partial V}{\partial p}, \frac{\partial V}{\partial q}, \ldots$ enthalten, so müssen die Bedingungsgleichungen als zwei partielle Differentialgleichungen erster Ordnung betrachtet werden, denen die Function V genügen muss. Diese Gleichungen sind homogen und vom zweiten Grade in Bezug auf die Ableitungen.

Das Vorhergehende erklärt und verallgemeinert die Bemerkung, mittels deren Bour bewiesen hat, dass man stets erkennen kann, ob die Anwendung der Methoden von Monge und Ampère zum Ziele führen kann. Bour hatte nur den ersten Fall, nämlich den, wo angenommen wird, dass die Gleichung zweiter Ordnung ein Zwischenintegral besitzt, untersucht.

V.

Die beiden soeben dargelegten Methoden finden sich übrigens auch in der Theorie der partiellen Differentialgleichungen erster Ordnung wieder. Die erste auf der Vertauschung der Variablen beruhende Methode rührt bekanntlich von Cauchy her, der sie im Jahre 1819 angegeben hat. Die zweite wurde von Jacobi in die Wissenschaft eingeführt und entwickelt. Indem ich versuchte, zwischen diesen beiden Methoden eine Verbindung herzustellen, wurde ich zu der Untersuchung geführt, deren Hauptresultate hier kurz angegeben wurden.

Vermittelst der zweiten Methode kann man sich auch in einfacher Weise Rechenschaft darüber geben, wieviel Integrationen für die vollständige Lösung des Problems erforderlich sind; jedoch müssen wir, ehe wir diesen Punkt behandeln, einige Erläuterungen vorausschicken.

Gegeben sei eine Differentialgleichung n^{ter} Ordnung

$$F\left(\frac{\partial^n z}{\partial x^n}, \frac{\partial^n z}{\partial x^{n-1}\partial y}, \ldots\right) = 0.$$

Wir bezeichnen mit R_n, R_{n-1}, ... die Ableitungen der linken Seite der gegebenen Gleichung, genommen nach den Ableitungen n^{ter} Ordnung $\frac{\partial^n z}{\partial x^n}$, $\frac{\partial^n z}{\partial x^{n-1}\partial y}$, ..., und nennen charakteristische Gleichung der Differentialgleichung die folgende Gleichung mit einer Unbekannten u:

$$R_n u^n + R_{n-1} u^{n-1} + \cdots = 0.$$

Zum Beispiel würde für die im Anfang betrachtete Differentialgleichung (1) diese charakteristische Gleichung sein:

$$Ru^2 + Su + T = 0.$$

Nachdem diese Definition festgestellt ist, ist es leicht, ein oben angegebenes Resultat zu vervollständigen.

Damit die gegebene Gleichung

$$f(x, y, z, p, q, \ldots) = 0$$

und die Differentialgleichung $V = a$ eine gemeinschaftliche Lösung mit einer willkürlichen Function besitzen, muss zunächst die charakteristische Gleichung der Gleichung $V = a$ eine Wurzel mit der Gleichung

$$Ru^2 + Su + T = 0 \quad \ldots\ldots \quad (12)$$

gemeinschaftlich haben. Man sieht also, dass die Differentialgleichungen $V = a$, die wir suchen, sich in zwei Klassen theilen, je nachdem sie zu der einen oder der andern Wurzel der vorstehenden Gleichung gehören. Für die vollständige Lösung der Aufgabe genügt es, eine Gleichung von jeder Klasse zu erhalten, welche selbst eine willkürliche Function enthält. Eine beliebige Anzahl von zu derselben Klasse gehörigen Differentialgleichungen kann nicht das vollständige Integral unserer Gleichung geben. Es ist übrigens klar, dass, wenn die Gleichung (12) irreductibel, d. h. $S^2 - 4RT$ kein vollkommenes Quadrat ist, man nur in einem Integrale das Vorzeichen der Wurzelgrösse zu ändern braucht, um ein neues Integral zu erhalten.

Somit genügt es in dem Falle, wo die charakteristische Gleichung irreductibel ist, für die vollständige Auflösung der Aufgabe, dass eins der zu integrirenden Systeme zwei integrable Combinationen liefert, welche derselben Wurzel der irreductiblen Gleichung entsprechen.

Erhält man nicht die gewünschte Anzahl von integrablen Combinationen, so erhält man offenbar nur particuläre Lösungen.

Die vorstehenden Methoden führen, wie man leicht beweisen kann, allemal zum Ziele, wenn die Integrale von der Art sind, welche Ampère Integrale erster Art nennt, und die kein Integralzeichen enthalten.

VI.

Zum Schlusse dieser summarischen Auseinandersetzung will ich einige Gleichungen anführen, auf welche ich die vorstehende Methode angewandt habe.

1) Zunächst ist dies die lineare Gleichung von Laplace: Die verschiedenen von Laplace angegebenen Fälle der Integrirbarkeit entsprechen unsern aufeinander folgenden Gleichungssystemen.

2) Die einfache Gleichung:

$$s = f(z).$$

Sucht man die einfachsten Fälle, in denen die Methode zum Ziele führt, so gelangt man zu der folgenden Gleichung:

$$s = e^{kz},$$

die schon von Liouville integrirt wurde (Journ. de Mathématiques, t. XVIII, p. 71). Diese Gleichung kommt vor in der Theorie der auf eine Kugel abwickelbaren Flächen, und ihr Integral kann durch geometrische Betrachtungen erhalten werden.

3) Wir betrachten die von Bour gegebene Differentialgleichung der Flächen, welche auf eine gegebene Fläche abwickelbar sind, für welche die Entfernung zweier unendlich nahe liegender Punkte durch die Formel gegeben wird:

$$ds^2 = 4\lambda dx dy.$$

Bour hat gezeigt, dass die rechtwinkligen Coordinaten eines Punktes der gesuchten Fläche der Gleichung genügen:

$$2(pq - \lambda)\frac{\partial^2 \log\lambda}{\partial x \partial y} - s^2 + \left(r - p\frac{\partial \log\lambda}{\partial x}\right)\left(t - q\frac{\partial \log\lambda}{\partial y}\right) = 0.$$

Suchen wir die einfachsten Fälle, in denen die angegebene Methode zum Ziele führen kann, so finden wir, dass man, wenn man

$$a = \frac{\partial \log\lambda}{\partial x}, \quad b = \frac{\partial \log\lambda}{\partial y}, \quad c = \frac{\partial^2 \log\lambda}{\partial x \partial y}$$

setzt, allemal, wenn λ der Differentialgleichung genügt:

$$\lambda^{3/4} c^{1/2} = \int \frac{\lambda^{3/4} c^{1/4}}{4}\left(a - \frac{\partial c}{c \partial x}\right) dy \int \frac{\lambda^{3/4} c^{1/4}}{4}\left(b - \frac{\partial c}{c \partial y}\right) dx,$$

eine Schaar von auf der gegebenen abwickelbaren Flächen finden kann, die in ihrem Ausdruck eine willkürliche Function enthalten.

VII.

Die vorstehenden Resultate wurden der Akademie der Wissenschaften am 28. März 1870[1]) mitgetheilt; man kann aber aus den oben angestellten Betrachtungen leicht einige neue Bemerkungen über die Methode der Variation der Constanten ableiten, welcher Bour die grösste Bedeutung beilegte.

Wir führen an, wie man im Falle der Gleichungen zweiter Ordnung die Methode von Lagrange anwenden müsste. Man hätte zunächst ein particuläres Integral mit fünf Constanten zu suchen, und indem man sodann die Constanten durch Functionen ersetzt, über diese derart zu verfügen, dass die Ausdrücke der Ableitungen bis zur zweiten Ordnung ganz dieselben bleiben. Man wird auf diese Weise zu einem System simultaner Gleichungen geführt, das im Allgemeinen ebenso schwierig zu integriren ist, infolge dessen die Methode nicht dieselben Vortheile wie für die erste Ordnung darbietet.

Nehmen wir aber an, dass man, anstatt das endliche Integral mit fünf Constanten zu kennen, nur ein particuläres Integral erster Ordnung mit zwei Constanten kenne:

$$\varphi(x, y, z, p, q, a, b) = 0 \quad . \quad . \quad . \quad . \quad . \quad (13).$$

[1]) Comptes rendus des Séances de l'Académie des Sciences, t. LXX, p. 675 und 786.

Da dieses Integral der gegebenen Gleichung genügt, welches auch die Constanten a und b seien, so muss man, indem man a und b zwischen der Gleichung (13) und ihren beiden ersten Ableitungen eliminirt, die gegebene Differentialgleichung wiederfinden. Dies vorausgeschickt, nehmen wir an, dass a und b nicht mehr Constanten, sondern Functionen von x, y, z, p, q seien, ersetzen b durch eine willkürliche Function von a und bestimmen a durch die Gleichung

$$\frac{\partial\varphi}{\partial a} + \frac{\partial\varphi}{\partial b}\frac{db}{da} = 0 \quad . \; . \; . \; . \; . \; . \; . \quad (14).$$

Dann wird a eine Function von x, y, z, p, q, welche durch die Gleichung (14) bestimmt ist. Die beiden Ableitungen der Gleichung (13) ändern ihre Form nicht und man erhält dieses Mal ein Zwischenintegral mit einer willkürlichen Function, welches aus einem nur zwei Constanten enthaltenden Integrale abgeleitet ist. Derselbe Satz findet Anwendung auf alle im § IV betrachteten Gleichungen $V = a$.[1])

[1]) Darboux hat sich in seinen *Leçons sur la théorie générale des Surfaces et les applications géométriques du calcul infinitésimal* (Paris, Gauthier-Villars, t. I, 1887, t. II, 1889, t. III, fascicule 1, 1890, fascicule 2, 1891), zugleich vom analytischen wie synthetischen Standpunkte aus mit der Integration verschiedener bemerkenswerther partieller Differentialgleichungen beschäftigt. (P. M.)

Autoren-Verzeichniss.[1]

Ampère, Journal de l'Ecole Polytechnique. Cahier 17 u. 18.

Bäcklund, Einiges über Kurven- und Flächentransformationen (Lunds Arsskrift Bd. X, 1875). — Mathem. Annal. Bd. 9, S. 297—320; Bd. 11, S. 199 bis 241; Bd. 17, S. 285—329; Bd. 19, S. 387—422.

Baltzer, Theorie und Anwendung der Determinanten, Leipzig.

Bertrand, Vorlesungen am Collège de France in den Jahren 1852, 1855, 1868. — Comptes Rendus, Bd. 45, S. 617—619. — Sur la première méthode de Jacobi pour l'intégration des équations aux dérivées partielles du premier ordre (Comptes Rendus, 1876, Bd. 82, S. 641—647).

Biermann, Über n simultane Differentialgleichungen der Form $\Sigma X_\mu dx_\mu = 0$ (Schlömilch's Zeitschrift Bd. 30, 1885).

Binet, Comptes Rendus, Bd. 14, S. 654—660; Bd. 15, S. 74—80.

Boltzmann, Zur Integration der partiellen Differentialgleichungen erster Ordnung (Wiener Berichte, 1875, Bd. 72, zweite Abth., S. 471—483).

Bonnet, Compt. Rend. Bd. 65, S. 581—585.

Boole, A treatise on differential equations, London, Macmillan & Co. (1859) nebst Supplementary volume (1865). — On simultaneous differential equations of the first order etc.; On the differential equations of dynamics (Philosoph. Transactions 1862, I, S. 437—454; 1863, S. 485—501). — Über die partielle Differentialgleichung zweiter Ordnung $Rr + Ss + Tt + U(s^2-rt) = V$ (Crelle's Journ. Bd. 61, 1863, S. 309—333). — Considérations sur la recherche des intégrales premières des équat. diff. part. du second ordre (Bull. de l'Ac. d. Sciences de St. Pétersbourg, Bd. 4, 1862, S. 198—215).

Bour, Sur l'intégration des équat. diff. part. du premier et du second ordre (Journ. de l'École Polyt., Cahier 39, S. 148—191).

Bourlet, Sur les équations aux dérivées partielles simultanées qui contiennent plusieurs fonctions inconnues, Paris, Gauthier-Villars et fils, 1891 (63 S).

Briot et Bouquet, Recherches sur les propriétés des fonctions définies par des équations différentielles (Journ. de l'École polyt., Cahier 36, 1856, S. 134 bis 198). — Théorie des fonctions doublement périodiques et en particulier des fonctions elliptiques, Paris, Gauthier-Villars, 1859. (Auch deutsch von H. Fischer unter dem Titel: Theorie der doppeltperiodischen Functionen und insbesondere der elliptischen Functionen. Halle, Schmidt, 1862). — Théorie des fonctions elliptiques, Paris, Gauthier-Villars, 1875.

Cauchy, Mémoire sur un théorème fondamental en calcul intégral (Comptes Rendus, Bd. 14, S. 1020—1026; Oeuvres, I. série, Bd. 6, S. 461—467). — Mémoire sur l'emploi du calcul des limites dans l'intégration des équations

[1]) Dieses Verzeichniss enthält ausser den im Buche selbst citirten Autoren noch einige der wichtigeren einschlägigen Abhandlungen und Werke aus der neueren Zeit.

aux dérivées partielles (Comptes Rend. 1842, Bd. 15, S. 44—59). — Mémoire sur l'application du calcul des limites à l'intégration d'un Système d'équations aux dérivées partielles (Ibid. S. 85—101). — Comptes Rend. Bd. 24, S. 885—887. — Ibid. Bd. 40, 1855, S. 136—146. — Exercices de Mathématiques Bd. II, S. 159. — Exercices d'Analyse et de Physique mathématique Bd. I, 327—384; Bd. II, S. 238—272.

Cayley, Démonstration d'un théorème de Jacobi par rapport au problème de Pfaff (Crelle's Journ. Bd. 57, S. 273—277). — Quarterly Journal of Mathematics, 1876, Bd. 14, S. 292—339. — Math. Ann., 1877, Bd. 9, S. 194—199.

Charpit, Mémoire présenté à l'Académie des Sciences le 30 Juin 1784.

Chasles, Rapport sur les progrès de la géométrie, S. 90—91, Paris 1870.

Clebsch, Crelle's Journal, Bd. 59, S. 190—192; Bd. 60, S. 193—251; Bd. 61, S. 146—179. — Über die simultane Integration linearer partieller Differentialgleichungen (Crelle's Journ., Bd. 65, S. 257—268).

Cockle, Educational Times 1880. Bd. 33, S. 19—20.

Collet, Annal. de l'éc. norm. sup, 1870, 1. série, Bd. 7. — Annales de l'école normale supérieure 1876, 2. série Bd. 5, S. 49—82. — Comptes Rendus 1880, Bd. 91, S. 974—978.

Darboux, Sur les solutions singulières des équations aux dérivées ordinaires du premier ordre (Bullet. des sciences math. et astron., Bd. 4, S. 158 bis 176). — Mémoire sur les solutions singulières des équations aux dérivées partielles du premier ordre (Mémoires des savants étrangers, 1883, Bd. 27, No. 2, S. 1—243). — Comptes rendus, 1874, Bd. 79, S. 1488—1489; 1875, Bd. 80, S. 160—164. Auch Bull. des Scienc. math. et astr., Bd. 8, S. 249—255. — Sur le problème de Pfaff (Bull. des sciences math. et astr., 2. série Bd. 6, S. 14—36, 49—68). — Sur les équations aux dérivées partielles du second ordre (Annales de lécole norm. sup. 1870, Bd. 7, S. 163—173). — Mémoire sur l'existence de l'intégrale dans les équations aux dérivées partielles contenant un nombre quelconque de fonctions et de variables (Comptes Rend., 1875, Bd. 80, S. 101—104, 317—319). — Leçons sur la théorie générale des surfaces et les applications géométriques du calcul infinitésimal, Paris, Gauthier-Villars. 1887—1891. — Comptes Rend., 1883, Bd. 96, S. 766—769.

De Morgan, Cambridge Phil. Trans., Bd. 9, Theil 4.

Dubois-Reymond, Über die Integration linearer totaler Differentialgleichungen, denen durch ein Integral Genüge geschieht (Crelle's Journ. 1869, Bd. 70, S. 299—313).

Donkin, Philos. Transact. 1854. Theil I, S. 71 u. 93.

Engel, Mathem. Annalen Bd. 23, S. 1—44. — Zur Invariantentheorie der Systeme von Pfaff'schen Gleichungen (Leipz. Sitzungsberichte 1889, S. 157—176; ibid. 1890, S. 192—207). — Vgl. auch Lie.

Euler, Miscellanea Taurinensia, Bd. 3, S. 60. — Instit. Calc. integr.

Falk, On the integration of partial differential equations of the nth Order with one dependent and two independent variables (Nova Act. Ups., 1872).

Forsyth, Theory of differential Equations, Part I Exact equations and Pfaff's problem, Cambridge 1890. (XIII u. 340 S. in 8⁰.)

Fouret, Comptes Rendus Bd. 78, S. 831, 1693, 1837; Bd. 83, S. 794—797.

Frobenius, Über das Pfaff'sche Problem (Crelle's Journ., Bd. 82, 1877, S. 230 bis 315. — Über homogene totale Differentialgleichungen (Crelle's Journ. Bd. 86, 1879, S. 1—19.

Gauss, Göttinger gel. Anzeigen 1815, S. 1025—1038; Ges. Werke, Bd. III, S. 231—241.

Gilbert, Cours d'analyse infinitésimale, Paris, Gauthier-Villars, 1872, 1878 od. 1887. — Sur les intégrales des équat. lin. aux dérivées partielles du premier ordre (Annales de la Soc. scient. de Bruxelles 1880, Bd. 4. 2. partie S. 273 bis 276). — Sur une propriété de la fonction de Poisson et sur la méthode de Jacobi pour l'intégration des équat. aux dérivées partielles du premier ordre (Ibid. 1881, Bd. V, 2. partie, S. 1—16). Auch Comptes Rend., 1880, Bd. 91, S. 541—544, 613—616. — Sur l'intégration des équations linéaires aux dérivées partielles du premier ordre (Ibid. 1885, Bd. 9, S. 41—48).

Goursat, Leçons sur les équations aux dérivées partielles du premier ordre, Paris, Hermann. 1890.

Graindorge, Mémoire sur l'intégration des équations aux dérivées partielles des deux premiers ordres, Liège, Decq; Paris, Gauthier-Villars 1872. (Zuerst erschienen in den Mémoires de la Soc. roy. des sciences de Liège 2. série Bd. V.)

Grassmann, Die Ausdehnungslehre, Berlin 1862, S. 347—385.

Hamburger, Grunert's Archiv Bd. 60, 1877, S. 185—214. — Zur Theorie der Integration eines Systems von n linearen (oder nicht linearen) partiellen Differentialgleichungen erster Ordnung mit zwei unabhängigen und n abhängigen Veränderlichen (Crelle's Journ. 1876, Bd. 81, S. 243—280; 1882, Bd. 93, S. 188—215; Bd. 100, S. 390—404).

Hesse, De integratione aequationis differentialis partialis

$$A_1 - A_2 \frac{\partial x_1}{\partial x_2} - A_3 \frac{\partial x_1}{\partial x_3} - \cdots - A_{n-1} \frac{\partial x_1}{\partial x_{n-1}} + A_n \left\{ x_2 \frac{\partial x_1}{\partial x_2} + x_3 \frac{\partial x_1}{\partial x_3} + \cdots + x_{n-1} \frac{\partial x_1}{\partial x_{n-1}} - x_1 \right\} = 0,$$

designantibus $A_1, A_2, \ldots, A_n$ functiones quaslibet variabilium $x_1, x_2, \ldots, x_{n-1}$ lineares (Crelle's Journ., Bd. 25, S. 171—177).

Hoppe, Crelle's Journal, 1861, Bd. 58, S. 80 und 369.

Houtain, Des solutions singulières des équations différentielles, Bruxelles, Lesigne 1854 (X und 345 S. 8°).

Jacobi, Über die Integration der partiellen Differentialgleichungen erster Ordnung (Crelle's Journ., Bd. 2, S. 317—329. Ges. Werke, Bd. IV, S. 1—15). — Über die Pfaff'sche Methode, eine gewöhnliche lineare Differentialgleichung zwischen $2n$ Variabeln durch ein System von n Gleichungen zu integriren (Crelle's Journ., Bd. 2, S. 347—357. Ges. Werke, Bd. IV S. 17—29). — Über die Reduction der Integration der partiellen Differentialgleichungen erster Ordnung zwischen irgend einer Anzahl Variabeln auf die Integration eines einzigen Systems gewöhnlicher Differentialgleichungen (Crelle's Journ., Bd. 17, S. 97—162. Ges. Werke, Bd. IV, S. 57—127. Auch französisch in Journ. de Liouville, t. III, S. 60—96, 161—201). — Dilucidationes de aequationum differentialium vulgarium systematis earumque connexione cum aequationibus differentialibus partialibus linearibus primi ordinis (Crelle's Journ., Bd. 23, S. 1—104. Ges. Werke, Bd. IV, S. 147—255). — Nova Methodus aequationes differentiales partiales primi ordinis inter numerum variabilium quemcunque propositas integrandi (Crelle's Journ., Bd. 60, S. 1—181. Ges. Werke, Bd. V, S. 1—189). — Vorlesungen über Dynamik von C. G. J. Jacobi nebst fünf hinterlassenen Abhandlungen desselben, herausgeg. von A. Clebsch, Berlin, Reimer, 1866. Eine zweite Ausgabe, von Lottner besorgt, erschien im Jahre 1884 als Supplementband zu den Gesammelten Werken.

Jmschenetsky: Sur l'intégration des équations aux dérivées partielles du premier ordre, traduit du russe par Houël. Paris, Gauthier-Villars; Greifswald, Koch, 1869. Diese Arbeit erschien zuerst in Grunert's Archiv, Bd. 50, S. 278—474. — Étude sur les méthodes d'intégration des équations aux dérivées partielles du second ordre d'une fonction de deux variables indépendantes, traduit du russe par Houël. Paris, Gauthier-Villars; Greifswald, Koch. Diese Arbeit erschien zuerst in Grunert's Archiv, 1872, Bd. 54, S. 209—360. — Bull. des sc. math. et astr., Bd. 9, 1876, S. 162—183.

Jordan, Cours d'Analyse de l'École Polytechnique, Paris, Gauthier-Villars, 1887. Bd. 3.

König, Mathem. Ann., Bd. 23, S. 520—528.

Königsberger, Lehrbuch der Differentialgleichungen mit einer unabhängigen Variabeln, Leipzig, Teubner, 1889. — Crelle's Journ. Bd. 104, S. 174 bis 176.

Korkine, Comptes Rendus, Bd. 68, S. 1460—1464, 1869, I. Semestre.

Kowalevsky, v., Zur Theorie der partiellen Differentialgleichungen (Crelle's Journ., 1875, Bd. 80, S. 1—32).

Lacroix, Traité du calcul diff. et intégr. II. éd. Paris 1810, 1814, und 1819, Bd. 2 und 3.

Lagrange, Sur l'intégration des équations à différences partielles du premier ordre (Abhandl. d. Berliner Akademie, 1772, S. 35. Oeuvres t. III, p. 549—577, Paris, 1869). — Sur les intégrales particulières des équations différentielles (Abhandl. der Berl. Akad., 1774, S. 239. Oeuvres, t. IV, p. 5—108, Paris, 1869). — Sur différentes questions d'analyse relatives à la théorie des solutions particulières (Abhandl. der Berl. Akad., 1779, S. 121—160, Oeuvres, t. IV, p. 585—634). Wir citiren nur den Artikel V: Sur l'intégration des équations aux dérivées partielles du premier ordre (Abh. der Berl. Akad., 1779, S. 152—160; Oeuvres, t. IV, p. 624—634). — Méthode générale pour intégrer les équations aux différences partielles du premier ordre, lorsque ces différences ne sont que linéaires (Abh. der Berl. Akad., 1785, S. 174—190; Oeuvres, t V, p. 543—562). — Leçons sur le calcul des fonctions. Nouvelle édition. Paris, Courcier, 1806. Leçon 20, p. 353—400. — Théorie des fonctions analytiques. Nouvelle édition. Paris, Courcier 1813. Chap. XVI, p. 152—164.

Laplace, Mémoires de l'Académie des Sciences 1773 und 1779.

Laurent, Mémoire sur les équations simultanées aux dérivées partielles du premier ordre (Journ. de Liouville 1879, 3. série, Bd. 5, S. 249—284).

Lavagna, Sulla integrazione delle equazioni a derivate parziali del 1° O. (Atti dell' Accademia Geoenia, in Catane).

Legendre, Mémoire sur l'intégration des équations aux différences partielles (Mém. de l'Acad. de Paris 1787, S. 309—351).

Lie, Kurzes Resumé mehrerer neuerer Theorien (vorgelegt der Akad. zu Christiania, 3. Mai 1872). — Neue Integrationsmethode partieller Gleichungen erster Ordnung zwischen n Variabeln (ibid. 10. Mai 1872). — Uber eine neue Integrationsmethode partieller Differentialgleichungen erster Ordnung (Göttinger Nachrichten 1872, S. 321—326). — Zur Theorie partieller Differentialgleichungen erster Ordnung, insbesondere über eine Classification derselben (ibid. S. 473—489). — Zur analytischen Theorie der

Berührungstransformationen (Akad. zu Christiania 1873, S. 237—262). — Über eine Verbesserung der Jacobi-Mayer'schen Integrationsmethode (Ibid. 1873, S. 282—288). — Über partielle Differentialgleichungen erster Ordnung (Ibid. 1873, S. 16—51). — Partielle Differentialgleichungen erster Ordnung, in denen die unbekannte Function explicite vorkommt (Ibid. 1873, S. 52—85). — Neue Integrationsmethode eines $2n$-gliedrigen Pfaff'schen Problems (Ibid. 1873, S. 320—343). — Theorie des Pfaff'schen Problems (Arch. for. Math. og Nat., Bd. 2, 1877, S. 338—379). — Über Complexe, insbesondere Linien- und Kugelcomplexe mit Anwendung auf die Theorie partieller Differentialgleichungen (Math. Annal. Bd. 5, S. 145—256). — Begründung einer Invariantentheorie der Berührungstransformationen (Math. Annal. Bd. 8, S. 215—303). — Ausserdem zahlreiche Abhandlungen in verschiedenen Journalen und insbesondere das unter Mitwirkung von Dr. Friedrich Engel herausgegebene Werk: Theorie der Transformationsgruppen, Leipzig, B. G. Teubner, 3 Bde.

Liouville, Vorlesungen vom Jahre 1853. — Journ. de Math. Bd. 18, S. 71.

Lipschitz, Lehrbuch der Analysis Bd. 2, 1880. (Auch Bull. des scienc. math. et astr. 1 série Bd. 10, S. 149—159.) — Crelle's Journ. Bd. 70, S. 71 bis 102.

Mansion, Sur la méthode de Cauchy pour l'intégration d'une équation aux dérivées partielles du premier ordre (Comptes Rend., 1875, Bd. 81, S. 790 bis 793). — Note sur la première méthode de Brisson pour l'intégration des équations aux différences finies ou infiniment petites (Mém. couronnés et autres mém. de l'Acad. royale de Belgique, in 8⁰ Bd. 22). — Notes sur les équations aux dérivées partielles (Annal. de la soc. scient. de Bruxelles Bd. 5, S. 17—33). — Note sur la méthode de Lagrange pour l'intégration des équations linéaires aux dérivées partielles (Ann. de la Soc. scient. de Bruxelles, 1890—1891, t. 15, I part. S. 3—6).

Mayer, Über die Jacobi-Hamilton'sche Integrationsmethode der partiellen Differentialgleichungen erster Ordnung (Gött. Nachr. 1872, S. 405—420; Math. Annal. Bd. 3, S. 435—452). — Über die Integration simultaner partieller Differentialgleichungen der ersten Ordnung mit derselben unbekannten Function (Math. Annal. Bd. 4, S. 80—94). — Über unbeschränkt integrable Systeme von linearen totalen Differentialgleichungen und die simultane Integration linearer partieller Differentialgleichungen (Math. Annal. Bd. 5, S. 448—470. Auch französisch, Bull. des sc. math. et astr., 1876, Bd. 11, S. 87—96, 125—144). — Die Lie'sche Integrationsmethode der partiellen Differentialgleichungen (Math. Annal. Bd. 6, S. 162—191). — Directe Ableitung des Lie'schen Fundamentaltheorems durch die Methode von Cauchy (Math. Annal. Bd. 6, S. 192 bis 196). — Zur Integration der partiellen Differentialgleichungen erster Ordnung (Gött. Nachricht. 1873, S. 299—310). — Über die Lie'schen Berührungstransformationen (Gött. Nachr., 1874, S. 317—331; Math. Ann., Bd. 8, S. 304—312). — Directe Begründung der Theorie der Berührungstransformationen und eine Erweiterung der Lie'schen Integrationsmethode (Math. Annal. Bd. 8, S. 313—318). — Math. Ann. Bd. 9, S. 347—370. Bd. 11, S. 132—142; Bd. 17, S. 523—530.

Méray, Nouveau Précis d'analyse infinitésimale, Paris, Savy, 1872. — Sur l'existence des intégrales d'un système quelconque d'équations différentielles, comprenant comme cas très-restreint les équations dites aux dérivées partielles (Compt. Rendus 1875, Bd. 80, S. 389—393, 444). — Démonstration générale de l'existence des intégrales des équations aux dérivées partielles (Journ. de math. 1880, 3. série Bd. 6, S. 235—266). — Sur la convergence des développements des intégrales ordinaires d'un système d'équations différentielles totales ou partielles (En collaboration avec M. Riquier). (Annal. de l'école norm. sup. 3. série 1889, Bd. 6, S. 355—378; 1890, Bd. 7, S. 23—88.) — Sur les systèmes d'équations aux dérivées partielles qui sont dépourvus d'intégrales, contrairement à toute prévision (Compt. Rend. 1888, 1er sem. S. 648—651).

Meyer, Mémoire sur l'intégration de l'équation générale aux différences partielles du premier ordre d'un nombre quelconque de variables (Mém. de l'Acad. de Belgique Bd. 27, 3. pagination, S. 1—24).

Moigno, Leçons sur le calcul diff. et intégral. Paris 1844.

Monge, Feuilles d'Analyse appliquée à la géométrie à l'usage de l'école polytechnique, publiées la première année de cette école. — Application de l'analyse à la géométrie, corrigée par Liouville, 5e éd. — Mémoire sur le calcul intégral des équations aux différences partielles (Hist. de l'Acad. des Sciences 1784).

Natani, Uber totale und partielle Differentialgleichungen (Crelle's Journ. 1860, Bd. 58, S. 301—328. — Die höhere Analysis, Berlin, 1866.

Padova, Sulla integrazione delle equazioni a derivate parziali del primo ordine (Collectanea Mathematica 1881, S. 105—116).

Peano, Sull' integrabilità delle equazioni differenziali di primo ordine (Atti della R. Accad. delle Scienze di Torino Bd. 21, 1886). — (Math. Ann. 1890, Bd. 37, S. 182—228.)

Pfaff, Methodus generalis aequationes differentiarum partialium nec non aequationes differentiales vulgares, utrasque primi ordinis, inter quotcumque variabiles complete integrandi (Abh. d. Berl. Akad. 1814—15, S. 76 bis 136).

Picard, Sur un point de la théorie générale des équations différentielles (Bull. des sciences Math., 1887, 2 série, Bd. 11, 1. Theil, S. 194—198). — Sur la convergence des séries représentant les intégrales des équations différentielles (Ibid. 1888, Bd. 12, 1. Theil, S. 148—156). — Sur le théorème général relatif à l'existence des intégrales des équations différentielles ordinaires (Bullet. de la soc. math. de France 1891, t. 19, S. 61—64 und Nouv. Annales de Math. 1891, 3e Série, t. X, S. 197 bis 201). — Mémoire sur la théorie des équations aux dérivées partielles et la méthode des approximations partielles (Journ. de Math. pures et appliquées de Jordan, 1890, 4. Série, t. VI, S. 145—210, 231).

Plücker, Analytisch-geometrische Entwicklungen, Essen, 1831. — Crelle's Journ. B. 9, S. 124—134.

Poincaré, Sur les propriétés des fonctions définies par les équations aux dérivées partielles (Paris, Gauthier-Villars, 1879), analysirt und vervollständigt in der Abhandlung: Sur le problème des trois corps et les équations de la dynamique (Acta Mathematica, 1890, Bd. 13). Ch. I. § 3 S. 26—41.

Poisson, Mémoire sur les solutions particulières des équations différentielles et des équations aux différences (Journ. de l'éc. polyt., 13. cahier). — Mémoire sur la variation des constantes arbitraires dans les problèmes de mécanique (Journ. de l'école polyt., 15 cahier).

Raabe, Differential- und Integralrechnung, Bd. 3, Zürich.

Riquier, vgl. Méray.

Schläfli, Sopra una equazione a differenziali parziale del primo ordine (Annali di matematica pura ed applicata, serie 2, t. II, S. 89—96).

Serret, Cours de calcul différentiel et intégral t. II, 2 éd., Paris 1878. — Comptes Rendus Bd. 53, S. 598—606, 734—745 (Annal. de l'école norm. sup. Bd. 3, S. 143—161). — Anmerkungen zu Lacroix: Traité de calcul différentiel et intégral 6 éd., Bd. 2.

Teixeira, Note sur l'intégration des équations aux dérivées partielles du second ordre (Bullet. de la Soc. math. de France, 1889, t. 17, S. 125—131 und Jorn. de sciencias mathematicas e astronomicas 1889, t. 9, S. 163—172).

Weiersurass, Zur Theorie der analytischen Facultäten (Crelle's Journ. 1856, Bd. 51, S. 1—60, oder Abhandlungen zur Functionenlehre, Berlin, 1886, Jul. Springer, S. 183—260).

Weiler, Grunert's Archiv 1858, Bd. 33, S. 268—284. — Schlömilch's Zeitschrift 1863, Bd. 8, S. 264—292; 1875, Bd. 20, S. 83—92, 271—299; 1877, Bd. 22, S. 100—125.

Zajacrkowski, Zur Integration eines Systems linearer partieller Differentialgleichungen erster Ordnung (Grunert's Arch. 1874, Bd. 56, S. 163—174).